U0231679

岩土工程锚固技术的新发展

唐树名　罗　斌　柴贺军　唐胜传　主编

人民交通出版社股份有限公司
China Communications Press Co.,Ltd.

内 容 提 要

本书为中国施工企业管理协会岩土锚固工程专业委员会第二十五次全国岩土锚固工程学术研讨会论文集，共编入论文77篇。内容包括：岩土锚固技术专题综述、理论研究与工程测试、工程设计与施工技术、施工机具与工程材料，以及在边坡加固与滑坡治理工程、深基坑支护与基础抗浮工程、隧道与地下工程等领域内，采用岩土锚固的技术创新成果与工程经验。

本书内容丰富，实用性强，可供铁路、公路、水利、水电、市政、城建、地矿等部门从事岩土锚固工程设计、施工、科研、教学的技术人员参考。

图书在版编目(CIP)数据

岩土工程锚固技术的新发展 / 唐树名等主编. — 北京：人民交通出版社股份有限公司，2016.9

ISBN 978-7-114-13295-7

Ⅰ.①岩… Ⅱ.①唐… Ⅲ.①岩土工程—锚固—学术会议—文集 Ⅳ.①TU43-53

中国版本图书馆CIP数据核字(2016)第200450号

书　　名：岩土工程锚固技术的新发展
著 作 者：唐树名　罗　斌　柴贺军　唐胜传
责任编辑：丁　遥　李　娜　王景景
出版发行：人民交通出版社股份有限公司
地　　址：(100011)北京市朝阳区安定门外外馆斜街3号
网　　址：http://www.ccpress.com.cn
销售电话：(010)59757973
总 经 销：人民交通出版社股份有限公司发行部
经　　销：各地新华书店
印　　刷：北京市密东印刷有限公司
开　　本：787×1092　1/16
印　　张：28.25
字　　数：707千
版　　次：2016年9月　第1版
印　　次：2016年9月　第1次印刷
书　　号：ISBN 978-7-114-13295-7
定　　价：138.00元

前　　言

中国施工企业管理协会岩土锚固工程专业委员会将于2016年11月在重庆市召开第二十五次全国岩土锚固工程学术研讨会，为此，从2015年末即开始广泛征集学术论文。经编审委员会认真审查，从中选出77篇学术论文集结成册，由人民交通出版社股份有限公司出版并在全国范围公开发行，论文集定名为“岩土工程锚固技术的新发展”。这也是岩土锚固工程专业委员会自成立以来正式编辑出版的系列论文集中的第13本。论文集的内容涵盖了近年来我国岩土锚固工程技术所取得的最新研究成果和工程应用的成功实例，充分反映了岩土锚固工程技术在我国的广泛应用和新发展。新发展主要表现在以下七个方面：

(1)岩土锚固技术在重大工程中广泛推广应用，成绩卓著。如论文中所反映的白鹤滩水电站左岸地下厂房顶拱对穿锚索和上海某大型建筑高垂直岩石边坡预应力锚固，均为岩土锚固工程技术在重大工程中的成功应用实例，极具代表性。

(2)在岩土预应力锚索的试验研究方面更加深入，更加具有针对性。如对锚索预应力长期变化规律的观测研究以及对新型囊式扩孔锚杆的试验研究均取得了丰硕的成果，对指导设计、施工具有重要意义。

(3)用于制造锚杆、锚索的新材料研制获得了突破。如利用玻璃纤维增强塑料杆材、碳纤维增塑杆材制造的锚杆、锚索，在复杂困难地质条件下，具有耐腐蚀的独特优点。这种新材料锚杆、锚索已开始应用在公路工程、铁路隧道工程、地铁工程和煤矿工程中。

(4)在复杂困难地质条件下，坚持应用岩土锚固工程技术，不断积累施工经验。

(5)新型有效的探测技术在岩土锚固工程中发挥着巨大作用。如地质雷达技术的应用，为在复杂困难地质条件下的隧道施工实现超前地质预报起到了重要的作用。

(6)信息化、网络化技术的发展，为岩土锚固工程监测仪器的改进和监测数据的处理开创了新的局面，实现了动态、实时、自动记录，实时数据处理以及无线传输。

(7)智能化施工机具在岩土锚固工程中得到了发展和应用，新型钻孔机械不断涌现。借助新机具，总体上使岩土锚固工程技术水平提升到一个新高度。

本论文集的顺利出版，一方面得益于广大作者的踊跃撰稿、投稿，另一方面得益于招商局重庆交通科研设计院有限公司的鼎力支持，特此表示衷心感谢！

编　者

2016年7月

目　　录

一、专 题 综 述

二、理论研究与工程测试

三、工程设计与施工技术

四、施工机具与工程材料

五、边坡加固与滑坡治理工程

六、深基坑支护与基础抗浮工程

七、隧道与地下工程

一、专题综述

预应力智能张拉与压浆技术及设备的发展

唐树名　罗　斌　廖　强　李文锋　须民健　游庆和

（招商局重庆交通科研设计院有限公司）

摘　要　传统的预应力张拉设备性能有限，施工工艺存在诸多缺陷。新一代预应力施工系统——智能张拉与压浆系统，针对现有施工设备控制精度较低、施工管理难度较大、施工效率较低等问题，提出了解决方案，是现有张拉设备的升级换代产品。本文在总结预应力锚索、桥梁预应力等预应力工程张拉与压浆技术及设备发展现状的基础上，分析总结了预应力智能化张拉与压浆技术、设备及其应用。实践应用表明，预应力智能化张拉与压浆技术及设备具有广阔的推广应用前景。

关键词　预应力　施工机具　智能张拉　智能压浆

在公路交通领域，预应力工程的使用量巨大，主要用于桥梁预应力结构和边坡预应力锚索支护。同时，预应力技术已经成为大跨度结构、大空间结构、高耸结构、重载结构、特种结构以及新型结构工程中不可缺少的一项技术，并发展至立体交叉建筑、海洋结构、原子能反应堆容器及特种复杂结构等领域。

预应力技术的发展，除了材料、设计、施工工艺等因素外，施工机具的性能也起到了重要作用。预应力施工质量是实现设计的重要环节，这与工艺水平、预应力机械性能密切相关。

目前，预应力工程施工中普遍存在着“控制精度差、施工效率低和质量管理难”等问题[1]，如何充分利用当代科技成果，结合控制技术、液压技术及信息技术，为预应力工程施工提供一套“精确控制、高效建设和全面管理”的革新性解决方案，正在成为发展热点。

1　张拉技术与设备的发展现状

目前，预应力张拉设备基本上是由电动油泵、张拉千斤顶及其配套配件组成。预应力张拉施工采用张拉荷载控制为主、伸长值校核为辅的“双控法”。主要施工过程可概况为：手动操控油泵，油压表控制荷载，钢卷尺测量伸长量，喊话保持同步，人工记录数据，工后进行校核。

张拉所用的千斤顶和张拉所用的电动油泵需配合通过锚固件中的钢绞线或钢筋来施加预应力。虽然我国预应力机械的发展已经经历50余年，但是预应力用液压千斤顶和电动油泵的设计、生产一直沿袭着十几年前的技术和工艺[2]。生产企业数量多，经营规模有大有小，产品质量差距较大且大多科研能力不足。我国的预应力机械企业生产能力和经营规模普遍不高，仍属于劳动密集型行业，从业人数多，劳动生产率较低，人员素质参差不齐。从产品性能和质量来看，预应力机械性能和质量近年来有了较大提高，但高性能高质量产品在行业产品总量中所占比例较低，市场上不同企业生产的同类产品性能和质量相差较大。

从行业的现有标准体系来看，预应力机械产品行业标准数量不少，但标准修订周期长，归口管理混乱，不利于产品的技术进步和质量提高。预应力机具在使用过程中的自动化与智能化、施工设备配套、施工工艺工法细化等方面与国外还有一定差距，实践中涌现出很多问题有待解决。

2 压浆技术与设备的发展现状

在预应力混凝土结构中，张拉完成后的预应力筋，需要通过在预埋孔道中进行压浆施工来确保预应力筋与混凝土间形成良好粘结，保证结构的共同工作及力学性能。预应力孔道压浆是保证预应力结构在张拉后的预应力能够得以有效传递和运营期安全的关键。压浆的质量依靠压浆的密实度来进行评价，密实度越高预应力筋所受到的损害就越小，桥梁安全性也越好。

目前，在预应力筋孔道压浆施工中，基本都采用正压压浆工艺及常规压浆设备，利用压浆泵，在0.5～1.0MPa的压力下，将水灰比为0.4～0.45的稀水泥浆压入预应力筋孔道，待出浆口流出浆液后即完成压浆。这种压浆工艺中，由于浆液中的气泡以及浆液水灰比较大造成孔道中水泥浆离析、析水、干硬后收缩等现象，产生孔隙，导致压浆不密实，使预应力筋易受到锈蚀和破坏。经过大量的试验以及压浆的工程实践和经验教训，国内外提出和发展了真空压浆技术，现有资料和数据表明，真空辅助压浆工艺能够显著地控制浆料中的气泡数量以及浆体凝固时的收缩等问题，有效提高孔道压浆密实度。

然而，真空压浆设备大多为典型的分离式结构，较之普通压浆仅在工艺上引入预抽真空，设备上添置真空泵，压浆的操作与水泥浆的配比等工作均依靠施工工人和技术人员手动实现。因此，施工中的水灰比等重要参数及过程控制效果，仍完全依靠操作人员的责任心来保证，事实上难以保证实际施工中的压浆质量；此外，由于真空压浆工艺复杂，且需要特定的设备，对施工人员的技术要求较之普通压浆工艺要高，造成实际工程中真空压浆工艺推广应用还不够理想，迫切需要研究更为理想有效的压浆工艺及设备来实现高效高质量的孔道压浆施工。

3 预应力智能化张拉与压浆技术的提出

为提高预应力施工质量，公路行业在有关新规范中针对预应力施工提出了更高的要求[3]，使得传统方式在多方面无法满足规范要求，从而进一步加剧了预应力技术迅速发展与传统工艺相对落后之间的矛盾。因此，在新规范的推行和实施过程中急需先进高效的工艺及设备来替代落后的传统工艺及设备。

自20世纪80年代末开始，针对如何有效提高预应力施工过程中的精度控制，彻底改变相对落后的施工工艺，国内外的研究者们在预应力信息化施工方面进行了大量的研究，并且取得了初步成果。从1990年以来，英国的CCL公司和德国的PAUL公司相继成功研制了带有数显功能的记录仪；北京建筑工程研究院周正等成功研究出来计算机自动控制的专用油泵；太原理工大学李珠、贾敏智等成功研制了具有闭环控制功能的预应力张拉装置[4]。但由于缺乏统一规范的引导，上述研究成果较为分散，大多停留在试验分析阶段，难以大规模在施工现场进行推广应用。

随着现代机电液一体化技术的发展，电液比例技术的控制精度不断提高，电液比例控制液压系统和计算机技术在土木工程领域得到广泛应用和发展。在2008年，重庆交通科研设计院罗斌等人在交通部西部建设项目的研究中成功研发出预应力张拉监控系统[5]，并广泛应用于国内多条高速公路的现场施工中，在此基础上进一步发展研究，在国内率先提出了预应力智能张拉压浆技术的概念。预应力智能张拉压浆技术具有感知、分析、推理、决策和控制等特点，是预应力技术工艺、先进制造技术、过程控制技术、信息技术和计算机技术在土木工程领域机械设备上的技术融合与系统总成，其充分体现了现代施工建设中的信息化和智能化发展要求及趋势。

4 预应力智能化张拉压浆系统介绍

4.1 智能张拉

智能张拉系统为新一代网络化施工系统，如图1所示。其中，现场设备由智能泵站、智能操控平台、专用千斤顶、智能张拉软件四部分组成，见图2。

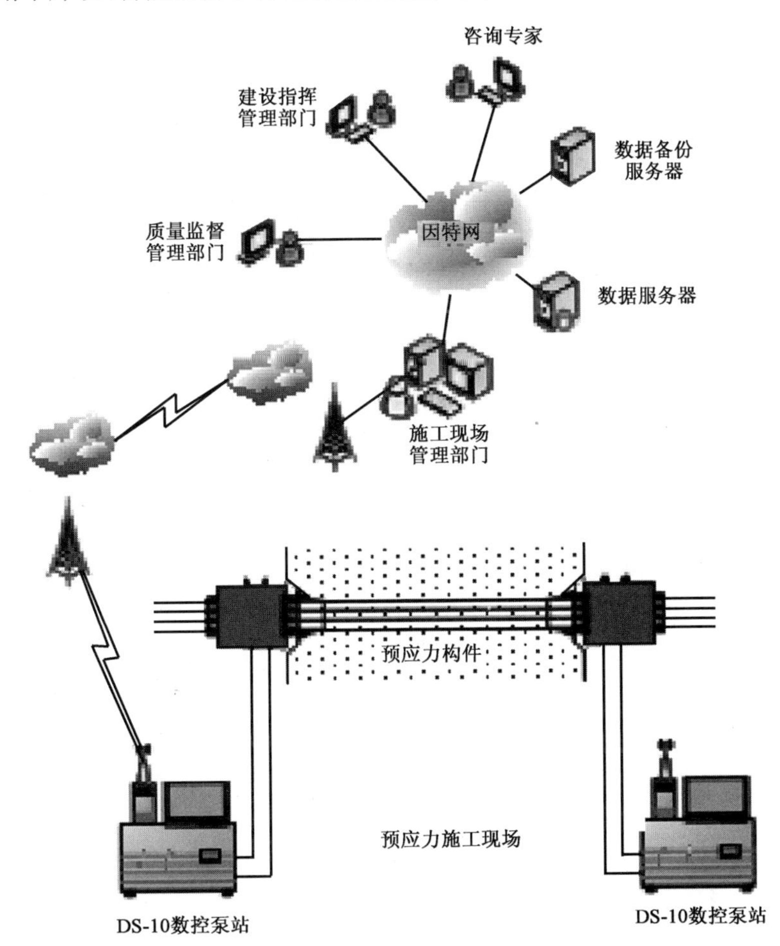

图1 预应力智能张拉系统

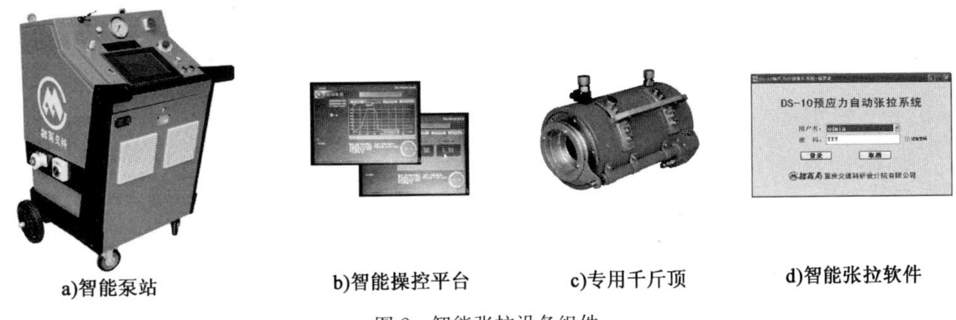

图2 智能张拉设备组件

该系统以数控泵站替代手动泵站，以工控平台替代手动操作，以传感器替代油压表和钢卷尺，以自动记录替代人工记录，以实时数据分析替代施工后校核，并实现了信息数据的无线传输。可见，该系统实现了预应力张拉施工的自动化与智能化、精细化与标准化、网络化与信息化。

其中，智能泵站采用伺服控制技术，内部集成控制阀组和压力传感器，采用闭环控制方式精确控制输出压力，输出液压油驱动千斤顶施加预应力至构件；智能操控平台集成工控机和人机交互系统，根据预设工艺参数自动完成张拉过程，实时显示并记录张拉数据；专用千斤顶采用轻量化设计，内部集成线性位移传感器，用于张拉过程中预应力筋伸长值的准确测量；智能张拉软件基于 windows 平台开发，具有丰富的管理功能和友好的人机界面，用于张拉过程中任务参数管理及数据分析处理。

4.2 智能压浆

智能压浆系统是针对浆体配制质量及施工工艺缺陷，基于传统压浆设备改进、设计的。该系统以自动化控制代替人工操作控制，自动完成称量、搅拌、抽真空、压浆全过程，精确控制“水胶比”等浆体质量参数，可确保压浆时浆体的质量。该系统采用独特的抽真空加循环压浆工艺。抽真空工艺能够抽出压浆前孔道内的空气，循环压浆工艺能够消除压浆时浆液中的空气及气泡，并减少孔道中浆液内部气泡。

智能压浆系统将真空加循环的压浆工艺流程固化为操作程序，存储于计算机内，由计算机代替人工完成压浆，减少人工对压浆质量的影响，确保孔道压浆的密实度。系统采用一体化设计，其将真空泵、上料搅拌机构、压浆泵、控制系统结合为一体，不仅便于维护和使用方便，同时还可以减少系统故障。该系统主要由上料搅拌系统、抽真空系统、压浆系统、控制系统 4 部分组成。

5 工程应用

智能张拉系统通过国家法定计量机构进行标定校准，标定校准结果如表 1 所示。

智能张拉系统标定结果

表 1

序号	标准值		张拉系统测量值		测量精度	
	荷载(kN)	位移(mm)	荷载(kN)	位移(mm)	荷载(%)	位移(%)
1	500	—	501.9	—	0.38	—
2	1000	50	1000.5	49.8	0.05	−0.40
3	1500	100	1499.8	100.1	−0.01	0.10
4	2000	150	2001.3	150.0	0.06	0
5	2500	200	2506.4	198.3	0.26	−0.85

该标定结果表明系统测量精度能很好地控制在 0.5%以内，优越于规范规定的±1.5%的要求，可完全满足预应力工程应用的要求。智能压浆系统的各项性能指标均能够满足桥梁预应力压浆施工要求。目前该系统已广泛应用于广东、云南、重庆、四川、贵州、福建、江西等省份的公路建设中。

在工程应用中，各建设单位及使用者对智能张拉压浆系统予以高度评价，应用结果表明，该系统相比传统施工方式大大提高了预应力施工过程中的控制精度，减轻了操作人员劳动强度，有效排除了人为因素影响。施工完成后，系统软件自动处理数据，自动计算结果并出制带有防伪功能的记录报告。

6 结语

目前，预应力智能张拉与压浆技术及设备正在逐步推广应用，应用实践表明，采用智能化的施工工艺及设备，可直接提高施工控制精度及施工效率，同时为施工、监理、建设及质量安全监督等各方之间创造了一个信息化交互的质量控制与管理平台，真正实现了预应力施工"动态实时、现场可视、量化可控"的管理模式。但是，由于国内预应力机械行业底子薄、起步晚，加之管理尚未规范，造成当前市场中设备产品仍处于初步发展阶段，在未来的发展中应努力提高产品质量、加强吸收国外先进经验、规范行业竞争秩序，以促进国内预应力智能化施工的健康有序发展。

参考文献

[1] 李文锋，廖强，罗斌，等. 全自动智能预应力张拉设备液压系统研究与设计[J]. 公路交通技术，2012(6)：68-71.

[2] 陈茜，于滨. 预应力机械的发展现状及发展趋势综述[J]. 建筑机械化，2010(增刊)：16-18.

[3] 中华人民共和国行业推荐性标准. JTG/T F50—2011 公路桥涵施工技术规范[S]. 北京：人民交通出版社，2011.

[4] 李珠. 预应力数字化张拉技术研究及其应用[M]. 北京：科学出版社，2013.

[5] 廖强，罗斌，饶枭宇. 桥梁预应力张拉精细化施工监控系统 AS-10 系统的工程应用[J]. 公路交通技术，2011(6)：72-74.

抗浮锚杆耐久性问题探讨

付文光

（中冶建筑研究总院（深圳）有限公司）

摘　要　抗浮锚杆耐久性主要体现为锚筋的抗腐蚀性及锚杆的工后变形。对各种防腐方法的分析比较表明：砂浆保护层可能因产生裂缝而变得不可靠，而目前又缺少适合的裂缝验算方法，故很多环境下都不能视之为主要的防腐方法。提供备用腐蚀量方法可用于钢筋锚杆；无粘结钢绞线、波纹管、环氧涂层、环氧涂层钢绞线及钢筋、压力型锚杆等防腐方法较为可靠。防腐重点应为锚头向下及自由段与锚固段交接处向下一定长度范围内。抗浮锚杆可分为全长粘结型非预应力、拉力型预应力及压力型三类，按不同防腐级别，对三类锚杆的锚头、自由段及锚固段等不同部位，分别建议了多种防腐方法。最后对减少抗浮锚杆的工后变形及防止疲劳破坏提供了一些建议。

关键词　抗浮锚杆　耐久性　裂缝验算　无粘结钢绞线　波纹管　环氧涂层　压力型锚杆　工后变形

1　概述

抗浮锚杆是用于结构物抵抗因地下水引起的上浮力的锚杆，通常为永久性的。建筑结构的耐久性，是节约社会资源、建立节能型社会、关系到国计民生的大事，任何永久性结构构件，都必须要考虑其耐久性，抗浮锚杆概不例外。

通常认为，结构构件的耐久性主要受三个因素控制，即腐蚀、疲劳和磨损。腐蚀体现了化学稳定性，疲劳体现了力学稳定性，磨损则体现了物理稳定性。

(1)对于所有锚杆来说，几乎无磨损问题。

(2)对于大多数环境下的锚杆来说，疲劳问题往往也不重要，但抗浮锚杆有所不同。抗浮锚杆的破坏除了腐蚀，往往还有力学原因，且变形对于抗浮锚杆来说很重要，较大的变形会导致地下室底板的上浮量过大而受损，而变形往往是力学原因造成的，故还要考虑其力学稳定性，尤其是对于预应力抗浮锚杆。抗浮锚杆的力学稳定性，主要体现为变形及耐疲劳性，在浮力的反复作用下，一不产生有害变形，二不产生疲劳破坏，同时还要考虑其他原因造成的应力损失及变形。

(3)腐蚀性是所有永久性锚杆要考虑的一个主要问题。锚杆依靠筋体（通常为钢材）承受内力，依靠锚固体的砂浆（锚杆粘结材料通常为水泥净浆、水泥砂浆及细石混凝土，以下统称砂浆）提供与岩土层的界面粘结力，即抗拔力。化学稳定性主要指锚筋钢材及砂浆的抗腐蚀性。故抗浮锚杆的耐久性，主要指锚杆锚筋的抗腐蚀性、锚杆的力学稳定性以及砂浆的耐久性。本文不讨论砂浆的耐久性问题。

近些年，国内对工程结构的耐久性研究工作取得了不少成果，但对于锚杆，尤其是抗浮锚杆的耐久性研究还很少。锚杆的耐久性需要数年、数十年的时间去验证，很难用实践本身检验验证，但工程中又不可能等上几十年再去应用，故主要通过借鉴其他学科及工程的研究成果及相关经验，再综合本项技术已有的少量经验进行推测。相对于其他工程锚杆，抗浮锚杆的耐久性研究成果更少。

2 工作环境

讨论抗浮锚杆的耐久性，必须从其所处的特殊的工作环境出发：

(1)置于被服务的结构物底板下的岩土层中，无法直接观察到，处于完全隐蔽状态；

(2)为永久性锚杆；

(3)工作在有地下水的岩土层环境中，可能完全被水浸泡，也可能干湿交替；

(4)所受荷载为不规则周期性荷载，地下水位通常随季节、降雨、潮汐等作用循环变化，浮力亦随之变化；

(5)有时可能处于受压状态；

(6)施工完成后，锚头通常被密封在底板等结构物中，很难进行检查、保养、维护、监测等。

3 腐蚀机理及防腐等级

3.1 金属腐蚀原理及主要形式

钢材的腐蚀分化学腐蚀和电化学腐蚀两大类，化学腐蚀指钢材表面与周围介质直接发生化学反应而损坏的现象，本文不讨论。电化学腐蚀指钢材与电解质溶液接触，通过电极反应产生的腐蚀，也称原电池腐蚀或差动电池腐蚀。锚杆的腐蚀通常为电化学腐蚀。电化学腐蚀原理大体为：钢材表面吸附了空气中的水分，形成一层水膜，空气中的 CO_2、SO_2、NO_2 等溶解在这层水膜中后，形成电解质溶液，而钢材均含有少量杂质，实际上是合金，除铁外还含有石墨、渗碳体以及其他金属和杂质，它们大多数没有铁活泼，从而在金属表面形成阳极为铁、阴极为杂质的原电池(也称差动电池)，阳极上发生氧化反应(阴极发生还原反应)发生溶解，产生腐蚀现象。

3.2 锚杆腐蚀破坏实例的总结分析

对国内外收集到的几十例锚杆腐蚀破坏案例[1-2]的统计分析表明：

(1)破坏时锚杆已经工作的时间短则数周，长则数十年，最长 1 例为 31 年；

(2)75%以上为永久性锚杆，锚头、自由段及锚固段均采取了防腐蚀措施；

(3)锚筋材料有钢绞线、钢丝、普通钢筋、预应力螺纹钢筋等；

(4)约 60%的腐蚀破坏部位为锚头附近(包括锚头下 0.5m)，约 35%的破坏为自由段(包括自由段进入锚固段内 0.5m)，锚固段破坏案例不足 5%；

(5)锚头及自由段腐蚀破坏的原因多种多样，上述金属局部腐蚀的各种形式几乎都能见到。锚固段破坏的主要原因是灌浆不饱满，又没有套管保护；

(6)有一半以上可认为施工质量有问题，没有达到相关技术标准或设计要求。笔者亲身经历的几起锚杆腐蚀破坏案例也证实了这一点。

3.3 国内外关于锚杆防腐等级的一些规定

国际预应力协会(FIP)提出了几种需特殊防范的地层和环境[3]：

(1)出露于海水、含有氯化物和硫酸盐环境中的锚索；

(2)氧含量低而硫含量高的饱和黏土；

(3)含有氯化物蒸发盐的环境中；

(4)在有腐蚀性废水或受腐蚀性气体污染的化工厂附近；

(5)穿过地下水位起伏变化较大区域的锚索;

(6)穿过部分饱和土的锚索;

(7)穿过化学组成特征不同、水或气体含量差异较大地层中的锚索;

(8)锚索应力受到循环波动的环境。

FIP从抗腐蚀性角度,规定锚固段不宜设置在下列土层中,如果要设置,应对锚固段采取特别防腐措施(FIP1990):

(1)地下水pH值小于6.5;

(2)地下水中CaO的含量大于30mg/L;

(3)CO_2 含量大于15mg/L;

(4)NH_4^+ 含量大于15mg/L;

(5)Mg^{2+} 含量大于100mg/L;

(6)SO_4^{2-} 大于200mg/L。

《岩土锚杆(索)技术规程》(CECS 22—2005)[4]是国内对锚杆防腐规定最为详细的技术标准之一,规定地层有下列情况时可判定为有腐蚀性:①pH值小于4.5;②电阻率小于2000Ω·cm;③有硫化物;④有杂散电流;⑤有对钢材或砂浆的化学腐蚀。实际上,FIP建议对腐蚀等级评定时,还包括了水的电导率、氧化还原电位、电流密度、可能存在的外来电场等,而国内这些工作很少进行,电阻率的测试及杂散电流的调查等基本也没开展。《岩土锚杆(索)技术规程》(CECS 22—2005)根据工作环境的腐蚀性及工程的重要性等,把锚杆防腐等级划分为Ⅰ级及Ⅱ级两个级别,采取了不同的防腐方法。其实,只有沿海地区、变电站、被污染地层、一些工厂及矿山、大型电气设备附近等少数环境对抗浮锚杆具有腐蚀性,抗浮锚杆的大多数工作环境都可认为是无腐蚀性或对混凝土有弱腐蚀性的,这是迄今为止发现抗浮锚杆腐蚀破坏案例很少的一个重要原因(另一个可能的重要原因是年头尚短,尚未产生腐蚀破坏)。

4 锚筋的防腐方法比较

锚筋的防腐原理大致可分为碱性环境防腐、提供备用腐蚀量、电化学保护、采用非金属材料及物理隔离防腐5大类。

4.1 锚固段的砂浆保护

普遍认为,钢铁在pH>11.5的碱性环境中氧化后将在表面形成钝化膜,保护钢铁不会锈蚀。硅酸盐水泥拌制的砂浆(包括净浆及混凝土等)能够满足钝化膜生成条件,并保护钝化膜长期不被破坏。从前述腐蚀破坏的案例来看,砂浆的防护作用很明显,很多文献认为砂浆是最基础的防腐措施,只要砂浆厚度足够且不被破坏,通常就能提供有效的防腐保护。砂浆提供的是碱性环境,故这种方法也称碱性环境防护。

国外多数规范未将砂浆列为第一位的永久性防腐措施,国内技术标准[4]认为当防腐等级为Ⅱ级时,可以用作锚固段的主要防护手段。砂浆用作防腐结构时,可能会产生结晶腐蚀、分解腐蚀及结晶分解复合腐蚀,应按《混凝土结构设计规范》(GB 50010—2010)及《建筑桩基技术规范》(JGJ 94—2008)等技术标准的有关规定,本身尚应该根据不同的环境类型采用不同的防腐措施。例如:氯离子、硫酸根离子及大气中的CO_2、SO_2等酸性物质能够破坏钝化膜,使锚筋失去保护。为了保证砂浆的防护效果,粘结材料应为硅酸盐类水泥,水泥强度等级不应低于42.5MPa;水泥结石强度等级不应低于25MPa;应该有较小的水灰比,一般不应大于0.45;砂、石中的含泥量不应超过总重量的3%,有机物、云母、硫化物、硫酸盐等有害物质的含量不得大于总重量的 1%；拌和用水及外加剂要符合有关技术标准规定，不能降低水泥浆的碱度；水泥浆中的氯化物含量不得超过水泥重量的 0.1%；锚筋的砂浆保护层应有一定的厚度，一般不应少于 20～30mm；为了提高抗拔力及防腐效果，拉力型锚杆往往要进行二次注浆等。

4.2 提供备用腐蚀量

钢材的腐蚀速率是有限度的，可设置钢筋直径足够大，预留一定量用于腐蚀。国内外对钢筋锈蚀量及速率均取得了一定的研究成果，据介绍[5]，我国港工中统计钢筋的锈蚀率为 0.1～0.2mm/a；英、法、美等国对锈蚀量有一定的要求，美国一些规范认为采用超尺寸钢筋、提供备用腐蚀量的做法是可靠的防腐措施。这种方法显然只适用于钢筋而不适用于钢绞线。但有文献[6]指出这种做法也并不可靠，因为锚筋被消耗掉一定厚度后无法受力，只能是失效。有文献[7]对埋藏了 17 年的缩尺寸锚杆进行了开挖调查研究，发现中等腐蚀环境中，锚杆的直径损失约 10%，截面积损失约 19%，强度损失约 14%，证实了这种看法。笔者认为，可以考虑将这种方法作为全长粘结型钢筋锚杆防腐的辅助手段。

4.3 电化学保护法

电化学保护法分为阴极保护及阳极保护两类，工程中前者应用较多，其原理是给被保护的锚筋提供多余的电子，大致有牺牲阳极保护法及外加电流保护法两种，例如后者用废旧钢铁作为阳极，把锚筋接阴极，加直流电，阳极向阴极输送电子，从而保护阴极，直至废钢铁被耗尽，重新更换。这种方法造价高、不易维护，未见在抗浮锚杆工程中应用的报道。

4.4 预应力锚杆自由段的套管与防腐油脂

砂浆直接与锚筋接触才能形成钝化膜起防护作用，自由段不与砂浆接触，不能把自由段灌注的砂浆视为保护层，自由段只能通过物理隔离原理防腐，实际上，隔离防腐是国内外最普遍做法。自由段隔离防腐应用最为广泛的做法是外套套管、套管内涂抹防腐油脂，主要目的有两个：①防腐，即阻止地层中有害气体和地下水通过注浆体向筋体渗透；②隔离，将自由段筋体与注浆体隔离，使自由段能够自由伸缩，以通过应变产生应力。套管一般选用聚乙烯(PE)或聚丙烯(PP)软塑料管，要求具有足够的厚度、强度、柔性、抗裂性和抗老化性能，能在锚索有效服务时间内抵抗化学物、有害气体及地下水对锚索体的腐蚀，不对锚筋产生不良影响，与锚杆浆体和防腐剂无不良反应，在加工和安装过程中不易损坏等；此外套管不宜有接头，如果必须有接头，搭接长度应不小于 50mm 并应用胶带密封。应注意，聚氯乙烯(PVC)在长期的使用过程中会有氯离子析出，对锚筋造成腐蚀，故严禁采用。油脂的主要作用是润滑，也有防腐作用，但因有挥发、硬化、流淌及随套管破损处剐蹭缺失等隐患，设计中一般不作为主要防腐措施。防腐油脂要求具有防腐性能和物理稳定性，具有防水性和化学稳定性，不与锚筋材料发生不良反应，不对锚杆自由段的变形产生限制和不良反应，在规定的工作温度内和张拉过程中，不得开裂、变脆或成为流体。应使用符合相关技术标准的无粘结预应力筋专用防腐润滑脂。

但这种在现场靠人工涂抹油脂及套塑料管作法的可靠性无法令人信服；且锚杆在安装的过程中与孔壁及吊放工具等产生摩擦，套管是塑料制品，难免造成磨损甚至破损，因放入了钻孔内看不见，破损处无法被发现及修补，影响了可靠性。所以这种方法尽管目前应用很多，但会不会成为工程中的"定时炸弹"，笔者是深表担忧的。已有的并不丰富的锚杆腐蚀破坏经验表明，这种做法并不可靠，永久性锚杆工程中应逐步禁止。

4.5 无粘结钢绞线

取而代之的方法之一是采用无粘结钢绞线。无粘结钢绞线即在普通钢绞线上涂一层防腐油脂，外套一层不小于 0.8mm 厚度的聚乙烯套管(通称 PE 管)，使钢绞线与外界完全隔绝，注浆后不与砂浆粘结。PE管的作用与技术要求与自由段的套管相同,防腐油脂的作用与技术要求与自由段的相同。无粘结钢绞线是工厂生产的,可靠性较高,近些年国内在桥梁、预应力混凝土及岩土锚固等工程中有了大量应用。使用时在锚固段及锚头处将PE管剥开、洗净油脂。缺点与套管一样,在安装的过程中PE管难免破损且破损后无法被发现及修补。无粘结钢绞线价格一般比普通钢绞线(有粘结钢绞线)高10%～20%。笔者认为应该用无粘结钢绞线逐步取代现场进行自由段防腐做法。

4.6 波纹管

波纹管是得到国内外公认的有效防腐措施。波纹管有金属的和塑料的两大类,金属波纹管材料一般为镀锌或不镀锌低碳钢,塑料波纹管材料通常采用聚乙烯及聚丙烯等,耐久性(耐腐蚀性、防老化、防杂散电流、耐疲劳性等)及价格一般优于金属的。波纹管应保证锚固段应力向地层传递的有效性,在拉力作用下不得开裂。波纹管应使管内注浆体与管外的注浆体形成相互咬合的沟槽,使锚杆的应力通过注浆体有效地传入地层,一般壁厚不小于0.8mm,具有一定的强度、刚度和韧性,并能承受施工中的外力冲撞和摩擦损伤。笔者收集到的文献中,设置波纹管的锚杆抗拔力未见下降。此外,波纹管应具有较强的化学稳定性、耐久性、憎水性、耐霉性及抗菌性等。波纹管的技术参数及质量要求等应符合相关技术标准规定。波纹管防腐方法在水利水电的边坡锚杆工程中应用较多。波纹管应全长设置,有些文献认为波纹管只在锚固段需要,自由段有了套管的保护,可以不再设置,但经验表明这种做法是危险的,自由段更需要波纹管的保护。

波纹管也有缺点:

(1)通常只能一次注浆而不能进行二次高压注浆,使土层提供的锚固力降低了。

(2)与套管一样,容易在安装的过程中发生破损且无法被发现及修补。

(3)施工工艺较为烦琐。其施工顺序为:下料→清洗钢绞线→编锚,安装隔离架,绑扎固定内外注浆管,安装束线环→安装波纹管,将外注浆管从波纹管的端盖穿出→绑扎外对中架→安装锚索→孔口及波纹管管口封堵→按波纹管先内后外顺序注浆→补浆→安装锚座,张拉锁定。

(4)工程造价较高。据笔者对国内抗浮锚杆工程的调查统计,尚未见到波纹管用于抗浮锚杆的报道,后两个缺点可能是重要原因。但笔者认为,作为可靠的防腐方法之一,业界应克服这些困难,加大抗浮锚杆使用波纹管防腐的推广力度。

4.7 环氧涂层、环氧涂层钢绞线及钢筋

直接在锚筋表面喷涂防腐材料,如镀锌、镀铬、喷涂金属粉、渗铝等,形成隔离保护,就能够大大降低套管及波纹管容易破损的风险。

随着新技术的发展,国内已开始有工厂生产环氧涂层钢绞线以及环氧涂层钢筋,且十几年前就已经分别形成了国家及行业技术标准,使防腐性能的可靠性大大提高了。近些年环氧涂层钢绞线在预应力混凝土、桥梁及水利水电边坡预应力锚索等工程中已经有了较多应用,抗浮锚杆工程中也开始有了环氧涂层钢绞线的应用,尚未见到环氧涂层钢筋的应用案例。环氧涂层对粘结强度有一定影响,但钢绞线与砂浆的粘结强度远大于砂浆与岩土层的粘结强度,故不会明显影响锚杆的抗拔力。锚索张拉时,环氧层可能会导致锚具夹片咬合力降低,故不能使用普通夹片,应使用与环氧涂层钢绞线配套的锚具夹片。

4.8 玻璃钢锚杆

既然锚杆的腐蚀主要是金属电化学腐蚀,那么采用非金属材料作为锚筋,就能够避免大部分腐蚀。树脂基复合材料,也称纤维增强塑料、玻璃纤维增强塑料,俗称玻璃钢,就是其中技术较为成熟应用最为广泛的一种，最大的优点就是抗腐蚀性强。国外在 20 世纪 90 年代中期开始便将玻璃钢锚杆应用于巷道支护工程，国内也有一定的工程应用。但玻璃钢锚杆的缺点是头部靠螺纹传递应力而螺纹能够提供的承载力不高，故很难提供较高的预应力水平；此外还有断裂延伸率不高、材料对人体略有刺激需做好职业防范工作、工程造价较高、与砂浆提供的碱环境较难适应、需要专用配套锚具及连接器等缺点，但相信随着技术的发展与工程应用的日益增加，这些缺点将逐步被克服。笔者认为玻璃钢材料是抗浮锚杆值得关注的一个发展方向。

5 锚杆防腐方法

5.1 防腐重点

拉力型预应力锚杆的锚固段与自由段的交接点及向下一定长度范围，及各种锚杆锚头至孔口向下一定长度范围是防腐薄弱环节。众所周知，锚杆表面上的粘结应力沿锚固段并非均匀分布，而是以峰值形式存在和传递的。一些锚杆现场开挖经验表明，应力较大时，锚固段头部向下一定长度范围内的砂浆有较宽、较密裂缝，越向下裂缝越细、越疏，裂缝的开展宽度及范围随岩土层的性状及锚杆的应力水平变化而变化。前述一些锚杆腐蚀破坏案例也证实了这点。因此，防腐工作应以对锚固段的头部处理为重点。

对于抗浮锚杆：

(1)地下室底板受到浮力后，经常会有轻微上浮变形，素混凝土垫层与底板粘结强度通常大于垫层与岩土体的粘结强度，垫层随底板轻微上浮，在垫层底面与地层表面(孔口)之间产生微小缝隙，锚杆受拉略有伸长，缝隙内的伸长后的锚筋暴露在地下水环境中，可能得不到防腐措施的保护直接受到水的侵蚀，成为防腐薄弱环节，全长粘结型锚杆、拉力型锚杆及压力型锚杆均会如此。

(2)孔口向下一定长度范围为防腐薄弱环节，如前所述。

(3)预应力锚杆，包括压力型锚杆，要在底板防水措施完成后再张拉，为了能够自由变形，锚头下锚筋与防水措施之间可以滑动、有空隙的，易形成地下水的上升通道及防腐弱点。

(4)张拉时通常钢绞线锚索采用锚具夹片系统锁定预应力，钢筋锚杆采用螺母螺杆系统锁定预应力，为了能够使锚夹片咬住钢绞线及螺母咬住螺杆，钢绞线及螺杆在锚具内及上下一定长度范围内必须有粘结，不能涂抹油脂，无粘结钢绞线的 PE 管也要剥开、洗净油脂，该段锚筋将直接暴露在顺锚筋而上升的地下水中，成为防腐薄弱环节。

(5)即便采用环氧涂层钢绞线或对锚头段的锚筋喷涂环氧树脂保护，也存在弱点。环氧涂层预应力锚索通常使用顶推杆辅助锁定[8]，不考虑夹片滑移，放张时钢绞线随夹片回缩约 11mm 后才能被夹片咬住，而张拉的过程中，锚筋已经受到夹片齿牙的剐咬，环氧涂层会被咬破，钢绞线上也会产生咬痕(从张拉出锚具外的钢绞线上可看到)，被咬破处随夹片缩回锚具内后，成为防腐薄弱环节。

此外，锚头防腐与自由段及锚固段防腐的施工条件不同，自由段及锚固段的防腐措施在地面上完成之后放入钻孔中，操作容易；而锚头防腐要在底板防水措施基本完成、底板部分完成后才能进行或与其交叉施工，施工条件恶劣，又是在隐蔽状态下操作的，质量很难保证；还有，防腐的同时还要处理好防水问题。可见，锚头防腐难度非常大，成为锚杆防腐最薄弱环节也就在所难免了。使锚具内及锚头内形成密闭空间、不透水不透气是锚头防腐的关键所在。

5.2 不同防腐等级的设计最低要求

抗浮锚杆通常为永久性的，按拟用环境的腐蚀性，划分为Ⅰ级及Ⅱ级两个防护级别，非腐蚀环境中的为Ⅱ级。不同防腐等级的设计最低要求应符合表1规定。

抗浮锚杆不同防腐等级的设计最低要求　　表1

防腐等级	锚头区域	锚筋自由段	锚筋粘结段
Ⅱ	1层物理屏障	1层物理屏障	注浆，或1层物理屏障
Ⅰ	过渡管+1层物理屏障	1层物理屏障+注浆，或2层物理屏障	1层物理屏障+注浆

几点说明如下：

(1)锚杆防腐目标及原则是把金属锚筋完全装入不透水的物理屏障内以阻止锚杆周围的地下水及潮湿气体的侵入。

(2)物理屏障主要指护套、套管、波纹管等各种隔离套管及环氧树脂等防腐涂层。

(3)锚固段的注浆体受到应力作用后容易产生裂缝，完整性不能得到保证，故通常不能单独作为物理屏障，但在注浆质量(主要指完整性)能够得到保证且裂缝宽度较小(一般认为不超过0.1～0.2mm)时，可作为物理屏障。自由段如果设置了止浆塞使其没有被浆体包裹，可在锚筋张拉锁定后，对锚筋自由段进行后注浆防腐，此时注浆体可作为物理屏障。但这两种情况下注浆体均不宜单独作为Ⅰ级防腐的物理屏障。

(4)锚筋材料为环氧涂层钢绞线或钢筋时，在制作、运输、安装及注浆等施工过程中，环氧涂层较容易受到损伤且不易被发觉；现场涂敷的环氧涂层质量很难得到保证，故环氧涂层不宜单独作为Ⅰ级防腐的物理屏障。

(5)防腐油脂等非硬化液体材料作为防腐介质有一定局限性，如容易干缩、长期稳定性不好确定、容易泄漏等，其本身就要受到防护，所以不能单独作为物理屏障。

(6)临时性抗浮锚杆的防腐要求可适当降低。

5.3　全长粘结型锚杆

业界对全长粘结型锚杆防腐问题重视程度远不及对预应力锚杆，不少技术标准中仅规定其保护层厚度为8～15mm[9]。本文认为，如前所述，防腐油脂不能作为锚杆锚固段及自由段的主要防腐措施，砂浆在裂缝宽度较小的条件下可作为防腐措施。该类锚杆使用普通钢筋时，与抗拔桩工作机理及性能类似，可以借鉴抗拔桩的防腐做法。

5.4　预应力锚杆

自由段防腐不得采用防锈漆及沥青麻丝等替代，这是临时性锚杆的做法；上述防腐油脂均为无粘结预应力筋专用防腐润滑脂，没有十足把握不得采用其他油脂替代；没有十足把握也不得用其他防锈漆或防锈剂替代环氧树脂，防锈漆及防锈剂等仅可作为临时防护材料使用。

5.5　压力型锚杆的固定端

压力型锚杆的固定端(包括P型锚及U型锚)埋藏在砂浆中，该处砂浆不受拉力，理论上不会产生裂缝。本文建议的防腐方法为：将无粘结钢绞线端头PE管剥除、洗净油脂。剥开的长度尽量短，满足挤压锚工作需要即可。对剥开的钢绞线、承压板、承载体、锚具等喷涂环氧树脂保护。注浆管底端应低于锚具，保证注浆饱满，使锚具及承载体等完全被砂浆保护起来。另外，还应保证承压板下砂浆不因抗压强度不足而被压碎，如不能保证，则应使用压力分散型锚杆。固定端的具体做法可参见《无粘结预应力混凝土结构技术规程》(JGJ 92—2004)等技术标准。

5.6　其他构件

锚杆中的其他构件包括对中架、隔离架、束线环、导向帽、扎丝、一次注浆管、二次注浆管等，不采用波纹管时一般隔离架兼对中架。这些构件除可以拔出重复利用的一次注浆管外，均不应使用金属材料，耐久性要求与套管基本相同。

6 抗浮锚杆的力学稳定性

6.1 疲劳及蠕变现象

金属疲劳指材料及构件在循环应力或循环应变作用下，应力值虽然没有超过材料的强度极限，但在一处或几处逐渐产永久性累积损伤、经一定循环次数后产生裂纹或突然发生断裂破坏的现象，分机械疲劳、蠕变疲劳、腐蚀疲劳、热机械疲劳、滑动接触疲劳和滚动接触疲劳、微动疲劳、高温疲劳、声疲劳、冲击疲劳等多种。其中抗浮锚杆可能和前 3 种有关：机械疲劳指仅有外加应力或应变波动所造成的疲劳失效；蠕变疲劳指循环载荷同高温联合作用而引起的疲劳失效，而蠕变指在高温或持续载荷作用下材料产生的随时间而发展的塑性变形；腐蚀疲劳指在侵蚀性化学介质或致脆介质的环境中施加循环荷载而引起的疲劳失效。地下水位的不规则周期波动使抗浮锚杆承受不规则周期波动荷载，产生循环应力及应变，目前尚不清楚这种慢速循环应力应变对锚杆金属疲劳的影响。抗浮锚杆在长期应力作用下将产生蠕变效应，如果再处于腐蚀性环境中，则很可能同时产生金属疲劳。

除了疲劳与蠕变，影响抗浮锚杆力学稳定性的因素还有地层徐变、钢材松弛、温度及冲击荷载、变化荷载造成的应力松弛等，均需尽量加以预防。但重点应考虑锚杆的变形问题。按笔者经验，如果抗浮锚杆的工后变形超过 20mm，可能会对地下室底板结构产生不良影响，可参见相关文献[10]。

6.2 建议采取的预防措施

(1)不使锚筋工作处在高应力状态。本文建议锚筋抗拉安全系数不小于 2.0，即锚杆抗拔承载力处于特征值水准时锚筋拉应力不大于极限强度标准值的一半。抗拉安全系数不小于 2.0 还能同时满足抗浮锚杆抗拔力检验时最大检验荷载不小于 2 倍特征值的要求。

(2)选用优质材料及构件，尽量减小松弛变形。因锚具夹具质量不合格造成的工程事故屡有发生[11]，应严格控制锚具夹具质量，外观、硬度、锚具夹具效率系数及总应变等应符合《预应力筋用锚具、夹具和连接器应用技术规程》(JGJ 85—2010)等相关技术标准要求；钢垫板应使用平板、不采用异形板以防止蠕变；螺母应具有较高的强度及耐久性，应与锚杆杆端螺纹配套且材质相同，等等。

(3)锚固段设置在较好的地层，不能设置在有机质土、液限大于 50%的土层、相对密实度小于 0.3 的砂层及可液化等不良地层中。

(4)预应力锚杆的预加应力水平要适中，既不要过高导致其长期工作在较高应力状态，也不要过低使其正常使用极限状态时工后变形过大而导致底板上浮变形。本文建议预应力锚杆锁定应力可为特征值水准时的 80%～100%。

(5)预应力锚杆自由段长度尽量缩短。自由段在能够满足抗浮稳定性及建立预应力的前提下，越短，蠕变及在荷载作用下弹性伸长量越小，对减小工后变形越有利。

(6)加强施工管理，保证施工质量。例如螺杆应与螺母垂直，钢绞线应与锚具垂直，否则应在钢垫板下用砂浆找平；如果不垂直，易造成局部应力集中，损坏螺牙、夹片齿牙、钢绞线保护层及产生应力损失。

7 结语

(1)抗浮锚杆工作在有地下水的底板下岩土层中，承受不规则周期性浮力，耐久性主要体现为锚筋的抗腐蚀性及锚杆的工后变形。

(2)锚杆的腐蚀种类主要为电化学腐蚀,有多种形式。锚头下是腐蚀重点部位,自由段次之,锚固段再次之。

(3)对各种防腐方法的分析比较表明:砂浆保护层可能因存在裂缝而变得不可靠,而目前又缺少适合的裂缝验算方法,故很多环境下都不能视之为主要的防腐方法;提供备用腐蚀量方法可作为钢筋锚杆防腐的辅助方法;无粘结钢绞线、波纹管、环氧树脂涂层、环氧涂层钢绞线及钢筋、压力型锚杆等防腐方法较为可靠。

(4)按工作环境的腐蚀性,抗浮锚杆防腐级别可分为Ⅰ级及Ⅱ级,有腐蚀性的环境为Ⅰ级,应采用双重防护,Ⅱ级防护可采用单重防护。

(5)防腐重点是锚头以下及锚固段与自由段交接处向下一定长度范围内。抗浮锚杆可分为全长粘结型非预应力锚杆、拉力型预应力锚杆及压力型三类,文中按不同防腐级别,对三类锚杆的锚头、自由段及锚固段等不同部位,分别建议了多种防腐方法。

(6)文中最后对减少抗浮锚杆的工后变形及防止疲劳破坏提供了一些建议。

参考文献

[1] H·T·汉纳.锚固技术在岩土工程中的应用[M].胡定,邱作中,刘浩吾,译.北京:中国建筑出版社,1987.

[2] 闫莫明,徐祯祥,苏段约.岩土锚固术手册[M].北京:人民交通出版社,2004.

[3] 梁炯鋆.锚固与注浆技术手册[M].北京:中国电力出版社,1999.

[4] 中华人民共和国行业标准.CECS 22—2005 岩土锚杆(索)技术规程[S].北京:中国计划出版社,2005.

[5] 崔京浩,崔京.锚固抗浮设计的几个关键问题[J].特种结构.2000,1(17):9-13.

[6] 曾宪明,雷志梁,梁仕发,等.锚杆锚索使用寿命与防护对策问题研究综述[G]//徐祯祥,等.岩土锚固技术与西部开发.北京:人民交通出版社,2002.

[7] 曾宪明,李长松,赵健,等.模型锚杆腐蚀耦合效应试验研究[G]//苏自约,等.锚固技术在岩土工程中的应用.北京:人民交通出版社,2006.

[8] 金平.填充型环氧涂层钢绞线张拉工艺探讨[G]//蒋树屏,等.岩土锚固技术研究与工程应用.北京:人民交通出版社,2010.

[9] 徐祯祥.岩土锚固成就之今昔[G]//苏自约,等.岩土锚固技术的新发展与工程实践.北京:人民交通出版社,2008.

[10] 付文光.浮锚杆设计中的几个重要问题[J].岩土锚固工程,2015(12):35-42.

[11] 王宪章,杨志银,冯申铎.预应力锚索工作锚具的锚固性能试验及防腐蚀探讨[G]//徐国民,等.岩土锚固技术与工程应用新发展.北京:人民交通出版社,2012.

土岩组合边坡锚杆设计中常见问题的探讨

胡昌德　徐国民

（西南有色昆明勘测设计（院）股份有限公司）

摘　要　对纯岩质或土质边坡而言，锚杆（索）设计的相关方面几乎都能找到标准依据或成熟的经验可借鉴，但就土岩组合边坡而言，其锚杆设计的许多方面，诸如边坡变形破坏机制、下滑力计算等，目前还处于无规程或无成熟经验可依的阶段。本文试图就土岩组合边坡锚杆设计中常常会遇到的几个问题做点探讨。

关键词　土岩组合边坡　变形　破坏机制　稳定系数　滑坡推力　地基承载力　变形调节

1　前言

所谓土岩组合边坡，是指同一边坡的上段是土层、下段是岩层。这种介质形态的边坡在山区边坡工程中是很常见的。从某种角度而言，岩质边坡的岩层种类、软硬程度、风化程度、结构面发育情况及结构面与边坡的组合关系等方面比土质边坡要复杂得多，其变形破坏机制也十分复杂且往往具有多解性，如果土层和岩层组合在一起，情况就会变得更加复杂。

边坡锚杆（索）支护设计时，必须确保在某一安全系数下锚杆的设计抗力不小于滑坡推力，其中一个重要的方面，就是要弄清边坡变形破坏机制，在此基础上定量评价、计算边坡稳定系数及其在滑动变形破坏情况下的滑坡推力（或剩余下滑力）数值，为锚杆设计提供地质依据。对纯土质边坡或岩质边坡而言，边坡的变形破坏机制、稳定性评价及滑坡推力计算均能找到相关标准作为设计计算依据，或有成熟的设计经验可以借鉴，例如土质边坡的圆弧条分法、岩质边坡的破裂角法等。但对于土岩组合边坡而言，其评价计算模型目前尚无现成模式可以利用，需在工程实践中不断探索和总结。同样，锚杆支护设计中也有一些值得进一步探讨的问题。

2　关于土岩组合边坡变形破坏机制问题

分析和确定土岩组合边坡的变形破坏机制，是对边坡进行定量评价计算的基础。之所以说土岩组合边坡变形破坏机制是复杂的，主要源于如下几个方面：一是土坡段的厚度变化大，土坡段和岩坡段各自的高度对组合边坡破坏模式有影响；二是土岩结合面的形态是复杂多变的，土岩结合面的陡缓对土坡段的破坏模式有影响；三是不同岩层强度差异是很大的，硬岩和软岩（特别是极软岩）的破坏模式是不相同的；四是岩层结构面往往是十分发育的，结构面的发育程度对边坡稳定性和破坏模式都有较大影响；五是岩层结构面与边坡的组合形态是千变万化的，逆向坡与顺向坡相比，不但稳定性差异很大，而且变形破坏机制也有实质性的差别。总而言之，土岩组合边坡变形破坏机制非常复杂。为便于讨论，仅简化列举如下几种变形破坏模型。

2.1　基座稳定模式

假如将岩质坡段称作基座的话，作为土质坡段基座的岩质坡段本身是稳定的，边坡的变形破坏只发生在土质坡段内。这种情况多见于土质坡段占主导地位的组合边坡或者岩质坡段为硬岩的边坡。视土岩结合面形态，土坡段的滑动变形可主要分为如下两种模型。

2.1.1　折线型滑动

土岩结合面较陡，或者土岩结合面不太陡但结合面一带地下水活动十分活跃。土坡段的滑动主要沿土岩结合面发生(图1)。

2.1.2　圆弧形滑动

土岩结合面较缓，为非控滑结构面，土坡段的滑动服从圆弧滑动模式，其剪出口往往出现在土岩交界面附近的土层中(图2)。

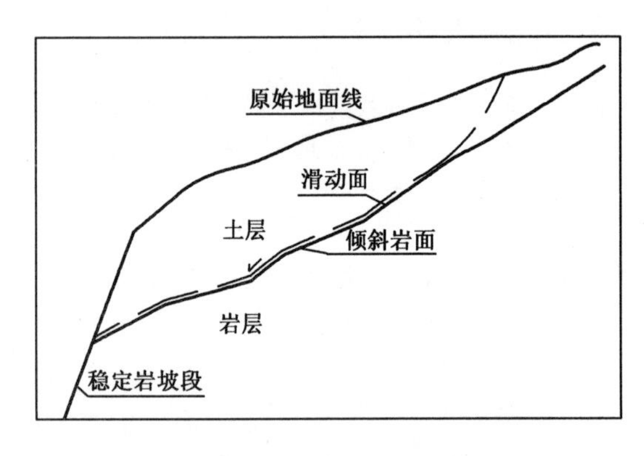

图1　土岩结合面滑动

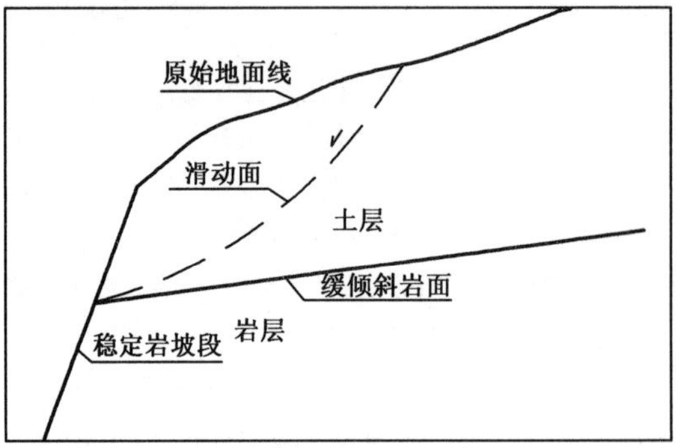

图2　土岩弧形滑动

2.2　基座失稳模式

岩质坡段本身可能产生失稳，那么，组合边坡整体就是不稳定的。前已述及，岩质边坡的变形破坏形式是很复杂的，也是不可概全的，这里仅讨论几种有代表性的破坏模式。

2.2.1　基座弧形滑动破坏

基座为软岩(极软岩)，弧形(类弧形)滑动发生在整个组合边坡体内(图3)。

2.2.2　基座顺层滑动破坏

基座为顺倾岩层，岩层顺层面滑动，坡体内滑动面形态可表现为直线形与弧形结合(图4)。

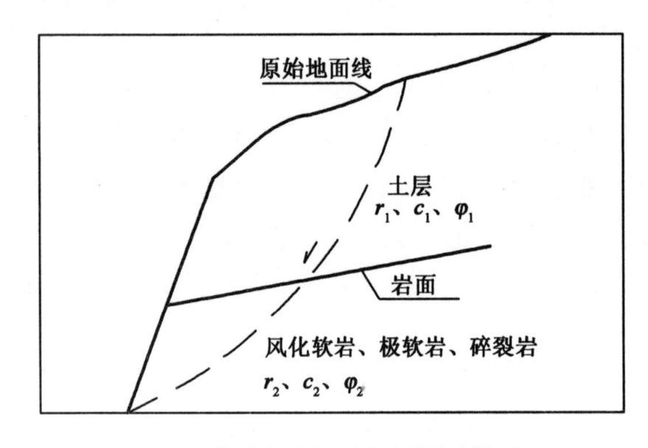

图3　软弱岩层和土层弧形滑动模型

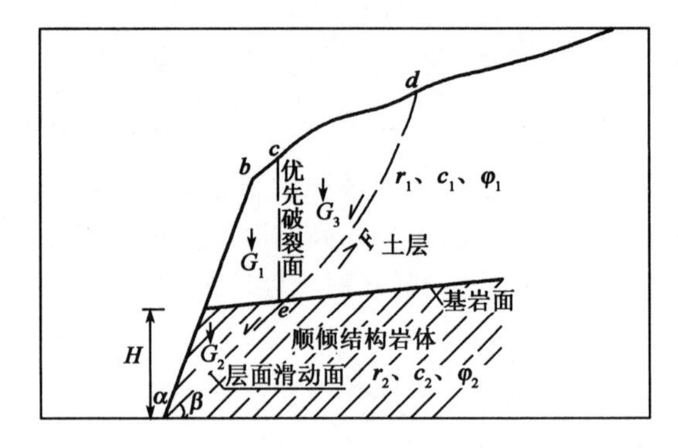

图4　顺倾岩层沿层面滑动和土层弧形滑动模型

2.2.3　基座沿组合结构面滑动破坏

其组合结构面可能是层面与节理面组合，也可能是两组(或以上)节理面的组合，或者是软弱夹层与节理裂隙的组合等。坡体内滑动面形态可表现为折线形与弧形结合(图5)。

2.2.4　基座沿破裂角变形破坏

这种基座破坏的形式多发生于结构面不发育或者是反倾岩层中，坡体内滑动面形态表现为直线形与弧形结合(图6)。

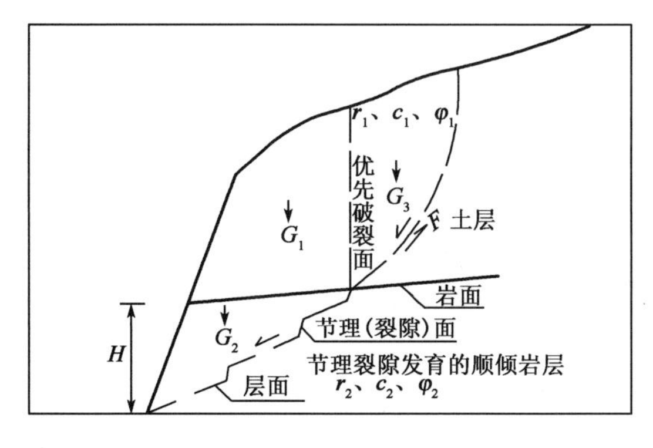

图5　岩层组合结构面滑动和和土层弧形滑动模型

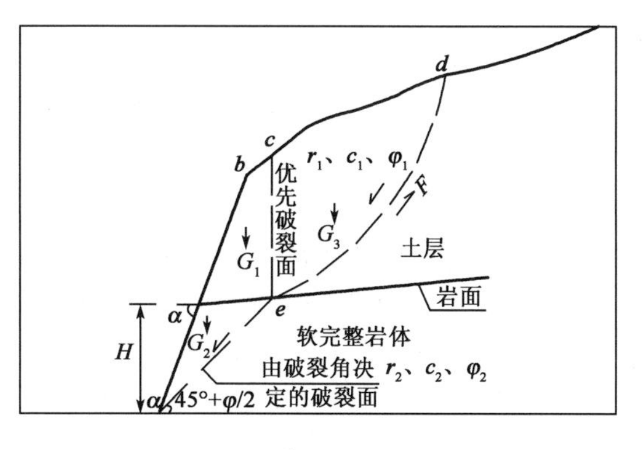

图6　岩层沿破裂角破坏和土层弧形滑动模型

2.2.5　基座岩体倾倒破坏

岩层层面或节理裂隙面反向陡倾，岩质坡段发生倾倒破坏，这种破坏模式在岩坡段中破裂面的形态甚至是难以确定的，从而使得组合边坡内的潜在破裂面难以捉摸，其可能性之一或许为折线形与弧形结合(图7)。

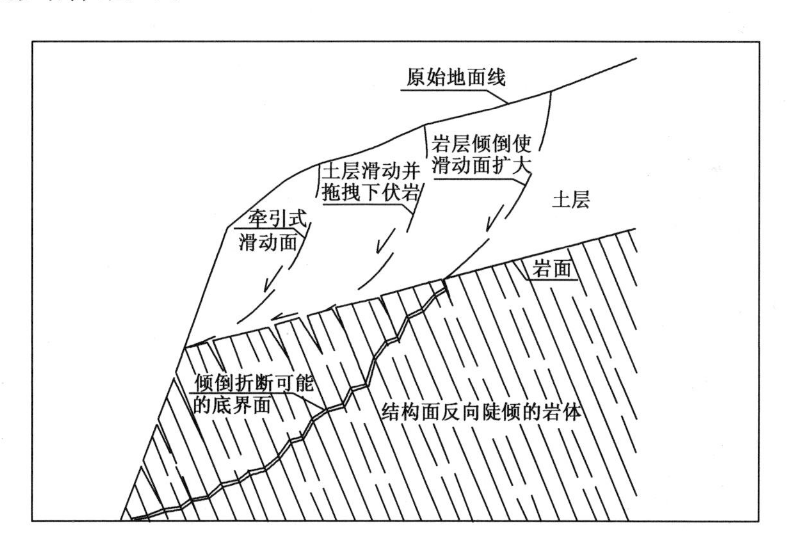

图7　岩体倾倒破坏和土层弧形滑动

3　关于土岩组合边坡稳定评价问题

组合边坡滑动变形模型确定后，方可对边坡进行定量评价计算，并将评价计算结果作为锚杆设计的输入。在评价计算方面，基座稳定型相对简单，基座失稳型就比较复杂。

3.1　基座稳定型

与滑动变形模式对应，可分为如下两种主要评价计算方法。但应注意不同工况下(如自重工况、自重＋地下水工况、自重＋暴雨工况、自重＋地震工况等)其参数(如抗剪强度、安全系数等)输入及计算结果都是有所区别的。

3.1.1　弧形滑动

无支护情况下边坡的稳定性可按如下公式进行评价，其计算模型如图8所示。

$$K_S = \frac{\sum R_i}{\sum T_i}$$

$$N_i = (Q_i + Q_{bi})\cos\theta_i + P_{wi}\sin(\alpha_i - \theta_i)$$

$$T_i = (Q_i + Q_{bi})\sin\theta_i + P_{wi}\cos(\alpha_i - \theta_i)$$

$$R_i = N_i\tan\varphi_i + c_i l_i$$

式中：K_S——边坡稳定性系数；

c_i——计算条块滑动面上岩土体的粘结强度标准值(kPa)；

φ_i——第i计算条块滑动面上岩土体的粘结强度标准值(°)；

l_i——第i计算条块滑动面长度(m)；

α_i、θ_i——第i计算条块滑动面倾角和地下水位面倾角(°)；

Q_i——第i计算条块单位宽度岩土自重(kN/m)；

Q_{bi}——第i计算条块滑体地表建筑物(外加荷载)的单位宽度自重(kN/m)；

P_{wi}——第i计算条块单位宽度的总渗透力(kN/m)；

N_i——第i计算条块滑体在滑动面法线上的反力(kN/m)；

T_i——第i计算条块滑体在滑动面法线上的反力(kN/m)；

R_i——第i计算条块滑动面上的抗滑力(kN/m)。

3.1.2　折线型滑动

无支护情况下边坡的稳定性可按如下公式进行评价，其计算模型如图9所示。

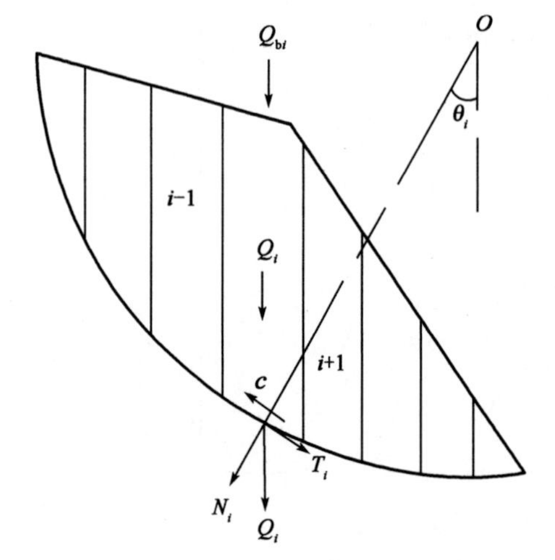

图8　弧形滑动计算模型

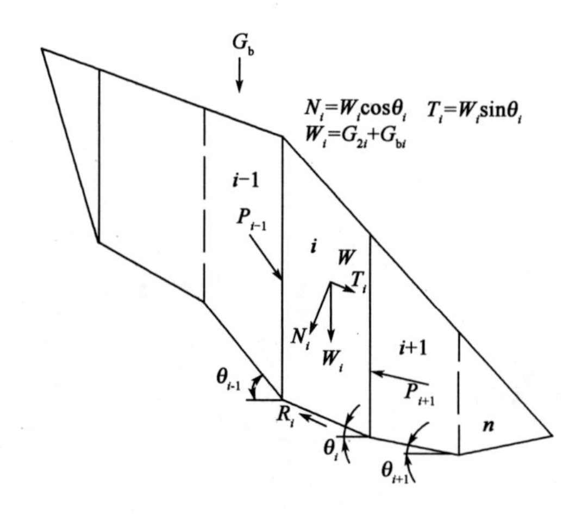

图9　折线型滑动计算模型

$$K_S = \frac{\sum_{i=1}^{n-1}\left(R_i\prod_{j=1}^{n-1}\psi_j\right) + R_n}{\sum_{i=1}^{n-1}\left(T_i\prod_{j=1}^{n-1}\psi_j\right) + T_n}$$

$$\prod_{j=i}^{n-i}\psi_j = \psi_i\psi_{i+1}\cdots\psi_{n-1}$$

$$\psi_j = \cos(\theta_i - \theta_{i+1}) - \sin(\theta_i - \theta_{i+1})\tan\varphi_{i+1}$$

$$N_i = (Q_i + Q_{bi})\cos\theta_i + P_{wi}\sin(\alpha_i - \theta_i)$$

$$T_i = (Q_i + Q_{bi})\sin\theta_i + P_{wi}\cos(\alpha_i - \theta_i)$$

$$R_i = N_i\tan\varphi_i + c_i l_i$$

式中：ψ_j——第 i 计算条块剩余下滑推力向第 $i+1$ 计算条块的传递系数。

3.2 基座失稳型

为便于评价计算，需分不同情形对某些条件加以假定。第一种情况：土质边坡段土体强度对边坡稳定性有贡献，在岩质边坡段破坏模式一定的情况下，假定土质边坡段为弧形破坏，土质边坡段滑动面的出口位置与岩质边坡段滑动面入口位置相同；第二种情况：忽略土质边坡段土体强度对边坡稳定性的贡献，只将土质边坡段作为岩质边坡段的覆重看待。本文只针对第一种情况的代表性模型进行讨论。

3.2.1 基座弧形滑动

无支护情况下边坡的稳定性可按如下公式进行评价，其计算模型如图 10 所示。

$$K_S = \frac{\sum R_i}{\sum T_i}$$

$$N_i = (Q_i + Q_{bi})\cos\theta_i + P_{wi}\sin(\alpha_i - \theta_i)$$

$$T_i = (Q_i + Q_{bi})\sin\theta_i + P_{wi}\cos(\alpha_i - \theta_i)$$

$$R_i = N_i\tan\varphi_i + c_i l_i$$

3.2.2 基座顺层滑动破坏

无支护情况下边坡的稳定性可按如下公式进行评价，其计算模型如图 11 所示。

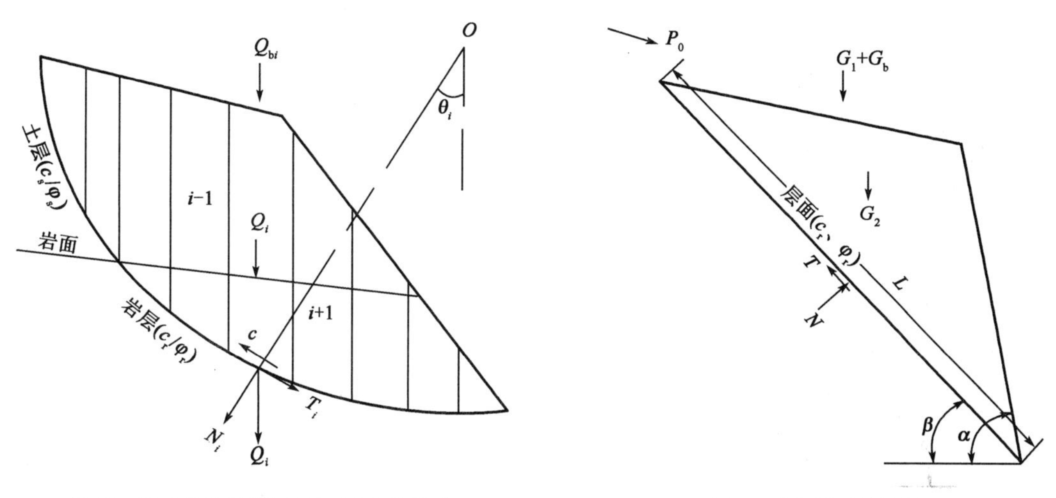

图 10 无支护情况下边坡稳定性计算模型

图 11 顺层滑动计算模型

$$K_S = \frac{(G_1 + G_2 + G_b)\cos\beta\tan\varphi + Ac}{(G_1 + G_2 + G_b)\sin\beta + P_0}$$

3.2.3 基座沿组合结构面滑动破坏

无支护情况下边坡的稳定性可按如下公式进行评价，其计算模型如图 12 所示。

$$K_S = \frac{\sum_{i=1}^{n-1}(R_i\prod_{j=1}^{n-1}\psi_j) + R_n}{\sum_{i=1}^{n-1}(T_i\prod_{j=1}^{n-1}\psi_j) + T_n + P_0\psi_0}$$

$$\prod_{j=i}^{n-i}\psi_j = \psi_i\psi_{i+1}\cdots\psi_{n-1}$$

$$\psi_j = \cos(\theta_i - \theta_{i+1}) - \sin(\theta_i - \theta_{i+1})\tan\varphi_{i+1}$$

式中：ψ_0——优先破裂面处剩余下滑力的传递系数，可取为1。

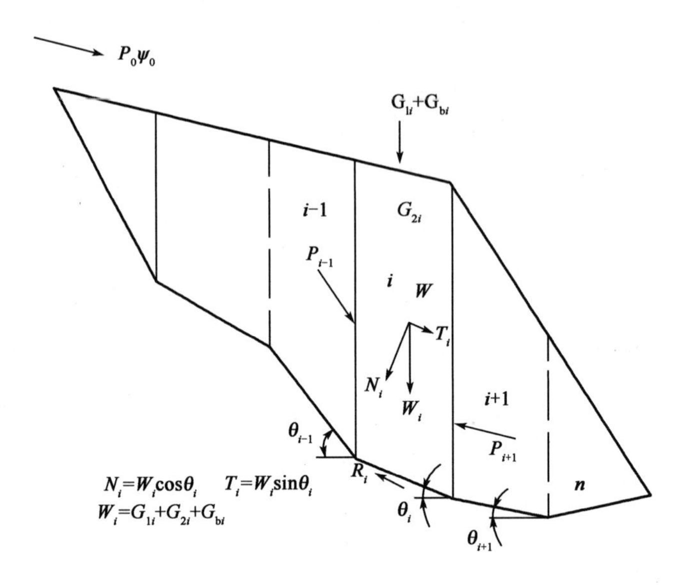

图12 沿结构面滑动计算模型

3.2.4 基座沿缓倾软弱夹层面滑动破坏

无支护情况下边坡的稳定性可按如下公式进行评价，其计算模型如图13、图14所示。

$$K_S = \frac{(G_1 + G_2 + G_b)\cos\beta - \mu - v\sin\beta\tan\varphi + Ac}{(G_1 + G_2 + G_b)\sin\alpha + \nu\cos\beta}$$

式中：$A = (H - z)\csc\beta$；

$\mu = \frac{1}{2}\gamma_w z_w (H - z)\csc\beta$（单位长度）；

$\nu = \frac{1}{2}\gamma_w z_w^2$（单位长度）。

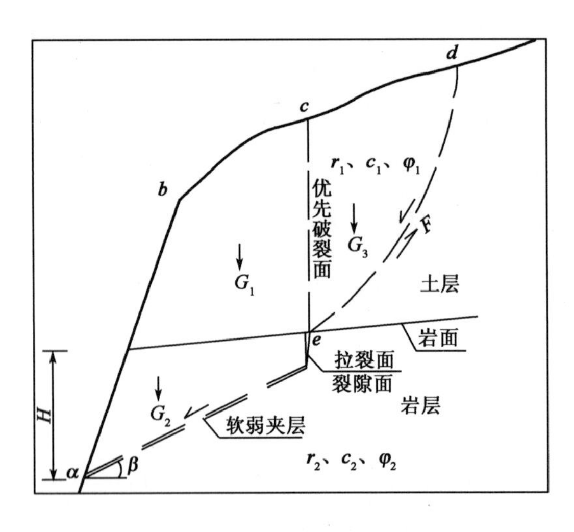

图13 缓倾岩层软弱夹层滑动和土层弧形滑动模型

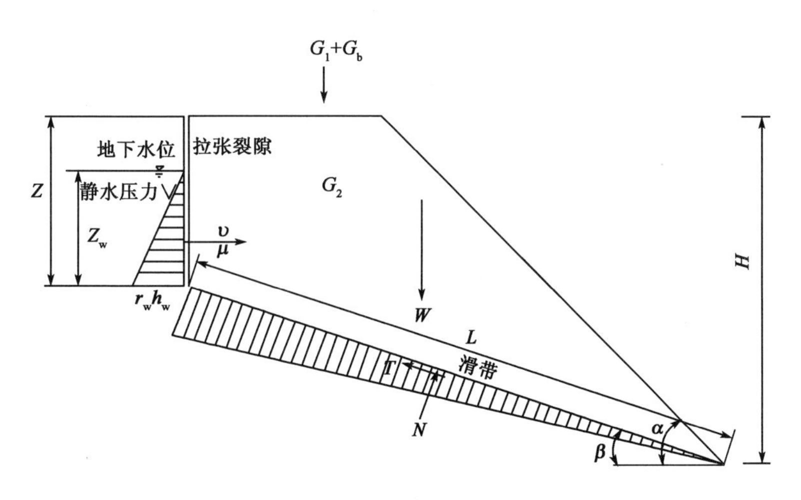

图 14　沿缓倾岩层滑动计算模型

3.2.5　基座沿破裂角变形破坏

无支护情况下边坡的稳定性可按如下公式进行评价，其计算模型如图 15 所示。

$$K_S = \frac{(G_1 + G_2 + G_s)\cos(45° + \varphi/2)\tan\varphi + Ac}{(G_1 + G_2 + G_b)\sin(45° + \varphi/2) + P_0}$$

4　关于土岩组合边坡滑坡推力计算问题

4.1　工程抗力补偿法

这是一种常用的、简单明了的计算方法。计算滑坡推力，目的是为了确定工程抗力，在边坡稳定安全系数 K_{St} 一定的情况下，当设计工程抗力 $P \geqslant$ 剩余下滑力时，边坡就是安全稳定的。

就弧形滑动和平面形滑动，可由下面的公式求得条块的滑坡推力——剩余下滑力设计值。其计算公式如下，其计算模型参见图 10、图 11。

$$K_S = \frac{\sum(R_i\cos\theta_i) + P_i}{\sum(T_i\cos\theta_i)}$$

或

$$P_i = (K_{St} - K_S)\sum(T_i\cos\theta_i)$$

式中：K_S——边坡稳定性系数；

K_{St}——边坡安全稳定系数；

R_i——第 i 条块边坡岩土体抗滑力；

T_i——第 i 条块边坡岩土体切线上的反力；

P_i——第 i 条块剩下滑力设计值。

4.2　传递系数法

此方法多要用于折线形滑动，其计算公式如下，其计算模型如图 16 所示。

$$P_i = P_{i-1}\psi_{i-1} + \gamma_t T_i - R_i$$

式中：P_i、P_{i-1}——第 i 块、第 $i-1$ 块滑体的剩余下滑力设计值(kN/m)，P_i、P_{i-1} 为负值时取 0；

γ_t——滑坡推力安全系数；

T_i——第 i 块滑体在滑动面上切线上的反力(kN/m)；

R_i——第 i 块滑体在滑动面上的抗滑力(kN/m)。

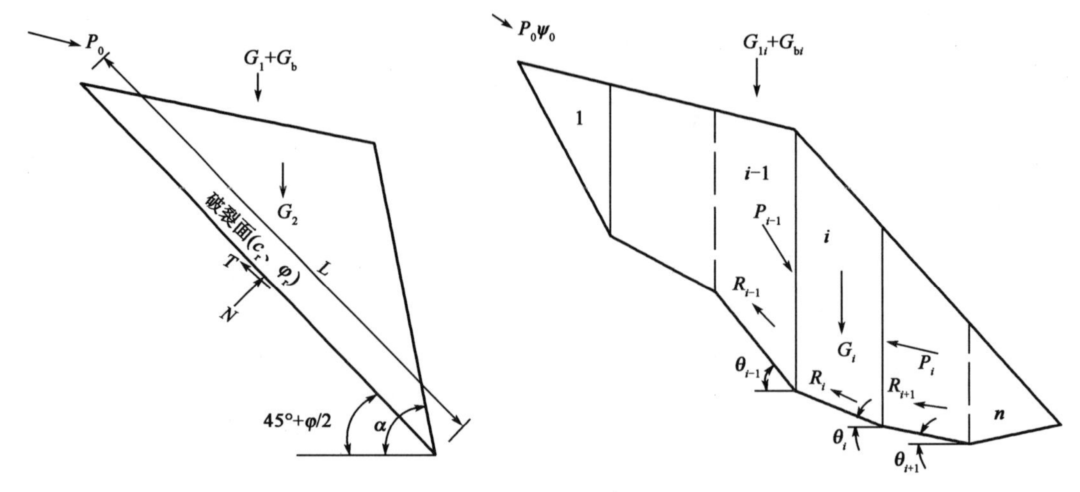

图 15　沿破裂角变形破坏计算模型

图 16　传递系数法计算模型

5　关于锚杆长度或数量确定问题

按理说，锚杆长度的确定不应该作为问题提出，但对土岩组合边坡而言，如果对边坡变形破坏机制的认识不清楚，可能就会犯错误，最致命的错误即锚杆长度或数量不足。假如对土岩组合边坡沿土岩结合面破坏的可能性认识不足、对缓倾岩层沿软弱夹层破坏认识不足、对反向陡倾结构面引起的破坏范围认识不足等，都可能造成锚杆设计长度或数量不够的问题，如图 17～图 19 所示。因此，正确认识边坡变形破坏机制，对可能出现的破坏形式进行全面分析，并在锚杆设计中顾及多种变形失稳可能性是至关重要的。

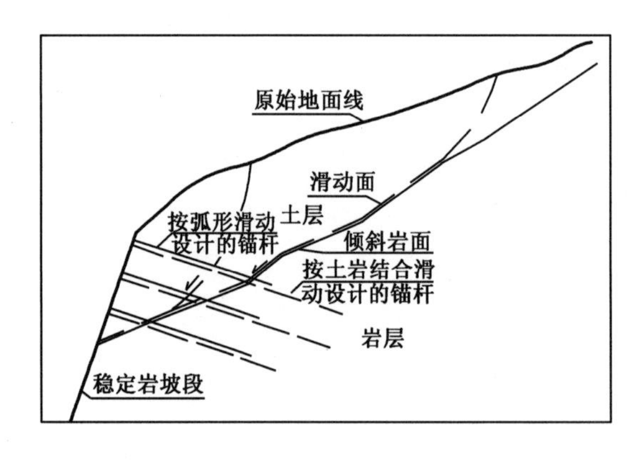

图 17　按不同滑动面设计的锚杆之一

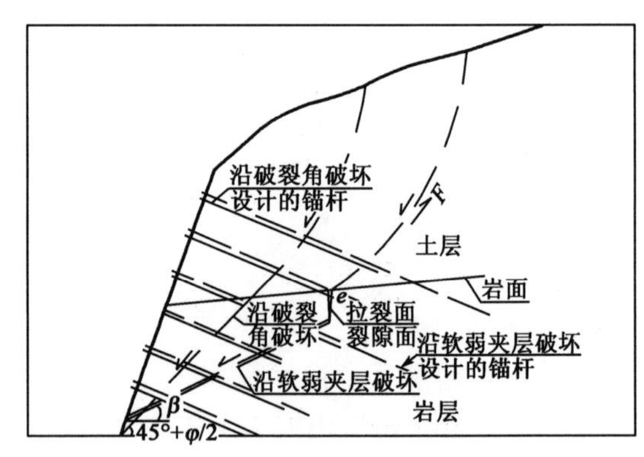

图 18　按不同滑动面设计的锚杆之二

6　关于土质坡段坡面地基土承载力问题

土质边坡段锚杆体系的设计中，通常将面层做成与锚杆连为一体的框格梁。但设计计算和验算时，往往会把关注点放在锚杆承载力上，而忽视了支撑框格梁的坡面地基承载力方面的问题，如果支承框格梁的坡面地基承载力不足，地基变形时，势必会造成锚杆应力损失。导致这一问题出现的主要原因有：边坡坡面土层较软弱、锚杆设计承载力过高、框格梁截面尺寸偏小以及配筋不足等。因此，设计中应注意土质坡段坡面地基承载力的验算。一般而言，土质边坡段锚索承载力不宜设计过高，框格梁截面尺寸不宜过小，且宜辅以坡面防护措施，防止坡面冲刷、掏蚀而使梁底出现空隙。

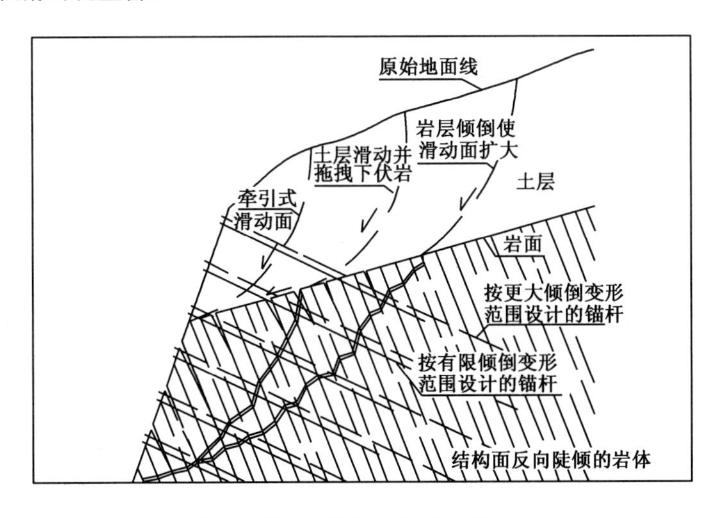

图 19　按不同滑动面设计的锚杆之三

7　关于锚杆体系变形调节问题

土岩组合边坡的上、下段介质特性是有较大差异的，由介质差异而造成的坡面差异变形可能会较为突出，其一，如果上部锚杆有一部分位于土层中，那么锚群体内本身变形就有差异；其二，当整个坡面都是以框格梁的形式连接锚杆时，由于坡面在框格梁压应力的作用下，来自于地基方面的变形也有差异。这样一来，锚固体系的协同工作能力就会受到较大影响，如部分锚杆应力松弛、部分锚杆承受的拉应力增加、框格梁变形开裂等。因此，设计中应充分考虑边坡上、下段的介质特性差异，合理设计不同介质段锚杆承载力、锚杆框格梁刚度以及变形缝。

8　结语

(1)土岩组合边坡的变形失稳机制相较于纯土质或岩质边坡要复杂很多，认清变形失稳机制是对土岩组合边坡进行正确评价计算的基础。

(2)关于土岩组合边坡的定量评价计算方法，目前尚无相关规程或成熟经验可依，需在工程实践中不断地探索和总结。

(3)上述问题是土岩组合边坡支护工程锚杆设计时必须面对的问题，设计前必须将其了解清楚，输入可信，结果才可靠。

(4)应根据土岩组合边坡变形破坏模式及坡体介质特性的差异合理设置锚杆长度、数量、锚杆承载力，并考虑锚杆体系的变形调节问题。

锚索波纹管与环氧涂层钢绞线组装件粘结性能的试验研究

甘国荣　李海峰

（柳州欧维姆机械股份有限公司）

摘　要　预应力锚索钢绞线及波纹管组装件的锚固性能是影响锚索可靠性的重要参数，本文通过对多根环氧涂层钢绞线波纹管组装件和多根光面钢绞线波纹管组装件进行粘结性能的对比试验研究，表明单丝环氧涂层钢绞线与水泥砂浆的平均粘结强度与光面钢绞线基本一致，锚索波纹管组装件的平均粘结强度小于6.2MPa时，锚索不会发生拔出破坏。

关键词　岩土锚固　预应力锚索　波纹管　环氧涂层钢绞线　粘结性能

1　概述

预应力锚索采用波纹管进行整体防护是提高锚索耐久性的重要手段，因此，研究钢绞线与波纹管组装件的粘结性能是很重要的。特别对于拉力型锚索来说，其索体一般采用普通光面钢绞线，PTI建议采用波纹管进行索体防护来确保其使用安全性。20多年前，BS8081也建议采用波纹管或双层波纹管进行永久防护。由于波纹管的重要性，欧美均对锚索波纹管的材质、壁厚和波长等参数做了规定。

国内对钢绞线的粘结性能也做了相关研究，从有关文献资料来看，多数研究基于后张预应力混凝土体系的应用。预应力锚索的应用与普通桥梁后张体系是有区别的，其锚索的拔出破坏除了钢绞线拔出等形式外，也包含钢绞线与波纹管组装件的整体拔出破坏形式。

2　锚索波纹管和环氧涂层钢绞线的结构特征

2.1　锚索波纹管

预应力锚索使用的波纹管与一般桥梁后张预应力系统使用的塑料波纹管作用不同，锚索波纹管除防腐的功能外，还要求其能自由弯曲和进行锚索应力传递的作用。通过研究分析，锚索波纹管的波形采用专项设计，该波形可有效减少浆体在波纹处的气泡生成，使荷载传递更加有效，如图1所示。

2.2　单丝环氧涂层钢绞线

采用满足《单丝涂覆环氧涂层预应力钢绞线》（GB/T 25823—2010）要求的环氧涂层钢绞线，单丝环氧涂层钢绞线的环氧涂层厚度大于0.13mm，如图2所示。与其他涂装法相比，在具有优良的防腐性能的同时，仍可保证钢绞线与水泥浆体的粘结性能，有利于钢绞线长期工作性能。钢绞线涂装后仍可使用以往配套的锚具、夹片，具有良好的适配性。

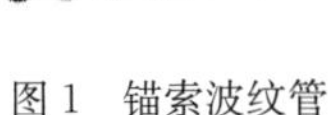

图 1　锚索波纹管

图 2　单丝环氧涂层钢绞线

3　单丝环氧涂层钢绞线的粘结性能试验研究

环氧涂层钢绞线与水泥砂浆的粘结性能，是工程应用中的一个重要参数。美国预应力混凝土学会环氧涂层钢绞线专业委员会在环氧涂层钢绞线使用指南中建议后张法中单根环氧涂层钢绞线的传力长度为 $65d$（d 为钢绞线直径）。

将准备好的三根单丝环氧涂层钢绞线分别放入 3 根内径大于 75mm、长约 1m 的无缝钢管，配制高流动度水泥砂浆料，并用高速搅拌机进行充分搅拌，将搅拌后的水泥砂浆灌入安放好钢绞线的 3 根无缝钢管内。及时取样制作水泥砂浆试块，按普通混凝土进行同步养护。在浆体试块强度大于 40MPa 时按图 3 安装张拉装置进行拉拔力试验。

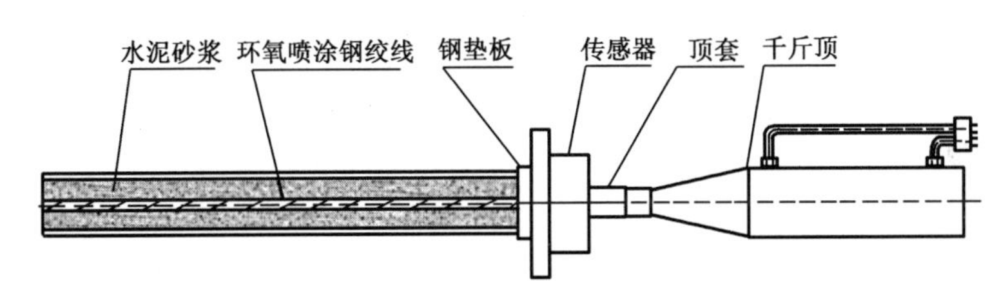

图 3　单根单丝环氧涂层钢绞线粘结性能试验

拉拔力按 $0.05f_{ptk}$、$0.2f_{ptk}$、$0.4f_{ptk}$、$0.6f_{ptk}$、$0.8f_{ptk}$ 进行分级张拉，试验结果如图 4所示。

单丝环氧涂层钢绞线在张拉至 $0.8f_{ptk}$（208kN）过程中均与水泥浆体粘结牢固，计算其粘结强度 ξ 为：$\xi = N_t/dnL = 208/(3.14 \times 15.24 \times 0.99) = 4.4$（MPa）。

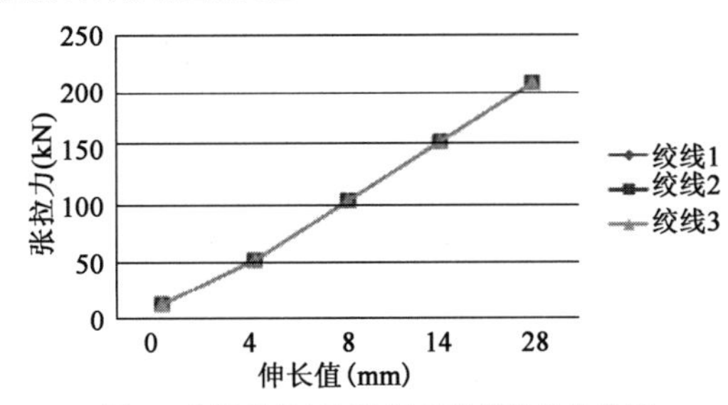

图 4　单根单丝环氧涂层钢绞线张拉曲线图

4　锚索波纹管和单丝环氧涂层钢绞线组装件的粘结性能

在岩土锚索使用中，美国 PTI 和欧盟 EN1537 均要求采用塑料波纹管对索体钢绞线进行永久防护，而锚索波纹管内外浆体的应力传递要通过锚索波纹管来实现，因此，除环氧涂层钢绞线从浆体中拔出破坏外，环氧涂层钢绞线和波纹管组装件的粘结性能制约了整束锚索极限拉拔力的大小，而且，波纹管内钢绞线束与浆体之间的粘结强度会随着钢绞线根数的增加而降低。

文献[2]中指出，预应力锚索内锚固段的应力传递长度主要集中在 2.5m 的范围内，因此，本对比试验制作长度为 2m，截面尺寸分别为 300mm×300mm 及 400mm×400mm 的模拟注浆体的两种模板架，绑扎好骨架钢筋，依次放入锚索波纹管，定位绑扎好。编制和安装 8×ϕ15 和 12×ϕ15 光面钢绞线索各一束、单丝环氧涂层钢绞线索各一束。配制高流动度水泥砂浆，并用高速搅拌机进行充分搅拌。将高流动度水泥砂浆倒入模板架内，让水泥砂浆自动充满锚索波纹管以至充满整个模板架。浇筑过程中及时取样制作水泥砂浆试块。在浆体强度为 45MPa 时按图 5 所示进行循环加卸载试验。

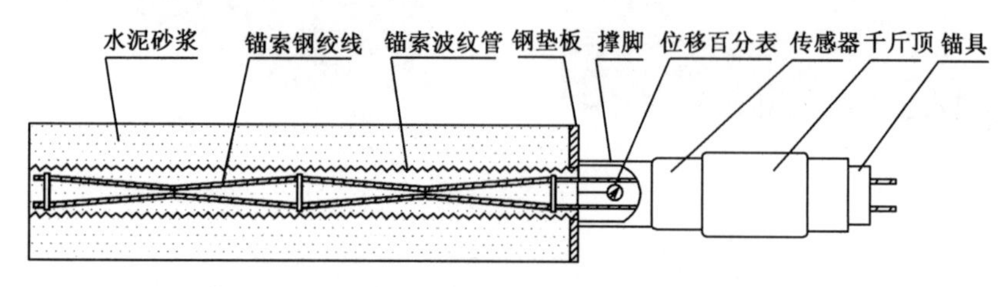

图 5　锚索波纹管和钢绞线组装件粘结性能试验

在锚索每一级持荷期间，钢绞线整体变形稳定后，测量其位移值，并施加下一级循环荷载。加载曲线对比数据如图 6 和图 7 所示。

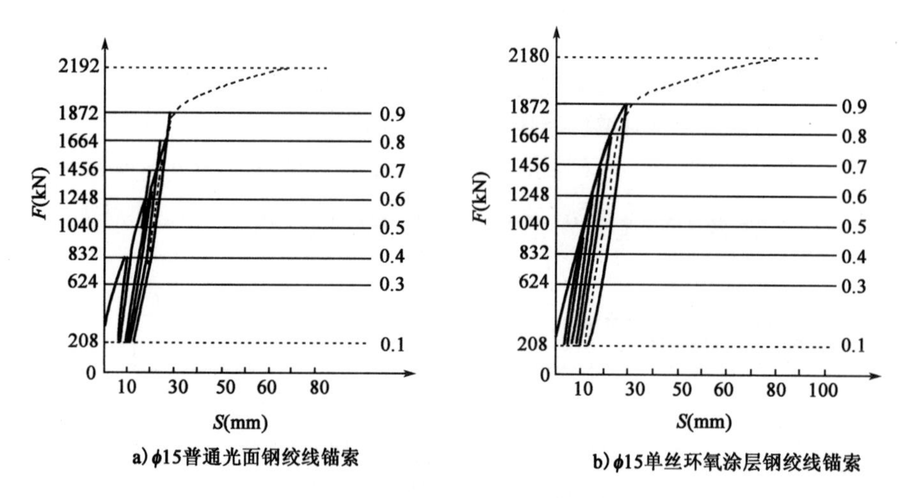

图 6　8 孔锚索荷载—位移曲线图

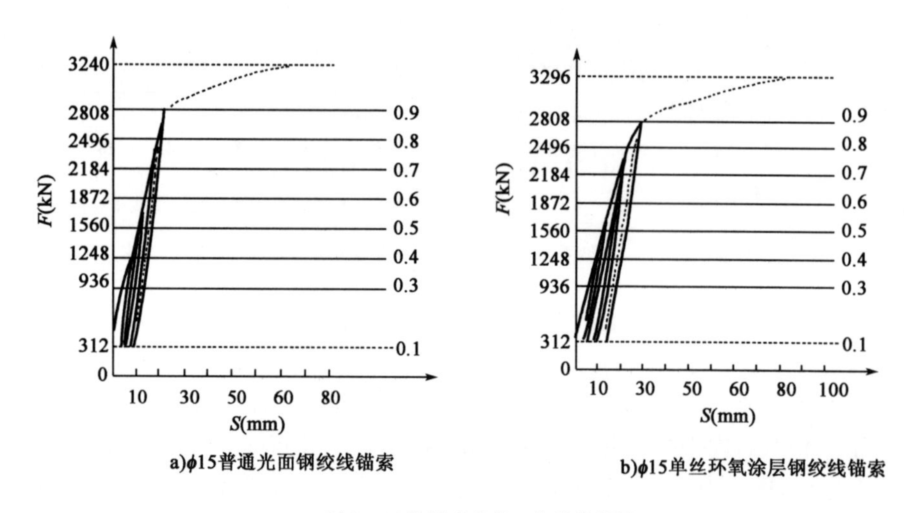

图 7　12 孔锚索荷载—位移曲线图

锚索进行循环加载过程中，各锚索均未发生钢绞线或波纹管的拔出破坏，最终得到锚索组装件的弹、塑性位移对比曲线图，如图 8 所示。

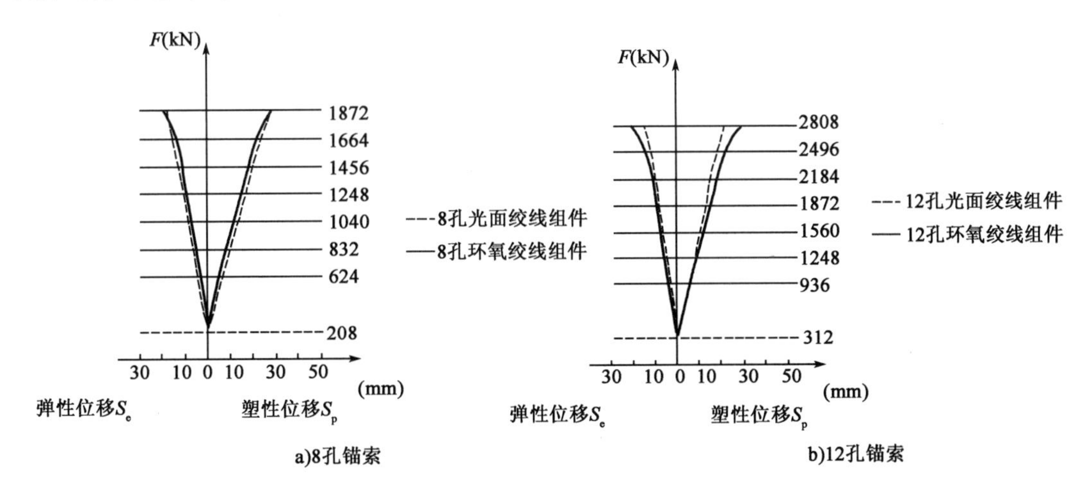

图 8　锚索荷载—弹、塑性位移曲线对比图

根据试验结果，以 $0.8f_{ptk}$ 的钢绞线弹性力值对比分析，8 孔锚索在试验索力为 1664kN 时，单丝环氧涂层钢绞线锚索组装件的塑性位移比普通光面钢绞线锚索组装件小 1.6mm；12 孔锚索在试验索力为 2496kN 时，单丝环氧涂层钢绞线锚索组装件的塑性位移比普通光面钢绞线锚索组装件大 3.8mm。以 $0.6f_{ptk}$ 的钢绞线使用力值对比分析，8 孔锚索在试验索力为 1248kN 时，单丝环氧涂层钢绞线锚索组装件的塑性位移比普通光面钢绞线锚索组装件小 1.8mm；12 孔锚索在试验索力为 1872kN 时，单丝环氧涂层钢绞线锚索组装件的塑性位移比普通光面钢绞线锚索组装件大 1.6mm。

锚索接着加载到钢绞线破断，检查整束锚索的静载锚固性能。从静载试验结果来看，单丝环氧涂层钢绞线锚索和普通光面钢绞线锚索的静载锚固效率一致，均满足《预应力筋用锚具、夹具和连接器》(GB/T 14370—2007)的要求。试验结果对比见表 1。

单丝环氧涂层钢绞线与锚索波纹管组装件静载试验数据对比表　　表 1

项　　目	极限拉力 N_t(kN)	锚具效率系数(η_a)	备　　注
8×ϕ15 单丝环氧涂层钢绞线，1860MPa	2180	0.98	ϕ100/ϕ80 锚索波纹管
8×ϕ15 普通光面钢绞线，1860MPa	2192	0.99	ϕ100/ϕ80 锚索波纹管
12×ϕ15 单丝环氧涂层钢绞线，1860MPa	3296	0.99	ϕ120/ϕ100 锚索波纹管
12×ϕ15 普通光面钢绞线，1860MPa	3240	0.97	ϕ120/ϕ100 锚索波纹管

试验中，光面钢绞线和单丝环氧涂层钢绞线均未与水泥砂浆脱离粘结，直至钢绞线破断，从中可得出锚索钢绞线与水泥砂浆的平均粘结强度：

$$\xi_{绞线} = \frac{N_t}{dnL_1}$$

式中：d——钢绞线直径，光面绞线取 15.24mm，单丝环氧绞线取 16.02mm；

n——钢绞线数量；

L_1——钢绞线粘结长度，取 2m。

分别计算如下：

$$\xi_{光面8} = \frac{2192}{3.14 \times 15.24 \times 8 \times 2} = 2.86(\mathrm{MPa})$$

$$\xi_{光面12} = \frac{3240}{3.14 \times 15.24 \times 12 \times 2} = 2.82(\text{MPa})$$

$$\xi_{环氧8} = \frac{2180}{3.14 \times 16.02 \times 8 \times 2} = 2.71(\text{MPa})$$

$$\xi_{环氧12} = \frac{3296}{3.14 \times 16.02 \times 12 \times 2} = 2.73(\text{MPa})$$

钢绞线被拉断后，打掉波纹管内外的水泥砂浆，检查锚索波纹管和钢绞线环氧涂层，发现波纹管无明显变形，钢绞线环氧涂层无破损。从中可得出锚索波纹管组件与水泥砂浆的平均粘结强度：

$$\xi_{波纹管} = \frac{N_t}{DL_2}$$

式中：D——$D=(D_{内}+D_{外})/2$，$D_{内}$、$D_{外}$分别为波纹管内、外径(mm)；

L_2——波纹管粘结长度，取2m。

分别计算如下：

$$\xi_{波纹管100} = \frac{2180}{3.14 \times 2 \times (80+100)/2} = 3.86(\text{MPa})$$

$$\xi_{波纹管120} = \frac{3240}{3.14 \times 2 \times (100+120)/2} = 4.70(\text{MPa})$$

根据上述结果，又进行了水泥砂浆抗压强度约为45MPa条件下，19根和27根ϕ15单丝环氧涂层钢绞线与锚索波纹管组装件的粘结性能试验(图9)，环氧绞线和波纹管粘结长度均为2.5m，整束锚索静载锚固性能试验结果如表2所示。水泥砂浆体裂缝分布如图10所示。

单丝环氧涂层钢绞线与锚索波纹管组装件静载试验数据表 表2

项　　目	极限拉力 N_t (kN)	锚具效率系数 η_a	备　　注
19×ϕ15单丝环氧涂层钢绞线，1860MPa	4969.5	0.97	ϕ140/ϕ115锚索波纹管
27×ϕ15单丝环氧涂层钢绞线，1860MPa	7062	0.98	ϕ160/ϕ130锚索波纹管

据此计算单丝环氧涂层钢绞线和锚索波纹管组件与水泥砂浆的平均粘结强度如下：

$$\xi_{环氧19} = \frac{4969.5}{3.14 \times 16.02 \times 19 \times 2.5} = 2.06(\text{MPa})$$

$$\xi_{环氧27} = \frac{7062}{3.14 \times 16.02 \times 27 \times 2.5} = 2.08(\text{MPa})$$

$$\xi_{波纹管140} = \frac{4969.5}{3.14 \times 2.5 \times (140+115)/2} = 4.97(\text{MPa})$$

$$\xi_{波纹管160} = \frac{7062}{3.14 \times 2.5 \times (160+130)/2} = 6.20(\text{MPa})$$

图9　27根环氧绞线与波纹管组装件静载试验

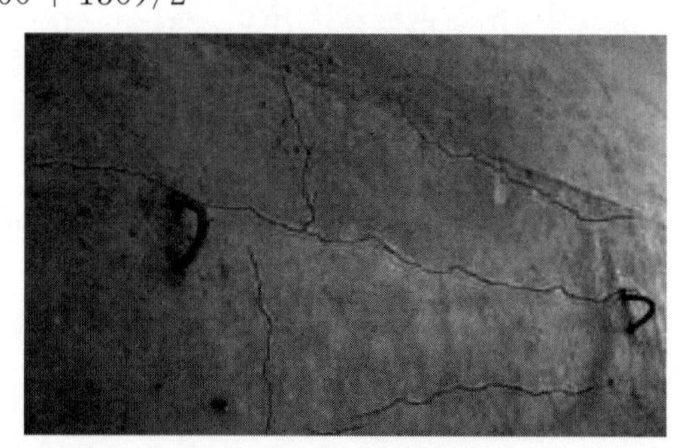

图10　水泥砂浆体裂缝分布

27 根 ϕ15 单丝环氧涂层钢绞线与锚索波纹管组装件张拉至绞线破断时，锚索波纹管外砂浆体出现明显多处裂纹，波纹管组装件粘结强度已达极限。

5 结论

(1)当水泥砂浆抗压强度大于 40MPa 时，锚索组装件的多根单丝环氧涂层钢绞线与水泥砂浆的平均粘结强度和光面钢绞线与水泥砂浆的平均粘结强度基本一致。锚索组装件的多根钢绞线平均粘结强度较单根钢绞线有所降低，在保证锚固长度的情况下，锚索组装件环氧钢绞线与浆体之间仍能稳定握裹，锚索组装件的整体锚固性能不变。

(2)锚索波纹管组装件的平均粘结强度不超过 6.2MPa 的情况下，锚索波纹管组装件不会发生整体拔出破坏。

参考文献

[1] 预应力混凝土学会环氧涂层钢绞线专业委员会制订. 环氧涂层钢绞线使用指南[J]. 国外桥梁，1997，2.

[2] 高大水. 三峡永久船闸高边坡预应力锚固技术的研究与应用[J]. 水力发电学报，2009，6.

[3] 沈小东. 环氧涂层钢绞线的粘结锚固性能试验研究[C]//第五届全国预应力结构理论与工程应用学术会议论文集，2008.

[4] 刘宁，高大水，等. 岩土预应力锚固技术应用及研究[M]. 湖北科学技术出版社，2002.

[5] 中华人民共和国国家标准. GB/T 25823—2010 单丝涂覆环氧涂层预应力钢绞线[S]. 北京：中国标准出版社，2011.

新型自动化无线监测系统在某高速公路边坡监测中的应用

熊　晋　王建松　黄　波

（中铁西北科学研究院有限公司）

摘　要　本文首先分析了现有无线监测系统在高速公路边坡监测中存在的缺陷和问题，提出了一种基于新技术研发的新型自动化无线监测系统，由此解决了工程实践中遇到的监测系统容易破坏、监测仪器成本高昂、信号不稳定等难题，并采用该新型监测系统对某高速公路边坡进行了实时监测，取得了良好效果，证明其可在高速公路沿线边坡、滑坡中大量推广应用。

关键词　高速公路　边坡　无线监测　新型监测仪器　微机电

我国是一个多山国家，边坡、滑坡等地质灾害是影响公路正常运营的主要影响因素之一。由于公路沿线边坡分布的广泛性、灾害的突发性，以及现有技术的局限性，目前针对公路沿线边坡、滑坡灾害建立的监测系统尚存在一定的缺陷和问题，主要表现为以下几方面：

（1）系统建设成本及维护成本高昂，难以大量普及；

（2）监测仪器及系统易损坏，难以保护；

（3）野外无电力条件下，仪器的功耗高，给大量仪器长期野外工作带来困难[1-5]。

随着最新微机电技术、无线通信技术的发展，对于大量边坡、滑坡等地质灾害进行较为普遍的实时监测成为可能。微机电技术的传感器芯片，体积小，耗电低，性能稳定，为开发出满足各类地质灾害监测需求的新一代监测系统提供了技术支撑。

1　工程概况

1.1　边坡地质及水文概况

该高速公路边坡为低山风化剥蚀斜坡地貌。山坡自然地形较缓，自然山坡上植被茂盛，以灌木为主。边坡共分为九级，四级坡顶有一因卸载形成的大平台，平台最大宽度约30m。堑顶后缘山坡坡度约20°。

该边坡地层岩性主要分布有第四系人工堆积层（Q_4^{ml}）、坡残积层（Q_4^{el+dl}）及石炭系下统孟公坳组灰岩（C_{1y}^{m}），局部穿插方解石岩脉。在边坡中部发育有一断层，断层产状175°∠35°，断层破碎带厚4.2m，断层性质不明。受断层影响，灰岩节理裂隙发育，局部溶蚀较严重。

该边坡所在地区属于粤北，南岭山脉南麓，属中亚热带湿润性的季风气候，温暖湿润，雨量充沛，春夏多雨，秋冬干旱少雨，年平均降雨量1500～1900mm。降雨集中在2～7月，月平均降雨量87.4～411.0mm。边坡内第四系地层较厚，因黏粒含量较大，透水性差，仅含少量孔隙潜水，基岩中含少量裂隙水，两者均为大气降水补给，水位水量受季节控制。堑顶山坡地形平缓，地表径流条件差，地表水容易渗入坡内，补给地下水，雨季地下水丰富。

1.2 边坡病害概述

该边坡在高速公路施工期间频繁出现边坡坍滑变形，大规模的滑坡发生三次，说明该里程段存在引起边坡发生变形甚至滑坡的不利因素较多。

在运营期间该边坡平台出现多处开裂、坡脚碎落台受挤隆起开裂、吊沟开裂错动以及坡面渗水等现象，危害和威胁本路段边坡稳定和行车安全。经采用多种措施进行加固后边坡目前整体处于稳定状态。

2 新型自动化无线监测系统

基于当前微机电技术和局域无线通信技术，开发的新型自动化无线监测系统由无线监测仪器、无线监测基站及远程服务器共同构成，该系统不需要埋设常规监测仪器所必需的通信电缆和供电电缆，真正实现"无线"监测，可长期独立工作，野外适应性强；监测仪器直接输出数字化信息，不需要常规监测仪器所需的专门信号读取和处理设备，信息通过野外局域无线通信技术可直接介入远程网络通信系统，不仅大幅降低监测系统的建设成本，还可有效保证信息的稳定和安全性。由此解决了工程实践中遇到的监测系统容易破坏、监测仪器成本高昂、信号不稳定等难题，即使是在发生较大变形或剧烈破坏时，监测系统也能持续不断工作，记录传输地质灾害整个变形破坏过程，真正达到及时、实时监测预警的目的。新型自动化无线监测系统示意图如图1所示。

图1 新型自动化无线监测系统示意图

新型无线监测仪器具有以下显著特点：

(1)精度高，性能可靠。

(2)局域无线传输：传感器自带电源和信号传输模块，传感器及整个监测预警系统不需要布设供电线缆及通信线缆。

(3)长期野外独立工作：传感器功耗低，野外环境下可免维护工作3年以上。

(4)野外环境适应性强：防潮、防水、耐腐蚀性能良好，体积小，安装简便，无须额外保护，埋设于地表以下，不易破坏。

(5)造价低，便于大规模推广应用。

通过在边坡表面、深部或危岩上合理布设新型监测仪器，可实现对边坡整体变形以及滑塌、溜坍等局部变形或危岩变形进行实时有效监测，能最大限度地消除和降低边坡、滑坡灾害风险。

3 监测方案

3.1 地表变形监测方案

(1)遵循以“监测网、监测断面、监测点”为原则布设地表变形监测点，该边坡采用方格形监测网，共布设了8条纵向监测断面，横向监测断面与纵向监测断面近直交，与前期既有深部位移监测网重合。

(2)综合考虑地质条件、坡高及变形范围等因素，在一至三级边坡布设相对较多的地表变形监测点。此外，未查明可能的边坡变形范围，在人工边坡范围以外的稳定岩土体上也应布设地表变形监测点。测点分布见监测平面布置图(图2)。

3.2 抗滑桩变形监测方案

采用新型监测仪器，对该边坡治理加固前变形迹象明显的一、三级抗滑桩进行变形监测，共计布设了7个抗滑桩，每个抗滑桩上布置3个监测点，其中桩身2个，桩顶1个。测点分布见监测平面布置图(图2)。

(1)将新型监测仪器分别安装在距平台高3m、6m的桩身外侧及桩顶上，见图3。

(2)实时通过多个新型监测仪器测量并采用无线方式输出抗滑桩桩身的变形信息。

(3)根据桩身各处水平位移信息绘制抗滑桩桩身变形曲线。

(4)当变形信息满足预设条件时，发出警报。

3.3 深部位移监测方案

利用该边坡既有测斜孔，对治理加固前变形迹象明显区域进行实时深部位移监测，共布设2条断面，4个监测孔，测点分布见监测平面布置图(图2)。深部位移监测仪埋设示意如图4所示。

(1)按滑坡面附近位置1m间距、其他位置2～4m间距的原则布置新型监测仪器。

(2)实时通过多个新型监测仪器测量并采用无线方式输出深孔变形信息。

(3)根据深部岩土体的水平位移信息绘制深部位移曲线。

(4)当变形信息满足预设条件时，发出警报。

4 监测结果分析

4.1 地表变形监测分析

地表变形监测数据揭示大部分地表变形测点变化较小，局部测点因雨季的连续降雨或强降雨影响变化量较为明显，但整体未见明显发展，分析认为坡体大部浅层尚无明显变形，并且随着雨季结束，前期局部浅层扰动变形趋于稳定，如图5所示。

4.2 抗滑桩变形监测分析

抗滑桩监测数据揭示，2014年9月～2015年4月，测点位移变化较小，抗滑桩支挡结构无明显位移。2015年5～6月，受近期强降雨影响，一、三级抗滑桩后部土体处于蠕动挤压密实阶段，抗滑桩存在向坡体外侧变形，但桩顶位移量较小。2015年7～8月，受降雨量减弱影响，抗滑桩支挡结构变形趋于稳定。如图6所示。

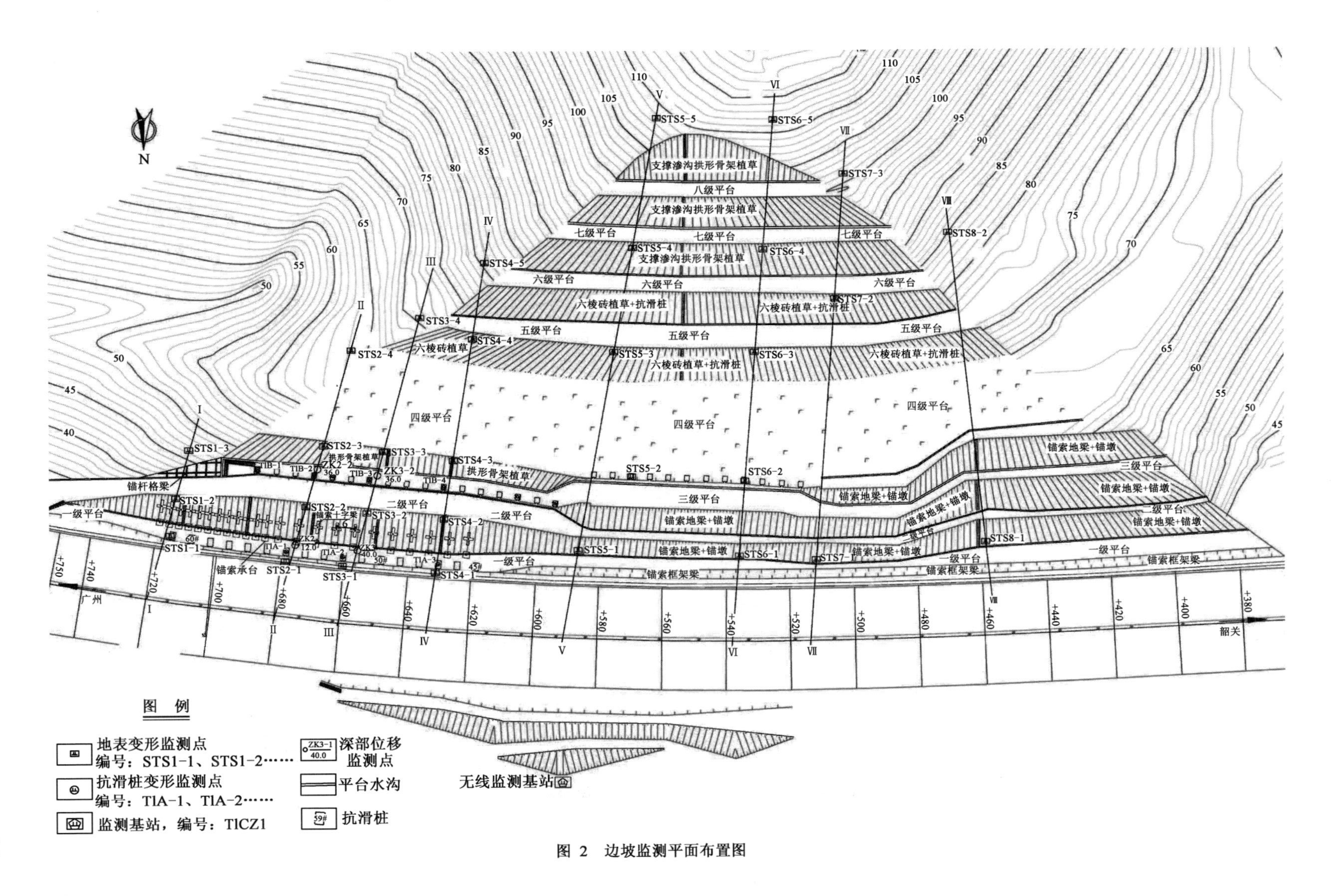

图 2 边坡监测平面布置图

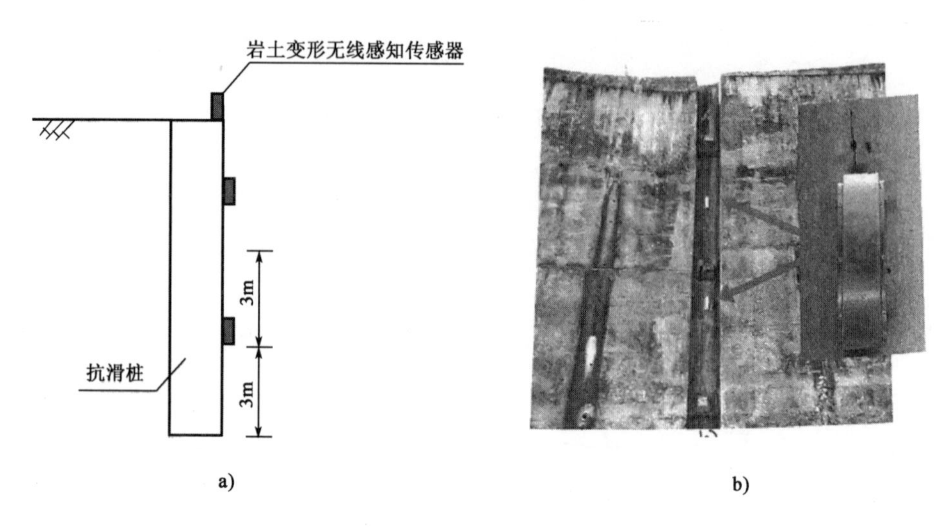

图 3 抗滑桩变形监测现场布置图

图 4 深部位移监测现场埋设示意图

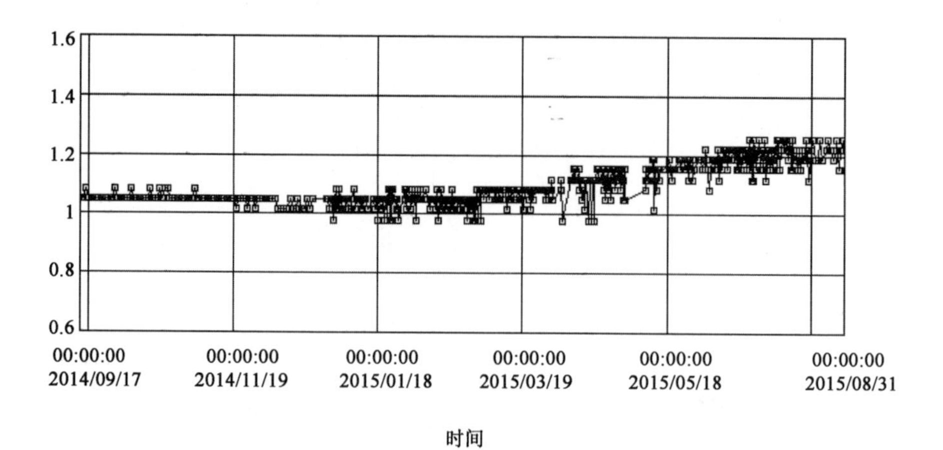

图 5 地表变形监测曲线图

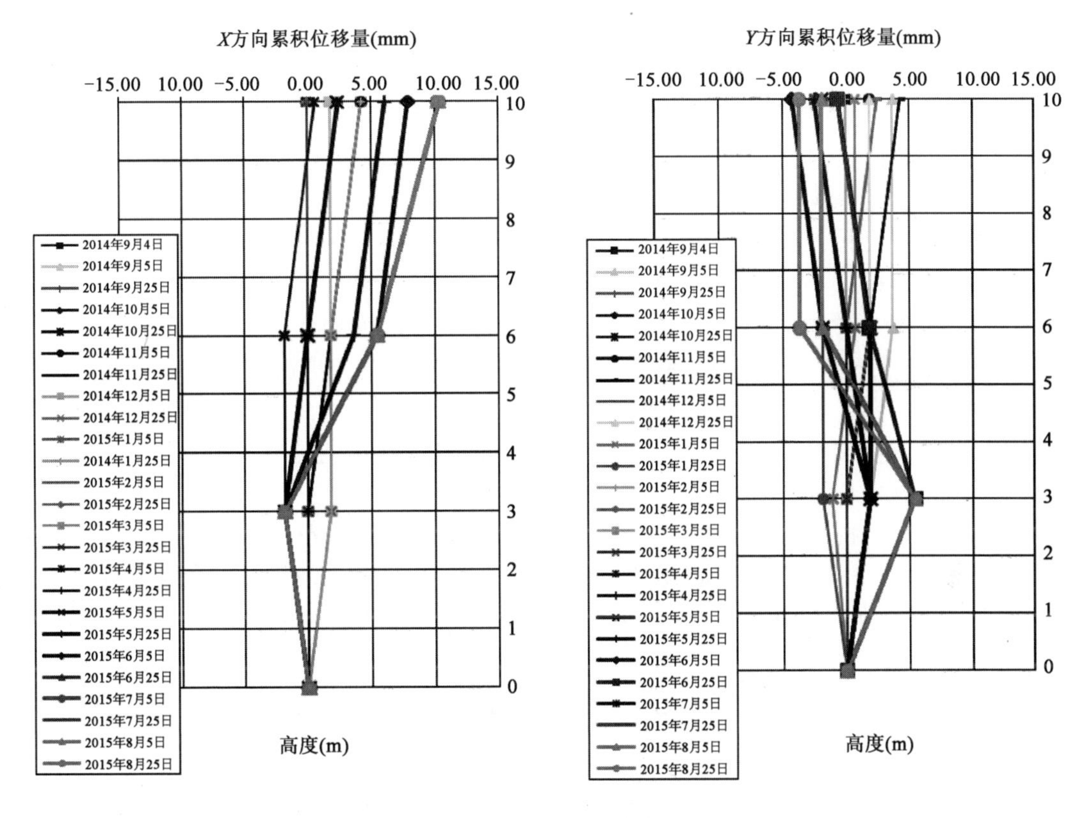

图 6　抗滑桩变形监测曲线图

4.3　深部位移监测分析

深部位移监测数据及变形曲线表明，边坡存在一定挤压变形迹象，位移量增加 1.0～6.0mm，但整体目前未见明显异常。2014 年 9 月～2015 年 4 月，各测孔位移变化较小，坡体深部无明显位移。2015 年 5～6 月，受强降雨影响，一级平台监测孔路基以上坡体处于蠕动挤压密实阶段，抗滑桩抑制桩后土体变形明显，深孔变形量较小。2015 年 7～8 月，受降雨量减弱影响，各测孔位移量均较小，坡体变形趋于稳定。如图 7 所示。

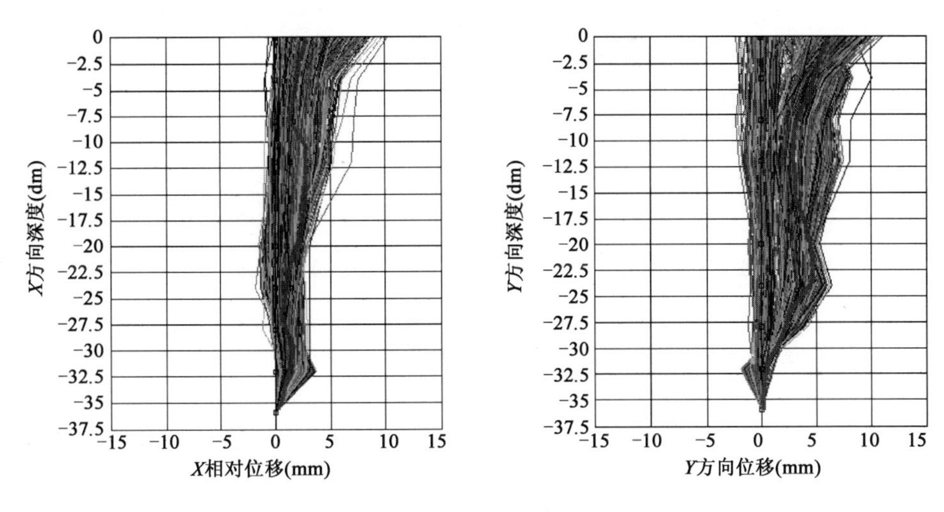

图 7　深部位移监测曲线图(粗线为最新一次监测曲线)

4.4 现场巡查情况

(1)路基边坡排水沟堵塞。

(2)边坡地下水发育,排水孔流水呈股状。

(3)一级坡抗滑桩老裂缝玻璃贴片局部开裂。

(4)二、三级坡面未见明显变形,二、三级平台未见开裂,坡面老裂缝未见发展。

(5)四级平台排水沟大里程端堵塞。

(6)五级坡以上植被茂盛,未见滑塌。

4.5 综合分析

根据变形监测数据分析,边坡的稳定受降雨影响明显,其变形可分为三个不同的阶段。

(1)2014 年 9 月~2015 年 4 月为旱季,降雨量较小,地表变形、抗滑桩位移、深部位移均较小。

(2)2015 年 5~6 月,受强降雨影响,地表变形:坡体大部浅层尚无明显变形,但局部有浅层扰动变形;抗滑桩位移:一、三级抗滑桩后部土体处于蠕动挤压密实阶段,抗滑桩存在向坡体外侧变形,但桩顶位移量较小;深部位移:一级平台 ZK2-1 孔以及 ZK3-1 孔路基以上坡体处于蠕动挤压密实阶段,抗滑桩抑制桩后土体变形明显,深孔变形量较小。

(3)2015 年 7~8 月,受降雨量减弱影响,地表变形:前期局部浅层扰动变形趋于稳定;抗滑桩位移:抗滑桩支挡结构变形趋于稳定;深部位移:各测孔位移量均较小,坡体变形趋于稳定。

自 2014 年 9 月监测以来,现场巡查未发现新的变形迹象。综合分析认为:边坡整体基本稳定,雨季稳定性减弱。

5 结语

(1)基于最新微机电技术开发的新型自动化无线监测系统可长期独立工作,克服了工程实践中遇到的监测系统容易破坏、监测仪器成本高昂、信号不稳定等难题,真正达到及时、实时监测预警的目的。

(2)新型监测仪器野外环境适应性强,可实时监测岩土体表面、深部变形以及抗滑桩变形,安装简便、不易损坏。

(3)应用新型自动化无线监测系统对某高速公路边坡进行实时监测,分析得出该边坡整体基本稳定、雨季稳定性减弱、变形分三阶段的结论,与现场踏勘结果一致,监测效果良好,可在高速公路沿线边坡、滑坡中大量推广应用。

参考文献

[1] 殷跃平,吴树仁,等.滑坡监测预警应急防治技术研究[M].北京:科学质出版社,2012.

[2] 廖小平,朱本珍,王建松.路堑边坡工程理论与实践[M].北京:中国铁道出版社,2011.

[3] 二滩水电开发有限责任公司.岩土工程安全监测手册[M].北京:中国水利水电出版社,1999.

[4] 唐亚明,张茂省,薛强,等.滑坡监测预警国内外研究现状及评述[J].地质评论,2012,58(3):533-551.

[5] 王念秦,王永锋,罗东海,等.中国滑坡预测预报研究综述[J].地质评论,2008,54(3):355-361.

既有轨道交通竖向变形测量等级的选择

柳　飞[1,2]　吴炼石[3]　张　一[1,2]　朱思铭[1,2]

（1. 北京市市政工程研究院　2. 北京市建设工程质量第三检测所有限责任公司
3. 山东省水利勘测设计院）

摘　要　本文结合既有轨道交通监测的特点，对当前测量精度的确定方法进行总结，结果表明，沉降监测精度的确定方法可分为直接法和间接法。采用直接法，按照规范要求确定测量精度对于既有轨道监测误差较大；而采用间接法，利用允许变形值反算得到的变形监测精度较高，符合《建筑变形测量规范》（JGJ 8—2007）的特级监测要求，且变形特级监测的要求在观测仪器、观测方式和观测技术要求等方面更符合既有轨道交通监测的实际要求。

关键词　既有轨道交通　竖向监测　测量精度　测量等级

1　前言

随着国民经济和社会的发展，城市地面交通的压力越来越大，为了解决城市交通拥堵问题，城市地下轨道交通得到快速发展。截止到 2015 年 12 月 26 日已开通地铁的城市有 25 个。随着全国地铁的大量建设并投入运营，使得地铁运营期间的养护和维修成为目前地铁工程的另一个重点。地铁运营一段时间后，由于设计、施工、地质条件、气候环境和邻近施工的扰动，往往都会产生变形[1-4]。一旦这种形变超过一定限度，就会影响既有地铁的正常使用，严重时还会危及公众安全。因此，在既有轨道交通运营期间，对其进行变形观测，分析变形发展趋势，进行安全预报是非常重要的。尤其是涉及临近、穿越既有线的项目，对既有轨道交通更要进行高密度、高强度和全方位的变形监测。

沉降监测测量建筑物的竖向变形，是建筑变形测量的最重要的指标之一，确保沉降测量的准确度和精确度，为既有轨道交通运营安全提供准确可靠的数据，成为当前变形测量研究的热点。

2　沉降监测等级及精度确定方法

在实施监测工作之前，需要进行监测技术设计，确定沉降观测精度要求，选用合适的水准测量等级。同时确定观测精度还可以用于判断观测数据质量是否符合要求。但目前对于水准测量等级的选择及精度的评定并没有统一的规定。对目前沉降监测的监测精度确定方法进行总结，主要有以下两种。

2.1　直接法

直接法是按照规范要求选择监测精度。其前提是根据规范要求确定工程自身风险等级和周围环境地质的风险等级，选择相应的监测等级并确定监测精度。

《建筑变形测量规范》（JGJ 8—2007）将沉降测量的等级分为特级、一级、二级和三级，分别适用于不同的建筑变形测量要求[5]，如表 1 所示。

建筑变形测量的级别、精度指标及其适用范围　　表1

变形测量级别	沉降观测	位移观测	主要适用范围
	观测点测站高差中误差(mm)	观测点坐标中误差(mm)	
特级	±0.05	±0.3	特高精度要求的特种精密工程的变形测量
一级	±0.15	±1.0	地基基础设计为甲级的建筑变形测量；重要的古建筑和特大型市政桥梁等
二级	±0.5	±3.0	地基基础为甲、乙级的建筑的变形测量；场地滑坡测量；重要管线的变形测量；地下工程施工及运营中变形测量；大型市政桥梁变形测量等
三级	±1.5	±10.0	地基基础设计为乙、丙级的建筑的变形测量；地表、道路及一般管线的变形测量；中小型市政桥梁变形测量等

《城市轨道交通工程监测技术规范》(GB 50911—2013)和《建筑基坑工程监测技术规范》(GB 50497—2009)等监测技术规范中，监测等级的确定主要是考虑了监测等级和竖向位移控制值两方面的因素，竖向位移的监测的精度首先要根据控制值的大小进行确定，特别是要满足速率控制值或在不同工况条件下按各阶段分别进行控制的要求。监测精度确定的原则是监测控制值越小，要求的监测精度越高，同时还要满足不低于同级别监测等级条件下的监测精度要求。表2为《城市轨道交通工程监测技术规范》(GB 50911—2013)的规定[6]，其精度要求在《建筑变形测量规范》(JGJ 8—2007)的二级精度和三级精度之间。

竖向位移监测精度　　表2

工程监测等级		一级	二级	三级
竖向位移控制值	累计变化量 S(mm)	$S<25$	$25\leqslant S<40$	$S\geqslant 40$
	变化速率 v_s(mm/d)	$v_s<3$	$3\leqslant v_s<4$	$v_s\geqslant 4$
监测点测站高差中误差(mm)		≤0.6	≤1.2	≤1.5

2.2　间接法

根据监测控制值的要求，反算需要的监测精度，根据规范的要求确定相应的监测方法。国内外有关变形值观测中误差的取值方法有很多，但使用较广泛的是以一定比例系数确定或直接给出观测中误差值。对一般变形测量，观测值中误差不应超过变形允许值的1/20～1/10，而对于一些具有科研目的的变形监测，应分别为1/100～1/20。

根据国家水准测量规范确定变形测量误差，《国家一、二等水准测量规范》(GB/T 12897—2006)和《国家三、四等水准测量规范》(GB/T 12898—2009)中对每千米水准测量的偶然中误差 M_Δ 千米水准测量的全中误差 M_w 进行了规定，如表3所示[7-8]。

水准测量精度(mm)　　表3

测量等级	一等	二等	三等	四等
M_Δ	0.45	1.0	3.0	5.0
M_w	1.0	2.0	6.0	10.0

对于测站均匀的情况，测站高差中误差与每千米偶然中误差的关系可以用下式表示：

$$测站高差中误差=\frac{每千米测量偶然中误差}{\sqrt{测站数}}$$

因此可以据此推测出，一、二、三、四等级测站高差中误差与每千米偶然中误差的关系及测站高差中误差的数值。如表 4 所示。

推算等级水准的测站高差中误差(单位：mm)　　表 4

测量等级	一等	二等	三等	四等
M_{Δ}	0.45	1.0	3.0	5.0
测站高差中误差	0.11	0.29	1.22	2.50

3　既有轨道交通监测的特点

既有轨道交通沉降监测与其他建构筑物的监测相比具有其自身的特殊性，主要表现在以下几个方面：

(1)监测范围较小。除整条既有地铁线的监测，一般工程的监测范围较小，单线在 100～200m 之间，有些工程甚至小于 100m。

(2)测点布设密。对于邻近或穿越既有轨道交通的工程的测点间距为 2～10m，有些特殊项目测点间距更小，如有些盾构隧道需要每一环管片均布设测点。

(3)观测环境较差。既有隧道的观测空间狭小，且光线较差，可能会影响观测结果。

(4)基准点难以找到。对于既有地铁的监测，在监测区段一般没有基准点，需要采用间接方法，从别处引入基准点。

(5)测线简单。测线一般为直线，且测点间距基本相等。

(6)变形控制值小。对于穿越或邻近既有轨道交通工程，评估给出的控制值通常很小，竖向变形一般要求小于 2mm。

4　既有轨道交通监测等级的选择

根据上述既有轨道交通的监测的特性，既有轨道交通的监测较一般建构筑物的监测精度要求高，对其监测精度影响最大的因素是竖向变形的控制值。

采用直接法确定既有轨道交通监测精度，按照《建筑变形测量规范》(JGJ 8—2007)的规定，应确定为二级，观测点测站高差中误差为±0.5mm。而按照《城市轨道交通工程监测技术规范》(GB 50911—2013)的规定，应确定为一级，观测点测站高差中误差为±0.6mm，两者基本一致。但由于既有轨道交通的监测控制值一般小于 2mm，误差与控制值的比值大于 1/4，误差太大。

采用间接法确定既有轨道交通监测精度，按照允许变形值的 1/20～1/10 反算，一般竖向变形的控制值为 1～2mm，因此其观测值的中误差应为 0.05～0.1mm。而根据一等水准测量的规定的每站长度与既有轨道交通监测的布点间距之间的关系，按照国家一等水准测量规范反算得出的观测中误差为 0.06mm。两者精度基本相同，高于《建筑变形测量规范》(JGJ 8—2007)中二级测量的精度要求，符合特级测量的要求，且建筑物变形特级监测的要求在观测仪器、观测方式和观测技术要求等方面更符合既有轨道交通监测的实际要求。

5　结语

本文对变形监测精度的确定方法进行了总结，结合既有轨道交通的监测特点，得到如下结论：

(1)沉降监测精度的确定方法可分为直接法和间接法。直接法是根据规范的要求直接确定监测精度，而间接法则是根据变形允许值等反算监测精度。

(2)由于既有轨道交通的允许变形量较小，采用直接法确定既有轨道交通监测精度，按照《建筑变形测量规范》(JGJ 8—2007)和《城市轨道交通工程监测技术规范》(GB 50911—2013)的规定确定的观测点测站高差中误差与控制值的比值大于1/4，误差太大。

(3)采用反算法利用国际一等水准监测的精度要求计算得到的监测精度与允许变形值反算得到的变形精度基本一致，测站高差中误差与控制值的比值1/20～1/10，其精度符合《建筑变形测量规范》(JGJ 8—2007)的特级监测精度要求。

(4)建筑物变形特级监测的要求在观测仪器、观测方式和观测技术要求等方面更符合既有轨道交通监测的实际要求。

参考文献

[1] 钟贞荣. 地铁无碴轨道整体道床病害理论分析及有限元模拟[D]. 衡阳：南华大学，2008.

[2] 郭飞，刘庆潭，李雅萍. 铁路隧道整体道床的沉降与基底状况关系的分析[J]. 中国铁道科学，2007，28(1)：40-43.

[3] 周鹏庆. 浅析钢筋混凝土整体道床病害及整治[J]. 路基工程，2004，1：38-40.

[4] 程学武，董敬. 隧道内整体道床的破裂原因分析及整治[J]. 铁道工程学报，2009，5：64-68.

[5] 中华人民共和国行业标准. JGJ 8—2007 建筑变形测量规范[S]. 北京：中国建筑工业出版社，2007.

[6] 中华人民共和国国家标准. GB 50911—2013 城市轨道交通工程监测技术规范[S]. 北京：中国建筑工业出版社，2013.

[7] 中华人民共和国国家标准. GB/T 12897—2006 国家一、二等水准测量规范[S]. 北京：中国标准出版社，2006.

[8] 中华人民共和国国家标准. GB/T 12898—2009 国家三、四等水准测量规范[S]. 北京：中国标准出版社，2009.

CFRP岩土锚固新技术进展与应用综述

刘　钟[1,2]　郭　钢[1,2]　罗雪音[1,2]　贾玉栋[1,2]

(1.中冶建筑研究总院有限公司　2.中国京冶工程技术有限公司)

摘　要　CFRP岩土锚杆是在国际岩土锚固领域初露头角的新技术。本文通过对永久性钢锚杆腐蚀性破坏的解决方案、CFRP复合材料的基本性能与主要形式、CFRP岩土锚杆专用锚具的研发进展与基本类型以及新技术工程实践的全面介绍与评述,为我国今后研发、应用CFRP岩土锚固新技术提供了基本信息与技术指引。

关键词　岩土锚固　复合材料　CFRP　岩土锚杆　锚具　新技术

1　引言

岩土锚固技术自1872年投入工程应用以来,因其安全可靠、工艺简捷、经济高效,已成功地在土木工程建设的各领域得到应用,并发挥着不可替代的作用。由于岩土锚杆施工质量控制难度大,且钢锚杆可能长期处于腐蚀性岩土环境中,因此,岩土锚杆结构的耐久性与锚固工程的长期安全性日益成为人们关注的重大课题。

为了避免钢锚杆的腐蚀破坏国内外许多技术标准均要求永久性岩土锚杆必须采取双层防腐措施。这种双层防腐结构措施使锚杆的制作和安装复杂烦琐,成本昂贵,加之可能存在的注浆材料非均匀性以及施工人为失误,难以保证岩土锚杆的长期耐久性。为此,在20世纪90年代,一种新型高强度、耐腐蚀的高性能碳纤维增强复合材料(Carbon Fibre Reinforced Polymer,简称CFRP)被引入岩土锚固技术领域,为岩土锚杆耐久性技术难题的解决提供了新的方案。

2　CFRP复合材料基本性能

20世纪40年代高性能碳纤维增强复合材料问世后,已被广泛应用于航空航天、汽车船舶、军事装备、土木工程与体育器材等领域[1]。CFRP复合材料具有高强度、高弹模、低密度、耐腐蚀、抗疲劳、低松弛、无磁性、热膨胀系数低、减震性能好等优点,具备替代钢筋和钢绞线投入岩土锚固工程应用的优势条件[2]。为能较彻底地解决钢锚杆腐蚀性破坏的世纪难题,欧洲、北美、亚洲、澳洲的岩土工程界开展了CFRP岩土锚固新技术的研究与应用工作,许多专家学者认为从全寿命周期角度来看,这项新技术不但有技术优势,同时也具有潜在经济优势。

从世界范围看,日本在CFRP复合材料生产技术上处于国际领先地位。我国近10年来在CFRP筋材与板材研发和生产方面也取得了巨大进步,但CFRP绞线尚未形成产品。迄今为止,我国已建成千吨级CFRP复合材料生产线的大型企业有7个,大中型CFRP生产企业已遍布我国10多个省市,并已能够提供T300、T700和T800产品。随着我国CFRP复合材料产品质量持续提升,市场价格也在逐年大幅度下降。

用于土木工程领域的高性能纤维增强复合材料(简称 FRP)有四大类:芳纶纤维增强复合材料(AFRP)、玄武岩纤维增强复合材料(BFRP)、碳纤维增强复合材料(CFRP)和玻璃纤维增强复合材料(GFRP)。这些高性能纤维增强复合材料的筋、板或绞线通过多股连续纤维与树脂基体材料混合后,经过特种模具的挤压、拉拔和表面处理而形成产品。通常 FRP 产品的基本性能随不同生产厂商、生产工艺、生产质量而变化,表 1 给出了四大类 FRP 复合材料的基本性能,数据表明 CFRP 复合材料的力学性能最佳,在岩土锚固领域中适宜作为永久性岩土锚杆的受力主筋。

FRP 复合材料基本性能 表 1

基本性能	BFRP	GFRP	AFRP	CFRP	STEEL
最小纤维体积含量		0.55	0.6	0.63	—
密度(g/cm^3)	2.1	2.1	1.38	1.58	7.85
轴向拉伸强度(MPa)	1080	1080	1280	2280	1865
横向拉伸强度(MPa)		39	30	57	1860
轴向弹性模量(GPa)	44	39	78	142	190
横向弹性模量(GPa)		8.6	5.5	10.3	190
剪切强度(GPa)		89	49	71	—
剪切模量(GPa)		3.8	2.2	7.2	73.1
最大轴向应变(%)	2.7	2.8	1.5	1.5	4
最大横向应变(%)		0.5	0.5	0.6	4
松弛比(%)				2~3	8

近 20 年来,国内外 CFRP 复合材料在土木工程领域中的应用体量逐年增长,主要应用领域包括桥梁工程、结构加固工程和岩土锚固工程。FRP 复合材料产品形式有多种[3],包括圆形筋、矩形板、绞线、绳索、网格和纤维布。CFRP 筋材产品的表面可以制作成光面、压纹、带肋、粘砂等形式。

CFPR 复合材料应用于岩土锚固工程具有明显优势,但也面临三大技术瓶颈:

(1)CFRP 筋、板、绞线基本特性表征较为复杂,产品规格尚难统一,且产品特性及质量与多种因素相关;

(2)CFRP 筋、板、绞线存在横向抗压和抗剪强度低的弱点,其锚具设计、研制难度极大;

(3)性能稳定的高品质 CFRP 复合材料生产技术要求高,致使产品销售价格较高,限制了 CFRP 岩土锚杆的规模化工程应用。

3 CFRP 岩土锚杆专用锚具的发展现状与基本类型

CFRP 复合材料具有高强度、耐腐蚀、抗疲劳、低松弛、密度小,无磁性等优点,以其作为岩土锚杆预应力筋有其独特优势与应用前景。但 CFRP 筋、板及绞线存在横向强度与内部碳纤维层间抗剪强度低的弱点,这对 CFRP 岩土锚杆的端头锚固提出了极大挑战。从工程角度来看,直接使用传统锚具,例如夹片式锚具、P 型锚、U 型锚会产生切口效应和弯折损伤,引发锚固体系早期破坏。目前,CFRP 岩土锚固结构的承载能力主要取决于锚具体系而非 CFRP 筋或绞线自身的材料强度[4]。安全、可靠、实用、经济的专用锚固体系开发、设计、制作与商用将是 CFRP 复合材料能否成功应用于岩土锚固领域的关键所在。

近 20 多年来，日本、德国、瑞士、加拿大、美国、澳大利亚及我国针对桥梁工程、加固工程的 CFRP 复合材料专用锚固体系进行了大量科学分析与试验研究，开发出许多有价值的锚具专利技术，其成果包括专用锚具开发、设计、试验与锚具用材选择。目前，针对岩土锚固工程的专用锚具的形式、设计与研制工作相对较少，且未见商业化产品。因此，为促进这方面的研发工作，下面针对 CFRP 复合材料专用锚固体系的发展现状与主要类型做一概述。

3.1 CFRP 拉索的变刚度锚固体系

CFRP 复合材料较早应用于桥梁工程，为实现 CFRP 拉索在大跨度斜拉桥的应用，瑞士材料科学与技术实验室(EMPA)研发出一种带有锥形变刚度树脂浇铸端头的 CFRP 拉索锚固体系[5-6]。这种专利锚固体系采用梯度填充材料，即变刚度粘结介质，详见图 1。EMPA 的大量静载与疲劳试验结果已证明这种锚固体系的可靠性，试验拉索的静力承载能力达到了 CFRP 单筋极限承载力总和的 92%。这种变刚度锚固体系已在 1996 年成功应用于世界第一座采用 CFRP 拉索的公路桥。

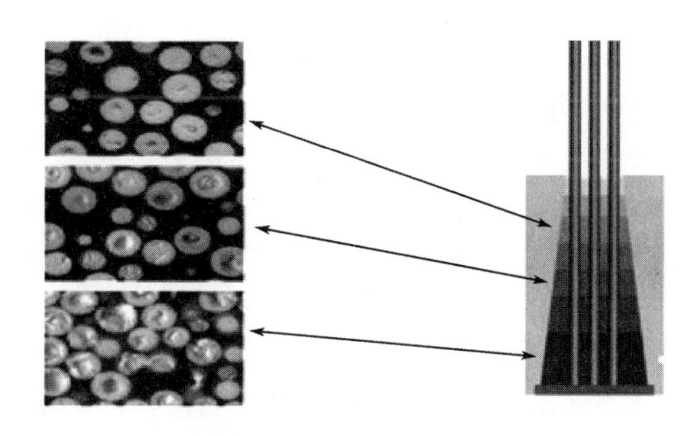

图 1 采用变刚度粘结填充材料的 CFRP 拉索锚固体系[7]

德国 DSI 公司也研制出用于 CFRP 筋、绞线的专用锚具，并命名为 DYWICARB 锚固体系[8]。该公司曾通过应用 DYWICARB 锚固体系对 CFRP 筋、绞线进行拉拔试验，研究了 CFRP 筋及锚固体系的长期工作性能，研究结果表明，该锚固体系在 1000h 张拉条件下的松弛率为 0.8%，而在 3000h 后徐变仅为 0.01%。此外，采用 DYWICARB 锚固体系对含有 91 根单丝束的 CFRP 索进行了疲劳试验，在应力幅值为 160MPa 的疲劳荷载作用下，经过 200 万次循环后未发生破坏，但其锚固效率系数降低为 71.9%。

3.2 夹片型锚具

传统岩土锚固技术主要采用相同锥度的两片、三片、四片分离式夹片与锚环，这类锚具结构设计已长期应用于轴向与径向强度相近的钢绞线。碳纤维直径仅有 5～10μm，远小于头发丝直径[9](图 2)，其横向强度约为轴向强度的 1/20。因此，直接应用传统钢夹片型锚具会产生小孔端应力集中的切口效应，并导致 CFRP 复合材料筋或绞线在锚固过程中发生早期剪断而使锚固体系失效(图 3)。

为能消减近张拉端应力集中幅值，Sayed-Ahmed 等提出采用锚环内锥度与夹片外锥度差异化的技术方法[10]，即使夹片外锥角略大于锚环内锥角，例如两者采用 0.1°角度差。使用这种技术方法可以有效降低径向压应力集中引发的锚具尖端效应，避免 CFRP 筋或绞线在锚固过程中出现早期剪断。

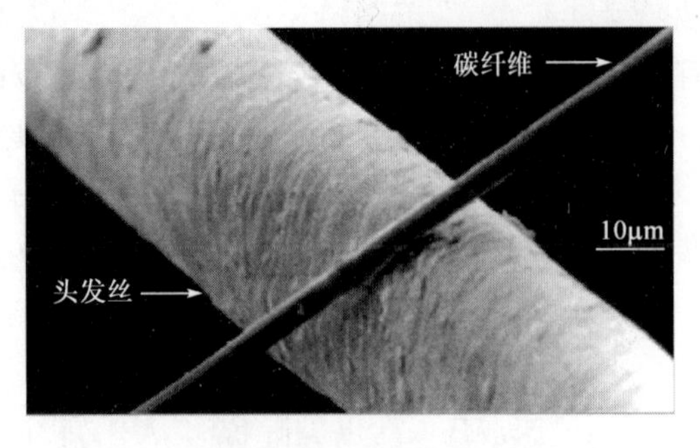

图 2　碳纤维与头发丝尺寸对比照片

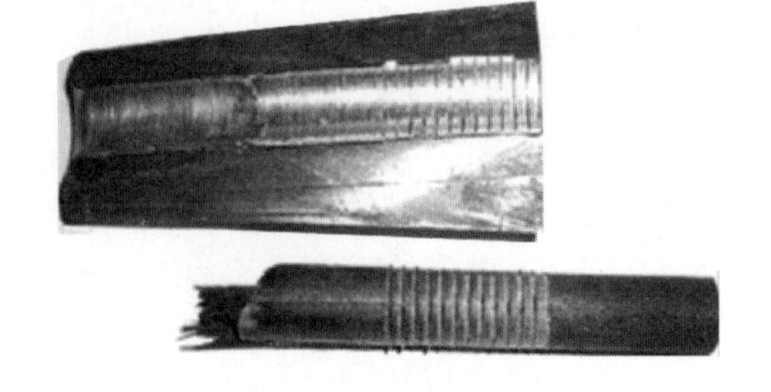

图 3　切口效应破坏照片

为进一步降低夹片型锚具的切口效应，Campbell 等[11]、Braimah 等[12]、Al-Mayah 等[13]和 Elrefai 等[14]研究并提出在锚具的锚固区设置铜质或铝质薄壁护管的技术方法。软金属护管与 CFRP 筋在夹片的径向挤压应力作用下，通过护管变形，将夹片的挤压应力传递给 CFRP 筋或绞线，从而保护 CFRP 筋或绞线不被夹片牙纹刻伤。总体来看，夹片型锚固体系具有体积小、干作业、易组装、可复用和承载快等优点，更适用于 CFRP 岩土锚固工程领域。

3.3　粘结型锚具

桥梁工程的 CFRP 拉索结构主要依赖粘结型锚具，国内外岩土锚固工程的 CFRP 筋或绞线锚固也主要应用粘结型锚具。这类锚固体系的优点是组装工艺简单，可以避免 CFRP 筋或绞线夹伤，锚固性能可靠；缺点是锚具尺寸大，较笨重，易产生预应力损失与徐变，抗冲击性能较差。现有粘结型锚具主要有三类：直筒式粘结型锚具[15-16]、内锥式粘结型锚具[17]与组合式粘结型锚具[18]。

粘结型锚具通常采用圆柱形锚筒结构，其内部中空孔形态为圆柱形、圆台形或圆柱＋圆台形(图 4)。粘结型锚具内部空间由粘结介质和 CFRP 筋填充，当 CFRP 筋受轴向拉拔时，会通过粘结介质与 CFRP 筋外部界面的粘结力以及粘结介质与锚筒内部界面的挤压摩擦力进行荷载传递，从而实现 CFRP 筋、粘结介质与锚筒的相互作用，并通过变形协调达到锚固结构体系的平衡与稳定。

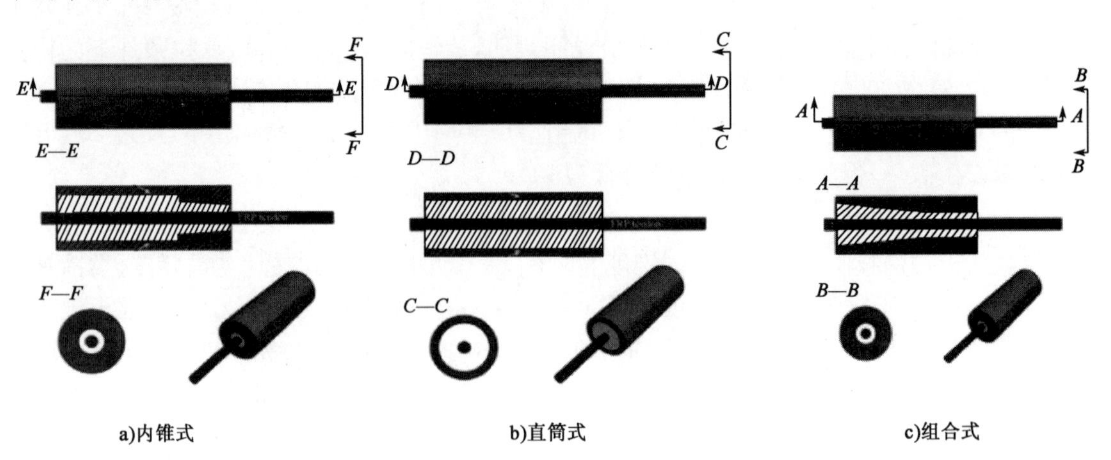

图 4　粘结型锚具的基本形式

粘结型锚具的粘结介质材料有两大类：环氧树脂/环氧树脂砂浆和高性能混凝土/膨胀水泥砂浆。作为热固性粘结介质，环氧树脂适宜用作粘结型锚具的粘结填充材料，其特点是强度高、耐介质性能好、热物理性能好、尺寸稳定性好、工艺性好，可以在 CFRP 筋或绞线与锚环之间形成良好的粘结界面。

3.4 复合型锚具

结合粘结与夹片技术可形成多种夹片粘结复合型锚具，其优点是作用于 CFRP 筋或绞线的拉拔荷载能够通过粘结介质的粘结力传递给锚筒，并使粘结力与夹片径向压应力协同工作，利用夹片的夹持内锥作用提高摩擦锚固力，进而提升锚具的锚固效率。此外，若引进软金属护管技术还会进一步提高对 CFRP 筋或绞线的保护作用，缓解复合材料在锚固区内的夹伤破坏。

4 CFRP 岩土锚杆的工程实践

CFRP 岩土锚杆的早期工程应用始于日本，表 2 所示为日本 CFRP 锚杆在边坡防护与基坑支护工程中的应用。虽然所示工程的锚杆数量不多，但却成功探索了 CFRP 岩土锚固应用技术的可靠性与实用性。

日本 CFRP 岩土锚杆的工程应用 表 2

工程项目与地区	完工年份	锚杆数量	岩土类型	绞线尺寸(mm)	极限荷载(kN)	设计荷载(%P_u)	锚杆长度(m)	锚固长度(m)	锚孔直径(mm)
边坡稳定工程(Hokkaido)	1993	22	火山岩	6ϕ12.5	852	0.58	20.5～24.5	7.5	115
边坡稳定工程(Niigata)	1993	42	花岗岩	6ϕ12.5	852	0.6	10.5	6.5	115
边坡稳定工程(Niigata)	1994	4	泥岩	3ϕ12.5	426	0.46	16.5	3.5	115
挡土墙工程(Toyama)	1995	6	砂岩	3ϕ12.6	426	0.22	11～17.5	3	115
加固工程(Sokusen,Gifu)	1995	46	砾石	3ϕ12.7	426	0.555	9.2～17.5	—	115
边坡稳定工程(Ito)	1995	20	软岩	4ϕ12.8	568	0.63	9～11.5	—	115
边坡稳定工程(Ishikawa)	1995	40	软岩	6ϕ12.5	852	0.57	10～11.5	—	115
边坡稳定工程(Yamanashi)	1996	10	软岩	3ϕ12.5	426	0.53	7.3	—	115
边坡稳定工程(Kyoto)	1996	10	软岩	2ϕ12.5	284	0.66	7.3～17.3	—	115

矮寨大桥是长沙至重庆公路的控制性工程，在吉首市矮寨镇上空跨越德夯大峡谷。该桥为钢桁加劲梁单跨悬索桥，主跨长度为 1176m，桥面设计标高与地面高差达 355m，目前是世界上跨径最大的跨峡谷钢桁梁悬索桥(图 5)。

矮寨悬索公路桥建设区处于腐蚀环境，地下水丰富，为此选择 CFRP 岩土锚杆作为该桥悬索的竖向拉索的岩土锚固结构。岩土锚杆主筋采用日产 CFCC 绞线产品，由 7 股碳纤维束扭绞而成，直径 12.5mm，抗拉强度 2558MPa，弹性模量 157GPa，单根绞线破断力 194kN。14

根 CFRP 锚杆分为两种类型，N1 型：9×ϕ12.5，单锚破断力 1746kN，设计张拉锁定荷载 850kN；N2 型：24×ϕ12.5，单锚破断力 4756kN，设计张拉锁定荷载 2100kN。CFRP 锚杆设计尺寸见表 3。锚杆结构设计见图 6。

图 5　湖南矮寨悬索公路桥

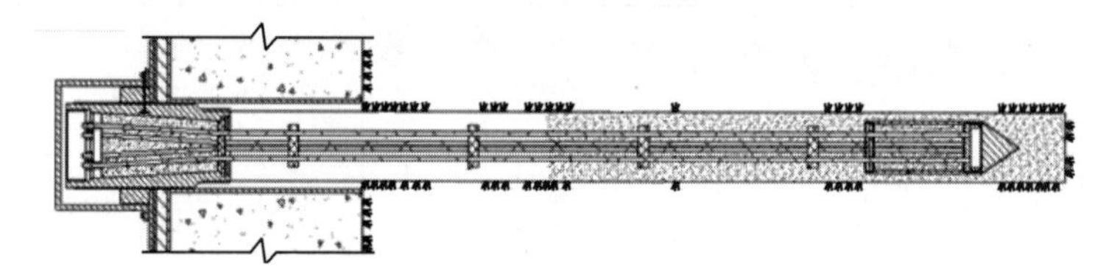

图 6　CFRP 岩土锚杆的结构设计图

CFRP 岩土锚杆设计尺寸(m)　　表 3

类型	地表锚固长度	外锚端粘结长度	自由段长度	锚固段长度	锚孔深度	锚孔直径
N1	0.74	0.5	12	8	21	0.19
N2	0.56	0.4	10～11	6	17～18	0.15

N1 型与 N2 型 CFRP 岩土锚杆在外锚头与地下锚固段均应用了方志等研究开发的粘结型锚固体系，锚固体系的粘结介质使用了 RPC(Reactive Powder Concrete)高性能混凝土，其 3d 抗压强度达到了 110MPa。图 7 展示了 CFRP 岩土锚杆的外锚头结构、张拉锁定装置以及竖向拉索的锚定结构。目前，矮寨悬索公路桥已正常通车运行，桥梁的整体结构与 CFRP 岩土锚杆的长期工作性能均在监测之中。

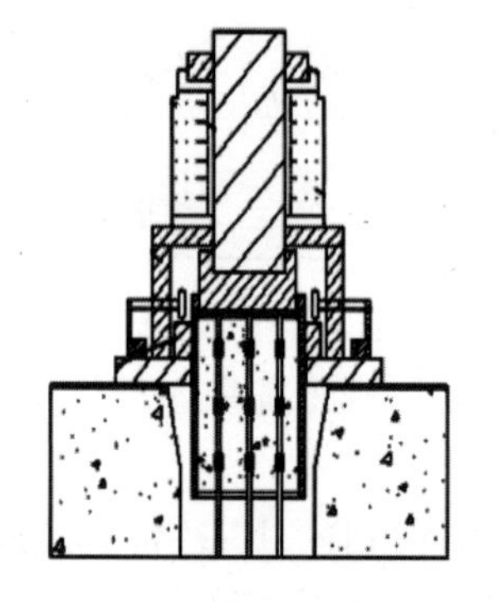

图 7　CFRP 锚杆的外锚头结构、张拉锁定装置及竖向拉索锚定结构

5 结语

本文结合国内外 CFRP 岩土锚固新技术成果与应用，探讨并获得了以下结论：

（1）基于岩土锚杆全寿命周期观点，指出 CFRP 复合材料引入岩土锚固工程领域的可行性，以及打破钢锚杆腐蚀破坏技术瓶颈的新途径。

（2）CFRP 筋或绞线具有高强度、低松弛、耐腐蚀、密度小、抗疲劳、无磁性等优点，适宜替代钢筋或钢绞线作为处于腐蚀性岩土环境中的岩土锚杆主筋。

（3）由于 CFRP 复合材料存在横向与纵向强度之比低的弱点，未来 CFRP 岩土锚杆工程应用将主要取决于安全可靠、经济实用锚具的成功研发与商用，而夹片型锚具与复合型锚具应是未来研究开发的重点。

（4）国内外 CFRP 岩土锚杆工程应用案例，为我国探索、开发这项新技术奠定了基础，期盼我国在这一新技术领域早日取得突破性进展。

参考文献

[1] 王振清，梁文彦，吕红庆. 先进复合材料研究进展[M]. 哈尔滨：哈尔滨工业大学出版社，2014.

[2] Niroumand H. Fibre reinforced polymer (FRP) in civil, structure & geotechnical engineering [C]. The second official international conference of international institute for FRP in construction for Asia-Pacific region, 2009.

[3] Nordin H. Fibre reinforced polymers in civil engineering [D]. Sweden, 2003: 25, Luleä university of technology.

[4] Nanni A, Bakis CE, O'Neil EF, et al. Performance of FRP tendon-anchor systems for prestressed concrete structures [J]. PCI Journal, 1996, 41(1): 34-43.

[5] Meier U. Extending the life of cables by the use of carbon fibres [C]. IABSE Symposium, 1995, San Francisco, 1235-1243.

[6] Meier U. Carbon fiber reinforced polymer cables: why? why not? what if? [J]. Arab J Sci Eng(2012)37: : 399-411.

[7] Meier U, Farshad M. Connecting high-performance carbon-fiber-reinforced polymer cables of suspension and cable-stayed bridges through the use of gradient materials [J]. Comp-Aid Mater Des, 1996, (1-3): 379-384.

[8] Noisternig JF. Carbon fibre composites as stay cables for bridges [J]. Applied Composite Material, 2000, (7): 139-150.

[9] Liu Y, Zwingmann B, Schlaich M. Carbon fiber reinforced polymer for cable structure-A review [J]. Polymers, 2015, 7(10), 2078-2099.

[10] Sayed-Ahmed EY, Shrive NG. A new steel anchorage system for post-tensioning applications using carbon fibre reinforced plastic tendons [J]. Canadian Journal of Civil Engineering, 1998, 25(1): 113-127.

[11] Campbell TL, Shrive NG, Soudki KA, et al. Design and evaluation of a wedge-type anchor for FRP tendons [J]. Canadian Journal of Civil Engineering, 2000, 27(5): 985-992.

[12] Braimah A, Green MF, Campbell TL. Fatigue behavior of concrete beams post-tensioned with unbonded carbon fibre reinforced polymer tendons [J]. Canadian Journal of Civil Engineering, 2006, 33(9): 1140-1155.

[13] Al-Mayah A, Soudki K, Plumtree A. Effect of rod profile and strength on the contact behavior of CFRP-metal couples [J]. Composite Structures, 2008, 82(1): 19-27.

[14] Elrefai A, West JS, Soudki K. Performance of CFRP tendon-anchor assembly under fatigue loading [J]. Composite Structures, 2007, 80(3): 352-360.

[15] Zhang B, Benmokrane B, Chennouf A. Prediction of tensile capacity of bond anchorages for FRP tendons [J]. Journal of Composites for Construction, 2000, 4(2): 39-47.

[16] Zhang B, Benmokrane B. Design and evaluation of a new bond-type anchorage system for fibre reinforced polymer tendons [J]. Canadian Journal of Civil Engineering, 31, 14-26.

[17] Schmidt JW, Bennitz A, Jäljsten B, et al. Mechanical anchorage of FRP tendons – A literature review [J]. Construction and Building Materials, 2012, 32, 110-121.

[18] 诸葛萍,任伟平,强士中,等. 碳纤维(CFRP)筋锚固体系的研究现状及应用[J]. 中外公路,2010, (30): 2, 158-163.

城市轨道交通工程自动化监测智能集成技术应用探究

曹宝宁

（北京城建勘测设计研究院有限责任公司）

摘　要　各大城市相继开展了城市轨道交通建设，城市轨道交通建设业已进入蓬勃发展时期。国内进入轨道交通建设与运营线路监测并重时代，监测市场前景广阔，任务艰巨。但监测作业模式还停留在全人工传统作业状态，无法满足轨道交通监测作业的高精度、准确化、少干扰、及时信息化的要求。监测作业的自动化、智能化、集成化成为发展趋势。本文从城市轨道交通监测作业的自动化监测智能集成技术进行了探究，给城市轨道监测行业应用先进技术提供些许借鉴。

关键词　自动化监测　智能集成技术　应力应变

随着我国经济的持续、健康、快速发展，城市化进程不断加快，为应对国际性经济问题，缓和城市交通拥挤状况，国内各大城市相继开展了城市轨道交通建设，城市轨道交通建设业已进入蓬勃发展时期。“十三五”时期将进入城市轨道交通建设大发展阶段，2020年规划线路里程将超过10000km；国内进入轨道交通建设与运营线路监测并重时代，监测市场前景广阔，任务艰巨。但监测作业模式还停留在全人工传统作业状态，无法满足轨道交通监测作业的高精度、准确化、少干扰、及时信息化的要求。随着科技的发展，监测仪器的智能化提高，监测作业的自动化、智能化、集成化成为发展趋势。

城市轨道交通工程自动化监测智能集成技术是采用一整套完备的技术手段监控管理措施，由专业化队伍实施安全监测，真实的数据反映真实的监测状况。全套信息系统的简历，以“全过程、流程式、网络化、多用户、多层次、模块化”为特征，保障工程安全管理顺利实施。建设好实时自动化、智慧化管理智能系统，同时也就建立起了工程安全管理数据库，可为工程施工中安全管理、运营和科学研究提供数据支持。其对于传统的人工作业具有明显的作业优势。

1　城市轨道交通工程自动化监测智能集成技术架构

1.1　自动化监测架构建设简介

城市轨道交通工程自动化监测智能集成监测系统是利用传感器技术、信号传输技术，以及网络技术和软件技术，从宏观、微观相结合的全方位角度，来监测影响围护结构安全及既有线路运营安全的各种关键技术指标；记录历史、现有的数据，分析未来的走势，以便辅助业主单位及政府决策，提升工程建设安全保障水平及既有线路运营安全，有效防范和遏制重特大事故发生。

系统依托智能的软件系统，建立分析预警模型，实现与短消息平台结合，当发生异常时，及时自动发布短消息到监测管理人员，尽快启动相应的预案。

1.2　自动化监测内容

在线监测系统实现对轨道交通建设过程中围护桩的沉降、位移、桩体应力、钢支撑轴力、地下水位、围护桩水平位移、土体水平位移、周边环境变形、既有地铁保护性监测。基坑监测系统组成如图 1 所示。

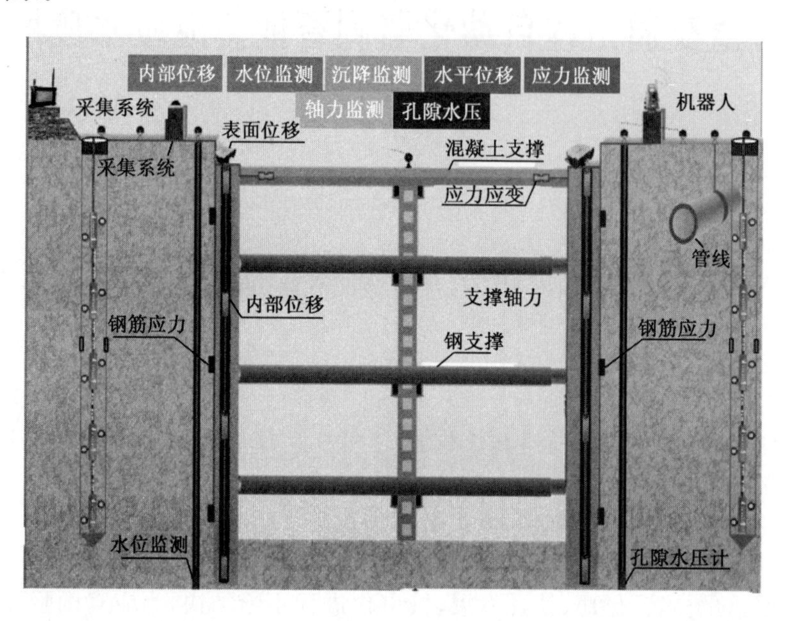

图 1　基坑监测系统组成图

1.3　自动化监测系统组成

系统由监测区传感器、既有线路内传感器数据采集装置、信号发射接收及处理装置、监测单位机房及计算机管理系统、数据库在线系统、APP 在线、监测预报预警系统组成。其中监测作业单位，实时通过软件管理平台展示相关信息及管理预警信息，处理结果等自动存储备份。监测中心服务器按照国家相关规范建设，主要放置电视大屏、监测终端、服务器群、软件管理平台及辅助设备。

1.4　自动化监测智能集成数据采集处置终端

数据采集终端软件是通用的管理各种采集静力水准仪、倾角仪、位移计、轴力、应力、内部位移、水位等监测设备的信息系统。数据采集终端软件负责配置采集设备的基本信息及采集频率，即支持定时采集，又采用主动式触发数据发送模式，既保证了数据的实时性，又保证了数据的有效性。在系统初始化的过程中，数据采集终端软件可以快速地完成设备的采集工作，采集模式分为主动式和问答式两种结构模式，支持前端存储传输脱机工作模式、具备双向备份功能。数据发送到监控中心，软件自动对测量数据进行换算，直接输出监测物理量 GPRS/BD 网络进行数据传输或者内部局域网方式，完成对传感器数据的采集和监控。传感器通过无线采集系统 GPRS 网络传输数据。

在线监测系统软件部分包括数据采集、处理软件、数据分析软件，数据采集、处理软件分模块。数据采集、处理软件将传感器采集数据接收并保存至数据库，同时将设计的报警限制也保存在数据库，数据分析软件实时比较最新的实时数据和限制的关系，如果超限随即触发声光报警器、短信报警模块、网络报警功能实现多种方式同时报警。

可实现多级管理平台工作模式，可实现结构监测信息在 web 版监测、第三方监测、业主查看、施工单位等多级管理与信息共享。采集软件支持多类型监测设备监测数据的采集与数据的上传，同时可以远程控制各监测设备，支持串口、TCP/IP 等协议。智能化集成终端主要功能包括在线监测、数据分析、监测管理、预报预警系统管理。

2 城市轨道交通自动化监测智能集成作业方法

2.1 竖向位移监测

由于城市轨道交通建设期间要进行大量土方卸载，造成主体结构与周边环境水土压力平衡体系被打破，围护结构与既有地铁结构将在水土压力作用下产生位移，所以沉降监测对安全保护及地铁安全运营是必不可少的监测内容。

（1）监测设备

晶硅式静力水准仪是一种差压式的传感器，利用各个监测点之间的压力值的变化计算出沉降量，传感器精度高，体积小，量程大，在其量程之内，静力水准仪可以随着地面走势安装而不需要调平，全密封结构可以埋设于地下，方便道路交通。

该系统主要由储液罐、基点、测点、采集设备组成，静力水准仪由主体容器、连通管、传感器等部件组成。静力水准仪是利用连通液的原理进行沉降观测，多支通用连通管连接在一起的储液面总是在同一水平面上，通过测量不同储液罐的液面高度，经过计算可以得出各个静力水准仪的相对差异沉降。

（2）沉降计算方式

测点：当前测量值－初始测量值＝沉降变化值。

基点：初始测量值－当前测量值＝基点变化值。

沉降变化量计算：（沉降变化值－基点变化值）X－1＝最终沉降值。

2.2 水平位移监测

（1）监测设备（测量机器人）

测量机器人可应用于诸如地铁隧道、周边环境的建（构）筑物等各类对象的竖向与水平位移的远程自动化监测。

（2）测量机器人

智能全站仪，标称测角精度为 1″，测距精度为（1mm＋1ppm×D）（D 为被测距离），测程单棱镜达 2500m，带马达驱动，安有同轴自动目标识别装置 ATR（Automatic Target Recognition），有纵、横轴自动补偿功能，数据可用通信电缆或数据电台与计算机连接，由计算机存储，同时由计算机在线控制。

（3）监测方法

测量机器人采用自动伺服的高精度全站仪，通过内置的监测模块实时采集数据，通过无线传输的方法传回到自动化处理平台，自动计算水平位移的变化量。测量方法如图 2 所示。

2.3 支撑轴力监测

支撑轴力的监测目的在于及时掌握车站基坑施工过程中，支撑的内力变化情况。当内力超出设计最大值时，及时采取有效措施，以避免支撑因为内力过大，超过材料的极限强度而导致破坏，引起局部支护系统失稳乃至整个支护系统的失败。

（1）监测方法

工程采用钢结构支撑，在支撑端部通过安装轴力计直接接入自动化采集终端获取轴力变化。

(2)测点埋设与布置

轴力计直接支撑传感器布置，严禁偏心，否则会导致钢支撑失稳。支撑轴力和维护桩内力布置在统一断面上，数据可以相互印证。

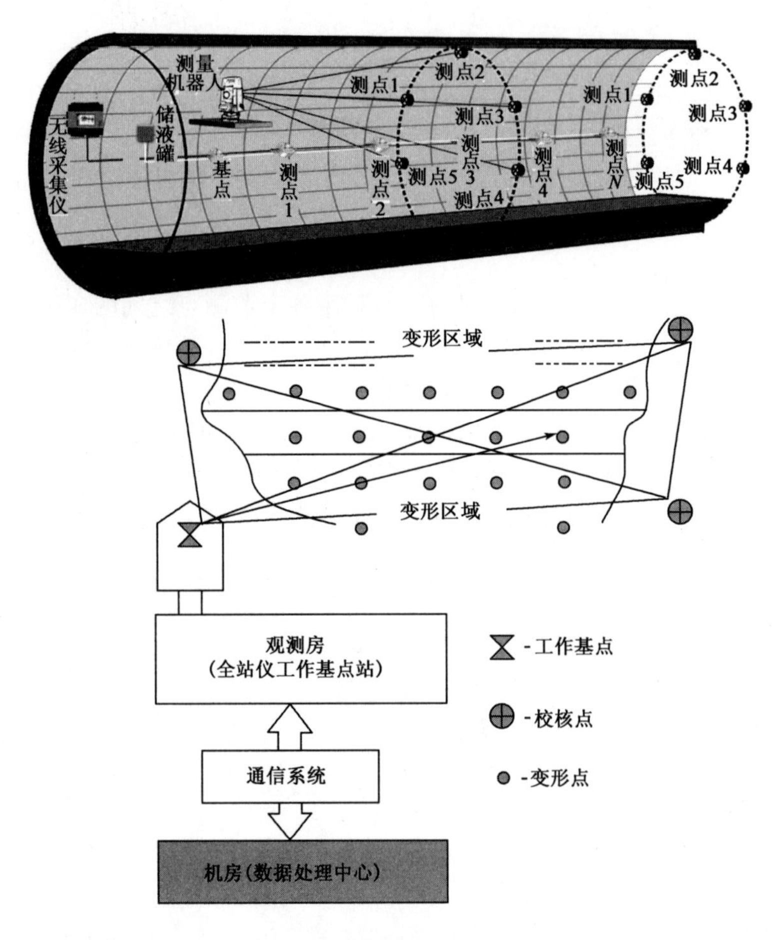

图2 水平位移量测方法

2.4 地下水位监测

轨道交通施工前有时需要人工降低地下水位，在天然水面和人工水面之间，排水会引起土体的孔隙水压力消散，有效应力增加，从而造成土体压缩，产生沉降；同时，人工水面以下，土层有效应力也会因水位变化而增加，引起土体沉降，这将引起周围一定范围内的地面下沉，甚至造成邻域内建筑物或构筑物的破坏。因此，地下水位变化是施工过程中必须严密监测的一个关键性参数。

(1)监测方法

地下水位监测采用埋设水位管后数字传感器自动化观测。在已埋设好的水位管中垂直放入传感器，直至传感器前端没入地下水面 1.5m 以下，自动记录读数后，将初次读数出，记录读数，两读数自动相减，即可获取地下水位相对于管口的深度。

(2)测点埋设与布置

监测采用钻孔方式埋设水位管。钻孔完成后，清除泥浆，将 PVC 水位管吊放入钻好的孔内(管顶应高出地面)，在孔四周的空隙回填中砂，上部回填黏土，并将管顶用盖子封好。水位管下部用滤网布包裹住，以利于水渗透。水位管的埋置深度（管底标高）应在控制地下水位之下 3～5m。安装图如图 3 所示。

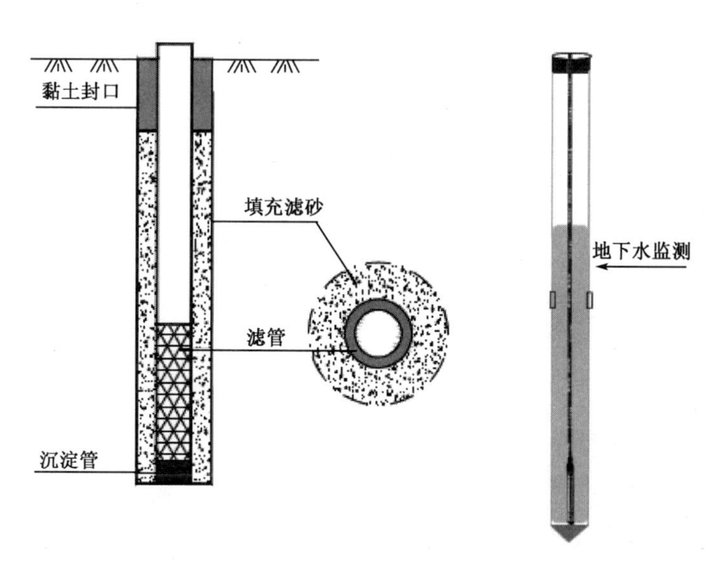

图 3　水位管安装示意图

2.5　围护桩体深层水平位移监测

（1）监测方法

围护桩体挠曲位移采用测斜手段进行监测，测斜装置由测斜管、测斜仪、数字式测读仪三部分组成。

测斜的工作原理是利用重力摆锤始终保持铅直方向的性质，测得仪器中轴线与摆锤垂直线的倾角，倾角的变化导致电信号变化，经转化输出并在仪器上显示传输，从而可以知道被测构筑物的位移变化值。实际量测时，将测斜仪插入测斜管内并沿管内导槽向下滑，按确定的间距测定各位置处管道与铅直线的相对倾角。

（2）测点埋设与布置

测斜管应在轨道交通施工基坑开挖 1 周前埋设，埋设时要符合下列要求：

①埋设前检查测斜管质量，测斜管连接时保证上、下管段的导槽相互对准顺畅，接头处密封处理，并注意保证管口的封盖。

②测斜管长度与围护墙深度一致或不小于所监测土层的深度。

当以下部管端作为位移基准点时，保证测斜管进入稳定土层 2～3m；测斜管与钻孔之间孔隙应填充密实。

③埋设时测斜管保持竖直无扭转，其中一组导槽方向应与所需测量的方向一致。

监测测斜管埋设方式主要有钻孔埋设和绑扎埋设两种方式，并以绑扎埋设为主。绑扎埋设通过直接绑扎或设置抱箍等将测斜管固定在桩墙钢筋笼上，入槽孔后，浇筑水下混凝土。为了抵抗地下水的浮力和液态混凝土的冲力作用，测斜管的绑扎和固定必须十分牢固，否则很容易与钢筋笼相脱离。

2.6　隧道轴向变形监测（光纤光栅传感器）

在隧道施工过程中，作用在隧道支护结构的轴向反作用力，使得隧道发生轴向压密，当受力不均，易发生轴线偏移变形。主要利用分布式定点传感光缆进行定期监测，在隧道拱顶、拱底及两腰部位，沿隧道走向布设分布式应变感测光缆，监测隧道沿线方位的结构变形。轴向布设效果图如图4所示。

2.7 隧道断面径向收敛变形监测

受围岩压力作用，隧道支护结构体会产生向内收缩变形，横截面收敛变形是评估隧道结构稳定性和安全的重要标志。选取重点断面进行隧道横截面收敛变形监测，监测断面采用FBG环向收敛计环向布设的方案，通过监测环向角度变形量，来推算断面形态及收敛变形。

FBG环向收敛计安装采用定点方式固定，沿隧道内弧面布设，两端锚固在单元边界点上，中间部分紧贴内弧面但不与其连接，安装如图5所示。

图4　轴向布设整体效果图

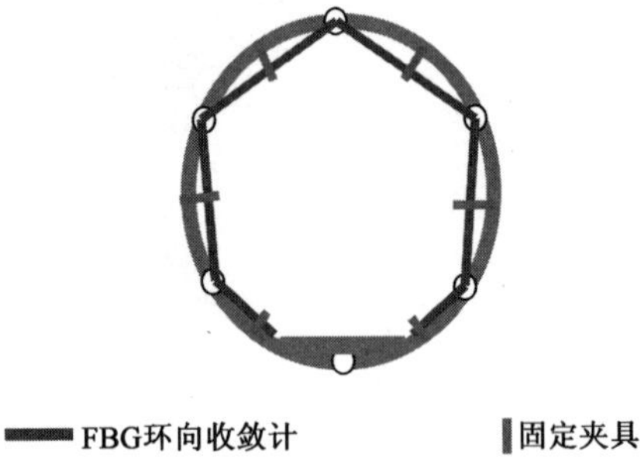

FBG环向收敛计　固定夹具

图5　FBG环向收敛计安装图

对于监测过程中遇到的变形较大的隧道表面，可使用FBG位移计进行支护结构及围岩离层发育重点监测。使用夹具固定的方式，将两点式FBG位移计垂直安装固定在围岩体内，即可监测其支护结构及围岩离层发育。

FBG环向收敛计及FBG位移计可以各形成一条监测线路，由传输光缆统一引导至隧道外面进行无线实时在线监测。

2.8 隧道支护结构应力监测

隧道支护结构应力监测主要利用FBG埋入式应变计、光纤光栅智能锚杆及金属基索状应变传感光缆等进行传感器监测。

(1)FBG埋入式应变计安装方式

隧道支护为锚网喷支护结构，其变形破坏主要是混凝土开裂破坏。在选取的监测断面内布设光纤光栅埋入式应变计可实现混凝土应变监测。将埋入式应变计固定安装在铁丝网内部，最后喷注混凝土即可实现光纤传感器的布设植入。

埋入式应变计主要沿隧道走向布设，每个监测断面在隧道顶部、底部、两肩、两边侧壁位置布设。埋入式应变计串联形成一条监测线路，由传输光缆统一引导至隧道外面进行无线实时在线监测。

(2)光纤光栅智能锚杆安装方式

将光纤光栅串封装到锚杆上，可以制作成光纤智能锚杆，在可以进行支护的同时，还可以实现锚杆应力多点监测。对于长度较长的锚杆，可以将纤细的分布式感测光纤粘贴在光纤锚杆表面，一起植入到围岩内部，实现锚杆应力分布式监测。

光纤智能锚杆布设安装于井壁顶部、两肩、两帮位置，实现锚杆应力监测。每个监测断面布设安装5个点。最后采用光纤引线进行串联连接，进行无线实时在线监测。

（3）金属基索状应变传感光缆安装方式

受隧道围岩压力作用，围岩结构体会产生向内收缩变形。通过在围岩支护结构内部植入金属基索状光缆，可以实现隧道支护结构收敛变形监测。在进行支护结构施工时，沿锚网钢梁轴向方向上布设金属基索状光缆，使用扎带将分布式感测光缆与钢梁绑扎，然后喷射混凝土，待混凝土凝固强度达到后，植入的分布式感测光缆与支护结构体协调耦合变形，可以感测出支护结构的变形应变。

金属基索状应变传感光缆沿隧道走向布设，主要在隧道两肩位置处布设，或视实际情况在应力集中处布设。安装完成后可进行定期监测。

3 结语

随着科技的进步，城市轨道交通工程监测作业模式即将发生根本性的改变，自动化监测智能集成技术具有很大的作业优势，主要表现在：

（1）全面性。突破了不同监测设备、不同类型传感器数据独立传输、计算的屏障，将传统的各类人工与自动化监测项目、新的前沿监测设备与技术有效整合到一个智能系统平台，集成程度高，实现对各监测设备自动化监测的集成，在轨道交通监测过程中全面替代传统轨道交通监测作业模式。

（2）智能化。自动化监测智能集成技术通过计算机及移动通信设备（手机 App）实现可视化管理，实现监测数据的实时采集、计算、分析、输出与储存。且一旦监测数据超出预警值范围，系统马上发布报警，提示技术人员及时作出判断，通知相关各方采取相应工程措施。减少人为干扰，符合轨道交通监测智慧化作业要求。

（3）高效性。与人工监测相比，自动化监测减少了人工投入，通过计算机程序自动进行数据采集、计算、分析、处理，实现对不同监测方法的自动计算，大大提高了工作效率。减少人为误差，是轨道交通监测工作发展的趋势。

自动化监测智能集成技术的发展需要一个很长的实践过程，在实际工作中根据工程的不同需求，针对风险较高的穿越工程、既有设施实现全自动监测集成化管理，而对于风险较小、工程自身与周边环境较简单的工程实现半自动集成管理。根据需求提供不同的系统解决方案。随着人工成本的逐渐增大，监测技术、仪器设备智能化的提高，自动化监测智能集成技术将更多更广地应用于轨道交通工程的全自动化监测过程中。

参考文献

[1] 戴加东，王艳玲，褚伟洪．静力水准自动化监测系统在某工程中的应用[J]．工程勘察，2009，37(5)：80-84.

[2] 宰金珉．岩土工程测试与监测技术[M]．北京：中国建筑工业出版社，2008.

[3] 吕刚．大坝安全监测技术及自动化监测仪器、系统的发展[J]．水电自动化与大坝监测，2001，5(5)：1-4.

[4] 崔天麟，肖红渠，王刚．自动化监测技术在新建地铁穿越既有线中的应用[J]．隧道建设，2008，28(3)：359-361.

二、理论研究与工程测试

二次劈裂注浆对黄土层中锚索预应力的影响试验研究

吴　璋　王振刚　王新锋

（中煤科工集团西安研究院有限公司）

摘　要　选取西安某黄土层基坑为试验场地，通过分析常压注浆与常压注浆基础上的二次劈裂注浆两种施工工艺下的锚索抗拔极限承载力、锚固段应力分布及锚索预应力损失，探讨二次劈裂注浆对黄土层中锚索预应力的影响效果。试验表明，二次劈裂注浆施工工艺可有效地提高锚索抗拔极限承载力，并且减小土层压缩及黄土湿陷性对预应力损失的影响作用。

关键词　黄土层　锚索　二次劈裂注浆　影响效果

1　前言

依据锚固段受力方式不同，将预应力锚索分为荷载集中型与荷载分散型两大类。其中荷载集中型锚索因其施工工艺简单、施工快捷与经济合理等优点，在建筑基坑及明挖隧道临时支护中应用更多[1]。在完整硬质岩层中，锚索预应力大小主要取决于锚固介质对锚索的握裹力；而在软岩、风化岩层中，则受注浆体与孔壁岩土体间的粘结力控制[2]。因此，黄土地层中锚索预应力大小主要受注浆体与孔壁土体间的粘结力大小的影响。关于锚固体与土层界面间的粘结强度的研究，何思明等人研究得出注浆体与岩土体之间的粘结力大小与注浆材料强度存在一定关系[3]，郭汉与任爱武等人研究得出注浆体与岩土体间的粘结力大小取决于注浆体与孔壁土层接触表面积及锚固段注浆体体积等[4-5]。

土层中锚索采用劈裂注浆时，一方面可填充锚索孔壁附近的土体孔隙，从而对该范围的土体进行充填与压密，有效地扩大了注浆体与孔壁土层接触表面积；另一方面在劈裂压力的作用下注浆液可扩散到锚索孔壁更远的区域，从而扩大了注浆体与孔壁土层的接触体积。因此在劈裂注浆后，可有效地提高土层中锚索的抗拔承载力[6]。

本文选定西安某黄土层基坑作为试验场地，现场进行常压注浆及常压注浆基础上的二次劈裂注浆试验，通过分析常压注浆与二次劈裂注浆工艺下黄土层中锚索的抗拔极限承载力、锚固段应力分布、锚索预应力损失，探讨二次劈裂注浆对锚索预应力的补偿作用，可为黄土层中锚索设计优化提供一些参考。

2　试验概况

2.1　试验场地概况

试验场地基坑深度为 12m，基坑侧壁采用锚索加排桩的支护形式。

试验锚索位于黄土层（Q_3^{2eol}），该黄土层呈黄褐色、可塑、含水率 20%，孔隙发育，土质均匀，零星分布钙质薄膜，偶见蜗牛壳，土层局部具有Ⅱ级中等湿陷性。

2.2　试验材料及设备

试验锚索均为荷载集中型锚索，锚索体由 1×2ϕ15.24mm 钢绞线组成，锚索自由段长度均为 7m、锚固段为 11m；孔径均为 ϕ130mm；水泥材料均选用 P・O42.5，砂子选用陕西渭河细砂；劈裂注浆选用水泥浆，水灰比为 0.5，常压注浆均选用水泥砂浆且质量配合比为水∶水泥∶细砂＝0.5∶1∶1。

锚索张拉选用 YDC-750 穿心式千斤顶；选用抗拉强度标准值 1860MPa、直径 ϕ15.24mm 钢绞线制作锚索。HXG-150kN 型钢筋计用以量测锚固段应力分布，在锚头安装 HXL-300kN 型频率应力计，用于锚索锁定的预应力损失监测，采用 MB-6TL 型振弦频率读数仪采集试验数据。

2.3　试验简介

由锚固段起始点(0.0 点)起算，锚索体上安装的 HXG-150kN 型钢筋计位于 0.5m、2.5m、4.5m、8m、10m 位置。常压注浆时注浆管位于锚索体中央，采用孔底返浆的方式注浆；劈裂注浆时注浆管布置在锚索体外侧紧靠孔壁位置，并且锚固段劈裂注浆管采用梅花形布置的浆液喷射孔眼，喷射孔眼间距为 300mm，注浆压力为 1.5MPa。注浆管布置如图 1 所示。

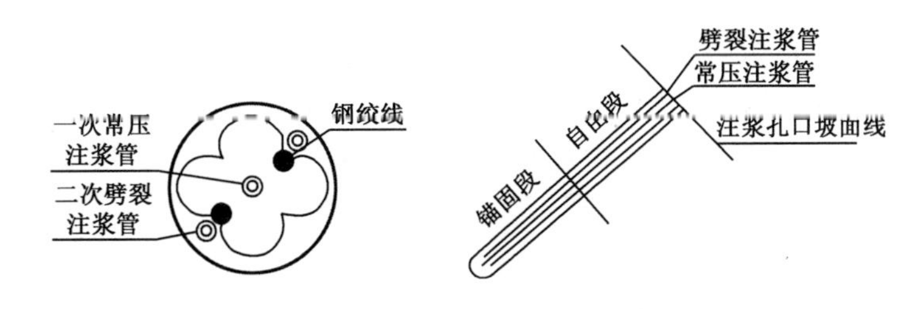

图 1　注浆管布置图

常压注浆与二次劈裂注浆施工时，仅是注浆压力不同，其余方面均采用相同的施工工艺。在注浆体龄期达到 28 天时均采用分级加荷张拉锚索，张拉过程依据《建筑基坑支护技术规程》(JGJ 120—2012)相关条款要求进行。预应力损失监测周期为 90 天，锚索锁定后起前 10 天内每天采集一次数据，10～20 天为每两天采集一次数据，之后为每 5 天采集一次数据。

3　黄土层中锚索预应力试验分析

3.1　锚索极限抗拔承载力

现场试验时，常压注浆与常压注浆基础上的劈裂注浆分别进行两组测试。

试验结果表明，常压注浆工况下锚索极限抗拔承载力为 170kN、210kN，平均为 190kN；而进行二次劈裂注浆后，锚索极限抗拔承载力增大至 240kN、260kN，平均为 250kN。二次劈裂注浆施工工艺所得的锚索极限抗拔承载力，在常压注浆孔所得的承载力平均值基础上提高了近 31.6%。

劈裂注浆压力作用下，将注浆材料扩散到孔壁土层更远的深度，将松散土体紧密地胶结在一起，水泥砂浆与土层形成的混合体更加密实饱满，有效地改善了扩散范围内土体的力学特性，扩大了注浆体与孔壁土体接触的表面积及锚固段注浆体的作用范围。劈裂注浆增大了孔内注浆体粘结力的作用范围，对提高锚索极限承载力发挥了积极作用。

3.2　锚固段应力分布特征

现场试验中进行了锚固段应力分布测试的试验。由试验结果得出，锚固段应力分布变化曲线相似，均呈负指数函数型分布。选取其中的一组锚索进行拉拔试验，所得锚固段轴力分布如图2所示。

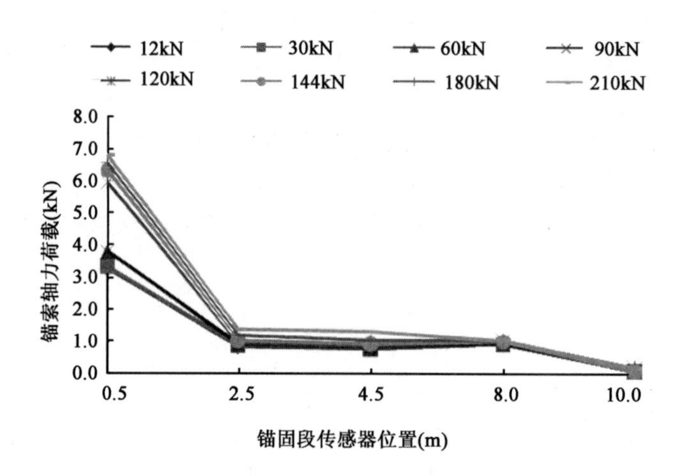

图2　锚固段轴力分布曲线

由锚固段轴力分布可以得出，拉力型锚索锚固段发生了应力集中；锚固起始段2.5m长度为应力高度集中区段，之后应力开始逐渐减小，并且随着锚索张拉荷载的增大，锚固应力集中区段承担的荷载也增大；由锚固起始端起算的8m长度范围内，承担了张拉荷载的90%以上；锚索抗拔力达到极限承载力时，锚固段端部3m长度范围所承担的荷载也未发生较大变化。同时还可以看出，锚固段长度达到一定长度(8m)后，继续增加其长度对提高锚索极限抗拔承载力意义不大。

3.3　锚索预应力损失监测

本次试验还进行了随时间推移锚索预应力变化的监测工作，用以对比分析常压注浆与常压注浆基础上的二次劈裂注浆两种工艺下，锚索预应力的损失变化特征。锚头处锁定预应力荷载均为100kN，起始监测时间均始于预应力锁定的24h后，常压注浆与二次劈裂注浆锚索预应力随时间变化特征分别如图3与图4所示。

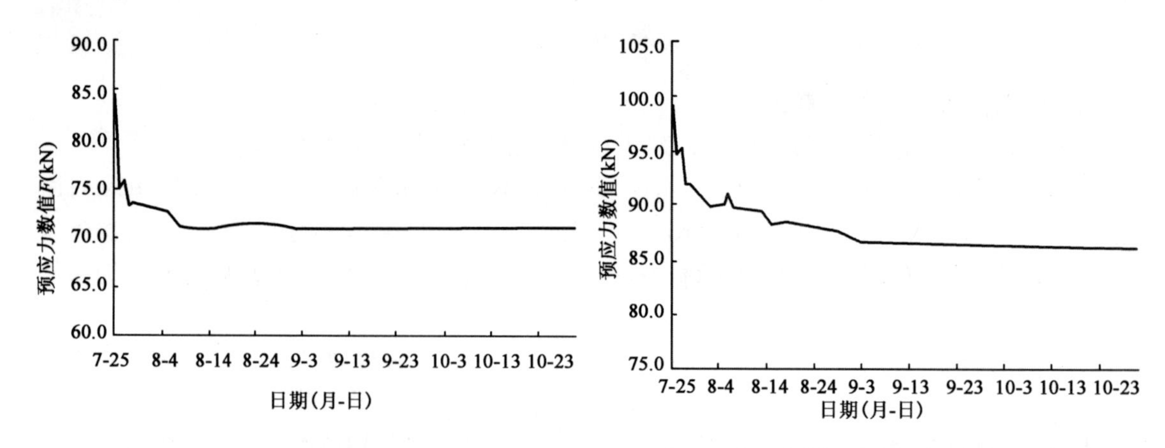

图3　常压注浆孔锚索预应力损失变化特征

图4　二次劈裂注浆孔锚索预应力损失变化特征

从预应力损失监测图可以看出，黄土地层中锚索预应力损失量比岩石地层中偏大[6]。试验的两种工艺下，锚索张拉锁定后的10天内，预应力均出现了急剧减小，尤其是张拉锁定24h

内预应力均处于骤然减小阶段；随后锚索预应力呈现了波动调整变化直至处于基本稳定的特征。

对于常压注浆孔，张拉锁定后 10～15 天内，预应力由锁定值 100kN 减小至 71.54kN；至监测周期末预应力荷载减小至 71.03kN，与前值相比预应力荷载继续下降变化微小。因此可以看出常压注浆工艺下，锚索预应力的损失主要集中在张拉锁定的 15 天内，且预应力损失值为 28.46kN，损失率为 28.46%；预应力损失值占监测周期中总的预应力损失值的 98.24%，并且预应力损失在 10～15 天内基本趋于稳定。

二次劈裂注浆孔，张拉锁定后 10～15 天内，预应力由初始锁定的 100kN 减小至 89.94kN；至整个监测周期末，预应力荷载减小至 86.10kN；张拉锁定后 10～15 天内，预应力损失值占监测周期中总的预应力损失值的 72.4%，监测周期内预应力损失值为 13.90kN 且损失率为 13.90%，并且预应力损失在 40～45 天内基本趋于稳定。

3.4 预应力损失原因

试验中影响锚索预应力损失的主要因素包括注浆压力、岩土体特性、钢绞线松弛、锚具及夹片回弹等因素。

(1)注浆压力

由图 3 预应力损失监测看出，常压注浆孔预应力损失值约为二次劈裂注浆孔的 2 倍，表明提高注浆压力并进行劈裂注浆可有效地减小预应力的损失。因为劈裂注浆压力作用下，可将注浆材料扩散到孔壁土层更远的深度，将松散土体紧密地胶结在一起，水泥砂浆与土层形成的混合体更加密实饱满，有效地改善了扩散范围内土体的力学特性，扩大了注浆体与孔壁土体接触的表面积及锚固段注浆体的作用范围。劈裂注浆增大了孔内注浆体粘结力的作用范围，对提高锚索极限预应力发挥了积极作用。

(2)岩土体特征

由试验场地勘察报告知，黄土层孔隙发育、可塑状态、含水率 20%、取土样室内试验后所得的压缩系数 a_{1-2} 均值为 0.40MPa^{-1}，属中等压缩性土，局部土层湿陷等级为Ⅱ级中等湿陷性。

试验锚索锚固段发生了应力集中，在预应力集中区段，锚索孔壁土体承受的由锚索张拉应力产生的土体侧向压力较大，在该压缩性土层中会发生较大的压缩变形；并且黄土土层具有Ⅱ级中等湿陷性，注浆体灌入锚索孔内时，注浆体中的水分通过土体孔隙入渗到孔壁土体中，将破坏注浆体与孔壁土体结合形成胶结体的胶结强度，在侧向压力作用下必然加大土体的压缩变形量；侧向压力继续增大时，使锚索孔壁一定深度范围内的土体由弹性变形逐渐转变为塑性变形，压缩变形量逐渐增大。但是，同样由图 3 预应力损失监测看出，二次劈裂注浆有效地减小了土层压缩变形与湿陷性的影响作用。

(3)钢绞线松弛

据有关资料[7]，70%破断荷载时低松弛钢绞线 1000h 应力损失为 2.5%，在 60%破断荷载时为 1%，在 50%破断荷载时可忽略不计。试验锚索最大拉力为 260kN，为破断荷载的 33.3%(小于 50%破断荷载)，钢绞线松弛对预应力损失影响可忽略不计。

(4)锚具夹片回弹

锚具、夹片引起的预应力损失可由以下公式计算[8]：

$$N_S = A \times \frac{\sum \Delta L}{L} \times E_y$$

式中：ΔL——锚具、夹片的变形回缩值（可按照厂家提供资料取值）；

L——锚索自由段长度；

E_y——钢绞线的弹性模量；

A——钢绞线的截面积。

试验选用的钢绞线采用2束制作，自由段长度为7m，锚索预应力锁定值为100kN时，锚具夹片回弹值为0.2mm（厂家提供数值）。依据公式计算得锚具、夹片引起的锚索预应力损失约为1.56kN，不足设计值的2%。因此，黄土层中锚索锚具、夹片回弹变形对预应力荷载影响很小。

综上所述，注浆压力与黄土特性是影响锚索预应力损失的主要因素，二次劈裂注浆工艺可有效地减小黄土层中锚索预应力损失。

4 结语

（1）黄土层中锚索采用二次劈裂注浆时，有效地改善了扩散范围内土体的力学特性，扩大了注浆体与孔壁土体接触面积及锚固段注浆体的作用范围。

（2）锚固段预应力分布呈负指数函数型，起始段2.5m长度为应力高度集中区段，锚固段8m长度范围内，承担了张拉荷载的90%以上；同时锚固段长度达到一定长度（8m）后，继续增加其长度对提高锚索极限抗拔承载力意义不大。

（3）对于常压注浆孔，锚索预应力的损失主要集中在张拉锁定的15天内，并且预应力损失在10～15天内基本趋于稳定，预应力损失率达28.46%；二次劈裂注浆孔，张拉锁定后10～15天内，预应力损失占总的预应力损失的72.4%，并且预应力损失在40～45天内基本趋于稳定且预应力损失率为13.90%。为减小预应力的损失，也可采取张拉锁定后的补偿张拉措施，尤其在一些基坑垮塌、滑坡支挡等临时支护抢险工程中，锚索张拉锁定后及时进行补偿张拉尤为重要。

（4）二次劈裂注浆有效地减小了黄土层中由于土层压缩性、湿陷性等因素对预应力损失的影响，并且与常压注浆孔相比其损失率较低，因此在某些对基坑侧壁、坡体变形控制要求高的支护中其应用效果更佳。

参考文献

[1] 任晓光.荷载分散型锚索应用情况调查及分析[J].岩土锚固工程，2015，2.

[2] 朱晗迓，尚岳全，陆锡铭等.锚索预应力长期损失与坡体蠕变耦合分析[J].岩土工程学报，2005，4.

[3] 何思明，王全才.预应力锚索作用机理研究中的几个问题[J].地下空间与工程学报，2006，2.

[4] 郭汉，詹锦泉，徐素健.锚杆劈裂注浆试验研究[J].煤炭学报，1999，5.

[5] 任爱武，汪彦枢，王玉杰，等.拉力集中全长黏结型锚索长期耐久性研究[J].岩石力学与工程学报，2011，3.

[6] 王振刚，陈文玲，李琦瑛.黄土层中锚索预应力的影响因素分析[J].水利与建筑工程学报，2014，2.

[7] 韩光，朱训国，王大国.锚索预应力损失的影响因素分析及其补偿措施[J].辽宁工程技术大学学报，2008，2.

[8] 中华人民共和国行业标准.JTG D62—2004 公路钢筋混凝土及预应力混凝土桥涵设计规范[S].北京：人民交通出版社，2004.

吊脚桩支护体系变形影响因素分析

任晓光[2]　张　俊[1,2]　姜晓光[1,2]

（1.中国京冶工程技术有限公司深圳分公司　2.深圳冶建院建筑技术有限公司）

摘　要　结合深圳地区的实际工程对桩锚支护的吊脚桩基坑进行了数值分析和工程实测分析，重点研究了桩嵌岩深度、预留岩肩宽度对桩身位移的影响。分析结果表明：嵌岩深度对桩身位移的影响并不显著，锚索能较有效地控制桩身位移，预留岩肩越大桩身位移越小，但超过一定值后影响作用不再明显。

关键词　吊脚桩　有限元　基坑支护

1　概述

在基岩面较高的地层开挖基坑，坑底往往在基岩以下数米，从而形成土岩组合基坑，即基坑开挖深度范围内上部是土层，下部是基岩的基坑。该类基坑当采用支护桩做围护结构时，由于桩底嵌入的是强风化或中风化甚至是微风化岩体，考虑到经济及施工因素，其入岩深度是有限的，当基坑开挖到基底时，支护桩桩脚似吊在空中，即俗称的“吊脚桩”。

采用吊脚桩的基坑常用支护形式有：基坑上半部土层部分采用桩锚、桩撑或桩撑锚的支护形式；在土岩交接处采用锁脚锚索对吊脚桩进行锚固；下半部分为岩层尤其是中风化及以下岩层具有较好的竖向承载能力和边坡自稳能力，故常采用自然放坡或岩石锚杆支护。如图1所示。

目前吊脚桩基坑支护形式应用较为广泛，但其设计计算理论尚不成熟。2011年，刘红军利用Plaxis有限元软件模拟双排吊脚桩桩锚支护的基坑开挖过程，得到如下结论，该体系具有较大刚度，能够有效控制基坑变形及桩体位移，基坑位移主要发生在土体深度范围内；2013年，袁海洋借助Plaxis2D有限元分析程序，模拟采用“吊脚桩”支护基坑的开挖过程并与实际监测数据进行对比，再通过将不同刚度的支护桩的变形进行对比来找到最合理的支护刚度，用以指导工程实际；2013年，李宁宁对青岛地区典型的上软下硬地层常用的支护结构——吊脚桩支护结构进行分析，总结了此种支护体系中两个关键设计参数——桩体嵌岩深度和锁脚锚索预加力对支护体系的影响规律，并与施工现场监测数据进行了对比分析，为以后的工程实践提供一定的参考。本文结合工程实际，采用有限元软件对桩锚支护的吊脚桩基坑进行数值分析，并与实际工程数据进行对比，从而为设计和施工提供参考。

2　工程简介

2.1　工程概况

该项目场地位于深圳市龙岗区，基坑北侧和东侧为市政道路，南侧和西侧为空地。场地用地面积约 41000m²，拟建 5 栋高层建筑，地上为 15～45 层，塔楼高 50～150m，另有多层配套建筑，地下室 3 层。拟建地下室约 41000m²，需支护基坑底边周长约 1004m，基坑地面正负零高程为 48.40m 和 48.80m，基坑底高程为 33.3m，基坑开挖深度分别为 15.1m 和 15.5m。场地岩土力学参数见表 1。

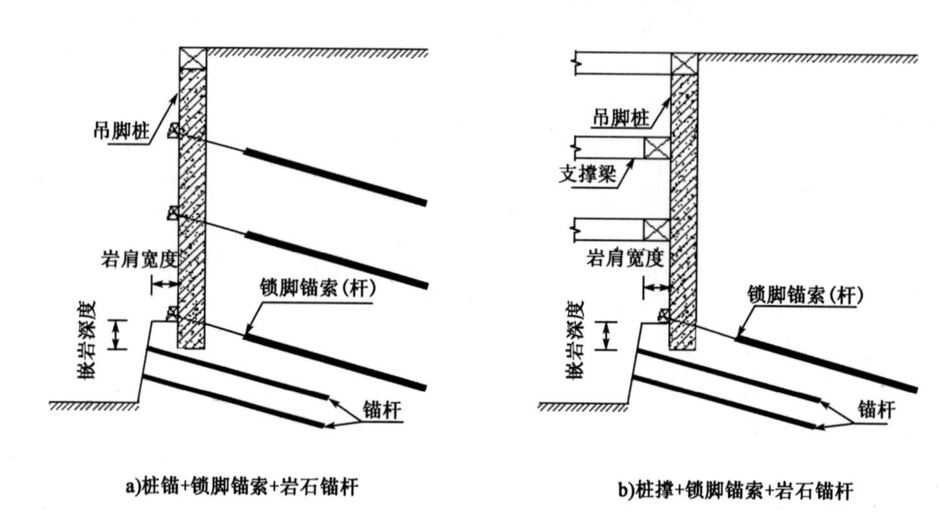

a)桩锚+锁脚锚索+岩石锚杆

b)桩撑+锁脚锚索+岩石锚杆

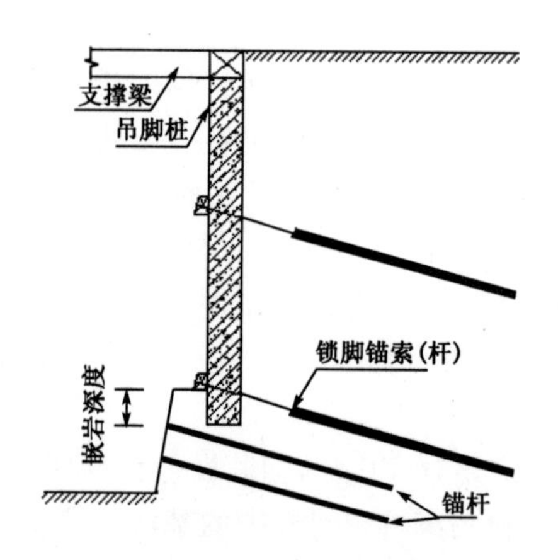

c)桩撑锚+锁脚锚索+岩石锚杆

图 1　吊脚桩基坑常用支护形式

岩土体力学参数表

表 1

岩土代号及名称 \ 指标名称		重度 γ (kN/m³)	抗剪断强度		岩土体与锚固体黏结强度特征值(kPa)	压缩模量 E_s (MPa)
			黏聚力 c (kPa)	内摩擦角 φ (°)		
1	素填土(1-2)	19.1	6	7	20	4.0
2	黏土(2-1)	18.9	15	16	25	5.0
3	淤泥(2-2)	16.8	—	—	10	1.5
4	含砾黏土(3)	20.7	23	19	60	5.0
5	粉质黏土(4)	19.0	20	16	50	5.2

续上表

岩土代号及名称 \ 指标名称		重度 γ (kN/m³)	抗剪断强度		岩土体与锚固体黏结强度特征值(kPa)	压缩模量 E_s (MPa)
			黏聚力 c (kPa)	内摩擦角 φ (°)		
6	全风化凝灰岩(5-1)	19.8	24	18	60	6.0
7	强风化凝灰岩(5-2)	20.7	28	24	120	40
8	中风化夹强风化凝灰岩(5-3)	21.5	30	28	150	50
9	中风化凝灰岩(5-4)	22.8	—	—	260	
10	微风化凝灰岩(5-5)	23.5	—	—	400	

2.2　基坑支护方案

(1)针对场地的特点,采用"上部桩锚+锁脚锚杆+复合土钉墙"支护形式。典型支护剖面如图2所示。

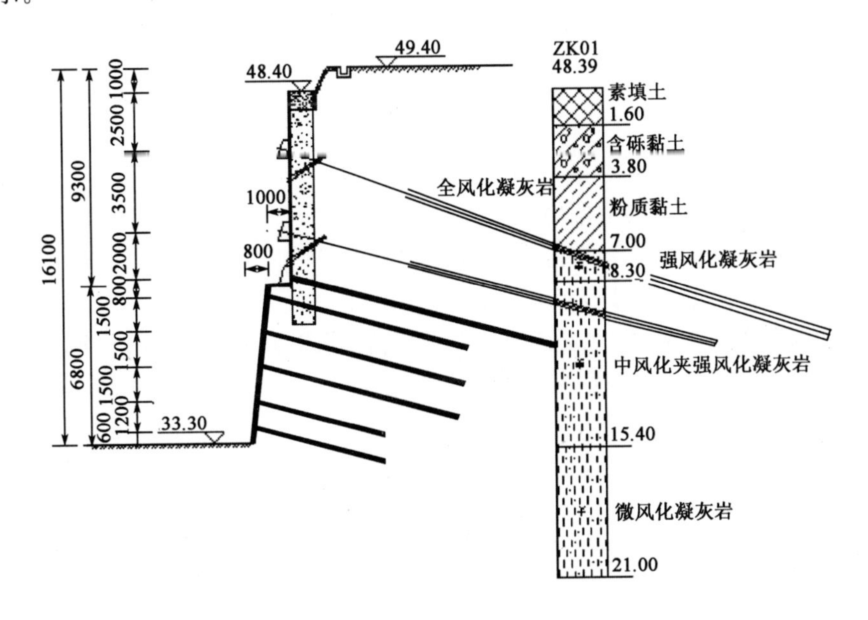

图2　典型支护剖面(尺寸单位:mm;高程单位:m)

(2)本剖面支护采用"上部桩锚+锁脚锚杆+下部复合土钉墙"的支护方法。

(3)混凝土灌注桩:桩直径1000mm,间距1800mm,桩身采用C30混凝土。

(4)预应力锚索:设2排预应力锚索,锚索材料采用5×7ϕ5mm,第一排采用机械成孔,孔径ϕ150mm,成孔角度第一排20°、第二排15°,水灰比0.45~0.5纯水泥浆,二次高压注浆。

(5)锚索的轴向拉力设计值为轴向拉力标准值的1.25倍。

(6)钢筋锚杆:设1排锁脚锚杆,5排护坡钢筋锚杆,采用机械成孔,孔径ϕ110mm,成孔角度15°,水灰比0.45~0.5纯水泥浆,一次注浆。

(7)桩的设计嵌固深度为嵌入中风化夹强风化、中风化和微风化凝灰岩分别不少于2.0m、1.5m和1.0m。

(8)桩锚挂网喷射80mm厚混凝土面层;锚杆挂网喷射10mm厚混凝土面层。

3 数值分析

3.1 有限元模型

(1)基本假设

对实际问题进行有限元建模需要进行适当的简化,即在不改变关键因素的前提下,尽量简化次要因素。本节主要研究嵌岩深度、预留岩肩宽度对吊脚桩变形的影响,故对实际情况做如下简化:

①取典型剖面采用平面应变模型进行模拟;

②不考虑支护桩施工和基坑开挖对土体应力的改变。

(2)模型参数

模型中采用的材料有岩土体、支护桩、锚索、土钉。

①各材料采用的本构模型以及单元类型见表2。

模型材料参数 表2

名　称	材料本构模型	单元类型
岩土体	莫尔—库仑模型	平面应变单元
锚索、土钉	线弹性模型	桁架单元
支护桩	线弹性模型	梁单元

②模型中各材料的力学参数取值及依据。

a. 土体材料参数。根据工程场地的岩土工程详细勘察报告可以得到土层的黏聚力、内摩擦角、天然重度及压缩模量(详见表1)。

b. 钢绞线材料参数。根据《混凝土结构设计规范》(GB 50010—2010),钢绞线弹性模量取195GPa,参考已有的有限元分析文献取泊松比为0.3。

c. 钢筋材料参数。根据《混凝土结构设计规范》(GB 50010—2010),钢筋弹性模量取200GPa,参考已有的有限元分析文献取泊松比为0.3。

d. 混凝土材料参数。根据《混凝土结构设计规范》(GB 50010—2010),本支护桩采用C30混凝土,弹性模量取28GPa,泊松比取0.2。

(3)计算模型

根据基坑实际尺寸,取模型水平向尺寸为4倍坑深,被动区竖向尺寸为1倍坑深,主动区竖向尺寸为2倍坑深。由于模型尺寸很规整,故采用MIDAS自动划分网格。模型总节点数为6374个,单元数为6207个。

3.2 计算结果及分析

(1)桩嵌岩深度对桩身位移的影响

取桩嵌岩深度为0.5m、1.0m、1.5m、2.0m、2.5m、3.0m,其他参数不变,进行对比分析,如图3所示。

分析图3可得,嵌岩深度的增加并不能显著地减小桩身水平位移,分析其原因可能为:桩体嵌入的是中风化凝灰岩,嵌固力较大。在中风化岩层中,吊脚桩设计嵌岩深度取1.5m以上即可保证基坑的稳定。

(2)岩肩宽度对桩身位移的影响

取岩肩宽度为0.5m、0.75m、1.00m、1.25m、1.50m,其他参数不变,进行对比分析。如

图 4所示。

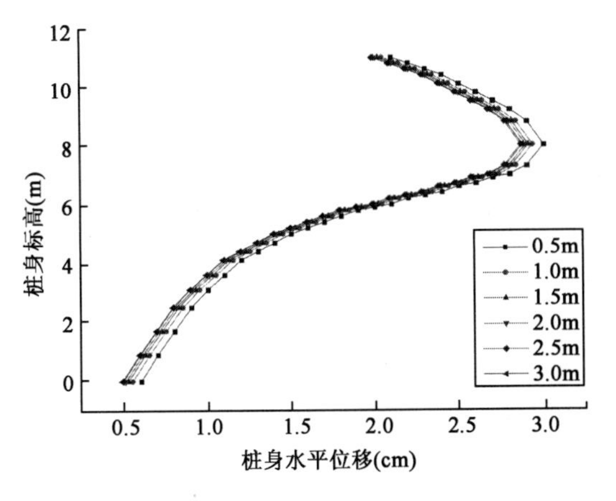

图 3　嵌岩深度对桩身水平位移的影响

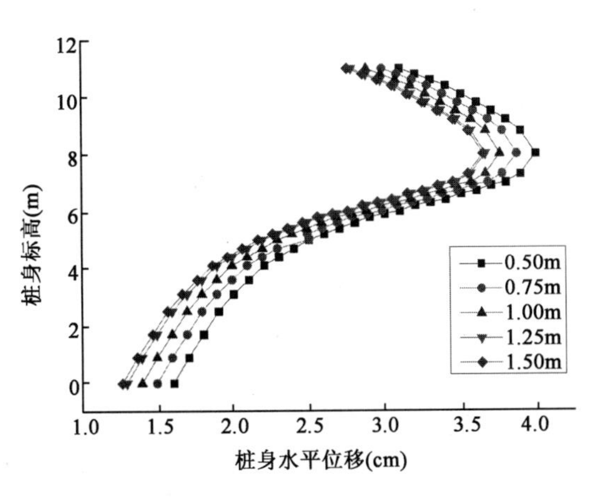

图 4　岩肩宽度对桩身水平位移的影响

分析图 4 可得,随着岩肩宽度的增大,桩身的水平位移有较明显的减小,但宽度超过 1.25m后位移减小有限。

4　实测值分析

4.1　数值分析结果与实测值对比

所计算剖面的桩顶位移监测点为 S40,监测仪器采用索佳 SET22D 型全站仪,近期监测数据见表 3。

桩顶位移监测数据(mm)　　表 3

日　期	2015 年 4 月 29 日	2015 年 5 月 24 日	2015 年 6 月 18 日	本阶段变化	本阶段变化速率	累计变化
点号	第 114 次变化	第 115 次变化	第 116 次变化			
S40	0.8	0.0	1.3	1.3	0.05	32.2

基坑开挖时间约在 2014 年 4 月份,在 7 月底开挖至吊脚桩位置,此后的开挖对桩顶位移影响较大;到 10 月份基坑开挖到底后,桩顶位移曲线趋于平缓,无明显变化,此时位移值约为 22mm,与数值分析的数值 19mm 基本接近,这说明数值模型比较接近工程实际;随后在 12 月份后桩顶位移有小幅度的增大,分析其原因可能为:锚索的蠕变以及预留岩肩的损坏。

4.2　不同剖面对比分析

该基坑支护中共有 6 个剖面采用了吊脚桩支护,选取其中地层条件相似具有可比性的 3 个剖面进行分析。其中,A 剖面采用桩+3 道锚索+1 道锁脚锚杆,详细支护形式见图 5;B 剖面采用桩+2 道锚索+1 道锁脚锚杆,详细支护形式见图 6;C 剖面采用桩+2 道锚索+1 道锁脚锚杆,详细支护形式见图 7。3 个剖面所处的地层条件相似,其他影响桩底位移的参数详见表 4。

支护剖面关键参数　　表 4

剖面	基坑深度(m)	嵌固深度(m)	嵌固地层	岩肩高度(m)	岩肩宽度(m)	桩顶位移(mm)
A 剖面	17.1	0.0~0.5	中风化	4.1	1.0	36.4
B 剖面	15.5	1.4	中风化	4.4	1.0	34.8
C 剖面	16.1	2.0	中风化	6.8	1.0	32.2

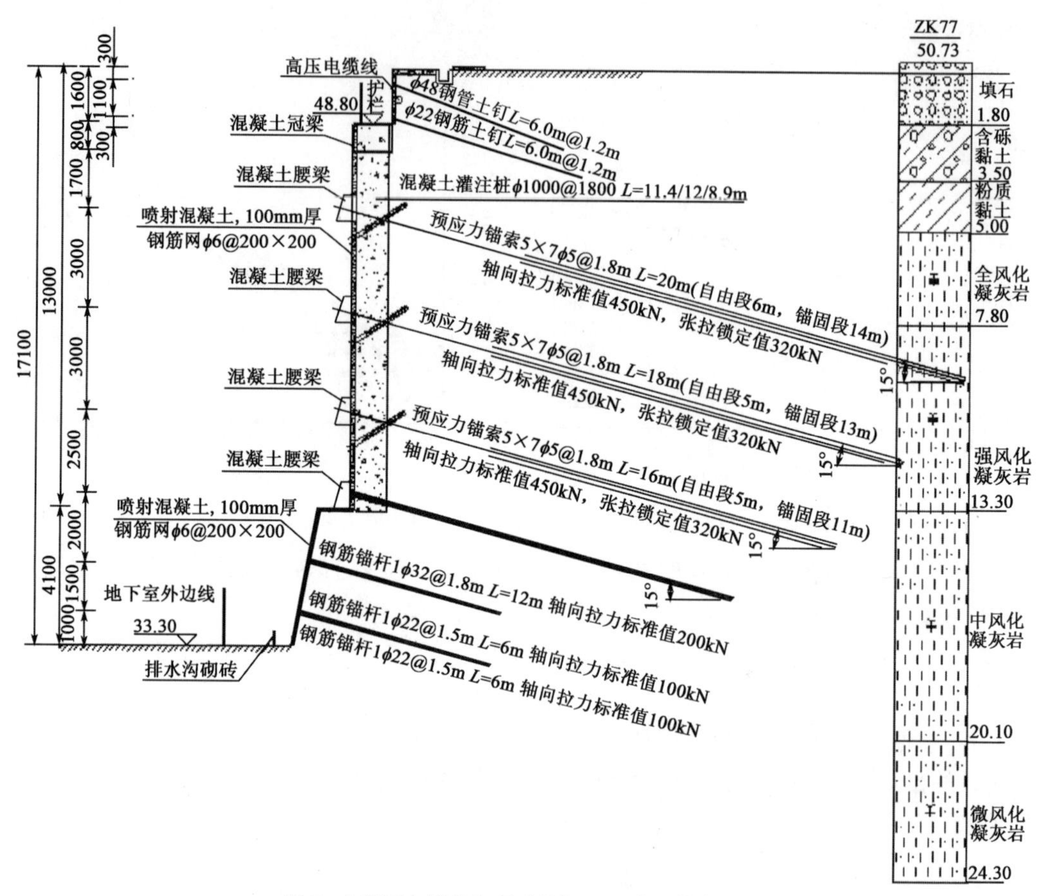

图5 A剖面支护形式(尺寸单位：mm；高程单位：m)

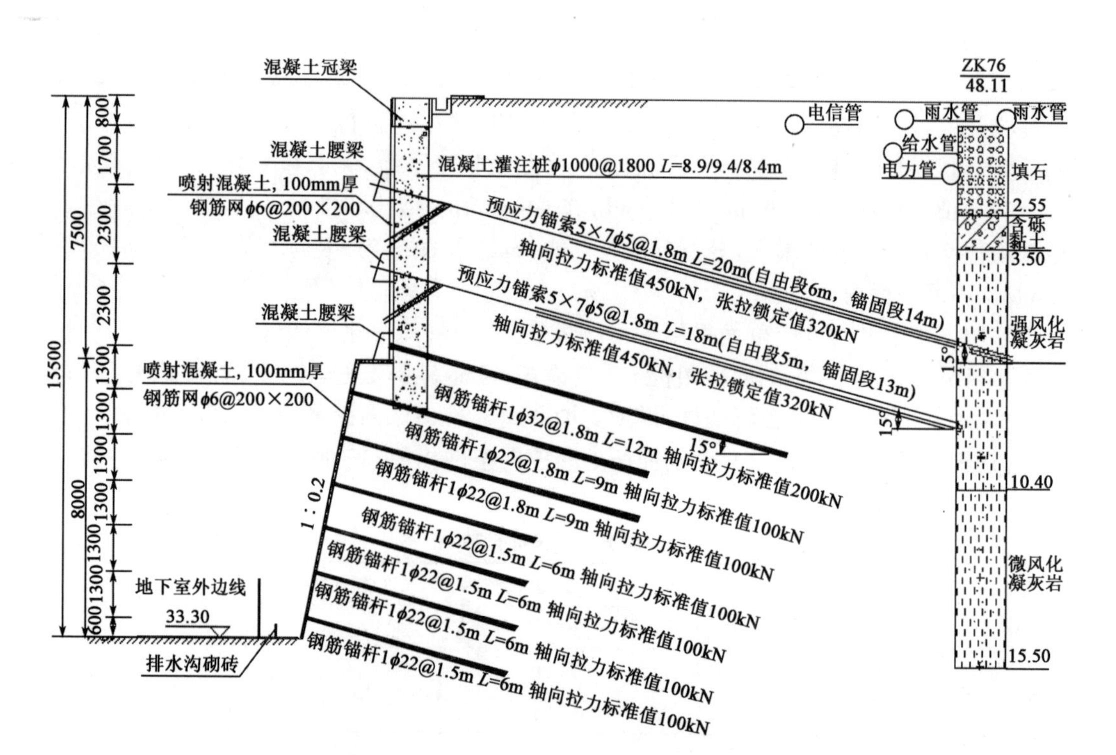

图6 B剖面支护形式(尺寸单位：mm；高程单位：m)

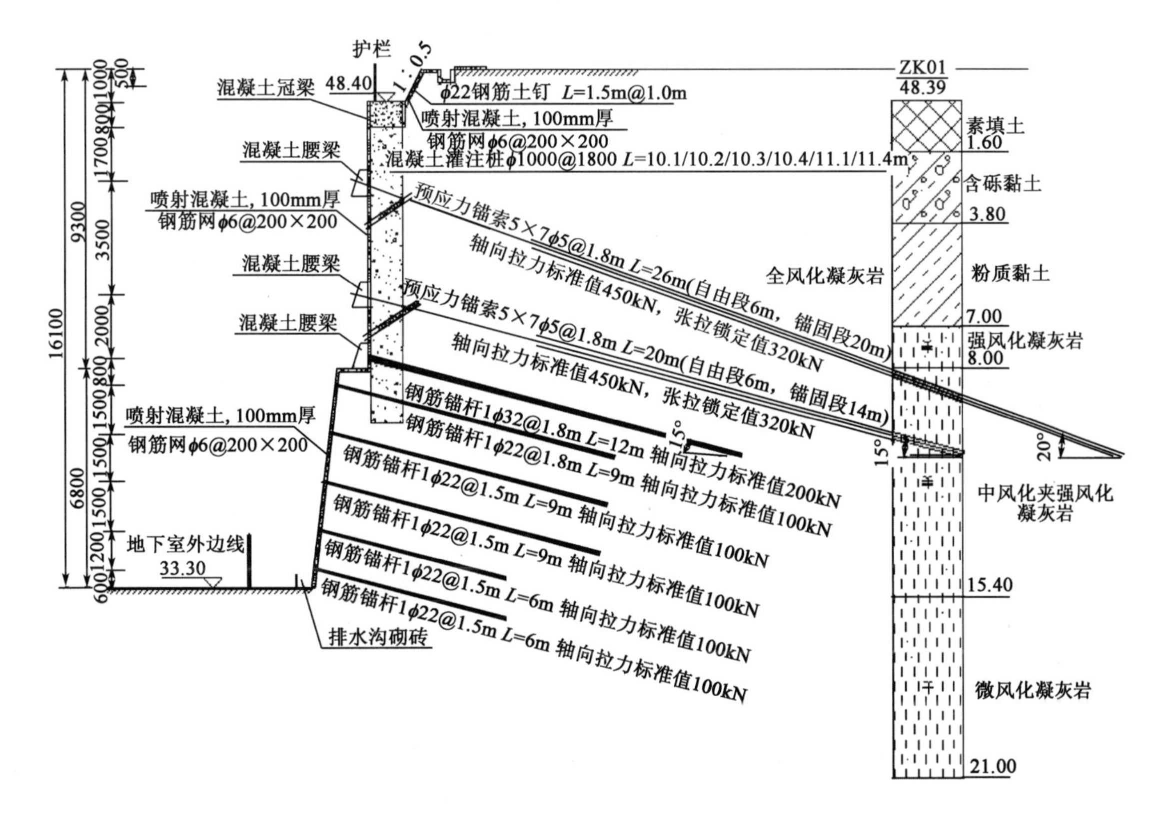

图7　C剖面支护形式(尺寸单位:mm;高程单位:m)

通过对比3个剖面的嵌固深度和桩顶位移不难发现，随着嵌固深度的增大，桩顶位移减小有限，这与数值分析的结果相吻合。

5　结语

(1)采用MIDAS-GTS有限元软件对吊脚桩基坑支护进行了数值分析，虽然分析结果与实测值存在差异，但在合理范围内，所以模型基本合理。

(2)数值分析结果表明嵌岩深度对桩身位移的影响不是很明显，同时通过同一基坑不同剖面吊脚桩支护的对比分析也得到类似结论，故在以后工程实践中，嵌岩深度不必看作影响基坑位移的绝对控制因素，嵌固深度合理即可。

(3)通过工程对比分析发现，锚索对桩顶的位移影响较大，故工程实践中要重点考虑锚索的作用。

(4)预留岩肩宽度能够有效地减小桩身位移，但岩肩宽度达到一定值之后，位移变化不再明显。

参考文献

[1]　邓春海，张耕念，王守江.吊脚支护桩在康大凤凰国际基坑中的应用[J].岩土工程技术，2011，25(3):125-127.

[2]　李宁宁，董亚男，孙建成.上软下硬地层基坑支护型式——吊脚桩支护结构分析[J].河南城建学院学报，2013，22(2):14-17.

[3] 刘红军,王亚军,姜德鸿,等.土岩组合双排吊脚桩桩锚支护基坑变形数值分析[J].岩石力学与工程学报,2011,30(增2):4099-4103.

[4] 袁海洋,张明义,寇海磊.基于Plaxis2D的“吊脚桩”刚度对支护的影响分析[J].青岛理工大学学报,2013,34(2):31-35.

[5] 廖红建,王铁行.岩土工程数值分析[M].北京:机械工业出版社,2006.

深基坑支护技术及零嵌固深度受力体系分析与应用

王　洋

（北京市机械施工有限公司）

摘　要　结合北京天坛医院迁建工程，对复合土钉墙及护坡桩零嵌固深度受力体系在砂卵石地层中应用进行研究。通过合理的设计与施工，取得了非常成功的应用效果，也给同类工程积累了宝贵的设计施工经验。

关键词　复合土钉墙　零嵌固　抗滑移及抗倾覆验算　基坑监测

1　工程概况

（1）北京天坛医院迁建工程位于花乡桥东北角，西侧为樊羊路，南侧紧邻南四环，东侧为法官大学，北侧为康辛路和首都经济贸易大学。基坑南北长330m，东西宽为200m，地下室结构面积为54700m^2。基坑开挖深度为6.50～14.70m，支护结构采用复合土钉墙（土钉墙与预应力锚杆复合）、土钉墙与桩锚复合支护体系两种不同的支护结构。

（2）工程地质、水文条件见表1、表2。

地层力学参数　　表1

序　号	地层名称	揭露地层厚度(m)	φ(°)	c(kPa)
1	杂填土	2.15	15	10
2	细砂、粉砂	2.4	28	10
3	卵石圆砾	3.6	34	10
4	细砂	0.6	36	19
5	卵石	5	34	0
6	卵石	6	34	0

地下水条件　　表2

地下水类型	地下水静止水位	
	埋深(m)	高程(m)
潜水	25.60～26.60	18.75～18.89

（3）基坑支护结构典型剖面设计方案。

①4a—4a剖面位于基坑东侧，支护深度14.7m，上部6.9m采用土钉墙支护，放坡比例为1∶0.4，下部7.8m采用“护坡桩＋锚杆支护体系”（图1）。

②5—5剖面位于基坑东侧，支护深度10.8m，采用复合土钉墙进行支护，放坡坡角为60°（图2）。

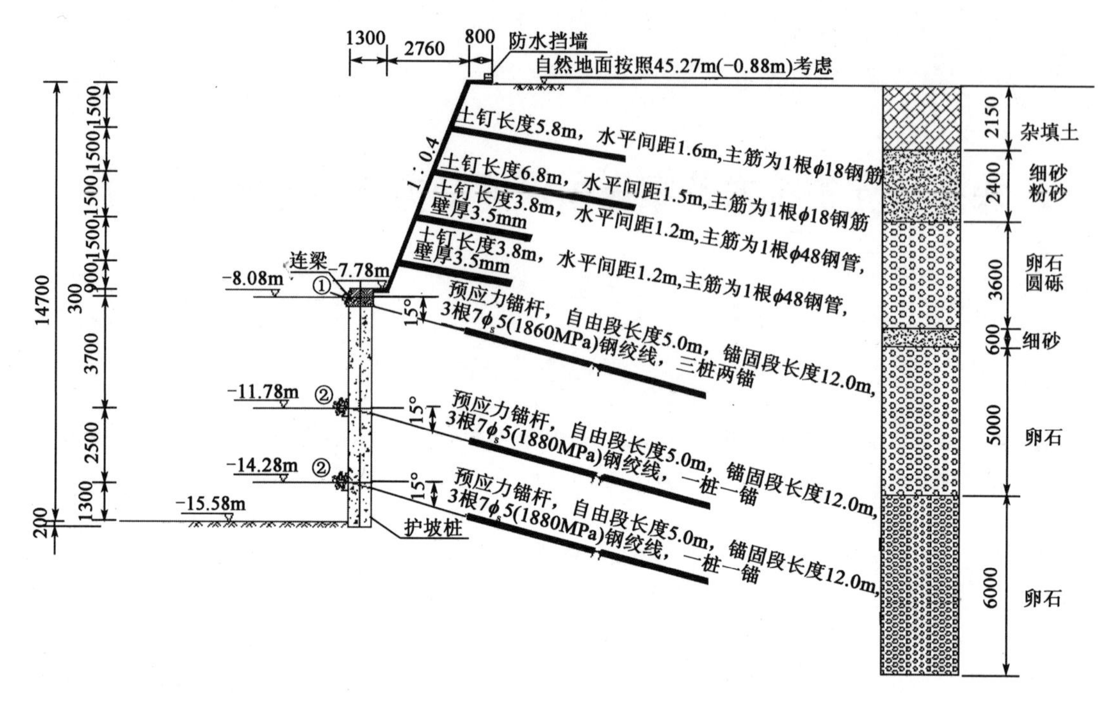

图 1　4a—4a 剖面图(尺寸单位:mm)

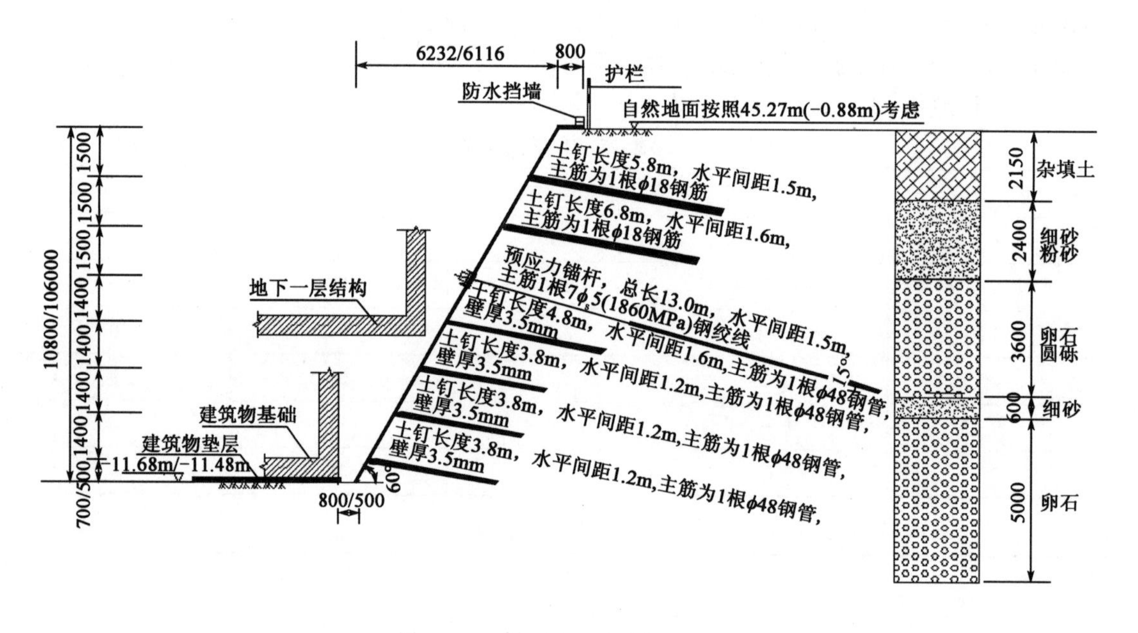

图 2　5—5 剖面图(尺寸单位:mm)

2　设计思路

(1)基坑原有支护结构已经施工完毕,基坑深度变更加深。常规的处理方式是将原有支护结构进行重大改动,方能满足安全要求。其处理方式给工程的工期、成本带来巨大的不便和损失,有的基坑加深后现场不具备拆除重新施工的条件,便达不到原有结构设计的要求,被迫改动结构设计。

(2)零嵌固深度支护结构受力体系的研究为处理此种特殊情况提供了岩土深基坑设计的新思路。通过对零嵌固深度支护结构受力体系补偿措施、受力机理、锁脚锚索设计、模拟实际计算模型的研究，总结出零嵌固深度支护结构受力体系的适用范围和适应的设计计算模型。

(3)复合土钉墙支护结构在砂卵石地层中由于土钉成孔难度大，应用较为少见。土钉墙只适用于土体性能较好的黏土及粉土。设计时充分考虑周边条件、基坑深度、土层变化的不利因素影响，可以将复合土钉墙支护结构更广泛地应用在砂卵石地层为主的深基坑设计中。

(4)土钉墙与桩锚支护体系设计在北京应用较为广泛，采用深基坑设计软件进行基坑支护结构的内力及位移计算。

上部土钉墙支护设计采用瑞典条分法，并采用有限元分析系统分析优化，通过模拟土钉墙的各个施工状态，来计算土钉墙的内力及变形情况。在设计土钉墙的土钉长度时，不仅考虑土钉墙自身滑裂面的作用，还适当加入对整体支护结构大滑裂面的考虑，将原有土钉长度加长。下部桩锚结合的支护设计采用朗金库仑土压力理论，按M法计算支护结构位移及内力，再利用分段等值梁法分析验算。桩锚支护计算中充分考虑上部土钉墙的荷载和地面超载的作用。

因土钉墙带有一定的坡度，对其上部土钉墙所产生的荷载进行相应的折减以附加荷载的形式累加到护坡桩顶外侧土层截面。预应力锚杆端部的钢腰梁需具有足够的强度和刚度，其计算采用三跨连续梁的计算模型，桩身的预应力锚杆力为连续梁的集中荷载，这种计算模型较传统的剪支梁计算模型更加接近于钢腰梁的实际受力状态，并节约了钢材。预应力锚杆为拉力型临时锚杆，设计中考虑与护坡桩支护的共同作用，根据锚固体与地层、注浆体与筋体间的粘结强度计算锚杆的锚固段长度。

根据滑裂面的理论确定锚杆非锚固段的长度，从而达到最优设计的效果。护坡桩的配筋计算根据桩身所承受的最大弯矩，按圆形截面均匀配筋进行设计。

3 零嵌固深度支护结构受力体系分析与应用

3.1 零嵌固深度支护结构定义

当基坑开挖到基底时，桩端未嵌入土体悬吊在空中，称为零嵌固护坡桩，也称为吊脚桩。该种情况由于护坡桩未嵌入土体中，桩端嵌固段及被动土压力缺失原有支护结构变为不稳定结构。零嵌固深度护坡桩在工程中非常少见，只有在上部为软弱土层下部为坚硬的岩石地层中曾经应用过。

3.2 零嵌固深度支护结构受力体系的补偿设计

由于护坡桩未嵌入土体中，采用桩脚的预应力锚索来弥补被动土压力及原有支护结构受力的不足。补偿设计的方法有预应力锚杆补偿、桩端环梁补偿、双排桩补偿等几种。由于桩端环梁补偿、双排桩补偿工期慢、成本高、施工不便。根据基坑加深的实际情况选用预应力锚杆补偿设计方法。

3.3 零嵌固深度支护结构受力体系设计要点、应用条件、计算方法

基坑加深基本情况介绍：

原设计中4—4剖面支护深度11.4m，护坡桩应有嵌固3.5m，在该部分支护结构施工完毕时，由于主体结构变化，基坑深度加深3.3m，由11.4m加深至14.7m，导致嵌固段仅剩余0.2m。图纸变化时护坡桩、连梁及第一层锚杆已施工完毕。

(1)设计要点

①锁脚锚索设计：零嵌固深度护坡桩桩底稳定性是整个支护体系安全的关键。由于基坑加深预留覆土厚度不足以提供足够的嵌固力，必须设置锁脚锚索来弥补锚固力的不足。

②下部土方开挖对桩脚必须有充分的保护，即采用隔跨分段开挖的方式，以保证基底原状土体不受破坏，并对基坑土体进行人工压实避免基坑形成隆起变形。

③补偿的预应力锚杆长度及受力必须充分考虑对上部土钉墙、锚杆及护坡桩配筋抗弯的补强作用。上部土钉墙与桩锚复合采用传统的抗力法计算。

④由于原支护结构已施工完成，其土钉、锚杆、护坡桩等主要受力构件的位置、受力大小等参数均已无法更改。补偿设计中既要合理借用原有支护结构体系中的受力杆件，又要新的合理受力构件提高基坑的安全储备。补偿设计中既要考虑基坑的整体稳定性，还要考虑基坑的临时开挖状态中最不利条件下的基坑安全。原有设计受力杆件位置不适用于新基坑支护结构的，对原基坑支护结构受力杆件的设计力需要做适当的折减。

(2)计算方法

根据朗金库仑定律计算主动土压力，主动土压力按 1.6m 土条宽度为一个单元进行设计计算，将上部 6.9m 土钉墙按体积折算为土体重量加载到护坡桩顶部。加载到桩顶的附加荷载按照临近荷载对围护结构的作用，根据土体的分散角度 $45°+\varphi/2$，借助主动土压力系数计算受附加荷载影响均匀分布到护坡桩上的水平荷载。

①整体稳定性

假设基坑失稳的滑动面为圆柱面，按平面问题进行分析，将滑动面以上土体等分为 n 个土条，根据极限平衡条件求得土体对滑动面原点的抗滑力矩与下滑力矩，抗滑力矩与下滑力矩之比即为稳定安全系数 K，计算示意图见图 3。

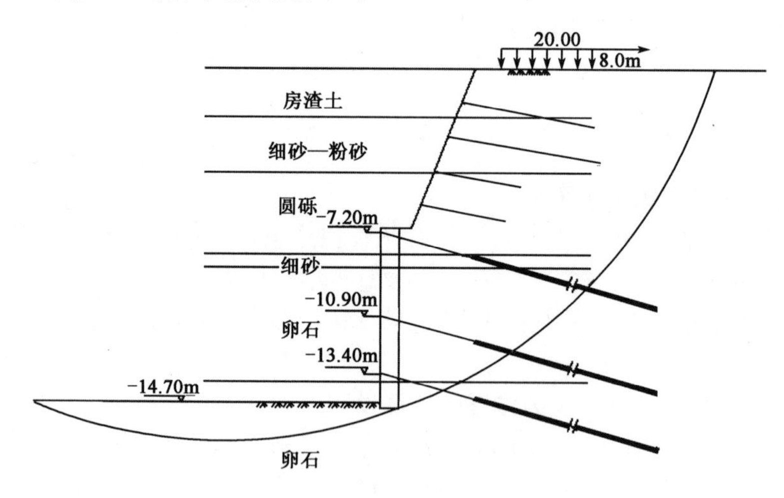

图 3　整体稳定性计算示意图

②锁脚锚索内力的确定

先根据抗踢脚稳定性计算，可算出锁脚锚索内力值。然后根据基坑安全等级，调整锁脚锚索预应力，使之满足变形控制标准，得到锁脚锚索内力。取两个内力值的最大值，即为锁脚锚索的最终内力设计值。

由于吊脚桩为局部空间效应，借助周边桩锚支护结构和拱形效应其整体稳定安全系数增加，如大面积适用则需要进一步加固。以上设计过程中未考虑周边支护结构和局部空间的有利作用。

(3)应用条件

基坑变浅的情况只是提高了支护结构的安全储备，增加了支护结构的投入，并不影响原有基坑的使用功能和安全。但基坑在原有基坑支护结构已经施工完成的前提下再度加深，使得基坑的安全度降低，容易发生基坑的坍塌和倾覆，造成质量安全事故。在基坑设计调整中必须方法得当、处理及时，才能保证基坑的安全。该种处理方式工期长、资金投入大。零嵌固深度支护结构受力体系的补偿设计即根据现场的现有条件，充分利用原有支护结构的受力杆件发挥作用。增加受力杆件补偿设计的缺失部分。

4 基坑监测项目及数据分析

基坑监测及数据分析如图 4、图 5 所示。

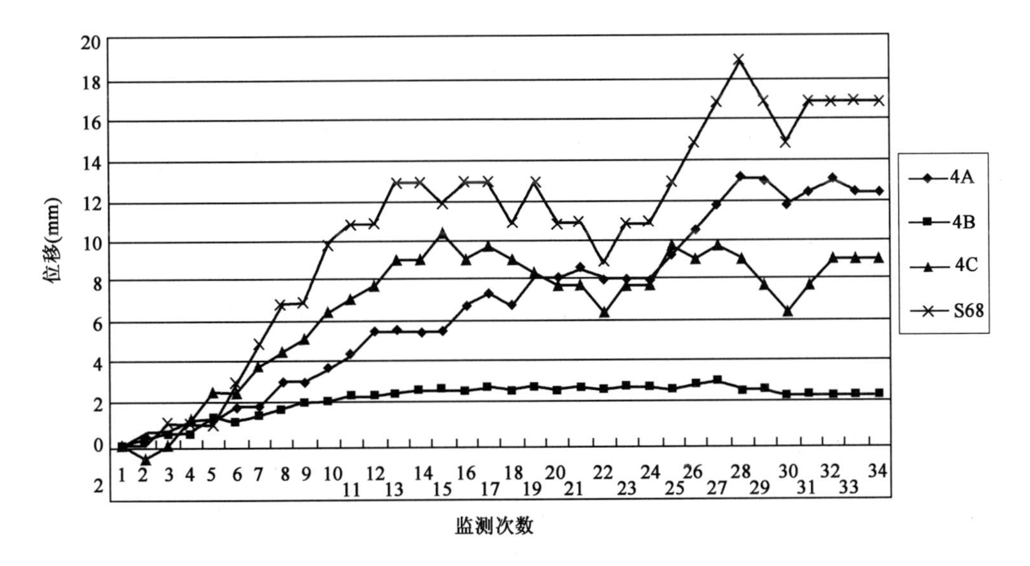

图 4 零嵌固处竖向位移

注：第 1～17 次为 4 月、第 18～21 次为 5 月、第 22～27 次为 6 月、第 28～31 次为 7 月、第 32 次为 8 月、第 33～34 次为 9 月。

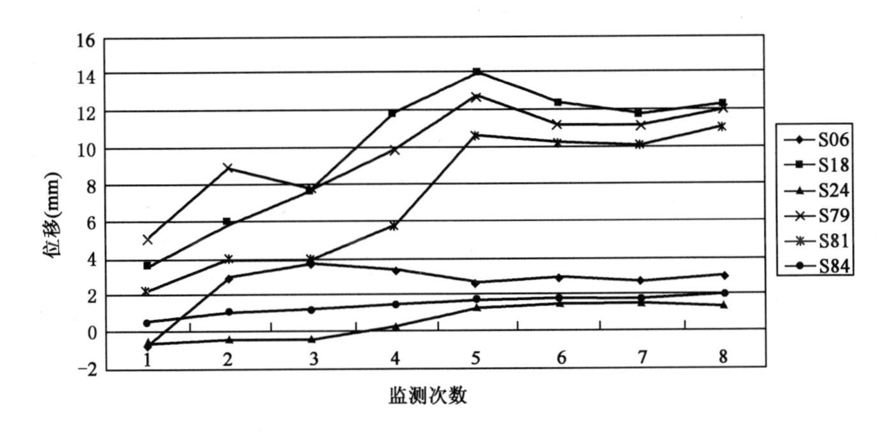

图 5 零嵌固处水平位移

注：第 1～2 次为 4 月、第 3 次为 5 月、第 4 次为 6 月、第 5 次为 7 月、第 6 次为月、第 7～8 次为 9 月。

监测工作历时6个月，自9月25日基坑周边开始回填，以上点位回填2.5m，已回填至第二层锚杆位置以上，基坑已安全，日期为4月4日～9月25日。

基坑开挖至开挖完成后稳定前，监测频率为1次/天；基坑开挖完成稳定后至结构底板完成前，监测频率为1次/3天；结构底板完成后至回填土完成前，监测频率为1次/15天。

5 结语

(1)天坛医院迁建工程基坑深度为14.7m，基坑深度范围内土层复杂，既有较厚的填土又有稳定性非常差的砂卵石地层。考虑到基坑深度、地层条件、周边条件的影响，基坑支护结构体系选用复合土钉墙(土钉墙与预应力锚杆复合)、土钉墙与桩锚复合支护体系两种不同的支护结构来保证整个基坑开挖及地下室结构施工中的安全。

(2)在原有基坑支护结构施工完成后，基坑设计变化基坑深度增加。该位置原来施工的护坡桩变为零嵌固即出现了吊脚桩。出现了零嵌固深度支护结构受力体系，针对这一特殊情况，采用锁脚锚索及桩身增加预应力锚杆的措施来补偿被动土压力的缺失、减小桩体的弯矩荷载，并达到支护结构受力杆件与主动土压力的平衡。

(3)零嵌固深度支护结构受力体系设计模型。

天坛医院迁建工程是零嵌固深度支护结构受力体系在砂卵石地层中应用的首次尝试。采用等值梁法预应力锚杆作为支点建立零嵌固新支护体系的模型。根据朗金库仑定律计算主动土压力，主动土压力按1.6m土条宽度为一个单元进行设计计算，将上部6.9m土钉墙按体积折算为土体重量加载到护坡桩顶外侧土层截面。加载到桩顶外侧土层截面的附加荷载按照临近荷载对围护结构的作用，根据土体的分散角度$45^\circ+\varphi/2$，借助主动土压力系数计算受附加荷载影响均匀分布到护坡桩上的水平荷载。经过6个月的监测，零嵌固深度支护结构受力安全有效，取得了较好的应用效果。

(4)对复合土钉墙的构成要素、作用机理、设计方法进行了详细分析，并着重论述了复合土地墙在砂卵石层中的应用效果。钢管代替钢筋土钉能够满足土钉的抗拉性能，汽锤式锚杆机代替人工洛阳铲成孔解决了卵石层中土钉成孔的难题。

可回收锚索锚固传力机理及回收原理初探

孙　敖

（总参工程兵科研三所）

摘　要　通过对压力型回收锚索的结构形式及锚固受力机理的研究，特别是锚固段夹片式锚具的力学传递过程的详细分析，系统剖析了回收锚索的力学特征，简要介绍了电控可回收锚索的结构形式和回收原理。

关键词　可回收锚索　压力型锚索　锚固力　力学机理

1　引言

城市基坑工程中的边坡锚索支护大多为临时性支护，主体结构施工完毕后，这些临时性支护将不再发挥作用。大量废弃的锚索埋置地下，不仅浪费钢材，污染地下环境，而且长期占据地下空间，并不同程度地超越建筑红线，给临近地下空间的后续开发留下隐患，造成困难和障碍[1]。可回收式锚索不仅能够解决临时支护造成的地下建筑垃圾问题，还可重复利用钢绞线，节约钢材，降低工程造价，同时对于锚索超越建筑红线具有迫切意义[2]。

2　可回收锚索的结构组成

可回收锚索一般为压力分散型锚索（亦称单孔复合锚固体系），其结构形式与普通压力型锚索大体相同，主要是由钢绞线、波纹套管、承载体（板）、固定台座、注浆体、外锚头组成[3]，结构形式如图1所示。其回收一般也是将有碍于后续工程开发的锚索体（钢绞线）进行回收，而作为粘结材料的水泥注浆体和承载体以及一些塑料配件和其他一些易于被开挖机械和掘进设备破坏的附件仍留在地层中。

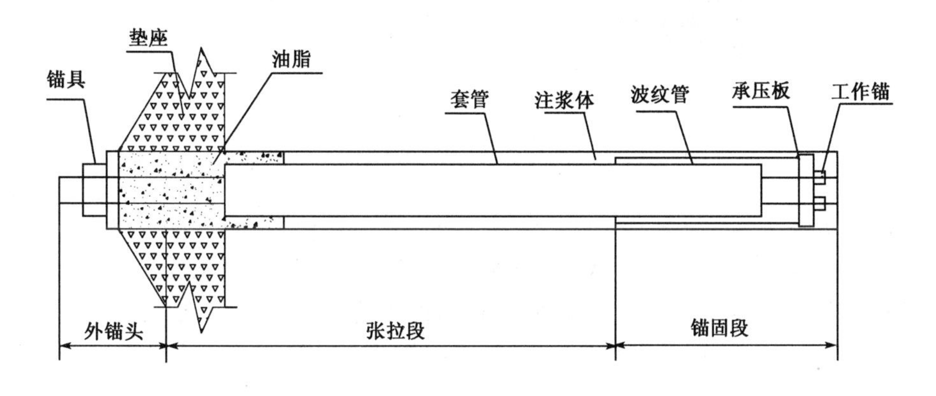

图1　压力型回收锚索结构形式

预应力钢绞线穿插于波纹套管中，保持全长无粘结，受到张拉力作用，可自由伸长，不受水泥注浆体的粘结作用。承载体一般安装在预应力筋的下端，并埋入锚固浆体中，主要作用是将预应力筋中的拉力转换成压力传递给锚根中水泥浆体。承载板的作用与承载体基本相同，要与工作锚(挤压锚头)共同作用才能发挥承载力作用。固定台座与外锚头(张拉端锚具)协调受力，共同作用完成对钢绞线的张拉，提供给岩土体锚固力。锚索的回收主要是采取一定的手段方式回收无粘结钢绞线，如采取切割锚固段与张拉段结合处的钢绞线等类似手段达到可回收的目的，用穿心千斤顶张拉 U 形可回收锚索的一端从而拔出钢绞线，用机械或化学的方式破坏工作锚结构实现钢绞线的回收等一系列办法。

3 锚固段传力机理

锚索锚固段的传力机理是锚固工程设计的关键问题[4]，可回收锚索的回收主要是无粘结钢绞线的回收，因而无粘结钢绞线的受力特点，特别是预应力筋—固定端锚具的力学传递过程就显得尤为重要。压力型锚索预应力筋为全长无粘结钢绞线，外加 PV 套管，避免了钢绞线与水泥浆体的粘结，可自由移动伸长，这就导致了压力型锚索钢绞线张拉伸长量比全长粘结型锚索要大许多。固定端锚具主要是夹片式锚具，由于预应力筋全长自由无粘结，夹片式锚具的受力及传力特点就成为整个锚索体受力形式传递的关键构件，也是大多可回收锚索研究者针对相关问题关注和开展研究的重点对象和核心部件。

夹片式锚具主要是由锚杯、夹片和预应力钢绞线构成，无粘结钢绞线的受力主要通过锚杯内的锥角提供给夹片环向约束力和摩擦力[5]。夹片外壁光滑，能够很好地与锚杯内壁贴合，夹片内壁一定长度范围内设置有螺纹齿痕，锚杯的环向约束作用，使得夹片与预应力钢绞线间存在很大的径向压力，而夹片内壁一定长度范围内的齿痕进一步增加了夹片和无粘结钢绞线的摩擦力和咬合力，锚杯、夹片和预应力钢绞线通过以上方式实现了工作锚的传力过程。夹片和无粘结钢绞线的摩擦力和咬合力实现了对锚固系统杆体到注浆体的力学转换，随着后期无粘结钢绞线张拉力的不断加大，摩擦力和咬合力也会进一步增大，岩土体锚固性能也会进一步提高增强。夹片式工作锚具结构示意图见图 2。

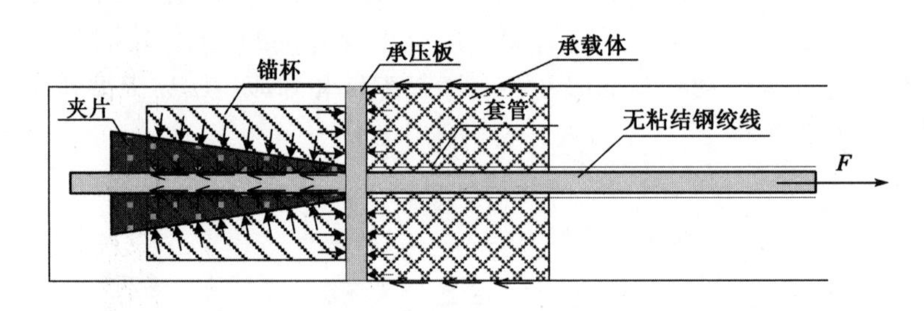

图 2 夹片式工作锚具结构示意图

夹片式锚具以摩擦力和咬合力的形式将杆体的拉力转换为压力均布在承载体(板)上，承载体受到锚孔壁和工作锚的力学作用下，三向受压，侧壁受到岩土体的摩擦力作用[6]。

锚杯形状比较简单，是外形为圆柱体，内壁为锥体的结构构件。锚杯主要作用是为夹片式锚具提供环向约束力和摩擦力，把无粘结预应力钢绞线受到的拉力转换成压力传递给承压板。根据 S·P·铁摩辛柯和 J·N·古地尔编著的《弹性理论》中有关极坐标表示的平面应力问题的计算公式可以推导出锚杯的受力公式，用极坐标表示的轴对称应力分布的平面应力问题公式为：

$$\sigma_r = \frac{1}{r}\frac{\partial \Phi}{\partial r} = \frac{A}{r^2} + B(1 + 2\ln r) + 2C$$

$$\sigma_\theta = \frac{1}{r}\frac{\partial^2 \Phi}{\partial r^2} = -\frac{A}{r^2} + B(3 + 2\ln r) + 2C$$

式中：A、B、C——常数，需根据具体问题情况确定。

锚杯结构环向受力示意图见图 3。

根据图 3 所示的锚杯结构形式和受力特征可知：

(1)对称结构受到对称力的作用，$B=0$；

(2)锚杯内壁仅有压力 p_0，外壁没有外力的作用，即$(\sigma_r)_{r=a}=-p_0$；$(\sigma_r)_{r=b}=0$。

将上述边界条件代入方程化简求解得出：

$$\sigma_r = \frac{a^2 p_0}{b^2 - a^2}\left(1 - \frac{b^2}{r^2}\right) \quad a < r < b$$

$$\sigma_\theta = \frac{a^2 p_0}{b^2 - a^2}\left(1 + \frac{b^2}{r^2}\right) \quad a < r < b$$

式中：a——锚杯的内半径；

b——锚杯的外半径；

p_0——锚杯的初始内压力，此力为夹片式锚具环向约束力的反力。

分析上述求解公式，因 $a<r<b$，故：σ_r 总为负值，$\sigma_r<0$，即，径向力 σ_r 总是压应力；σ_θ 总为正值，$\sigma_\theta>0$，即，环向力 σ_θ 总是拉应力。

锚杯内壁锥角的结构形式是压力型锚索把无粘结预应力钢绞线受到的拉力转换成压力传递给承压板的关键。锚杯内壁主要受到夹片和钢绞线共同提供的正压力 N 和沿锥壁向上的摩擦力 F，如图 4 所示。

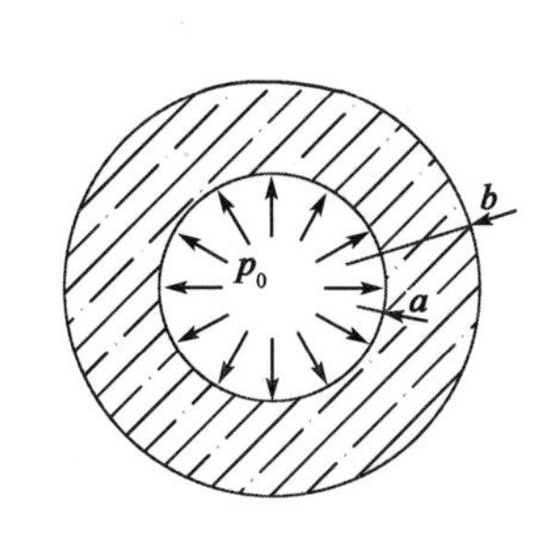

图 3　锚杯结构环向受力示意图

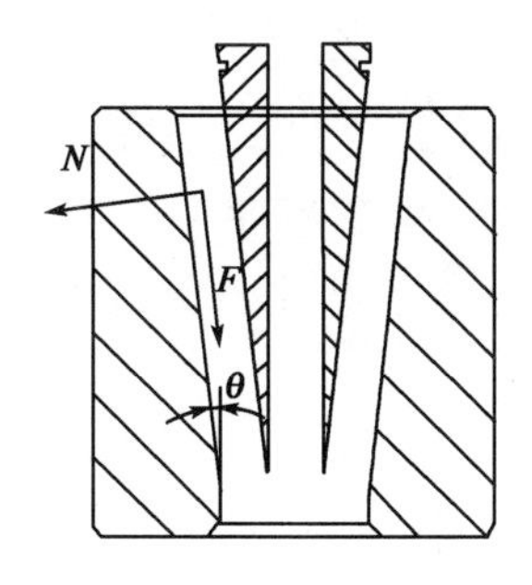

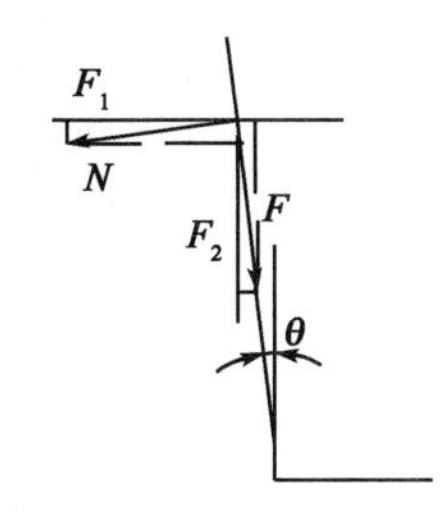

图 4　锚杯结构受力分析示意图

由图 4 可知：锚杯受到水平力 F_1，其方向沿径向(环向)，竖向力 F_2，其方向垂直于承压板。由此可以看出，锚杯的独特结构将锚索受到的拉力就此转换为压力传递给锚固端。

水平力：

$$F_1 = N\cos\theta - F\sin\theta$$

竖直力：

$$F_2 = N\sin\theta + F\cos\theta$$

根据摩擦定律 $F = \mu N$ 可得：

$$F_1 = N\cos\theta(1 - \mu\tan\theta)$$

$$F_2 = N\sin\theta\left(1 + \frac{\mu}{\tan\theta}\right)$$

式中：N——夹片作用于锚杯的正压力；

μ——摩擦系数；

θ——锥角。

竖直力 F_2 和水平力 F_1 之比为：

$$\frac{F_2}{F_1}=\frac{\mu+\tan\theta}{1-\mu\tan\theta}$$

4　电控可回收锚索回收原理

由于可回收锚索也属于压力型锚索，其力学传递方式与压力型锚索相同。简言之，就是无粘结钢绞线受到穿心千斤顶的后张预应力，夹片式锚具以均布压力的形式传递给水泥注浆承载体（板），承载体（板）再以剪应力的方式将力传递给周围岩土体。支护结构的锚索回收，准确地说是回收有碍于临近工程后续开发的无粘结钢绞线，而作为粘结材料的水泥浆体承载体以及一些塑料配件等仍留在地层中。从夹片式锚具的受力特征和压力型锚索的力学传递过程可以看出，夹片式锚具能够很好地将无粘结钢绞线的拉力转换成为压力传递给承压板，锚杯的结构形式和受力特征对于力的转换具有关键控制作用，实现锚索无粘结钢绞线回收的关键是如何解除工作锚内夹片与无粘结钢绞线的摩擦力和咬合力。电控可回收锚索原理是基于夹片式锚具的受力特征，尤其是锚杯的受力特征，通过改变锚杯的结构形式和组织构成（图 5），通过对锚杯内设置的电磁线圈通电加热进行熔化填充材料，让夹片具有释放空间，使夹片从无粘结钢绞线表面脱离，达到解除夹片与无粘结钢绞线的摩擦力和咬合力，从而依靠人力轻松抽出钢绞线，实现锚索的可回收目的。

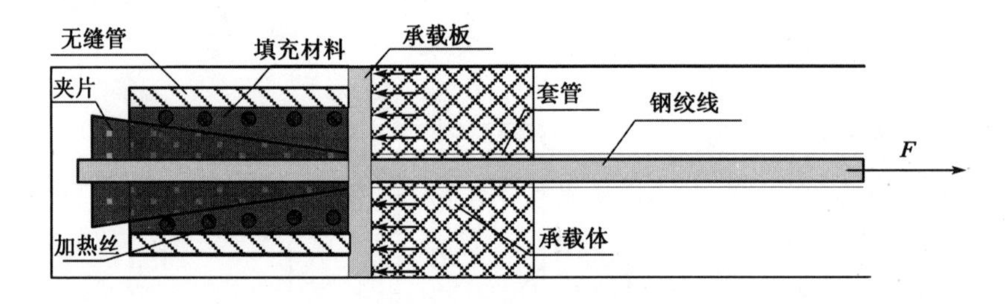

图 5　电控可回收锚索工作锚结构示意图

5　结语

本文系统分析研究了压力型可回收锚索的结构形式特点及构件作用、锚固段受力机理，特别是夹片式锚具力学传递特点、压力型可回收锚索的受力特征和回收原理，并简要介绍了电控可回收锚索的回收原理，主要得到如下结论：

（1）压力型锚索可以制成单孔多锚体系，有效解决粘结型锚索应力集中问题，相比全长粘结型锚索，压力型锚索中无粘结钢绞线在张拉力下伸长量比粘结型锚索要大许多，针对单孔复合锚固体系张拉时不同设计长度的钢绞线需进行一定量的预张拉补偿才能够保障每根锚索体所受张拉力相同，锚索受力均匀。

（2）锚索锚固段的传力机理是锚固工程设计的关键问题，锚索在地层中的锚固力受诸多因素的制约，如岩土体强度、结构、粘结材料强度、锚索类型、锚固段形式及施工工艺等。注浆体与岩土体界面粘结力、工作锚与承载体（板）的相互作用、工作锚传力转换机理、锚固段结构形式等都对锚固力具有重要影响。

(3)压力型锚索的回收关键是解除工作锚内夹片与预应力钢绞线的咬合力和摩擦力,本文研制的一种电控可回收锚索,回收原理基于夹片式锚具受力特征,采用电磁线圈通电加热的方式消除锚杯环向约束力,让夹片具有释放空间,使夹片与钢绞线分离,实现了依靠人力抽出钢绞线,达到了轻松回收目的。

参考文献

[1] 李晓军,李世民,徐宝.岩土锚杆的新发展及展望[J].施工技术,2015,44(7):37-43.

[2] 郭彦朋,李世民,李洪鑫.可回收锚索的发展现状及展望[J].四川建筑科学研究,2015,41(2):136-140.

[3] 程良奎,范景伦,韩军,等.岩土锚固[M].北京:中国建筑工业出版社,2003.

[4] 闫莫明,徐祯祥,苏自约.岩土锚固技术手册[M].北京:人民交通出版社,2004.

[5] 王建.可回收式预应力锚索作用机理及施工力学分析[D].北京:北京交通大学,2009.

[6] 黄靖龙.新型机械式可回收式端锚杆支护机理及应用研究[D].徐州:中国矿业大学,2009.

土压平衡盾构隧道先后下穿水体对地层变形影响分析

郭彩霞[1,2]　史磊磊[2]　孔　恒[3]　张稳军[4]

（1. 北京交通大学　2. 北京市市政四建设工程有限责任公司
3. 北京市政建设集团有限责任公司　4. 天津大学）

摘　要　盾构隧道施工工艺和周围土层环境的复杂性，会不可避免地引起隧道上覆土层及地表的沉降，尤其是土压平衡在软弱地基中施工。隧道上方地表有水体存在时，会改变水体下方土层内孔隙水压力的分布和大小，从而影响盾构隧道上覆土层沉降的大小，而一般城市地铁隧道多为双洞单线，先后隧道施工也会引起沉降的规律变化。本文在 Verruijt 和 Booker 解析解的基础上，考虑地层等效刚度原理和地表水体的分布和作用，给出了双洞单线盾构隧道下穿水体地层沉降的计算公式。结合北京地铁十四号线朝阳公园站～枣营站区间盾构隧道下穿朝阳公园湖体工程，运用推导出的公式对原有地层沉降进行计算，并与实际施工过程中的监测结果进行对比分析，其结果显示吻合较好，从而验证了本文导出的公式具有一定的合理性和适用性。可为今后类似的工程提供计算依据和参考。

关键词　土压平衡盾构隧道　下穿水体　地层变形

1　引言

城市地铁工程大多采用双洞单线盾构隧道，其截面的有效利用率高于大直径单洞隧道，但设计和施工时必须保证两条隧道之间合理的间距，这会导致隧道的总宽度变大[3]，隧道宽度的增加会改变地层的损失量[4]。双洞单线隧道施工时两隧道会相互影响，从而导致隧道周围地层土水压力的重分布[5]，使得双洞单线盾构隧道上方土层及地表沉降的分布与单圆隧道不同。目前，国内外关于双洞单线盾构隧道的研究主要集中在土体变形[6]和土体扰动方面[7]，较少考虑分期施工对地层沉降的影响作用[8]，也未考虑地表有水体的影响。因此有必要研究和总结盾构隧道先后下穿水体对地层变形影响规律，从而尽可能准确地预测地层的沉降以及盾构隧道施工对周围环境的影响程度。

2　隧道施工引起的地层变形研究现状

国内外学者对盾构掘进引起的孔隙水压力、土压力及相关力学性能的变化做了深入的研究和分析[10]，并提出了诸多计算地表沉降的数学模型。目前对盾构隧道施工引起的地表沉降的研究方法可归纳为：经验方法、解析法、模拟试验法和数值分析法等[9]。

2.1　经验公式

经验公式是在大量的现场收集资料和数据的基础上，采用数理统计方法、经验法归纳并分析得到的地面沉降的预测公式[11]。其中最具影响力的是 1969 年美国科学家 Peck[12] 提出的估算隧道开挖地表沉降的方法，Peck 公式给出了地表沉降横向分布的规律：

$$S_x = S_{\max}\exp\left(-\frac{x^2}{2i^2}\right) \tag{1}$$

$$S_{max} = \frac{v_i}{\sqrt{2\pi i}} \tag{2}$$

式中：S_x——距隧道中心线横向距离处的地表沉降值；

S_{max}——隧道中心线处地表最大沉降值；

x——距隧道中心线的水平距离；

v_i——地层损失量；

i——沉降槽的宽度，即曲线的反弯点至隧道中心线的水平距离。

Peck 公式预测的沉降曲线形状和通常实测得到的沉降曲线相似，且应用较为方便。但 Peck 公式只是从形态上表示沉降曲线的形状，缺乏理论依据，且没有考虑土体排水的情况。另外，经验公式无法准确地给出土体深层的位移和水平位移，而且不能确定隧道结构受力的情况[13]，因此其使用范围有限。

2.2 解析解法

Sagaseta[14]在 1987 年提出了浅埋盾构隧道开挖引起的均匀、各向同性、不可压缩土体的地表沉降的半弹性空间的解析解，并对公式进行了修正。地面沉降估算的表达式为：

$$U_z(x) = \frac{V_s H}{\pi(x^2 + H^2)} \tag{3}$$

式中：$U_z(x)$——与隧道轴线垂直的平面上地表的沉降；

x——距隧道中心线的水平距离；

V_s——地层损失量；

H——隧道中心线的深度。

1996 年，Verruijt 和 Booker[15]采用了类似于 Sagaseta[14]的方法并推广至任意泊松比的土体，给出了由于地层损失引起的地表沉降的半无限弹性空间的解析解，它考虑了椭圆形的影响：

$$U_z(x) = 4\varepsilon R(1-\mu)\frac{H}{x^2 + H^2} - 2\delta R^2 \frac{H(x^2 - H^2)}{(x^2 + H^2)^2} \tag{4}$$

式中：μ——土层的泊松比。

由于 Sagaseta[14]、Verruijt 和 Booker[15]的解析解都假定浅埋地洞是等向、均匀收缩的，计算出的沉降槽比实际的宽，水平位移也比实际的大，与实际数据不符[16]。

因此，Loganathan 和 Poulos[17]在 1998 年通过研究分析，对 Verruijt 和 Booker 的公式进行了修正，并给出了准确计算地表沉降和土体位移的理论公式，即：

$$U_z(x) = (1-\mu)\frac{H}{x^2 + H^2}(4gR + g^2)\exp\left[-\frac{1.38x^2}{(H+R)^2}\right] \tag{5}$$

式中：g——不排水条件下的间隙参数，可按照下式计算：

$$g = G_p + U_{3D} + \omega \tag{6}$$

式中：G_p——自然间隙；

U_{3D}——隧道开挖面土的三维弹塑性变形的等价值；

ω——考虑施工技术质量。

2.3 双洞单线隧道施工引起的沉降研究

林志、朱合华、夏才初等[4]进行了三维弹塑性有限元模型的动态模拟，并采用该模型对双线盾构隧道施工过程的数值模拟展开分析，最后将计算结果与现场监控量测数据做了对比。结果表明，隧道间距是控制两隧道相互影响的最主要因素，地层损失率次之，然后是土体弹性模量。但他们的研究没有涉及具体各地层的沉降规律。

彭畅、仮雨林、骆汉宾等[18]利用有限元程序 ABAQUS，建立了三维数值分析方法，并模拟盾构掘进引起的地层变形和规律。然而他们的研究过程忽略了地下水的渗透作用，因此得出的结果不能全面反映双线盾构隧道上方土层的沉降规律。

魏纲和魏新江[19]利用三维 MDIAS/GTS 软件，在考虑建筑物—土体—隧道共同作用的条件下，模拟了双线盾构隧道垂直穿越独立基础框架结构建筑物的工况。他们的模拟过程考虑了分期施工的影响，但同样没有考虑地下水的作用，并且他们认为隧道开挖前地面沉降为零，而这与实际情况是不相符的。

3　双洞单线隧道穿湖引起的地层沉降公式推导

基于 Verruijt 和 Booker 解析解，并结合地层等效刚度原理，本文先推导单洞盾构隧道的地层沉降的计算公式，之后给出双洞单线盾构隧道地层沉降的计算方法。最后结合地表湖水的分布作用，给出双洞单线盾构隧道穿湖时地层沉降的计算公式。需要说明的是，由于 Verruijt 和 Booker 解析解是以地层无排水条件为假定前提的，而在湖水作用影响下，地层不可再视作不排水条件[20]，因此在涉及穿湖施工时土层重度应采用浮重度进行分析计算。

在公式推导过程中，本文假定：

(1)不考虑土体固结引起的长期沉降变形；

(2)隧道穿越的介质视为水平分层的均质土层。

3.1　单洞盾构隧道引起的地层沉降公式

将各土层厚度按照刚度等效的原则进行处理，如图 1 所示，因此有：

$$H = H_0 - \sum_{k=1}^{i-1} h_k + \sum_{k=1}^{i-1} h_k \sqrt[3]{\frac{E_k}{E_i}} \tag{7}$$

$$z'_m = z_m - \sum_{k=1}^{m-1} h_k + \sum_{k=1}^{m-1} h_k \sqrt[3]{\frac{E_k}{E_i}} \quad (m \leqslant i) \tag{8}$$

$$x' = x \tag{9}$$

式中：　H——等效后隧道轴线的所处深度；

H_0——隧道轴线的实际所处深度；

i——隧道所在土层序数，从地面向下计算；

m——计算点所在土层序数，从地面向下计算；

E_k、E_i——各土层及隧道所在土层的弹性模量；

x、x'和 z_m、z'_m——等效前后各点的 x、z 坐标。

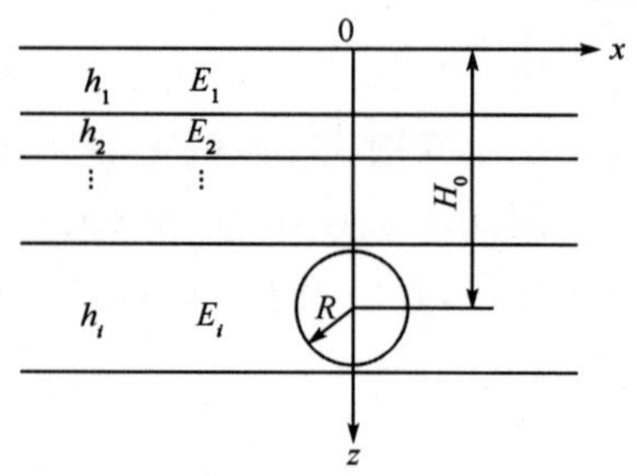

图 1　单洞隧道位置及土层示意图

将坐标变换代入 Verruijt 和 Booker[15]解中有：

$$U_{z\text{single}} = -\varepsilon R^2\left(\frac{z_1}{r_1^2} + \frac{z_2}{r_2^2}\right) + \delta R^2\left[\frac{z_1(kx^2 - z_1^2)}{r_1^4} + \frac{z_2(kx^2 - z_2^2)}{r_2^4}\right] + \frac{2\varepsilon R^2}{m}\left[\frac{(m+1)z_2}{r_2^2} - \frac{mz(x^2 - z_2^2)}{r_2^4}\right] - 2\delta R^2 H\left[\frac{x'^2 - z_2^2}{r_2^4} + \frac{m}{m+1}\frac{2zz_2(3x'^2 - z_2^2)}{r_2^6}\right] \tag{10}$$

式中：$z_1 = z' - H$；

$z_2 = z' + H$；

$r_1^2 = z_1^2 + x'^2$；

$r_2^2=z_2^2+x'^2$；

$m=\dfrac{1}{1-2\mu}$；

$k=\dfrac{\mu}{1-\mu}$；

μ——下卧土层的泊松比；

R——隧道的半径。

当计算地表沉降时，$z'=z=0$，于是上式简化为：

$$U_{\text{single}}(x)=2R^2H\left[\frac{2\varepsilon(1-\mu)}{x^2+H^2}-\frac{\delta(x^2-H^2)}{(x^2+H^2)^2}\right] \tag{11}$$

式中：x——地表各点距离隧道中心线的距离。

而 ε 和 δ 由 Sagaseta[14] 给出的方法得到：

$$\varepsilon=\frac{p_0-p_i}{2G}\left\{1+2(1+\mu)\frac{\dfrac{2H}{R}\left[\dfrac{H}{R}-\sqrt{\left(\dfrac{H}{R}\right)^2-1}\right]-1}{1-\dfrac{H}{R}\left[\dfrac{H}{R}-\sqrt{\left(\dfrac{H}{R}\right)^2-1}\right]}\right\} \tag{12}$$

$$\delta=\frac{p_0-p_i}{2G}(1-\mu)\frac{1}{\left(\dfrac{H}{R}\right)^2-1} \tag{13}$$

式中：p_0——开挖前隧道轴线位置的竖向地应力；

p_i——开挖后的支护应力；

G——下卧层的剪切模量。

3.2 盾构隧道先后下穿水体引起的地层沉降公式

如图 2 所示，双洞单线盾构隧道引起的地表沉降计算，可基于单洞隧道计算公式进行计算，并将左、右两线引起的沉降叠加而成：

$$U_{z\text{double}}=U_z(x'+a,z')+U_z(x'-a,z') \tag{14}$$

式中：$2a$——双洞单线隧道之间的距离。

3.3 上部水压的影响

如图 3 所示，上部水体的存在会影响隧道开挖时的释放应力，这在上述的公式中主要会改变隧道轴向径缩参数 ε 和描述隧道垂直位移的参数 δ。而应力释放的大小与湖底面的地形有关，不同的水深，应力释放的大小不同，具体的应力释放可根据水底的形状曲线的函数计算，也可以根据实际的监测值得到。

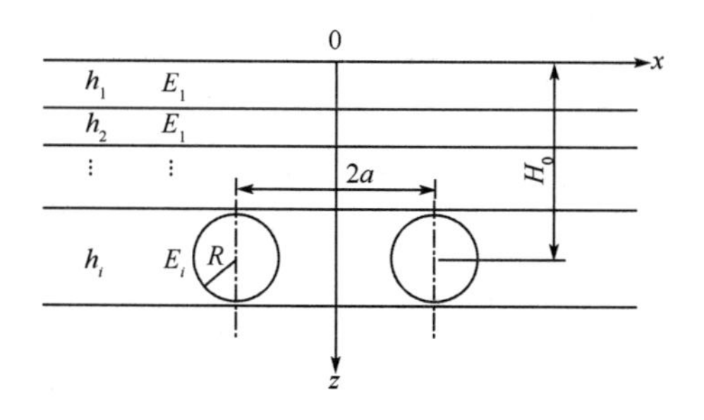

图 2 双洞单线隧道位置及土层示意图

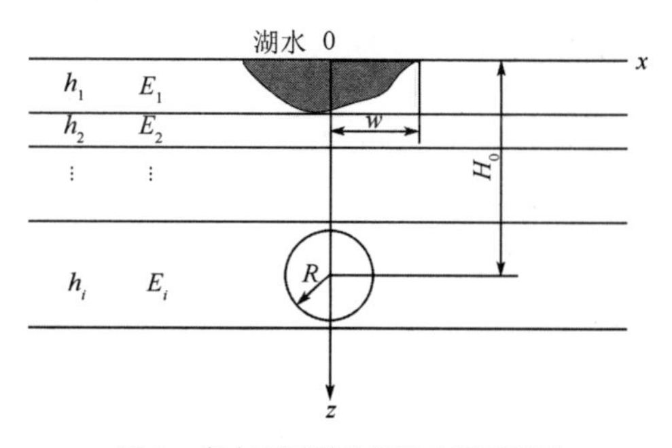

图 3 湖水下隧道位置及土层示意图

根据 Peck 公式，地表沉降槽呈拟正态分布的规律，而对于沉降槽宽度，一般可表示为[21]：

$$i = 0.575 H_0^{0.9} D^{0.1} \tag{15}$$

式中：D——隧道直径；

H_0——隧道中心至地表的深度。

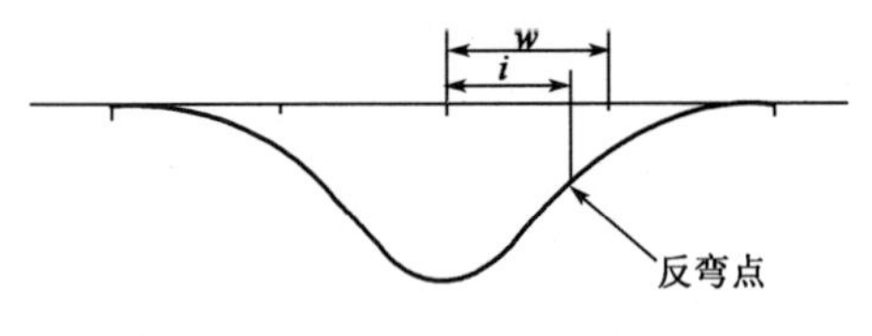

图 4　Peck 公式曲线

如图 4 所示，若隧道中心线至湖最外围的最大距离为 w，则根据式(15)，隧道穿湖时地表的沉降可分为以下两种情况：

(1) $0 < w < i$

此时湖水宽度较小，可认为地层各点沉降受水压力的影响较小，因此从上至下逐层计算土层竖向压力即可求得到对应的 p_0 和 p_i，要注意这里的 p_0 和 p_i 应由按土体的浮重度计算。

(2) $w \geqslant i$

这时水压力对隧道开挖时的释放应力不可忽略，距隧道中心线的位置不同，相应的地层释放应力不同。考虑到水压力的特殊性和水体的渗透性，可从隧道所在处的应力开始，逐层向上累加计算。当然，也可以根据实际监测应力值获得最终的 p_0 和 p_i。

3.4　双洞单线盾构隧道下穿水体引起地层沉降计算

综合上述分析，计算盾构隧道下穿水体施工引起的地层沉降，可先根据隧道的直径 D 和埋置深度 H_0，按照式(15)计算出沉降槽的宽度 i，并与隧道中心线至水体最外围的最大距离 w 进行比较，根据不同的情况求得相应的应力值 p_0 和 p_i，最后代入式(10)可计算单洞隧道下穿水体引起的各地层沉降，代入式(14)可计算出双洞单线隧道下穿水体引起的各地层沉降值，而根据式(11)可计算出地表的沉降值。

4　工程实例分析

依托于北京地铁 14 号线工程 19 标段朝枣区间工程背景，利用本文推导的公式计算土压平衡盾构双洞单线隧道先后下穿湖体后上方地层的沉降量，并与实际监测值进行对比分析，从而验证本公式的合理性和适用性。

4.1　工程简介

北京地铁 14 号线工程 19 标段朝枣区间，即朝阳公园站～枣营站站区间，单洞隧道总长 906m，采用土压平衡盾构法施工。根据地质勘查资料，该线路隧道结构所处地层主要为圆砾、黏土地层。在线路里 K34＋907.700～K34＋342.480 段和 K35＋374.861～K35＋576.639 段下穿朝阳公园南湖和北湖，湖水平均高程 34.40m，湖底高程 31.00～33.00m，覆土最浅处 6.3m，湖底无衬砌、无防水层，有厚度为 0.4～1m 的淤泥层。

监测 2 断面各测孔磁环位置　　表 1

参数(m)	10 号孔	9 号孔	8 号孔	7 号孔	6 号孔	5 号孔	4 号孔	3 号孔	2 号孔	1 号孔
到隧道中心线的距离	−16.5	−11.5	−7.5	−3.5	0	0	3.5	7.5	11.5	16.5
1 号磁环埋深	1439	3181	2661	826	2134	3124	1078	756	775	655
2 号磁环埋深	4584	4537	2901	2814	2990	4042	3124	2767	2722	2654
3 号磁环埋深	6837	6273	4868	4807	3965	5486	5083	4753	4704	4638
4 号磁环埋深	9142	8137	8875	6791	5955	7375	7003	6739	8826	6631

续上表

参数(m)	10号孔	9号孔	8号孔	7号孔	6号孔	5号孔	4号孔	3号孔	2号孔	1号孔
5号磁环埋深	10806	10122		9097	7935	9487	9357	8740		8954
6号磁环埋深		12112		10768	9893	11360	11015	10725		10594

4.2 监测点和磁环布置

本文选取朝枣区间监测2断面的沉降监测数据进行比较和分析。监测2断面的测孔分布如图5所示。各孔下方磁环的埋深如表1所示。由于监测2断面的埋深为12.75m,因此这里选取的磁环均在隧道上方。

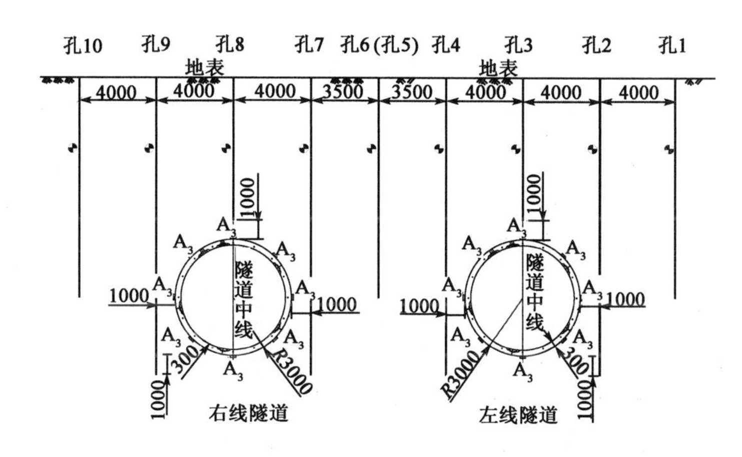

图5 监测2断面各测孔分布图(尺寸单位:mm)

4.3 公式计算结果与分析

计算所采用的隧道参数如表2所示,各土层的力学参数如表3所示。

隧道相关参数 表2

内容	数值
隧道轴向实际埋深 H_0(m)	15.76
下卧土层泊松比 μ	0.3
隧道外径 R(m)	3.0
两隧道中心间距 $2a$(m)	15.0
下卧层的剪切模量 G(MPa)	20

监测2断面土体参数 表3

土(水)层	名称	重度(kN/m³)	平均厚度(m)	压缩模量(MPa)
h_1	水层	10	0	0
h_2	杂填土	6	2.03	0
h_3	粉土	8.1	2.59	7.3
h_4	粉质黏土	10.6	4.66	7.3
h_5	粉细砂	10.5	2.33	15
h_6	中粗砂	10.8	1.94	20
隧道所在层	圆砾	21.2	6.02	40

研究表明[22],地层体积损失率与应力释放率之间基本上呈线性关系,而影响地应力释放

的因素包括施工时注浆压力、注浆时间、注浆量、开挖面土体扰动情况以及盾尾空隙大小等[23]。对本工程，在湖水作用下，地层开挖地应力释放系数取 0.15，但考虑到注浆压力对支护应力的作用，隧道正上方的监测点（孔 3 和孔 8）选取的支护应力 $p_i > p_0$。另外，本工程左右线施工不是同时进行的，右线施工早于左线，左线监测到的沉降值相比右线要大，因此左线选取的支护应力 p_i 比右线小。

根据式（15）可求得本工程 $i=8.23\text{m} < w=23.1\text{m}$，应按第二种情况计算沉降值。从表 1 注意到各孔下磁环的埋深并不相同，为了便于比较和分析，并考虑到现场实测数据的精度和误差，本文统一选取地表以下 3.5m、5m、6.5m 和 8m（相对于同一基准面）计算相应所在地层的沉降值，监测值也根据实测数据分别转换为这 4 个深度的对应值。将表 1～表 3 的数值代入式（7）～式（14），即可得到以上 4 种深度的沉降计算值。监测值与计算值的比较如图 6 所示。图中正值表示地层沉降，负值表示地层隆起。

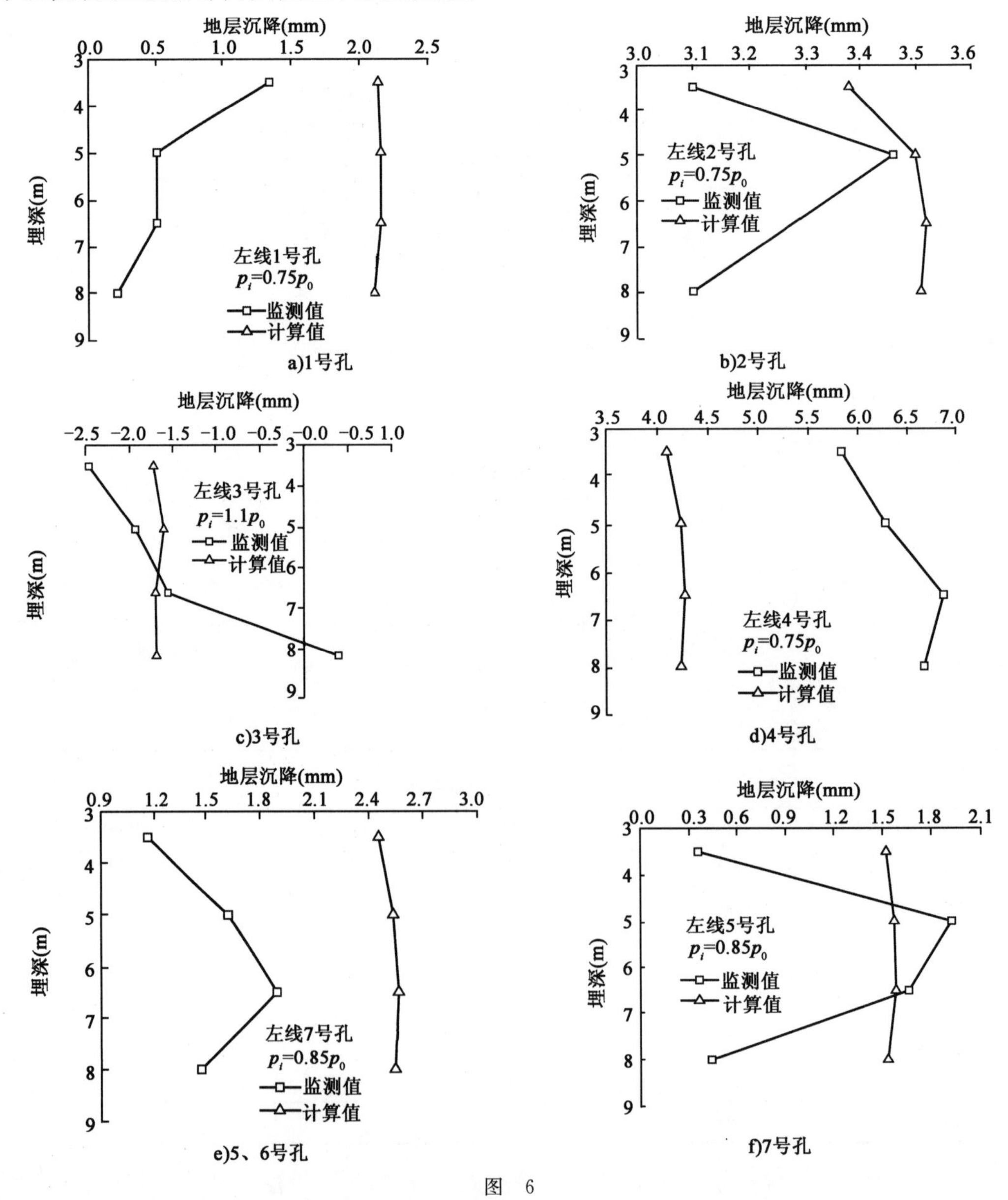

图 6

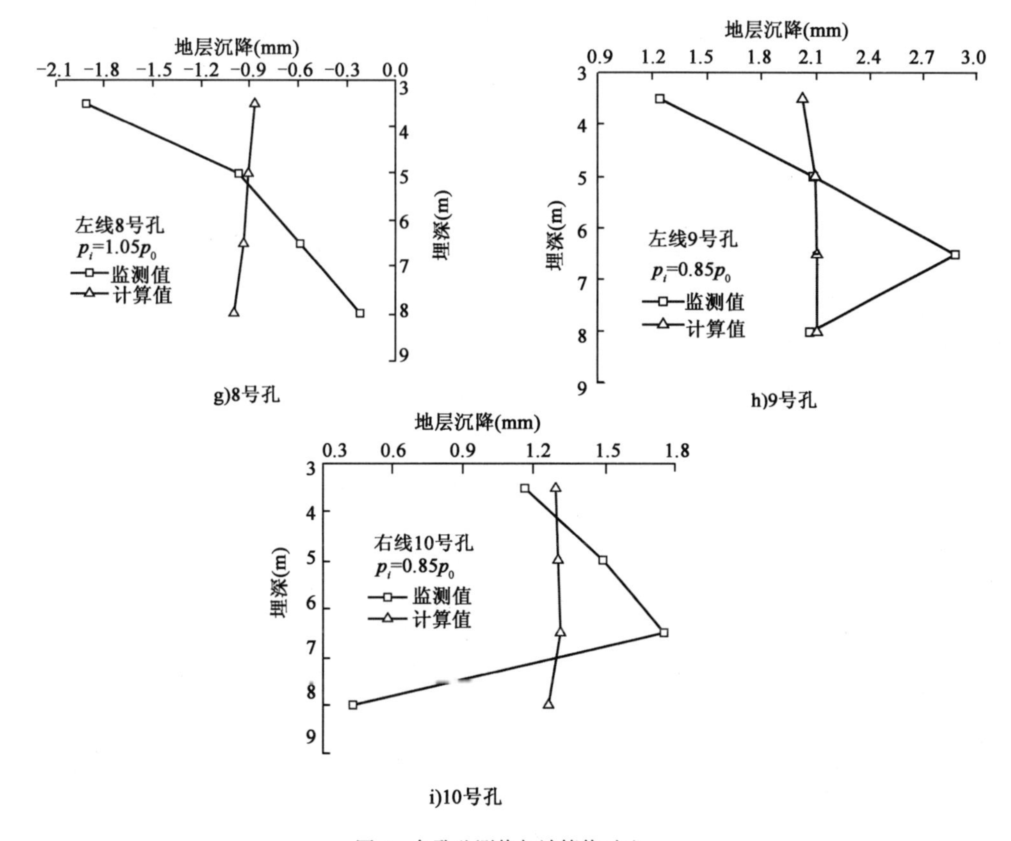

图6 各孔监测值与计算值对比

考虑到现场监测条件和监测仪器的精度，从图6可以看出，利用本公式计算的地层沉降值与实测数据基本吻合，从而验证了本推导公式的合理性和适用性。

图7给出了横向监测2断面上同一埋深处地层的沉降变化。从图中可以看到，同一深度地层沉降的计算值和监测值吻合良好。在隧道正上方的监测数据为负值，说明这里的地层表现为隆起，这是由于注浆压力作用引起的，因此在计算这两个孔时选取的支护应力 $p_0 > p_i$ 是合理的。而从图中也不难看到，左线的沉降计算值和监测值均比右线对称位置的数值大，这是由于左线后施工，右线施工对左线上方的地层产生了影响，地层已经有部分沉降。

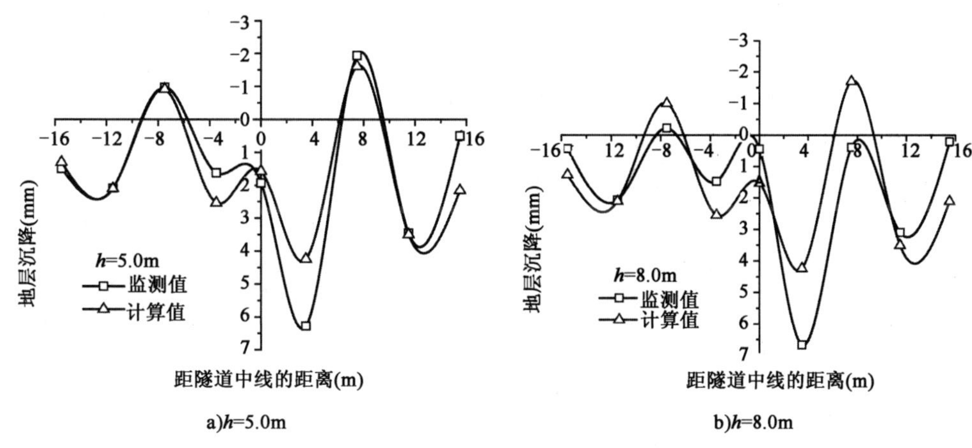

图7 监测2断面不同深度监测值与计算值对比

5 结语

(1)基于 Verrujit 和 Booker 解析解,结合地层等效刚度原理,推导了排水条件下单洞盾构隧道和双洞单线盾构隧道下穿水体施工引起各具体地层和地表的沉降公式。

(2)运用推导的公式对土压平衡盾构隧道穿越朝阳公园湖体施工时地层的沉降进行计算,并与现场实际监测结果进行对比分析。结果表明,计算值与监测值吻合较好,验证了本文提出的公式具有一定的合理性和适用性。

(3)实测结果和计算理论值均显示,双洞单线隧道左右线不同期施工时,左右线所在地层的沉降不同,先期施工会对后期施工产生影响,这主要体现在地应力释放上。由于双洞单线隧道对地层沉降均有作用,尤其是当隧道分期施工对隧道之间区域沉降的影响仍需进一步研究。

参考文献

[1] 陈昊.双圆盾构隧道地表沉降分析[D].上海:上海交通大学,2007.

[2] 余占奎,黄宏伟,徐凌,等.软土盾构隧道纵向设计综述[J].地下空间与工程学报,2005,1(2):315-318.

[3] 魏纲,洪杰,魏新江.双圆盾构隧道施工对平行既有隧道的影响分析[J].岩土力学,2012,33(增2):98-104.

[4] 林志,朱合华,夏才初.双线盾构隧道施工过程相互影响的数值研究[J].地下空间与工程学报,2009,5(1):86-91.

[5] 马程昊,白晨光.地下水位高度对盾构隧道管片受力的影响[J].价值工程,2012:51-53.

[6] 韩昌瑞,贺光宗,王贵宾.双线并行隧道施工中影响地表沉降的因素分析[J].岩土力学,2011,32(增2):484-489.

[7] 白云,戴志仁,徐飞,等.后掘盾构越先掘盾构对地层变形的影响研究[J].土木工程学报,2011,44(2):128-135.

[8] 关亮.盾构隧道施工期引起的地面沉降计算方法探析[J].土工基础,2009,23(3):50-54.

[9] 欧阳文彪,丁文其,谢东武.考虑建筑刚度的盾构施工引致沉降计算方法[J].地下空间与工程学报,2013,9(1):155-160.

[10] 林志,李鹏.盾构隧道施工引起的超孔隙水压力变化规律研究[J].公路交通技术,2010,(5):98-103.

[11] 周文波.双圆盾构法隧道施工对地面沉降的影响及控制研究[D].上海:上海大学,2006.

[12] Peck R B. Deep excavations and tunneling in soft ground[A]. Proceedings of 7th International Conference on Soil Mechanics and Foundation Engineering[C]. Mexico City: State of the Art Report, 1969. 225-290.

[13] Sagaseta C. Analysis of undrained soil deformation due to ground loss[J]. Geotechnique, 1987, 37(3): 301-312.

[14] Verruijt A, Booker J R. Surface settlements due to deformation of a tunnel in an elastic half plane[J]. Geotechnique, 1996, 46(4): 753-756.

[15] 徐冬健.盾构隧道沉降数值模拟[D].北京:北京交通大学,2009.

[16] Loganathan N, Pooulos H G. Anslytical prediction for tunneling induced ground movements in clay[J]. Journal of Geotechnical and Geoenvironmental Engineering, American Society of Civil Engineering, 1998,124(9):845-856.

[17] 彭畅,伋雨林,骆汉宾,等.双线盾构施工对邻近建筑物影响的数值分析[J].岩石力学与工程学报,2008,27(增2):3869-3875.

[18] 魏纲,魏新江.双线盾构施工对邻近框架建筑物影响的研究[J].地下空间与工程学报,2013,9(2):339-344.

[19] 李春良,王勇,张巍.地下水位变化对盾构隧道的影响研究[J].隧道建设,2012,32(5):626-630.

[20] 姜忻良,赵志民,李园.隧道开挖引起土层沉降槽曲线形态的分析与计算[J].岩土力学,2004,25(10):1542-1544.

[21] 郭瑞,方勇,何川.隧道开挖过程中应力释放及位移释放的相关关系研究[J].铁道工程学报,2010,9:46-50.

[22] 丁春林,朱世友,周顺华.地应力释放对盾构隧道围岩稳定性和地表沉降变形的影响[J].岩石力学与工程报,2002,21(11):1633-1638.

提高预应力锚杆抗拔承载力的几种方法及应用效果

李建民

（北京市公联公路联络线有限责任公司）

摘　要　针对普通预应力锚杆单锚承载力较低、应力集中现象明显的问题，从锚固原理出发，介绍了岩土工程中被实践证实的三种可以明显提高锚固抗拔力的锚杆形式（即单孔复合锚法、二次高压灌浆法和扩头扩体法），分析了三种方法各自不同的承载原理，详细介绍了其在工程实践中的应用效果。

关键词　抗拔承载力　后高压注浆　荷载分散　端部扩大

1　引言

岩土工程中的建设活动必然对一定范围内的岩土体的应力状态和力学特性形成扰动。然而在影响范围外的岩土体仍有较好的承载能力，岩土锚固技术通过人为地在岩土体中设置可靠的拉力传递路径，将更大范围内的岩土体纳入受力承载范围，充分发挥岩土体自身的强度与自稳能力。特别地，预应力锚固技术通过在拉力传递元件中预先施加张拉力，可主动、有效地改善施工扰动区岩土体内部应力状态，有效控制变形发展，因而逐渐成为提高岩土工程稳定性最经济有效的方法之一。

在水利水电、铁道公路、矿山建筑、港工桥梁等领域涉及的岩土锚杆项目的规模和难度都在快速提高。特别是在不良地质环境中进行的边坡切方、隧道掘进、土石方堆填、基坑开挖、大坝加固等工程实践都对锚杆抗拔承载力提出了越来越高的要求。如法国朱克斯坝锚杆设计预应力达到13000kN，澳大利亚别比重力坝加固工程中的锚杆极限承载力达到16500kN。我国漫湾水电站左岸滑坡治理中成功布设了2000余根3000kN的预应力锚索。丰满大坝加固工程中采用了6000kN级预应力锚杆。石家庄市峡石沟垃圾拦挡坝高32m、长127.5m，为提高混凝土坝的抗倾覆稳定性，采用63根压力分散型锚杆，每根拉力设计值达到2200kN。龙羊峡水电工程中采用了10000kN级预应力锚杆。在复杂地质环境下如何保证并有效提高预应力锚杆抗拔承载力成为工程设计人员需要面对的重大挑战。本文从锚固机理出发，总结了三种常用提高锚固抗拔力的方法，并介绍了其在工程实践中的应用。

2　锚固机理分析

预应力锚杆锚固段的功能是将锚杆传递的力作用在注浆体上，注浆体再与地层相互作用将锚杆拉力传递到稳定岩土体中。粘结型锚固体锚杆的抗拔承载力值 R 是由锚固体直径 D、锚固段注浆体与地层间的粘结强度 f 和锚固体长度 L 决定的，一般采用下式计算：

$$R = f\pi DL\psi \quad (1)$$

式中：ψ——锚固段长度对粘结强度影响系数。

北京地铁慈寿寺站土锚抗拔力测定结果见图 1。可以看到，承载力值 R 并非随 L 增大而线性增大，当锚固段长度超过 12m 后承载力随锚固长度增加基本不再变化，Ostemayer 也得出类似试验结论。这可归结为式(1)中 ψ 随 L 增大而减小，这就需从锚固机理出发进行解释。

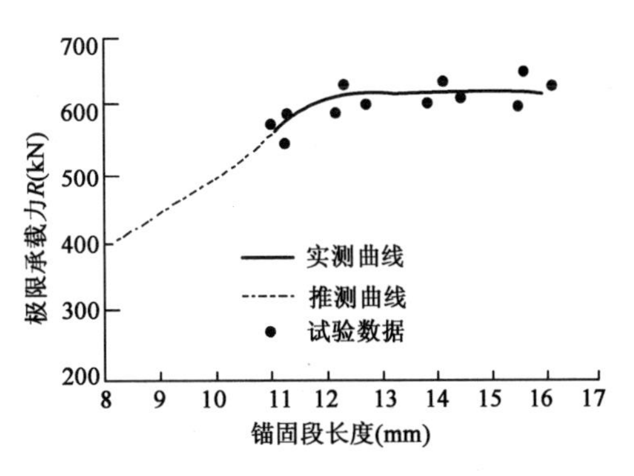

图 1　北京地铁慈寿寺站土锚抗拔力测定结果

实际上，大量的试验研究和实测结果证实，传统的拉力(集中)型或压力(集中)型锚杆受力时，其锚固长度上注浆体与地层间的粘结应力分布是极不均匀。当采用长锚固段时，有效粘结应力分布范围有限，粘结效应会呈现渐进性破坏现象。锚固机理示意图见图 2。在图 2a)注浆体—地层界面力学模型中，由于注浆体与地层在界面处有相当的黏聚力，粘结破坏前粘结力与切向相对位移基本呈线性关系，当黏聚力超过峰值强度后将迅速跌落软化至由摩擦控制的残余值。因此，在图 2b)所示粘结应力沿锚杆长度的分布中，当锚杆拉力较小时，由于注浆体—地层间的相对切向位移集中在注浆体前端较小的长度范围，粘结应力因此仅在注浆体前端较小的长度范围内发挥出来。随着拉力的增加，注浆体与地层间的相对切向位移增大，注浆体前端与地层的粘结力因剪切位移过大而进入软化阶段，粘结力下降，粘结力峰值逐渐向锚杆根部转移。当粘结应力峰值到达根部时，注浆体前端粘结力将降至很低的水平甚至出现注浆体与围岩土体脱离现象。因此，锚杆的锚固段越长，则其平均粘结力发挥水平越低。

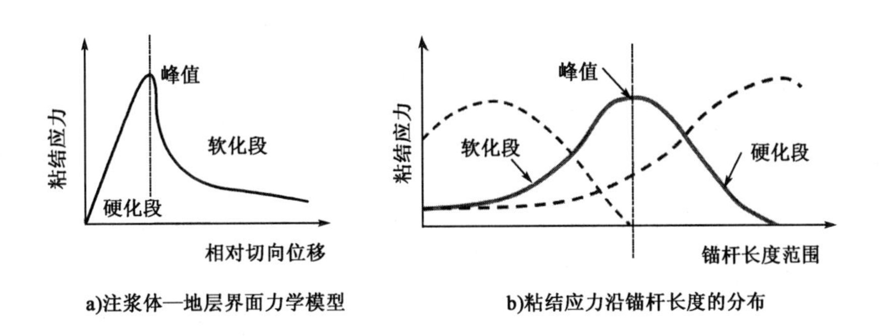

图 2　锚固机理示意图

3　提高锚杆抗拔力的方法与工程应用

基于上述力学机理，经过大量科学试验与工程实践，目前发展了三类提高锚杆抗拔力的方法，即单孔复合锚法、二次高压灌浆法和扩大头法。单孔复合锚法通过改善粘结应力分布的均匀性提高整体抗拉能力，而二次高压灌浆法和扩大头法则通过改变注浆体与地层的相互作用提高传力能力，扩大界面面积提高抗拉能力。

3.1　单孔复合锚固法

从上节讨论可知，荷载集中型锚杆的荷载传递机制使得锚杆锚固段注浆体与地层间的粘结应力分布很不均匀。为了从根本上改变荷载集中型锚杆在传力方式的弊端，英国 Barley 在

20世纪80年代率先提出并实践了单孔复合锚固的理念。单孔复合锚固法如图3所示，在一个钻孔内设置多个单元锚杆，每个单元锚杆相互独立，单个单元锚杆有自己的自由段与锚固段。对各单元锚杆分别施加张拉力，则每一单元锚杆的注浆体—地层界面黏聚力都可比较全面地发展，锚固段整体的粘结应力比相同总长度下的单一锚固段粘结应力分布均匀得多，单孔复合锚固法粘结应力分布如图4所示。因此，单孔复合锚固法又称为荷载分散型锚杆。这种方式可充分利用锚固段与地层间抗剪强度，可使锚杆抗拔力随单元锚固体个数或锚固体总长度的增加而成比例地增大。

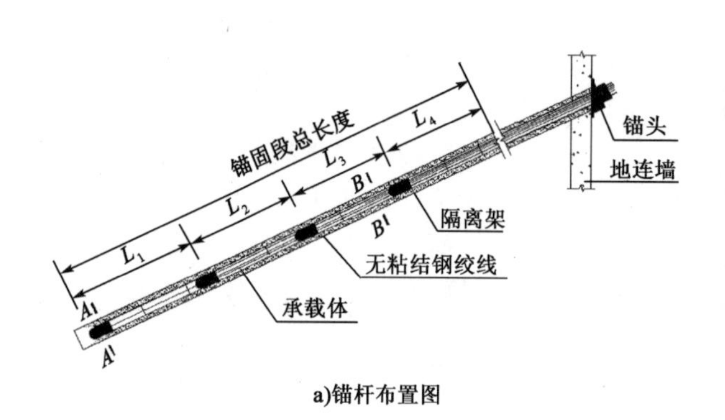

a)锚杆布置图

b)锚头

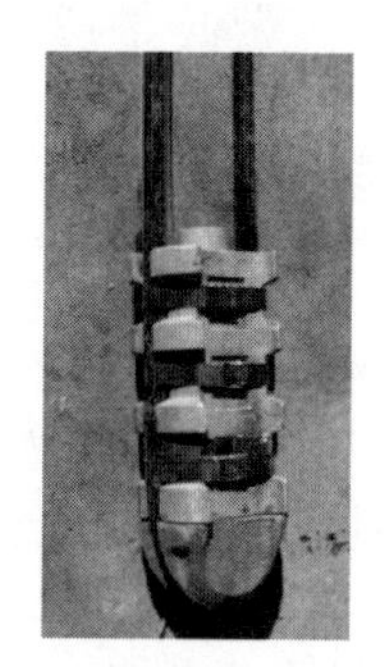

c)锚固段压力板

图3 单孔复合锚固法

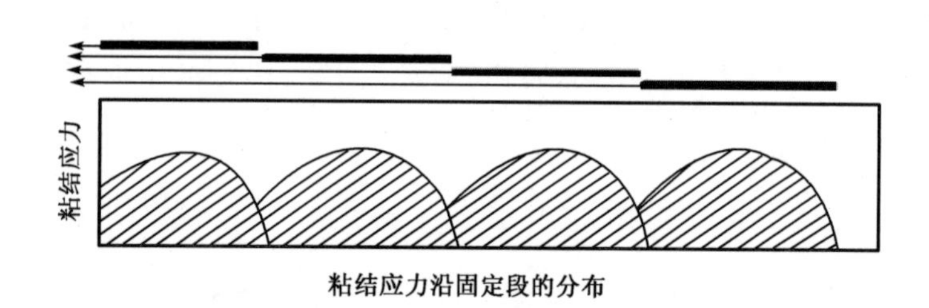

粘结应力沿固定段的分布

图4 单孔复合锚固法中的粘结应力分布

单孔复合锚固的结构存在各单元锚杆自由段长度不等的问题。若采用一次整体张拉所有锚固单元筋体，会导致各单元筋体受力不均匀问题。为保证单元锚杆间受力均匀，一般可采用并联千斤顶组张拉。该张拉方法能使各单元锚杆的筋体从张拉开始直至锁定完毕始终处于受力均匀状态。此外也可采用非同步张拉法，即基于各单元锚杆受力均等原则，在对各单元锚杆整体张拉前，先由钻孔底端向顶端逐次对各单元锚杆张拉锁定方式，以弥补各单元锚杆因无粘结长度不等的弹性位移差(相对应的荷载差)。

单孔复合锚固法的主要优势包括：

(1)改善传力机制，可大幅度降低锚杆锚固段注浆体轴力及注浆体与地层间的剪(粘结)应力不均匀性；

(2)提高整体抗拔力，锚杆的抗拔承载力随单元锚固体个数或锚固体总长度的增加而成比例地增大；

(3)降低预应力损伤，注浆体与地层间粘结应力分布趋于均匀化，应力集中现象显著降低，大大降低后期蠕变变形，有利于控制锚杆初始预应力损失；

(4)提高长期工作的可靠性，压力分散型锚杆的杆体采用的无粘结钢绞线由裸体钢绞线外涂油脂及外包 PE 防护层构成，防腐性好，注浆体基本上处于受压状态、不易开裂，能提高锚杆的耐久性；

(5)工程造价节约可节约 25%以上。

3.2 二次高压注浆锚固法

将常规预应力锚杆应用于软弱岩土层存在很大风险。首先，软弱岩土层本身强度低，孔隙比大，注浆体—地层界面不易形成稳定可靠的粘结力，进而容易发生大的剪切滑动；其次，软弱岩土层常常表现出较大的蠕变变形，预应力损失较大。例如，软土含水率高、压缩性高、孔隙比大、强度低、流变性强，传统注浆方法无法形成可靠的注浆体—地层粘结强度。将附有袖阀管、密封袋等特殊装置的锚杆杆体插入孔内后，用注浆枪向锚杆锚固段灌注水泥浆形成圆柱状注浆体当强度达到 5.0MPa 后，进行二次或多次重复高压(3.5～4.0MPa)劈裂灌浆，不小于 2.5MPa的高压注浆浆液劈开初次注浆体，向锚固段周边地层渗透、扩散和挤压，形成树根状不规则体，从而能极大地提高注浆体与地层间的界面面积，加强界面咬合能力，增加参与受力的岩土体范围，并使得锚杆的极限抗拔力得以成倍提高。此外，渗透的浆液可提高原有岩土体的强度和模量，有助于锚杆抗拔能力的提升。可重复灌浆型锚杆已在沿海软土基坑工程中得到广泛应用。法国地锚公司和英国 ATC 公司的试验研究表明，锚杆承载力随灌浆压力的增加而增大，但注浆压力超过 4MPa 时，锚杆承载力的增加非常小。

1968 年上海太平洋饭店软土基坑工程成功采用可重复高压灌浆锚杆技术，该基坑深 12.5～13.6m，为淤泥质砂质黏土，c 值 15～35kPa，φ 值 0～1.5°；采用 45cm 厚钢筋混凝土板桩加四道预应力锚杆支撑，锚杆直径 168mm，锚固段长 20～25m，采用后高压注浆锚固获得的锚杆极限抗拔力达到 800kN，比普通灌浆锚杆提高近一倍。王晓丹和谷继方将二次高压注浆与自钻式锚杆相结合成功用于砂性土中基坑开挖。

3.3 扩体扩头锚固法

扩体扩头型锚杆是指在锚杆锚固段根部或锚固段全长范围内形成一个或几个扩大的注浆体。这种锚杆的承载力由扩大头变截面处土体的支承力和注浆体—地层接触界面上的粘结强度提供。通过这种方式增加了锚杆的抗力来源，能改善锚杆的传力机制，一般称为“支承－摩擦”复合型锚杆。我国苏州能工基础工程公司开发了合页板承压型旋喷扩大头锚杆，实践表明，锚固段扩大头若处于砂层或黏土层中，则锚杆的极限抗拔力分别可达到 1000kN 或 800kN。中国京冶工程技术有限公司的囊式承压型旋喷扩大头锚杆在工程应用中也获得良好效果。台湾大地工程公司在泥岩中大量应用这种多段扩体锚杆，每段锥形体底端直径可由 120mm 扩大至 300mm，每个椎体锚固段的抗拔力可达 250kN，如图 5c)所示。青岛奥帆广场工程采用高压喷射注浆原理，水力切割地层扩孔，并用水泥浆置换扩孔段内的地层，形成扩大头，扩大头直径 0.7～0.8m，锚杆锚固段长度 10m(其中扩大头长度 5m)，锚杆承载力达 1500kN。汪立刚将高压旋喷后注浆扩大头锚索应用在深基坑支护工程中，取得了良好的经济技术效果。为了克服机械扩孔、爆破扩孔及高压扩孔技术中的问题与缺陷，实践中诞生了新型端部包裹式囊袋注浆扩体锚杆新技术，杨卓等试验研究表明，这种锚杆在极限抗拔力方面相比于传统锚杆得到了显著提升，并且锚杆端部位移明显低于传统锚杆锚头变形，极限抗拔力均高于 1000kN，平均为 1070kN，相比传统锚杆抗拔力提高至 1.40倍。

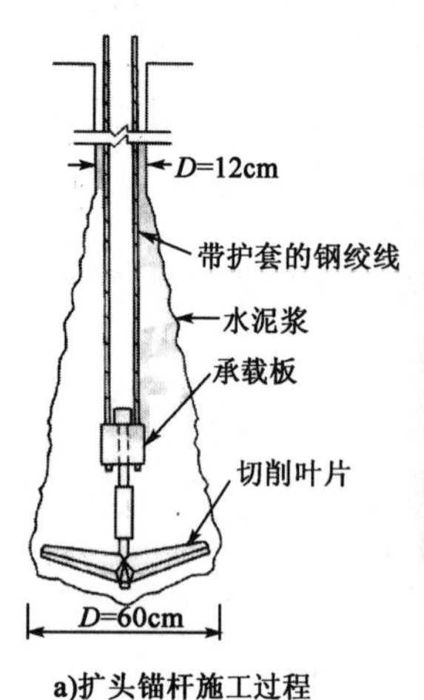

a)扩头锚杆施工过程

b)爆炸成型的扩头锚杆

c)台湾多段扩体锚杆

图 5　扩体扩头锚固法

4　结语

本文针对普通预应力锚杆单锚承载力较低、应力集中现象明显的问题，从锚固原理出发，介绍了单孔复合锚法、二次高压灌浆法和扩头扩体法三种能显著提高抗拔承载力的锚杆形式，分析了三种方法各自不同的承载原理，详细介绍了其在工程实践中的应用效果。

单孔复合锚法应用广泛，能改善传力机制，可大幅度降低锚杆锚固段注浆体轴力及注浆体与地层间的剪(粘结)应力不均匀性，提高整体抗拔力，降低预应力损伤，提高长期工作的可靠性。二次高压灌浆法适用于包括淤泥质土和破碎岩体在内的各类软弱岩土体的锚固工程，在锚杆验收或使用过程，若出现锚杆承载力不足，可用作有缺陷锚杆的加强补救措施。扩头扩体法增加了注浆体的体积，承载力由扩大头变截面处土体的支承力和注浆体—地层接触界面上的粘结强度提供，两者共同作用能明显提高抗拔力。三种提高锚杆抗拔能力的方法在岩土工程试验中应用广泛，取得了很好的经济技术效益。

参考文献

[1]　程良奎，李象范. 岩土锚固·土钉·喷射混凝土—原理、设计与应用[M]. 北京：中国建筑工业出版社，2008：41-89.

[2]　BARLEY A D. Theory and practice of the single Bore Multiple Anchor system[C]// Proceedings of International symposium On Anchors in Theory and practice. Salzburg, Austria：[s. n.]，1995.

[3]　程良奎. 岩土锚固研究与新进展[J]. 岩石力学与工程学报，2005，24(21)：803-3810.

[4]　Post-tensioning Institution，PTI Recommendations for pressing rock and soil anchours [S]. [S. l.]：[s. n.]，1996.

[5]　周德培，刘世雄，刘鸿. 压力分散型锚索设计中应考虑的几个问题[J]. 岩石力学与工程学报，2013，32(8)：1513-1519.

[6]　石家庄道桥建设总公司，石家庄道桥管理处. 高承载力压力分散型锚固体系及其在新建坝体中的应用研究[R]. 石家庄：[s. n.]，2006.

[7] 程良奎.深基坑锚杆支护的新进展[C]//中国岩土锚固工程协会,岩土锚固新技术.北京:人民交通出版社,1998:1-15.
[8] 程良奎,于来喜,范景伦,等.高压灌浆预应力锚杆及其在饱和淤泥质土地层中的应用[J].工业建筑,1988,(4):1-6.
[9] 王晓丹,谷继方.高压注浆自钻锚杆在某基坑工程中的应用研究[J].绿色科技,2013,(1):271-271.
[10] 汪立刚.高压旋喷后注浆扩大头锚索在深基坑支护工程中的应用[C]//土木建筑学术文库,2012.
[11] 杨卓,吴剑波,高全臣.端部包裹式扩体锚杆现场试验研究[J].科学技术与工程,2015,15(32):211-215.

拉力型岩石锚杆临界锚固长度的试验研究

张福明[1]　张恺玲[2]　陈安敏[1]　赵　健[1]

（1.总参工程兵科研三所　2北京航空航天大学）

摘　要　按照临界锚固长度的理论，通过在低、中和高三种强度的模拟岩体混凝土中锚杆试验，研究分析了岩石中拉力型锚杆临界锚固长度的试验条件、方法、分析以及临界锚固长度的判别。并且与其他研究成果作了对比分析，结果表明此次试验条件下拉力型岩石锚杆临界锚固长度的存在和其长度，峰值应力转移、零值剪应力转移大体是同时发生的，此时峰值和零值点间的空间距离就是临界锚固长度。

关键词　岩石锚杆　临界锚固长度　判别方法　试验　研究

1　引言

拉力型锚杆是指锚杆承受荷载时锚固段注浆体处于拉伸状态的锚杆。锚杆的临界锚固长度是指一定岩土介质中锚固段的极限锚固长度。这一概念的含义在于：在任一岩土介质中，锚固段长度都存在一个极限值，未达此值，锚固潜力即未充分发挥；超过此值，超出部分就将做无用功。

自从临界锚固长度的问题提出来之后，围绕此问题国内已开展了许多研究，见参考文献[1]～[10]，对于破碎围岩的加固，锚索长度 L 应大于 3 倍以上的群锚间距 d，而 $d \leqslant (1/2 \sim 1/3)L$。国外也开展了相近的研究，见参考文献[11]～[14]，砂介质中锚杆临界锚固长度为6m 左右，砂土和黄土中锚杆临界锚固长度为 8m 左右[15]。研究所采用的方法大体可归为 4 类：数值分析方法、解析方法、现场监控和辅助试验方法、综合方法。这些方法能从不同侧面反映或揭示出锚固类结构杆体临界锚固长度的本质，但如何结合工程现场测得临界锚固长度，还没有统一有效的方法。拉拔试验中要观测到这一特性，通常应具备以下条件：①杆体足够长，至少长于一个临界锚固长度值；②在锚固体布设 5～10 个应变测点；③注浆较饱满；④围岩介质较均匀；⑤初始荷载低；⑥加载级差小；⑦稳压效果好；⑧逐步加载至破坏。为此，在河南洛阳进行了旨在研究拉力型岩石锚杆临界锚固长度的现场试验的条件、方法、分析和临界锚固长度的判别，并对比分析了其他相关研究成果[16]，指出临界锚固长度的存在是一个普遍现象。

2　试验条件

2.1　锚杆和模拟岩体的混凝土参数

锚孔直径为 ϕ100mm。具体各层模拟岩体的混凝土尺寸和其锚杆设计参数见表 1。

试验锚杆、锚孔、注浆压力参数设计　　表 1

模拟岩体混凝土（MPa）	模拟岩体试件尺寸（宽×高×长）(mm)	钻孔直径（mm）	锚杆直径（mm）	注浆压力（MPa）	锚杆钢筋类型
低强度混凝土(21.2)	4500×600×10100	100	22	0.5	螺纹钢筋

续上表

模拟岩体混凝土(MPa)	模拟岩体试件尺寸(宽×高×长)(mm)	钻孔直径(mm)	锚杆直径(mm)	注浆压力(MPa)	锚杆钢筋类型
中强度混凝土(40.8)	4500×600×8100	100	22	0.5	螺纹钢筋
高强度混凝土(61.3)	4500×600×6100	100	22	0.5	螺纹钢筋

2.2 各层试验锚杆的设置

锚杆布置见图1。底层为C20混凝土垫层，厚40cm，宽4.5m，长10.1m。以上三层分别为C21.2、C40.8和C61.3混凝土，每层混凝土的中间布置了8根锚杆，锚杆间距为0.5m，拉力型和压力型锚杆间隔布置。各层拉力型试验锚杆的编号和设计长度见表2。

图1 试验锚杆的现场布置图

试验锚杆长度设计 表2

模拟岩体等级	编号/锚杆长度(m)			
低强度混凝土	1-1/10	1-3/8	1-5/6	1-7/4
中强度混凝土	2-1/8	2-3/6	2-5/4	2-7/2
高强度混凝土	3-1/6	3-3/4	3-5/2	3-7/1

2.3 试验水泥浆的配制

水泥浆的水泥采用的是P.C42.5复合硅酸盐水泥。浆液配合比为水∶水泥=0.45∶1。其7d抗压强度15.6MPa，28d抗压强度45.7MPa。

2.4 试验用螺纹钢筋试验结果

试验锚杆的杆体为直径22mm HRB400螺纹钢筋。其抗拉强度548MPa，屈服强度372MPa，弹性模量203GPa。

2.5 测点布置

试验量测点设置应变和位移两种。应变量测采用应变片粘贴在钢筋表面上用两台应变仪进行记录。试验时，对邻近锚杆的应变测点进行监测，试图探讨剪应变沿杆体轴线和垂直于该轴线的衰减情况。位移测点设置在锚杆外露端部，用千分表量测锚杆伸长值随拉拔力增加的变化情况，用作辅助分析。大于等于4m的锚杆，测点间距为1m，2m长的锚杆测点间距为0.5m，1m长锚杆测点间距为0.25m。

2.6 加载等级

加载等级见表3，分11级，初始荷载为10kN，每级荷载增量为20kN，直到钢筋屈服为止。

压力表读数与千斤顶出力对应表 表3

压力表读数(MPa)	3	5	7	9	11
千斤顶出力(kN)	34.34	60.66	86.97	113.29	139.61
压力表读数(MPa)	13	15	17	19	
千斤顶出力(kN)	165.92	192.24	218.55	244.87	

3 试验方法

本次试验是利用穿心千斤顶和电动油泵对锚杆进行加载。试验锚杆张拉时，严格按照设计加载等级进行逐步加载，加载速率缓慢均匀。在加载稳定时，方可进行试验锚杆的位移和应变的量测并记录。

4 试验结果

当千斤顶出力达到200kN时，锚杆杆体最大伸长值为139mm，锚杆杆体断裂，而锚孔中的水泥柱体未见变化。试验锚杆在各级荷载下锚杆长度与应变值的关系曲线见图2～图10。

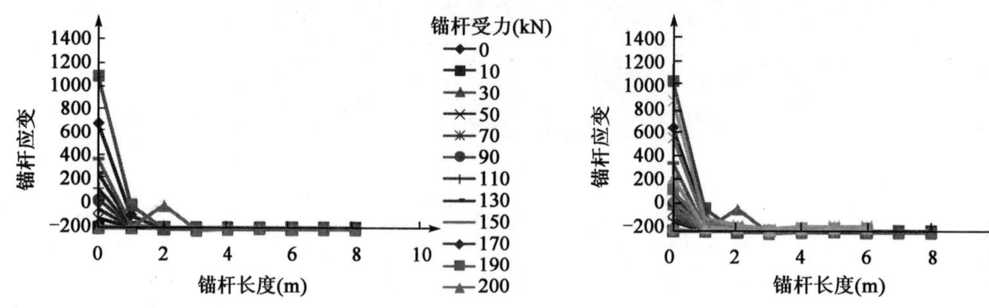

图2 在各级荷载时锚杆长度与应变值的关系图　　图3 在各级荷载时锚杆长度与应变值的关系图

从图2～图10中可以看出，锚杆应变值在锚杆口部具有最大值，在锚固段内具有较小值。随着荷载增大，锚固段口部应变值呈增大趋势，锚杆内的应变值也呈增大趋势，但随着锚杆向内延伸，应变值逐渐减小。在荷载达到峰值所对应的零值点之前的所有应变零值，均随着荷载的增加也在增加，因此，只有荷载达到峰值点，应变同时达到零值点时的锚杆长度才能是锚杆临界锚固长度。

从图2、图3中看出，1-3和1-5锚杆口部的应变峰值虽然在第九级荷载之后时出现转移现象(在试验中，当荷载达到此值时，锚杆杆体达到极限强度，杆体上的应变片已破坏，在图中显示为0。其他图同样)。随着荷载的增加，应变零值点由$L=1$m处向$L=3$m处转移，3m以后，各级荷载下的应变值均接近于零，因此可判断此试验条件下的拉力型锚杆在C20强度的模拟岩体混凝土中的临界锚固长度为3m。

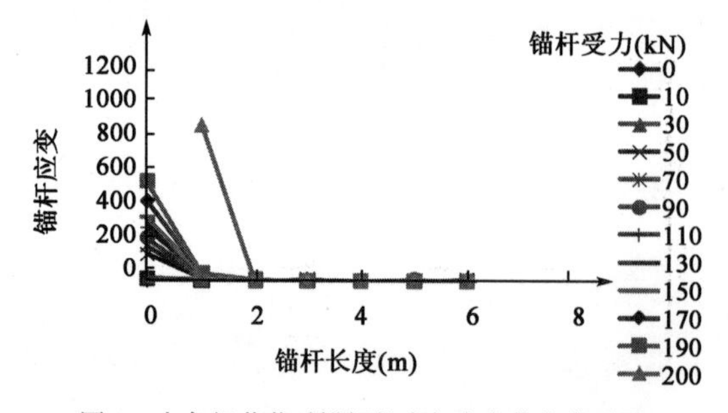

图4 在各级荷载时锚杆长度与应变值的关系图

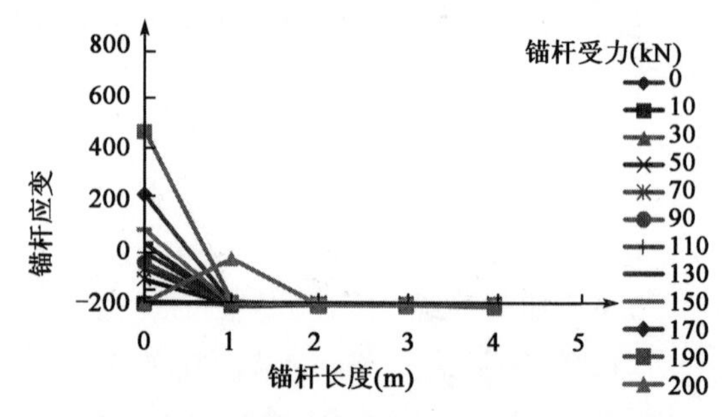

图5 在各级荷载时锚杆长度与应变值的关系图

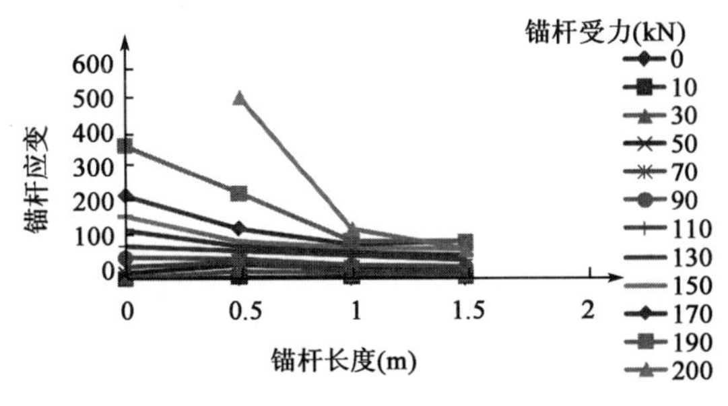

图 6　在各级荷载时锚杆长度与应变值的关系图

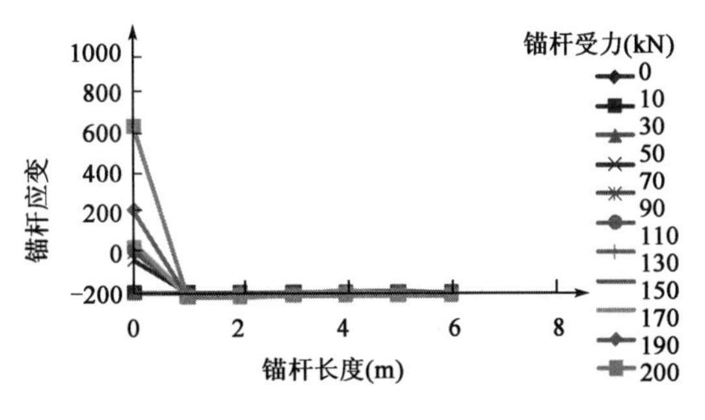

图 7　在各级荷载时锚杆长度与应变值的关系图

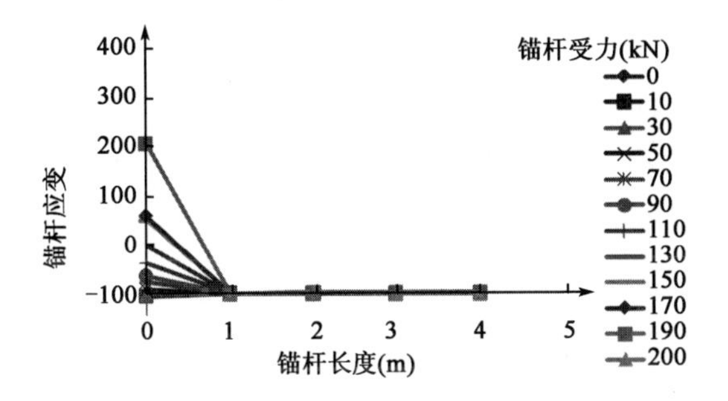

图 8　在各级荷载时锚杆长度与应变值的关系图

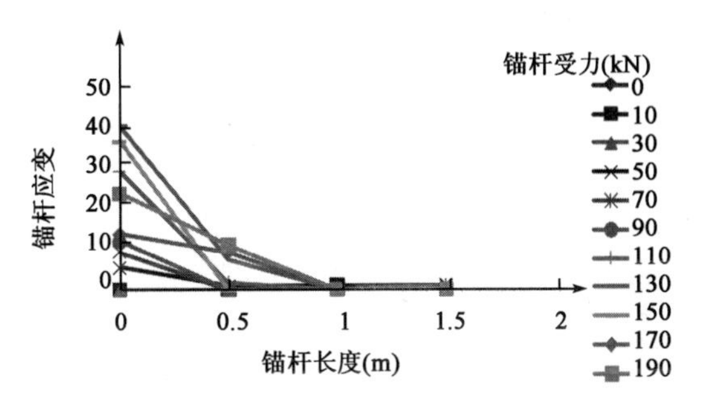

图 9　在各级荷载时锚杆长度与应变值的关系图

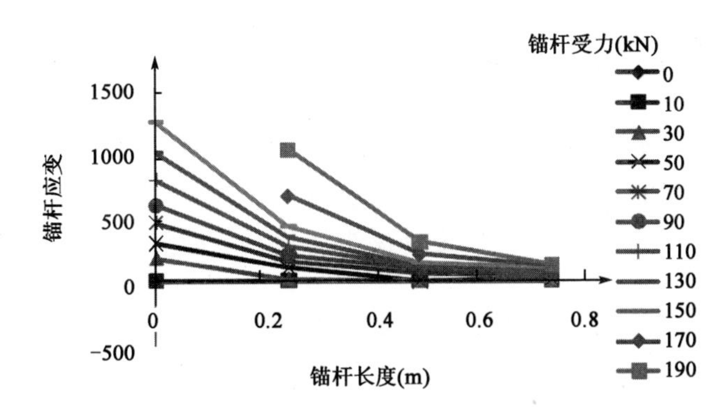

图 10　在各级荷载时锚杆长度与应变值的关系图

从图 4、图 5 中看出，2-3 和 2-5 锚杆口部的应变峰值虽然在第九级荷载之后时出现转移现象。随着荷载的增加，应变零值点由 $L=1\text{m}$ 处向 $L=2\text{m}$ 处转移，2m 以后，各级荷载下的应变值均接近于零。而图 6 中的 2-7 试验锚杆，由于锚杆 2m 点的应变片出现故障，在荷载达到最大值前，1.5m 处的应变零值点仍未出现。因此可判断此试验条件下的拉力型锚杆在 C40 强度的模拟岩体混凝土中的临界锚固长度为 2m。

从图 6～图 8 中看出，3-1，3-3 和 3-5 锚杆口部的应变峰值虽然在第九级荷载之后时出现转移现象。随着荷载的增加，应变零值点由 $L=0.5\text{m}$ 处向 $L=1\text{m}$ 处转移，1m 以后，各级荷载下的应变值均接近于零。而图 10 中的 3-7 试验锚杆，由于锚杆 1m 点的应变片出现故障，在荷载达到最大值前，在 0.75m 处的应变零值点仍未出现。因此可判断此试验条件下的拉力型锚杆在 C60 强度的模拟岩体混凝土中的临界锚固长度为 1m。

由于 1-1，1-7，2-1 和 3-1 锚杆在各级加载时锚杆长度与应变值的关系图与同级混凝土的曲线相似，故在此不再表述。

5 结语

(1)拉力型锚杆的临界锚固长度是普遍存在的,采用以临界锚固长度为依据进行工程设计是科学合理的。

(2)临界锚固长度与锚杆所处的地质条件、注浆材料、注浆方式、杆体材料和锚杆结构等有关,因此,在实际应用中,只能是各种条件都一致时才能用以上的试验方法取一相同的临界锚固长度安全值。

(3)此次试验条件下的C20模拟岩体混凝土拉力型锚杆临界锚固长度为3m。C40强度的模拟岩体混凝土中的临界锚固长度为2m。C60强度的模拟岩体混凝土中的临界锚固长度为1m。

(4)两个测点间的距离是临界锚固长度的试验误差值,在实践中应予以考虑。

(5)岩石中拉力型锚杆的临界锚固长度是随着岩体强度的增加而增长,其关系式为:$L_0=-0.049\times C+4.049$,其中L_0为临界锚固长度,C为模拟岩体混凝土强度,是否是此次试验的增长规律,还有待于大量试验进一步验证。

参考文献

[1] 韩军,陈强,刘元坤,等.锚杆灌浆体与岩(土)体间的黏结强度[J].岩石力学与工程学报,2005,24(19):3482-3486.

[2] 张洁,尚岳全,叶彬.锚杆临界锚固长度解析计算[J].岩石力学与工程学报,2005,24(7):1134-1138.

[3] 肖世国,周德培.非全长黏结型锚索锚固段长度的一种确定方法[J].岩石力学与工程学报,2004,23(9):1530-1534.

[4] 陈广峰,米海珍.黄土地层中锚杆受力性能试验分析[J].甘肃工业大学学报,2003,29(1):116-119.

[5] 李国维,高磊,黄志怀,等.全长粘结玻璃纤维增强聚合物锚杆破坏机制拉拔模型试验[J].岩石力学与工程学报,2007,26(8):1653-1663.

[6] 蒋良维,黄润秋,蒋忠信.锚固段侧阻力分布的一维滑移—软化半数值分析[J].岩石力学与工程学报,2006,25(11):2187-2191.

[7] 荣冠,朱焕春,周创兵.螺纹钢与圆钢锚杆工作机理对比试验研究[J].岩石力学与工程学报,2004,23(3):469-475.

[8] 邬爱清,韩军,罗超文,等.单孔复合型锚杆锚固体应力分布特征研究[J].岩石力学与工程学报,2004,23(2):247-251.

[9] 何思明,张小刚,王成华.基于修正剪切滞模型的预应力锚索作用机理研究[J].岩石力学与工程学报,2004,23(15):2562-2567.

[10] 徐景茂,顾雷雨.锚索内锚固段注浆体与孔壁之间峰值抗剪强度试验研究[J].岩石力学与工程学报,2004,23(22):3765-3769.

[11] WOODS R I,BARKHORDARI K. The influence of bond stress distribution on ground anchor design[C]// Proc Int Symp on Ground Anchorages and Anchored Structures. London: Themas Telford, 1997: 55-64.

[12] BARLEY A D. Theory and practice of the single bore multiple anchor system[C]//

Proc Int Symp on Anchors in Theory and Practice, Salzburg. 1995: 315-323.

[13] HOBST L, ZAJIC J. Anchoring in rock and soil[M]. New York: Elsevier Scientific Publishing Company, 1983.

[14] BARLEY A D. The single bore multiple anchor system[C]// Proc Int Symp on Ground Anchorages and Anchored Structures. London: Themas Telford, 1997: 65-75.

[15] 张福明,梁仕发,林大路,等.土中锚杆临界锚固长度的试验研究[J].煤矿开采,2015,20(5):97-100.

[16] 曾宪明,赵林,李世民,等.锚固类结构杆体临界锚固长度与判别方法试验研究[J].岩石力学与工程学报,2008,30(10):1134-1138.

复合土钉墙中分项抗力系数讨论

付文光　杨志银

（中冶建筑研究总院（深圳）有限公司）

摘　要　复合土钉墙整体稳定性安全系数为土、土钉、预应力锚杆、截水帷幕及微型桩提供的分项抗力系数与相应的折减系数乘积之和，《复合土钉墙基坑支护技术规范》（GB 50739—2011）建议，无经验时折减系数可分别取1.0、1.0、0.7～0.5、0.5～0.3及0.3～0.1。数百个工程实例试算结果表明这些验取值是合理的。

关键词　复合土钉墙　分项抗力系数　折减系数　锚杆复合土钉墙　截水帷幕复合土钉墙　微型桩复合土钉墙

1　概述

《复合土钉墙基坑支护技术规范》（GB 50739—2011）中，复合土钉墙整体稳定验算模型及公式如图1及式(1)所示。

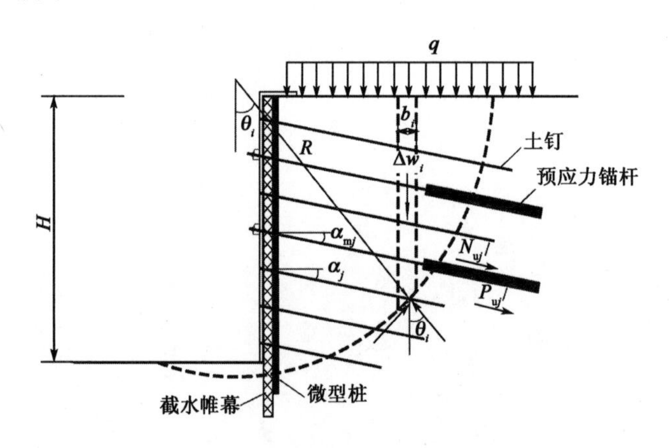

图1　复合土钉墙整体稳定性分析计算简图

$$K_s = K_{s0} + \eta_1 K_{s1} + \eta_2 K_{s2} + \eta_3 K_{s3} + \eta_4 K_{s4} \tag{1}$$

式中：K_s——整体稳定性安全系数，可取1.2～1.4；

K_{s0}、K_{s1}、K_{s2}、K_{s3}、K_{s4}——分别为土、土钉、预应力锚杆、截水帷幕及微型桩提供的分项抗力系数；

η_1、η_2、η_3、η_4——分别为相应的分项抗力系数的折减系数，无经验时可取 $\eta_1=1.0$，$\eta_2=0.7\sim0.5$，$\eta_3=0.5\sim0.3$，$\eta_4=0.3\sim0.1$。

相关规范中规定：

(1)有的 η_2、η_3、η_4 均取0或部分取0，即不考虑锚杆、截水帷幕及微型桩的抗力作用或仅考虑部分，其余作为安全储备；

(2)有的 $\eta_2=1.0$，对 η_1 进行折减；有的不折减，即 $\eta_1=1.0$；

(3)有的截水帷幕仅考虑为搅拌桩，采用搅拌桩的抗剪强度指标 c、φ；

(4)有的采用微型桩的抗拉强度。本文将就规范中的这些差异进行讨论，以及对《复合土钉墙基坑支护技术规范》(GB 50739—2011)中抗力分项系统的取值原因进行研究说明。

2 复合构件的作用

复合土钉墙最初开始工程应用时，复合构件通常是为了完成某种特定功能而设置的，如设置截水帷幕是为了处理地下水，设置锚杆是为了减小支护结构变形，设置微型桩是为了超前支护等，设计计算时并没有考虑构件的抗力作用，仅作为安全储备。随着工程应用及经验的增多、技术及分析方法等理论的发展，业界越来越意识到，可以适当考虑复合构件的抗力作用，不仅能够节约投资，也符合四节一环保的基本国策。但也有个别规范坚持认为，为安全起见不能考虑复合构件的作用。

复合构件的存在，使复合土钉墙与基本型土钉墙工作机理大大改变，更为复杂多变。构件的性能各异，导致不同的复合形式工作机理有天壤之别，不可能用一个统一的模式进行分析研究，况且业界对不同复合模式工作机理的认识就大相径庭。从结构组成、受力机理、使用条件及范围等方面考虑，复合土钉墙大体可分为 3 个基本类型，即截水帷幕类复合土钉墙、预应力锚杆类复合土钉墙及微型桩类复合土钉墙，其他类型的复合土钉墙可视为这 3 类基本型的组合。

然而，业内不少人误以为复合土钉墙是国内首创，其实不然，起码这 3 类基本型复合土钉墙就不是。例如预应力锚杆复合土钉墙，法国 1985 年在蒙彼利埃歌剧院深 21m 的基坑支护中采用击入角钢土钉上部加了 1 排锚杆支护[1]；截水帷幕复合土钉墙，德国 1983 年在建造慕尼黑地铁时在一处 18m 深的临时土钉支护中采用了注浆帷幕[2]；微型桩复合土钉墙，美国 1982 年位于宾夕法尼亚州匹兹堡的 PPG 工业公司总部大厦的深 9.1m 的基坑开挖对土体采用了微型桩及注浆处理。不过，复合土钉墙在国内发扬光大及技术领先是不争的事实。

3 研究的技术路线

由于受力机理非常复杂，目前业界尚没有能力从理论上定量分析复合构件的抗力作用。笔者的研究采用了实证法，即收集大量的工程实例，按预先设定的某些规则进行反算，从而定性及定量计算复合构件的作用。笔者收集了国内外已实施的 500 余个复合土钉墙案例分门别类进行了分析研究，挑选了 200 余个有代表性的进行了详细计算[3]。研究技术路线为：先研究某种构件单独与基本型土钉墙组合时的性能及基本规律，获得该构件抗力折减系数；以此作为基础，再研究构件两两组合及全组合时的规律。研究某种构件抗力折减系数时，通过对特殊案例(核心数据)的反算及定量定性分析，估算出折减系数的大致范围，然后再通过大量案例(验证数据)验证其合理性。

核心数据能够在一定的假定条件下反算出 η，分为基坑已经坍塌及基坑变形(主要指水平位移)很大两类。对比可以理解的原因为，能够收集到的这两类工程案例并不多，其中提供了详细参数能供定量分析研究的更少，当时收集到 20 余个样本。用核心数据进行反算时假定：①基坑坍塌时支护体系达到了承载能力极限状态，从下接近临界稳定，整体稳定性安全系数 K_s 为 0.98～0.99；②基坑水平位移很大时，支护体系为正常使用极限状态，从上接近临界稳定，K_s 为 1.01～1.03。水平位移很大未必就接近临界稳定状态，但如果假定此时已从上接近临界稳定并据此反算出 η，对于以后正常使用偏于安全，故假定是合理的。反算时除个别明显笔误外，各种计算参数均按案例的原著(原文)；另外，不考虑附加荷载，除非已经明确的。

土钉墙整体稳定验算公式中，土钉抗拔力通常被分解为切向与法向两个分量，有的规范认为两者不能同时发挥作用，对后一项进行了折减，典型折减系数为 0.5。对 200 余个案例的验算结果表明：法向分量折减系数取 0.5～1.0，总安全系数仅变化 0.01～0.05，影响很少，折减系数的象征意义大于实际意义。在复合土钉墙中，由于复合构件的作用及不确定程度，其折减与否对总安全系数的影响更微，没必要再折减。

4　预应力锚杆复合土钉墙

4.1　作用机理

预应力锚杆与土钉的力学机理完全不同。两者究竟能不能共同工作，到现在也还在争议之中。工程实践与研究表明[4]：锚杆能够与土钉协调工作，增加了坡体的稳定性，但是不能与土钉同时达到抗力极限。当锚杆锁定值较小时，锚杆对土钉的影响不大，锚杆土钉墙在受力上基本等同于基本型土钉墙；当锚杆锁定值较大时，锚杆承担了一部分本来应该由土钉承担的荷载，导致土钉受力减少，相当于上下排土钉内力分配不太合理的土钉墙。由于锚杆的强度高，多分担些荷载并不会降低支护结构的整体安全性，可以将锚杆视为长土钉进行土钉墙稳定性验算。以上可视为锚杆与土钉的共同工作机理的概化描述，实际上复合受力机理比这要复杂得多。

锚杆预应力的存在，影响了土钉作用的发挥。那么，是对锚杆作用进行折减好，还是对土钉的作用进行折减好呢？如果对土钉作用进行折减，就要考虑预应力的作用，问题会相当复杂，复杂到目前无法深入研究的地步。土钉及锚杆的受力状态与变形量相关，土钉只需要较小的变形量就能够达到极限受力状态，锚杆则不然，可以承受更大的变形量。锚杆复合土钉墙受力后土钉与锚杆同时变形，土钉受锚杆预应力的影响不能按正常速率受力，但随着变形的增加，最终还是要先于锚杆达到极限受力状态；尽管因为预张拉锚杆已经产生了一定的位移，但使土钉能够达到极限受力状态的变形量，一般并不能使锚杆也达到受力极限状态。这在工程实践中得到了证明：锚杆复合土钉墙破坏时，没有发现锚杆被拔出或拉断破坏的现象，判断锚杆仍存在着一定的安全储备。故对锚杆的作用进行折减更为合理，也更为可行。

4.2　抗力折减方法

锚杆折减系数应按照以下 3 个原则确定：

(1)单根锚杆不应提供太大的安全系数；

(2)相同条件下，与土钉相比，锚杆应能够提供更高的安全系数，以此估算折减系数 η_2 的下限；

(3)基坑达到或接近临界稳定状态时，锚杆提供的分项安全系数达到高限值，以此估算折减系数 η_2 的上限。

预应力锚杆复合土钉墙案例收集到了 40 个，按图 1 所示验算模型及式(1)反算表明：部分算例折减系数达到 0.5～0.7 时，锚杆提供的分项安全系数与土钉相同；几个核心数据达到临界稳定时，锚杆的折减系数约为 0.7。故建议锚杆的折减系数为 0.5～0.7，随着设计承载力提高、锚杆数量增多、材料特性与土钉的差异加大等因素取值降低。验算结果汇总如表 1 所示，表中第 1～5 项案例为核心数据。

预应力锚杆复合土钉墙整体稳定验算结果汇总表 表1

序号	工程名称	坑深(m)	土钉排数	锚杆排数	位移(mm)	位移深度比(%)	K_{s0}	K_{s1}	$K_{s0}+K_{s1}$	η_2	K_{s2}	K_s
1	北京朝阳区CBD核心	19.5	12	2	塌方	1.50	0.75	0.14	0.89	0.7	0.09	0.98
2	杭州建德金马中心广场	13.7	6	3	有险情	1.50	0.68	0.02	0.70	0.7	0.28	0.98
3	北京某地下车库	9.4	4	2	临塌方	1.50	0.74	0.16	0.90	0.6	0.10	1.00
4	山东济南伟东新都5号地块	11.5	4	1	较大	0.75	0.74	0.22	0.96	0.7	0.05	1.01
5	深圳中国凤凰大厦1	13.0	10	3	210	1.62	0.65	0.25	0.90	0.7	0.13	1.03
6	北京财富家园2	13.0	6	2	10	0.08	0.82	0.14	0.96	0.7	0.08	1.04
7	北京大吉危改项目一期	15.0	9	2	30	0.20	0.61	0.30	0.91	0.5	0.13	1.04
8	北京奥林匹克公园成府路隧道	12.6	7	1	15	0.12	0.59	0.37	0.96	0.7	0.09	1.05
9	深圳福岸新洲2	12.8	7	1	28	0.22	0.65	0.37	1.02	0.7	0.03	1.05
10	北京财富家园3	13.0	6	2	10	0.08	0.94	0.09	1.03	0.7	0.05	1.08
11	广州广园东路某工程	17.9	10	2	45	0.25	0.76	0.27	1.03	0.7	0.05	1.08
12	北京财富家园1	13.0	6	2	10	0.08	0.72	0.25	0.97	0.7	0.14	1.11
13	深圳地铁水晶岛站	17.0	7	1	80	0.47	0.81	0.26	1.07	0.7	0.05	1.12
14	山东济南新华书店	11.6	5	2	一般	0.50	0.83	0.23	1.06	0.7	0.09	1.15
15	北京某基坑	11.4	6	1	一般	0.50	0.97	0.11	1.08	0.7	0.08	1.16
16	山东临沂城建时代广场	11.5	5	2	40	0.35	0.63	0.40	1.04	0.7	0.12	1.16
17	西安国际旅游中心基坑	16.5	8	3	8	0.05	0.70	0.35	1.05	0.7	0.11	1.16
18	北京富卓花园广场	15.4	9	2	30	0.19	0.73	0.33	1.06	0.7	0.12	1.18
19	深圳龙华金地新城排洪渠3	9.7	6	1	42	0.43	0.77	0.25	1.02	0.7	0.17	1.19
20	深圳长城盛世家园2	20.7	13	3	84	0.41	0.82	0.35	1.06	0.7	0.13	1.19
21	郑州金城盆景园花卉研究中心	8.4	5	1	3	0.04	0.44	0.50	0.94	0.7	0.27	1.21
22	深圳长城盛世家园1	20.7	11	5	39	0.19	0.82	0.17	0.99	0.7	0.23	1.22
23	东莞时代广场	10.4	5	1	10	0.10	0.91	0.31	1.22	0.5	0.06	1.26
24	深圳中国凤凰大厦2	13.6	11	4	45	0.33	0.66	0.42	1.08	0.7	0.19	1.27
25	深圳市天安数码新城三期	6.3	4	1	26	0.41	0.63	0.31	0.94	0.7	0.37	1.28
26	珠海金地国际公馆	12.2	8	2	15	0.12	0.79	0.39	1.18	0.7	0.14	1.32
27	深圳金稻田国际广场	13.7	7	2	53	0.39	0.90	0.25	1.15	0.7	0.30	1.34
28	深圳东门天诚广场	12.2	6	3	36	0.30	0.73	0.35	1.08	0.7	0.26	1.34
29	深圳长城盛世家园4	14.7	8	3	40	0.27	0.77	0.55	1.32	0.7	0.04	1.36
30	深圳市万利达科技大厦	11.9	7	2	17	0.14	0.87	0.31	1.19	0.7	0.19	1.38

续上表

序号	工程名称	坑深(m)	土钉排数	锚杆排数	位移(mm)	位移深度比(%)	K_{s0}	K_{s1}	$K_{s0}+K_{s1}$	η_2	K_{s2}	K_s
31	青岛国华大厦	18.0	4	3	68	0.38	1.30	0.06	1.36	0.5	0.06	1.42
32	深圳旭飞华隆园 1	10.6	8	2	28	0.26	0.91	0.45	1.36	0.5	0.10	1.46
33	深圳市新世界花园地下车库	7.3	5	2	11	0.15	0.87	0.29	1.16	0.6	0.32	1.48
34	深圳龙华金地新城排洪渠 2	11.0	6	2	20	0.18	1.04	0.26	1.30	0.6	0.20	1.53
35	浙江临海某电厂循环泵房	9.5	4	3	较小	0.25	0.95	0.30	1.25	0.5	0.28	1.53
36	深圳长城盛世家园 3	14.7	8	3	40	0.27	0.94	0.42	1.36	0.5	0.19	1.55
37	深圳龙华金地新城排洪渠 1	11.1	7	1	26	0.23	1.11	0.32	1.43	0.5	0.14	1.57
38	浙江某电厂循环水泵房	9.5	4	3	50	0.53	0.67	0.45	1.12	0.5	0.46	1.58
39	深圳旭飞华隆园 2	7.0	5	1	12	0.17	0.96	0.67	1.63	0.5	0.05	1.68
40	广州东风中路某工程	18.0	7	5	很小	0.10	1.48	0.03	1.51	0.7	0.19	1.70

4.3 几点讨论

在锚杆抗力作用的折减问题上，不同规范的做法相差较大：

(1)有的规范不考虑锚杆的抗力作用。锚杆应不应该参与整体稳定验算，最简单的验证方法，就是找几个工程实例验证一下。有的复合土钉墙工程中，锚杆所占的比例较大，如表中案例22、24，如果不考虑其对稳定性的帮助，只计算土钉的抗力作用，整体稳定安全系数小于1.0，但工程良好，没有问题。这种保守看法目前已经很少存在。

(2)有的规范在抗倾覆、抗滑移及“外部整体稳定”验算时计入了锚杆抗拔力，在“内部整体稳定”验算时则不计。实际上，土钉墙不需要抗倾覆、抗滑移验算，“外部整体稳定”与“内部整体稳定”是一码事[3]，所以这种做法相当于没有考虑锚杆的抗力作用。

(3)有的规范计入了锚杆的全部作用，即不折减，同时不折减土钉的作用。这种做法可能略有些冒险。如表中案例1～5，即使对锚杆作用进行了折减，基坑仍差点出问题或已经出了问题。

(4)有的规范只对锚杆设计抗拔力的法向分量进行折减，折减系数为0.5，类似部分规范中土钉的做法。像土钉一样，锚杆抗拔力的法向分力较小，这种折减对总安全系数的影响较小，折减作用不大，锚杆数量较多时，可能会导致工程偏于不安全。

实际工程中，复合土钉墙中的锚杆设计承载力以100～400kN居多，最大一般不超过500kN，折算到稳定区的极限拔抗力通常不超过300kN，锚杆数量通常不超过土钉数量的20%。这是设计方案合理的一个前提条件。由于极限抗拔力不高且锚杆数量较少，对其如何折减都不会显著改变安全系数。验算结果表明：折减系数从0.5增加到1.0时，K_s 通常增加0.02～0.14；从0.5增加到0.7时，通常仅增加0.01～0.06。也就是说，锚杆对土钉墙的影响相对小、相对稳定，在设计合理前提下一般不会对安全系数造成明显影响。

5 截水帷幕复合土钉墙

5.1 作用机理

截水帷幕复合土钉墙以搅拌桩复合土钉墙为代表。与土相比，搅拌桩具有较高的抗剪强度，通常比土体高几倍甚至高出一个数量级；其连续分布，对桩后土约束能力较强，能够迫使土钉、土体与之同时破坏，这对提高复合支护体系的整体稳定性具有明显贡献。搅拌桩提供的抗剪强度是个相对固定值，而土体的下滑力及抗滑力总量随着基坑的加深而增加，所以基坑较浅时，搅拌桩对稳定计算所做的贡献较大，基坑较深时，所起的作用相对较小。计算结果表明，搅拌桩抗剪强度所提供的抗滑力矩在总抗滑力矩中通常能占到5%～40%。

5.2 抗力折减方法

搅拌桩的水泥土抗剪强度受原状土影响很大，离散性太大，影响了其对总体安全性的贡献。

截水帷幕复合土钉墙案例收集到了55个，其中搅拌桩的约50个。按图1所示验算模型及式(1)反算：核心数据验算结果表明最大 η_3 可取0.4～0.5，与水泥土抗剪强度取值相关；其他样本验算结果表明取值如果小于0.3，则计算结果 K_s 为0.98～1.05，基坑理应产生较大位移，但实际上并不大，故不应小于0.3。综合确定 η_3 取值范围0.3～0.5。水泥土与土体的刚度比越大、桩排数越多、土质越不均匀应取值越低。截水帷幕对 K_s 影响相对较大，η_3 取0.3～0.5时，计算结果表明，K_s 可提高0.06～0.50。不建议采用单排水泥土桩将 K_s 提高0.4以上，因为位移可能会较大。案例验算结果汇总如表2所示，表中第1～8项案例为核心数据。

截水帷幕复合土钉墙整体稳定验算结果汇总表 表2

序号	工程名称	坑深(m)	土钉排数	帷幕形式	帷幕排数	位移(mm)	位移深度比(%)	K_{s0}	K_{s1}	$K_{s0}+K_{s1}$	η_3	K_{s3}	K_s
1	深圳南油物业广场2	9.6	4	搅拌桩	1	塌方	1.50	0.68	0.20	0.88	0.5	0.09	0.97
2	上海静安区某3层建筑2	5.6	3	搅拌桩	1	临失稳	1.50	0.55	0.25	0.80	0.5	0.18	0.98
3	上海某3栋高层2号住宅楼	5.7	3	搅拌桩	1	失稳	1.50	0.48	0.23	0.71	0.45	0.28	0.99
4	某新开发小区能源中心	7.1	5	搅拌桩	1	失稳	1.50	0.55	0.16	0.71	0.4	0.28	0.99
5	深圳南油物业广场1	9.0	5	搅拌桩	1	塌方	1.50	0.63	0.25	0.88	0.5	0.11	0.99
6	东莞虎门镇港口路某基坑2	7.3	6	搅拌桩	2	65	0.90	0.59	0.22	0.81	0.5	0.19	1.00
7	深圳南山区科技园伟易达	9.0	6	搅拌桩	1	94	1.04	0.67	0.21	0.88	0.5	0.13	1.01
8	广州珠江南岸某基坑	8.8	7	搅拌桩	1	较大	0.90	0.29	0.52	0.81	0.5	0.21	1.02
9	东莞虎门镇港口路某基坑1	7.3	6	搅拌桩	2	47	0.65	0.61	0.25	0.86	0.5	0.15	1.02
10	上海静安区某3层建筑1	3.5	1	搅拌桩	1	75	2.14	0.80	0.05	0.85	0.3	0.21	1.06

续上表

序号	工程名称	坑深（m）	土钉排数	帷幕形式	帷幕排数	位移（mm）	位移深度比（%）	K_{s0}	K_{s1}	$K_{s0}+K_{s1}$	η_3	K_{s3}	K_s
11	上海东方肝胆医院大楼 1	7.0	6	搅拌桩	2	65	0.93	0.80	0.05	0.85	0.5	0.21	1.06
12	深圳盐田俊城都会轩 1	5.9	4	搅拌桩	1	25	0.43	0.85	0.08	0.93	0.5	0.15	1.08
13	太原市东大花园 1	9.0	6	搅拌桩	1	56	0.62	0.66	0.30	0.93	0.5	0.14	1.10
14	深圳盐田俊城都会轩 2	5.9	4	搅拌桩	1	20	0.34	0.48	0.38	0.86	0.5	0.25	1.11
15	东莞虎门镇港口路某基坑 3	7.3	6	搅拌桩	2	16	0.22	0.61	0.30	0.91	0.5	0.20	1.11
16	中山医院悦来门诊 1	4.4	4	搅拌桩	1	12	0.27	0.64	0.22	0.86	0.5	0.25	1.11
17	深圳南山区留学生创业园 2	6.6	6	搅拌桩	2	35	0.53	0.57	0.22	0.79	0.5	0.32	1.11
18	深圳宝安怡龙枫景	5.7	3	搅拌桩	1	16	0.28	0.51	0.31	0.82	0.5	0.30	1.12
19	上海某 3 栋高层 1、3 号住宅楼	5.7	5	搅拌桩	1	一般	0.50	0.47	0.38	0.85	0.5	0.28	1.13
20	福州市安平小区 6～11 事号楼	5.8	4	搅拌桩	2	15	0.26	0.77	0.14	0.91	0.5	0.25	1.13
21	中山医院悦来门诊 2	4.4	4	搅拌桩	1	17	0.39	0.31	0.54	0.85	0.5	0.30	1.15
22	南京奥体地铁中心站	9.6	8	搅拌桩	1	17	0.18	0.99	0.07	1.06	0.5	0.30	1.15
23	上海东方肝胆医院大楼 2	6.0	5	搅拌桩	2	20	0.33	0.94	0.02	0.96	0.5	0.22	1.15
24	武汉北湖西路凤凰城小区	5.0	3	粉喷桩	1	36	0.72	0.53	0.46	0.99	0.5	0.17	1.16
25	太原市东大花园 2	7.5	5	搅拌桩	1	23	0.31	0.71	0.30	1.01	0.5	0.16	1.17
26	深圳松日电子研发厂房 1	5.8	4	搅拌桩	1	24	0.41	1.02	0.01	1.03	0.5	0.14	1.17
27	深圳宝安区金泰广场	6.0	3	搅拌桩	1	35	0.58	0.70	0.26	0.96	0.5	0.40	1.19
28	河北香河中心区某基坑	8.0	5	摆喷桩	1	10	0.13	0.91	0.10	1.01	0.5	0.23	1.24
29	深圳南油物业广场 3	8.0	4	搅拌桩	1	51	0.64	1.08	0.07	1.15	0.5	0.09	1.24
30	山东东营市商业银行 1	7.0	4	搅拌桩	1	一般	0.50	0.52	0.45	0.97	0.5	0.32	1.29
31	深圳东门都心名苑	6.2	4	搅拌桩	1	20	0.32	0.65	0.39	1.04	0.5	0.26	1.30
32	深圳南山区留学生创业园 3	3.6	3	搅拌桩	1	16	0.44	0.72	0.22	0.94	0.3	0.54	1.33
33	深圳南油物业广场 4	7.7	4	搅拌桩	1	30	0.39	1.13	0.11	1.24	0.5	0.09	1.33
34	山东东营市商业银行 2	6.4	3	搅拌桩	1	一般	0.50	0.58	0.45	1.03	0.5	0.31	1.34
35	济南市儿童医院外科楼	7.0	4	旋喷桩	1	一般	0.50	0.61	0.52	1.13	0.3	0.31	1.34
36	福州某 18 层住宅	6.0	4	搅拌桩	3	40	0.67	0.66	0.32	0.98	0.4	0.38	1.36
37	南京玄武湖隧道梁洲段	9.2	9	搅拌桩	1	19	0.21	1.16	0.16	1.32	0.5	0.04	1.36

续上表

序号	工程名称	坑深(m)	土钉排数	帷幕形式	帷幕排数	位移(mm)	位移深度比(%)	K_{s0}	K_{s1}	$K_{s0}+K_{s1}$	η_3	K_{s3}	K_s
38	上海某基坑	5.5	5	搅拌桩	1	38	0.69	0.73	0.44	1.17	0.4	0.21	1.38
39	杭州湖墅南路红石中央花园 2	6.1	5	搅拌桩	4	27	0.45	0.45	0.46	0.91	0.4	0.48	1.39
40	郑州天下城 8 号楼	9.0	7	高喷桩	1	40	0.44	0.62	0.49	1.11	0.5	0.28	1.39
41	广州二沙岛政协俱乐部	10.1	8	搅拌桩	1	微小	0.10	0.70	0.59	1.29	0.5	0.11	1.40
42	杭州湖墅南路红石中央花园 1	5.3	5	搅拌桩	4	31	0.58	0.44	0.58	1.02	0.3	0.40	1.42
43	深圳南山区留学生创业园 1	4.6	4	搅拌桩	1	18	0.39	0.79	0.26	1.05	0.5	0.37	1.42
44	武汉汉口万松园路 26 层	5.0	3	粉喷桩	1	26	0.52	0.90	0.09	0.99	0.3	0.16	1.46
45	苏州润捷广场基坑	7.9	7	搅拌桩	2	7	0.09	0.72	0.41	1.13	0.5	0.34	1.47
46	深圳松日电子研发厂房 2	4.4	3	搅拌桩	1	13	0.30	1.25	0.02	1.27	0.5	0.21	1.48
47	深圳都荟名苑 2	7.0	5	搅拌桩	1	13	0.19	0.90	0.38	1.28	0.5	0.23	1.51
48	合肥金雅迪大厦 2	9.9	6	旋喷桩	1	21	0.21	0.85	0.45	1.30	0.4	0.22	1.52
49	深圳后海大道后海花园 3 期	8.3	4	搅拌桩	1	20	0.24	1.18	0.25	1.43	0.3	0.11	1.54
50	深圳水贝市场综合楼 3	6.0	3	搅拌桩	1	23	0.38	0.67	0.60	1.27	0.4	0.29	1.54
51	上海宝山区长逸路某综合楼 1	5.6	4	搅拌桩	2	较小	0.25	1.13	0.36	1.49	0.3	0.12	1.61
52	深圳得景大厦	8.4	7	搅拌桩	2	9	0.10	0.64	0.87	1.51	0.3	0.12	1.63
53	赣州中航 K25 地块 1	8.6	7	旋喷桩	1	10	0.12	1.06	0.31	1.37	0.4	0.31	1.68
54	深圳都荟名苑 1	6.9	5	搅拌桩	1	8	0.12	1.15	0.39	1.54	0.4	0.17	1.71
55	南京金鼎湾花园 1	6.5	5	搅拌桩	3	18	0.28	0.99	0.74	1.73	0.3	0.20	1.93

5.3 几点讨论

在截水帷幕抗力作用的折减问题上，不同规范的做法有一定差别：

(1)有的规范不考虑截水帷幕的抗力作用。表中案例 9、34、39 等，如果不考虑截水帷幕对稳定性的帮助，只计算土钉的抗力作用，整体稳定安全系数小于 1.0，但工程良好，没有问题。

(2)上海市《基坑工程技术规范》(DG/TJ 08-61—2010)中，以内摩擦角 φ 及黏聚力 c 指标形式计取了搅拌桩的抗剪强度贡献。相对来说，这种做法对经验的要求更高一些。式(1)直接计取了水泥土的抗剪强度，由于相关规范、手册等建议了水泥土的抗剪强度如何取值，故操作可能容易一些，更容易推广使用。

6 微型桩复合土钉墙

6.1 作用机理

微型桩复合土钉墙的工作机理与性能与搅拌桩复合土钉墙类似。不同之处在于：搅拌桩连续分布，对桩后土约束极强，迫使桩后复合土体与搅拌桩几乎同时剪切破坏，而微型桩断续分布，不能强迫桩后土体与之同时变形，且因其含金属构件，刚度更大，抗剪强度更高，其抗剪强度不能与土钉、土体同时达到极限状态，与面层的复合刚度越大，受力机理越接近于桩锚支护体系。

6.2 抗力折减方法

与截水帷幕相比，微型桩强迫桩后复合土体共同作用的能力较弱，且与土体的刚度比更大，折减系数取值不应比截水帷幕更高，故不宜超过 0.3。微型桩复合土钉墙案例收集到了 25 个，按图 1 所示验算模型及式 1 反算时亦发现，绝大部分案例中微型桩的折减系数取到 0.3 即可达到较好的安全系数。同时，与搅拌桩情况类似，部分案例中，如果不计取微型桩的贡献，则总的安全系数略大于 1.0 或甚至小于 1.0，而基坑并未出现险情，位移量也并不大。故微型桩的折减系数确定为 0.1～0.3，在较好的土层中(硬塑状以上的黏性土及风化岩中)可提高至 0.4。案例验算结果汇总如表 3 所示，表中第 1～2 项案例为核心数据。

微型桩复合土钉墙整体稳定验算结果汇总表　　表 3

序号	工程名称	坑深(m)	土钉排数	微桩骨架形式	微桩排数	位移(mm)	位移深度比(%)	K_{s0}	K_{s1}	$K_{s0}+K_{s1}$	η_4	K_{s4}	K_s
1	杭州中山中路某 18 层住宅 1	5.5	4	木桩	1	几乎塌方	1.50	0.57	0.33	0.90	0.3	0.15	1.05
2	温州华侨饭店一期 2	6.4	6	48 钢管	3	位移较快	1.50	0.47	0.45	0.92	0.3	0.13	1.05
3	北京某基坑	12.0	8	108 钢管	1	28	0.23	0.86	0.15	1.01	0.3	0.05	1.06
4	某高层	6.8	6	25 槽钢	1	较大	0.75	0.51	0.41	0.92	0.3	0.14	1.06
5	北京某基坑	12.0	8	80 钢管	1	30	0.25	0.74	0.23	0.97	0.3	0.10	1.07
6	温州华侨饭店一期 1	6.4	5	48 钢管	3	一般	0.50	0.57	0.47	1.04	0.3	0.23	1.13
7	福州某 16 层住宅	5.8	4	木桩	1	50	0.86	0.68	0.35	1.03	0.3	0.13	1.16
8	东莞黄江金士柏山二期 1	6.2	4	管桩	1	68	1.10	0.65	0.28	0.93	0.3	0.24	1.17
9	浙江高级人民法院办公大楼	5.7	5	48 钢管	3	16	0.28	1.12	0.01	1.13	0.3	0.05	1.17
10	深圳福田商城 2	12.5	9	水泥土	1	20	0.16	0.88	0.29	1.17	0.3	0.04	1.21
11	深圳龙华梅陇镇 3 期污水池	6.7	5	钢筋笼	1	24	0.36	0.61	0.44	1.05	0.1	0.20	1.25
12	东莞黄江金士柏山二期 2	6.6	5	管桩	1	18	0.27	0.67	0.39	1.06	0.3	0.21	1.26

续上表

序号	工程名称	坑深(m)	土钉排数	微桩骨架形式	微桩排数	位移(mm)	位移深度比(%)	K_{s0}	K_{s1}	$K_{s0}+K_{s1}$	η_4	K_{s4}	K_s
13	广州安信大厦	16.0	13	108钢管	1	40	0.25	0.68	0.52	1.20	0.3	0.09	1.29
14	杭州庆隆苑小区二期	4.9	4	竹桩	2	22	0.45	0.87	0.04	0.91	0.2	0.41	1.32
15	杭州中山中路某18层住宅1	6.5	5	木桩	1	36	0.55	0.64	0.66	1.30	0.2	0.04	1.34
16	山东省科院人才公寓	8.6	5	钢筋笼	1	一般	0.50	0.95	0.30	1.25	0.3	0.09	1.34
17	深圳地铁竹子林站	12.9	8	108钢管	1	22	0.17	0.66	0.44	1.10	0.3	0.25	1.35
18	济南泉景天沅1—3号楼	11.0	8	146钢管	1	较小	0.25	0.85	0.29	1.14	0.3	0.25	1.39
19	深圳都荟名苑4	7.0	5	I20	1	17	0.24	0.90	0.38	1.28	0.3	0.11	1.39
20	福州工业路南某基坑	4.5	3	木桩	1	53	1.18	0.97	0.20	1.17	0.1	0.25	1.42
21	上海紫都莘庄小区C栋	7.1	6	48钢管	1	18	0.25	1.38	0.05	1.43	0.3	0.06	1.49
22	广州农林下路商住大厦	13.1	10	89钢管	2	22	0.17	0.88	0.45	1.33	0.3	0.17	1.50
23	杭州华元世纪广场	7.5	5	钢管	1	23	0.31	0.93	0.64	1.57	0.1	0.39	1.62
24	深圳都荟名苑3	6.9	5	I20	1	10	0.14	1.15	0.39	1.54	0.3	0.10	1.64
25	深圳和黄御龙居	6.2	5	I20	1	5	0.08	1.62	0.02	1.64	0.1	0.02	1.66

6.3 几点讨论

在微型桩抗力作用的折减问题上，不同规范的做法有一定差别：

(1)有的规范不考虑微型桩的抗力作用。表中案例8、19等，如果不考虑微型桩对稳定性的帮助，只计算土钉的抗力作用，整体稳定安全系数小于1.0，但工程良好，没有问题。

(2)有的规范计取了微型桩的抗拉强度。实际上，微型桩的贡献以抗剪为主，抗剪强度通常为抗拉强度的50%～60%，如果按抗拉强度计算，可能会高估了微型桩的抗力作用从而造成工程的不安全。

7 其他类型复合土钉墙

(1)锚杆＋截水帷幕复合土钉墙。如前所述，锚杆一般对安全系数的影响并不显著，这类复合形式的工作性能主要取决于截水帷幕，两者可以与土钉墙共同良好工作，对安全系数的贡献可直接累加。计算及经验表明，截水帷幕复合土钉墙的规律及规定同样适用于这类支护形式。

(2)锚杆＋微型桩复合土钉墙。与锚杆＋截水帷幕复合形式类似，这类复合形式的工作性能主要取决于微型桩。计算及经验表明，微型桩复合土钉墙的规律及规定同样适用于这类支护形式。

(3)微型桩＋截水帷幕复合土钉墙。这类支护形式中，一般因为截水帷幕提供的抗剪强度偏低或不考虑其作用，希望通过微型桩来补强，复合工作性能表现为抗剪强度得到一定提高的截水帷幕复合土钉墙，故截水帷幕复合土钉墙的规律及规定同样适用于这类支护形式。

(4)锚杆＋微型桩＋截水帷幕复合土钉墙。这类复合形式最为复杂。计算结果表明，这类复合形式中复合构件的折减系数不能同时取上限，尤其是微型桩，否则会造成计算安全系数较大，偏于不安全。这主要是由于微型桩造成的。这类支护形式中，基坑一般较深，微型桩设计强度一般较大，折减系数每增加 0.1，可提高安全系数 0.03～0.12。当微型桩强度及刚度更大时，支护结构带有桩锚结构的性状，已不太适合采用图 1 及式(1)所示复合土钉墙理论及验算公式。

另外，研究发现，土、钉及锚杆提供的安全系数大于 1.0 时，基坑位移均不大；而在小于1.0 的 3 个案例中，有 2 个位移很大。故结合计算结果建议：微型桩与土钉墙单独复合、与锚杆共同复合、与锚杆及截水帷幕共同复合作用时，应保证土、钉及锚（折减系数为 0.5）提供的安全系数大于 1.0 以减小基坑变形。

(5)验算结果。上述第 1 类案例收集到了 35 个，第 2 类案例收集到了 14 个，第 3 类案例收集到了 15 个，第 4 类案例收集到了 18 个。按图 1 所示验算模型及式(1)反算。验算数据略，可参见相关文献[3,5]。验算结果表明 η_2 可取 0.5～0.7，η_3 可取 0.3～0.5；η_4 可取 0.1～0.3。

8　结语

复合土钉墙整体稳定性安全系数为土、土钉、预应力锚杆、截水帷幕及微型桩提供的分项抗力系数与相应的折减系数乘积之和，《复合土钉墙基坑支护技术规范》(GB 50739—2011)建议，无经验时折减系数可分别取 1.0、1.0、0.7～0.5、0.5～0.3 及 0.3～0.1，实例试算结果表明这些验值是合理的。

参考文献

[1]　Recommendations CLOUTERRE 1991 for Designing, Calculating, Constructing and Inspecting Earth Support Systems Using Soil Nailing[R], FHWA/SA-93/026, 1993.

[2]　陈肇元，崔京浩. 土钉支护在基坑工程中的应用[M]. 2 版. 北京：中国建筑工业出版社，2000.

[3]　付文光，杨志银. 复合土钉墙整体稳定性验算公式研究[J]. 岩土工程学报，2012，34(4)：742-747.

[4]　刘国彬，王卫东. 基坑工程手册[M]. 2 版. 北京：中国建筑工业出版社，2009.

[5]　付文光，杨志银. 复合土钉墙整体稳定验算公式专题研究报告[R]. 复合土钉墙基坑支护技术规范编制组，2011.

盾构隧道穿越桩基托换桥梁的影响与监测分析

刘德华　闫永辉　李东海　胡丽丽

（北京市政工程研究院）

摘　要　随着城市地铁的快速发展，地铁穿越桥梁的工程日益增多，如何保证地铁穿越过程及穿越后桥梁的安全使用受到了越来越多的关注。本文结合工程实例，对进行桩基托换的桥梁在盾构隧道穿越过程中及穿越后的沉降及差异沉降进行了分析与研究，得出了隧道穿越桥梁的影响最大时间，同时通过比较发现，双线隧道穿越桥梁，横向差异变形较为明显，施工期间应加以重视。

关键词　盾构隧道　桩基托换　墩柱沉降　差异沉降

1　引言

对于地铁穿越建筑物时引起的变形及风险控制，很多人进行了大量的研究，王佳妮[1]采用数值模拟与工程实际相结合的方法，对地铁穿越桥梁主动顶升监测系统进行了讨论，提出了地铁穿越过程中桥梁监测的重点；李进军[2]采用简化分析法和位移控制有限元法对单隧道工况和多隧道工况下盾构隧道穿越对PHC桩基础的影响进行分析，并根据分析结果提出了相关工程设计措施；张志强等人[3-9]采用数值分析的方法对地铁盾构隧道穿越桩基的力学行为进行了模拟分析；丁红军[10]结合工程实例，对地铁盾构隧道建筑物桩基托换技术进行了详细论述，具有一定的工程参考价值。目前对于盾构隧道下穿桥梁的研究已有很多研究成果[11-14]，但是，北京地区盾构隧道近接穿越桩基托换桥梁的情况并不多见，本文结合工程实例对双线盾构隧道近接正交下穿桩基托换桥梁的变形进行了总结分析，为此类工程提供了一定的参考。

2　工程概况

2.1　盾构隧道与桥梁相对位置关系

盾构隧道正交下穿主桥B、C匝道西异形板桥，B、C匝道上部结构为单箱室断面，顶面宽9.26m，箱底宽6.0m，箱梁高1.5m。下部结构中墩采用独柱接承台、钻孔桩的形式。墩柱为$D=1.2$m或$D=1.5$m，柱下设承台及钻孔灌注桩。盾构隧道在左线里程桩号左BK17＋727.244～左BK17＋744.619、右线里程桩号右BK17＋721.773～右BK17＋739.149处穿越B、C匝道桥。隧道结构右线盾构施工边线距离B、C匝道桥ZB-8、ZC-4号轴桩基外边线1.498～1.502m，此区域左线地铁隧道底埋深为28.945～29.026m。隧道与桥梁相对位置平面图见图1。

2.2　穿越工程影响范围

根据隧道与B、C匝道桥的平、立面相对关系及土体内摩擦角滑裂面内的破坏棱体，盾构隧道穿越B、C汇合桥的影响范围见图2、图3。

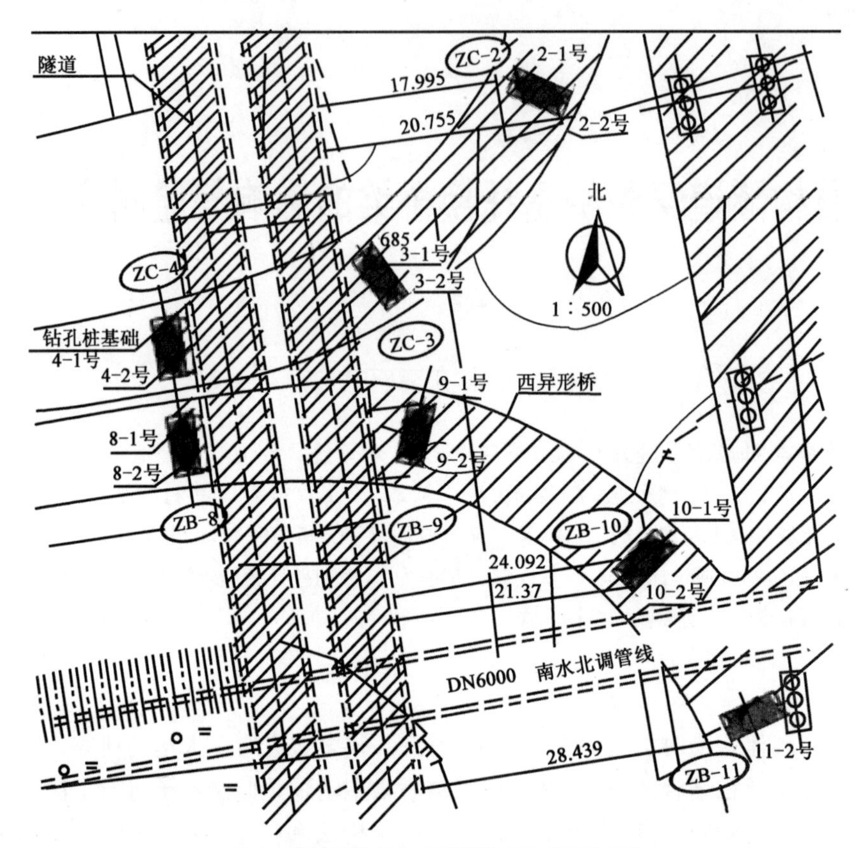

图 1 隧道结构与 B、C 匝道桥相对位置关系图

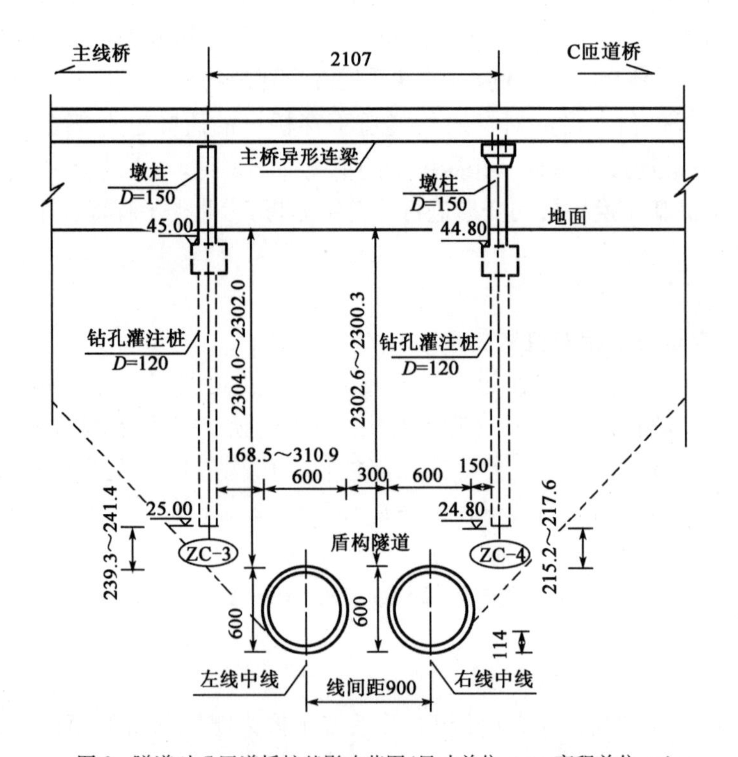

图 2 隧道对 C 匝道桥桩基影响范围(尺寸单位:mm;高程单位:m)

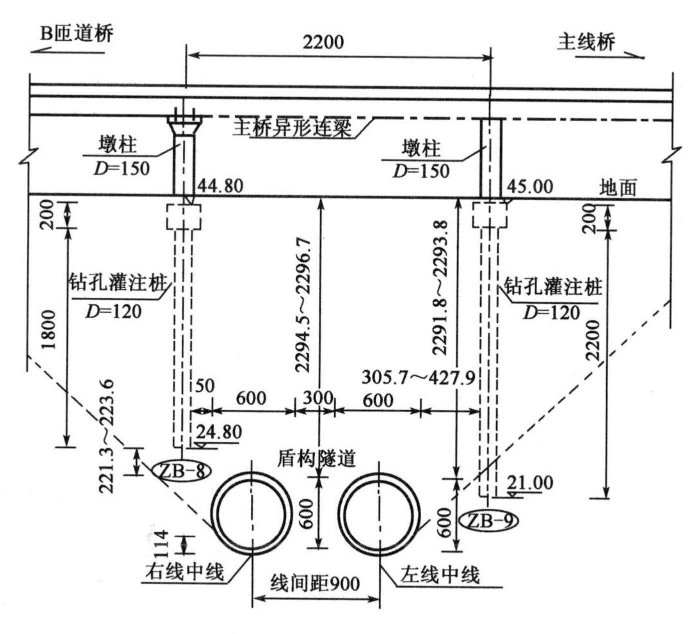

图 3　隧道对 B 匝道桥桩基影响范围(尺寸单位:mm;高程单位:m)

3　桩基托换方案

在 B8 号、C4 号分联墩处,新建 2 根 $\phi=2$m 钻孔灌注桩作为补强桩基,桩长 $L=50$m,分别在现况 B8 号承台南侧、B4 号承台北侧各设置一根,补强桩基顶部设置长 23.2m,高 3.5m,宽 3.8m 新建承台,将既有 B8 号承台、C4 号承台浇筑为一体;B9 号墩、C3 号墩补强方案为在既有承台南北两侧各设置一根 $D=1.5$m 钻孔灌注桩作为补强桩基,桩长 $L=42$m,C3 号墩补强桩基顶部设置承台为菱形承台,承台长约 10m,宽约 5.3m,高 3.5m,B9 号墩补强桩基顶部设置长 11m,宽 3m,高 3.5m 新建承台,将既有 B9 号承台(C3 号承台)与新建承台浇筑为一体。

桩基托换施工工艺流程为:开挖至托换承台底面高程→工字钢吊装至桩顶→按照计算反力顶升工字钢,至托换桩基完成沉降→沉降完成后二次顶升工字钢→浇筑工字钢外包混凝土,完成新旧承台连接→截断旧桩,新旧承台完成受力转换→回填基坑,拆除施工围挡;恢复路面结构,开放交通。

4　桥梁墩柱沉降及差异沉降监测

4.1　盾构隧道施工及监测概况

右线隧道于 2016 年 3 月 22 日开始进入桥梁影响范围,至 2016 年 3 月 25 日完成穿越;左线隧道于 2016 年 4 月 2 日开始进入桥梁影响范围,至 2016 年 4 月 5 日完成穿越。在隧道穿越期间,为控制桥梁的沉降及差异沉降,对桥梁进行加密测量,监测频率为 1 次/2 小时;当隧道穿过桥梁后一段时间内,监测频率为 1 次/1 天;待过一段时间数据稳定时,监测频率减为 1 次/1 周。

4.2　沉降监测点布设

参考相关规范规定及工程实际情况,为保证准确控制墩柱的沉降和差异沉降,按照要求在 B8 号、C4 号墩柱布置 2 个沉降测点,用以互较;在 B9 号、C3 号墩柱布置 1 个沉降测点,在新建承台上布置7个沉降测点，测点布置图见图4～图6。

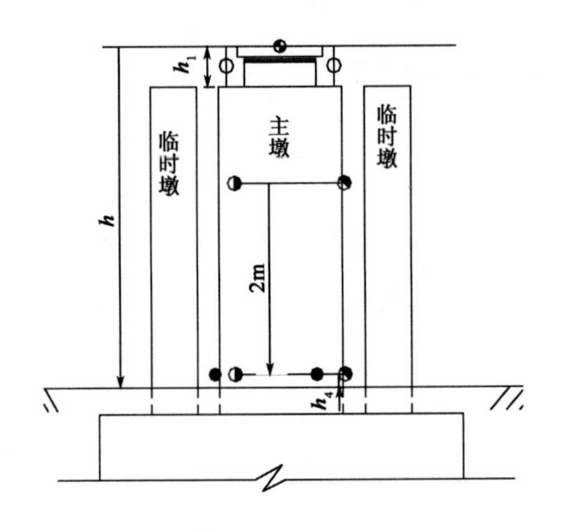

图4　ZC-4、ZB-8墩柱各项监测立面布置图

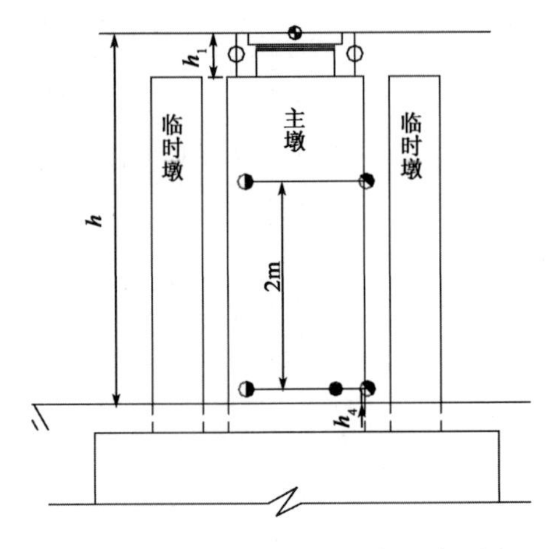

图5　ZC-3、ZB-9墩柱各项监测立面布置图

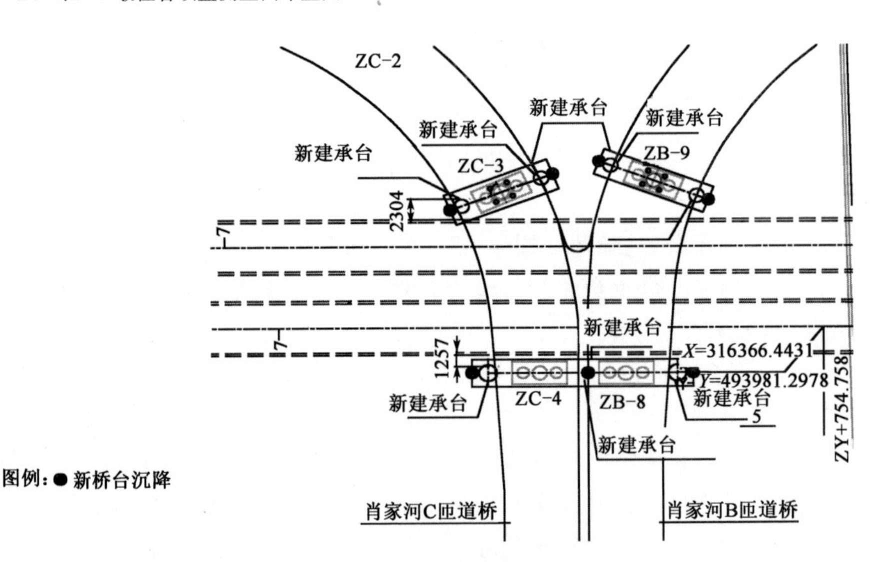

图6　新桥台沉降监测点平面布置图

5　监测数据分析

5.1　B、C匝道墩柱沉降分析

首先对B、C匝道墩柱沉降进行分析，从图7可知：右线隧道在穿越区间，ZB8、ZB8-1、ZC3、ZC4、ZC4-1都发生了较大的沉降，最大沉降量达到了－1.92mm，沉降变化量达到2.63mm；靠近右线隧道的ZC4、ZB8墩柱变化较为明显，当隧道穿过桥梁后，墩柱沉降有上升的趋势，变化速率在穿过时有明显变化后开始减小，沉降量保持在一定区间内稳定，从图中还可以看出，在隧道下穿期间及穿过后，墩柱的沉降变化基本稳定；当左线隧道下穿时，各墩柱沉降趋势基本一致，与右线穿越变化基本相似。通过以上可知，对于隧道下穿桥梁，影响最大时间段是隧道刚开始下穿及刚穿过期间，在下穿期间，虽然沉降量很大，但是变化速率很小。

从图8可以看出，墩柱的最大差异沉降量和差异沉降变化最大处发生在隧道第1次右线进行穿越时，第2次左线进行穿越时，差异沉降没有较大变化。差异沉降较大点为ZC3/ZB9和ZB9/ZB8-1、ZB9/ZB8，双线隧道对土体的多次扰动，第1次扰动十分关键，应该采取有效措施，防止发生较大的差异变化。

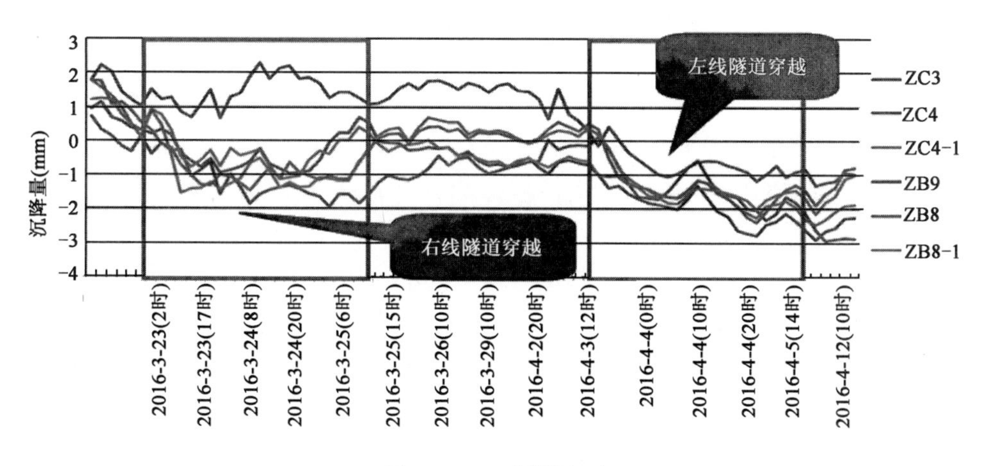

图 7　B、C 匝道墩柱沉降

5.2　新建承台沉降分析

从图 9 可知，在双线隧道穿越期间，新建承台一直处于下沉阶段，沉降变化速率最大发生在第 2 次穿越时，最大沉降时间发生了滞后，当隧道穿过后，数据基本稳定，沉降变化速率基本稳定，没有很大变化。

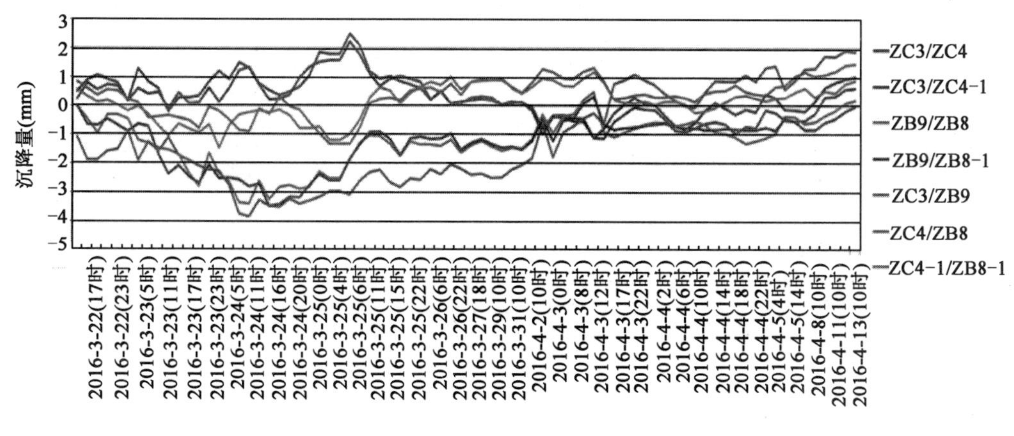

图 8　B、C 匝道墩柱差异沉降

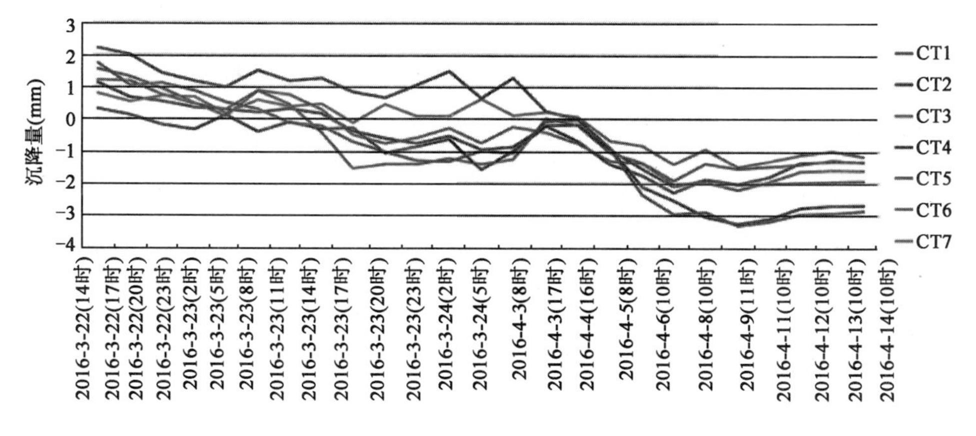

图 9　新建承台沉降图

6 结语

(1)隧道下穿桥梁主要有 3 个阶段:穿越前,穿越中和穿越后,从墩柱的沉降曲线可知,沉降变化速率最大处主要发生在条件改变的一定时间段内,所以合理控制隧道刚开始穿越和刚穿过期间的施工参数,能够有效控制墩柱的沉降变形,防止发生突然的破坏。

(2)双线隧道穿越桥梁,穿越位置的选择影响着墩柱的横向差异沉降,对称穿越的影响最小。

(3)隧道下穿桥梁墩柱的横向差异变形比较明显,因此在隧道下穿桥梁时应该加以重视。

(4)对于双线隧道穿越桥梁对土体的多次扰动,第 1 次扰动对土体的影响较大,但是由于左右线隧道的掘进速度差,造成土压力的不平衡,压力差作用下有可能导致土体最大沉降变化发生滞后。

参考文献

[1] 王佳妮,牛晓凯,薛忠军,等.地铁穿越桥梁主动顶升监测系统研究[J].科学技术与工程,2013,13(26):7903-7910.

[2] 李进军,王卫东,黄茂松,等.地铁盾构隧道穿越对建筑物桩基础的影响分析[J].岩土工程学报,2010,32(增刊 2):166-170.

[3] 张志强,何川.地铁盾构隧道近接桩基的施工力学行为研究[J].铁道学报,2003,25(1):92-95.

[4] 张恒,陈寿根,邓稀肥.盾构法施工对地表及桥梁桩基的影响分析[J].地下空间与工程学报,2011,7(3):552-557.

[5] 李树奇,曹永华,叶国良,等.盾构掘进对既有桩基影响的数值模拟[J].中国港湾建设,2009,4:1-4.

[6] 朱逢斌,杨平.盾构隧道开挖对邻近桩基影响数值分析[J].岩土工程学报,2008,30(2):298-302.

[7] 黄新民.盾构隧道下穿既有桥桩工程的保护方案研究[J].地下空间与工程学报,2012,8(3):557-561.

[8] 彭坤,陶连金,高玉春,等.盾构隧道下穿桥梁引起桩基变位的数值分析[J].地下空间与工程学报,2012,8(3):485-489.

[9] 杨永平,周顺华,庄丽.软土地区地铁盾构区间隧道近接桩基数值分析[J].地下空间与工程学报,2006,2(4):561-565.

[10] 丁红军,王琪,蒋盼平.地铁盾构隧道桩基托换施工技术研究[J].隧道建设,2008,28(2):209-212.

[11] 苏洁,张顶立,周正宇,等.地铁隧道穿越既有桥梁安全风险评估及控制[J].岩石力学与工程学报,2015,34(增 1):3188-3195.

[12] 付文生,夏斌,罗冬梅.盾构隧道超近距离穿越对桩基影响的对比研究[J].地下空间与工程学报,2009,5(1):133-138.

[13] 王炳军,李宁,柳厚祥,等.地铁隧道盾构法施工对桩基变形与内力的影响[J].铁道科学与工程学报,2006,3(3):35-40.

[14] 芮勇勤,岳中琦,唐春安,等.隧道开挖方式对建筑物桩基影响的数值模拟分析[J].岩石力学与工程学报,2003,22(5):735-741.

盾构输水隧道下穿既有盾构地铁隧道变形自动化监测与分析

高利宏[1]　尹鹏涛[2]　李东海[2]

（1. 北京市地铁运营有限公司　2. 北京市市政工程研究院）

摘　要　东干渠是北京市南水北调的主要配套工程，工程环境特别复杂，穿越大量的既有市政基础设施。本文结合东干渠输水隧道下穿地铁 6 号线的盾构隧道的工程实例，对既有盾构隧道的变形特征进行了分析研究。盾构结构的沉降变化趋势与地表沉降一致，大致可划分为五个阶段。沉降的最大值在采取了同步注浆和二次补浆等辅助措施后达到了 2mm，满足控制值的要求。新建盾构输水隧道安全顺利完成，为类似工程提供了借鉴。

关键词　盾构　隧道　沉降　变形　监测

1　前言

盾构隧道修建技术随着市政工程的开展逐步完善起来，盾构施工过程中引起的周边环境变化一直是盾构工程技术应用研究和施工控制的重点。盾构施工引起的周边环境是控制的核心，直接影响到周边建筑物和构筑物的使用安全，同时众多学者在这方面获得了丰硕的成果。璩继立等基于上海龙东路至世纪公园站区间隧道现场实测资料，对由盾构施工引起的沉降槽的形状进行了深入研究，利用数学拟合方法对沉降槽的形状、影响范围、宽度系数及最大沉降值出现的位置进行了研究并总结了定量关系式[1]：隧道埋深（x）与地表最大沉降值（s）的关系为：$s=102.48-6.417x$；沉降槽宽度系数（i）与隧道埋深（x）之间的关系为：$i=4.35+7.29\times10^{-9}x^{8}$。黄宏伟等通过对国内外大量工程实例的总结得出盾构施工引起的地层移动是不可能完全消除的，并对地表沉降的大小按不同的施工阶段进行了分析[2]。蒋洪胜等针对盾构掘进对隧道周围土层扰动从土力学的角度进行了理论分析[3]。尽管自 1969 年 Peck 提出了地表沉降曲线以来[4]，依据现场实测资料进行地层移动分析的成果比比皆是，但针对穿越既有运营地铁结构且结构为盾构管片的研究分析却不多见。本文根据北京某输水隧道下穿既有地铁运营结构的实测资料进行总结分析，对既有盾构结构沉降的规律特性进行了总结。

2　工程概况

东干渠输水隧洞工程线路基本沿北五环及东五环外侧道路红线 5m 外布置，起点位于团城湖至第九水厂输水工程末端（关西庄泵站北）预留接口，沿北五环向东，至广顺桥向南折向东五环，其后沿东五环向南，至亦庄桥与五环路分离，其后穿越凉水河，沿凉水河南（右）岸至荣京西街向南至亦庄镇工程终点与南干渠工程相接，总长 44.7km。东干渠隧洞横断面为一条外径 6m、内径 4.6m 钢筋混凝土衬砌圆形暗涵，采用盾构法施工。隧洞结构采用复合衬砌形式，一次衬砌为 C50 预制管片衬砌，二次衬砌为 C35、W10、F150 模筑钢筋混凝土。两层衬砌间设置连续防水板。与既有地铁 6 号线相交处，东干渠隧道顶部覆土厚度约为 23.8m。

东干渠输水隧洞标准横断面图如图 1 所示。

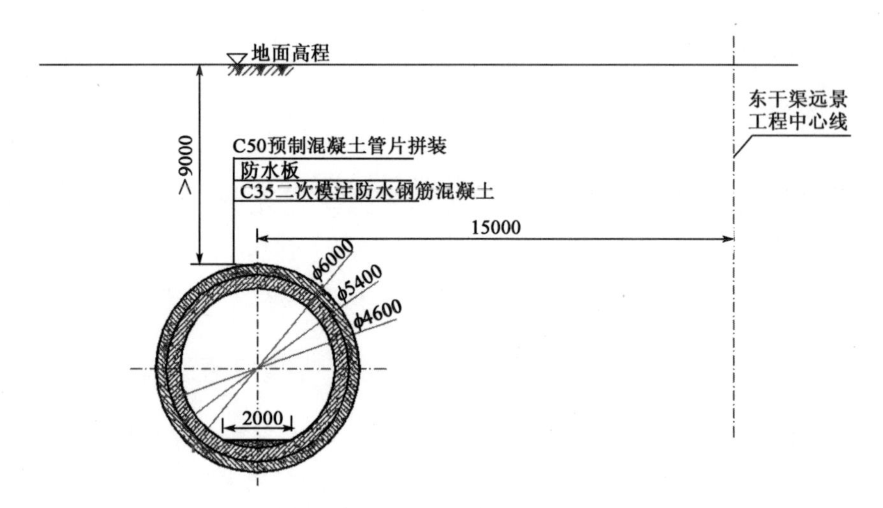

图1 新建南水北调东干渠工程盾构隧道标准断面图(尺寸单位:mm)

东干渠在里程K22+760.337位置穿越地铁6号线青年路站～褡裢坡站区间,两者交角90°21′57″,相交位置距褡裢坡站较近,约1579m,交点对应地铁右线里程为K23+959.870。相交处东干渠隧道顶部覆土厚度约为23.8m,对应6号线隧道顶部覆土厚度约为9.6m,两结构间净距为8.15m。

东干渠与既有6号线的平面及剖面位置关系如图2所示。

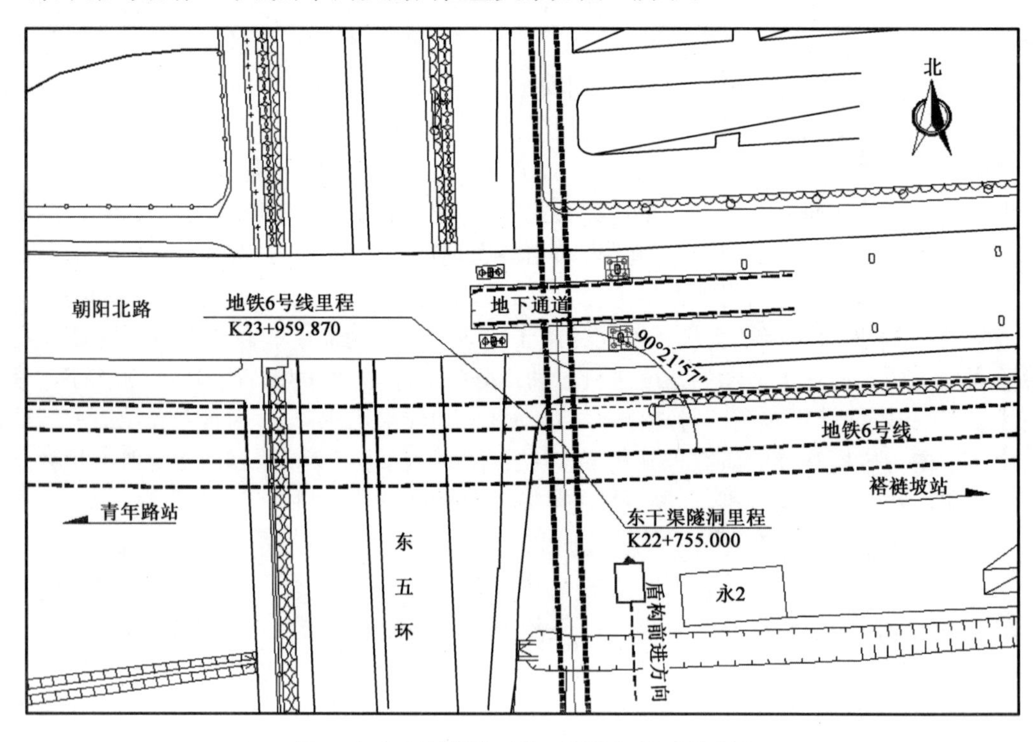

图2 新建盾构隧道与地铁6号线平面位置关系图

3 纵向位移影响因素分析

盾构法隧道施工过程中,总是不可避免地产生土体扰动,这种扰动效应在围岩内传导形成变形场。从整体来看,影响到纵向位移的因素也是十分复杂的。但就主要的关键因素可能会有以下几个方面，造成沉降或者隆起。

(1)盾构隧道掘进时，前方土压力的松弛：盾构舱内土压力是可以控制的，舱内土压力与围岩压力的平衡关系控制着沉降的大小，直观上来说，当舱内土压力大于围岩侧压力时，会造成开挖面上方土体上隆，当舱内土压力大于围岩侧压力时，会造成开挖面上方土体下沉。

(2)盾构机与围岩之间的摩擦作用：当盾构机向前掘进时，势必带动周边的土体向前移动，这种移动表现在近盾构机土体发生侧移，而导致开挖面后方地表产生下沉，开挖面前方土体产生上隆。

(3)盾构机掘进过程中对孔隙水压力平衡的破坏：在盾构机的掘进过程中，扰动土体的过程中也破坏了地下水的平衡，引起孔隙水压力下降，从而引起地表沉降。

(4)盾尾空隙：在盾构机尾部脱出后，围岩和管片之间存在一定的间隙，为土体下沉提供了空间，一般会造成沉降速率较大的变化。

(5)盾构机掘进过程中的姿态：在掘进过程中，盾构机的行进方式并不是完全按照设计路线前进的，而是在一定的误差范围蛇形前进，这样的波动增大了对土体的扰动，也增加了沉降的可能性。

(6)控制地表沉降采取的施工措施：为了减少地表沉降，在盾构隧道的施工过程中都会采取同步注浆和二次补浆，这会在一定程度上降低沉降速率，甚至形成隆起。

(7)围岩的固结沉降：在盾构机穿越后，后期受扰动土体重新固结也会增加沉降的幅度。

就影响因素而言，一般可以概括为以下几个方面：地质水文条件、施工参数、设计参数和盾构机械本身等。

4 现场监测

现场采用静力水准仪对盾构结构、道床结构的沉降及差异沉降进行了自动化监测。监测布点如图 3 和图 4 所示。

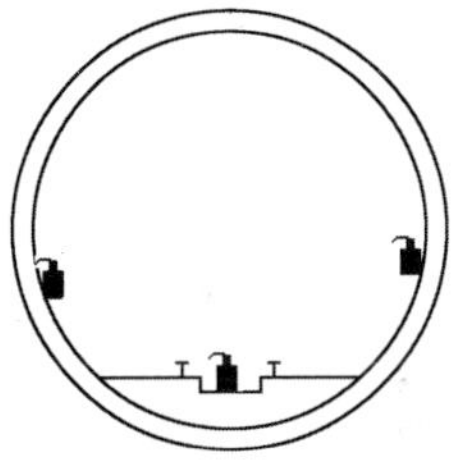

图 3 隧道结构沉降测点布置断面图

5 监测数据分析

图 5 所示为盾构结构沉降自动化监测历时曲线图。

由图 5 可知，在盾构机穿越既有隧道之前，监测数据基本无变化，随着盾构机进入影响范围，既有盾构结构逐步出现小量沉降，并未出现隆起。主要是因为盾构机扰动周边土体形成的沉降传导至既有盾构结构上，并且出于对既有结构的保护，土压力的参数设定偏小。随着盾构机继续掘进，机头进入盾构结构的正下方，盾构机对周边土体的扰动加剧，体现在沉降速率加大，沉降量出现明显增大。当盾构机穿过既有结构，盾尾脱出时，出现了断崖式下沉，沉降量和沉降速率都很大。这主要是因为盾尾间隙形成了空间，在土体不能自稳时快速填充空隙并逐步向上发展，直接反映在既有结构沉降上面。这时的沉降量在 1mm 左右。当盾构机脱出既有隧道的影响范围后，后期的沉降仍增加了 0.3mm 左右，这主要是因为土体被剧烈扰动后的固结沉降形成了沉降增量。在后期，为了控制既有盾构结构的沉降，进行了二次甚至是多次补浆，直至结构沉降稳定在 1.5mm 左右。由此实现了将沉降控制在 2mm 以内的目标。

6 结语

根据以上的分析，结合实际监测情况，可以发现盾构穿越既有运营地铁隧道的影响因素非常复杂。但采用精度较高的自动化监测，结合盾构掘进过程引起纵向位移的主要因素进行控制，并辅以多次补浆等控制措施，可以在较小影响下实现盾构隧道的穿越施工。

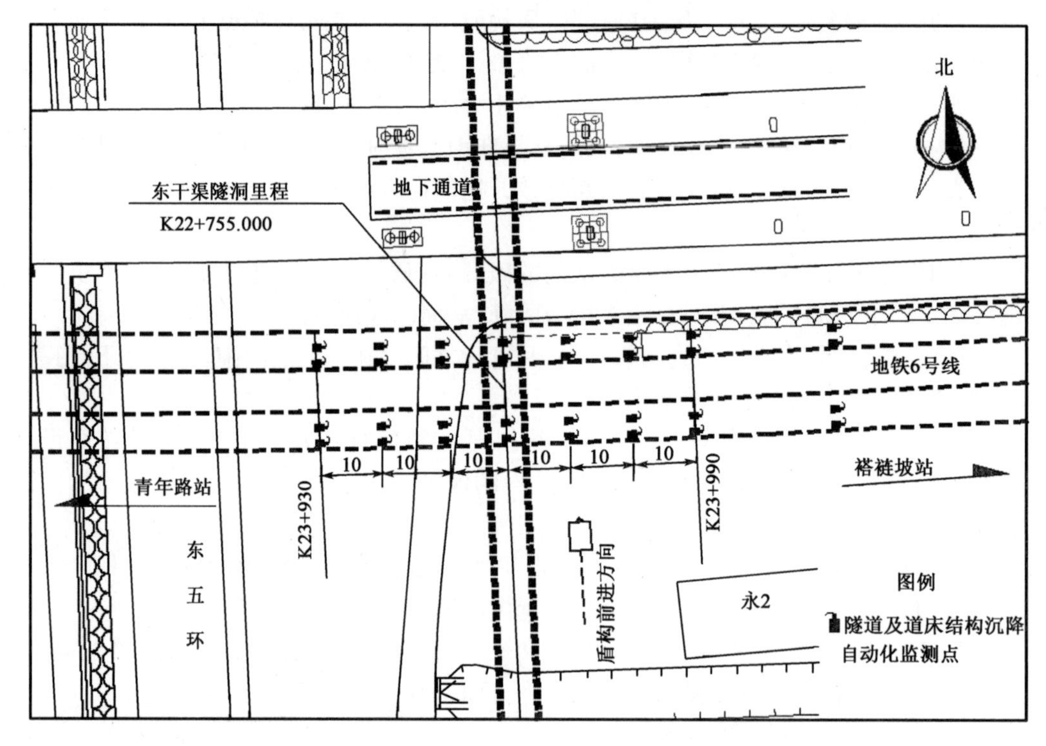

图4　区间隧道及道床自动化测点布设平面图(尺寸单位:m)

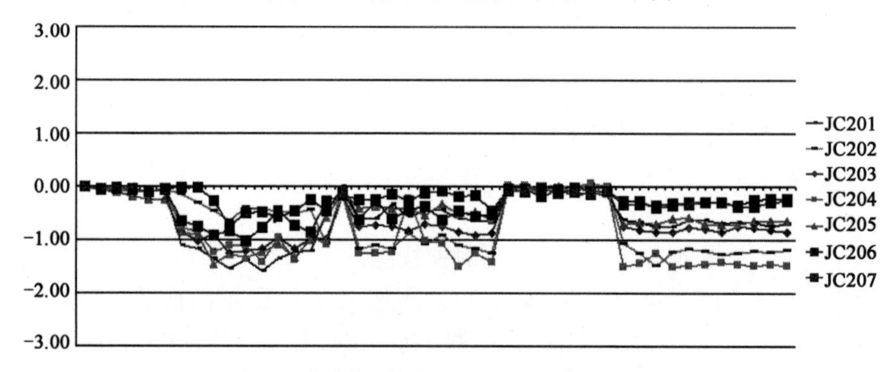

图5　盾构结构沉降自动化监测历时曲线图(mm)

参考文献

[1]　璩继立，许英姿. 盾构施工引起的地表横向沉降槽分析[J]. 岩土力学，2006，27(2)：313-316.

[2]　黄宏伟，张冬梅. 盾构隧道施工引起的地表沉降及现场监控[J]. 岩石力学与工程学报，2001，20(增刊)：1814-1820.

[3]　蒋洪胜，侯学渊. 盾构掘进对隧道周围土层扰动的理论与实测分析[J]. 岩石力学与工程学报，2003，22(9).

[4]　ATEWELL P B，GLOSSOP N H，FARMER I W. Ground deformations caused by tunneling in a silty alluvial clay[J]. Ground Engineering，1978，15(8)：32-41.

水平扩体锚杆承载特性的模型试验研究

薛子洲[1,2]　刘　钟[1,2]　郭　钢[1,2]　胡晓晨[1,2]

(1. 中冶建筑研究总院有限公司　2. 中国京冶工程技术有限公司)

摘　要　扩体锚杆因其高承载力而广泛应用于岩土锚固工程领域，但是学者对于水平方向埋设的扩体锚杆的承载特性研究较少。基于大量的室内模型试验，本文研究了砂土中不同深径比、长径比、不同扩体锚固段直径与长度等参变量对水平扩体锚杆承载特性的影响。在此基础上，发现了砂土中水平扩体锚杆的临界深径比、临界长径比；并从承载特性角度分析，建议在实际工程中避免使用小于临界深径比和临界长径比的水平扩体锚杆。同时发现相同埋深条件下的水平扩体锚杆，增大扩体锚固段长度比增大直径对承载力影响更大；并且随着埋设深度的增大，增加扩体锚固段直径对承载力的提高效率有促进作用，而增加扩体锚固段长度对锚杆承载力提高效果却很小。研究成果对工程设计以及水平扩体锚杆的进一步研究具有一定指导意义。

关键词　水平扩体锚杆　模型试验　承载力　深径比　扩体锚固段　长径比　直径　长度

1　引言

为了更清楚地了解扩体锚杆的锚固机理，本文采用室内模型试验方法研究砂土中水平方向埋设的扩体锚杆的承载性状，通过分别改变扩体锚杆的非扩体锚固段长度 T、上覆土层厚度 H、扩体锚固段长度 L 和扩体锚固段直径 D，研究了这些变量对水平扩体锚杆承载性状的影响；以期为扩体锚杆承载特性的进一步研究提供依据，对基坑工程、边坡支护工程的扩体锚杆应用具有一定意义。

2　室内模型试验

2.1　试验装置与地基制备

水平扩体锚杆模型试验装置包括模型试验砂箱、锚杆加载装置、锚杆检测系统等部分，模型试验砂箱如图1所示。为避免模型试验的边界效应影响[1]，所采用的水平扩体锚杆模型试验砂箱尺寸定为3m(长)×1.5m(宽)×1.2m(高)，模型试验砂箱外框是由规格为50mm×5mm等边角钢制成的3m(长)×1.5m(宽)的矩形单层角钢嵌套组装而成，砂箱的设计高度可以调整。

图1　模型试验砂箱

锚杆加载装置与检测系统安装于固定的锚杆拉拔试验平台上。锚杆加载装置包括：独立钢架、定位仪、导轨、水平加载杆、千斤顶，如图2所示。锚杆检测系统包括：光栅位移计(精度0.005mm)、拉力传感器(量程1000kg)，如图3所示。该模型试验的加载装置以及检测系统能够对水平扩体锚杆的轴向拉力与位移进行精确的测量及控制。

图 2　锚杆加载装置

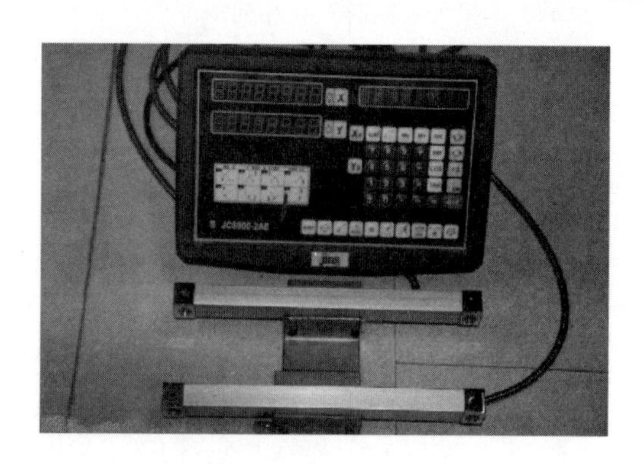

a)光栅位移计(精度0.001mm)

b)S形拉力传感器(量程1000kg)

图 3　锚杆检测系统

模型试验地基土的制备采用分层砂雨法[2]，在制备单层砂土地基过程中，落砂高度严格控制为 1.0m，单层落满之后用铝合金方管沿砂箱边框方向刮平砂土地基，以保证砂土地基的密实度以及力学参数的稳定。砂土的物理力学指标如表 1 所示。模型试验中扩体锚杆模型尺寸的选取如图 4 所示，几何相似比取为 1∶10。模型试验尺寸参数如图 5 所示，其中 H 为水平扩体锚杆的上覆土层厚度，T 为水平扩体锚杆的非扩体锚固段长度，D 为扩体段直径，L 为扩体锚固段长度。

砂土的物理力学指标　　表 1

密度(g/cm^3)	含水率(%)	干密度(g/cm^3)	比重	最大干密度(g/cm^3)	最小干密度(g/cm^3)
1.49	0.0	1.49	2.67	1.60	1.30
相对密度	黏聚力(kN/m^2)	内摩擦角(°)	泊松比	不均匀系数	
0.673	0.0	40°	0.26	1.9	

2.2　试验设计

为深入研究水平扩体锚杆承载力学特性，本试验以扩体锚杆承载力的单影响因素为控制指标，设计了 32 根锚杆的模型试验，以探究改变水平扩体锚杆的深径比 H/D、长径比 T/D、扩体锚固段直径 D 和扩体锚固段长度 L 等对水平扩体锚杆的承载力的影响，试验锚杆参数设计方案见表 2。

图 4　扩体锚杆模型

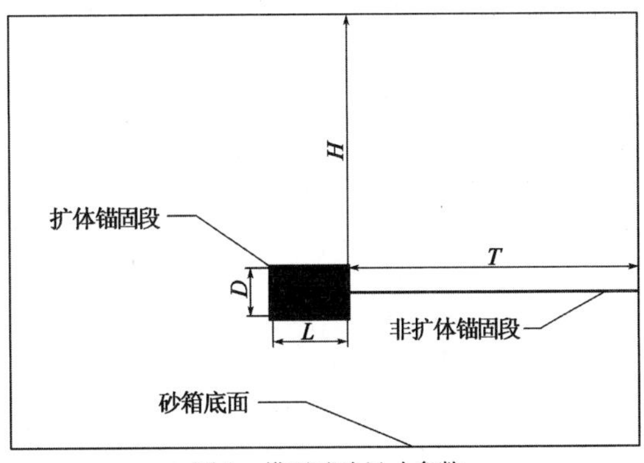

图 5　模型试验尺寸参数

水平埋设的扩体锚杆参数设计方案　　表 2

序号	D(mm)	L(mm)	T(mm)	H(mm)	L/D	T/D	H/D
1	100	100	600	600	1	6	6
2	100	100	800	600	1	8	6
3	100	100	1000	600	1	10	6
4	100	100	1200	600	1	12	6
5	100	100	1400	600	1	14	6
6	100	100	1600	600	1	16	6
7	100	100	1000	200	1	10	2
8	100	100	1000	450	1	10	4.5
9	100	100	1000	950	1	10	9.5
10	100	100	1000	1250	1	10	12.5
11	80	100	1000	200	1.25	12.50	2.50
12	80	100	1000	450	1.25	12.50	5.63
13	80	100	1000	600	1.25	12.50	7.50
14	80	100	1000	950	1.25	12.50	11.88
15	80	100	1000	1250	1.25	12.50	15.63
16	60	100	1000	200	1.67	16.67	3.33
17	60	100	1000	450	1.67	16.67	7.50
18	60	100	1000	600	1.67	16.67	10.00
19	60	100	1000	950	1.67	16.67	15.83
20	60	100	1000	1250	1.67	16.67	20.83
21	60	200	1000	200	3.33	16.67	3.33
22	60	200	1000	450	3.33	16.67	7.50
23	60	200	1000	950	3.33	16.67	15.83
24	60	200	1000	1250	3.33	16.67	20.83
25	60	300	1000	200	5.00	16.67	3.33
26	60	300	1000	450	5.00	16.67	7.50
27	60	300	1000	950	5.00	16.67	15.83

续上表

序号	D(mm)	L(mm)	T(mm)	H(mm)	L/D	T/D	H/D
28	60	300	1000	1250	5.00	16.67	20.83
29	40	100	1000	200	2.5	25	5
30	40	100	1000	450	2.5	25	11.25
31	40	100	1000	950	2.5	25	23.75
32	40	100	1000	1250	2.5	25	31.25

2.3 模型试验过程

水平扩体锚杆模型试验主要实施步骤如下：

(1)采用分层砂雨法制备地基，当落砂超过单层砂箱边框后，用铝合金方管沿水平方向刮掉砂土，并在设计位置水平埋设扩体锚杆。

(2)当落砂超过扩体锚杆埋设高度 5cm 之后，用铝合金方管沿水平方向刮掉高于砂箱边框的多余砂土，完成单层砂土地基的制备，持续进行分层砂雨制备单层地基土，当扩体锚杆的上覆土层厚度达到设计高度时，停止落砂，并完成模型地基及模型锚杆的制备。

(3)将测量平台固定于模型试验砂箱的前端，定位加载装置。

(4)将 S 型拉力传感器与光栅位移计安装在测量平台上，并且整平、校准、调零。

(5)以每级位移持荷 3min 的速率进行试验加载，并逐级采集 S 型拉力传感器的力值 Q(N)及光栅位移计的位移值 S(mm)的数据。

(6)进行试验数据汇总及整理。

3 水平扩体锚杆模型试验与结果分析

3.1 水平扩体锚杆深径比 *H/D* 的影响

为了研究水平扩体锚杆的深径比 H/D 对扩体锚杆承载力的影响，提取表 2 中的 3 项及 7～20项作为研究对象，设计了 3 组 15 根不同深径比 H/D 下的水平扩体锚杆，每组水平扩体锚杆确定了非扩体锚固段长度 T、扩体锚固长度 L 和扩体锚固段直径 D，通过改变深径比 H/D来研究其对水平扩体锚杆承载力变化情况的影响。

不同深径比下的水平扩体锚杆的试验结果如图 6 所示，图 6a)包含了 H/D＝2、4.5、6、9.5、12.5 的 5 根水平扩体锚杆的试验数据，分析 5 条 Q-S 试验曲线可知：当 H/D＝2 与 H/D＝4.5 时，在拉拔位移为 0～3mm 阶段，曲线呈单调增大，随着拉拔位移的持续增大，曲线先出现屈服阶段，随后出现衰退阶段最后至残余承载力，明显为浅埋扩体锚杆的特性；当 H/D＝6、H/D＝9.5、H/D＝12.5 时，扩体锚杆的 Q-S 曲线先出现单调上升阶段，随着拉拔力的持续增大，三条曲线均出现不同程度的非线性增长，显示出深埋扩体锚杆的特性；通过对比 H/D＝4.5 浅埋扩体锚杆与 H/D＝6 深埋扩体锚杆的 Q-S 曲线，发现在单调上升阶段与屈服阶段两条曲线比较相似，随着拉拔位移增大，H/D＝6 的曲线出现了继续加强的增长而 H/D＝4.5 的曲线出现了小幅度的衰退，因此可以假定水平扩体锚杆的临界深径比为 4.5～6。

图 6b)包含了深径比 H/D＝2.5、5.6、7.5、11.8、15.6 的 5 根水平扩体锚杆的试验数据，图 6c)包含了深径比 H/D＝3.3、7.5、10.0、15.8、20.8 的 5 根水平扩体锚杆的试验数据，分析这两组数据可知：当深径比 H/D＜5 时，Q-S 曲线随着位移的增加，先呈现逐级上升，随后曲线进入屈服阶段，当 Q-S 曲线达到峰值后出现了持续下降阶段；当深径比 H/D＞6 时，随着位

移的增加，Q-S 曲线先表现为单调上升，之后一直处于非线性上升阶段；由图 6b）中的 $H/D=5.6$ 的曲线可知，随着位移的增加，先呈现逐渐上升，随后进入屈服阶段，当承载力达到一定值后，随着位移的增加，曲线趋于平缓稳定发展。因此，在本模型试验条件下，从 Q-S 曲线形态分析可以认为 $H/D=5.6$ 可以作为水平扩体锚杆临界深径比 H/D 的参考值。

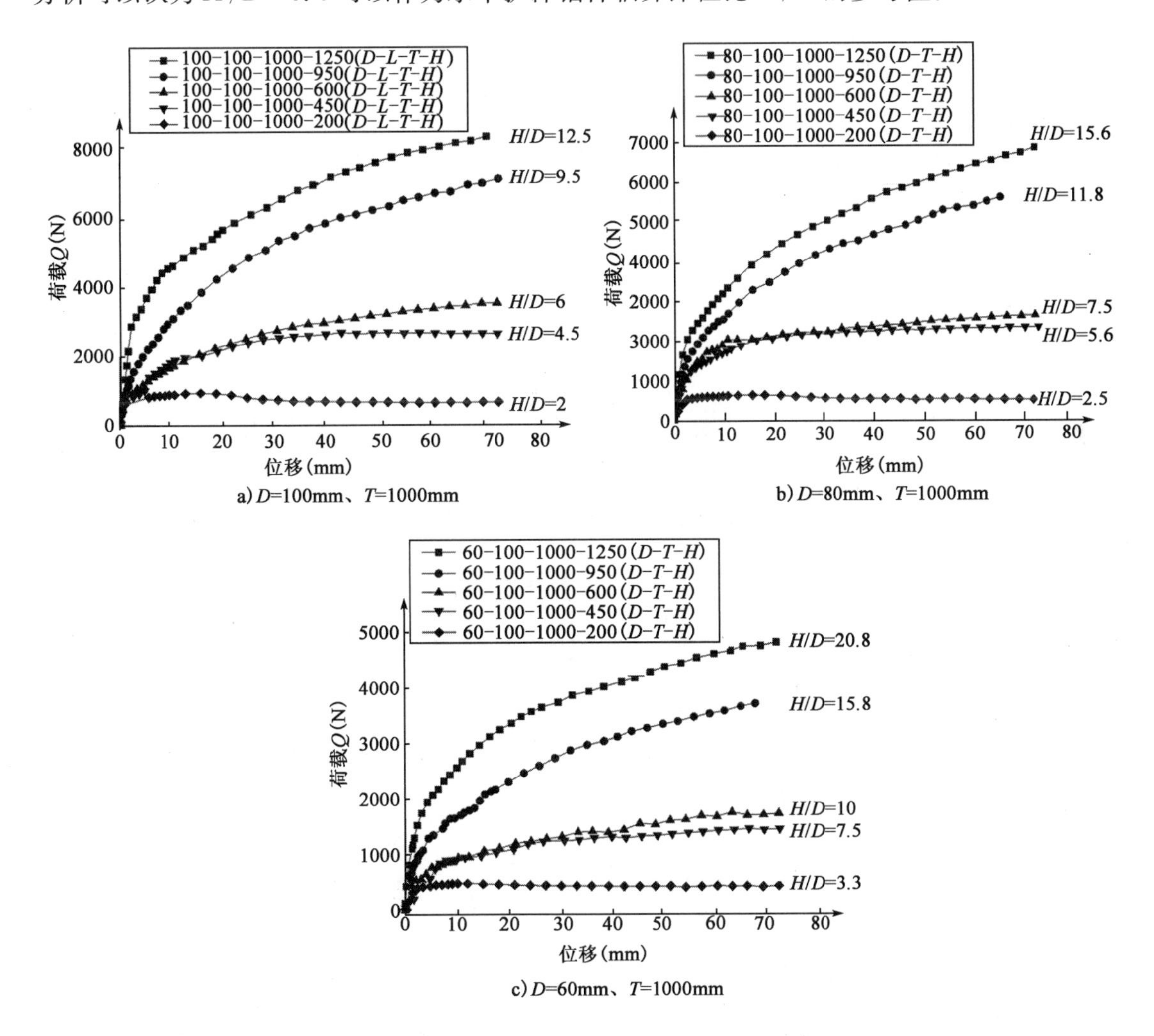

图 6　不同深径比 H/D 下的水平扩体锚杆 Q-S 试验曲线

D-扩体锚固段直径；L-扩体锚固段长度；T-非扩体锚固段长度；H-上覆土层厚度

综上所述，在本模型的试验条件下，认为水平扩体锚杆的临界深径比可以取 5.6 为参考值。通过比较不同深径比下水平扩体锚杆承载特性，同时结合分析深径比较小时扩体锚杆的破坏模式，建议在实际工程中应避免选取深径比 H/D 小于 5.6 的水平扩体锚杆，并且在设计施工中选取的临界深径比应乘以 1.5 倍的安全系数，这样才能保证水平扩体锚杆的稳定承载力。

3.2　水平扩体锚杆长径比 T/D 的影响

在本模型试验中，固定水平扩体锚杆的其他参变量：扩体锚固段直径 $D=100$mm、扩体锚固段长度 $L=100$mm、扩体锚杆的深径比 $H/D=6$，仅改变非扩体锚固段的长度即长径比 T/D，设计了 6 根水平扩体锚杆的模型试验，以探究改变长径比 T/D 对扩体锚杆承载特性的影响；

设计方案即表 2 中的 1～6 项。

模型试验结果的 Q-S 曲线如图 7 所示：对比 6 条 Q-S 试验曲线可以发现，在较小拉拔位移条件下，不同长径比下的水平扩体锚杆 Q-S 曲线均呈现不同斜率的线性增长，其中随着长径比的增大所对应的水平扩体锚杆承载力相应增大；随着拉拔位移的持续增加，长径比 T/D 大于 8 与小于 8 的水平扩体锚杆的承载特性出现明显的区别，当 $T/D=6$ 时，随着拉拔位移的持续增大，其 Q-S 曲线出现屈服增长阶段和衰退阶段，可以推断出：水平扩体锚固段的前端砂土发生了整体剪切破坏的情况，呈现出加载软化特性。当 $T/D=10$、12、14、16 时，随着拉拔位移的持续增大，其 Q-S 曲线整体呈现非线性持续增长，可分为屈服增长阶段和增长强化阶段，可以推断出：水平扩体锚杆的扩体锚固段前端的砂土被挤密，呈现出加载硬化特性。当 $T/D=8$ 时，随着拉拔位移的持续增大，其 Q-S 曲线先出现屈服增长阶段，其后表现为平缓发展，说明在模型试验条件下，长径比 $T/D=8$ 时，水平扩体锚杆的承载力变化处于一个过渡阶段。进而可以认为，在本模型试验条件下，从 Q-S 曲线形态判断 $T/D=8$ 近似作为水平扩体锚杆的临界长径比的参考值。

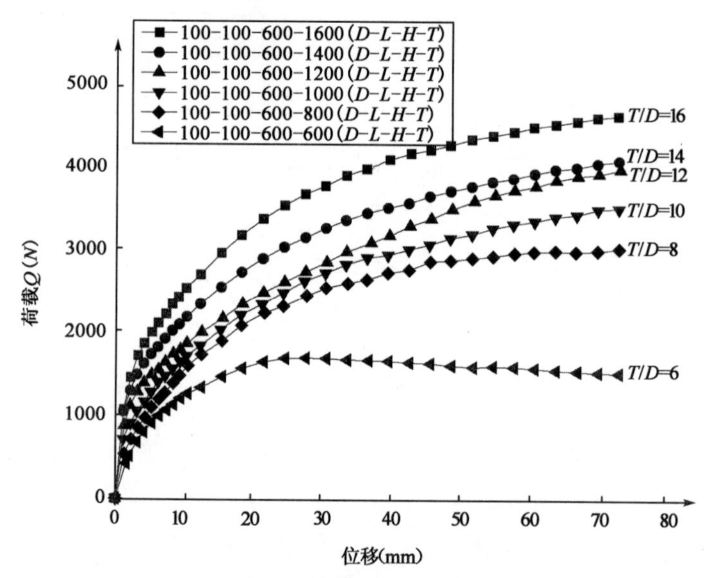

图 7　不同长径比的水平扩体锚杆 Q-S 试验曲线($H/D=6$)

D-扩体锚固段直径；L-扩体锚固段长度；H-上覆土层厚度；T-非扩体锚固段长度

整理图 7 中的试验数据，选取拉拔位移 $S=0.2D$ 即 $S=20$mm 时不同长径比 T/D 下的承载力值进行对比分析，如表 3 所示。对比 $T/D=6$ 与 $T/D=12$ 的承载力比值，发现在此拉拔位移条件下，长径比增大一倍所对应的承载力提高 50%左右；同时观察图 7 中 Q-S 曲线可以发现，对于拉拔位移 $S=0.2D$ 时，长径比 $T/D=6$ 小于临界长径比的承载力为最大值阶段，而长径比 T/D 大于等于临界长径比的水平扩体锚杆的承载力并没有达到最大值，并且随着拉拔位移的增大将会继续增加。综上可知，长径比 T/D 的取值对水平扩体锚杆的极限承载力影响较大。

不同长径比的承载力对比表(位移 $S=0.2D$)　　表 3

长径比 T/D	6	8	10	12	14	16
承载力(N)	1650	2240	2344	2482	2892	3368
承载力比值 $Q/Q_{(T/D=6)}$	1	1.36	1.42	1.5	1.75	2.04

3.3 水平扩体锚杆扩体锚固段直径 D 的影响

为了探究扩体锚固段直径对水平扩体锚杆承载力的影响，本模型试验选取了不同埋深（H=200mm、H=450mm、H=600mm、H=950mm、H=1250mm）且有代表性的5组工况，每组工况均设定了影响水平扩体锚杆承载力的其他因素，仅改变扩体锚固段的直径 D（40mm、60mm、80mm、100mm）。具体试验方案为表2中3项、7～20项以及29～32项等数据。

汇总5组工况下水平扩体锚杆极限承载力的数据，见表4～表8，研究了不同埋深条件下扩体锚固段直径变化对水平扩体锚杆极限承载力的影响，可以发现，相同条件下，增大直径可以大幅提升扩体锚杆的承载力，并且随着水平扩体锚杆的埋设深度的增大，增大扩体锚固段的直径对极限承载力的提高效果更大；整合表4～表8极限承载力比值与扩体锚固段直径比的数值可得图8。由图8可知：在本试验的拉拔位移条件下，水平扩体锚杆承载力比与扩体锚固段直径比近似呈正比增长关系；且对比5条直线的斜率，发现上覆土层厚度 H 较大时，其直线斜率相对较大，即同样增大扩体锚杆直径，则其相应的承载力增长速率较快。观察图8不同直线的斜率变化可以发现，当深径比 $H/D>6$ 后，直线斜率趋于定值，说明当深径比 H/D 大于6时，水平扩体锚杆承载力与扩体锚固段直径呈一定比例正相关增长。

扩体锚固段直径对极限承载力影响（H=200mm，T=1000mm） 表4

扩体锚固段直径 D(mm)	D/D_{40}	极限承载力 Q(N)	$Q/Q_{(D=40)}$
40	1	470	1
60	1.5	550	1.17
80	2	673	1.43
100	2.5	928	1.97

扩体锚固段直径对极限承载力影响（H=450mm，T=1000mm） 表5

扩体锚固段直径 D(mm)	D/D_{40}	极限承载力 Q(N)	$Q/Q_{(D=40)}$
40	1	999	1
60	1.5	1313	1.31
80	2	2317	2.32
100	2.5	2656	2.65

扩体锚固段直径对极限承载力影响（H=600mm，T=1000mm） 表6

扩体锚固段直径 D(mm)	D/D_{60}	极限承载力 Q(N)	$Q/Q_{(D=40)}$
60	1	1788	1
80	1.33	2530	1.41
100	1.67	3504	1.96

扩体锚固段直径对极限承载力影响（H=950mm，T=1000mm） 表7

扩体锚固段直径 D(mm)	D/D_{40}	极限承载力 Q(N)	$Q/Q_{(D=40)}$
40	1	2264	1
60	1.5	3753	1.66
80	2	5625	2.48
100	2.5	7065	3.12

扩体锚固段直径对极限承载力影响（H=1250mm，T=1000mm）　表 8

扩体锚固段直径 D(mm)	D/D_{40}	极限承载力 Q(N)	$Q/Q_{(D=40)}$
40	1	2685	1
60	1.5	4851	1.81
80	2	6874	2.56
100	2.5	8291	3.1

3.4　水平扩体锚杆扩体锚固段长度 L 的影响

为了探究扩体锚固段长度对水平扩体锚杆承载力的影响，本模型试验选取了不同埋深（H=200mm、H=450mm、H=950mm、H=1250mm）且有代表性的 4 组工况，固定其他影响因素，仅改变扩体锚固段的长度 L（100mm、200mm、300mm）。具体试验方案为表 2 中 16、17 项以及 19～28 项等数据。在拉拔位移作用下，其中扩体锚固段长度较长的，其承载力较大。分析认为：在弹性上升阶段，对于扩体锚固段较长的锚杆，锚周土体所提供的侧摩阻力较大；在屈服上升阶段，随着拉拔位移的增大，扩体锚固段较长的锚杆的塑性影响区也随之增大，从而锚周土体所提供的抗力也较大。

汇总水平扩体锚杆在拉拔位移范围内的极限承载力值，见表 9～表 12。分析了不同埋深下扩体锚固段长度变化对水平扩体锚杆极限承载力的影响，从表 9～表 12 汇总数据中可得到水平埋设的扩体锚杆承载力比与扩体锚固段长度比的关系，如图 9 所示。水平扩体锚杆承载力与扩体锚固段长度呈正相关增长关系；但随着扩体锚杆上覆土层厚度增大，扩体锚固段长度增大对锚杆承载力提高的影响逐渐降低。

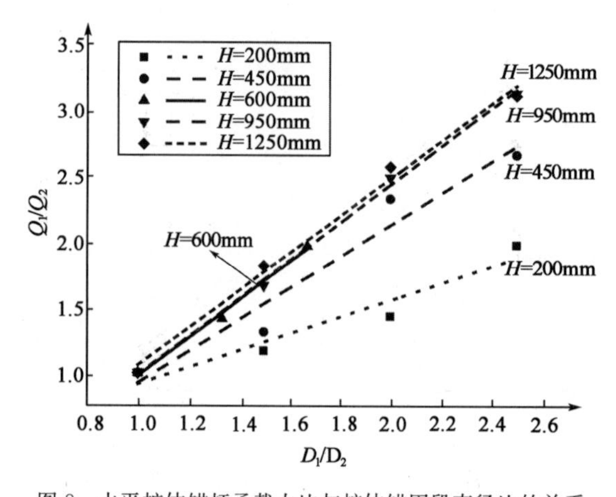

图 8　水平扩体锚杆承载力比与扩体锚固段直径比的关系

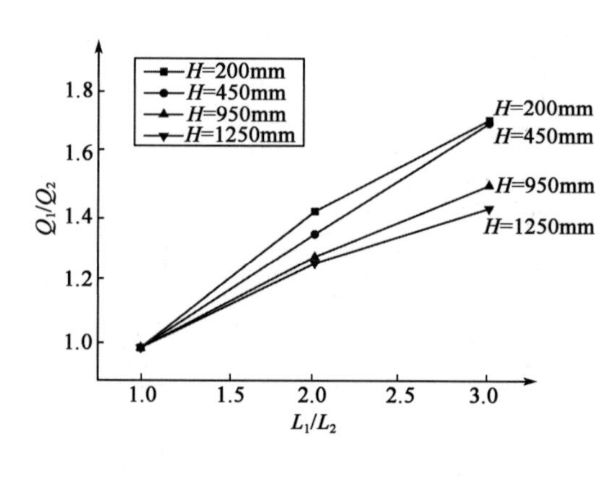

图 9　水平扩体锚杆承载力比与扩体锚固段长度比的关系

扩体锚固段长度对极限承载力影响（H=200mm，T=1000mm）　表 9

扩体锚固段长度 L(mm)	L/L_{100}	极限荷载值 Q(N)	$Q/Q_{(D=60)}$
100	1	323	1
200	2	459	1.42
300	3	551	1.7

扩体锚固段长度对极限承载力影响(H=450mm,T=1000mm)　　表 10

扩体锚固段长度 L(mm)	L/L_{100}	极限荷载值 Q(N)	$Q/Q_{(D=60)}$
100	1	1313	1
200	2	1774	1.35
300	3	2219	1.69

扩体锚固段长度对极限承载力影响(H=950mm,T=1000mm)　　表 11

扩体锚固段长度 L(mm)	L/L_{100}	极限荷载值 Q(N)	$Q/Q_{(D=60)}$
100	1	3753	1
200	2	4798	1.28
300	3	5611	1.50

扩体锚固段长度对极限承载力影响(H=1250mm,T=1000mm)　　表 12

扩体锚固段长度 L(mm)	L/L_{100}	极限荷载值 Q(N)	$Q/Q_{(D=60)}$
100	1	4851	1
200	2	6123	1.26
300	3	6959	1.43

图 8 中改变扩体锚固段直径对锚杆承载力提高幅度最小的为表 4 中的浅埋扩体锚杆，其中当扩体锚固段直径增大 100%时所对应的承载力提高 43%、当扩体锚固段直径增大 150%时所对应的承载力提高 97%；图 9 中改变扩体锚固段长度对锚杆承载力提高幅度最大的为表 9 中的扩体锚杆，其中当扩体锚固段长度增大 100%时所对应的承载力提高 42%、当扩体锚固段长度增大 200%时所对应的承载力提高 70%，可以认为长度增大 150%时所对应的承载力提高比例应小于 70%。因此对比可以发现，扩体锚固段的尺寸提高相同比例，直径对应承载力的提高比例更大，由此可见：增大扩体锚固段直径比增大扩体锚固段长度对水平扩体锚杆承载力的提高效果明显。

对比分析图 8 与图 9 中的线段斜率可以发现：扩体锚杆的上覆土层厚度越大，则随着扩体锚固段直径增大对应水平扩体锚杆的承载力的提高效果越明显，反观扩体锚杆的上覆土层厚度越大，随着扩体锚固段长度增大对应水平扩体锚杆的承载力提高效果却削弱。

4　结语

通过对砂土中水平扩体锚杆的 32 个模型试验研究，分析了不同深径比 H/D、不同长径比 T/D、扩体锚固段直径 D 及长度 L 的变化对水平扩体锚杆承载力的影响，得到以下结论：

(1)在保持非扩体锚固段长度 T 及扩体锚固段直径 D 及长度 L 不变的条件下，研究深径比 H/D 对水平扩体锚杆承载力的影响；分析不同深径比(H/D=2～20.83)的 15 个扩体锚杆 Q-S 试验曲线，得出在本试验条件下，水平扩体锚杆的临界深径比 H/D 约为 5.6；为保证水平扩体锚杆处于安全工作状态，建议深径比 H/D 应该大于 5.6。

(2)对于水平扩体锚杆，固定深径比 H/D=6 的条件下，分析不同长径比(T/D=6～16)的扩体锚杆 Q-S 试验曲线，得出在本试验条件下，水平扩体锚杆的临界长径比 T/D 约为 8。

(3)保持水平埋设扩体锚杆的上覆土层厚度 H、非扩体锚固段长度 T 及扩体锚固段长度 L 不变的试验条件下，改变扩体锚固段直径发现：水平扩体锚杆的承载力与扩体锚固段直径呈现正相关增长，且扩体锚固段的埋设深度越大，提高扩体锚固段直径 D 对其承载力 Q 的提高效果越明显。

(4)保持水平扩体锚杆的上覆土层厚度 H、非扩体锚固段长度 T 及扩体锚固段直径 D 不变,改变扩体锚固段长度 L 发现:水平扩体锚杆承载力随着扩体锚固段长度的增加而增大;但是随着扩体锚固段的上覆土层厚度的增大,增加扩体锚固段长度对锚杆承载力提高效率明显降低;同时对比分析发现,对于相同埋设深度的水平扩体锚杆,增大扩体锚固段直径 D 比增大扩体锚固段长度 L 对水平扩体锚杆承载力的提高效果更为明显。

参考文献

[1] Hsu S T. Elucidating the uplift behavior of underreamed anchor groups in sand[C]// Instrumentation, Testing, and Modeling of Soil and Rock Behavior. ASCE, 2011: 9-16.

[2] Walz B. Bodenmechanische modelltechnik als mittel zur bemessung von grundbauwerken[J]. Forschungs-und Arbeitsberichte im Bereich Grundbau, Bodenmechanik und unterird. Bauen Univ. GH Wuppertal. Nr, 1982, 1: 5. 45-90.

论砂卵石地层土压平衡盾构掘进土舱压力及地层变形控制原则

李承辉　汪大海　贺少辉

（北京交通大学）

摘　要　本文在研究与分析砂卵石地层特性和盾构机类型及主要技术参数配置的基础上，针对前期施工过程中出现的土舱压力实际控制状况，以一段区间隧道作为工程依托，综合运用理论计算、三维数值模拟方法与手段，深入地研究与分析了土压平衡盾构施工的土舱压力对地表沉降控制的关键作用，确定了土压平衡盾构施工土舱压力与地表沉降控制的原则与措施。

关键词　砂卵石地层　土压平衡盾构　土舱压力　地层变形　控制原则

1　地层特性

兰州市城市轨道交通1号线一期工程场地位于青藏高原东北缘地貌阶梯带附近，大地构造属祁连山褶皱系中祁连隆起带的东段。

工程区土层划分为：第四系全新统人工填土，(1-1)杂填土；第四系全新统冲积地层，(2-1)黄土状土，(2-10)卵石；第四系下更新统冲积地层，(3-11)卵石。盾构区间主要穿越的地层为(2-10)卵石、(3-11)卵石。

1.1　颗粒级配

砂卵石层(2-10)和(3-11)总的颗粒级配特征是：大粒径卵石（漂石）相对较少，未胶结或微胶结，盾构掘进切削扰动易坍塌。具体颗粒级配情况如下：

(2-10)卵石层漂石、卵石含量占55%～70%，一般粒径20～60mm，漂石含量较少，最大粒径可达500mm及以上；粒径2mm及以下的细颗粒含量（即地层的含砂率）约为22%。

(3-11)卵石层漂石、卵石含量占55%～70%，一般粒径20～50mm，漂石含量较少，最大粒径可达450mm及以上；粒径2mm及以下的细颗粒含量（即地层的含砂率）约为21%。

从上述颗粒级配特征可以看出，该2层为含有土压平衡盾构机螺旋输送机不能直接排出的大粒径漂石，且含砂率低（即渣土改良难以达到预想效果）的砂卵石层。

1.2　地层物理力学参数

(2-10)卵石层及(3-11)卵石层覆土厚度、重度、泊松比、黏聚力以及内摩擦角参数见表1。

砂卵石地层物理力学参数取值　　表1

土层编号	土层名称	土层厚度(m)	重度(N/m^3)	黏聚力c(kPa)	内摩擦角(°)	泊松比	变形模量(MPa)
2-10	卵石层	14.7	23.0	0.0	35	0.25	45.0
3-11	砂卵石层	地勘钻孔未穿透该层	250	15.0	43	0.23	50.0

1.3 地层开挖后的松散系数

地层开挖后的松散系数是土压平衡盾构施工出渣(土)量控制的关键物性参数。科研组在马滩站基坑开挖过程中,进行了(2-10)和(3-11)砂卵石层松散系数的现场原位试验测定,结果见表 2。根据试验结果,土压平衡盾构施工宜按松散系数为 1.23 进行出渣(土)量控制。

松 散 系 数 表 2

测试深度	试验坑体积(cm^3)	开挖后的松散体积(cm^3)	松散系数	平均值
15m	15200.00	19200.00	1.26	1.23
	16000.00	19200.00	1.20	
	15600.00	19200.00	1.23	

2 盾构刀盘类型及主要技术参数

兰州市轨道交通 1 号线 1 期工程采用铁建重工制造的 ZTE6410 面板式刀盘土压平衡盾构机施工,盾构机刀盘构造及刀具布置如图 1 所示。盾构机主要技术参数如下:

刀盘直径 6440mm,刀盘开口率为 33%;螺旋输送机直径 920mm;最大总推力约为 42575kN,并有安全余量;推进油缸回路设计最大推进速度为 80mm/min;刀盘的额定扭矩为 5787kN·m;刀盘的脱困扭矩为 7345kN·m;推进千斤顶控制方式:分区控制(4 区:上、下、左、右);主轴设计使用寿命 10000h。

a)刀盘立面图

b)刀盘侧面图

图 1 土压平衡盾构机刀盘构造及刀具布置图

面板式刀盘具有以下优点:①推进过程的面板压力对开挖面能起到一定的稳定作用;②面板式刀盘对大粒径卵石破碎能力较强。但其缺点也很明显,一是需要装备比辐条式更大的刀盘扭矩,二是难以建立足够的土舱压力以满足保压掘进,三是刀具和面板的磨损严重。

其中刀盘扭矩的配备是面板式刀盘的主要关注问题,因为刀盘扭矩关系着土压平衡盾构土舱压力能否顺利建立。

大量盾构隧道工程实践表明,盾构机装备的刀盘额定扭矩与盾构直径的相关性极大,两者之间存在式(1)所示的经验关系[1-3]:

$$M = \alpha \times D^3 \tag{1}$$

式中:M——刀盘装备的额定扭矩;

D——刀盘外径;

α——扭矩系数。

盾构在砂卵石地层中掘进，其扭矩系数取值应不小于23；对于面板式刀盘盾构，其扭矩系数取值宜达25。若扭矩系数取23，则刀盘装备的额定扭矩为6188.97kN·m；若考虑到刀盘为面板式，扭矩系数取25，则刀盘装备的额定扭矩应为6727.14kN·m。而1号线一期工程所采用的盾构机的刀盘额定扭矩为5787kN·m，因此，盾构机的刀盘额定扭矩的配备存在不足。

3　土舱压力与地表沉降控制三维数值模拟

以一区间隧道（该区间隧道的覆土厚度为10.6～14.4m）为例，分析论述砂卵石地层土压平衡盾构土舱压力对地表沉降控制的关键作用。

3.1　保压掘进土舱压力计算

在砂卵石地层中，土压平衡盾构保压掘进所需土舱压力应满足以下要求[1]：

$$P_a + P_w \leqslant P + P_w \leqslant P_p + P_w \tag{2}$$

式中：P_a——主动土压力；

P_w——水压力；

P——土舱压力；

P_p——被动土压力。

土压力的计算一般采用全土柱计算或塌落拱理论计算。两种方法的主要区别在于竖直土压力计算的不同。

采用全土柱计算土压力方法见式(3)[4-6]：

$$\begin{cases} p_{ak} = (\sigma_{ak} - u_a)K_{a,i} - 2c_i\sqrt{K_{a,i}} + u_a \\ p_{pk} = (\sigma_{pk} - u_p)K_{p,i} + 2c_i\sqrt{K_{p,i}} + u_p \end{cases} \tag{3}$$

式中：p_{ak}——第i层土中计算点的主动土压力强度标准值；

σ_{ak}、σ_{pk}——计算点的土中竖向应力标准值；

$K_{a,i}$、$K_{p,i}$——第i层土的主动土压力系数、被动土压力系数；

c_i——第i层土的黏聚力；

p_{pk}——第i层土中计算点的被动土压力强度标准值；

u_a、u_p——计算点的水压力。

而塌落拱理论假设盾构掘进过程中，土层会在一定范围内形成塌落拱，如图2所示。计算点处竖直土压力按照此范围内覆土重量计算，见式(4)[7-8]。

$$\begin{cases} P = \dfrac{B_1(\gamma - c/B_1)}{\tan\varphi} g(1 - e^{-\tan\varphi gH/B_1}) + P_0 g e^{-\tan\varphi gH/B_1} \\ B_1 = R_0 \cot\dfrac{\pi/4 + \varphi/2}{2} \end{cases} \tag{4}$$

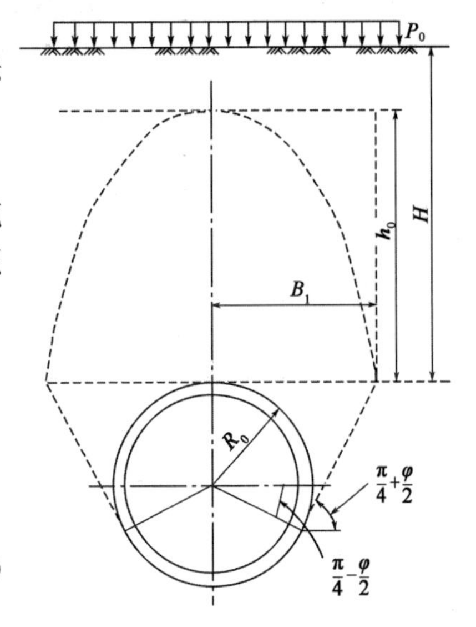

图2　塌落拱形成示意图

式中：P——拱顶竖直土压力；

R_0——隧道外径；

φ——土体内摩擦角；

c——土体黏聚力；

γ——土体重度；

P_0——地面超载(取 20kPa)。

采用两种方法计算所得主动土压力与被动土压力见表 3。

全土柱方法与塌落拱理论计算所得土压力　　表 3

计算依据理论	隧道埋深(m)	计算位置	按全土柱计算上覆土重得到的侧土压力(0.1MPa)	考虑塌落拱效应计算上覆土重得到的侧土压力(0.1MPa)
朗肯主动土压力	10.6	土舱上/中/下土压	0.8411/1.2551/1.6891	0.4813/0.8953/1.3293
	12.4	土舱上/中/下土压	1.0731/1.5071/1.9411	0.6159/1.0499/1.4839
	14.4	土舱上/中/下土压	1.3531/1.7871/2.2211	0.7805/1.1705/1.6485
朗肯被动土压力	10.6	土舱上/中/下土压	7.6047/9.0907/10.5167	4.3665/5.8525/7.2785
	12.4	土舱上/中/下土压	8.4927/9.9187/11.3447	4.3776/5.8036/7.2296
	14.4	土舱上/中/下土压	9.4127/10.8387/12.2647	4.2593/5.2893/7.1113

3.2 三维数值计算模型

采用 FLAC3D 软件进行土压平衡盾构土舱压力对地表沉降控制的关键作用的三维数值模拟，所建立的模型如图 3 所示，数值模型中各地层的物理力学参数取值如表 1 所示。

图 3　三维数值计算模型图

盾构掘进的支护系统主要包括盾构掘进过程中土舱压力对掌子面的支撑作用、盾壳对地层的前期支护、管片对地层的后期支护、同步注浆层对地层损失的填充作用。盾壳、管片、同步注浆层的参数取值见表 4。

支护系统参数取值　　表 4

支护系统	弹性模量		泊松比
盾壳	200GPa		0.3
管片	27GPa		0.3
注浆层	浆液未凝结	浆液凝结	0.3
	7.0MPa	35.0MPa	

为研究土舱压力对地表沉降的控制作用，取四种状态下(伪压掘进、严重欠压掘进、一般欠压掘进、保压掘进)的土舱压力进行研究，四种状态下的土舱压力取值见表 5。

不同掘进状态土舱压力取值　　表 5

掘进状态		土舱上土压力(0.1MPa)	土舱下土压力(0.1MPa)
伪压(半舱土)掘进		0.0	0.4
欠压掘进	严重欠压掘进	0.2	0.4
	一般欠压掘进	0.3	0.7
保压掘进		0.7805	1.6485

3.3 盾构掘进模拟过程

土压平衡盾构掘进过程分为三个阶段，第一阶段为刀盘开挖土体，此时由土舱压力、盾壳提供支护作用，第二阶段为管片安装并进行背后同步注浆，此时由管片及浆液提供支护，第三阶段壁后注浆浆液凝结，土体应力完全释放。

在数值模拟过程中，由于第一阶段土体应力未完全释放，且此时由盾壳对土体进行支护，刚度很大，参考对比北京地铁及成都地铁相关方法，在第一阶段开挖过程中应力释放 50%；第二阶段、第三阶段应力完全释放，管片及注浆层如前所述由弹性单元构成，浆液尚未凝结时弹性模量较小，浆液凝结后弹性模量按照凝结后水泥砂浆强度取值。

3.4 三维数值计算结果分析

三维数值计算结果显示，伪压掘进状态，地表沉降最大，达到 41mm 左右；其次为严重欠压掘进状态，达到 35mm；再次为一般欠压掘进状态，达到 26mm；而保压掘进状态沉降最小，沉降为 14mm。不同掘进状态地表沉降值对比如图 4 所示。由此可知，土舱压力对地表沉降的控制具有关键作用，其表现为减小对地层的扰动，相应地减小了地表沉降。

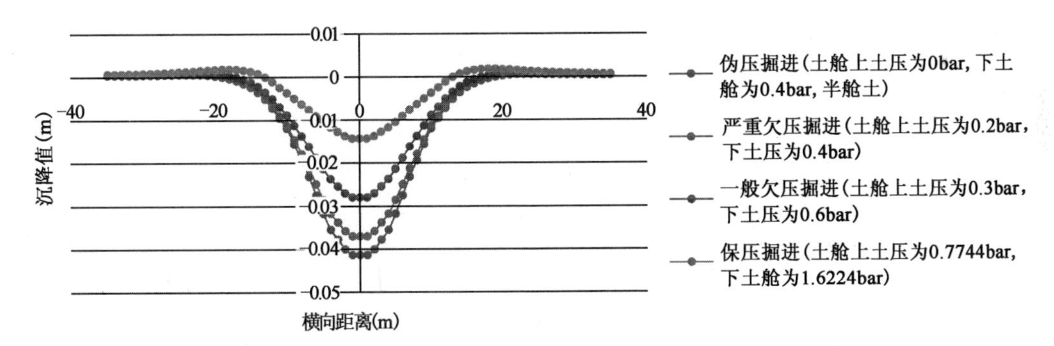

图 4　四种土舱压力状态地表沉降值对比

土舱压力对地表沉降的控制作用还表现为控制掌子面前方土体的先期变形。伪压掘进状态，盾构到达以前，掌子面前方地表沉降发展 40%左右；严重欠压掘进状态，盾构到达以前，掌子面前方地表沉降发展 38%左右；一般欠压掘进状态，盾构到达以前，掌子面前方地表沉降发展 35%左右；保压状态，盾构到达以前，掌子面前方地表沉降发展 30%左右。

4　施工控制措施

富水、强渗透性砂卵石地层土压平衡盾构施工地表沉降/地层扰动控制应该遵循“建土压、防喷涌、控出渣(土)、严同步、探空洞、快速补”18 字原则。

“建土压”是指建立土舱压力掘进，原则上应该要保压掘进，即土舱压力应不小于按全土柱理论或塌落拱理论计算的朗金主动土压力+地下水压力；但是，如前面所论述，盾构机所装备的刀盘额定扭矩存在不足，客观上在施工过程中做不到保压掘进，只能强调建立一定的土舱压力进行盾构掘进，不应发生严重的欠压掘进（土舱上土压力很小），不得出现伪压掘进（土舱上土压力为零，即半舱土状态）。

“防喷涌”是指应做好富水砂卵石地层盾构掘进的渣土性能改良，使渣土成为渗透系数很低的近似“单相”状态的流塑体。

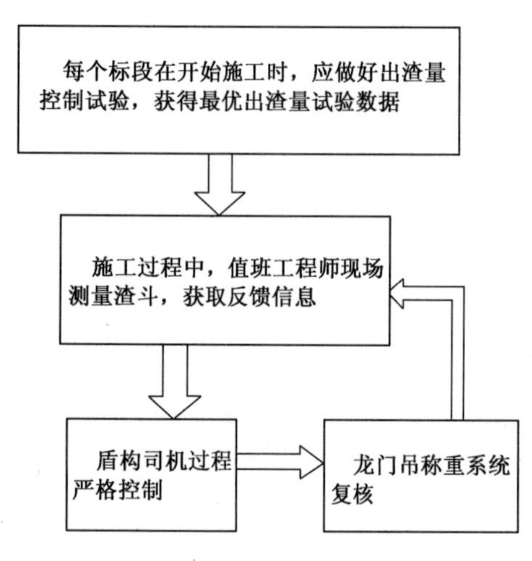

图5　盾构掘进出渣量控制流程框图

“控出渣（土）”是指应按照试验测定的砂卵石地层松散系数，按图5所示框图严格控制出渣量，防止超排。

“严同步”是指严格按照施工前所进行的盾构掘进难易性组段划分结果，做好同步注浆。

“探空洞”是指对具有超挖或超排的可疑区段，应采用自地面进行的深层探测和洞内地质雷达等手段，快速探测因超挖或超排而在管片衬砌环背后造成的空洞。

“快速补”是指对于探测出管片衬砌环背后存在空洞和地层疏松的区段，应快速二次补注浆充填空洞。

“严同步、探空洞、快速补”是考虑到砂卵石地层往往因欠压掘进产生超挖或超排而致使在管片衬砌背后造成一定体积的空洞，为及时填充空洞，避免地表沉降和周边建（构）筑物变形超限，甚或引起突发性地表塌陷，一方面，应最大限度地发挥盾构机的同步注浆能力；另一方面，应采用自地表埋设的深层沉降监测点和洞内地质雷达的综合技术，快速探测出空洞的状态，并快速地二次补注浆充填。

基于砂卵石地层土压平衡盾构土舱压力对地表沉降控制作用的分析，提出以下施工措施：

（1）盾构若不能保压掘进，则难以实现盾构掘进引起的地表沉降不超过地表沉降控制标准的目标；如确因盾构机刀盘额定扭矩装备不足，也不得出现严重欠压掘进状态，盾构机的土舱压力应不低于0.03MPa，即保持前面所模拟的一般欠压掘进状态，并应通过加强同步注浆和二次补注浆来切实填充超挖量。

（2）对于覆土厚度小于1.5D（盾构隧道管片衬砌环外径）的浅覆土段，尤其是1.0D的超浅覆土段施工，还需强调保压掘进，或者接近保压掘进状态；否则，肯定在刀盘上方、前方产生塌腔，甚或引起突发性地表塌陷；如实因机械装备能力不足，则应做好地表突发性塌陷警戒，并预先采取好地表突发性塌陷的应急处理措施。

（3）对于深覆土区段盾构欠压掘进，首先，应基于地层的松散系数计算出理论出渣量，完善出渣控制办法，严格控制好出渣量；同时，加强同步注浆和二次快速补浆，目标是在管片衬砌环脱出盾尾后，在砂卵石地层变形与移动加速阶段之前，及时弥补地层损失。

（4）做好施工过程盾构掘进扰动范围，特别是管片衬砌环背后地层疏松或空洞的综合探测与监测是关键；只有及时地探测出来了，才能目标明确、有的放矢地采取控制与处理措施；由于砂卵石地层变形的滞后性和突发性特点，仅通过地表浅层测点的沉降监测，并不能很好地控制地层变形与移动引发的施工安全风险，更谈不上可以规避。因此，1号线一期工程的盾构施工，在关键区段、关键部位，应采用从地面埋设深层沉降测点监测和洞内地质雷达探测相结合的综合方法与技术，做好管片衬砌环背后存在地层疏松或空洞的快速探测与识别。

参考文献

[1] 乐贵平,贺少辉,罗富荣,等. 北京地铁盾构隧道技术[M]. 北京:人民交通出版社,2012.

[2] 贺少辉. 地下工程[M]. 北京:北京交通大学出版社,清华大学出版社,2008.

[3] David M. Potts, Lidija Zdravkovic. Finite element analysis in geotechnical engineering-theory[M]. London: Thomas Telford Publishing, 1999.

[4] 徐俊杰. 土压平衡盾构施工引起的地表沉降分析[D]. 成都:西南交通大学, 2004.

[5] 郭玉海. 大直径土压平衡盾构引起的地表变形及掘进控制技术研究[D]. 北京:北京交通大学, 2014.

[6] 周尚荣. 砂砾地层土压平衡盾构施工地表沉降分析与控制[D]. 长沙:中南大学,2010.

[7] 韩日美,宋战平,谢永利,等. 土压平衡盾构土仓压力对地表沉降的影响[J]. 长安大学学报(自然科学版),2010,01:59-62+99.

[8] 滕栋. 土压平衡盾构隧道施工引起的地面沉降三维数值模拟[D]. 北京:中国地质大学,2012.

地基土参数与扩体锚杆力学性质影响关系的数值模拟研究

郭　钢[1,2]　刘　钟[1,2]　薛子洲[1,2]　贾玉栋[1,2]　贾玉正[2]

（1.中冶建筑研究总院有限公司　2.中国京冶工程技术有限公司）

摘　要　近年来，在城镇化建设、地下工程加速发展的背景下，扩体锚固技术以其承载力高、变形量小、耐久性强等力学和物理性质在众多岩土工程稳定技术中崭露头角。加之在工程实践中具备了施工效率高、综合成本低等优势，扩体锚固技术在国内得到了广泛的工程应用和同行业者的认可。为了详细研究扩体锚杆的锚-土作用关系，在室内砂土地基模型试验的基础上建立了有限元数值模型，通过变换地基土数值模型的莫尔—库仑本构参数，探讨了锚周土体参数与锚杆承载力及锚周破坏体形态之间的影响关系，为进一步研究扩体锚杆的承载力学特性打下了良好的基础。

关键词　扩体锚杆　模型　数值模拟　承载力　位移　黏聚力　内摩擦角

1　引言

为应对地下工程发展中所遇到结构稳定方面的难题，近几年岩土锚固工程领域出现的承压型囊式扩体锚杆技术有效地解决了建筑基坑支护、建筑地下空间抗浮等工程中岩土锚杆抗拔力不足和锚杆结构易腐蚀等问题[1-2]。目前这种技术在国内已经得到了百余项的工程应用[3-6]，形成了囊式扩体锚杆产业，并得到了同行业者及业内专家的广泛认可。

承压型囊式扩体锚固技术是采用机械切削或者水力切割对锚杆钻孔进行底部扩径，然后将承压型囊式扩体锚杆安放于锚孔内，对锚杆囊体注浆完成后，可选择对锚孔进行补浆以提高孔内注浆结石体强度。经实践，锚杆囊袋内注浆结石体 7 天强度超过 40MPa。并且锚杆的特殊结构可将结构体传来的拉拔力转化成压应力作用于锚杆结石体上，充分发挥注浆结石体的抗压强度，防止结石体开裂，进而提高锚杆的防腐性能与耐久性。

综上所述，承压型囊式扩体锚固技术具有承载力高、变形量小、防腐耐久、高效经济等特点。近年来已有学者和工程技术人员对这种锚杆的力学行为进行过研究[7-12]，但是这些研究主要限于砂土地基中锚杆的承载性能，而这些研究结论不能解释所有服役条件下扩体锚杆的力学表现。为此，本文采用有限元数值模拟方法，通过变换锚周土体的莫尔—库仑参数，对不同地基土中扩体锚杆的承载能力进行了研究。

2　数值分析的试验基础

本文采用的有限元数值模拟方法是基于扩体锚杆的承载性能模型试验研究成果的基础上。试验采用的扩体锚杆模型，普通锚固段部分采用直径为 8mm 的直螺杆，扩体锚固段部分采用不同尺寸、表面带有浅螺纹的钢制空心圆柱体。为了对锚杆模型施加竖直、稳定的拉拔力，试验采用了自行研制的手摇式加载车，如图 1 所示。

模型试验的几何相似比为 1∶10，试验采用干石英中砂，分层砂雨法[13]所制备的地基土模

a)

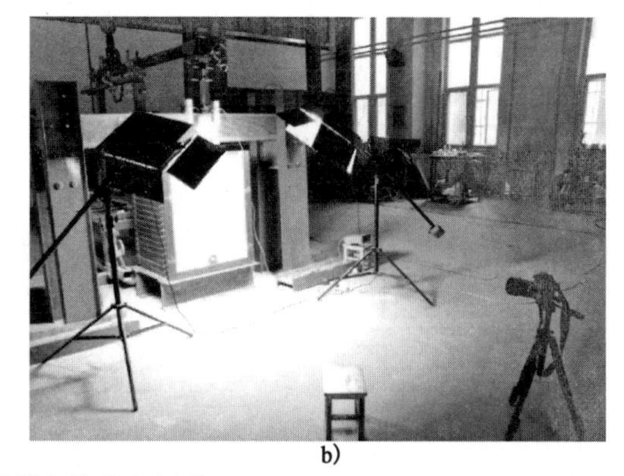
b)

图 1　承压型囊式扩体锚杆模型试验现场

型的物理力学指标如表 1 所示。

模拟地基的物理力学参数表　　　　表 1

密度 (g/cm³)	含水率 (%)	干密度 (g/cm³)	比重	最大干密度 (g/cm³)	最小干密度 (g/cm³)
1.49	0.0	1.49	2.67	1.60	1.30
相对密度	内聚力 (kN/m²)	内摩擦角 (°)	泊松比	不均匀系数	—
0.673	0.0	40.0	0.26	1.9	—

模型试验系统地考虑了扩体锚杆的埋深 H(扩体锚固段顶面至地基土表面的距离)、扩体锚固段直径 D(下文简称直径)和扩体锚固段长度 L(下文简称长度),不同扩体锚固段直径的锚杆模型试验方案见表 2。

扩体锚杆模型试验方案　　　　表 2

序号	扩体锚固段长度 L(mm)	扩体锚固段直径 D(mm)	扩体锚杆埋深 H(mm)	扩体锚杆深径比 H/D
1	100	100	850	8.5
2	100	80	850	10.6
3	100	60	850	14.2
4	100	40	850	21.3

本文采用通用有限元程序 ADINA 进行扩体锚杆的数值模拟。锚杆与地基的数值模型均采用 9 节点实体单元。锚杆采用线弹性本构模型,模型材料参数为钢材,其物理力学参数如表 3 所示。地基土模型则采用莫尔—库仑理想弹塑性本构模型。所有土体材料参数采用模型试验砂土土工试验报告的实测值,如表 4 所示。

扩体锚固段模型参数表　　　　表 3

弹性模量 E(Pa)	泊松比 μ	密度 ρ(kg/m³)
2.1×10^{11}	0.2	7850

砂土地基模型参数表　　　　表 4

弹性模量 E(Pa)	泊松比 μ	密度 ρ(kg/m³)
3.57×10^{6}	0.26	1490
内摩擦角(°)	黏聚力(Pa)	膨胀角(°)
40	0	40

为了能够简化问题，并在计算过程中使计算模型具有良好的收敛性，在数值模型建立过程中忽略非扩体锚固段的影响。

为了与模型试验结果进行对比，并在此基础上针对不同地基土的力学参数对锚杆承载性能的影响进行分析，本文的数值模拟主要考虑了锚杆扩体锚固段直径 D、扩体锚固段长度 L、锚杆埋深 H、地基土黏聚力 c 和地基土内摩擦角 φ 等单因素影响，具体模拟方案见表 5。

扩体锚杆数值模拟方案 表 5

序号	地基土内摩擦角 φ(°)	地基土黏聚力 c(kPa)	扩体锚固段长度 L(mm)	扩体锚固段直径 D(mm)	扩体锚杆埋深 T(mm)
1	40	0.1	100	80	850
2	34	0.1	100	80	850
3	28	0.1	100	80	850
4	24	0.1	100	80	850
5	40	10	100	80	850
6	34	10	100	80	850
7	28	10	100	80	850
8	24	10	100	80	850
9	40	20	100	80	850
10	34	20	100	80	850
11	28	20	100	80	850
12	24	20	100	80	850

3 数值模拟结果分析

本文分析了单一尺寸的扩体锚杆在不同性质的地基土中的承载能力表现，所研究锚杆的扩体段直径为 80mm，扩体段长度为 100mm，锚杆埋深为 850mm。图 2 描绘了扩体锚杆分别在锚杆持力层的内摩擦角 φ 和黏聚力 c 变化条件下的荷载—位移曲线状态。

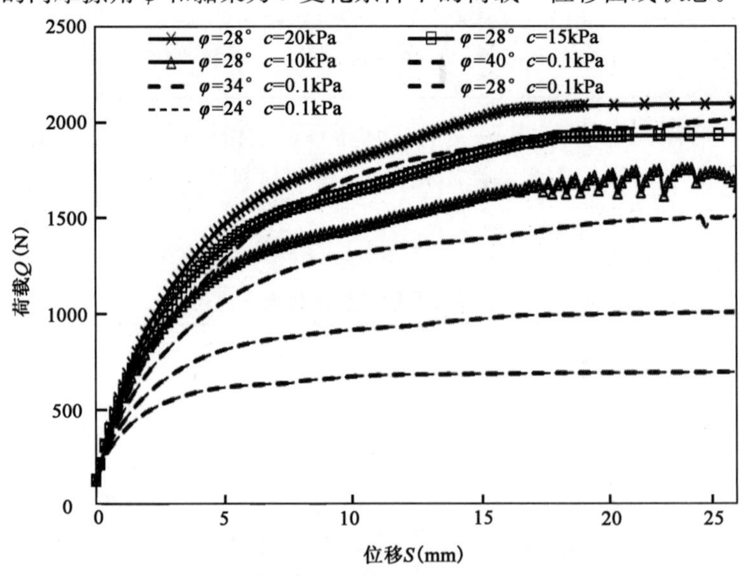

图 2 不同地基土中扩体锚杆荷载—位移（Q-S）曲线对比

根据图中曲线可以发现,持力层的黏聚力和内摩擦角值的变化对锚杆的承载性状影响较大,为了量化这一影响,表 6 列出了扩体锚杆在地基土内摩擦角 φ 分别为 24°、28°、34°和 40°,地基土黏聚力 c 分别在 0.1kPa、10kPa 和 20kPa 变化时的承载力及其对应位移的计算结果。

根据表 6 所列内容可以发现,在不同性质的地基土中,锚杆的极限承载力差别较大,而极限承载力所对应的位移分布于 16~20mm 区间内。这说明了扩体锚杆在不同性质土层中达到极限承载力时的拉拔位移相近。对于地基土内摩擦角对锚杆承载力的影响,以表 6 所列内容为依据,可以以 φ=24°的持力层中锚杆承载力为基础,分析在各种黏聚力 c 值条件下,内摩擦角分别为 28°和 34°的锚杆承载力提高幅度,并列于图 3 中。

不同地基土中扩体锚杆的承载力与对应位移 表 6

序号	地基土黏聚力 c(kPa)	地基土内摩擦角 φ(°)	极限承载力 Q_{un}(N)	对应位移 S_{un}(mm)
1	0.1	40	1940	19.4
2	0.1	34	1470	19.4
3	0.1	28	990	16.4
4	0.1	24	690	18.6
5	10	40	2224	16.4
6	10	34	2060	19.6
7	10	28	1670	17.2
8	10	24	1420	17.8
9	20	40	2993	16.7
10	20	34	2450	18.9
11	20	28	2060	16.1
12	20	24	1830	16.3

图 3 表明扩体锚杆的承载力会随着持力层内摩擦角的增大而升高,且其上升幅度不是定值,从图中的三条线段可以发现,黏聚力越小的土层中,扩体锚杆的承载力随内摩擦角值增加而提升的速度越快。

而对于地基土黏聚力对锚杆承载力的影响分析,可以用相同的方法,以黏聚力为 0.1kPa 的土层中锚杆承载力为基础,得到图 4。

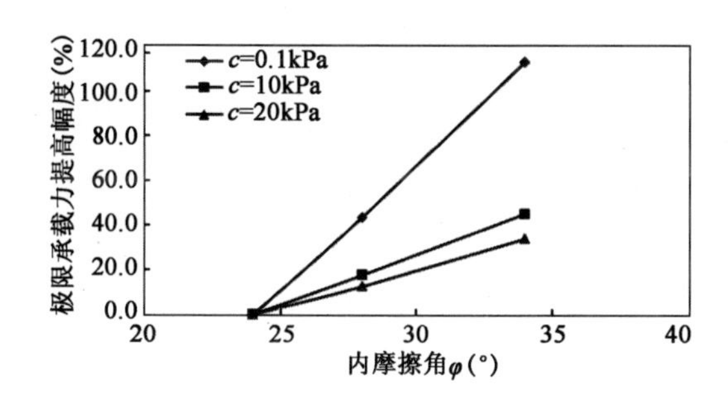

图 3 地基土内摩擦角变化对扩体锚杆承载力提高幅值的影响分析图

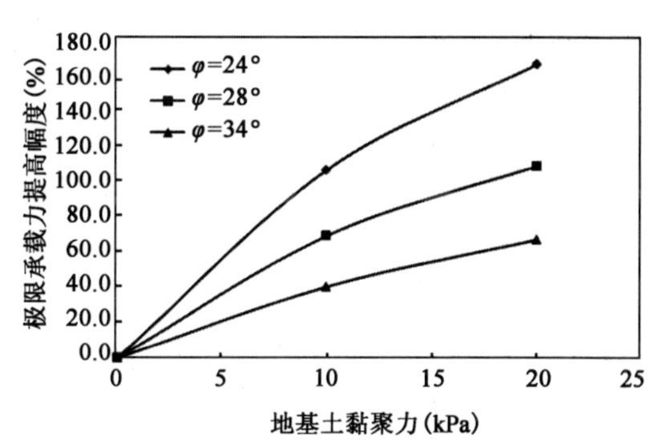

图 4 地基土黏聚力变化对扩体锚杆承载力提高幅度值的影响分析图

分析图 4 的内容可以发现，在地基土内摩擦角一定的情况下，扩体锚杆的承载力会随着持力层土体黏聚力呈近似于线性增加的趋势，然而土体内摩擦角越大，这一增加幅度越小。

因此，扩体锚杆持力层的地基土性质对锚杆承载力具有较大影响。在其他条件不变的情况下，扩体锚杆的承载力随着地基土的 c、φ 值近似呈正比关系线性单调变化。

数值模拟是分析模型内部锚周土体应力、应变情况的良好方法，并且这一功能是模型试验难以实现的。图 5 所示是扩体段直径为 80mm，扩体段长度为 100mm，埋深为 850mm 的扩体锚杆在不同参数的地基土中拉拔位移同为 24mm 时锚周土体破坏体包络线的形态对比图。

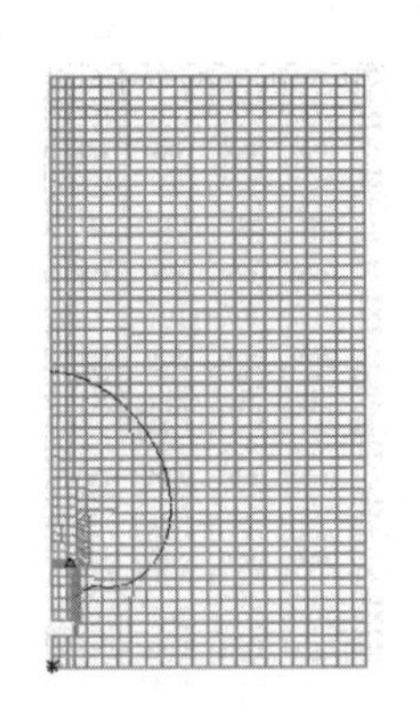

a) c=10kPa, φ=28°, 承载力1735kPa

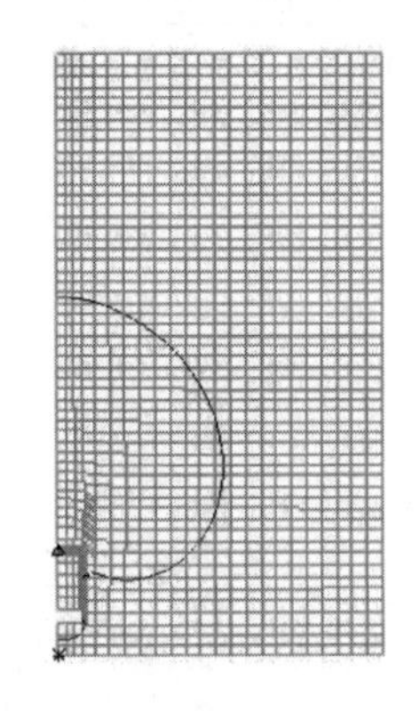

b) c=0.1kPa, φ=28°, 承载力1008kPa

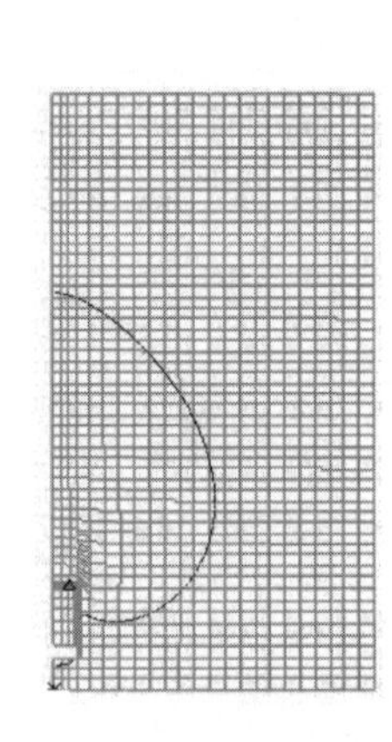

c) c=0.1kPa, φ=40°, 承载力2010kPa

图 5　不同地基土中深埋扩体锚杆锚周土体破坏体包络图

观察图 5b)和图 5c)中的扩体锚杆锚周破坏体形态可以发现，内摩擦角为 28°的地基土中的破坏体形态与内摩擦角为 40°的地基土中破坏体形态相似，但 28°的地基土中的破坏体呈饱满气球形，而 40°的地基土中的破坏体呈上尖下钝的气球形。通过查数网格数量的方式对比内摩擦角分别为 28°和 40°的锚周破坏体大小可以发现，在扩体锚杆竖向拉拔位移量相同条件下，内摩擦角小的地基土中的破坏体更大。在承载力方面，内摩擦角为 28°的地基土中锚杆承载力为 1008kPa，内摩擦角为 40°的地基土中锚杆承载力为 2010kPa，可见内摩擦角越大的地基土中扩体锚杆锚周破坏体越小，承载力越大。

除内摩擦角外，莫尔—库仑本构关系中土体抗剪强度参数还包括土体的黏聚力，下面在内摩擦角同为 28°的基础上分析不同黏聚力对扩体锚杆破坏模式的影响。图 5a)和图 5b)研究了内摩擦角为 28°、黏聚力为 10kPa 和 0.1kPa 的地基土中扩体锚杆在竖向拉拔位移为 24mm 时的锚周土体破坏体的形态，两幅图中扩体锚杆拉拔荷载分别为 1735kPa 和 1008kPa。黏聚力为 10kPa 的地基土中锚周破坏体表现出了与黏聚力为 0.1kPa 的地基土相似的形态，然而黏聚力越大的地基土中扩体锚杆拉拔锚周破坏体尺寸越小，承载力却更高。

4　结语

通过对竖直受拉扩体锚杆的承载变形特性影响因素的数值模拟研究与分析，获得了以下有益结论：

(1)在地基土性质对扩体锚杆承载力的影响分析中，发现了地基土的黏聚力 c 和内摩擦角 φ 都对承载力有着正比例的影响关系。

(2)扩体锚杆在受拉过程中,地基土的 c 值和 φ 值对锚周土体破坏体尺寸均有影响,两个参数越大的锚周土体破坏体越小。

(3)扩体锚杆锚周土体的莫尔—库仑本构参数的数值增加,锚杆承载力升高,而锚周土体破坏体尺寸减小,因此扩体锚杆在拉拔过程中承载力-土体参数-锚周破坏体之间存在着紧密联系,即锚杆承载力与土体参数成正比,而又与锚周破坏体尺寸成反比。这对今后扩体锚杆的承载力学模型研究有着重要意义。

(4)在工程设计中,将锚杆的扩体锚固段置于性质较好的持力层中是保证锚杆承载力的必要条件。

参考文献

[1] 翟金明,周丰峻,刘玉堂.扩大头锚杆在软土地区锚固工程中的应用与发展[C].锚固与注浆新技术——第二届全国岩石锚固与注浆学术会议论文集,北京:中国电力出版社,2002,26-31.

[2] 刘钟,杨松,赵琰飞,等.钻喷注一体化扩体锚杆施工方法[P].CN101260669,2008.

[3] 刘保平,陈武,席月鹏.扩大头(囊式)锚杆新技术[C].2013 水利水电地基与基础工程技术——中国水利协会地基与基础工程专业委员会第 12 次全国学术会议论文集,天津:2013.524-532.

[4] 李奇志,魏小强,陈之.囊袋式扩体锚杆在超高层深基坑中的应用[J].建筑技术开发,2013,40(10):40-42.

[5] 曾庆义.高吨位土层锚杆扩大头技术的工程应用[J].岩土工程界,2004,11(8):58-61.

[6] 刘念,刘凤易,王少敏.扩大头锚杆在人防工程抗浮中的应用[J].浙江建筑,2010,27(4):17-20.

[7] 郭钢,刘钟,邓益兵,等.砂土中扩体锚杆承载特性模型试验研究[J].岩土力学,2012,33(12):3645-3652.

[8] 刘钟,郭钢,张义,等.抗浮扩体锚杆的力学性状与施工新技术[C].第十一届海峡两岸隧道与地下工程学术与技术研讨会,2012:C15(1-8).

[9] 郭钢,刘钟,李永康,等.扩体锚杆拉拔破坏机制模型试验研究[J].岩石力学与工程学报,2013,32(8):1677-1684.

[10] 郭钢,刘钟,杨松,等.不同埋深扩体锚杆竖向拉拔破坏模式试验研究[J].工业建筑,2012,42(1):123-126.

[11] S. T. Hsu, H. J. Liao. Uplift behaviour of cylindrical anchors in sand[J]. Canadian Geotechnical Journal, 1998,34:70-80.

[12] Ghaly, A., Hanna, A., Hanna, M.. Uplift behaviour of screw anchors in sand. I: Dry sand[J]. Journal of Geotechnical Engineering, ASCE, 1991, 117 (GT5): 773-793.

[13] B. Walz. Bodenmechanische Modelltechnik als Mittel Zur Bemessung von Grundbauwerken[J]. Universitaet-GH Wuppertal Fachbereich Bautechnik, Deutschland, 1982, 45-90.

分布式光纤的桩体水平位移监测新技术研究

高爱林　闫宇雷　张　贺　任雪峰

（北京城建勘测设计研究院有限责任公司）

摘　要　本文介绍了分布式光纤技术，结合基坑桩体水平位移实施中的困难，分析了分布式光纤的技术优势和特点，提出其在基坑桩体水平位移监测的应用方案，通过实际工程项目的试应用，验证了分布式光纤监测桩体水平位移的可行性，对解决桩体水平位移监测难题具有一定参考价值。

关键词　基坑　桩体水平位移　监测　分布式光纤　方案

1　概述

基坑施工是一种高风险工程，所含的风险不仅包含基坑自身安全，也包括受基坑变形影响，导致周边环境变形过大而引起结构破坏和使用功能的影响。变形监测，是掌握基坑变形的眼睛，对控制基坑安全起到至关重要的作用。

基坑变形监测项目主要包括桩顶水平位移及沉降、桩体水平位移、支撑轴力（锚索拉力）、立柱沉降等内容。桩体水平位移监测主要采用预埋测斜管用测斜仪，往往存在测斜管容易破坏（尤其是倒插钢筋笼的维护结构）、破坏后恢复困难、监测精度低等难题。

基于以上原因，采用测斜仪配合测斜管的方式，已经或者部分不能满足监测工作需求，鉴于当前监测技术的迅猛发展，具备了采用更合理技术解决监测难题的条件。

当前，分布式光纤在测温方面应用较多，在工程中的应用也进行了有益尝试，但在桩体水平位移监测中的应用尚处于试应用阶段。本文在分析分布式光纤基础上，结合基坑监测的特点，分析了其在桩体水平位移监测中的应用方案，通过实践，验证了该项技术的可行性，并针对性提出应用建议。

2　分布式光纤进行桩体水平位移监测的基本原理

光纤传感技术是一种以光为载体、光纤为媒介，感知和传输外界信号（被测量）的新型传感技术，它应用光纤几何上的一维特性，把被测参量作为光纤位置长度的函数，可以在整个光纤长度上对沿光纤几何路径分布的外部物理参量进行连续的测量。

在护坡桩钢筋笼主筋上绑扎固定一组对称的应变感测光缆，并将光缆布设的截面垂直于基坑走向。通过分布式光纤应变检测技术（BOTDR）即可探测到桩身不同方位的桩身应变分布，当桩身受侧向土压力作用而发生弯曲变形后，桩身的迎土面和背土面发生拉、压应变，其拉、压应变可以通过预埋在其中的传感光纤测得。如图 1 所示。

设 $\varepsilon_1(z)$ 和 $\varepsilon_2(z)$ 分别为对称分布的两条传感光纤在深度 z 处的应变测试值，则轴向压缩应变 $\varepsilon(z)$ 和弯曲应变 $\varepsilon_m(z)$ 值分别为：

$$\varepsilon_m(z) = \frac{\varepsilon_1 - \varepsilon_2}{2} \tag{1}$$

$$\varepsilon(z)=\frac{\varepsilon_1+\varepsilon_2}{2} \tag{2}$$

桩身的弯曲应变大小与局部弯曲曲率成正比关系，根据弯曲应变及桩身形态参数可推算出桩身弯曲曲率：

$$\varepsilon_{\mathrm{m}}(z)=\frac{y(z)\mathrm{d}\theta}{\mathrm{d}z} \tag{3}$$

桩在发生水平挠曲后，假设深埋的桩端不发生位移，桩身各埋深点水平向位移 $v(z)$ 可表示为：

$$v(z)=\int_H^z\int_H^z \frac{z_m(z)}{y(z)}\mathrm{d}z\mathrm{d}z+mz+n \tag{4}$$

式中：m、n——待定系数，根据桩体变形的边界条件确定。

在本次监测中边界条件为：

$$\begin{cases} v(z)_{z=0}=0 \\ v(z)_{z=26}=0 \end{cases} \tag{5}$$

对于护坡桩，H 为桩长，$\varepsilon_{\mathrm{m}}(z)$ 为对称的两条光纤在同一深度光纤应变测试之差，$y(z)$ 即为感测光缆到中性面的距离。从式(4)中将差异应变沿着桩身路径两次积分，再根据式(5)中的边界条件，即可得到桩身的每一点水平变形位移量。

3 光纤布设方案

在护坡桩钢筋笼主筋上同时对称布设一条呈 U 形回路的应变感测光缆和一条 U 形回路温度补偿光缆。当混凝土浇筑养护完毕后，应变感测光缆与桩体发生耦合变形，实现桩体变形应变感测，如图 2 所示。

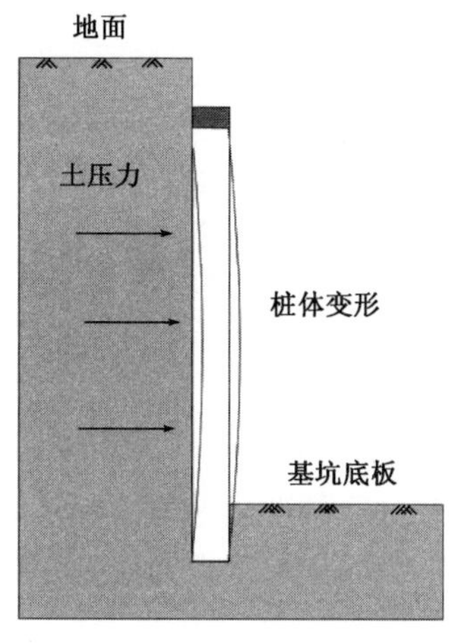

图 1 桩体水平变形受力示意图

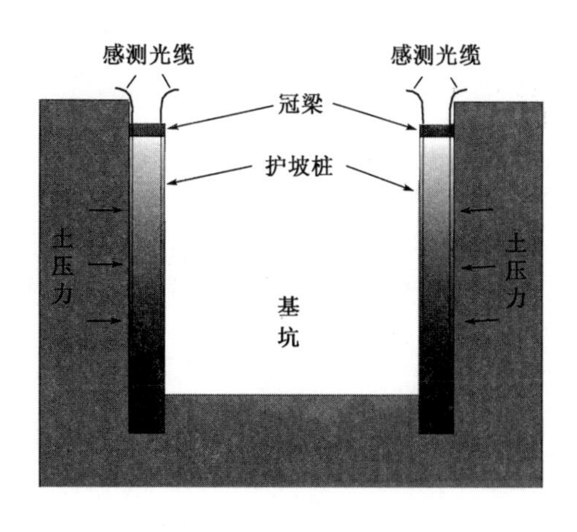

图 2 光缆布设安装示意图

4 现场试验

为了验证分布式光纤在桩体水平位移监测中的可行性，选择了 3 根围护桩(深约 18m)进行现场试验，并同时埋设了 3 根测斜管进行对比试验。

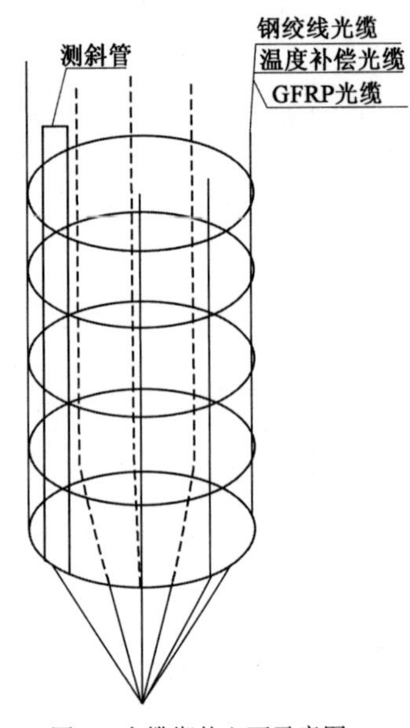

图 3　光缆绑扎立面示意图

4.1　感测光缆现场埋设要点

(1)光缆绑扎:待钢筋笼制作完成后,选取对称的两条主筋作为绑扎线路,即在护坡桩钢筋笼紧贴测斜管的钢筋上绑扎感测光纤。将 U 形底部光缆顺钢筋笼底部箍筋环向绑扎,顺直到选定钢筋。再顺两条主筋走向绑扎,每间隔 80～100m 用扎带绑扎固定,同时保持光缆顺直拉紧(图 3)。

(2)钢筋笼下放:在下放钢筋笼之前,将头部冗余光缆临时绑扎固定在钢筋笼上。使用吊车,调整好钢筋笼方向,使两对称光缆截面垂直于基坑走向。缓慢吊入到钻孔内。吊入时避免卡断、刮断光缆。

(3)出线保护:在浇筑混凝土之前,将光缆套入一定长度保护管,绑扎固定在主筋上。使保护管一半在桩体内,一半出露在空气中。最后浇筑混凝土成桩。

(4)监测点建立:待混凝土浇筑完毕后,理顺缠绕好光缆,熔接光缆跳线接头,进行通路监测,建立临时监测点。

4.2　监测设备及现场监测

(1)监测设备

本次测试采用了 BOTDR 光纤应变分析仪。表 1 为该设备的主要技术性能指标。

光纤应变分析仪的主要技术性能指标　　表 1

测量范围(km)	0.5,1,2,5,10,20,40,80				
空间采样间隔(m)	1.00,0.50,0.20,0.10,0.05				
空间定位精度(m)	±[2.0×10^{-5}×测量范围(m)+0.2m+2×距离采样间隔(m)]				
应变测量范围	−1.5%～1.5%(15000$\mu\varepsilon$)				
脉冲宽度(ns)	10	20	50	100	200
空间分解度(m)	1	2	5	11	22
应变测量精度	±0.004%(50$\mu\varepsilon$)		±0.003%(10$\mu\varepsilon$)		
重复性	<0.04%		<0.02%		

在分布式光纤传感技术中,通过在被测物表面和内部植入分布式感测光缆,实现被测物变形内力等的感测。利用光纤应变分析仪,可以实现植入光纤的应变解调。从而反向计算出被测物的变形位移、内力变化等大小。

(2)数据采集

布设的光缆接头,连接光纤应变分析仪,进行通路监测,即可进行现场数据采集。

本次试验监测周期为每 1～2 周采集一次数据。结合实际基坑开挖和支护情况,合理安排数据采集工作。分别于 2015-12-09(初始观测)、2015-12-22、2015-12-29、2016-01-06、2016-01-20 采集了 5 次数据。

(3)数据处理

将获取的监测数据导入 EXCEL,经数据整合、测试数据对齐、差值求解、桩底位置判断、桩头位置判断、有效测试数据截取、平均应变求解、二次积分求解位移等步骤,即可通过二次积分求出位移,15 号桩体水平位移变形示意图如图 4 所示。

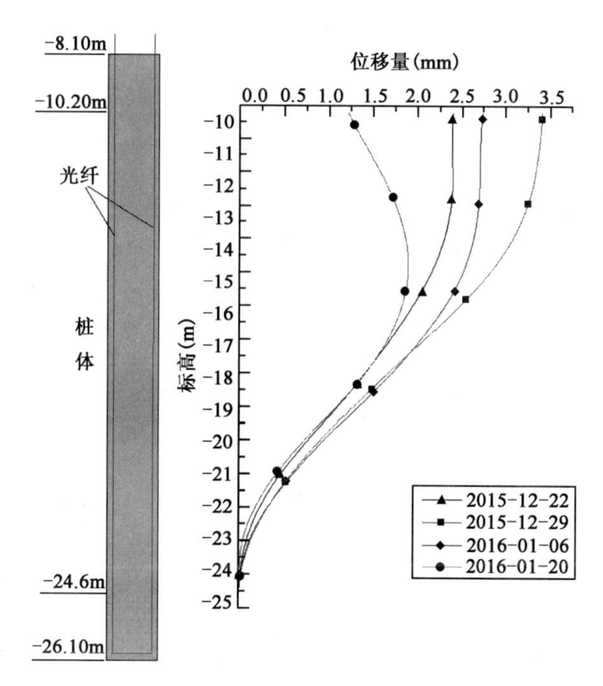

图4　15号桩桩体水平位移

5　结语

通过现场试验可以看出,分布式光纤在一定程度上可实现桩体水平位移监测,该监测技术具有以下优点:

(1)分布式监测:可获得光纤沿线任一点的应变、变形信息。

(2)本质安全:高绝缘,防电磁干扰、耐腐蚀。

(3)长期稳定性:传感器为石英纤维,使用寿命长,长期稳定性高,监测维护成本低。

(4)测试距离长:最长可达80余公里。

(5)工作效率高:可进行在线24h实时监测。

然而,本次试验也有一根围护桩光纤在剔桩头过程中被破坏,导致无法监测,另外,对于现场采集数据后的后期处理较困难,配套计算软件上不能支持智能化处理要求。因此,基于分布式光纤在桩体水平位移监测中的应用,尚需进一步开展应用研究和发展。

参考文献

[1]　陈驰.大量程分布式光纤传感技术研究及工程应用[D].武汉:武汉大学,2013.

[2]　王宝军,李科,施斌,等.边坡变形的分布式光纤监测模拟试验研究[J].工程地质学报,2010,03.

[3]　孙义杰,张丹,童恒金,等.分布式光纤监测技术在三峡库区马家沟滑坡中的应用[J].中国地质灾害与防治学报,2013,04.

[4]　侯俊芳,裴丽,李卓轩,等.光纤传感技术的研究进展及应用[J].光电技术应用,2012,01.

3D数字摄影测量系统在工程监测中的应用

陈　林[1]　刘志旸[2]

（1. 北京城建勘测设计研究院有限责任公司　2. 北京地铁运营有限公司）

摘　要　随着工程监测理论和实际工作的进步发展，传统的变形监测方法显现出不足。3D数字摄影测量技术通过在不同的方向和位置获取同一处物体的两幅以上的数字图像，经过调整捆绑、图像处理匹配以及相关数学计算后得到待测点精确的三维坐标，精度高，易操作，适应性强，能够实现远程监测。该技术目前已经广泛应用于航空航天、建筑学、汽车制造、工业和事故重现等领域。本文通过其在地铁隧道沉降监测、建筑物变形监测、基坑围护桩监测和地表测量中的实践应用，并与传统监测方法优缺点对比分析，总结其在不同施工中的特点，对促进先进技术的应用，解决监测难题具有一定参考价值。

关键词　3D数字摄影测量　工程监测　变形监测　新技术　可行性

在城市建设施工过程中监控量测是工程质量的重要保障。地铁工程监测分为在建地铁工程监测及运营既有线路监测。在建地铁线路的监测项目主要有道路地表沉降监测、围护结构水平位移监测、隧道结构收敛等；既有线路监测项目主要有地铁结构竖向变形、地铁结构横向变形、隧道收敛等。传统的测量方式在实际应用中可分为接触式测量和非接触式测量[1]，例如竖向变形传统的监测方法是使用水准仪进行高程传递测量，结构体的水平位移监测采用全站仪进行监测，结构体水平位移采用测斜仪进行监测，隧道收敛采用收敛计进行监测[2]。

以上各种监测手段、方法都有自身的局限性：

（1）监测工作过程中常与施工相互干扰，监测工作费时、费力。

（2）监测数据质量不稳定，受人为操作因素影响比较大。

（3）测量的监测点数量有限，特别是在复杂环境下极为不便。

（4）观测周期长，数据提供滞后，不能实时反映工程动态。

为克服以上监测方法的不足，人们开始采用数字化3D数字摄影测量的方法进行变形观测。随着数码相机及计算机的不断发展，图像处理技术和摄影测量理论不断完善，3D数字摄影测量技术在工程安全监测领域的应用开始受到了广泛的关注[3]。数字摄影测量系统主要通过高精度工业相机对待测物体进行拍照，将待测的坐标通过特殊的靶标反映在图像中，然后通过软件的自动化计算和处理，最后以三维点云的形式将所有待测坐标输出[4]。

应用摄影测量进行工程监测有以下优点：

（1）利用3D数字摄影测量方法可以极快地获取测量点的综合信息，而传统的监测方法往往不能在同一时刻获得待测物体全部的测量数据，且记录手段比较方便，限制性条件也比较少。得到的影像数据存储时间长且不失真，便于后期的数据检查和对比分析。

（2）3D数字摄影测量技术可以实现非接触量测，非接触量测对于特殊环境条件下的监测是非常有利的，此方法与施工相互干扰较小，避免了在施工现场量测作业不安全等情况。

(3)3D数字摄影测量设备简单易操作，测量得到的影像数据是由计算机自动处理完成，操作简单，自动化程度高，处理速度快，而且人为操作因素对结果影响较小，测量结果质量相对较高，可同时获得最高达0.1mm的三维变形。

(4)对监测控制点的布设比较严格，对精度的要求比较高，但与传统的测量方法相比，外业的工作量将极大减少，解放了部分劳动力[5]。部分工作移到室内进行，降低了经费开支。

1 摄影测量技术介绍

1.1 摄影测量简介

3D数字摄影测量(Close-range Photogrammetry)指的是通过摄影手段以确定(地形以外)目标的外形和运动状态的学科分支，也有专家把摄影距离约小于100m的摄影测量称之为3D数字摄影测量[6]。

具体过程是通过摄影获取影像上的二维平面点坐标(x、y)，通过数学算法求解获得相应的空间三维坐标(X、Y、Z)。即由二维的影像通过测量中的三角形前方交汇法获取三维空间数据的科学和技术。

1.2 摄影测量的应用范围

目前，摄影测量应用广泛，依据应用对象分为两类：地形摄影测量(Topography Photogrammetry)和非地形摄影测量。地形摄影测量主要通过地形图和专题图的制作为GIS提供3D数据。非地形摄影测量在工业、建筑、考古、医学、生物、体育、变形观测、公安侦破、事故调查等领域应用广泛[2]。依据摄影距离分为航天摄影测量(Aerial Photogrammetry)和3D数字摄影测量(Digital Close-range Photogrammetry)。按照上述分类标准，摄影测量在工程监测领域中的应用属于非地形摄影测量以及3D数字摄影测量。

1.3 3D数字摄影测量系统组成及操作流程

3D数字摄影测量系统由一台(或多台)高精度测量相机、长度基准尺、回光反射靶标和编码标志、配套软件组成。操作方便，集成度高。

摄影测量方法成熟，易于掌握。现以其在地铁轨道变形监测中的应用为例简述其操作流程：

(1)根据现场工区情况编写计划方案，准备相关测量靶标和测量工装。

(2)按照方案要求布设基准点和编码控制点。

(3)利用专用测量工程车或者是人手持式测量拍照，交会测量角度在60°～120°之间为最优。

(4)测量照片导入电脑，应用软件实现一键式计算匹配等工作，不需要人为干预指导计算。

数据分析可现场处理，也可先保存，回到办公地点后再处理，做监测测量时只需要第一次的基准数据就可以随时计算相关误差，并且分析速度快，数据结果直观易懂。

2 3D数字摄影测量在工程监测中的应用

2.1 既有地铁隧道结构变形监测

既有线路监测任务繁重，在有限的工作时长内要完成既定监测任务需要大量的外业监测人员，以及整套的监测设备，且既有线路监测控制指标严格，监测精度要求高，常规监测手段误差比例较大，尤其水平位移的监测，由于空间狭小，很难满足监测精度要求，需要大量的重复测量来保证监测数据的及时准确性。

(1)试验概况

针对北京某地铁车站进行摄影测量观测试验，观测区段长度为双线70m，对轨道与隧道结构竖向变形及水平位移进行观测。试验用3D数字摄影测量系统由高精度测量相机、长度基准尺、回光反射靶标和编码标志、配套软件组成，操作方便，集成度高。

试验操作流程如下：

①根据现场工区情况编写计划方案，准备相关测量靶标和测量工装。

②按照方案要求布设基准点和编码控制点。

③利用专用测量工程车或者是人手持式测量拍照，交会测量角度在60°～120°之间为最优。

④测量照片导入电脑，应用软件实现一键式计算匹配等工作，不需要人为干预指导计算。

数据分析可现场处理，也可保存后回到办公地点再处理，做监测测量时只需要第一次的基准数据就可以随时计算相关误差，并且分析速度快，数据结果直观易懂。

(2)控制点及监测点布设

在3D数字摄影测量过程中，建立稳定合格的监测控制网是保证监测精度的前提。控制方式(控制点或相对控制)多种多样，这里采用地铁现有基标和待测区50m范围外的工作基点(长度基准尺)进行坐标定位，根据地铁内部基标测定出各控制点坐标。

在车站侧墙及轨道结构上每隔1～1.5m的距离布设编码标志点若干个(图1)，并对其进行有规律地编号，这些编码点作为辅助平差及图像拼接使用。每隔5～10m布设一个待测点(图2)。编码点及待测点均采用粘贴方式布设。

图1　编码点

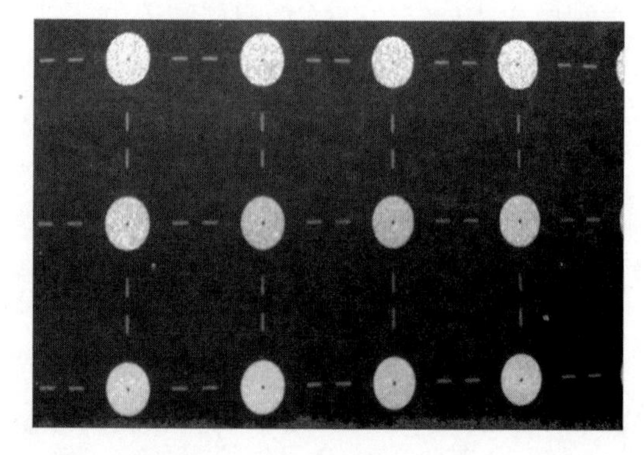

图2　待测点

(3)立体像对的获取

立体像对是立体摄影测量的基本单元，它是利用两幅相互重叠的影像构成的，其构成的立体模型是立体摄影测量的基础。现场对测区内控制点、辅助编码点及待测点进行往返拍照观测，保证标志点能够被相机多次拍摄，以此获得立体像对。往返拍照测量大约需要10min。

(4)图像处理和三维坐标获取

图像处理采用专用软件进行自动化图像数据处理，首先进行图像数据提取，之后进行图像匹配，再进行平差计算，之后就可以获取图像三维坐标。

特征点提取技术是实现图像匹配的关键步骤，自动提取稳定可靠的特征、提高匹配准确度是实现图像匹配的重要环节，国内外学者已在这方面做了大量的研究工作[10]。本试验采用黑色背景的白点作为特征点，使用专用软件进行特征点提取，准确识别出影像中的特征点。

图像匹配也叫影像相关，是要寻找同名像点在左右相片上的位置。在数字摄影测量中，通过影像匹配可以达到自动确定同名像点的目的，进而实现影像拼接。平差计算仅仅由几个少量的控制点，根据数学模型，解算出全部控制点及每张像片的外方位元素。最后根据共线方程原理，结算像点的三维坐标，得到三维点云。

(5)数据比对及精度分析

数据比对的目的是变形检测。本试验采用两期数据进行比对，通过设定阈值，可以判定目标点是否发生变形，进而为地铁隧道是否变形提供依据。

摄影测量数据比对采用人为干预下的计算机自动处理，在设定一组数据为初始值后，再次测量的数据只要导入计算机内自动计算完成后，加载到初始值数据图层内即可完成数据比对，变形量可以直接输出也可以以针状图及不同颜色区分，做到变形可视化，也可根据变形控制指标设定颜色区分，变形是否超限可直观显示。

通过以上试验的对比分析，3D 数字摄影测量技术对既有线路进行监测的精度及稳定性满足监测需求，该监测成果与传统测量相比较，误差在 0.3mm 以内，可见 3D 数字摄影测量技术是能够满足既有线路测量要求的。并且通过与无线传输设备连接已可实现对数码相机的无线操控和数据传输，在一定条件下 3D 数字摄影测量技术也可作为运营线路中自动化监测手段实施监测。

(6)摄影方法优缺点

①同时获得隧道结构、轨道结构最高达 0.1mm 的二维变形数据。

②粘贴式测点，避免破坏地铁结构。

③解决了拱顶测量困难的问题。

④解决了既有线测量需要大量人员和仪器的问题，测量时间减少。

⑤拍摄照片同时兼顾巡视信息。

⑥随线路增长监测精度逐渐降低。

2.2　建筑物、基坑、道路地表等变形监测

(1)常规方法

目前，建筑物、基坑、道路地表等变形监测的主要方法是地面常规测量方法，主要利用常规测量仪器，如全站仪、水准仪、测斜仪，测量边长、角度和高程的变化来确定建(构)筑物的变形[7]。其局限性很明显：局限于离散的点，很难整体地获得待测物体的变形情况；操作流程比较烦琐，人员效率较低，短时间内无法获取监测点的三维坐标；监测时间长，数据处理和分析滞后等[8]。

(2)摄影测量方法

近些年来，数字 3D 数字摄影测量技术和实时摄影测量技术的发展为建筑物、基坑、道路地表等变形监测提供了良好的发展前景。

与传统的测量方法相比，3D 数字摄影测量特征明显：获取影像信息量大，能很快准确记录被摄物体的信息；精度可达亚毫米级；可用于不规则或不可接触物体的变形监测；影像上的信息丰富，客观且可长期保存，有利于进行变形的对比和分析；监测工作快速、简便、安全[1,9]。

(3)摄影方法优缺点

对建(构)筑物变形监测：

①避免破坏结构，解决建构筑物测点布设问题。

②异形建筑物可对常规难以实现监测的位置进行布点监测。

对基坑变形监测：

①解决了测斜管破坏后桩体变形的问题。

②解决了埋设测斜管成本较高的问题,可以大范围针对每根桩进行测量。

③布点时间相对滞后,必须开挖露出桩后进行初始值采集。

④拍摄距离较近,超 15m 后无法保证测量精度。

对道路地表变形监测:

①数据获取较快。

②测点容易被破坏。

3 总结与展望

工程监测的主要目的是为用户提供全面有效的工况信息,以利于改进调度管理,提高效率,使工程运行朝着正常目标方向发展。

(1)本文在介绍摄影测量技术发展、原理、应用范围的基础上,结合地铁隧道结构变形监测等实例,分析了摄影测量技术的优缺点。

(2)针对地铁隧道结构变形监测,本文介绍了一种基于编码点的 3D 数字摄影测量方法,通过数据对比和精度分析,认定这种方法达到了既有线路测量的要求。

(3)在地铁隧道结构变形监测的基础上,结合建筑物、基坑、道路地表等变形监测,对比分析了摄影测量方法和常规方法,总结了摄影测量方法的优缺点。

目前,摄影测量技术已经应用于工程监测。与传统的测量方法比较,摄影测量方法具有数据获取方便、处理快捷、平台实现自动化和智能化的特点,具有实践价值。

参考文献

[1] 王晓华,胡友健,柏柳.变形监测研究现状综述[J].测绘科学,2006(02):130-132.

[2] 张剑清,潘励,王树根.摄影测量学[M].武汉:武汉大学出版社,2009.

[3] 冯文灏.3D 数字摄影测量[M].武汉:武汉大学出版社,2002.

[4] 张德海,梁晋,唐正宗,等.基于 3D 数字摄影测量和三维光学测量的大幅面测量新方法[J].中国机械工程,2009(07):817-822.

[5] 王伟,梁瑞柱.3D 数字摄影测量在桥梁变形观测中的应用[J].东北公路,1998(04):81-86.

[6] 王佩军,徐亚明.摄影测量学[M].2 版.武汉:武汉大学出版社,2010.

[7] Atkinson K B. Development of photogrammetry[M]. London: Applied Science Publishers Ltd, 1980.

[8] Furlanetto T S, Sedrez J A, Candotti C T, et al. Photogrammetry as a tool for the postural evaluation of the spine: a systematic review. [J]. World Journal of Orthopedics, 2016,7(2).

[9] Menna F, Nocerino E, Fassi F, et al. Geometric and optic characterization of a hemispherical dome port for underwater photogrammetry[J]. Sensors, 2016,16(1):48.

[10] 杨晓敏,吴炜,卿粼波,等.图像特征点提取及匹配技术[J].光学精密工程,2009,17(9):2276-2282.

利用光纤光栅传感技术研究锚杆有效锚固段长度

倪晓荣　李哲琳　朱继永

（中国新兴建设开发总公司）

摘　要　锚杆的应用越来越普遍，锚杆锚固段的受力特点一直是工程人员探索的焦点。工程设计人员对锚杆锚固段长度范围内的受力一般都按均匀受力考虑。根据实际施工经验，锚杆锚固力沿杆体并非均匀受力，也非全长受力，可能存在一个有效锚固段。检测锚杆受力的手段很多，一般都不理想，光纤光栅传感技术由于其粘贴紧密、敏感性强、受外界影响小等优点，能够较好地反映锚杆的实际受力情况。本研究通过采用光纤光栅技术，在锚杆杆体不同位置处安装光纤光栅应变传感器，检测锚杆杆体不同部位的应变，获得锚杆受拉后应变变化趋势，进而得出锚杆锚固力分布规律和有效锚固段长度，为工程设计人员优化方案提供了宝贵的经验。

关键词　锚杆　有效锚固段　光纤光栅

1　引言

近些年来，桩锚支护体系在深基坑边坡支护中应用越来越广泛，其中锚杆锚固段的受力特点一直是工程人员探索的焦点。

在现有的有关规程中，认为锚杆锚固力沿锚固段全长均匀分布，工程设计人员对锚杆锚固段长度范围内的受力一般都按均匀受力考虑，但按照实际施工经验，锚杆往往为渐进式破坏，即锚固段不会整体瞬间破坏，而是在接近极限之后循序纵深破坏，这时，如果及时减小锚杆受力，锚杆仍能保持部分有效，说明锚杆锚固力沿杆体受力不均匀，锚杆在实际受力过程中存在有效锚固段。

本研究通过采用在工程锚杆杆体不同位置处安装光纤光栅应变传感器，利用光纤光栅解调仪检测锚杆受拉前后各传感器光波波长的变化值，根据传感器自身应变系数得到锚杆杆体不同部位的应变，获得锚杆受拉后应变变化趋势，进而得到锚杆锚固力分布规律和有效锚固段长度，检测锚杆的极限承载力，确定安全系数，获取该土层的力学参数，校验设计参数，为工程设计人员优化方案提供了宝贵的经验[1-6]。

2　光纤光栅传感技术检测原理

为揭示锚杆受力规律，提高锚杆设计的针对性和合理性，优化深基坑支护锚杆设计，满足工程需要，本文作者在北京东三环、西三环及西四环附近选取了几个工程利用光纤光栅传感技术开展了锚杆有效锚固段长度的试验研究。

光纤光栅解调仪采用了世界领先的光谱检测技术，主机采用波分复用（WDM）解调技术来解调传感器阵列，通过波长来辨别每个传感器，允许同时在一根光纤上连接多个传感器，可测量应力、温度和压力等参数，非常适合长期监测。研究中采用在杆体钢绞线表面安装光栅传感器，通过光栅解调仪检测锚杆受力后各传感器变化后的光波波长，根据传感器自身应变系数换算得到锚杆杆体应变，最后通过应力应变关系式换算出锚杆杆体不同位置的应力，进而得到锚杆的轴力分布曲线。该技术可适用于检测条件较为复杂的情况，比如杆体受水泥浆浸泡等，其测量精度较高。

3 传感器安装所需材料

光纤光栅传感器安装所需材料如表1所示。

光纤光栅传感器安装材料 表1

物品名称	数量	用途
光栅传感器	21个	测量钢绞线应变
光纤熔接机	1台	熔接光纤
硬塑料管	80m	引出光缆
环氧胶	3筒	粘贴光栅传感器
玻璃胶	4支	保护光纤光栅
卷尺	1把	测量
剪刀	1把	辅助
砂纸	4张	打磨钢绞线
酒精	2瓶	清洁钢绞线
酒精棉	2瓶	清洁钢绞线
窄条胶带	4个	固定光纤
宽条胶带	4个	保护光纤及接头
标签	若干	标记光纤接头
塑料袋	若干	包裹保护光纤接头

4 试验锚杆参数

为研究锚杆有效锚固段分布规律，分别针对不同地层选择一定数量的工程锚杆进行了试验。光栅串数据：中心波长(nm)为1530、1540、1550、1560，波长偏差±1nm，栅区长度≤14mm，光栅间距1m(中心到中心)，反射率：≥80%，3dB带宽：≤0.3nm，SLSR：>15dB，Acrylate涂覆，SMF28-C光纤，两端留900μm护套30cm左右长，铠装光缆与900μm护套之间为熔接，两端FC/APC接头。

表2为试验锚杆设计参数。

试验锚杆设计参数 表2

序号	长度(m)	孔径(mm)	自由段(m)	锚固段(m)	抗拉承载力设计值(kN)	所在地层
1号	20	150	5	15	490	细中砂
2号	22	150	5	17	580	砂层、土层
3号	22	150	5	17	580	砂层、土层

各锚杆光纤光栅传感器安装位置见表3。

光纤光栅传感器安装位置 表3

锚杆序号	传感器个数	第一个传感器位置	传感器间距(m)	末端传感器位置
1号	5	10	2	18
2号	8	6	2	20
3号	8	6	2	20

锚杆光纤光栅传感器安装见图1~图3。

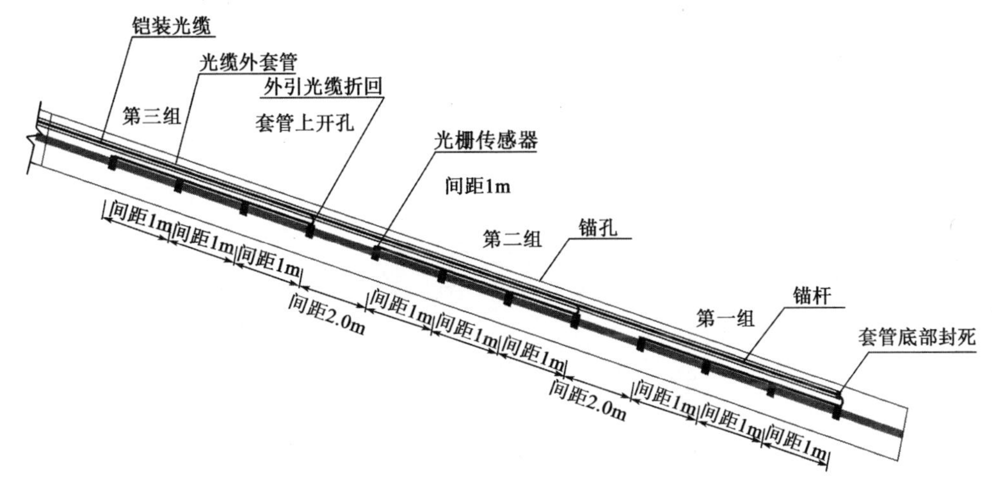

图1 光纤光栅传感器安装示意图

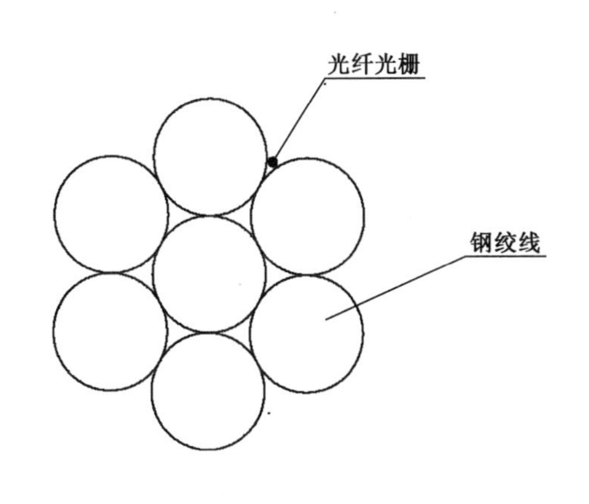

图2 光纤光栅粘贴位置示意图

图3 施工现场安装光纤光栅传感器

5 结果分析

在施工现场对各锚杆进行了张拉,通过对传感器试验数据进行整理,得到各锚杆应变与位置分布关系图,分别见图4~图6。

从锚杆试验情况来看,锚杆受拉后产生的应变主要集中在前段,后段基本上无应变或应变很小,越靠前应变越大,显示出整体应变分布的不均匀性,说明锚杆锚固段受力长度范围内非均匀受力,锚固力沿杆体呈衰减趋势,并主要分布在前段,后段锚固力受力很小或基本不受力,实际受力时存在一个有效锚固段。

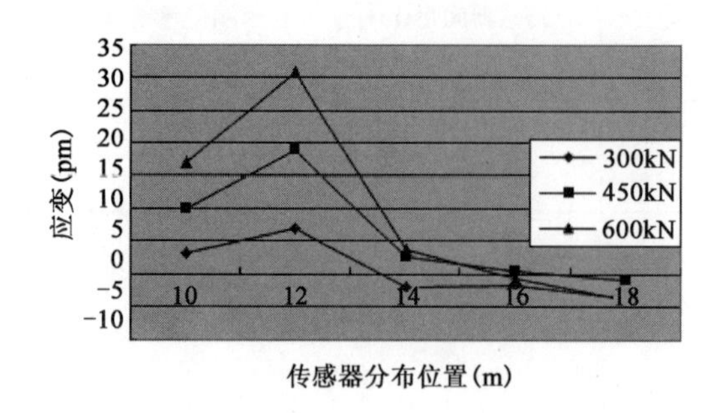

图4　1号锚杆应变沿杆体分布曲线图

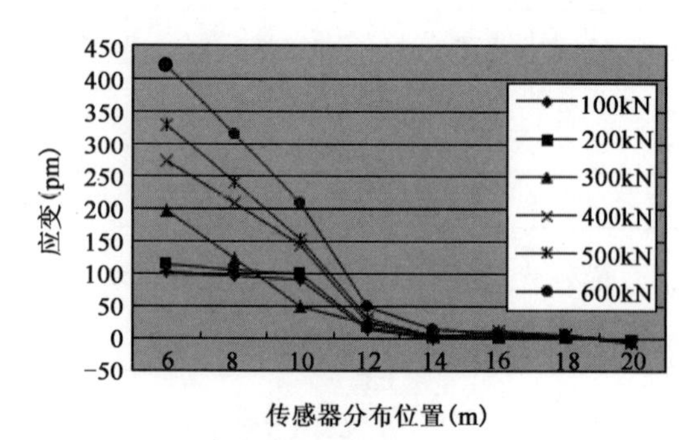

图5　2号锚杆应变沿杆体分布曲线图

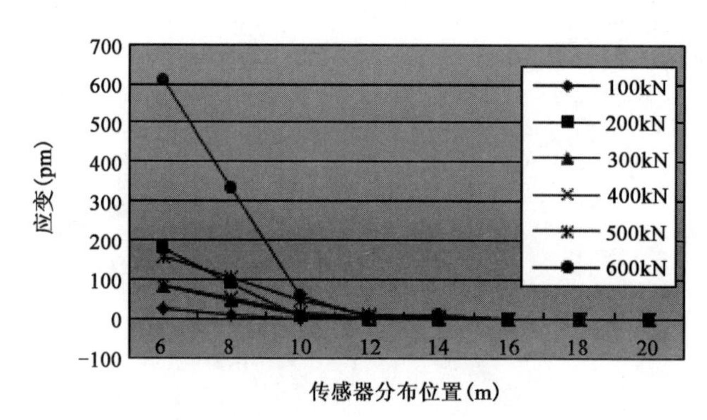

图6　3号锚杆应变沿杆体分布曲线图

6　结语

(1)随着锚固段深度的增加,锚杆的应变、应力迅速衰减,与工程经验相符。

(2)锚杆在锚固段长度范围内非全长受力,锚固力主要分布在前段,后段锚固力很小或基本不受力,实际锚杆中存在一个有效锚固段长度问题。

(3)通过该技术测得锚杆锚固力分布规律和有效锚固段长度的同时,检测了锚杆的实际极限承载力,校验了锚杆设计参数及安全系数,为工程设计人员优化方案提供了宝贵的经验。

(4)该技术可适用于检测条件复杂、环境恶劣的工况,比如杆体受水泥浆浸泡、潮湿等。

(5)光栅串能与钢丝紧密粘贴,其测量精度较高。

(6)由于光纤光栅串细如发丝且特别易折断,试验安装难度大,容易造成光栅串折断而局部数据缺失,所以光栅串的安装与保护仍有待进一步完善。

参考文献

[1]　吴志刚,鞠文君.新型锚索锚杆测力计的研制与应用[J].煤炭科学技术,2007(11):36-38.

[2]　信思金,李斯丹,舒丹,等.光纤Bragg光栅传感器在锚固工程中的应用[J].华中科技大学学报(自然科学版),2005(3):75-77.

[3]　姜德生,梁磊,南秋明,等.新型光纤Bragg光栅锚索预应力监测系统[J].武汉理工大学

学报,2003(25):15-17.

[4] 柴敬,兰曙光,李继平,等.光纤 Bragg 光栅锚杆应力应变监测系统[J].西安科技大学学报,2005(1):1-4.

[5] 张伟刚,开桂云,董孝义.光纤光栅多点传感的理论与实验研究[J].光学学报,2004(3):330-336.

[6] 刘泉声,徐光苗,张志凌.光纤测量技术在岩土工程中的应用[J].岩石力学与工程学报,2003,23(2):310-314.

[7] 张桂花,柴敬,李毅,等.基于光纤光栅拉拔实验锚杆应力分布研究[J].采矿与安全工程学报,2014(4):635-638.

预应力锚索锈蚀检测初探

方灵毅[1]　罗　斌[2]

（1.重庆市设计院　2.招商局重庆交通科研设计院有限公司）

摘　要　预应力锚索广泛应用于各种岩土工程领域，锚索锈蚀程度是锚固结构安全性评价的重要方面。针对预应力锚索结构及应用环境的特点，提出通过检测锚索防护体系的电阻值来表征防护体系的完整性，从而间接反映锚索的锈蚀状况。

关键词　预应力锚索　锈蚀　防护体系　电阻值

预应力锚索以独特的效应、简便的工艺和显著的经济效益，在岩体、坝基、边坡、地下洞室等岩土工程领域中得到广泛的应用。锚索结构具有较强的隐蔽性和较高的预应力，并且一般用于安全等级要求较高的工程。由于周边潮湿的岩土环境，可能存在的侵蚀性介质和杂散电流等复杂因素的作用，锚索防护体系在长期使用下会逐渐老化、损伤甚至破坏，再加上锚索自身防护系统不完善等因素，导致锚索耐久性不足的现象时有发生，由此给工程带来安全隐患[1-2]。因此对锚索锈蚀状况的无损检测就显得极为重要。本文就预应力锚索锈蚀无损检测方法进行初步探讨。

1　检测指标

从本质上讲，预应力锚索锈蚀是钢绞线锈蚀，钢绞线锈蚀导致有效钢材减少，即钢绞线锈蚀前后重量发生变化，通过前后重量差可以反映出钢绞线锈蚀量，而衡量锈蚀速率可以通过在一定时间内钢绞线单位面积上的锈蚀量来表达。可是，直接测量埋于岩土中的预应力锚索钢绞线的锈蚀量及锈蚀速率是不可能的，只能间接地通过其他指标来反映钢绞线的锈蚀状况。

预应力锚索所处位置隐蔽性强，周围岩土环境差，锈蚀过程复杂，各种不同锈蚀机理作用下产生的锈蚀损伤形态不一致，并且往往是多种锈蚀机理交叉作用，使锈蚀损伤形态具有多样性。这些特点造成了锈蚀检测指标选取的困难，因而抓住锈蚀发生的本质，及工程中为防止锚索锈蚀所设计的防护层，提出通过检测预应力锚索结构防护体系的完整性来反映锈蚀状态，如若防护体系发生破坏，就可以说明预应力锚索将处于较大的锈蚀危险中，就此应加强工程锚索的监测，或维修更换。

检测预应力锚索的防护体系，主要是检测自由段，锚固段的塑料套管及波纹管的完整性。自由段塑料套管内外介质分别是防腐油脂和注浆体，防腐油脂包裹着钢绞线；锚固段波纹管内外均为注浆体[3-4]。当塑料套管或波纹管的某处发生破裂，就意味着此处为预应力锚索耐久性的薄弱部位，极有可能引起锚索的锈蚀破坏。

包裹完好的防护层，锚索钢绞线与防护层外注浆体及周围岩土完全隔绝，出现破裂的防护层，锚索钢绞线与层外注浆体或者岩土极有可能接触，特别是潮湿的环境下，接触更充分。根据预应力锚固结构的特点，外观可见仅有外露锚头，以及钢绞线材质的导电性能良好，因而考虑打开锚头，露出钢绞线端头，测量钢绞线端头与周边岩土的电阻值来反映锚索防护体系是否完好。防护体系完好的结构，绝缘程度高，其测得的电阻值较大，防护体系出现破裂的结构，绝缘程度低，其测得的电阻值较小。

2 检测原理[5-6]

根据物理学定义，电阻用来表示导体对电流阻碍作用的大小，在电路中，测得电阻两侧的电压降，以及电路中的电流，则有如式(1)所示。

$$R = \frac{\Delta U}{I} \tag{1}$$

式中：R——电阻值；

ΔU——电压降；

I——电流。

预应力锚索防护体系，据《岩土锚杆(索)技术规程》(CECS 22:2005)，腐蚀环境中的永久锚杆采用Ⅰ级双层防腐保护构造；腐蚀环境中的临时性锚杆和非腐蚀环境中的永久锚杆可采用Ⅱ级简单防腐保护构造。

在自由段，Ⅰ、Ⅱ级防护构造从里往外的材质依次是钢绞线、防腐油脂、塑料套管、注浆体、岩土；在锚固段，Ⅰ级防护构造从里往外的材质依次是钢绞线、注浆体、波纹管、注浆体、岩土。简化预应力锚索电测法的电路模型，如图1和图2所示。

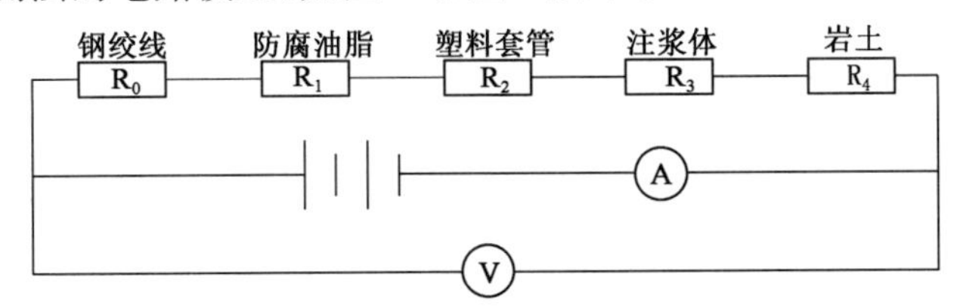

图1 锚杆Ⅰ、Ⅱ级防护自由段简化模型

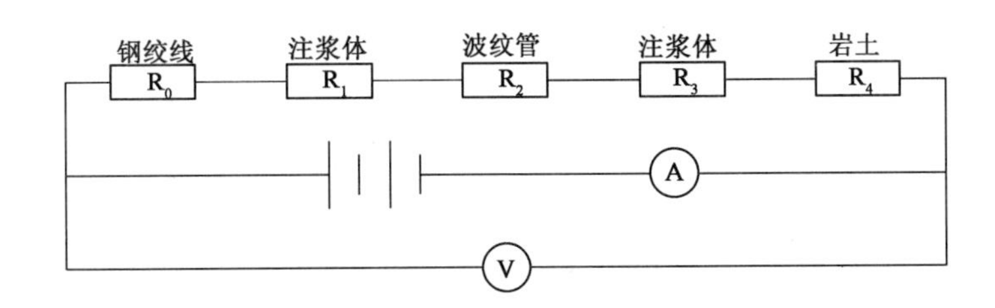

图2 锚杆Ⅰ级防护锚固段简化模型

简化后的串联电路，其总电阻 $R=R_0+R_1+R_2+R_3+R_4$，通过外加电源供电，用电压表和电流表分别测得电路电压 U 和电流 I，应用欧姆定律，得到总电阻 $R=U/I$，防护体系破坏前后，钢绞线、防腐油脂、注浆体及岩土所代表的电阻变化差异不大，而塑料套管及波纹管所代表的电阻会出现明显的减小，总电阻的明显减小也源于此，从而根据电阻变化差异判断防护体系的完整性。

3 检测方法

预应力锚索在岩土工程中，一般都是以群锚的方式出现，在水利水电工程、公路边坡中大量的锚索用于一个边坡点，在一个边坡点中可以认为其地层岩性、地质构造及水文地质条件大致是一致的，特别是在局部一定范围内几乎是相同的。鉴于此，提出如下几种检测方法：

3.1　单锚头检测法

单锚头检测法，就是以单个锚索孔为单位进行测试，如图3所示进行现场布置，分别测试各孔电阻，选用高精度、高阻抗的欧姆表进行测试，据国际上常用的欧洲标准(European Standard EN1537)对于腐蚀防护检测的规定，其电阻测量值需大于0.1MΩ才符合质量标准，因此选用欧姆表的精度与量程应以此数据为参考值。接地电极的选用，要求是低阻抗，电位稳定，一般选用铜电极作为接地电极。导线应选用绝缘好、耐磨的材料。

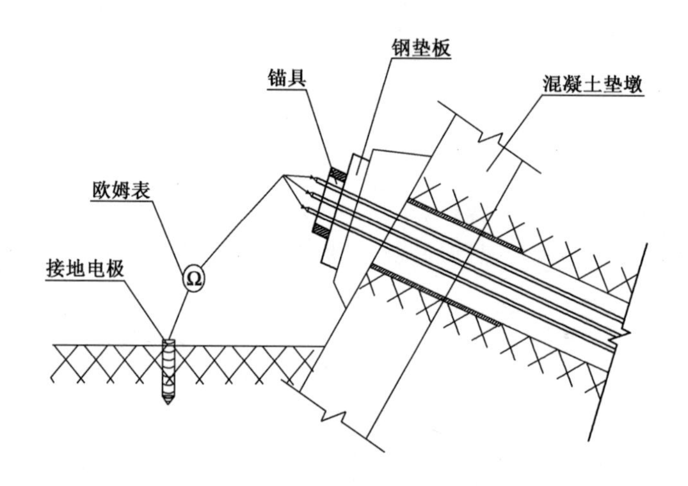

图3　单锚头检测法示意图

现场检测时，需保证连接各处接触良好，比较重要的是接地电极与大地、导线夹具与锚头处钢绞线的接触。接触不良，会导致测得数据偏大，导致对实际状况评判不准。

3.2　移动式检测法

移动式检测法，是以一定范围内的锚索群为对象，选取两个锚索孔进行测试，导线两端分别连接到锚头处的钢绞线，测试两锚索之间的电阻值，测试简图如图4所示。

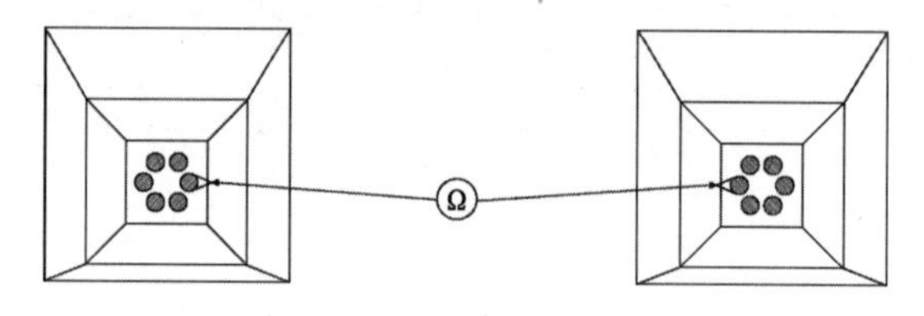

图4　双锚头检测法示意图

在现场操作时，选取一定区域的锚索孔，进行移动测试，移动方法是先选定边线上锚头为第一测试锚头，然后在横向或纵向选临近处锚头为第二测试锚头，再等间距向外移动第二测试锚头进行测试。以图5为例进行说明，各锚头间距为4m×4m，首先选定编号11的角点锚头为第一测试锚头，分别测试其与编号12、13、14锚头的电阻，得到R_{1112}、R_{1113}、R_{1114}；然后选定编号21的角点锚头为第一测试锚头，分别测试其与编号22、23、24锚头的电阻，得到R_{2122}、R_{2123}、R_{2124}；再选定编号31的角点锚头为第一测试锚头，分别测试其与编号32、33、34锚头的电阻，得到R_{3132}、R_{3133}、R_{3134}。以上为横向移动第二测试锚头，同理可进行纵向移动第二测试锚头进行测试，即以边线上编号11、12、13、14的锚头为第一锚头，选择纵向由近到远的第二测试锚头来实施双锚头电阻测试。

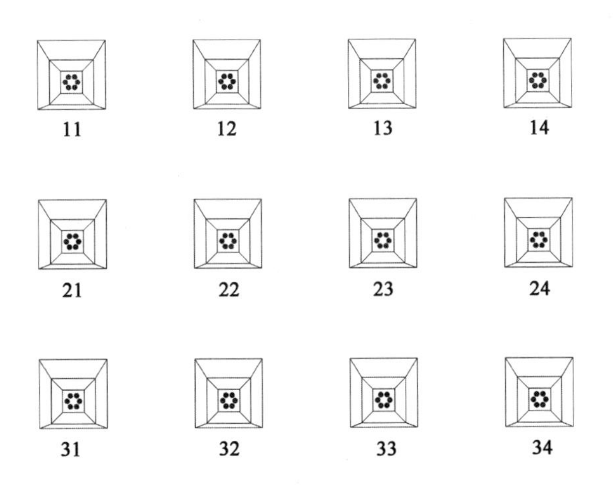

图5 锚头布置示意图

3.3 围绕式检测法

围绕式检测法，也属于双锚头测试方法，是以某个锚头为中心，分别测试其与周围等距离圆周上锚头的电阻值。以图5为例，选择编号22的锚头为中心测试锚头，分别测试其与周围编号为12、23、32、21锚头的电阻，得到R_{2212}、R_{2223}、R_{2232}、R_{2221}；或者同样以编号22的锚头为中心测试锚头，分别测试其与周围编号为11、13、33、31锚头的电阻，得到R_{2211}、R_{2213}、R_{2233}、R_{2231}。

以上为三种测试预应力锚索防护体系的方法，第一种属于单锚头测试法，后两种均属于双锚头测试法，均是利用欧姆定律原理进行现场检测，但各自具有不同的特点，单锚头单侧数据评判直观，双锚头联测数据评判精度较高。现场检测时，完全可以采用多种检测方法进行测试，以相互佐证测试数据，能更准确地判断防护体系完整性。

4 现场试验

本文提出通过检测预应力锚索防护体系的完整性来反映锚索的锈蚀情况，为验证此方法可行，且能较好地运用于实际工程，进行现场检测。为此选择一个工程现场进行试验，检测预应力锚索防护体系的电阻值。此次选择试验的现场是高速公路中出现的一个滑坡，现正在治理过程中，检测其施工阶段锚索防护体系的完整性。

现场准备工作进行如下：

(1)清除钢绞线端头浮锈。

(2)清除地表覆土。

(3)检查检测环境，排除有漏电的可能。

现场检测时，施工工序正处于锚索张拉前阶段，待框架梁混凝土强度达到要求就可进行张拉，此时检测锚索防护体系的完整性具有重要意义，此时防护体系出现问题远比张拉后检测出现问题要容易更换，从而保证施加预应力前防护体系的完整。具体检测流程如下：

(1)布线。对于单锚头检测法而言，布线相对简单，统一考虑锚头与接地电极之间相距1.5m远的距离进行布线。

(2)接电极。将接地铜钎埋入指定距离锚头1.5m处的地方，并在埋入电极前后浇洒一定的盐水，然后将导线两端分别夹持在钢绞线端头和接地铜钎上。

(3)在导线中间接入数字欧姆表。

(4)检测电阻数值。

根据单锚头检测法检测了两组数据，每组由四根锚索检测数据组成，第一组锚索编号为A、B、C、D，第二组锚索编号为E、F、G、H。

第一组检测电阻值为：$R_A=17.66\text{M}\Omega$，$R_B=10.30\text{M}\Omega$，$R_C=270\Omega$，$R_D=17.10\text{M}\Omega$。

第二组检测电阻值为：$R_E=3.79\text{M}\Omega$，$R_F=2.59\text{M}\Omega$，$R_G=2.25\text{M}\Omega$，$R_H=2.38\text{M}\Omega$。

对数据进行分析，第一组数据最大值为17.66MΩ，最小值为270Ω，去掉最大、最小值后，剩余数据的平均值R_{P1}为：

$$R_{P1}=\frac{10.30+17.10}{2}=13.70(\text{M}\Omega)$$

可见，R_A、R_D均高于平均值，可以判定这两根锚索防护体系良好；R_B略小于平均值，这可能是由于岩土环境的差异性造成电阻略小，防护体系仍是完好的，也有可能是自锚头一定长度处防护体系破坏，破坏处距离锚头较远，造成电阻值略低，此时无法确定属于后者，就按前者考虑；R_C值明显小于平均值，可判定防护体系较差，距锚头不远处防护体系就出现破坏了。

第二组数据最大值为3.79MΩ，最小值为2.25MΩ，去掉最大、最小值后，剩余数据的平均值R_{P2}为：

$$R_{P2}=\frac{2.59+2.38}{2}=2.485(\text{M}\Omega)$$

可见，R_E、R_F均高于平均值，可以判定这两根锚索防护体系良好；R_H、R_G均略小于平均值，此时处理情况类似第一组数据的R_B。

可得到结论：经过单锚头电阻检测获得的电阻值R_A、R_B、R_D、R_E、R_F、R_G、R_H，分别证明了锚索编号A、B、D、E、F、G、H的防护体系是完好的，R_C值证明了锚索编号C的防护体系出现了破坏。

从两组数据中还可看出，防护体系完好的锚索，第一组数值明显较大，都超过了10MΩ，第二组数值较小，均不超过4MΩ。可见两组数据相差比较大，这与两处实际地质构造、岩土性质及水文情况密切相关。由于施工进度等原因，两组数据在不同时期检测获得，第一组数据是在连续十来天没下雨的情况下检测得到，第二组数据是在施工时逢多天降雨，滑坡坡后又出现新的滑塌，变更设计补加锚索的检测数据，在这一阶段岩土情况及坡体内渗水条件发生变化，导致测得电阻值较第一组数据要小。

5 结语

针对预应力锚索结构设计的特点，本文提出通过无损检测预应力锚索防护体系的完整性，来间接反映锚索的锈蚀情况。具体为运用欧姆定律检测锚索结构防护体系电阻值来表征防护体系的完整性，塑料套管及波纹管为绝缘材料，在其完好时测得的电阻值将很大；出现破裂时电流将穿过破裂处，电阻值会明显的变小。

参考文献

[1] 曾宪明，陈肇元，王靖涛，等. 锚固类结构安全性与耐久性问题探讨[J]. 岩石力学与工程学报，2004，23(13)：2235-2242.

[2] 程良奎，韩军，张培文. 岩土锚固工程的长期性能与安全评价[J]. 岩石力学与工程学报，

2008,27(5):865-872.

[3] 刘玉堂,翟金明,张勇.锚索的锈蚀、防护及永久锚索的合理结构[J].预应力技术,2005,1:18-27.

[4] 程良奎,范景伦,韩军,等.岩土锚固[M].北京:中国建筑工业出版社,2003.

[5] 程志平.电法勘探教程[M].北京:冶金工业出版社,2007.

[6] 李金铭.地电场与电法勘探[M].北京:地质出版社,2005.

三、工程设计与施工技术

荷载分散型锚杆的设计与张拉

范景伦

（中冶建筑研究总院有限公司）

摘　要　本文结合《岩土锚杆与喷射混凝土支护工程技术规范》(GB 50086—2015)分析荷载分散型锚杆的工作性能，指出其设计及张拉试验要点和主要工作特性，便于这种新型锚杆技术的推广应用。

关键词　分散　锚杆　单元锚杆　张拉方式　不均匀系数

拉力分散型与压力分散型锚杆统称荷载分散型锚杆，该型锚杆能充分利用地层固有强度，其承载力随锚固段长度增加成比例提高，特别是压力分散型锚杆，不仅工作时锚固段灌浆体剪应力较均匀，可有效抑制锚杆的蠕变，而且锚杆全长采用无粘结钢绞线，锚杆工作时灌浆体处于受压状态，因而具有良好的防腐性能，具有广阔的应用前景。

《岩土锚杆与喷射混凝土支护工程技术规范》(GB 50086—2015)把荷载分散型锚杆分为压力分散型与拉力分散型锚杆，并推荐了其结构构造和工作特性及适用条件，同时规定了荷载分散型锚杆的设计原则及计算和张拉方式。本文根据作者的实践和算例介绍荷载分散型锚杆的设计计算和张拉方式，并指出其设计张拉要点及后期工作性能，以引导这种锚杆的正确设计和应用。

1　荷载分散型锚杆的设计

1.1　预应力锚杆的设计计算

预应力锚杆的设计计算，包括下列内容：

(1)锚杆筋体的抗拉承载力计算。

(2)锚杆锚固段注浆体与筋体、注浆体与地层间的抗拔承载力计算。

(3)压力型或压力分散型锚杆，尚应进行锚固注浆体横截面的受压承载力计算。

1.2　预应力锚杆的拉力设计值

预应力锚杆的拉力设计值按下列公式计算。

永久性锚杆：

$$N_d = 1.35\gamma_w N_k$$

临时性锚杆：

$$N_d = 1.25N_k$$

式中：N_d——锚杆拉力设计值(N)；

N_k——锚杆拉力标准值(N)；

γ_w——工作条件系数，一般情况取1.1。

1.3 单元锚杆杆体受拉承载力的计算并应满足张拉控制应力的要求

对于钢绞线锚杆应按下式计算：

$$N_d \leqslant f_{py} \cdot A_s$$

式中：N_d——锚杆拉力设计值(N)；

f_{py}——钢绞线抗拉强度设计值(N/mm^2)；

A_s——预应力筋的截面积(mm^2)。

锚杆预应力筋的张拉控制应力 σ_{con} 按表 1 的数值取值。

锚杆预应力筋的张拉控制应力 σ_{con} 表 1

锚 杆 类 型	σ_{con}
	钢绞线
永久	$\leqslant 0.55 f_{ptk}$
临时	$\leqslant 0.60 f_{ptk}$

注：f_{ptk}-钢绞线极限强度标准值(N/mm^2)。

1.4 单元锚杆锚固段的抗拔承载力

单元锚杆锚固段的抗拔承载力按下列公式计算并取设计长度的较大值：

$$N_d \leqslant \frac{f_{mg}}{K} \cdot \pi \cdot D \cdot L_a \cdot \psi$$

$$N_d \leqslant f'_{ms} \cdot n \cdot \pi \cdot d \cdot L_a \cdot \xi$$

式中：N_d——锚杆或单元锚杆轴向拉力设计值(kN)；

L_a——锚固段长度(m)；

f_{mg}——锚固段注浆体与地层间极限粘结强度标准值(MPa 或 kPa)，应通过试验确定，当无试验资料时，可按有关规范取值；

f'_{ms}——锚固段注浆体与筋体间粘结强度设计值(MPa)；

D——锚杆锚固段钻孔直径(mm)；

d——钢绞线直径(mm)；

K——锚杆段注浆体与地层间的粘结抗拔安全系数；

ξ——采用 2 根或 2 根以上钢筋或钢绞线时，界面粘结强度降低系数，取 0.7～0.85；

ψ——锚固段长度对极限粘结强度的影响系数，可按表 2 选取；

n——钢筋或钢绞线根数。

锚杆锚固段注浆体与地层间的粘结抗拔安全系数 表 2

锚固工程安全等级	破 坏 后 果	安 全 系 数	
		临时锚杆	永久锚杆
		<2 年	≥2 年
Ⅰ	危害大，会构成公共安全问题	1.8	2.2
Ⅱ	危害较大，但不致出现公共安全问题	1.6	2.0
Ⅲ	危害较轻，不构成公共安全问题	1.5	2.0

注：蠕变明显地层中永久锚杆锚固体的最小抗拔安全系数宜取 3.0。

1.5 锚杆锚固段注浆体与周边地层间的黏结抗拔安全系统

锚杆锚固段注浆体与周边地层间的粘结抗拔安全系数，应根据岩土锚固工程破坏后的危害程度和锚杆的服务年限，按表 2 确定。

1.6　锚杆锚固段长度对黏结强度的影响系数 ψ

锚杆锚固段长度对粘结强度的影响系数 ψ 应由试验确定，无试验资料时，可按表 3 取值。

锚固段长度对粘结强度的影响系数 ψ 建议值　　表 3

锚固地层	土　层					岩　石				
锚固段长度(m)	14～18	10～14	10	10～6	6～4	9～12	6～9	6	6～3	3～2
ψ 值	0.8～0.6	1.0～0.8	1.0	1.0～1.3	1.3～1.6	0.8～0.6	1.0～0.8	1.0	1.0～1.3	1.3～1.6

1.7　压力分散型锚杆锚固段注浆体承压面积

压力分散型锚杆锚固段注浆体承压面积按下式验算：

$$N_d \leqslant 1.35A_p\left(\frac{A_m}{A_p}\right)^{0.5}\eta f_c$$

式中：N_d——单元锚杆轴向拉力设计值(N)；

A_p——锚杆承载体与锚固段注浆体横截面净接触面积(mm^2)；

A_m——锚固段注浆体横截面积(mm^2)；

η——有侧限锚固段注浆体强度增大系数，由试验确定；

f_c——锚固段注浆体轴心抗压强度设计值。

通常锚固浆体设计强度等级不宜低于 M30，采用承载体压力分散型锚杆，钻孔直径考虑钻具的实际尺寸，一般为 130mm、150mm、168mm。当 $\eta=1$ 时计算注浆体受压承载力见表 4。

锚固浆体局部受压承载力标准值计算表　　表 4

锚固体直径	浆体强度等级		
	M30	M35	M40
ϕ133mm	229kN	269kN	309kN
ϕ150mm	258kN	304kN	349kN
ϕ168mm	290kN	341kN	391kN

2　荷载分散型锚杆的张拉锁定

2.1　预应力锚杆初始预应力的确定

预应力锚杆初始预加力的确定应符合下列要求：

(1)对地层及被锚固结构位移控制要求较高的工程，初始预加力值宜为锚杆拉力设计值。

(2)对地层及被锚固结构位移控制要求较低的工程，初始预加力值宜为锚杆拉力设计值的 0.70～0.85 倍。

(3)对呈现明显流变特征的高应力低强度岩体中隧洞和洞室支护工程，初始预加力宜为拉力设计值的 0.5～0.6 倍。

(4)对用于特殊地层或被锚固结构有特殊要求的锚杆，其初始预加力可根据设计要求确定。

2.2　荷载分散型锚杆的张拉锁定

荷载分散型锚杆的张拉锁定应遵守下列规定：

(1)当锁定荷载等于拉力设计值时，宜采用并联千斤顶组对各单元锚杆实施等荷载张拉并锁定。

(2)当锁定荷载小于锚杆拉力设计值时，采用由钻孔底端向顶端逐次对各单元锚杆按本文张拉方式张拉后锁定，分次张拉的荷载值的确定，应满足锚杆承受拉力设计值条件下各预应力筋受力均等的原则。

2.3 单元锚杆的荷载、位移及预加荷载计算

(1)每个单元锚杆所受的拉力 N_i，按下式计算：

$$N_i = \frac{N_d}{n}$$

式中：N_d——锚杆拉力设计值(N)；

n——单元锚杆数量(个)。

(2)每个单元锚杆的弹性位移量 S_i(mm)，按下式计算：

$$S_i = \frac{N_i \times L_i}{E_s \times A_s}$$

式中：L_i——每个单元锚杆的长度(mm)，压力分散型锚索长度示意见图 1。

E_s——钢绞线的弹性模量(N/mm^2)。

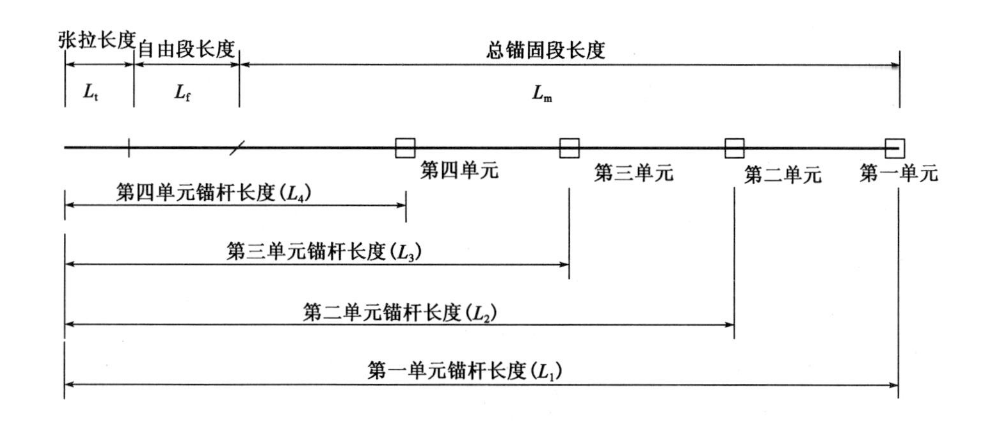

图 1 压力分散型锚杆长度示意图

(3)各单元锚杆的起始荷载 P_i，按下列公式计算：

$$P_1 = 0$$

$$P_i = P_{i-1} + [(i-1) \times P_i - P_{i-1}] \times \frac{S_{i-1} - S_i}{S_{i-1}} \qquad (i = 2,3,4\cdots)$$

锚杆的初始荷载取大于 P_i 值的适当荷载为分散型锚杆的初始张拉荷载。

2.4 张拉步骤

(1)将张拉工具锚夹片安装在第一单元锚杆位于锚头处的筋体上，按图 2 张拉管理图张拉至第二单元锚杆起始荷载 P_2。

(2)将张拉工具锚夹片筋体安装在第二单元锚杆的筋体上，张拉第一、二单元锚杆至张拉管理图上荷载 P_3。

(3)将张拉工具锚夹片筋体安装在第三单元锚杆的筋体上，继续张拉第一、二、三单元锚杆至张拉管理图上荷载 P_4。

(4)在张拉工具锚夹片仍安装在第一、二、三单元锚杆钢绞线的基础上，将张拉工具锚夹片安装在第四单元锚杆的筋体上，继续张拉至张拉管理图上的组合张拉荷载 $P_{组}$。

(5)各单元锚杆组合张拉至锁定荷载。

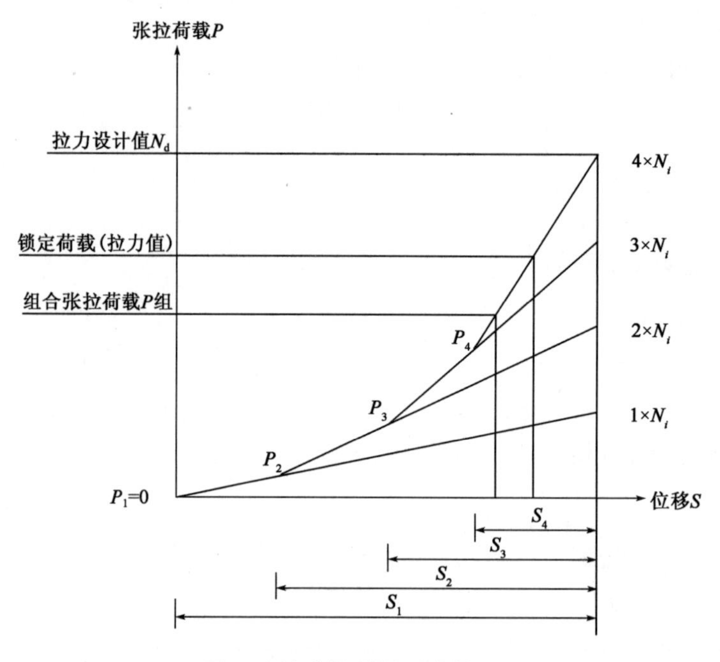

图 2　压力分散型锚杆张拉管理图

3　荷载分散型锚杆的算例

3.1　荷载分散型锚杆的设计计算

某二级基坑临时性工程计算得到的预应力锚杆的拉力标准值为 480kN，锚固土层为坚硬黏性土，拟采用孔径 150mm 的 3 个单元锚杆复合而成的压力分散型锚杆，锚杆钢绞线抗拉强度标准值为 1860MPa、直径 12.7mm，灌浆体设计强度等级为 M30，采用 P. O. 42.5 水泥。锚杆自由段长度经计算取 6m。

锚杆设计计算如下：

锚杆拉力设计值：

$$N_d=1.25\times480=600(\text{kN})$$

钢绞线面积：

$$A_s\geqslant\frac{600000}{1320}=455(\text{mm}^2)$$

钢绞线根数：

$$n=\frac{455}{98.7}=4.6(\text{根})\text{，取 6 根}$$

单元锚杆锚固段长度：

$$L_a\geqslant\frac{1.6\times200\times1000}{3.14\times150\times1.25\times0.1}=5.4(\text{m})$$

$$L_a\geqslant\frac{200\times1000}{2\times3.14\times12.7\times0.8\times1.35}=2.3(\text{m})$$

单元锚杆锚固段长度取 6m。

3.2 荷载分散型锚杆的张拉计算

单元锚杆所受的拉力：

$$N_i = \frac{600}{3} = 200(\text{kN})$$

每个单元锚杆的弹性位移量：

$$S_1 = \frac{200 \times 1000 \times 24 \times 1000}{1.95 \times 105 \times 98.7 \times 2} = 125(\text{mm})$$

$$S_2 = \frac{200 \times 1000 \times 18 \times 1000}{1.95 \times 105 \times 98.7 \times 2} = 93.75(\text{mm})$$

$$S_3 = \frac{200 \times 1000 \times 12 \times 1000}{1.95 \times 105 \times 98.7 \times 2} = 62.5(\text{mm})$$

单元锚杆的起始荷载：

$$P_1 = 0, P_2 = [(2-1) \times 200 - 0] \times \frac{125 - 93.75}{125} = 50(\text{kN})$$

$$P_3 = 50 + [(3-1) \times 200 - 50] \times \frac{93.75 - 62.5}{93.75} = 167(\text{kN})$$

3.3 荷载分散型锚杆的张拉步骤

(1)将张拉工具锚夹片安装在第一单元锚杆位于锚头处的筋体上，张拉至第二单元锚杆起始荷载 50kN。

(2)将张拉工具锚夹片筋体安装在第二单元锚杆的筋体上，张拉第一、二单元锚杆至第三单元锚杆起始荷载 167kN。

(3)在张拉工具锚夹片仍安装在第一、二、三单元锚杆钢绞线的基础上，继续张拉至组合张拉初始荷载 200kN。

(4)各单元锚杆组合张拉至设计荷载后退至锁定荷载锁定。

3.4 荷载分散型锚杆的后期工作特性

以上述工程为例，假定锁定荷载为 500kN，3 个单元锚杆的拉力分别为 177kN、165kN、154kN。拉力不均匀系数分别为 0.68、0.65 和 0.59，不均匀系数远小于 0.9，钢绞线受力在可控范围内。当锚杆轴力达到设计值时，拉力不均匀系数同为 0.77。

假定锚杆变形超过设计值时的变形，每超过 1mm，3 个单元锚杆的拉力分别增加 1.6kN、2.4kN 和 3.2kN；当变形增加到 10mm 时，3 个单元锚杆的拉力分别为 216kN、224kN、232kN，拉力不均匀系数分别为 0.83、0.86 和 0.89；当变形增加到 12mm 时，3 个单元锚杆的拉力分别为 219kN、229kN、238kN，拉力不均匀系数分别为 0.84、0.88 和 0.92，不均匀系数为 0.9 左右；当变形再增加时，不均匀系数远大于 0.9，钢绞线受力超出设计容许范围，这是不允许的。分散型锚杆设计时应充分考虑其后期工作特性，确定合适的锚杆设计值，控制锚杆锚头的后期变形不超出或少超出锚杆设计值时的变形。

4 结束语

荷载分散型锚杆作为一种新型锚杆具有结构构造新颖、承载力随锚固段长度的增加成比例提高等独特性能，但其设计和张拉又具有特殊性，本文结合规范和计算实例详细阐述了荷载分散型锚杆的设计与张拉施工的特殊之处。笔者希望本文对认识荷载分散型锚杆的特性起到指导作用并相信这种锚杆技术具有广阔的应用前景。

参考文献

[1] 中华人民共和国国家标准. GB 50086—2015 岩土锚杆与喷射混凝土支护工程技术规范[S]. 北京:中国计划出版社,2015.

[2] 冶金部建筑研究总院. 压力分散型锚杆技术[J]. 建筑技术开发,2001.

[3] 程良奎,范景伦,周彦清,等. 分散压力型(可拆芯式)锚杆的研究与应用[J]. 冶金工业部建筑研究总院院刊,2000.

白鹤滩左岸地下厂房顶拱对穿锚索施工技术研究

廖 军 韦 雨 陈 军

（中国水利水电第七工程局有限公司成水公司）

摘 要 本文以白鹤滩左岸地下厂房顶拱对穿锚索施工为例，针对施工中遇到的问题，提出了一系列的解决方案，最终保质保量地完成了对穿锚索施工，为同类项目施工提供借鉴。

关键词 地下厂房 对穿锚索 工艺优化

1 工程概况

白鹤滩水电站位于金沙江下游，左岸位于四川省宁南县，右岸位于云南省巧家县，顺水向上 182km 为乌东德水电站，顺水向下 195km 为溪洛渡水电站，控制流域面积 43.03 万 km^2，占金沙江以上流域面积的 91%，电站正常蓄水位为 825.0m，总库容 206.27 亿 m^3，电站的开发任务以发电为主。

白鹤滩水电站地下厂房分为左、右岸两个地下厂房，成对称布置，分别安装 8 台单机容量 1000MW 的水轮发电机组，总装机容量 16000MW，为我国仅次三峡水站的第二大水电站，两侧地下厂房均为典型的“三洞室结构”，分别为主厂房、主变洞、母线洞。厂房采用“一字形”布置，从南到北依次布置副厂房、辅助安装场、机组段和安装场。机组间距 38.00m，机组段长 304.00m，安装场长 79.50m，辅助安装场长 22.50m，副厂房长 32.00m。主副厂房洞的开挖尺寸为 438.00m×31.00m(34.00m)×88.70m(长×宽×高)。

主厂房顶拱高程为 EL624.6m，设计在厂房顶拱正上方高程 EL652m 沿厂房中心线两侧分别距离厂房中心线 10.5m 对称布置有锚固观测洞，用于在厂房顶拱布置对穿锚索，同时兼有排水廊道及监测等作用。锚固观测洞断面为 4.5m×5m 的城门洞型，厂房顶拱共布置 4 排 2000kN 级无粘结对穿锚索，长度 29～30m，成“倒八字形”，厂房端出露点横断面上间距3.6m，沿洞轴线方向根据地质条件不同有 3.6m、4.2m、4.8m 间距。厂房顶拱对穿锚索布置如图 1 所示。

由于需提前取得厂房顶拱地质资料等，白鹤滩地下厂房中导洞开挖及支护在前期招标段已提前完成，导致厂房顶拱对穿锚索造孔只能通过锚固观测洞造孔至顶拱，由于受支护和岩层应力影响，安全风险比没有形成中导洞完成造孔大得多。

2 工程地质条件

左岸地下厂房布置在拱坝上游山体内，洞室水平埋深 800～1050m，垂直埋深 260～330m。主副厂房洞和主变洞平行布置，洞室轴线方向为 N20°E。围岩主要由 P2β23 和 P2β31 层新鲜的隐晶质玄武岩、斜斑玄武岩、杏仁状玄武岩、角砾熔岩等组成，以Ⅲ1 类、Ⅱ类围岩为主，层间错动带 C2 斜穿厂房边墙中下部。

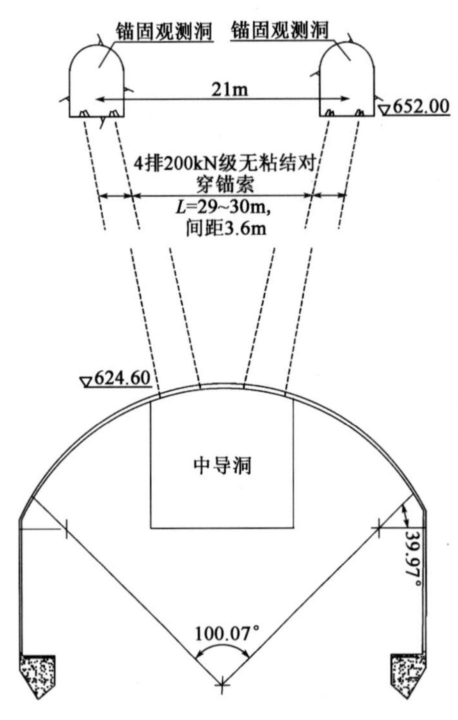

图1　厂房顶拱对穿锚索布置图

厂房顶拱整体位于第一类柱状节理玄武岩P2β33和第二类柱状节理玄武岩P2β32中，P2β31，N35°E，SE∠26°，整体倾向上游偏右，受地层结构和地形影响，左岸为顺向坡，岩层缓倾上游，从地形特征分析为泄水地形，不利于地下水汇聚，形成左岸层状顺倾泄水系统。

3　设计工程量及结构类型

为确保主厂房顶拱围岩稳定及厂房的安全运行，设计在厂房顶拱布置了4排2000kN级对穿型无粘结预应力锚索，原招标按间距3.6m布置，4排共有499束锚索。实施过程召开专家会，根据地质出露情况，有针对性地调整布置方案，将顶拱对穿锚索减少至256束，厂房开挖至第Ⅲ层，多个断面出现较大变形，前后共增加孔深30m的98束2000kN级无粘结对穿锚索，为有效控制该部位的变形，增加111束1000kN有粘结普通端锚。

白鹤滩水电站2000kN级无粘结对穿锚索由14根ϕ15.2mm钢绞线组成，强度标准为1860MPa，采用直径为0.5m、厚0.040m圆形钢锚墩与直径为0.30m、厚0.04m圆形钢锚墩重叠在一起，中间开直径为0.150孔，分别在上部锚固观测洞及厂房顶部安装孔口导向管，钢锚墩的安装均采用4根长0.3m、ϕ16mm的高强膨胀螺栓固定，锚墩与基岩面之间用M40干硬性预缩砂浆找平；压力分散型锚索采用5组承载板按间距1.2m进行安装，采用一次性灌浆，达到张拉条件后采用差异张拉，其工艺按分组单根预紧→分组差异荷载补偿张拉→整体分级张拉→锁定的顺序进行施工。

4　施工难点及方案

4.1　施工难点

白鹤滩水电站左岸地下厂房顶拱对穿锚索施工难点主要表现在：

(1)锚索孔钻孔孔斜率的控制。虽然岩层整体表现为玄武岩，但局部受软弱错动带及缓倾斜岩层影响，同时完整岩层较硬，钻头遇软硬岩层发生偏斜的可能性较大，由于小型地质缺陷的存在，无法判断地质缺陷存在的位置，无法通过预测的办法提前预防。

(2)由于锚固观测洞距离厂房顶拱的距离较近，锚索孔近似垂直，锚索的安装较困难，表现为锚索体掉落于厂房可能性较大，安全风险较大，锚索体安装到位后固定较困难，反向安装锚具及夹片时，由于受重力影响，锚具及夹片极易发生脱落。

(3)新增对穿锚索施工时由于主厂房中导洞两侧已经开挖，锚索施工与开挖、支护等工序穿插施工，干扰较大，施工组织困难，存在安全风险大。

4.2　施工方案

在锚固观测洞底板混凝土浇筑完成后，分别从1号、2号锚固观测洞内施工锚索孔至主厂房顶拱，再安装锚固观测洞端的钢锚墩及找平混凝土；从厂房内中导洞利用升降台车或吊车形成安装平台，在锚固观测洞内利用自制控制卷扬提升系统将钢绳通过锚索孔伸至厂房中导洞底板上，再将钢锚墩提升至顶拱锚索孔位置；利用安装平台在人工的配合下将钢锚墩安装到位，并利用卷扬系统再找平砂浆完成施工，同时用钢筋与周边锚杆将钢锚墩安装固定牢固；强度满足要求后，从锚固观测洞将已经验收合格的锚索体（上端锚具及夹片已经安装）通过下索平台将锚索体安装到位，再利用厂房安装平台安装锚具及夹片；先预紧厂房端锚索，再从锚固观测洞进行预紧、张拉、质量检查等后序施工，最后再进行锚头保护。

5 锚索施工

白鹤滩水电站无粘结对穿锚索施工工艺与国内其他对穿锚索施工类似，不同之处主要表现在锚索的运输及安装，经过集体创新，将验收合格的锚索体在锚固洞端安装锚具及夹片，增加限位装置将锚具及夹片固定并使其受力，再在锚索体尾部安装专门为锚索安装设计准备的锚索安装提引器，锚索体下入孔内可以通过提引器自由调节锚索位置，防止锚索在最后10m左右突然滑落，有效地解决了安全问题，使用方便。

6 锚索质量检查

6.1 钻孔检查情况

试验过程中对4束锚索孔钻孔进行统计和分析，效果较好，成果统计如表1所示。

锚索造孔成果表 表1

项目名称		单位	试验锚索编号				偏差允许值	评价
			DGM3-64	DGM3-62	DGM3-60	DGM3-57		
倾角	设计	(°)	75.6	75.6	75.6	75.6	—	符合设计要求
	实际		75.41	75.10	75.48	75.45		
	偏差		0.19	0.5	0.12	0.15		
	孔底偏差	m	0.10	0.25	0.06	0.08	1%孔深	
方位角	设计	(°)	110	110	110	110	—	符合设计要求
	实际		111.95	111.24	108.36	108.86		
	偏差		1.95	1.24	1.64	1.14	2	

锚索钻孔孔轴偏差主要受钻孔倾角影响较大。通过对锚索开孔参数（平面位置、方位角及倾角）反复校核，避免因锚索孔开孔偏差而造成孔斜偏差；通过采用加长粗径钻具及加设平衡器和扶正器等优化工艺，降低因钻孔机械自身精度因素对孔轴偏差的影响。

6.2 张拉成果

张拉前除对张拉机具、测力计分别进行了率定，对锚具和夹片进行了静载试验，还在现场进行了现场联合标定，锚索张拉试验对4束锚索进行全程统计及分析。DGM3-64锚索张拉曲线图如图2所示。

说明：锚索设计张拉力为2000kN，锁定张拉力 P'=1800kN。

从张拉实际伸长值与张拉力的坐标图中可以看出，实际锚索张拉线位于设计规定的110%与95%之间，并更贴近95%的线条。

6.3 应力损失测试成果分析

为测试锚索在张拉锁定后是否存在应力损失或应力损失是否在设计要求允许范围内，对试验锚索分别做二次张拉试验，通过再次测量伸长值，校验应力损失是否满足设计要求。为减小人为及千斤顶自身因素误差影响，首先将千斤顶活塞油缸伸出一定长度，再进行升压张拉。

试验锚索 DGM3-64、DGM3-62、DGM3-60 及 DGM3-57 张拉锁定后 48h 内应力损失值分别为 64.66kN、174.72kN、87.39kN 及 79.79kN，均小于 10%设计张拉力 180kN，符合设计要求。

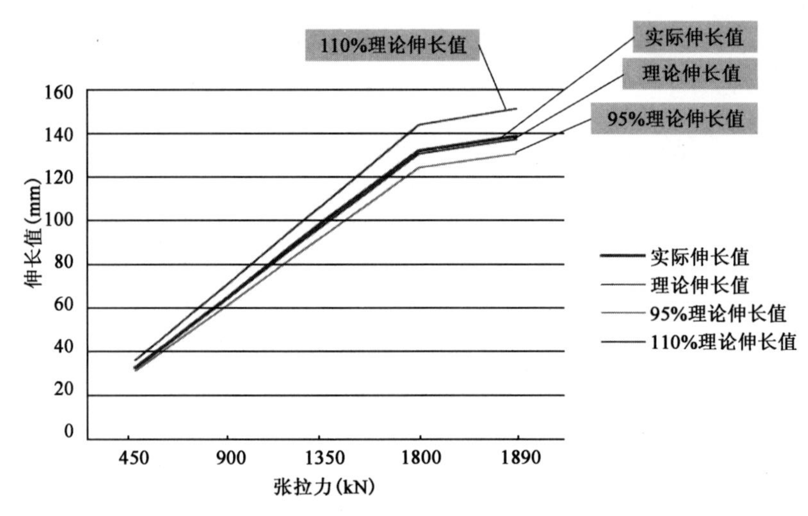

图 2　锚索张拉伸长值与理论伸长值对比分析图

7　施工监测及运行情况

选取监测锚索进行二次张拉试验测试，检测锚索锁定后 48h 荷载损失情况，通过千斤顶和油压表读数与测力计实测应力进行对比。监测数据表明地下厂房顶部锚索施工质量及效果均较好。

在锚索张拉锁定后的 48h 内，锚索由于钢绞线延时应变作用，而下部岩体在短时间内应力相对没有变化，导致锚索荷载过程曲线向下减少，锚索体拉力减小，在锁定后的 7d 内应力仍然趋于减小，但变小的趋势降低，7d 后基本平衡；在锚索体延时伸长稳定后，变化趋于平衡，逐渐表现为岩体的应变，在短时间内表现不明显，但在厂房顶部两侧进行扩挖过程中，由于开挖断面较大，厂房顶部围岩向下沉，使得对应锚索的应力表现为逐渐增大，即锁定后的 48h 主要受锚索体本身应变影响较大，平衡后，主要受围岩变形影响大。

在 0+77.4 桩号部位由于荷载已经超过锚索的承载力，该部位在后期增加了 76 束对穿锚索，以解决变形问题，目前厂房已经开挖至第三层（岩锚梁层），厂房监测数据反应无异常变化。

8　锚索施工工艺优化与创新

由于预应力锚索施工技术含量较高，特别是对穿锚索及压力分散型锚索，工艺要求严格，同时受地下洞室顶部洞室爆破开挖及喷锚支护影响，难度进一步加大，其各工序之间需等时间较长，往往占用较多直线工期，成为影响大跨度地下洞室工期的关键。因此，对穿锚索施工工艺及技术创新非常重要，通过创新施工方法，本公司在向家坝、猴子岩及白鹤滩地下厂房顶部锚索施工过程中没有占一天直线工期，对厂房开挖做出了巨大贡献。

(1)对穿锚索孔在上部锚固观测洞进行造孔，通过有效的钻孔精度及孔斜控制，保证了在厂房端出露点在规定范围内，完全满足了设计要求。

(2)采用全液压潜孔钻机进行造孔及除尘装置，解决了施工进度及粉尘污染空气问题。

(3)从锚固观测洞端进行钢锚墩及锚索体的安装，使安装速度得到进一步提高。

(4)将方形钢锚墩调整为圆形钢锚墩，改善了锚索的受力结构，有利于锚索的安装。

(5)对穿锚索采用"两端预紧，单端张拉"的施工工艺，在不影响施工质量的前提下，减小了与开挖及支护之间的干扰。

9　结语

地下厂房顶部锚索施工影响和制约着厂房的开挖，对厂房顶部围岩稳定起着重要作用。在保证质量的情况下，快速、安全地进行厂顶锚索施工将对厂房开挖进度起推进作用，探索和创新锚索施工工艺和方法更是迫在眉睫。本公司在向家坝、猴子岩及白鹤滩水电站地下厂房锚索施工过程中，通过广大工程技术人员的不断摸索和创新，在对穿锚索、普通端锚和压力分散型锚索施工上掌握了一套快速施工工艺及方法，提高了施工效率，降低了施工成本，提高了锚索施工质量。

深基坑桩锚支护体系的设计、施工及质量通病防治

孔得会　申旭庆

（北京市机械施工有限公司）

摘　要　桩锚支护体系在北京等土质较好地区作为边坡支护结构被广泛应用，由于土的物理和力学性质差异，深基坑施工过程中支护结构选型十分重要。本文以王府井深基坑工程为依托对桩锚支护体系设计、施工工艺选择以及质量通病防治进行详细阐述，以供参考。

关键词　桩锚　深基坑　支护体系　质量通病

1　工程地质条件、水文地质条件简述

本工程场区自然地面高程为44.00～46.00m。按岩性及工程特性划分为11个大层，由上到下分别为：①杂填土层厚3.5m；②粉土层厚4m；③黏性土层厚4m；④细砂层厚2m；⑤卵石层厚3m；⑥卵石层厚1.8m；⑦粉土层厚3.5m；⑧黏性土层厚1.4m；⑨细砂层厚1.8m；⑩卵石层厚6.5m；⑪黏性土层厚5.1m。场区内地下水类型与埋深见表1。

地下水的类型、埋深高程情况　　表1

序号	地下水类型	地下水稳定水位（承压水测压水头）	
		水位埋深（m）	水位高程（m）
1	上层滞水	8.00	36.74
2	层间水	16.50～17.60	27.85～28.59
3	潜水	26.20～27.10	18.05～19.59
4	承压水	31.70～33.50	11.69～13.17

2　深基坑支护设计

2.1　设计方案的选择

必须根据深基坑的开挖深度、土的性状及地下水条件、基坑周边环境对基坑变形的承受能力及支护结构一旦失效可能产生的后果、主体结构地下结构及基础形式、支护结构施工工艺的可行性、施工场地条件及季节性施工等来设计深基坑支护结构，并进行多种方案对比，选择经济合理、安全可靠、易于实施的最优方案。

王府井深基坑工程开挖范围内主要为素填土、粉土、黏性土、细砂、卵石层，土质条件较好。基坑开挖深度约为23m。拟建基坑周边地下管线设施极其密集，分布有多条雨污水、给水、电力、电信、热力、燃气管线及人防结构等，周边环境复杂。同时基坑周边分布有王府井大街、新东安商场、丹耀大厦等人流密集的商业街及重要建筑物，场地条件十分有限且对变形敏感。若采用降水措施，会对基坑周边建（构）筑物、地下管线、道路等造成危害。

综合以上信息，确定采用对场地要求小、造价较低的桩锚支护体系，并辅以帷幕桩+坑内疏干井的方式对坑外地下水进行有效阻截，对坑内地下水进行有效排降。

2.2 计算原理简述

2.2.1 挡土系统

桩锚支护体系中主要挡土构件为护坡桩。护坡桩的计算可分为土压力计算、嵌固深度计算、内力与变形计算、混凝土截面配筋4个部分。

(1)土压力计算

土压力计算采用经典法土压力模型，基坑外侧土压力选择主动土压力进行计算。

$$P_{ak}=\sigma_{ak}k_{a,i}-2c_i\sqrt{k_{a,i}}$$

$$P_{pk}=\sigma_{pk}k_{p,i}+2c_i\sqrt{k_{p,i}}$$

式中：P_{ak}——支护结构外侧第 i 层土中计算点的主动土压力强度标准值；

P_{pk}——支护结构内侧第 i 层土中计算点的被动土压力强度标准值；

σ_{ak}、σ_{pk}——支护结构外侧、内侧计算点的土中竖向应力标准值；

$k_{a,i}$、$k_{p,i}$——第 i 层土的主动、被动土压力系数。

当位于地下水位以下且水土分算时，还需考虑水压力。

(2)嵌固深度计算

采用圆弧滑动条分法进行嵌固深度计算，其整体稳定性应符合下列要求：

$$k_{s,i}=\frac{\sum\{c_jl_j+[(q_jb_j+\Delta G_j)\cos\theta_j-u_jl_j]\tan\varphi_j\}+\sum R'k,k[\cos(\theta_j+a_k)+\psi_N]/S_{xk}}{\sum(q_jb_j+\Delta G_j)\sin\theta_j}\geqslant k_s$$

式中：$k_{s,i}$——第 i 个滑动圆弧的抗滑力矩与滑动力矩的比值；

k_s——圆弧滑动稳定安全系数。

(3)内力与变形计算

结构内力与变形计算值、支点力计算值应根据基坑开挖及地下结构施工过程的不同工况，根据受力条件分段按平面问题计算。变形计算包括位移与沉降计算。

2.2.2 挡水系统

挡水系统主要分为坑外截水与坑内疏水两个部分。

(1)坑外截水计算

王府井深基坑工程基底以下10m处存在连续分布、埋深较浅的隔水层，因此采用落底式帷幕(将帷幕底落入黏性土⑦层)。

落底式帷幕进入下卧隔水层的深度应满足下式要求，且不宜小于1.5m：

$$l\geqslant 0.2\Delta h-0.5b$$

式中：l——帷幕进入隔水层的深度；

Δh——基坑内外的水头差值；

b——帷幕的厚度。

(2)坑内疏水计算

①总涌水量计算。

本工程场区地下水疏干的对象主要为基底以上卵石、圆砾④层的层间水，总涌水量为基坑内的含水层中总水量：

$$Q=s\cdot h\cdot n+s\cdot h_1$$

式中：s——基坑面积；

h——含水层厚度；

n——含水层孔隙率；

h_1——开挖期间降水量。

②疏干井影响半径计算。

根据本工程层间水含水层的岩性及分布条件，采用以下公式进行影响半径估算：

$$R = 2s_w \sqrt{Hk}$$

式中：s_w——井水位降深；

H——含水层厚度；

k——含水层的渗透系数。

③疏干井数量计算。

$$n = \frac{Q}{q \cdot T}$$

式中：q——单井设计流量；

T——抽水时间。

2.2.3 支撑系统

桩锚支护体系中主要支撑构件为锚杆。锚杆的计算以挡土系统每米宽度内的支点水平反力为依据，需进行锚杆轴向内力、锚杆长度、锚杆配筋三部分计算。

(1)锚杆轴向内力计算

$$\text{最大内力} = \frac{F_h S}{\cos\alpha}$$

$$N = \gamma_0 \times \gamma_F \times N_k$$

式中：F_h——挡土系统每米宽度内的支点水平反力；

S——锚杆水平间距；

α——锚杆倾角；

N——锚杆轴向拉力设计值；

γ_0——基坑重要性系数；

γ_F——锚杆荷载分项系数；

N_k——锚杆轴向拉力标准值。

(2)锚杆长度计算

①自由段长度计算。

$$L_f = \frac{h\sin(45° - \varphi_m/2)}{\sin(45° + \varphi_m/2 + \alpha)}$$

式中：h——简化为各道锚索距离坑底高度；

φ_m——简化为基底以上各土层按厚度加权的等效内摩擦角。

②锚固段长度计算。

$$R_k = \pi d \sum q_{sk,i} l_i$$

$$K_t = \frac{R_k}{N_k}$$

$$L_m = \sum l_i$$

式中：R_k——锚杆极限抗拔承载力；

d——锚杆直径，通常取 0.15m；

$q_{sk,i}$——第 i 层土锚杆极限粘结强度标准值；

l_i——第 i 层土中锚固段长度；

K_t——锚杆抗拔出安全系数。

③锚杆总长度计算。

$$L = L_f + L_m$$

(3)锚杆配筋计算

$$A_p = \frac{N}{f_{py}}$$

式中：A_p——计算配筋面积；

f_{py}——锚杆材料强度设计值。

实际配筋不小于计算配筋。

2.2.4 王府井深基坑工程设计成果展示

设计成果展示如图 1 和表 2 所示。

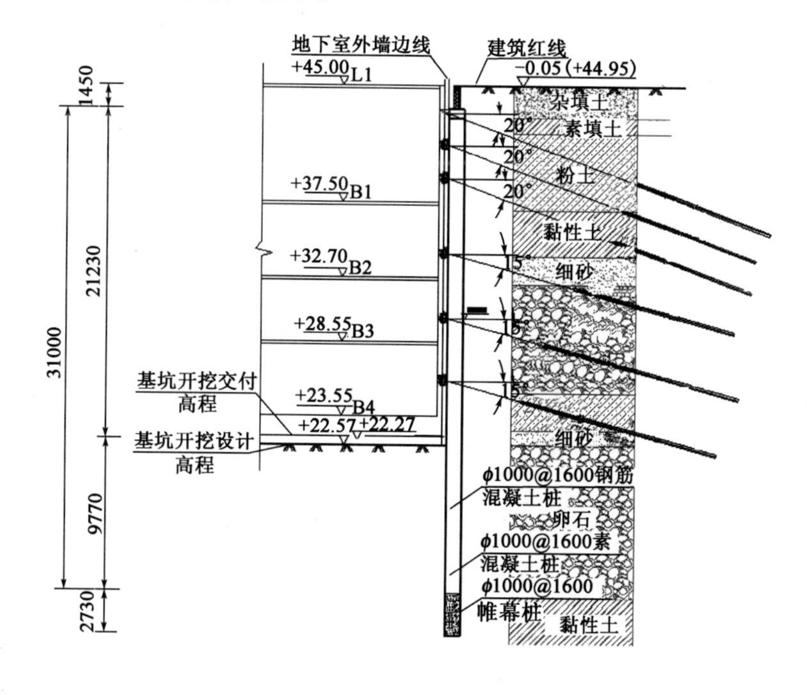

图 1 基坑支护剖面图(尺寸单位：m)

锚 杆 参 数 表

表 2

支锚道号	锚杆标高 (m)	钢绞线配筋	自由段长度 (m)	锚固段长度 (m)	锚杆总长度 (m)	设计拉力 (kN)	预加拉力 (kN)
1	−1.80	2S15.2	13	14	27	337	200
2	−3.85	3S15.2	12	13	25	395	200
3	−6.00	3S15.2	11	11	22	468	200
4	−10.80	5S15.2	8.5	16.5	25	854	300
5	−14.95	5S15.2	6.5	16.5	23	854	450
6	−18.95	4S15.2	5	20	25	712	300

3 施工工艺选择

3.1 挡土系统

王府井深基坑工程开挖深度大，护坡桩长度较长，场区地下水位较高，基于上述特点，护坡桩施工采用旋挖钻机钻进、静态泥浆护壁的成孔工艺。

3.2 挡水系统

根据工程地质条件、水文地质条件及施工条件等综合确定，王府井深基坑工程基坑截水选用高压旋喷与排桩相互咬合的组合帷幕。由于高压旋喷桩桩径较大，采用三重管施工方法。

3.3 支撑系统

王府井深基坑工程地下水位位于地面以下约 15m 处，上方 3 道锚杆位于地下水位以上，因此本工程上方 3 道锚杆优先选用锚杆钻机干作业成孔施工工艺施工，若出现局部土层砂性大、含滞水量大塌孔的部位，可使用套管湿作业工艺施工；由于下方 3 道锚杆位于地下水位以下，采用套管湿作业工艺施工。

4 质量通病防治

4.1 护坡桩施工

(1)成孔过程中塌孔

防治措施：

根据地质报告和现场考察，结合工程实际情况，确定该工程不同地质段可能存在的问题与处理办法。使用挖土机向孔内回填可塑性好的黏性土，钻机反转向下加压，正转取土，充分压实孔壁，重新成孔。

(2)混凝土水下灌注质量不佳，出现堵管、断桩等现象

防治措施：

①在施工前要对商品混凝土厂家的资质进行考查。混凝土生产厂家应出具所生产混凝土的开盘鉴定、材质检验报告等质量证明资料。

②坍落度控制在 180～220mm，防止堵管现象发生。

③准确计量导管长度，确保导管下口在混凝土中的埋深，杜绝导管提离混凝土面导致断桩事故发生。

4.2 旋喷桩与疏干井施工

(1)旋喷桩固结体强度不均、缩颈

防治措施：

①由于喷射方法与机具没有根据地质条件进行选择，可能造成旋喷桩固结体强度不均、缩颈，因此应根据设计要求和地质条件，选用不同的喷浆方法和机具。

②喷射设备出现故障(管路堵塞、串、漏、卡钻)中断施工，可能造成旋喷桩固结体强度不均、缩颈，因此喷浆前应进行压水压浆压气试验，一切正常后方可配浆准备喷射，保证连续进行。配浆时必须用筛过滤。

③拔管速度、旋转速度及注浆量不配合，会造成桩身直径大小不均，浆液有多有少。因此应根据固结体的形状及桩身匀质性，调整喷嘴的旋转速度、提升速度、喷射压力和喷浆量。

④穿过较硬的黏性土可能产生缩颈，因此应对易出现缩颈部位及底部不易检查处采取定位旋转喷射(不提升)或复喷的扩大桩径措施。

⑤喷射的浆液与切削的土粒强制拌和不充分、不均匀，会影响加固效果。因此应控制浆液的水灰比及稠度；检查喷嘴的加工和安装精度，必须符合设计要求，确保喷浆效果。

(2)疏干井成井效果不佳

防治措施：

①疏干井垂直度不满足要求，此时钻机安装应周正平稳，严格按操作规程施工，保证钻孔垂直度误差小于1%。下管时滤水管接头处要用竹片夹好绑牢，防止在下管过程中发生位移；下管时应轻提慢放，遇阻时应查明原因后再下放，严禁强行墩放，以防损坏井管。

②避免成孔过程中出现塌孔现象，提升、下放钻具时要轻提慢放，避免产生抽吸作用。

③含水层部位的井管外要缠绕80目尼龙滤网；下至设计位置后，要保证井管口高出地面20cm以上，井口用盖板盖好，防止杂物掉入；填入滤料时，要仔细检查滤料质量，控制其含泥量不超过5%；填入过程中要用铁锹沿井管四周缓慢均匀填入，防止投料不均或中途架桥；在降水过程中，如遇滤料下沉，应及时补充，否则疏干井易发生堵管现象。

5 结语

桩锚支护体系从设计理论和施工工艺上都较成熟，用于深基坑支护工程，安全性较好，且工程造价较地下连续墙等其他适用于深基坑的支护结构低，经济性好。通过施工过程中的信息反馈，能够及时灵活地通过调整锚杆设计来达到调整受力体系的目的。配合基坑监测系统，可以实现深基坑工程的动态管理，从而达到保证基坑安全的目的。因此值得在深基坑工程中进一步推广。

参考文献

[1] 中华人民共和国行业标准. JGJ 120—2012 建筑基坑支护技术规程[S]. 北京：中国建筑工业出版社，2012.

深厚杂填土场地基坑工程设计与施工实践

关 飞

(北京市机械施工有限公司)

摘 要 通过对北京市朝阳区某深厚杂填土场地17.36m深基坑工程地质情况及工程难点分析,确定采用“上部土钉墙+下部护坡桩+预应力锚杆”的复合支护设计,土钉选用锤击钢花管工艺,护坡桩选用长螺旋钻机成孔中心压灌混凝土后植入钢筋笼成桩工艺,锚索选用套管钻机成孔、二次注浆工艺,很好地克服了深厚杂填土场地基坑支护设计与施工难题,保证了基坑及周边环境安全,取得了十分显著的成效,对类似杂填土场地深基坑支护设计及施工有一定的借鉴意义。

关键词 深基坑 杂填土 基坑支护

1 工程概况

北京市朝阳区某商业项目设置3层地下室,基坑开挖深度为17.36m。项目东侧结构距离现状围挡约22m,围挡外为现状市政道路;北侧结构距离场地红线约5.6m,红线外为变电站场地;场地西侧为二期场地,暂为临舍区;南侧结构距离场地围挡约19m,围挡外为绿化带,宽约48m,绿化带外侧为城市铁路。基坑周边环境见图1。

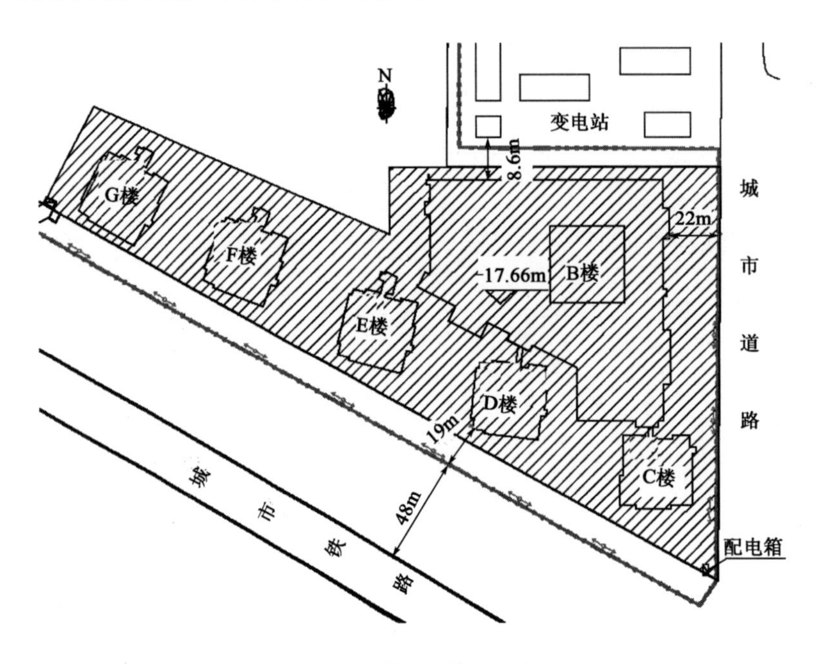

图1 基坑周边环境平面图

根据地质剖面分析,基坑深度范围内土层主要有黏质粉土素填土①2层、杂填土①1层(生活垃圾为主)、黏土③3层、粉质黏土③层、黏土④2层、粉质黏土④层等。

基坑开挖深度影响范围内主要有两层地下水，第一层地下水为上层滞水，静止水位埋深为2.7～9.5m，该层滞水在拟建场地内人工填土中普遍分布；第二层地下水为潜水，静止水位埋深为16.7～23.2m。主要含水层为粉质黏土③层中的黏质粉土③1层、粉砂③2层及砂质粉土薄层，位于基底以上约60cm位置。基坑深度范围内土层力学参数见表1。

基坑支护深度影响范围内土层参数表　　表1

土　层	层厚(m)	重度(kN/m³)	φ(°)	c(kPa)
黏质粉土素填土①2层	0.4	18	15	10
杂填土①1层(生活垃圾为主)	12.7	17	15	10
黏土③3层	1.5	19	12	42
粉质黏土③层	9.2	20.5	22	26
黏土④2层	2.8	19	12	30
粉质黏土④层	13.0	20.4	15	30

2 技术难点

(1)场地上部杂填土层厚度平均十余米，最厚处约16m，以建筑垃圾、生活垃圾及弃土等为主，结构松散，本身力学参数差(表1)，边坡整体稳定性差。

(2)深厚杂填土地层自稳性差，容易塌孔，支护结构成孔困难。

(3)深厚杂填土中含有大块混凝土等建筑垃圾，容易卡钻埋钻，钻具损耗大。

(4)深厚杂填土地层结构松散，漏浆严重，土钉及锚索注浆质量不易控制。

3 支护设计

针对基坑周边场地受限、基坑深、杂填土层厚的特点，支护设计选择"上部土钉墙＋下部护坡桩＋预应力锚杆"的复合支护形式，这主要是考虑本工程开挖深度17.36m，场地不具备大放坡开挖条件，也不适用单一土钉墙支护，必须采用桩锚支护。考虑上部杂填土层相对较厚，护坡桩成孔困难，因此上部挖除部分杂填土以减少护坡桩成孔长度，降低成孔困难。同时，上部采用土钉墙设计，相比于护坡桩顶位于自然地面可大大降低工程造价。

3.1 基坑东侧支护形式

基坑深度17.36m，基坑上部8.5m土钉墙，下部护坡桩＋两层预应力锚杆，见图2。护坡桩ϕ800mm@1500mm，设计桩长13.5m，钢筋笼主筋为14ϕ25mm，箍筋为ϕ6.5mm@200mm，架立筋为ϕ16mm@2000mm。护坡桩的混凝土强度等级为C25，主筋混凝土保护层厚度为50mm。

3.2 基坑北侧支护形式

基坑深度17.36m，基坑上部4m土钉墙，下部护坡桩＋两层预应力锚杆，见图3。护坡桩ϕ800mm@1500mm，设计桩长18m，钢筋笼主筋为18ϕ25mm，箍筋为ϕ6.5mm@200mm，架立筋为ϕ16mm@2000mm。护坡桩的混凝土强度等级为C25，主筋混凝土保护层厚度为50mm。

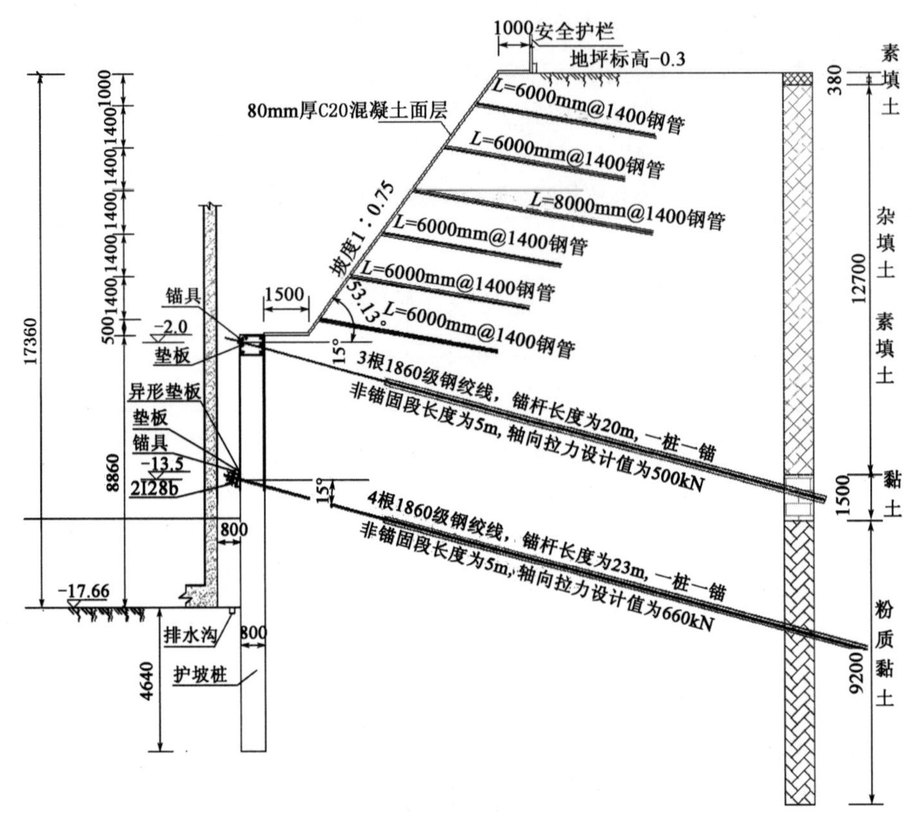

图 2　基坑东侧支护剖面图(尺寸单位：mm)

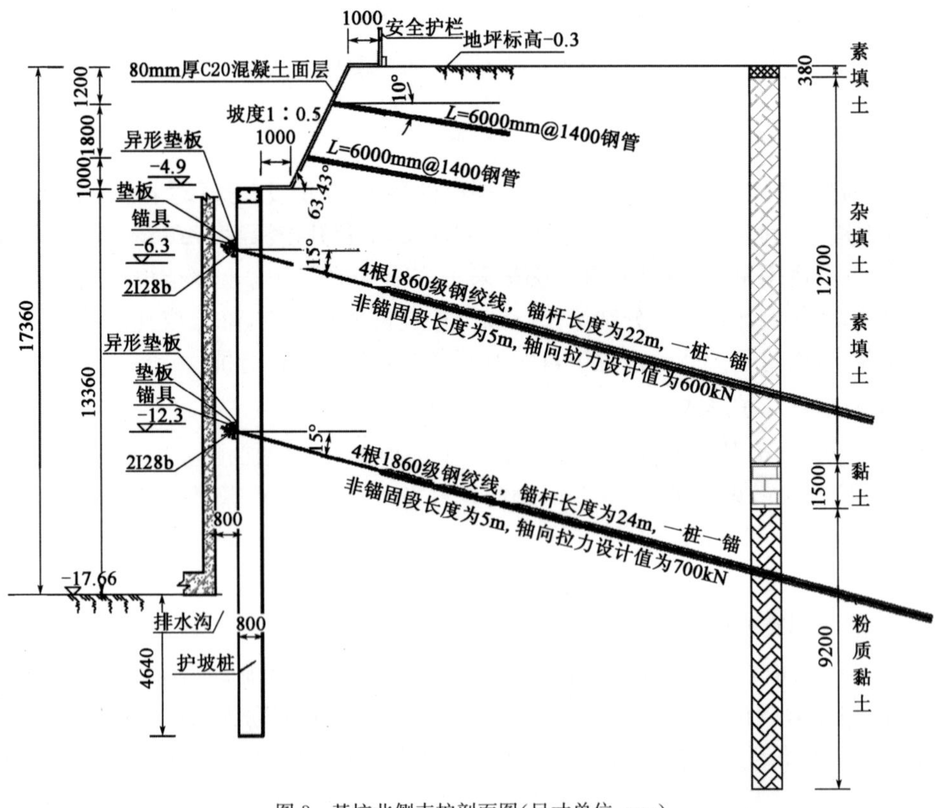

图 3　基坑北侧支护剖面图(尺寸单位：mm)

4 施工关键技术及问题处理

4.1 深厚杂填土层中土钉施工

土钉施工常规采用洛阳铲成孔后插筋，但本工程杂填土层较厚，若采用洛阳铲则可能出现卡铲，导致洛阳铲无法拔出等问题，因此在研究了场地土层特点后，在设计阶段就采用锤击钢花管土钉替代常规洛阳铲成孔插筋土钉，取得了良好效果。

4.2 深厚杂填土层中灌注桩施工

由于本场地杂填土厚，且含有大块混凝土等建筑垃圾，以至于灌注桩若采用泥浆护壁湿作业工艺时易出现漏浆、孔壁坍塌、卡钻埋钻等事故，影响护坡桩施工。常规的灌注桩成桩设备主要有旋挖钻机、长螺旋钻机及冲击钻机。旋挖钻机具有功率大、钻进速度快、效率高、成孔质量优等优点，其适用于黏性土、粉土、砂土、砾石土及粒径不大的卵石等地层，但对于杂填土地层则因漏浆、塌孔严重而施工性差，造价也相对较高。长螺旋钻机中心压灌混凝土后植入钢筋笼工艺具有不需泥浆，无泥浆污染以及无漏浆塌孔等问题，造价相对旋挖钻机低，但遇大块废弃混凝土块钻进困难，若用于杂填土地层须解决此问题。冲击钻机依靠泥浆护壁，相比于旋挖钻机湿作业其泥浆密度大，不宜漏浆塌孔，可以较好地解决杂填土层中的钻进问题，但施工效率在三种机械中最低，影响工期。

综上分析三种机械设备的优缺点及地层适用性，现场先采用 1 台长螺旋钻机进行试钻。试钻过程中，遇到了预料中的受障碍物影响钻进困难问题。针对此问题，对于埋藏较浅的障碍物，现场采取用挖掘机将桩位部位进行局部掏挖，再回填素土成孔的措施，最终顺利成桩，证明采用长螺旋钻机在杂填土场地施工可行。考虑工程造价，现场最终选用长螺旋钻机成孔、中心泵压混凝土后植笼施工工艺作为护坡桩主要施工工艺。

施工过程中，部分桩位障碍物埋深较深，采用挖掘机换填不可行，现场引进了 1 台冲击钻机进行冲孔，最终顺利成桩。这样，既发挥了冲击钻易于破碎杂填土中障碍物的长处，又发挥了长螺旋钻机施工效率高，无需泥浆护壁的优点。

4.3 深厚杂填土层中预应力锚索施工

考虑到预应力锚索须穿越杂填土层，常规螺旋钻机成孔遇障碍物易出现塌孔埋钻问题，因此本工程预应力锚索选用了套管钻机成孔，虽然施工中用水量大，但较好地解决了杂填土中塌孔问题。

为验证杂填土层中锚索拉力能否满足设计要求，施工现场分别在东侧、南侧每隔一段距离用灌浆料(类似于早强剂，一般情况养护 36～48h 即可满足张拉条件)做几组试验锚杆，得到第一手资料。分析张拉数据，判断出场地大部分地段采用一次常压注浆锚索拉力能满足设计要求，仅个别地段采用一次常压拉力不足，现场调整为二次压力注浆施工工艺，施工效果良好。

5 结语

通过基坑监测反馈，本工程采用锤击钢花管注浆土钉、长螺旋中心压灌混凝土后植入钢筋笼成桩以及套管钻机湿作业及二次注浆工艺施工预应力锚索技术措施，基坑在开挖过程中处于稳定状态，保证了基坑及周边环境安全，说明在深厚杂填土地层中采取上述施工措施是合理、可行的。本工程的成功实施，也为今后类似基坑工程施工提供借鉴经验。基坑竣工后效果见图 4。

图 4　基坑竣工后实景图

参考文献

[1]　中华人民共和国行业标准. JGJ 120—2012　建筑基坑支护技术规程[S]. 北京:中国建筑工业出版社,2012.

弯曲钻孔预应力锚索张拉伸长量计算方法探讨

于浩楠[1]　罗　斌[2]

（1. 中国市政工程西南设计研究总院　2. 招商局重庆交通科研设计院有限公司）

摘　要　在没有纠偏纠倾措施时，锚索钻孔轨迹不是理想的直线，而是弯曲孔道。本文基于预应力锚索弯曲钻孔中钢绞线与灌浆体之间接触问题的特点和规律，提出了弯曲孔道预应力锚索张拉伸长量的计算方法，分析了影响伸长量的因素。

关键词　预应力锚　弯曲钻孔索　伸长量

1　钢绞线的张拉过程与状态

结合预应力钢绞线自身易于弯曲的物理特点，将其张拉过程分为三个阶段，并将钢绞线定义为四种状态[1-2]，如图 1 所示。

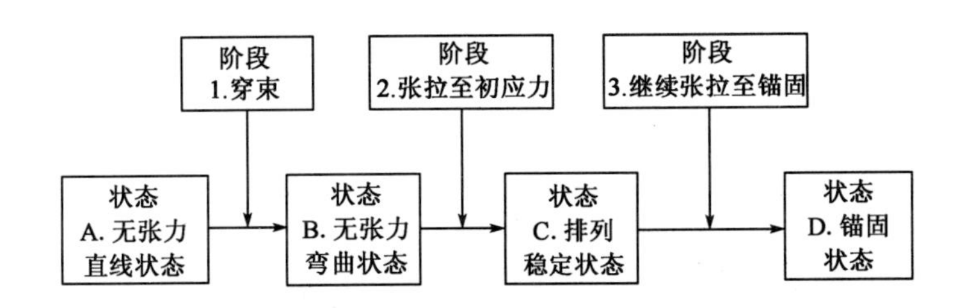

图 1　钢绞线的张拉过程

（1）状态 A：在钢绞线还没有穿入锚索孔道前一直保持本身的直线状态。

（2）状态 B：在钢绞线穿入锚索孔道后，暂未施加预应力时只受到锚索孔壁的约束作用，其形态特点遵循钢绞线在重力和孔壁约束力作用下应变能最低的原理，自身形态沿孔道弯曲。

（3）状态 C：钢绞线在初始预应力张拉作用下自身排列状态逐步稳定，每根钢绞线的内部排列趋于相对稳定。

（4）状态 D：对钢绞线不断施加预应力，直到荷载控制值后锚固钢绞线。

当钢绞线穿过弯曲孔道后，从直线状态转化为随着弯曲孔道自然弯曲的状态，内外侧钢绞线也会随之出现长度差异。开始对钢绞线施加初始张拉应力时，钢绞线会发生内部结构重新调整，从而满足总体势能最小原则。经过对中支架编束后的钢绞线在穿孔后基本保持其圆形截面，由于张拉过程中径向分力的影响会使钢绞线向内壁孔道发生移动而重新排列。

为了满足总体势能最小的原则，若不考虑钢绞线之间的摩擦力作用，钢绞线在理论上的排列方式是唯一的。继续张拉过程中，钢绞线内部排列逐步趋于稳定状态，弯曲孔道部分的钢绞线逐步靠拢，波纹管基本压平，内壁灌浆体在法向应力的作用下被压缩后使得弯曲部分的孔道中心线发生位移。从而改变了弯曲段孔道的弯曲半径，使得钢绞线的弹性伸长量与理论伸长量有所出入，最终反映在预应力锚索的实测伸长值上。

2 张拉伸长量影响因素分析

通过对预应力锚索的张拉试验所得数据进行分析，可以将其影响因素总结，如图2所示。

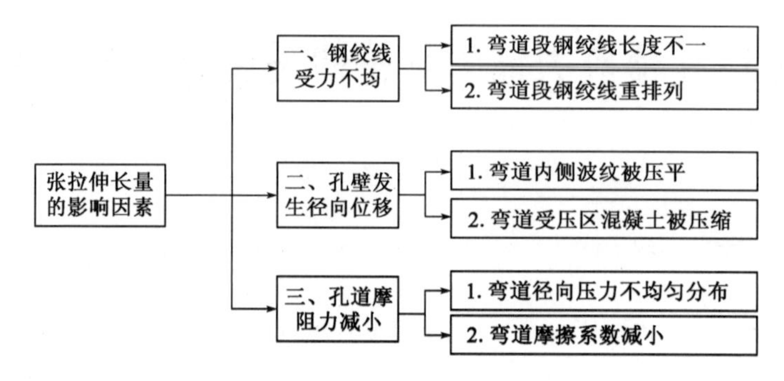

图2 钢绞线张拉伸长量的影响因素

(1)钢绞线受力不均匀

弯曲孔道钢绞线受力不均匀会增加预应力锚索的张拉伸长量，主要是由于穿孔过程中钢绞线发生扭转以及张拉过程中径向作用力迫使钢绞线排列方式的重分布造成的。

(2)孔壁径向位移引起的伸长量

弯曲孔道钢绞线预应力张拉过程中产生的径向压力，会使钢绞线挤压内壁灌浆体，过大的径向压力还会使钢绞线嵌入水泥砂浆，使得弯曲孔道部分的实际弯曲半径变小，产生几何多余长度，最终导致实测伸长值大于理论伸长值。

(3)实际摩擦力偏小引起的伸长量

弯曲孔道摩擦力主要取决于径向压力和摩擦系数。通过前文对钢绞线与弯曲孔道法线作用力的分布规律分析可以得知，基于均匀分布计算所得的张拉伸长量会有所偏低。通过参考相关文献，摩擦系数会随着钢绞线嵌入弯曲孔道内侧灌浆体中而有所变化，此处暂不加以考虑。

3 弯曲孔道预应力锚索张拉伸长量计算方法

由于地质条件、灌浆质量、岩体变形、材质质量以及操作不当等因素，最终导致预应力锚索的实际伸长量和理论计算伸长量出现差异。但是，只要偏差值不超过规范中的规定值就是安全有效的。预应力锚索是通过预应力的作用来加强岩土体的整体性和结构稳定性，最终达到加固结构物的整体稳定性的目的。伸长量差异超出一定范围时就会导致预应力的变化，最终会对加固结构产生一定的危害。本文通过对预应力锚索张拉伸长量的多个影响因素进行分析得到以下计算公式：

(1)孔道摩阻力。

根据《混凝土结构设计规范》(GB 50010—2010)中第10.2.2条，钢绞线与孔壁之间的摩擦引起的应力损失值σ_{l2}，当$\kappa x+\mu\theta$不大于0.3时，可以采用式(1)计算：

$$\sigma_{l2} = (\kappa x + \mu\theta)\sigma_{\text{con}} \tag{1}$$

式中：x——张拉端至计算截面的孔道长度，可近似取该段孔道在纵轴线上的投影长度(m)，对整孔张拉时按照加权平均值简化计算；对单根张拉的试验锚索，计算时分锚固单元计算，x值为每根钢绞线张拉段中被塑料套管及油脂包裹的长度。

θ——从张拉端至计算截面曲线孔道各部分切线的夹角之和(rad)，锚索按直线考虑，θ取0；

κ——考虑孔道每米长度局部偏差的摩擦系数，对无粘结钢绞线κ为0.003～0.004，取0.0035；

μ——钢绞线与孔壁之间的摩擦系数，取0.09。

由式(1)，可以导出式(2)：

$$P_{l2} = (\kappa x + \mu\theta)P \tag{2}$$

式中：P_{l2}——内锚段承载体处的预应力损失值(kN)；

P——张拉荷载(kN)。

由式(2)可以计算出各级张拉荷载下的张拉力损失值。

(2)平均张拉力。

计算钢绞线伸长量时，采用张拉端拉力和承载板位置拉力的平均值作为计算用的拉力，在本文中简称平均张拉力。

(3)当预应力锚索孔道为直线形式时，锚索任意自由段伸长值按式(3)计算：

$$\Delta l = \frac{\overline{F}}{EA}L \tag{3}$$

式中：L——从计算截面到张拉端孔道长度(m)；

E——张拉钢绞线的弹性模量(MPa)；

A——张拉钢绞线的截面面积(mm^2)；

$\overline{F}$——平均张拉力(N)。

(4)预应力锚索在考虑摩阻损失作用下，预应力钢绞线张拉有效剩余力按式(4)计算：

$$F = F_0 e^{-(\mu\alpha + ks)} \tag{4}$$

式中：F——钢绞线一端的张拉力(N)；

F_0——张拉起始端的力(N)。

(5)当预应力锚索的钢绞线布置形状为平面圆曲线时，某一曲线段钢绞线的平均张拉力计算按式(5)计算：

$$\overline{F}\frac{F_0}{\theta}\int_0^{\theta} e^{-(\mu\alpha+ks)}\,d\alpha = \frac{F_0[1 - e^{-(\mu+kR)}]}{\mu\theta + kr\theta} = \frac{F_0[1 - e^{-(\mu+kx)}]}{\mu\theta + kx} \tag{5}$$

式中：R——圆曲线的半径(m)。

(6)弯曲孔道预应力锚索自由段伸长值计算方法按式(6)计算：

$$\Delta l = \sum_{i=1}^{n}\frac{\overline{F}}{EA}L_i \tag{6}$$

式中：n——弯曲孔道钢绞线的划分段数；

L_i——第i段对应的钢绞线长度。

本文参考有关文献，通过将预应力锚索孔道划分为多段相互独立的直线段和曲线段，根据各段对应的半径和弧长分别计算其对应的偏角大小。

在预应力锚索张拉之前需要对钢绞线进行调直，调直之前处于松弛状态的钢绞线和预应力之间的关系是非线性的，所以应该在第二级张拉时才开始进行伸长实测值和理论值之间的比较。假设钢绞线为均质弹性结构体，通过现场记录数据可以得到$\Delta L_{0.25P}$～$\Delta L_{1.1P}$之间的实际伸长值按式(7)计算：

$$\Delta L_{实际} = \Delta L_1 + \Delta L_2 \tag{7}$$

式中：$\Delta L_{实际}$——锚索的实际伸长量(mm)；

ΔL_1——从初应力开始到最终应力之间实测伸长值，其中包括多级张拉、两端张拉的总伸长值(mm)；

ΔL_2——初应力下的推算伸长值(mm)。

4 结语

一般情况下，预应力锚索的钻孔轨迹并非理想的直线，而是弯曲孔道。在计算预应力锚索伸长值时，应考虑弯曲钻孔中钢绞线与灌浆体之间的接触问题，以此计算弯曲孔道预应力锚索张拉伸长值。

参考文献

[1] 刘志文，宋一凡.空间曲线预应力束摩擦损失参数[J].西安公路交通大学学报，2001，21(3).

[2] 胡光祥，陈东杰，赵勇，等.空间曲线预应力束摩擦损失的测试和摩擦系数反演[J].建筑科学，2004，(05)：26-29.

基于定值锚头的可回收锚索设计与施工

丁仕辉

（广东水电二局股份有限公司）

摘　要　基坑的锚索支护多为临时性支护，当基坑内的建筑结构施工完成后，基坑的锚索支护任务也就随之完成。为消除锚索长期滞留地下形成地下障碍物，采取有效措施对其进行回收势在必行。本文介绍的可回收锚索，从锚索底端的特制锚头装置入手，将钢绞线与锚头金属套之间的握裹力设计成一定值，形成定值锚头，使其既能满足锚固力要求又能满足锚索的顺利回收。大量室内外试验及工程应用表明：该种锚索回收技术性能可靠、结构简单、施工方便、成本低廉，回收率百分之百。

关键词　定值锚头　可回收锚索　钢绞线　握裹力

1　概述

地下工程的基坑围护结构采用锚索支护已非常普遍，其支护原理是：利用基坑围护桩或地下连续墙的外侧稳定的地层提供锚固力，通过锚索与基坑围护桩或地下连续墙锚接，实施对基坑围护桩或地下连续墙的支护。目前，各地许多大型深基坑受困于可回收锚索施工技术的限制及可回收锚索措施费用高昂而选择内支撑的基坑支护方式。该种支护方式施工工期长、费用高、基坑开挖困难；或有的地方采用不回收锚索的施工工艺进行临时锚索支护，形成地下障碍物，造成后续项目开发的困难。

为了克服基坑支护普遍使用的不可回收锚索的弊端，现介绍一种施工方便、性能可靠、结构简单、成本低廉，回收率可达百分之百的可回收锚索。

2　可回收锚索设计

2.1　锚索孔的钻孔直径及钻孔深度

可回收锚索的钻孔直径、钻孔深度，与常规锚索的设计方法相同，根据所要支护的桩或地下连续墙所受的土压力来确定。

2.2　锚索及锚索体材料的选用

可回收锚索材料选用无粘结钢绞线，锚固体材料选用水泥砂浆或水泥净浆。

2.3　锚索底端的锚固头及导向装置

可回收锚索底端的锚固头及导向装置如图1所示。锚固头由底锚板、定值锚头群组成；导向装置由定值锚头压板和焊接在定值锚头压板上的导向架组成，通过螺栓连接底锚板和导向装置将定值锚头群固定。

2.4　定值锚头的握裹力设计

定值锚头的握裹力按钢绞线极限强度的80％设置，锚索钢绞线的设计拉力按定值锚头握裹力的75％设置。

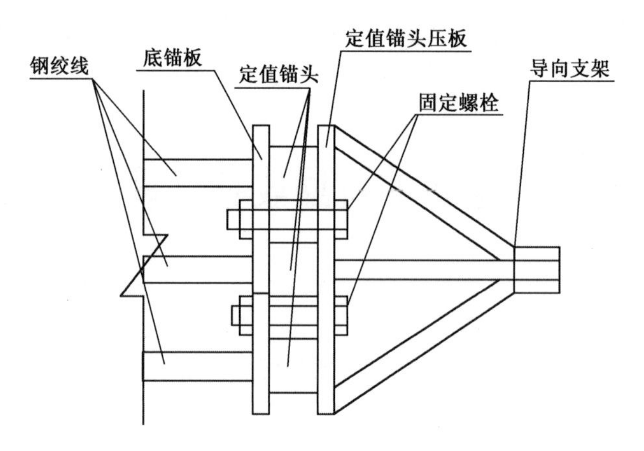

图1　可回收锚索底端锚头示意图

3　可回收锚索施工

3.1　可回收锚索施工工艺流程

可回收锚索施工工艺与常规锚索施工工艺大体相同，主要不同之处在于可回收锚索的底锚头制作，以及锚索的回收，工艺流程如图2所示。

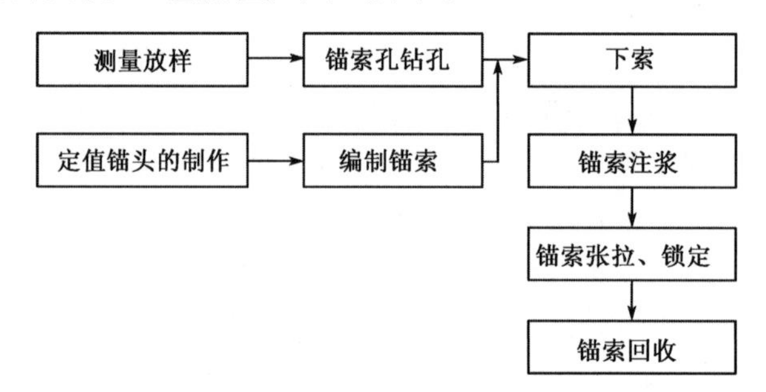

图2　可回收锚索施工工艺流程

3.2　具体施工工艺说明

3.2.1　锚索孔钻孔施工

锚索孔钻孔设备根据地质情况可选用液压钻、潜孔钻、回转钻。钻机就位后，按锚索孔设计倾角及方位进行钻机调整，保持钻机主轴中心线与锚孔中心线一致，并将钻机固定；锚索孔开钻前，报现场技术人员与监理，待验收合格后，实施钻孔施工。钻进过程中必须时时注意修正钻进过程中钻机产生的位移，确保锚索孔施工满足设计要求。

3.2.2　编制锚索

(1)按锚索的设计长度裁剪无粘结钢绞线，下料长度按下式确定：

$$L = L_s + L_m + L_d + d$$

式中：L——预应力钢绞线下料长度；

L_s——锚索实际孔深；

L_m——锚墩及锚具厚度；

L_d——千斤顶长度；

d——预留长度，钢绞线的切割应采用砂轮切割机切割。

(2)将切割好的钢绞线一端按要求制作定值锚头：施工时按照室内试验(确定定值锚头金

属套规格)的成果,将预先制作好的金属套挤压到裁剪好的预应力筋的端部,制成带有定值锚头的预应力筋。

(3)按设计要求将若干根已加工合格的带有定值锚头的无粘结钢绞线穿入底锚板,而后,将焊有导向架的定值锚头压板通过螺栓与底锚板连接,固定可回收锚索的定值锚头,防止定值锚头纵向移动。

此外,无粘结钢绞线每隔 1m 安装一个隔离架,直到距孔口约 500mm 处。隔离架与钢绞线之间用铁丝绑扎牢固,以防钢绞线无序缠绕及便于后续灌浆管的安放。

3.2.3 下索

锚索孔验收合格后,使用人工将编制好的锚索及固定在锚索隔离架中心的灌浆管一同置入孔内。

置入时,锚索缓慢从孔口送入,不得大弧度转动锚索以避免锚索扭曲,随时检查隔离架的绑扎丝,发现松动及时加固。同时注意观察下索过程中无粘结钢绞线 PE 皮有无破损,若发现 PE 皮破损,应及时外包处理,必要时更换锚索。

3.2.4 锚索孔注浆

(1)按设计要求对锚索孔注入水泥砂浆或水泥净浆,必要时可在水泥砂浆或水泥净浆中掺入适量的外加剂以满足特殊工况的需要。

(2)锚索孔注浆采用自下而上的充填注浆法一次性全孔段注浆。注浆时,边注浆边上提注浆管,同时保持注浆管在水泥砂浆或水泥净浆中的埋深不小于 5m,当孔口出现溢浆且持续时间不低于 2min 后,方可停止注浆。

(3)注浆结束后,待锚索孔内的砂浆或水泥净浆凝结收缩后,在孔口进行补浆,确保锚索孔全孔段充满浆体。

3.2.5 锚索张拉与锁定

锚索张拉在锚索注浆体达到设计强度后进行。预应力锚索张拉采用五级加载,第一级采用单孔穿心千斤顶对锚索逐根循环式张拉,第二级至第五级采取整束张拉,按 $0\rightarrow0.25\delta_{con}\rightarrow0.5\delta_{con}\rightarrow0.75\delta_{con}\rightarrow1.0\delta_{con}\rightarrow1.1\delta_{con}$分级加载方式进行。

预应力施工过程的质量控制采取以张拉力为主、伸长量校核的双控操作方法。张拉控制荷载以压力表读数为主,记录张拉各级加载稳压前后钢绞线伸长值,并根据钢绞线理论伸长值进行校核验算,量测钢绞线伸长值和回缩值,若实测值大于理论伸长值的 10%或小于 5%时,停止张拉,查明原因后方可再进行张拉。

预应力锚索张拉具体操作步骤如下:

(1)检查张拉机具,安装锚垫板、锚具、夹片、张拉千斤顶等,确认正常后,方可进行张拉。

(2)使用单孔穿心千斤顶按锚索设计值的 10%进行预张拉,使其各部位接触紧密、钢绞线完全平直。

(3)使用单孔穿心千斤顶取设计值的 25%逐根进行第一级张拉,每根钢绞线持荷稳定 3~5min,稳定后测读锚头位移不应少于 3 次,并做好记录。当锚索中的每根钢绞线第一级张拉完成后,更换整体张拉千斤顶实施下一级荷载张拉。

(4)取设计值的 50%进行第二级张拉,持荷稳定 5min,稳定后测读锚头位移量,做好记录。达到要求后,卸载至 $0.25\delta_{con}$,并测读锚头的回缩,做好记录。

(5)取设计值的 75%进行第三级张拉,持荷稳定 5min,稳定后测读锚头位移量,做好记录。达到要求后,卸载至 $0.5\delta_{con}$,并测读锚头的回缩,做好记录。

(6)取设计值的100%进行第四级张拉,持荷稳定5min,稳定后测读锚头位移量,做好记录。达到要求后,卸载至0.75δ_{con},并测读锚头的回缩,做好记录。

(7)取设计值的110%进行第五级张拉,持荷稳定20min,稳定后测读锚头位移量,做好记录,而后,卸载至锁定值进行预应力锚索的锁定。

(8)锚索张拉锁定后,及时对锚头及外露钢绞线进行喷漆反腐处理,避免锚头、夹片及外露钢绞线锈蚀影响后续锚索回收。

3.2.6 锚索回收

锚索回收操作净空不宜少于0.9m,即外锚头与基坑内建筑结构物边墙的距离,基坑设计时应予以考虑。当基坑内的建筑结构物施工到具有自身抵抗外部荷载的能力时,基坑的锚索支护任务也就随之完成,可进行锚索的回收。

锚索回收具体操作步骤如下:

(1)平整锚索回收施工平台,做好工作面周边的安全防护。使用三脚架及手拉葫芦,悬挂单孔穿心千斤顶,以便千斤顶的固定及对位。

(2)解除定值锚头的功能,使用单孔穿心千斤顶逐根进行锚索钢绞线的张拉回收。加载时应匀速缓慢进行,当加载至定值锚头握裹力设计最大值的90%时,持荷稳定5min,观察钢绞线的伸长值,判断钢绞线的回收状态,调整加载量,控制钢绞线从金属套中柔和松脱。

(3)使用其他拉拔、牵引工具或起重设备将已从金属套中松脱的钢绞线抽出锚索体,实施回收。

(4)将回收的钢绞线、锚具、锚垫板集中堆放,并做好防锈处理,以便后续工程使用。

4 结语

(1)基于定值锚头的可回收锚索设计与施工已应用于佛山市南海区狮山镇地铁行政中心站的基坑支护工程、广州地铁七号线一期四标基坑支护工程。通过现场可行性试验及部分已完成支护任务的锚索回收情况看:基于定值锚头的可回收锚索设计与施工方法,工艺简单、性能可靠、成本低廉、便于施工,回收率可达到百分之百。

(2)定值锚头的握裹力按钢绞线极限强度的80%设置,锚索钢绞线的设计拉力按定值锚头握裹力的75%设置,是合理的,锚索既能满足基坑支护要求,又能满足锚索的顺利回收。

(3)根据锚索的拉拔试验成果及已完成锚索回收的拉拔技术数据分析,现场的锚索回收拉拔数据与室内定值锚头握裹力试验数据之间存在一定程度的偏差,偏差值为-1%~8%(质量可控),说明定值锚头的加工、安装精度有待于进一步提高。

参考文献

[1] 丁仕辉,潘明鸿.土层锚杆回收的设计与施工技术[J].水利水电科技进展,1995,5.

[2] 丁仕辉.可回收锚筋的基坑支护锚杆(专利说明书)[P],2006,6.

[3] 丁仕辉.一种可回收基坑支护锚索结构(专利说明书)[P],2014,2.

预应力锚索孔内扩孔工艺的研究

罗宏保　王全成　张　勇　姜昭群　杨　栋

（中国地质科学院探矿工艺研究所）

摘　要　预应力锚索技术是进行滑坡治理、边坡锚固等地质灾害治理施工中的常用技术，传统锚索内锚头自由地搁置在内锚固段孔内，在无预应力状态下进行内锚固段注浆，而自承载式预应力锚索在有预应力的状态下注浆，有利于充分发挥浆体材料及岩体的力学性能。对于中硬以下碎裂岩层，采取在锚固段进行扩孔，在扩孔段安装自承载式锚索承载体，承载体扩体后，利用孔壁的摩擦力和扩孔段端部的承载力进行初张拉锁定。因此需要研究一种适用于中硬以下岩层（抗压强度小于30MPa）且适合使用空气潜孔锤钻进工艺的扩孔钻具和钻孔工艺。通过进行扩孔钻进室内试验，结果表明，所研究的扩孔钻具和工艺能够实现在锚固段进行孔内扩孔。

关键词　自承式　预应力锚索　扩孔钻具　孔内扩孔

1　引言

我国是一个地质灾害多发的国家，地质灾害分布广、影响大，严重威胁着地质灾害分布区人民生命和财产的安全。在所有的地质灾害中，滑坡、崩塌是发生频率较高的地质灾害，也是危害较大的地质灾害，其中又以滑坡发生的数量最多，造成的危害最大。预应力锚索技术是进行滑坡治理、边坡锚固等地质灾害治理施工中的常用技术。

传统锚索是将内锚头自由地搁置在内锚固段孔内，在无预应力状态下进行内锚固段注浆，而自承载式预应力锚索在有预应力的状态下注浆，有利于充分发挥浆体材料及岩体的力学性能。在实际的地质灾害治理施工中，根据锚固段地层的不同，一般可以采取两种施工工艺。对于中硬以上较完整岩层，不进行扩孔，直接在合适的位置安装自承载式锚索承载体，承载体扩体后，由于岩体自身强度较高，利用承载体和孔壁摩擦力进行初张拉锁定；而对于中硬以下碎裂岩层，采取在锚固段进行扩孔，在扩孔段安装自承载式锚索承载体，承载体扩体后，利用孔壁的摩擦力和扩孔段端部的承载力进行初张拉锁定。对于第一种施工工艺，我们不需要进行扩孔，而第二种施工工艺，我们就需要在锚固段进行孔内扩孔，因此需要研究一种适用于中硬以下破碎岩层（抗压强度小于30MPa）且适合使用空气潜孔锤钻进工艺的扩孔钻具和钻孔工艺，以实现在锚固段进行孔内扩孔。

2　钻具设计

2.1　扩孔施工工艺

目前对于锚固孔的施工，最常用的是空气潜孔锤钻进工艺。为了提高现场设备的利用率和成孔效率，我们拟采用以下扩孔施工工艺。

（1）在覆盖层及特别破碎地层，采用潜孔锤偏心跟管钻具钻进，随钻跟进ϕ146mm套管（管靴最小通径ϕ120mm）［图1a)］；

(2)跟管钻进至中硬以下碎裂岩层,更换 ϕ120mm 直锤钻头进行裸孔钻进[图 1b)];

(3)裸孔钻进 1~2m,提钻更换扩孔钻具进行分段扩孔钻进,扩孔至 ϕ150mm 左右,钻进 0.5~1m[图 1c)];

(4)重复(2)、(3)直至设计深度。分段扩孔施工工艺见图 1。

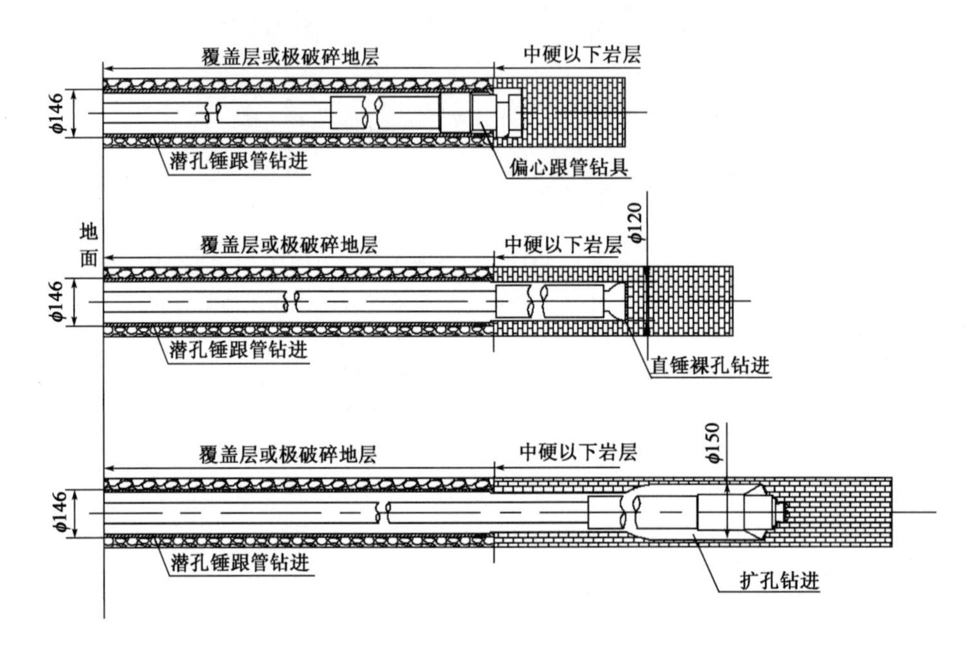

图 1　分段扩孔施工工艺示意图(尺寸单位:mm)

2.2　设计思路

根据分段扩孔施工工艺,为了满足内锚头分散设置的要求,需要在钻孔施工过程中进行分段扩孔,实现在钻进 ϕ120 孔段之后扩孔至 ϕ150,因此扩孔钻具的结构设计将是研究的难点。在扩孔钻具下钻过程中,扩孔钻具需要能够通过上部管靴以及 ϕ120 孔段,在进行扩孔钻进时,由于孔内空间原因,扩孔钻头很难在短时间内完全张开,因此钻具的张开过程是一个渐进的过程,不同结构钻具渐进至完全张开过程所需的时间的长短、扩孔成孔的效果是不同的。参照潜孔锤跟管钻具的结构特点,潜孔锤跟管钻具目前常用的有偏心和同心两种结构,考虑到偏心结构在钻进过程中容易出现孔斜,因此我们拟定设计同心结构形式的扩孔钻具,由于没有相关方面的施工经验参考,我们根据室内试验实际施工情况和扩孔段的实际效果再来对钻具结构进行优化和改进。

2.3　结构设计与工作原理

钻具形式采用同心结构,同心扩孔钻具钻进系统结构示意图如图 2 所示。钻进系统由中心钻头、滑块扩孔钻头、导正器、气动冲击器和钻杆等组成。

同心扩孔钻具在钻头体收拢状态下,设计要求钻具整体外径尺寸小于管靴最小通径,以保证钻具能够顺利穿过管靴提下钻。

钻头体由中心钻头和滑块扩孔钻头组成,中心钻头设计为阶梯状,逐层扩孔钻进,中心钻头顶端起导向作用;滑块扩孔钻头设计为小半圆形,与开设在中心钻头末端的斜槽相匹配,使滑块扩孔钻头能够在斜槽内自由滑动,中心钻头和滑块扩孔钻头的外表面都进行合理的布齿,镶嵌硬质合金。导正器与钻头体的尾端之间通过圆柱销链接,在导正器的外部开设两个或者三个平槽，作为钻进过程中的排渣槽，导正器与气动冲击器通过花键连接。在钻头体和导正器的内部进行合理的风路设计，保证气动冲击器正常工作的同时，能让岩渣顺利地通过排渣槽排出孔外，并起到冷却钻头体的作用。

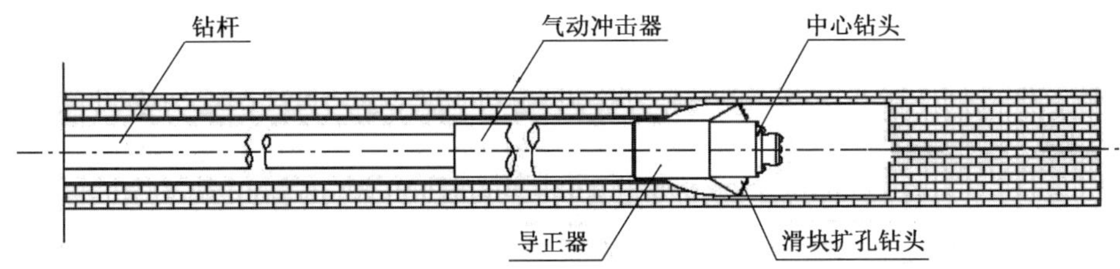

图 2　同心扩孔钻具钻进系统结构示意图

同心扩孔钻具由导正器、钻头体组成，导正器通过花键与气动冲击器连接，钻头体的中心钻头通过三角形花键轴与导正器相对的孔连接，并通过定位槽、圆柱销进行连接定位。当钻具工作时，在钻机的扭矩和钻压通过钻杆、冲击器、导正器传递给扩孔钻头，带动钻具顺时针旋转同时钻头体下压受到岩石阻力，此时小半圆形滑块扩孔，钻头在阻力作用下沿着斜槽向上方滑动，由于孔内空间的限制，滑块扩孔钻头是边向上滑动边进行扩孔的，直至滑动到导正器端面，钻头体可钻孔径逐渐变大到设计扩孔孔径。当钻具不工作提钻时，钻具向上收拉，滑块扩孔钻头在上升过程中受到孔壁的摩擦力会沿着斜槽向下滑动，并且当提至管靴位置时，受管靴阻力向下滑动缩小至最小，滑块扩孔钻头收回，钻具顺利通过管靴及套管提出孔外。

2.4　钻具设计

根据同心扩孔钻具设计思路，完成钻具的结构设计图纸，如图 3 所示为同心扩孔钻具的三维模型图。

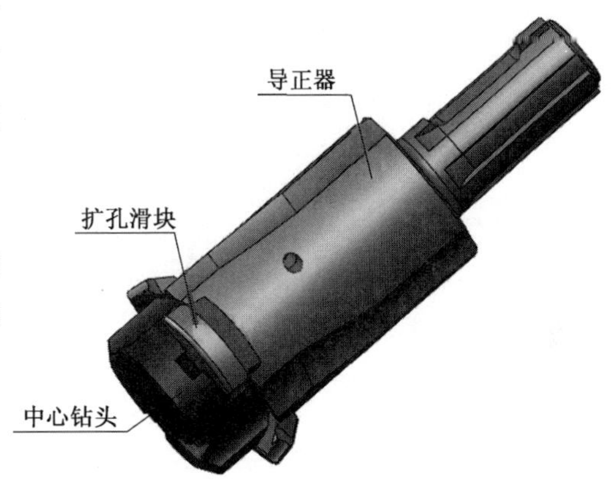

图 3　同心扩孔钻具三维图

3　室内试验

根据同心扩孔钻具设计图纸，加工试制同心扩孔钻具样具一套（图 4），并完成钻具收敛状态的室内调试，为同心扩孔钻具的室内扩孔钻进试验做准备。

3.1　试验条件

室内试验地点为探矿工艺所钻探试验室。通过在试验孔内灌浆凝固模拟岩层来进行扩孔钻进试验。

试验设备、器具：

（1）空压机：英格索兰 VHP750；

（2）钻机：成都哈迈 YXZ-90A；

（3）冲击器：苏普曼 CIR110 中风压；

（4）钻具：同心扩孔钻具。

钻进参数：

（1）钻压力：15～30kN；

（2）转速：25～35r/min；

(3)扭矩：最大 5200N·m；

(4)风压：1.5MPa；

(5)风量：20m^3/min。

3.2 试验过程

根据试验方案，同心扩孔钻具钻进试验连续进行三段扩孔钻进，钻孔设计如图5所示。试验通过在试验孔内注浆来模拟中硬以下岩层(抗压强度小于30MPa)，扩孔钻进的试验流程为：试验孔注浆→等待一周左右时间砂浆凝固→扩孔钻具钻进试验。

图4 同心扩孔钻具样具

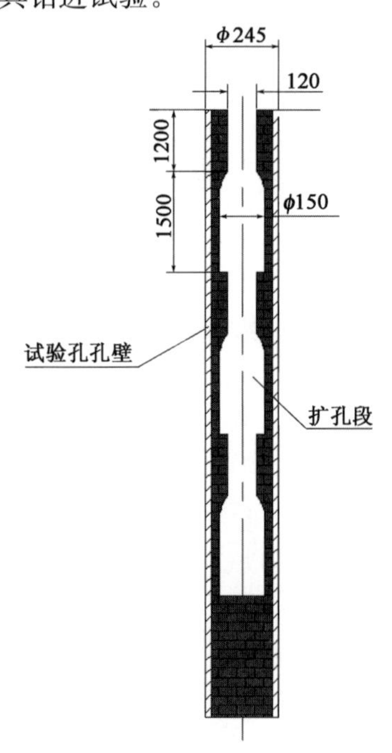

图5 钻孔设计图(尺寸单位：mm)

首先完成试验孔的注浆，在注浆凝固之后，进行同心扩孔钻具钻进试验。钻具扩孔块在收拢状态下下入 ϕ120 裸孔，由于扩孔块在完全张开时外径可达 ϕ150，钻具在 ϕ120 孔内无法张开，因此在钻进初段会出现卡钻现象。基于此种情况，在扩孔块未完全张开时，钻进给进压力一定要小、给进速度一定要慢，以防卡钻，扩孔块随着钻进在孔内是一个逐渐张开的过程。在钻机钻进过程中，可以根据钻进情况对扩孔块是否完全张开进行判断。表1为三段钻进扩孔段的钻进数据表，根据钻进情况的变化可以大致判断，从开钻到扩孔块完全张开过程钻进深度为0.2～0.3m，时间为10～25min。

本组试验一共完成了三次扩孔段钻进，成孔质量非常好，达到了预期的效果，表1为钻进数据统计表。

钻 进 数 据 表1

扩孔段	钻孔深度(m)	时间(min)	备注
1	0.2	20	扩孔块逐步张开至最大
	1.3	30	正常扩孔钻进
2	0.2	25	扩孔块逐步张开至最大
	1.3	25	正常扩孔钻进

续上表

扩孔段	钻孔深度(m)	时间(min)	备注
3	0.3	15	扩孔块逐步张开至最大
	1.3	20	正常扩孔钻进

在注浆同时制作抗压强度测试试块,通过测试试块以确定模拟岩层的抗压强度。根据四川交大工程检测咨询有限公司的检测,试块抗压强度为70.2MPa,远远大于中硬以下岩层的抗压强度。考虑试验孔孔壁为钢管封闭,凝固条件较差,试块强度折减后能满足设计要求。

4 试验分析

本次试验共完成三段扩孔钻进试验,扩孔效果良好,达到了预期目标。

通过扩孔钻进室内试验,验证了这种在锚固孔孔内进行扩孔的工艺方法是可行性,并且在试验中发现钻具设计的一些问题,为钻具的改进设计提供了依据。在以后的研究工作中,我们计划从以下两方面着手:

(1)通过改进设计和热处理两方面增强同心扩孔钻具扩孔块的强度;

(2)改进扩孔块的布齿。

5 结语

通过理论设计、室内试验,完成了预应力锚索孔孔内扩孔钻具与施工工艺的研究,并且通过室内扩孔试验验证了所设计的同心扩孔钻具能够在锚固孔内进行扩孔钻进,实现锚固段进行分段扩孔,满足安装自承载式锚索承载体扩体后进行初张拉锁定的要求。

参考文献

[1] 王恭先.滑坡防治中的关键技术及其处理方法[J].岩石力学与工程学报,2005,24(21).

[2] 陆观宏,曾庆军,黄敏,等.锚杆扩孔技术应用于某高层建筑基础加固[J].土工基础,2011,25(5):20-22.

[3] 汪彦枢.潜孔锤跟管钻进方法的开发及应用[J].探矿工程,2003,增刊:201-203.

[4] 汪彦枢.探矿工程科技进步100例[M].北京:地震出版社,1998.

[5] 耿瑞伦,陈星庆.多工艺空气钻探[M].北京:地质出版社,1995.

[6] 张国榉.凿岩钎具的设计、制造和选用[M].长沙:湖南科学技术出版社,1989.

[7] 杨俊志,冯杨文.预应力锚固工程技术的发展与应用[J].探矿工程,2003,增刊.

[8] 汪彦枢.钻进大口径锚索孔的新方法[J].中国地质灾害与防治学报,2004(S1).

两项锚索革新结构及其工艺简介

闫福根[1,2]　王公彬[1,2]　丁　刚[1,2]　沈　扬[3]

（1.国家大坝安全工程技术研究中心　2.长江勘测规划设计研究有限责任公司
3.长江三峡技术经济发展有限公司）

摘　要　锚索施工多在高陡边坡、狭窄洞室等复杂环境中进行，施工过程中普遍存在锚索体推送安装困难及外锚头钢绞线易腐蚀等现象，给锚索施工进度及使用寿命带来不利影响。针对此现状，作者依托相关科研课题研发了“新型锚索对中支架”和“新型外锚头钢绞线保护”两项新型实用专利，本文介绍该两项专利的具体构造及施工工艺流程，并分析了新型结构的优势和有益效果。为解决锚索施工中“锚索体推送安装困难”和“外端头钢绞线易腐蚀”等难题提供了新的途径。

关键词　锚索　新型　对中支架　钢绞线保护　施工装置　工艺

1　引言

自从20世纪60年代锚索技术引入我国以来，该技术在诸多工程领域得到广泛应用，尤其在水利水电方面取得的成绩更为显著，目前已成为水利水电工程坝基、边坡、地下洞室支护加固的重要技术[1-3]。由于锚索施工多在高陡边坡、狭窄洞室等高难复杂环境下进行，施工过程中普遍如下问题：

（1）锚索安装过程中，推送锚索体困难、卡索事故频发、预应力损失严重。

①锚索安装过程中，由于锚索长度长（以水电工程中广泛应用的3000kN级锚索为例，其长度一般为30～50m）、钻孔孔壁粗糙，致对中支架凸起部位与孔壁摩擦阻力大。随着锚索体推送深度增大，对中支架的累计摩擦阻力也不断增加，导致锚索的安装难度也随之增大。锚索长度越长，安装难度越大。

②施工中，由于锚索体质量大（长度为30～50m的3000kN级锚索质量一般为0.8～1.3t），安装过程中需要十几人甚至几十人同时承担推送才能完成。推送锚索时，粗糙的钻孔孔壁极易损伤锚索配件和防护层，造成局部锚索体承受摩擦阻力过大，致该处锚索体对中支架凸起部位卡于孔内，发生卡索现象，影响了锚索施工作业的进度。

③锚索体推送过程中，易沿轴向发生扭转，使其呈现出“麻花状”。导致锚索体在孔内处于扭转状态，造成排气管与注浆管的扭曲封堵，影响后期注浆效果。

④处于扭转状态的锚索体，增大了钢绞线张拉过程中的摩擦力，使得锚固力发生沿程损失，并造成预应力损失[4]，最终影响锚索锚固效果。

（2）保护装置漏油现象频发，外锚头钢绞线腐蚀严重，锚索使用寿命降低。

①传统保护装置如图1所示，其严格意义讲为非封闭构件，油体会在自重作用下顺着法兰间隙、混凝土墩细微裂缝、钢绞线间隙向箱体外部渗漏。另一方面，保护装置长时间处于阳光暴晒、高温的外部环境下，油体受热膨胀气化，增大罩内压力，进一步加剧油体的渗漏。随着时间的推移，保护装置内油体将逐渐减少，甚至会出现无油状况，远达不到工程上钢绞线防水防

腐保护要求。

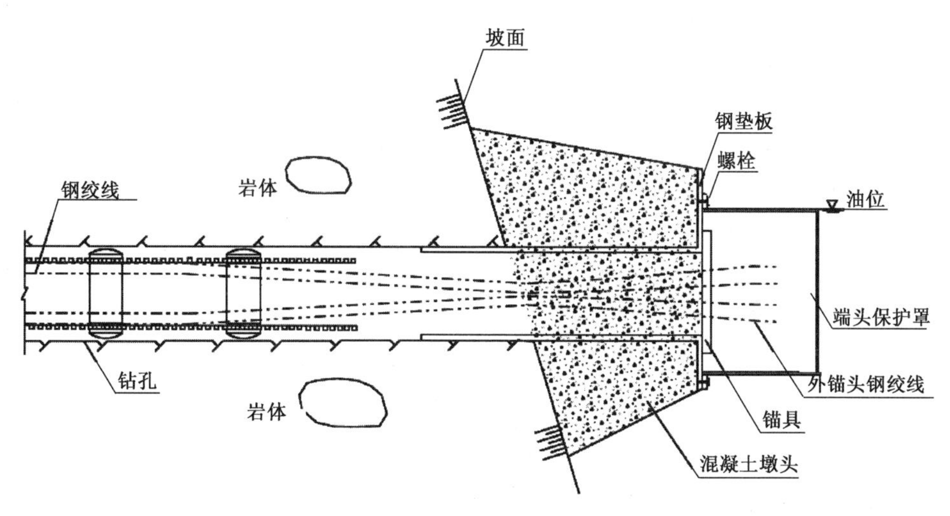

图1　传统保护装置示意图

②锚索施工完成后，工程人员需要定期对锚索进行巡视。传统保护装置由钢管制作，巡视人员无法通过肉眼判断保护装置内油体剩余量，更无法判断钢绞线是否完全侵入油体，常发生“保护装置失效却未被及时发现”现象。

③在外部介质（水、空气）作用下，未侵入油体的钢绞线在短时间内便会出现腐蚀，不但会减少钢绞线的截面积，严重影响钢绞线力学性能，同时还会减少钢绞线的有效长度，导致锚索无法进行后期的补偿张拉与放松。若腐蚀现象未被及时发现，便会造成整条钢绞线失效，甚至整个锚索报废，危及工程安全。

2　新型装置研发

2.1　新型锚索对中支架装置

新型锚索对中支架装置主要由对中支架底座、对中支架凸起部位、万向轮安装槽、万向轮、预留孔五部分组成。其中，底座的作用是将新型对中支架装置固定于波纹保护管外侧；凸起部位实现锚索体轴向对中，防止锚索推送过程中发生索体紧贴孔壁现象；万向轮安装槽位于凸起部位中心处，为万向轮安装提供平台；万向轮用于减少对中支架凸起部位与孔壁的摩擦力，降低送索难度，并确保扭转后的锚索体在反向扭矩下自动恢复平顺状态；预留孔为注浆浆液的扩散通道。新型锚索对中支架装置如图2所示。

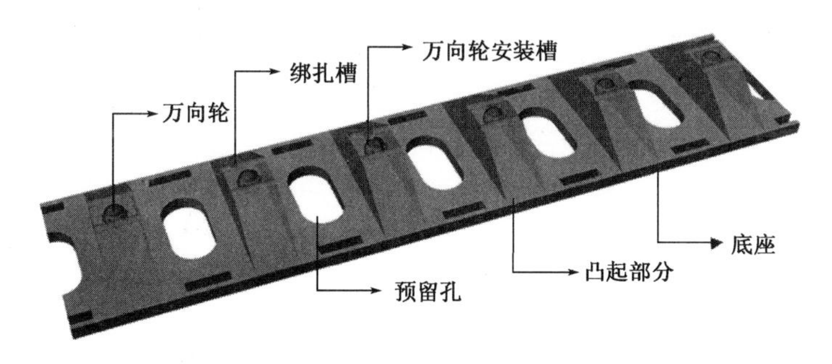

图2　新型锚索对中支架装置示意图

新型锚索对中支架装置各构件材质及结构如下：底座大小为360mm×80mm×2mm，长度根据锚索吨位等级确定。凸起部位与预留孔沿长度方向相间布置于底座上，凸起部位为棱柱，最大凸起高度为19mm。万向轮安装槽位于凸起部位中心处，由槽座和槽盖两部分组成，槽座为内凹半球体，内部镂空，两者均设置预留螺丝孔道。万向轮由1个直径14mm大硬质PVC实心球和若干个直径为2.5mm小硬质PVC实心球组成。安装过程为：首先将大球与小球置于安装槽球形槽座内，然后将槽盖放置于槽座上方，最后通过螺栓将两者进行拼接。预留孔由2个矩形(20mm×5mm)和1个跑道型环状孔组成，三者沿宽度方向相间布置于底座上，跑道型环状孔位于中间，矩形孔位于其两侧。以上列出的装置大小尺寸为标准值，实际使用尺寸可根据具体工程要求做调整。新型锚索对中支架装置纵剖面图如图3所示。

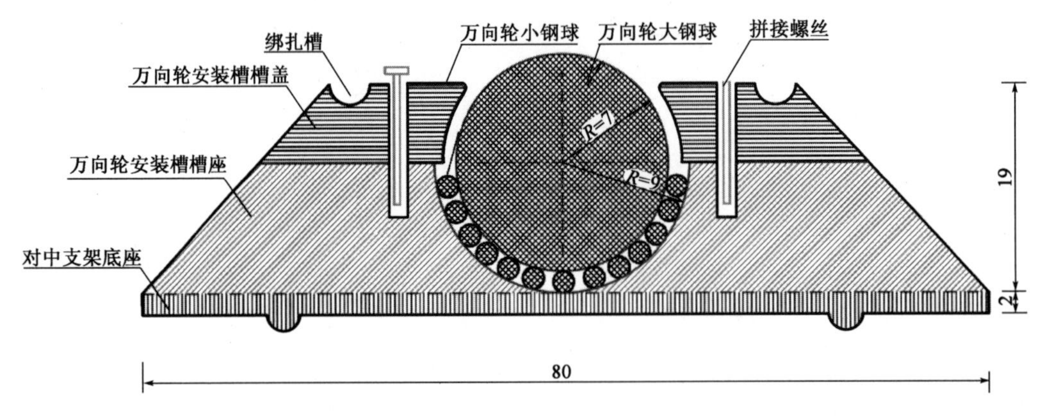

图3 新型锚索对中支架装置纵剖面图(尺寸单位：mm)

2.2 新型外锚头钢绞线保护装置

新型外锚头钢绞线保护装置由保护罩、连接指示管、补给油箱和补给油箱支撑4部分组成，如图4所示。各部分的结构及其作用如下：

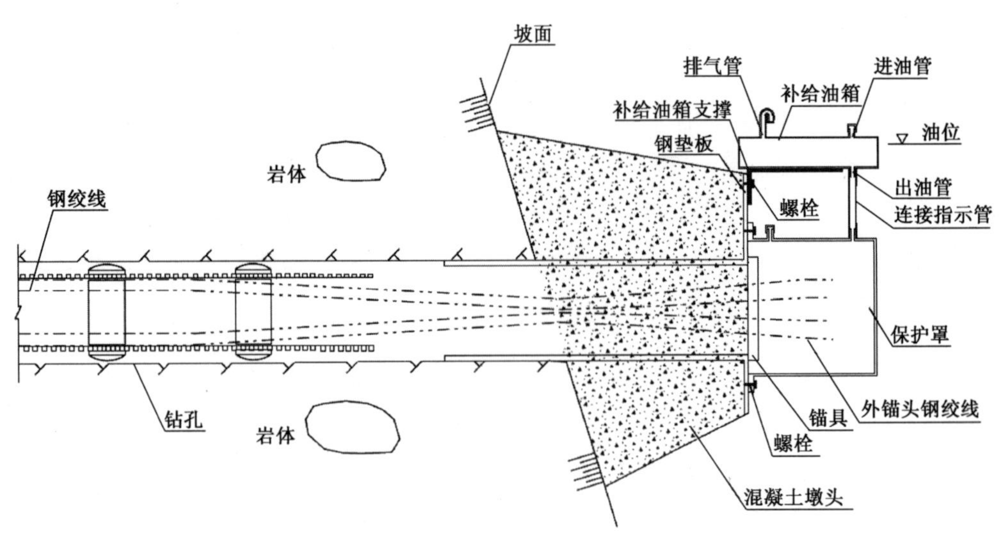

图4 新型锚索外露钢绞线保护装置结构图

(1)保护罩

保护罩为直径250mm、长300mm的圆柱形钢管(直径可根据锚索吨位调整)，厚度为3mm。其顶部设置进油管和排气管，直径为10mm，长度为50mm，两者均配有螺母盖。

保护罩通过法兰的4个连接螺栓与钢垫板进行连接，实现将其固定于坡面的目的。保护罩法兰与钢垫板中间放置橡胶垫片，橡胶垫片厚度为2mm，橡胶垫片可保证两者连接的封闭性。

(2)连接指示管

连接指示管为直径15mm的白色半透明塑料管，长度需根据实际工程情况确定。其作用是：

①连接补给油箱的出油管与保护罩的进油管；

②判断保护罩内是否充满油体。

(3)补给油箱

补给油箱为立方箱体(钢材质、大小为400mm×100mm×500mm)，其顶部设置进油管与排气管，下部设置出油管，其中进油管与出油管为直径10mm、长50mm的圆柱体，排气管为直径10mm的"U"形管。进油管与排气管均配有螺母盖，出气管螺母盖布置3个直径为1mm的小孔，用于吸气平压。底板两侧分别设置2个连接耳板，耳板内预留螺栓孔道。当连接指示管显示油位线低于指示管底部高度时，需对补给油箱进行补油，补给完成后，对进油管与排气管管口进行封闭。

(4)补给油箱支撑

补给油箱支撑为L型钢板，包括支撑板(450mm×150mm，厚度5mm)与连接板(长度根据实际需求确定，宽度为150mm，厚度5mm)，支撑板设有2个圆形预留螺栓孔道，用于连接补给油箱。连接板设有2个连接螺栓，用于连接钢垫板，用于固定补给油箱支撑。

3　新型装置施工工艺流程

新型锚索对中支架装置按"锚索钻孔→锚索体制作→对中支架安装→锚索入孔→灌浆及预应力张拉"工艺流程进行施工，具体实施方式如下：

(1)锚索钻孔：锚索施工前，依据施工图纸要求确认锚索钻孔的位置、方向、孔径和孔深。当钻孔结束后，将水管伸入孔底，通过大流量水流对钻孔进行冲洗。

(2)锚索体制作：将灌浆管、钢绞线及隔离支架等部件捆扎成一束，捆扎完毕后将其装入波纹管内。

(3)对中支架安装：依据新型锚索对中支架装置结构图，采用模具进行批量生产，并将其安装固定于波纹管外侧(环向包裹)，轴向间距为1.0m。对中支架通过凸点与波纹保护管凹槽卡合，并通过绑扎槽进行牢固绑扎，防止锚索安装时对中支架与锚索体产生相对滑动。

(4)锚索入孔：锚索入孔采用人工方式进行，推送过程中要充分利用万向轮摩擦阻力小的特点，缓慢匀速推进以保证锚索体安装完成后，其在钻孔内仍处于顺直状态。

(5)灌浆及预应力张拉：锚索安装完成后进行灌浆，待浆液凝固后，对处于顺直状态的锚索进行逐级张拉。

(6)新型外锚头钢绞线保护装置按"设备制作与防腐处理→保护罩安装→补给油箱支撑安装→连接指示管安装→补给油箱固定→人工注油"工艺流程进行施工，具体实施方式如下：

①设备制作与防腐处理：根据实际锚索吨位，制作新型外锚头钢绞线保护装置构件，并对构件的外露部分涂刷防腐油漆。

②保护罩安装：当锚索安装完成后，通过法兰的4个连接螺栓，将保护罩与钢垫板进行连接，固定于坡面。保护罩与钢垫板之间放置橡胶垫片，保证连接的封闭性。

③补给油箱支撑安装：通过螺栓，将补给油箱支撑与钢垫板进行连接，完成补给油箱支撑安装。

④连接指示管安装：当补给油箱支撑安装完成后，将补给油箱置于支撑的中心部位，根据补给油箱出油管与保护罩进油管的高差，确定连接指示管长度。将指示管两端分别连接到进油管和出油管，并采用喉箍进行紧固。

⑤补给油箱固定：当连接指示管安装完成后，通过补给油箱的4个连接板，借助连接螺栓将补给油箱固定于支撑上。

⑥人工注油：通过补给油箱进口管将油体首先注入保护罩，当保护罩注满后，对保护罩的排气管进行密实，继续注油直至补给油箱被注满，此时对补给油箱的进油管和排气管安装螺母。

4 结语

新研发的“新型锚索对中支架装置”和“新型外锚头钢绞线保护装置”，与传统装置相比具有如下有益效果：

(1)新型锚索对中支架装置万向轮可将“对中支架与孔壁的滑动摩擦”转化为“万向轮球体与孔壁的滚动摩擦”，极大地降低了锚索推送过程中锚索体受到的摩擦阻力(摩擦阻力降低至1/40～1/60)，从而提高了一次安装成功率及施工功效，对于边坡加固抢险等工程意义重大。

(2)新型锚索对中支架装置可使锚索体在回转扭矩作用下自行调整平顺。避免推送过程中锚索体发生扭转，确保锚索在钻孔内始终处于顺直状态，预应力达到设计额定值，降低锚索预应力损失，保证锚索的加固效果及施工质量。

(3)新型外锚头钢绞线保护装置可通过补给油箱、连接指示管和保护罩三者的联动作用，在保护罩发生漏油等现象时，保证保护罩内油体得到自动补给，使得钢绞线始终侵入于油体内，防治其发生腐蚀。

(4)新型外锚头钢绞线保护装置可以保证巡视人员直观了解到保护装置内油位高度，并根据观察结果决定是否进行人工补充油体操作。

(5)新型外锚头钢绞线保护装置可确保钢绞线的力学特性。工程人员可以根据锚索实际运行状况、外界条件变化情况(如：锚索预应力监测值发生变化、岩体发生松动等)，随时对外锚头钢绞线进行补偿张拉与放松，提高了锚索的使用寿命。

新研发的两种锚索施工新型装置及工艺与传统方法相比，具有明显的优势，为解决锚索施工中“锚索体推送安装困难”和“外锚头钢绞线腐蚀严重”难题提供新的思路及解决途径。

参考文献

[1] 程良奎.岩土锚固的现状与发展[J].土木工程学报，2001，34(3)：7-16.

[2] 孙钧.中国岩土工程锚固技术的应用与发展[M].北京：中国建筑工业出版社，1996.

[3] 程良奎.我国岩土锚固技术的现状与发展[M].北京：地震出版社，1992.

[4] 冯文娟，琚晓冬.锚索预应力损失影响因素分析[J].山西建筑，2009，35(14)：77-78.

[5] 罗小勇，李政.无粘结预应力钢绞线锈蚀后力学性能研究[J].铁道学报，30(2)：108-112.

有关锚杆喷射混凝土规范中的几个细节探讨

付文光

（中冶建筑研究总院（深圳）有限公司）

摘　要　与锚杆喷射混凝土相关的规范中有一些细节存在着争议。建议：锚杆锚固段长度计算公式中，锚固长度对黏结强度的影响系数宜定义为锚固长度的利用系数；应允许 PVC 材料用于锚杆；水泥土锚杆如果没有进一步的防腐措施，不宜用于永久性工程；钢管土钉应设置倒刺并计入土钉外径，不宜提倡土钉采用洛阳铲成孔；喷射混凝土应采用粒径不大于"15mm 的砾石"宜改为"16mm 的石子"，不宜规定喷头与受喷面的距离，养护时间最短可为 1 天。

关键词　锚固段　锚固长度利用系数　PVC 材料　水泥土锚杆　倒刺　洛阳铲　砾石

1　引言

锚杆喷射混凝土是一门应用十分广泛的岩土工程技术。很多相关规范中都有不少关于锚杆喷射混凝土技术的规定，个别规定存在着一些疑惑及争议，本文将讨论其中的几个细节。

2　关于锚固段的几个问题

2.1　有效长度

各规范对等截面锚杆锚固段长度 l_a 的规定差别较大。l_a 通用计算式为：

$$l_a \geqslant \frac{KN_{ak}}{\pi D q_{sk} \psi} \tag{1}$$

式中：K——锚杆锚固体抗拔安全系数；

N_{ak}——锚杆设计轴向荷载；

D——锚固段钻孔直径；

q_{sk}——锚固体与岩土层之间的黏结强度；

ψ——锚固长度对黏结强度的影响系数。

各规范除了 K 取值不一致外，最大区别是 ψ 的设置，大部分规范中没有设置该参数，或者说认为 $\psi=1.0$。

以普通拉力型锚杆为例，锚固段受力过程为：随着荷载增加，黏结应力峰值增大，达到抗力极限值（即黏结强度）后向后端转移。锚固段上的黏结强度是异步发挥的，能有效地发挥锚固作用的黏结应力的分布是有一定长度范围的，即有效长度，黏结强度在有效长度范围内提供抗拔力的效率最高。黏结强度 q_{sk} 无法直接测到，只能通过测得锚杆与岩土层的黏结应力间接得到。黏结应力几乎也没办法直接测到，目前通过测量锚筋应力的方法间接得到，由于技术困难、费用较高等原因，业界测得的数据不多。能够准确、方便、大量测试到的，是施加到锚杆端头上的荷载。锚杆未被破坏前，认为锚杆抗拔力 R_k 与施加到锚头上的荷载 N 相等；而抗拔力 R_k 与锚固段的直径 D、长度 l_a 及 q_{sk} 相关，假定黏结应力是沿锚杆全长均匀分布的、q_{sk} 是同步发挥的，就能够通过测量施加到锚杆上的荷载，按式(2)反算出平均黏结强度 q_{sk}：

$$R_k = N = \pi D l_a q_{sk} \tag{2}$$

如果锚固体与周边岩土体的刚度比较大且锚固段不太长，平均黏结应力假设则大致成立，可近似认为 q_{sk}沿锚固段全部发挥，R_k 与 l_a 成正比。如果锚固段长度较长，超出了有效长度而产生了无效段，因无效段的 q_{sk}并没有发挥或没有充分发挥，如果仍按全部发挥计算，则高估了锚杆的抗拔力，就是说施工工艺不变、参数不变、直径不变时，地层为锚杆提供的锚固力是有限的，不能无限提高。为了防止高估，有规范在式(1)中增加了一个系数 ψ，对 q_{sk}进行折减，l_a 越长，ψ 取值取低。有规范推荐了土层中 ψ 的建议值如表 1 所示，为了数据间能够相互比较，需要设置 ψ 的计算基准，土层中以锚固长度 10m 为基准。

某规范中锚固长度对黏结强度影响系数 ψ 的建议值 表 1

锚固段长度(m)	13～16	10～13	10	10～6	6～3
ψ	0.8～0.6	1.0～0.8	1.0	1.0～1.3	1.3～1.6

表中 ψ 可以这样理解：当锚杆形成后，黏结强度就已经成为固有属性、是定值，并不随 l_a 变化而变化，实际上是黏结强度或说锚固长度的利用率在随着长度增加而减少，故称 ψ 为锚固长度利用系数可能更准确一些。另外，表中 ψ 的取值设计得很有趣，以 l_a 界限值 16m 及 13m 为例计算一下：16×0.6＝9.6≈10，13×0.8＝10.4≈10，意思大致是说，l_a 再长，能发挥作用的有效长度也就是 10m。有的规范计算公式中没有采用折减系数 ψ，但对锚固段的有效长度进行了限制，例如不超过 12m，显得颇为简洁。

2.2 不适用地层

某些规范规定“永久性锚杆的锚固段不应设置在未经处理的下列土层中：①淤泥及有机质土；②液限 w_L＞50％的土层；③相对密实度 D_r＜0.3 的土层”。

这几款限制条件是 20 多年前《土层锚杆设计与施工规范》(CECS 22:90)编制时参考了德国标准 DIN 4125-2《Ground Anchorages; Design, Construction And Testing》1976 年版“长期锚杆”制订的，当初这么直接引用应属水平及能力所限，现如今应加以改进了。如：

(1)在“淤泥”、“有机质土”后面，可加上“淤泥质土、泥炭土、新近填土等不良或软弱土层”。

(2)国内岩土分类标准很少采用液限指标，如认为有必要，可把“w_L＞50％的土层”按《土的工程分类标准》(GB/T 50145—2007)改为高液限黏土、高液限粉土。

(3)国内规范通常采用标贯击数 N 作为砂土密实度的划分指标，很少采用相对密实度 D_r。《铁路桥涵地基和基础设计规范》(TB 10002.5—2005)同时采用了 N 及 D_r，但以 $D_r \leqslant 0.33$作为“松散”的划分标准及与 $N \leqslant 10$ 相对应，并非 0.3。所以，“相对密实度 D_r＜0.3 的土层”改为“松散砂土及碎石土”或许更适合。

(4)这些不良土层如果不厚，可能影响不大，规范中可予适当明确。

2.3 错开角度

某些规范规定：锚杆间距小于 1.5m 时，应将锚固段错开，或使相邻锚杆的角度相差 3°。

该条规定目的是要求锚杆较密时将锚固段错开置放以避免群锚效应，但角度相差 3°不一定能达到目的，还要看锚杆间距有多大及自由段有多长。

3 几个防腐问题

3.1 镀锌钢材

有的规范规定，锚杆杆体不宜采用镀锌钢材，理由为镀锌钢材在酸性土质中易产生化学腐蚀，发生氢脆现象。

镀锌钢绞线的适用范围国内外尚有争议。欧洲标准《特种岩土工程的实施—锚杆》(EN 1537:2013)[1]规定牺牲金属涂层不能用于锚筋，《建筑结构体外预应力加固技术规程》(JGJ/T 279—2012)等规范则规定镀锌钢绞线不宜直接与混凝土砂浆接触。有文献[2]引用的资料[3]认为：由于锌、钢和刚搅拌好的砂浆相互间易于起反应，故对氢脆较为敏感的预应力钢易受环境影响而出现断裂，但这种脆裂危险有一定的时间范围，可以通过对钢材施以较低的张力或通过其他措施来降低。而美国PTI规范[4]认为预应力镀锌钢绞线可用于与混凝土砂浆接触的场合，经验表明这类钢绞线对氢脆并不敏感。不过，镀锌钢材“在酸性土质中易产生化学腐蚀，发生氢脆现象”，除了该规范，其他文献未见有类似说法，该规范也未给予解释。

3.2 镀锌扎丝

有规范规定，锚杆杆体制作时，绑扎材料不宜采用镀锌材料。

不同金属在同一电解质溶液中有电导接触后因电位差会形成双金属反应，电位较高的金属表现为阴极，激发其他金属作为阳极，条件适合时形成双金属反应电池，发生腐蚀。锚杆杆体与扎丝材料的金属成分通常不同，因两者直接接触无隔离层，存在电解液时可能会产生双金属电池，故规范做此规定。不过，除了镀锌铁丝，其他金属材料的扎丝也不应该采用，隔离架、对中架等其他配件也不应该采用金属材料。

3.3 PVC材料

有规范规定，聚氯乙烯(PVC)套管不得用于长期锚杆，理由是聚氯乙烯材料在长期使用过程中可能会释放出对防腐不利的氯离子。

这是几十年前、对PVC材料认识不足时的谨慎做法。近些年来国外的研究成果表明，这种担心是没必要的。国内工程实践中也未发现PVC材料对锚杆的腐蚀现象。聚氯乙烯的优点较多，如阻燃、耐酸碱腐蚀、机械强度高、耐微生物腐蚀、耐磨、电绝缘性良好、价格便宜等，不应禁止，反而应积极采用。

3.4 水泥土锚杆的防腐

以高压喷射扩大头锚杆为代表的水泥土锚杆是近几年来应用较多的新技术，已经编制了专项标准及列入了地标、行标，规定可用于边坡、抗浮等长期工程。

水泥土锚杆在某些条件下是否适用于长期工程，笔者一直心存疑惑，主要担心腐蚀问题。例如《高压喷射扩大头锚杆技术规程》(JGJ/T 282—2012)规定：“强、中等腐蚀环境的永久性锚杆应采用Ⅰ级防腐构造，弱腐蚀环境中应采用Ⅱ级防腐构造，微腐蚀环境中应采用Ⅲ级构造”。该规范规定Ⅰ级构造采用压力型锚杆，无黏结钢绞线防腐；Ⅱ级及Ⅲ级构造采用拉力型锚杆，无黏结段采用防腐油脂外包套管防腐。该扩大头锚杆的工艺流程为：钻孔→在计划扩孔位置，用高压水或高压水泥浆液扩孔两遍，第二遍须采用水泥浆液→安装锚杆杆体及注浆管→自下而上注浆，直至孔口返浆与拌制的浆液浓度相同→张拉锁定。形成的扩大头锚杆如图1所示。

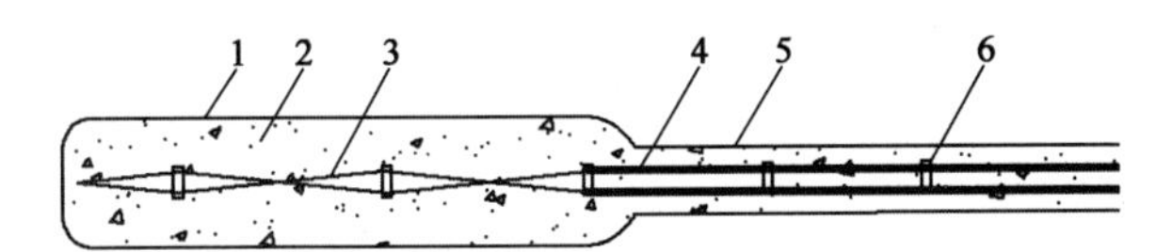

图1 某规范Ⅱ级防腐预应力锚杆构造示意图

1-扩大头；2-注浆体；3-锚杆杆体；4-注防腐油脂套管；5-自由段；6-定位器

笔者很担心其黏结段(亦为锚固段)的防腐问题。

扩孔段是水泥与土体原位拌和后形成的水泥土浆液,凝固后形成水泥土。受工艺影响,水泥土中不可避免地会夹杂泥块、石子、碎屑等。安装锚杆筋体时,筋体插入水泥土浆中,表面被水泥土浆包裹;之后的注浆,理想状态是用纯水泥浆把锚筋周边及锚筋上附着的水泥土浆置换掉,使锚筋被纯水泥浆包裹,可以推测,水泥土浆液的比重与纯水泥浆液的相当,含砂率大时可能甚至还要大一些,故很难做到。如果原位土是黏土,因黏土浆液的黏度大于水泥浆的黏度,故形成的水泥土浆液的黏度通常也大于水泥浆的,其与锚筋的附着能力更强一些,被完全置换干净的难度可想而知。极端点,假如下锚时恰好有水泥土浆液中的泥块夹入了锚筋束内,该泥块被水泥浆冲走置换的概率极低。这与等截面锚杆不同,等截面锚杆在注浆前有洗孔要求,原则上应将孔内泥浆置换干净后才能下锚注浆;锚杆孔径较小,水泥浆的比重相对较大,孔内泥水容易被水泥浆置换干净,实在不行还可以采用风举反循环法清孔。而扩大头钻孔不能轻易洗孔,因为洗孔时容易造成塌孔,故很难将钻孔清理干净。也就是说,实际上,这种扩孔工艺形成的锚筋局部(如果不是大部分的话)是被水泥土浆液包裹的。有些规范甚至都没有注浆这道工序要求,直接将锚筋插入水泥土浆中。而且这种做法并不只是扩大头锚杆,一些大直径水泥土锚杆,例如,有的规范中采用搅拌桩法形成水泥土锚杆时,也是将锚筋直接插在了水泥土里。

众所周知,混凝土中的钢材之所以防腐,主要因为混凝土形成的强碱性环境,使钢材表面产生了一层致密的钝化膜,阻止了钢材由表及里的腐蚀。业界认为,大致上,pH=11.5为临界值,pH小于临界值后钝化膜不稳定。业界未有对水泥土pH的研究成果,一般认为混凝土的pH为12~13,水泥土的pH推测要低很多。这就意味着,水泥土的钢材表面形不成钝化膜,也就不能靠钝化膜防腐。1996年深圳沙井镇一个水泥土搅拌桩重力式挡土墙工程,墙顶设置了混凝土盖板,搅拌桩桩头插入了2~3m的钢筋与盖板相连。几个月后,偶然机会,拔出了几条插筋,发现从上到下全身已经锈蚀严重,可见水泥土本身防腐能力很弱。如果锚筋没有完全被水泥浆包裹,局部被水泥土包裹或夹杂了泥块,可能会产生局部腐蚀。锚杆讲究的是“大家好才是真的好”,即便是局部腐蚀,一点溃而全局崩,对锚杆来说也足以致命。

4　钢管土钉计算直径

某规范规定:土钉的极限抗拔承载力估算时,对成孔注浆土钉,按成孔直径计算,对打入钢管土钉,按钢管直径计算。

众所周知,钢管土钉是焊有倒刺的,钢管土钉的抗拔力,很大一部分是由倒刺提供的。这条规定不考虑倒刺的作用(该规范关于钢管土钉的构造设计中没要求设置倒刺),看起来好像偏于安全,实际上不一定。一些设计者及施工人员会认为,既然倒刺没什么作用,不做也罢。但如果没有倒刺,光光的钢管表面提供的管土界面黏结强度,将远低于成孔注浆土钉的钉土界面黏结强度(该规范提供的黏结强度建议值中,打入钢管土钉的还略高于成孔注浆钉),这样反而会造成工程的不安全。实际工程中,钢管土钉与钢筋土钉是等效替代的,通常在不易成孔的地层中,如砂层、填土、软土中,用钢管土钉代替钢筋土钉,效果没什么明显差别。笔者对多个成功案例反算后认为,钢管土钉的外径按倒刺外径等效完全可行。

5　洛阳铲成孔

(1)某规范(2012年版)规定:土钉墙宜采用洛阳铲成孔的钢筋土钉。理由为:洛阳铲成孔“比较经济,同时施工速度快”。

20多年前，国内建筑市场劳动力非常丰富，人工费便宜，一个小小的土钉墙工程就可组织到上百个工人，采用人海战术，洛阳铲作业两三人一组，人工成孔，又快又便宜。但如今，建筑市场劳动力短缺，人工费较高，一个很大的基坑工程都很难组织到上百个工人，主要靠机械作业，建筑市场已经进入到机械化时代；同时，洛阳铲成孔需要技巧又消耗体力，当年那批有这方面技艺的工人年岁已大，几乎都已离开建筑工地，如今年轻的工人大多已失去这份技艺且不愿意干这些过于劳累的体力活，现如今，已经很少有工人会使用洛阳铲成孔了。

(2)某规范规定：土钉采用洛阳铲施工时，严禁在地下水位以下采用。

这条规定很难理解。理由不外乎：

①出于安全考虑，因洛阳铲是人工直接操作的，在地下水位以下施工，孔洞出水后容易造成水淹等安全事故。如果这样，采用其他成孔工艺，例如机械成孔，也需要操作手，也存在同样人身安全问题。

②如果水量丰富，洛阳铲难以取土，很难成孔。倘若如此也不需“严禁”。深圳地区从20世纪90年代初开始，至少有数千个(如果不是数万个的话)洛阳铲成孔的土钉墙都在地下水位以下。

6　喷射混凝土的几个问题

(1)粒径15mm的砾石

不少规范规定：喷射混凝土应采用粒径不大于15mm的砾石。

从工程材料的角度，定义“砾石”为：风化岩石经水流长期搬运而成的粒径为2～60mm的无棱角的天然粒料。

这条规定还有一个失误——粒径15mm。按《建筑用卵石、碎石》(GB/T 14685—2011)，建筑用石的粒径没有15mm这个筛孔规格，也没有这个公称粒级，“15mm”应为“16mm”。看到这儿也许会有人想：这个问题并不大但涉及相关问题的人不一定这么想。例如：某边坡工程，政府投资，计划评优，管理非常严格，要求按规范用砾石，也就是上述的级配卵石，施工方没办法，就用了；但最大粒径不得大于15mm，施工方没办法了，没这个标准及供货规格。无奈，最终以设计变更的形式，将15mm改为16mm。砾石是天然石，当地天然级配卵石价格远高于级配碎石，但结算时政府审计局不认这个账，理由为合同价是根据混凝土强度等级确定的，用人工石也能够达到这个强度，为了评优采用天然石，不是合同约定，结算只能按合同价，施工方损失不少。举这个例子的意思无非是想说：规范无小事。

(2)喷头与受喷面距离

不少规范：喷射混凝土喷射作业时，喷头应与受喷面保持垂直，其距离宜为0.6～1.0m。

从《锚杆喷射混凝土支护技术规范》(GBJ 86—1985)写入这句话到现在有三十个年头了。三十年过去了，喷射混凝土技术，包括机具、工艺、应用范围等，已经发生了很大变化。当年的工程经验表明，喷头与受喷面垂直距离为0.6～1.0m时，喷射冲击力适宜，回弹率低，粉尘少，密实性好。但这是有前提条件的：

①喷射混凝土目前常用工艺有干喷、湿喷、半湿喷、潮喷等几种。干喷法将水泥、砂、石在干燥状态下拌和均匀，然后装入喷射机，用压缩空气使干集料在软管内呈悬浮状态压送到喷嘴，与压力水混合后进行喷射；湿喷法将集料、水泥和水按设计比例拌和均匀，可采用商品混凝土，用湿式喷射机压送到喷头处，再在喷头上添加速凝剂后喷出；为了将湿法喷射的优点引入干喷法中，有时采用在喷嘴前几米的管路处预先加水的喷射方法，此为半湿式喷射法，本质上属干喷法；潮喷则是将集料预加少量水，使之呈潮湿状，再加水泥拌和，从而降低上料、拌和及

喷射时的粉尘，但大量的水仍是在喷头处加入和喷出的，其喷射工艺流程和使用机械与干喷法相同。该条规定是基于干喷法的，那时候基本上就只有这一种工艺，不能不分青红皂白将之用于各种喷射工艺。现在，由于环境污染相对较大等缺陷，干喷法受到越来越多的限制，湿喷法应用越来越多，这条规定也就越显得不合时宜了。

②距离 0.6～1.0m，前提是使用干料、喷嘴处的工作风压为 0.1MPa 左右，在适宜的风压下，这个距离才能达到较好的喷射效果。如果料管及风管的管路较长或变动较大，造成喷嘴处压力偏离较多，或集料的含水率波动较大，就应该适当调整喷嘴与受喷面的间距，而不是局限于 0.6～1.0m。

③由于回弹、飞灰、扬尘、粉尘雾化等现象，离喷嘴越近卫生环境很差，尽管作业工人戴着口罩，但对健康多多少少会有些不良影响。这条规定起源于巷道喷射混凝土工程，巷道空间狭小，这个距离可以理解；但后来喷射混凝土被广泛用于基坑及边坡工程，基坑及边坡工程作业空间变大，这个距离也应适当放宽些。

(3)养护时间

某些规范：土钉墙工程，应在土钉、喷射混凝土面层的养护时间大于 2d 后，方可下挖基坑。

土钉浆体强度、喷射混凝土面层强度都不是土钉墙的关键参数，强度高一点、低一点，一般不会对土钉墙的结构安全造成影响，也没有资料表明其对土钉墙的正常使用，即变形，造成直接影响。土钉墙最早在国内工程应用时，例如深圳，正常情况下一天施工一层，即养护时间 1d 便开挖，工期赶急了一天两层、即喷射混凝土终凝后就开挖，也未见因此出过安全事故，相对其他支护形式来说工期短是土钉墙一个非常明显的优势。后来，众说纷纭，于是现在规范中土钉墙的养护时间从 1～7d 不等。现在，在工期上土钉墙已经没有什么优势了，基坑较深时反而成了劣势。

(4)泄水孔

某规范规定：土钉墙泄水孔内应填充砂石料以滤水。

泄水孔内填充砂石料是重力式挡土墙及钢筋混凝土挡土墙等自下而上修建成形的填方挡土墙的施工要求。土钉墙是原位挡土墙，泄水孔孔口向下孔底向上仰斜，在原状土中成孔后放置泄水管而成，砂石料很难放得进去，要怎么放才能放得进去、不滑漏下来，规范未提，似乎在考验着使用者的经验。

7 结语

文中提及的争议，都是鸡毛蒜皮的小事，或许不值一提。但写入规范中后，鉴于规范的特殊性，使用者就要执行，稍有不妥都可能会造成意外，也就不再是小事。如果本着有则改之、无则加勉的精神，对类似细节加以研究及改进，规范一定能够更好地发挥其功效。

参考文献

[1] EN 1537:2013，Execution of special geotechnical works-Ground anchors[S]. CEN.

[2] 张正基，孙金茂，张伟君. 斜拉索用 PC 钢丝钢绞线的种类与防腐分析[J]. 金属制品. 2003(29):1-4.

[3] G. Hampejs，D. Jung wirth etc. Galvanisation of Prestressing steels[R]. FIP commission reports Dec，1992.

[4] Recommendations for stay cable design testing and installation[R]. PTI committee on cable stayed bridges. November 10，2000.

硬岩大跨暗挖地铁车站施工方案优化分析

程　韬　刘建伟　曹　平

（中铁隆工程集团有限公司）

摘　要　结合青岛地铁3号线君峰路暗挖车站的设计与施工，通过对比分析硬质地层中采用双侧壁导坑法施工的既有大跨度地铁车站，将开挖方法由原来的双侧壁导坑法改为双侧直壁CRD法，从而加快了施工进度。本文通过MIDAS GTS对两种开挖方法进行三维有限元施工过程模拟，对比分析两种开挖方法引起的拱顶沉降、洞内净空收敛值，从施工工序和施工力学两方面面对两种施工方法的优劣进行比较分析，结合实际施工监测值，验证了优化施工方案的安全性和可行性，也为类似工程施工方案的优化提供参考。

关键词　硬岩浅　埋暗挖法　双侧壁导坑法　双侧直壁导坑法

1　引言

青岛地铁君峰路站是一座处于硬岩地层的单拱大跨浅埋暗挖地铁车站。车站原设计采用双侧壁导坑法施工，为便于施工机具的展开，变更设计采用新的开挖支护顺序（双侧直壁CRD法），以加快施工进度。目前车站正处在施工阶段，根据实际监测数据论证了设计阶段的模拟分析的可靠性。

2　车站基本概况

君峰路站位于京口路与君峰路的交汇处，沿京口路一字形布置，西北—东南走向。君峰路站为地下二层岛式车站。车站总长179.5m，标准段宽20.1m，高17.4m，岛式站台宽10m，有效站台长120m。拱顶覆土7.38～15.63m，车站底板埋深25.378～33.485m。站共设4个出入口通道（其中1号出入口预留）、1个消防通道及3个风道，均设置在两边规划道路绿化带中，除敞口段采用明挖施工，其他段均采用暗挖法施工。

场区地形总体自东南往西北缓倾，车站范围内地面高程20.04～30.80m。场区地貌为剥蚀残丘～剥蚀堆积缓坡，表层受人为开挖回填改造。场区上覆第四系土层，主要由第四系全新统人工填土（Q_4^{ml}）、上更新统洪冲积层（Q_3^{al+pl}）组成。土层下基岩以粗粒花岗岩为主，煌斑岩、花岗斑岩呈脉状穿插其间，于不同岩性接触带见有糜棱岩、破碎带、碎裂状花岗岩。

钻孔揭露深度范围内土层从上至下分别描述如下：

第①层、素填土：该层分布广泛，厚度：0.50～6.00m，层底高程：14.23～29.60m；褐色～黄褐色，稍湿～湿，松散～稍密，由黏性土、砂、风化碎屑夹碎石等组成，局部夹有碎砖等建筑垃圾，部分地面为10～30cm厚的水泥或沥青路面。

第⑰层、中等风化带：揭露垂直厚度为0.20～16.70m，层顶高程：8.43～29.60m；褐黄～肉红色，岩芯呈碎块～短柱状，柱体粗糙，构造节理及风化裂隙较发育，多为高角度节理，节理面呈闭合～微张开状，节理面见铁染现象，长石部分蚀变、褪色，受力易沿节理面裂开；揭露段

岩体完整性指数 K_v 一般为 0.3～0.5，属较破碎的较软岩，岩体基本质量等级Ⅳ级。

第⑱层、微风化带：揭露垂直厚度 0.40～38.40m，揭露层顶高程为－1.63～28.40m；肉红色，矿物多未蚀变，仅节理面矿物有所蚀变，节理一般发育，岩芯较完整，坚硬，锤击声脆，岩样多呈短柱～柱状。部分地段岩体破碎，节理很发育，形成节理发育带，岩样呈碎块状。揭露段岩体完整性指数 K_v 一般大于 0.60，属较完整的较坚硬～坚硬岩，岩体基本质量等级Ⅱ～Ⅲ级。

君峰路暗挖地下两层岛式站台车站，车站主体隧道开挖断面（宽×高）为 20.8m×18.45m，采用双侧壁导坑法施工。初期支护参数见表 1。

初 期 支 护 参 数 表 1

项　　目	材料及规格	相 关 参 数
砂浆锚杆	拱部、边墙 ϕ22，L=3.5m	间距：1.5m×1.5m
钢筋网	ϕ6.5，200×200mm	单层钢筋网，全环铺设
格栅钢架	见格栅钢架图	纵向间距：1.2m
喷射混凝土	C25 早强混凝土	厚 0.3m

2.1 结构开挖工法

（1）双侧壁导坑法开挖

原设计采用双侧壁导坑法开挖，开挖后立即跟进初期支护，右导洞超前左导洞 15m 以上的距离。施工工序图如图 1 所示。

（2）双侧直壁 CRD 法开挖

为增大施工作业空间，便于机械设备的展开，提高开挖速度，将双侧壁导坑法变更为双侧直壁 CRD 法开挖，施工工序图如图 2 所示。

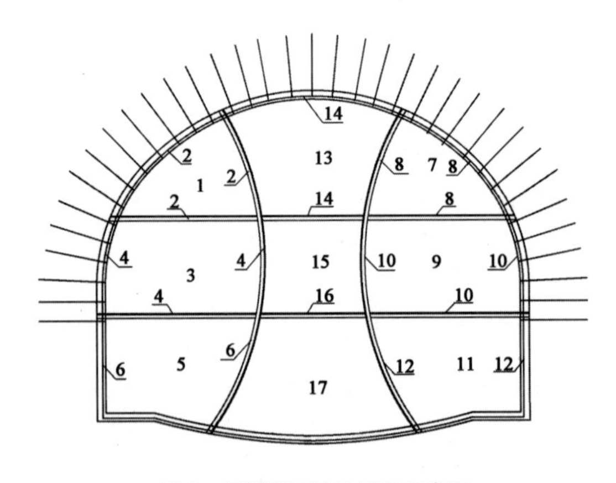

图 1　双侧壁导坑法施工工序图

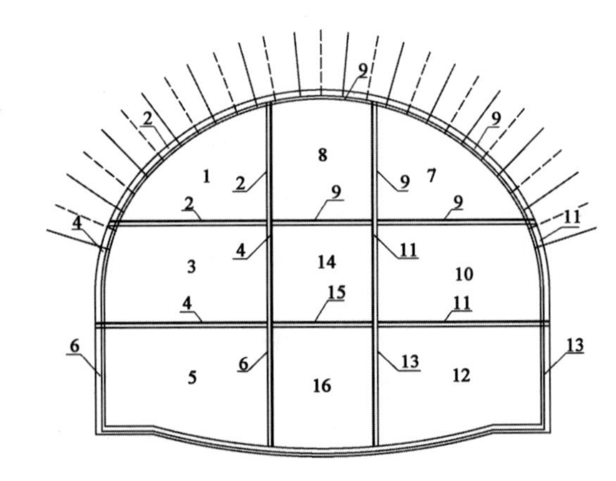

图 2　双侧直壁 CRD 法施工工序图

2.2 施工阶段模拟计算

本工程计算采用地层结构荷载模型，以 Midas GTS 为计算软件建立三维模型，对施工开挖支护过程进行模拟。

1）地层及支护参数模拟

为更好地模拟硬质岩层在开挖过程中引起的松动，岩层参数中将其弹性模量折减为地勘报告中的 0.1，黏聚力折减为地勘报告中黏聚力的 0.25。地层模拟参数见表 2。

地层模拟参数　　表 2

材　料	地　层	材　料	地　层
类型	莫尔—库仑	重度 γ	25.2 kN/m^3
弹性模量 E	$3.6\times10^6 kN/m^2$	黏聚力 c	2000 kN/m^2
泊松比 μ	0.2	摩擦角 $\varphi(^\circ)$	40

由于喷混后即架立格栅钢架，故模拟时将格栅钢架作用等效为板单元作用，将两者的作用叠加并进行一定的折减。支护模拟参数见表 3。

支护模拟参数　　表 3

材料	喷混凝土及钢架支撑	锚杆	材料	喷混凝土及钢架支撑	锚杆
类型	平面	线	重度 γ	25 kN/m^3	78.5 kN/m^3
单元类型	板	植入式桁架	厚度(m)	0.3	—
弹性模量 E	$4.0\times10^7 kN/m^2$	$2\times10^8 kN/m^2$	半径(m)	—	0.22

地层模拟为长方体，其横断面一侧宽度为 $5D$（D 为隧道开挖跨度），开挖轮廓下部岩层模拟厚度为 $3D$，纵向长度为 50m。

2）计算结果与实测值比较

（1）双侧壁导坑法计算结果

为了与变更工法进行对比，本文主要观察双侧壁导坑法右部导洞（第 4 步）和上台阶中导洞（第 7 步）开挖过程中隧道地层的位移情况。计算结果：掌子面位移很小，仅为 1.15mm。施工作业安全。

（2）双侧直壁 CRD 法计算结果

双侧直壁 CRD 法，本文主要对上台阶中导洞（第 5 步）和右部导洞（第 4 步）同时跟进作业时隧道施工安全进行分析表明此种工法在隧道开挖后距离掌子面 3m 左右紧跟支护，掌子面位移很小，仅为 1.4mm，施工作业较安全。

（3）监测结果与计算模拟比较

监测结果与计算模拟比较见图 3。

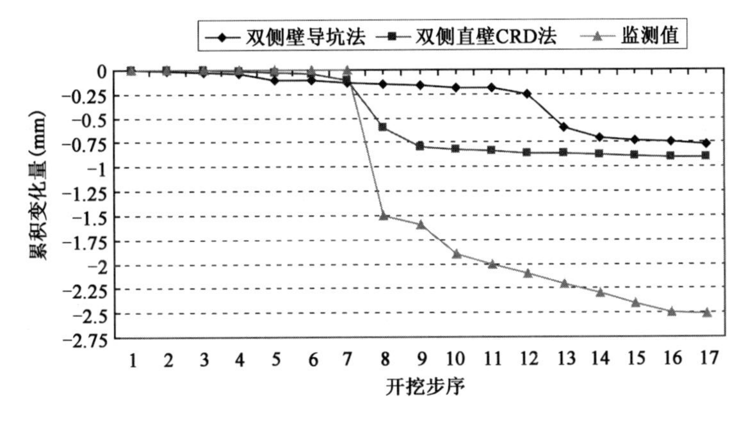

图 3　拱顶沉降位移比较图

由图 3 可以看出，监测段的拱顶累积沉降值约为 2.56mm，单次位移变化量均小于 2mm。实测值与监控值相差不大，且均有收敛趋势。

洞内收敛变化比较图如图 4 所示。

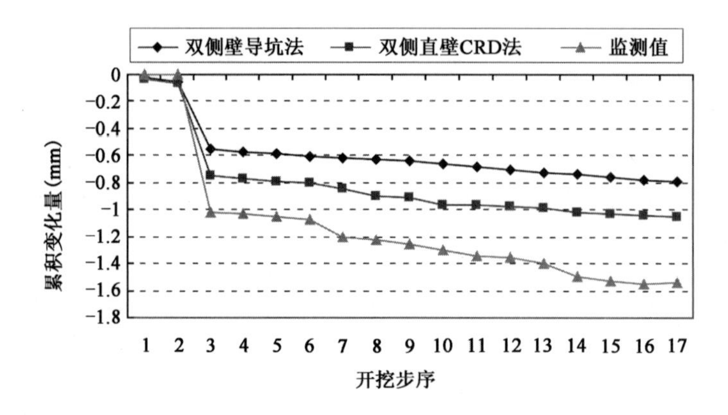

图 4 洞内收敛变化比较图

由图 4 可以看出,监测段的洞内收敛累积变化值约为 1.54mm,单次位移变化量均小于 1.5mm。实测值与监控值相差不大,且均有收敛趋势。

对比双侧壁导坑法与双侧直壁 CRD 法计算结果,可以看出变更工法是可行的;对比设计模拟计算结果与施工监测实际值,两者位移数据值均较小,均在隧道开挖允许变形值的范围内,从而验证了变更工法的安全性。

3 结语

(1)从以上的分析结果及实测数据可以看出,在硬质地层大跨度隧道施工中,地表沉降及隧道拱顶变形都很小,远小于变形控制允许值,采用传统的隧道施工工法显得保守。本次调整开挖步序后,不仅增加了施工机具作业面,加快了施工进度,且施工过程实测数据证实了变更工法的安全性。

(2)在硬质地层大跨度隧道施工中,应充分利用围岩自稳能力,调整相应开挖方式,加大施工机具作业面,保证作业空间的同时紧跟支护可以实现安全与进度的协调统一。在工程中若出现局部破碎带的情况,应即时调整施工工序,采用传统隧道施工工法进行施工,降低施工风险,做到设计与施工的信息化。

参考文献

[1] 张先锋.对硬岩地层地铁车站结构设计的认识与思考[J].岩石力学与工程学报, 2003. 22(3):476-480.

[2] 关宝树.隧道工程设计要点集[M].北京:人民交通出版社,2003.

[3] 张顶立,王梦恕,高军,等.复杂围岩条件下大跨隧道修建技术研究[J],岩石力学与工程学报, 2003,22(2):290-296.

[4] 王梦恕,刘招伟,张建华. 北京地铁浅埋暗挖法施工[J].岩石力学与工程学报,1989,8(1):52-61.

[5] 李二兵,王镝,王源,等.城市复杂条件下浅埋大跨双连拱隧道施工变形监测与控制[J].岩石力学与工程学报,2007,26(4):833-839.

[6] 施仲衡,张弥,王新杰,等. 地下铁道设计与施工[M].西安:陕西科学技术出版社,1997.

[7] 中华人民共和国行业标准.TB 10108—2002 铁路隧道喷锚构筑法技术规范[S].北京:

中国铁道出版社,2003.
[8] 青岛市地下铁道公司安全监控中心.青岛地铁3号线安全风险监控与管理信息系统周报[R].青岛,2011.
[9] 青岛勘察测绘研究院.青岛市地铁一期工程君峰路站岩土工程勘察报告(详细勘察)[R].青岛,2010.

高速铁路轨道结构翻浆锚注技术研究

杜晓燕　张千里　王仲锦　马伟斌　邹文浩　王　昊

（中国铁道科学研究院）

摘　要　运营高速铁路无砟轨道结构多存在翻浆冒泥等病害现象，本文结合既有高速线路运营特点，分析了无砟轨道板与支撑层及基床表层间翻浆成因与产生过程，研究并提出了轨道面封闭防水、支撑层与基床表层排水、线间疏水、轨道结构锚固相结合的“防排疏锚”综合整治技术，该方案可以满足轨道结构防排水要求，并在实际高铁轨道结构翻浆病害整治工程中得到应用，经过现场整治前后的效果对比分析，效果明显。

关键词　翻浆冒泥　成因分析　防排疏锚　高铁轨道　基床

1　引言

随着技术与经济的不断发展，无砟轨道目前已成为世界高铁轨道结构的发展方向，其推广应用范围越来越广，日本、德国、韩国、我国台湾地区等修建的高速铁路，无砟轨道所占比例均在90%以上。截至2015年末，中国铁路营运里程达到12万km，其中高铁1.9万km，位居世界第一。无砟轨道与有砟轨道相比，具有平顺性好，稳定性好，使用寿命长，耐久性好，维修工作少等优点，避免了飞溅道砟等不安全因素，因此在高速铁路建设中，无砟轨道成为高铁轨道的主要结构形式。大西、沪宁[1]、遂渝以及武广等无砟轨道高铁运营实践表明，无砟轨道因其自身材料、结构荷载、外界环境等因素影响，个别存在初始结构缺陷的线路区段轨道结构出现接缝离缝、轨道板上拱离缝等结构损伤，不及时处理会造成轨道板的水害或冻胀损害，所以在使用的过程中暴露出轨道板与支撑层间及基层表层间翻浆冒泥问题，影响轨道结构稳定性、耐久性和线路平顺性，对无砟轨道结构和高铁运行安全产生巨大的隐患。本文分析了轨道结构翻浆病害的成因，参照《高速铁路设计规范》(TB 10621—2014)相关规定[2]，提出了整治措施。

2　工程概况

2.1　轨道板与支撑层间翻浆

大西铁路原平西至西安段正线除太原枢纽采用有砟轨道外，其余地段采用CRTS-I型双块式无砟轨道[3]。铁路等级为客运专线，双线，线间距5.0m，设计速度为250km/h。自大西铁路运营以来，部分区段轨道板与支撑层间发生翻冒白浆现象。线间与轨道板纵向施工缝出现最大宽度2cm离缝，沿线路纵向连续最大长度约6m。轨道板出现沿深度方向不同程度的裂缝，均未至轨道板底面，宽度均小于2mm。

由于降水影响，导致支撑层与道床板间隙发生翻浆现象，该现象初期影响并不明显，若长期处于降雨天气，则会对行车安全产生重大隐患。

2.2 基床表层翻浆

沪宁城际无砟轨道底座与基床顶面间翻浆问题表现为从承重层的伸缩缝处或从封闭层与承重层缝隙间渗出灰白色泥状物，引起轨道板下承重层空吊，影响轨道平顺性。经初步调查，K111+910～K283+900 区段有 1400 余处，累计约 11.7km，翻浆病害多数发生在无砟轨道底座伸缩缝两端 5m 范围内，向两侧发展，铺设框架轨道板地段较为严重，路肩上流淌或堆积着由水与级配碎石层细颗粒混合成的泥浆，路肩及两线间均存在渗出灰白色泥状物现象，严重处渗出物达 10～50mm 厚。

3 病害成因分析

3.1 列车重复荷载

前期对病害现场调查分析可知，无砟轨道翻浆问题主要出现在多雨地区。列车高速运行过程中轨道板与支撑层高频率拍打[4]，发生相向运动，离缝内水分受挤压，车轮离开后，两结构层之间发生反向运动，层间水产生抽吸作用，在列车荷载反复作用下离缝内水分对结构层产生冲刷，从而产生了翻冒白浆现象。经雨水不断冲刷，层间细颗粒物不断被排出，轨道板与支撑层的空隙将不断增大，造成轨道变形与结构不稳定等问题，对高速铁路行车安全产生了重大隐患。

列车经过时，应力经过钢轨—轨道板—砂浆层—底座板传递到路基表面上，由土骨架和水汽共同承担，但仅通过土颗粒传递的有效应力才会使土体产生变形，具有抗剪强度。级配碎石层中的自由水在高速列车振动作用下产生较高的瞬时动水压力，瞬时承压水同时进行着水压力消散过程，一方面对基床表层中大粒径碎石间填充物——细颗粒产生劈裂破坏作用，使细颗粒脱离级配碎石骨架而溶入承压水中；另一方面，瞬时承压水从底座板间的伸缩缝以及封闭层与底座板间的裂隙消散时，也带走了细颗粒。随着消散作用的加剧，级配碎石层中粒径达 5mm 的颗粒也发生了流失。一般情况下，底座板伸缩缝处级配碎石层的翻浆最为严重，并逐步发展延伸至距伸缩缝 5m 范围内。如果级配碎石层翻浆进一步发展，将相继发生底座板空吊和下沉现象。随着级配碎石层部分小颗粒的流失，底座板形成板下空吊。通过观测，底座板在列车作用下产生的上下振动幅度可达数毫米。随着翻浆冒泥加剧，当空吊发展到一定程度时，底座板发生下沉并产生横向裂纹。如沪宁城际的底座板最大下沉达 30mm，并造成轨道板裂纹。

3.2 结构间离缝扩展

现场调查表明，承重层伸缩缝为受力集中部位，在列车循环荷载作用下易出现局部离缝问题，尤其是在伸缩缝未处理好且有外界水分渗入的情况下，易出现翻浆问题。

底座板与基床表层间离缝主要有两方面原因：底座板混凝土内部裂纹、层间耦合及约束不强、结构本身缺陷、底座板施工时下底面不平顺等；列车荷载、温度荷载等外部作用引起底座板的应力及变形较大。

3.3 基床表层填料不当

高速铁路基床表层由级配碎石填筑，根据《高速铁路设计规范》(TB 10621—2014)，基床表层的压实系数应不小于 0.97，强调基床表层应处于有较密实状态，然而该规定忽视了透水性。图 1 为杭长、宁杭、京沪及沪宁 4 条高铁基床表层级配碎石的级配曲线，可以看出级配碎石层中含有相当比例的细颗粒。

目前各高速铁路在路基基床表层选材时均按规范中规定的级配碎石粒径级配曲线制备，

且各粒径材料的百分率基本一致，即<0.1mm 占 10%，0.1～1mm 占 20%，1～5mm 占 10%，5～10mm 占 20%，10～20mm 占 20%，20～31mm 占 20%。此类路基表层（级配碎石层）具有渗透系数低甚至不透水的特点，对于有砟高速铁路（如杭深线），因路基面设有良好的排水坡，雨水能快速排出基床流入侧沟。因此，杭深线运营 4 年来，未发生路基翻浆病害。对于Ⅱ型板的无砟轨道（如京沪、沪杭高铁），因轨道结构的特点，雨水仅从轨道板与两侧封闭层间的裂隙少量地渗入，发生路基翻浆的现象较少。但对于降雨充沛的沪宁铁路，级配碎石层细小颗粒含量大，不仅使路基表层成为不透水层，而且为路基产生翻浆提供了条件。这是沪宁城际铁路路基翻浆的重要原因之一。

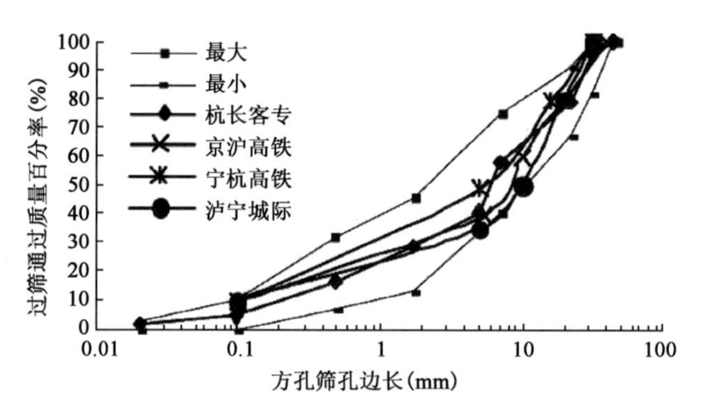

图 1　级配碎石粒径级配曲线

3.4　防排水系统不完善

沪宁、武广等高铁均处于我国南方潮湿多雨地区，雨量充足，降水集中。水是引起路基病害的原因之一，由于级配碎石层组成、排水系统的工作状况等导致基床表层滞留大量水分。渗入的雨水无法顺利排除，长时间的浸泡会影响路基的使用性能，进而引起病害。

沪宁线轨道结构混凝土底座间伸缩缝未进行有效封闭，仅用胶合板进行塞缝，在夏季，混凝土底座板因温度升高而膨胀从而夹紧胶合板，致使雨水难以渗入路基中，因此，多雨的夏季并不是路基翻浆的高发季节，然而从常规检查发现沪宁城际铁路沿线的路基翻浆一般发生于冬季，即 11 月至次年 2 月共计 4 个月，期间常年累计降雨量达 160mm，3～4 月份较为集中显现。出现上述现象的原因：首先，混凝土通常在温度变化下发生缩胀，对于 20m 长混凝土底座板因温度下降导致收缩可能要产生约 12mm 的缝隙，在降雨时雨水将从缝隙渗入级配碎石层中；其次，在温度下降时，路肩混凝土封闭层也发生收缩，在封闭层与底座板间产生收缩裂隙，这也为雨水下渗提供了通道。然而在工程实施过程中，级配碎石层透水性较差，造成雨水滞留在级配碎石层表面，同时设计的路肩上混凝土封闭层又高于级配碎石层 3～5cm，形成了一道自然拦水槽，使集于级配碎石层的雨水无法排出，在级配碎石表层形成了一个水囊，翻浆区域断面如图 2 所示。这是沪宁线路基发生翻浆的重要内在原因之一。

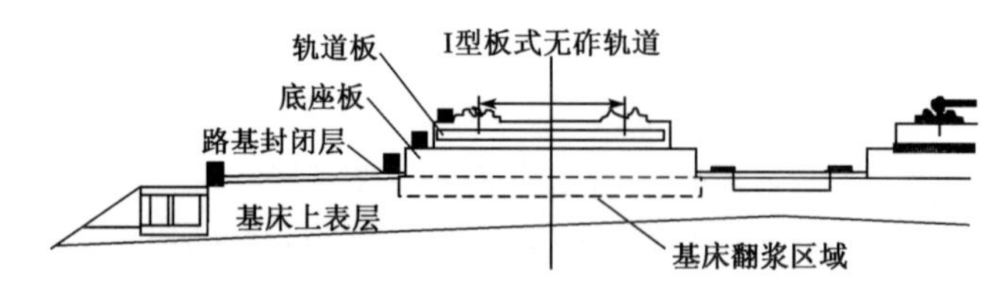

图 2　翻浆区域断面图

4 整治方案及施工工艺

4.1 中空胀销锚杆注浆施工

为治理轨道板与支撑层间和基床表层翻冒白浆病害，首先消除轨道板与支撑层间拍打张合，采用中空胀销锚杆将两者锚固为一体，孔位布置如图3所示。并于锚杆至25cm处两侧开孔，从中空部位注射环保型裂缝处治材料，对支撑层与道床板之间进行注浆，封闭轨道板与支撑层间离缝，使支撑层与道床板之间严密闭合，加强防水特性。由此还可以起到堵塞下渗水灌入轨道板与支撑层间。

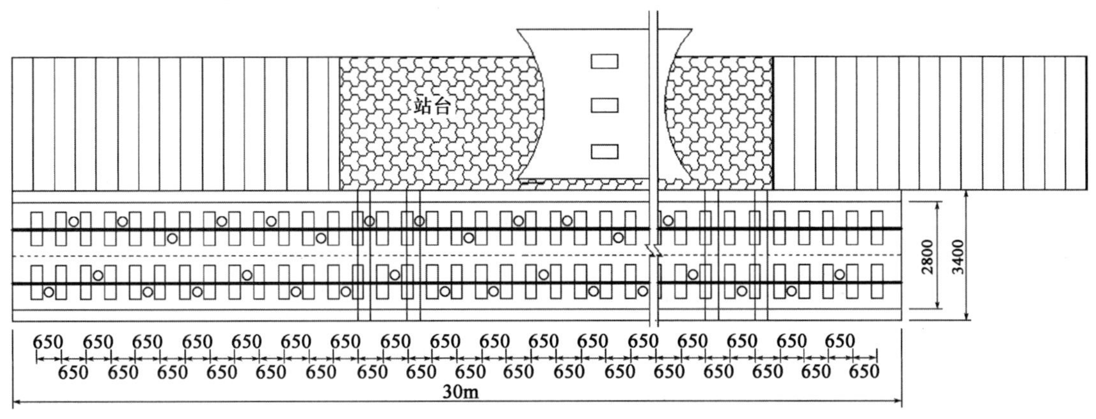

图3 车站孔位布置图(尺寸单位:mm)

注浆工程为地下隐蔽工程，其工程质量与施工技术密切相关，对注浆施工队伍的专业技术水平要求较高，应挑选具有相应施工技术和施工经验以及有信誉的施工队伍，严格执行有关注浆工程施工与验收技术规范和质量检验评定标准，确保轨道结构稳定和结构安全。其中施工中锚杆注浆工艺:定孔位→机械成孔→安放中空胀销锚杆→浆液配制→注浆→二次压浆→封孔。

注浆施工前应进行现场试孔，以确定合理的施工工艺参数，并具备保证路基安全运营的应急预案;应先进行第一次注浆，注浆压力为0.3～0.6MPa，如果浆液灌注困难，则可逐渐加大压力至0.6～0.8MPa;注浆过程中应随时监测轨道稳定情况，发现变形过大时应立即停止注浆，启动应急预案，并通知有关各方研究确定处理方案后可恢复注浆。

4.2 封缝排水

从现场踏勘情况分析，大气降雨从线间与轨道板纵向离缝渗入线间碎石层，并汇入离缝间，因此需将线间与轨道板离缝采用环氧沥青封闭，如图4、图5所示，防止地表水渗入。站场站台设置时可采用线间降水井排水，如图6～图8所示。

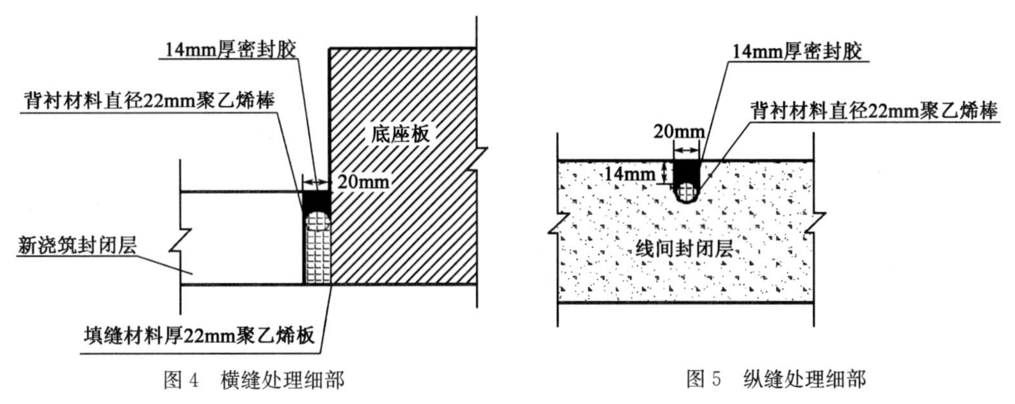

图4 横缝处理细部　　图5 纵缝处理细部

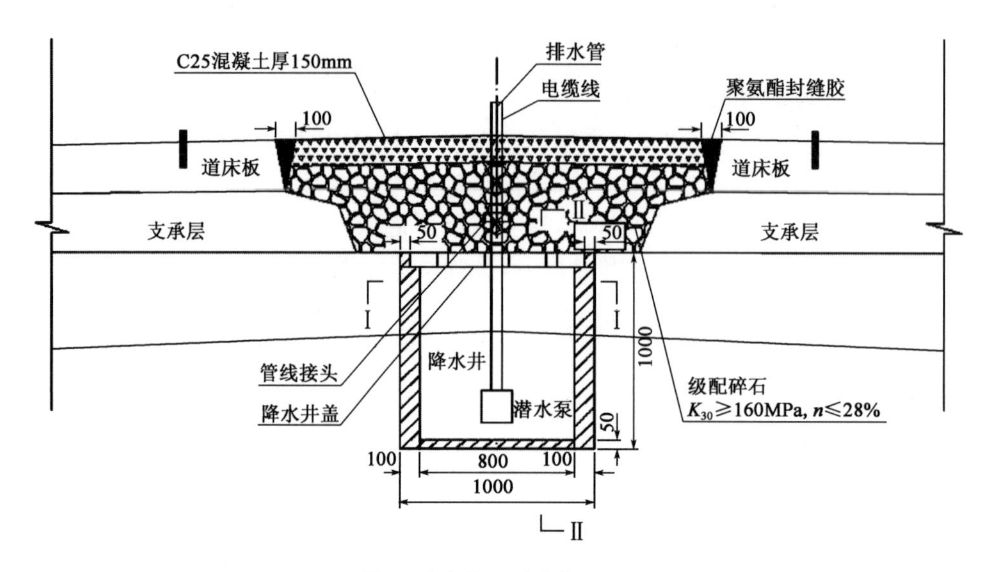

图 6　降水井(尺寸单位:mm)

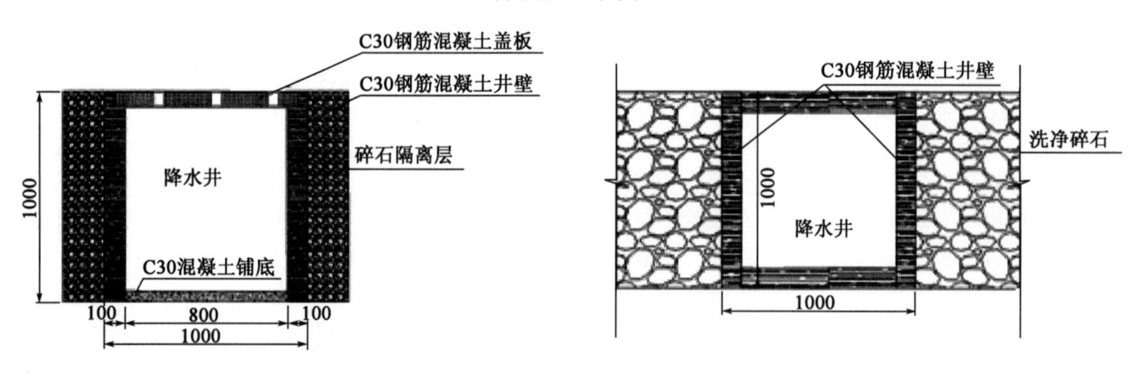

图 7　降水井剖面Ⅰ—Ⅰ(尺寸单位:mm)　　图 8　降水井剖面Ⅱ—Ⅱ(尺寸单位:mm)

大气降雨渗入线间级配碎石层,对此还需进一步勘察,采用挖坑检测水位,若水位高于轨道板与支撑层间水平高度,将采用支撑层横向打孔或者基床表层顶面横向打孔排水;若水位低于轨道板与支撑层间水平高度,将不采用横向打孔排水。为此根据横向打孔位置,采用以下两种排水方式[5]:

(1)方案一:若水位高于支撑层表面,则在支撑层侧面横向水平打孔,如图 9 所示。使该区段内滞水顺孔隙流出达到降低水位的目的。横向打孔间距为 10m,孔径为 5cm。且靠近内部一侧孔口进行渗滤处理,如进行土工布包扎等。使该区段内滞水顺孔隙流出达到降低水位的目的。

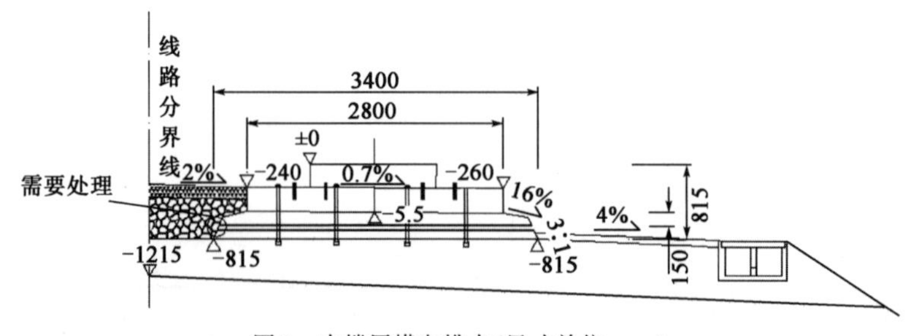

图 9　支撑层横向排水(尺寸单位:mm)

(2)方案二：若水位高于基床表面，则在基床表层上部侧面横向水平打孔，如图10所示，孔内插入管径4cm PVC排水管。同时在轨道外侧端部开槽用于水平打孔作业。横向打孔间距为10m，孔径为5cm。且线间一侧孔口进行渗滤处理，如进行土工布包扎等。使该区段内滞水顺孔隙流出达到降低水位的目的。

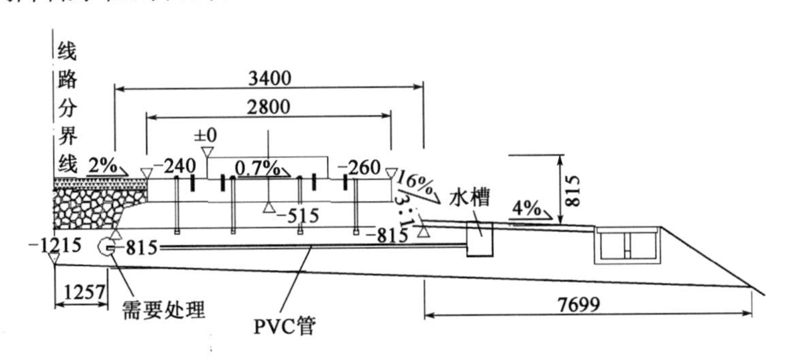

图10　基床表层横向排水(尺寸单位:mm)

5　结语

(1)高速列车高频振动产生轨道板与支撑层和支撑层与基床表层反复拍合抽吸翻浆动力，而素混凝土支撑层和基床表层细粒含量高的结构是翻浆源泉之一，轨道板与支撑层和线间及路肩与支撑层间离缝渗水是翻浆源泉之二。

(2)无砟轨道基床表层翻浆形成过程：离缝出现→水分进入→列车通过对压缩离缝→挤压水分→水分高速流出→列车通过离缝扩大→水分被吸入，如此循环往复造成翻浆。

(3)该整治方案采用锚固轨道基床结构，封闭轨道面，堵住轨道板与支撑层和支撑层与基床表层间离缝，支撑层和基床表层横向排水，线间疏水的措施，该方案有效地消除了翻浆源头，达到良好的排水和疏水作用。有效缓解了轨道拍合和离缝渗水问题，增加了轨道排水，避免了翻浆病害的发生。

(4)该无砟轨道翻浆整治体系与常规的翻浆整治体系相比，具有简单方便、系统可靠等优点。同时施工扰动少，尤其适合于已运营的线路，对类似既有铁路无砟轨道的翻浆整治工程设计具有重要的借鉴意义，具有良好的推广应用前景。

参考文献

[1]　潘振华. 沪宁城际铁路路基翻浆原因分析及整治措施研究[J]. 铁道建筑，2014(3)：74-77.

[2]　中华人民共和国行业标准. TB 10621—2014　高速铁路设计规范[S]. 北京：中国铁道出版社，2014.

[3]　周忠国. 高铁CRTS-I型无砟轨道路基冒浆病害整治技术研究[J]. 上海铁道科技，2012(4)：73-75.

[4]　张文超，苏谦，刘亭，等. 基床翻浆条件下无砟轨道路基振动特性研究[J]. 岩土力学，2014，35(12)：3556-3568.

[5]　段铭钰. 铁路路基翻浆冒泥的原因及整治措施[J]. 铁道技术监督，2010，38(5)：23-25.

超深钢管桩在桥台基础加固中的应用

李红福

（中国水利水电第七工程局有限公司成都水电建设工程有限公司）

摘　要　近年来，随着国内多座大型水电站陆续建成投入发电，在水电站蓄水运行发电过程中，以及由于汛期和枯水期对库区山体、岸陂的浸泡、水位下泄，造成了山体和岸陂出现变形、位移、崩塌等现象，从而对库区内的公路、桥梁以及其他设施构成极大的威胁。小金河大桥 8 号桥台采取超深钢管桩结合灌注砂浆的加固处理措施，成功地解决了失稳条件下桥台地基加固的难题，可为类似地基加固工程提供参考和借鉴。

关键词　超深　钢管桩　小金河大桥

1　引言

小金河大桥是锦屏一级水电站水库淹没复建工程，是西木公路 S216 线卫生院～老虎嘴段的一座特大型桥梁。该段复建公路设计等级为三级，设计速度为 30km/h，路基宽度为 8.5m，路面宽度为 7m，路面为沥青路面。小金河大桥距西昌约 230km，距木里县城约 14km。

小金河大桥主桥上部结构为 110m＋200m＋110m 三跨一联预应力混凝土连续刚构桥，引桥为 5×16m 钢筋混凝土连续板桥，桥梁全长 516.26m。大桥左岸 8 号桥台伸缩缝位置路面设计高程 1898.965m，高于锦屏一级水电站水库正常蓄水位 18.965m。

受锦屏一级水电站蓄水影响，左岸桥台附近地表出现裂缝，局部近水面发生滑塌，2013 年 10 月，小金河大桥左岸岸坡发生变形，8 号桥台附近地表出现裂缝。8 号桥台岸坡推测强变形区下限垂直深度 35～40m，弱变形区下限垂直深度 80～90m，8 号桥台桩基深 30m，位于推测强变形区内，水库塌岸发展引起的坡体变形滑塌，会直接影响到桥基稳定，桥基有可能随库岸变形发生滑移，危及大桥安全。为防止岸坡变形造成小金河大桥 8 号桥台破坏，采取超深钢管桩工艺措施对 8 号桥台进行应急加固处理。

2　地质条件

岸坡大多基岩出露，地层主要为三叠系上统图姆沟组变质砂岩、粉砂质板岩、绿片岩、千枚岩。从左岸桥台至主墩间以粉砂质板岩、绿片岩为主，夹千枚岩、变质砂岩；主墩至河床以千枚岩为主夹变质砂岩，总体以软岩为主，层理发育，呈薄层状结构。岩层产状变化较大，大桥附近岩层总体产状 N70°W/NE∠70°～80°。岸坡浅表岩层倾倒变形强烈，岩层产状变缓，倾角 30°以下，局部（8 号桥台上游侧地表）岩层甚至反倾坡外，倾角 30°～35°。

根据岸坡岩体变形松弛程度，自坡表向山里将大桥左岸坡体划分为三个不同区域：

（1）强变形区（不稳定区）：属于近地表区域，推测强变形区下限水平深度 30～50m，岩层倾倒强烈，倾倒幅度超过 50％，变形后岩层倾角一般小于 30°，甚至反倾。岩体松弛明显，砂岩中张裂隙发育。岩体破碎多呈散体结构，少部分呈碎裂结构。

(2)弱变形区(潜在不稳定区):强变形区以里一定区域,推测弱变形区下限水平深度 70～120m,岩层倾倒程度较强,变形区有所减弱,原岩层理清楚,岩体嵌合较松弛～较紧密,较破碎,以碎裂结构为主,局部散体结构。

(3)原岩区:岩层维持正常产状,结构较紧密～紧密,以薄层状结构为主,局部碎裂结构。

3 设计加固方案

采用超深钢管桩结合灌浆进行加固处理。钢管桩布置于8号桥台周围,间排距0.75m,梅花形布置,钻孔口径 ϕ150mm,钢管桩外径 ϕ146mm,数量为128个孔,孔深不低于60m。布置平面图见图1。

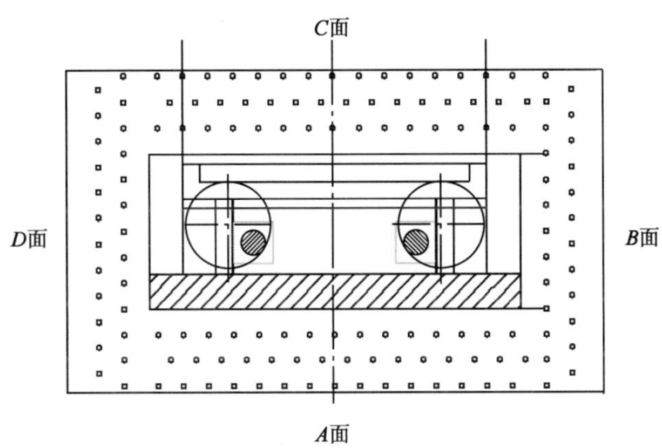

图1 8号桥台钢管桩及锁口混凝土梁布置示意图

4 施工难点

(1)施工区域处于强卸荷区,岩层破碎,钻孔施工塌孔严重,孔故率高,成孔困难。

(2)钢管桩布置密集,施工工作面较狭窄,设备布置困难,难以全面展开作业,灌浆施工与跟管钻进需同期施工,施工干扰大。

(3)钢管桩深度超过60m,由于地层原因,即使采用跟管钻进,仍然有较大难度,同时孔间距仅为75cm,钻孔精度要求高。

(4)钢管桩深度超过60m,最深的孔达到75.5m。由于地层原因,需采用跟管钻进,孔间距仅为75cm。对钻孔机械跟管能力要求高,钻孔精度要求高。

5 施工工艺流程及施工方法

5.1 施工工艺流程

施工工艺流程如图2所示。

5.2 施工方法

5.2.1 施工放样

钢管桩孔位按照设计图纸测量放样,采用高精度的全站仪,对每根桩进行精确定位,并测出每根桩位的原地面高程,做好测量记录。

5.2.2 同心跟管钻孔施工

钻孔采用阿特拉斯全液压钻机同心跟管钻孔工艺。跟管口径为 ϕ146mm钢管,钢管上梅花形布置 ϕ12mm钻孔作为注浆孔。施工区域处于强卸荷区,岩层破碎,钻孔施工塌孔严重,孔故率高，成孔困难；跟管钻进深度大，地层中软硬叠加，当钻孔深度超过 40m 后，下部地层与河水贯通，且在水中钻进，经常出现孔口无反渣、高压风从孔底漏失等现象。主要采用以下措施保证钻孔满足设计要求：

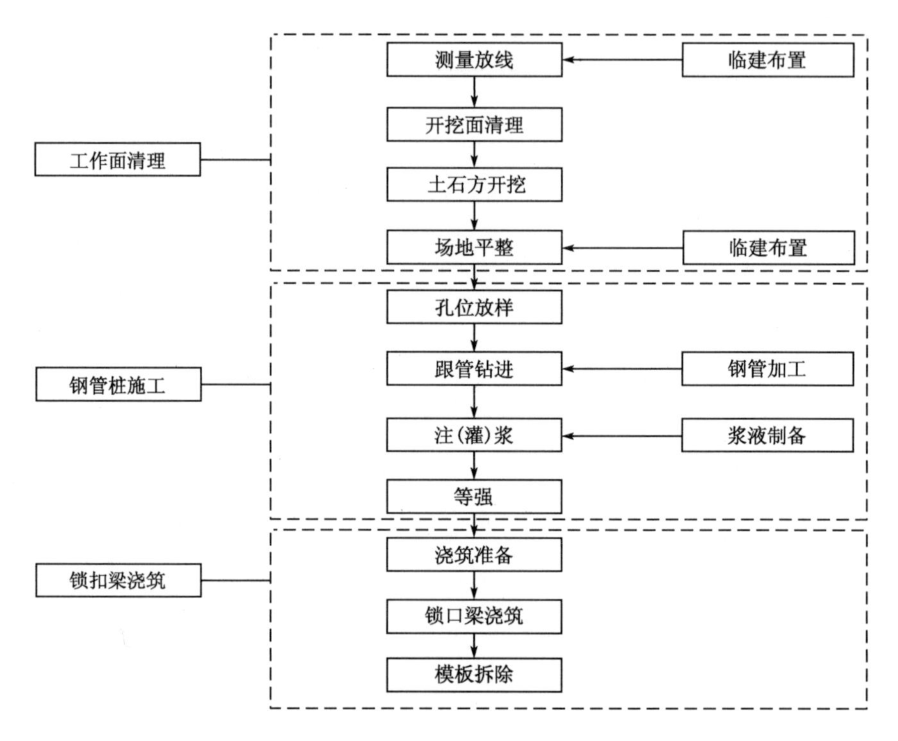

图 2　8 号桥台应急处理施工工艺流程图

(1)孔斜控制。开孔前先调正钻机，调好方位角和倾角后开风开始跟管钻进。钻孔结束前不得随意移动钻机。

(2)孔深控制。根据设计要求钢管桩长度为 60m，但钢管桩底部须进入弱风化基岩 5.0m，为保证钢管桩发挥应有效能，施工过程中根据钻孔揭示的地质条件控制孔深。

(3)钻孔过程控制。钻进参数应以低转速、低给进压力、高返风为原则。给进压力在施工操作过程中根据所钻进地层的硬度、松散程度、含水量等因素控制。

(4)钻孔记录。由于目前对施工区域的地质条件资料掌握不够全面，钢管桩施工过程中应对钻孔过程进行详细记录，详细记录进尺速度、返渣、返风等情况，以利于设计对该部位地质情况进行分析。

(5)清孔。钻进过程中应注意观察套管的跟进情况及孔内排粉情况，每钻进 0.3～0.4m 应强吹孔排粉，以保持孔内清洁。吹孔时，钻头向上提动距离以能实现强力吹孔排粉为限，禁止在钻进过程中强力起拔钻具，发现回转阻力大或外套管跟着旋转的情况时要轻提钻具反复进行排渣清孔；穿越地下水丰富且具有流动性的泥砂层时，要加大排渣风量，以防泥砂卡死钻头。

5.2.3　灌(注)浆施工

(1)砂浆灌注施工

考虑到钻孔对岩体的影响，为避免钻孔施工对已灌孔造成扰动，钻孔应分区分块进行。每块内应统一钻孔，分二序注浆，块与块之间保持 4m 距离。

为保证水下部分能有效充填，灌注前先往孔内加入抗分散剂，采用孔内卡塞分段灌浆法，先对钢管桩水下部分进行渗透固结灌浆，待浆液达到初凝后再进行上面部分的灌注。灌浆时将注浆管插至距灌浆段底部小于 50cm 的位置，使浆液自孔底进入、孔口返出，以保证浆液填充密实。灌浆过程中当压力达到 0.5～1.0MPa 时，继续注浆 10min，在设计压力无明显下降或注浆量与设计量大致接近时可结束灌浆，但灌浆结束时进浆量应小于 30L/min。

(2) 水泥灌浆施工

鉴于 8 号桥台位置的特殊性，为提高该部位地层的整体性，改善其力学特性，桥台范围采用水泥浆液进行固结灌浆处理，桥台范围水泥固结灌浆在钢管桩施工完毕后进行。灌浆施工由外向内进行，灌浆水灰比采用 2 级水灰比 0.8：1、(0.45～0.5)：1。灌浆过程中加强对岩体变形的监测。

①灌浆用水。灌浆用水应符合《混凝土用水标准》(JGJ 63—2006)和《水工混凝土施工规范》(DL/T 5144—2015)中混凝土拌和用水的规定。

②浆液配比。灌浆水泥采用普通硅酸盐 P.O.42.5 水泥，浆液中须掺加外加剂。浆液水灰比：0.8：1、(0.45～0.5)：1。

③灌浆压力。钢管桩灌浆采用自下而上、管内卡塞、孔内循环灌浆工艺，灌浆压力 0.5～1.5MPa。

④灌浆分段。灌浆分段自下而上按 5～6m 分段，若现场施工过程中绕塞严重，则采用孔口封闭全孔一次性注浆。

⑤浆液变换。

a. 当灌浆压力保持不变，注入率持续减小时，或注入率不变而压力持续升高时，不得改变水灰比。

b. 当某级浆液注入量已达 300L 以上，或灌注时间已达到 30min，而灌浆压力和注入率均无显著改变时，应换浓一级水灰比浆液灌注。

c. 当注入率大于 30L/min 时，根据施工具体情况，可越级变浓。

d. 灌浆过程中，灌浆压力或注入率突然改变较大时，应立即查明原因，并及时向现场监理工程师汇报，在现场监理工程师批准后，采取相应的处理措施。

⑥结束标准。各灌浆段在最大设计压力下，注入率不大于 5L/min 后，用最浓比级水泥浆液置换钢管中水泥浆液后，继续灌注 10min 结束灌浆。

5.2.4 锁口梁施工

锁口梁采用分批施工，即先施工 *A*、*B* 面，再施工 *C*、*D* 面。施工 *C*、*D* 面时，对 *A*、*B* 面锁口梁的接触面进行凿毛，钢筋、模板、混凝土浇筑，以及混凝土养护等都要满足设计要求。

6 结语

(1) 深孔钢管桩在小金河大桥 8 号桥台抢险加固中起到了关键性作用，钢管桩深入相对稳定的地层中，对桥台四周地层进行加固，并且通过自上而下分段灌注砂浆和水泥浆液，采用压力灌浆使浆液通过钢管上梅花形布置的 ϕ12mm 的钻孔，扩散的浆液能达到地层中，加大固结范围；再通过锁口梁与桥台四周浇筑混凝土裹护，使整个地层与桥台形成一个稳定的、牢固的整体，确保了大桥的安全运行。

(2)对于深孔钢管桩工艺的实现，最核心的是要具备精准的钻孔设备，要具备操作性极高的钻孔工艺参数。在孔(间)排距布置非常小的工作面施工，控制孔斜是整个钻孔过程的关键。

反之，无法实现深孔钢管桩、跟管钻进和一次性成孔工艺。

(3)这种钢管桩工艺在应急抢险施工任务中有以下几个方面的优势：施工前准备周期短、资源配置快、工艺成熟、施工周期短、效果好。

参考文献

[1] 赵卫全，黄立维，等.灌浆技术在烟囱地基加固中的应用[J].水利水电地基基础工程技术创新与发展，2011:246-250.

[2] 金益刚，邢书龙，等，深厚覆盖层花管法灌浆现场试验研究[J].水利水电地基基础工程技术创新与发展，2011:275-279.

某桩锚支护基坑事故分析与处理

赖允瑾[1]　黄杜甫[2]

(1.同济大学地下建筑与工程系　2.中铁五局(集团)建筑工程有限责任公司)

摘　要　近年来,基于桩锚支护的深基坑之事故频频见于报道。众多调查结果表明,锚索失效的根本原因往往发生在锚索张拉锁定的时候。对于缺乏试验的情况,设计单位确定锚索承载力上出现偏差,会提出超出极限承载力的锁定荷载;或者,施工单位在锚索未达到养护时间提前张拉锁定。以上的结果均导致锚索在锁定张拉时拔出破坏,此时锚索实际上已退出工作。本文将对某基坑事故进行分析,由此提出锚索预应力施加的合理取值。同时还对基坑事故的处理方案进行了介绍。

关键词　基坑　桩锚　锚杆(索)　锁定荷载

1　引言

鉴于目前许多工程的锚索设计值是根据岩土勘察报告的建议参数确定的,没有经过试验论证这一重要环节,锚索实际承载力存在很大的不确定性。如果设计估值保守,对基坑安全有保障;若设计估值冒进,按过高设计值对锚索进行张拉锁定,势必导致锚索超张拉破环,导致锚索退出工作,从而威胁基坑安全。

根据规范,锚索锁定前需进行逐根分级张拉,最后根据各级张拉的 *P-S* 曲线确定其极限承载力,并按适当荷载对其进行锁定。但是,目前许多基坑由于工期紧张,施工单位在锚索张拉锁定时,跳过分级张拉环节进行张拉,或者即使分级张拉,也没有记录 *P-S* 曲线,而是直接按照设计提供的锁定值进行张拉锁定,这样大大地增加了锚索张拉锁定阶段的破坏失效概率。如果施工单位担心被指为施工质量缺陷而对锚索失效隐瞒不报,抱着侥幸心理继续下一道工序施工,很可能会导致基坑垮塌的严重事故。

本文介绍青海省西宁市某背拉式桩锚支护工程的一起事故,以期引起业界同仁的重视。

2　工程简介

2.1　地质概况

本基坑为地铁端头井基坑,开挖深度 16～27m 不等。其中开挖 16m 一侧毗邻地下车库,该地下车库基坑挖深 11m。

基坑所处地层为:①层杂填土,②层卵石,③-1 层强风化泥岩,④-2 层中风化石膏岩,④-1 层中风化泥岩,⑤-2 层微风化石膏岩,⑤-1 层微风化泥岩。土层物理力学参数见表 1。

土层物理力学参数一览表　　表 1

土层序号	土层名称	天然重度(kN/m^3)	黏聚力 c(kPa)	内摩擦角 φ(°)	桩侧摩阻力(kPa)
①	杂填土	18	15	18	
②	卵石				

续上表

土层序号	土层名称	天然重度(kN/m³)	黏聚力 c(kPa)	内摩擦角 φ(°)	桩侧摩阻力(kPa)
③-1	强风化泥岩	26.4	220	33	160
④-2	中风化石膏岩	26.6	350	32	220
④-1	中风化泥岩	26.4	180	32	200
⑤-2	微风化石膏岩	26.6	610	37	280
⑤-1	微风化泥岩	26.6	820	35	240

根据岩土勘察报告,石膏岩和泥岩均为软岩,强度低,且遇水软化。

场地赋存第四系松散岩孔隙水,埋深 3.1~4.5m,稳定地下水位为 2.8~4.5m。

2.2 原基坑支护情况

原设计的支护情况按开挖深度 11m 和 27.74m 而有所不同。具体如图 1 和图 2 所示。

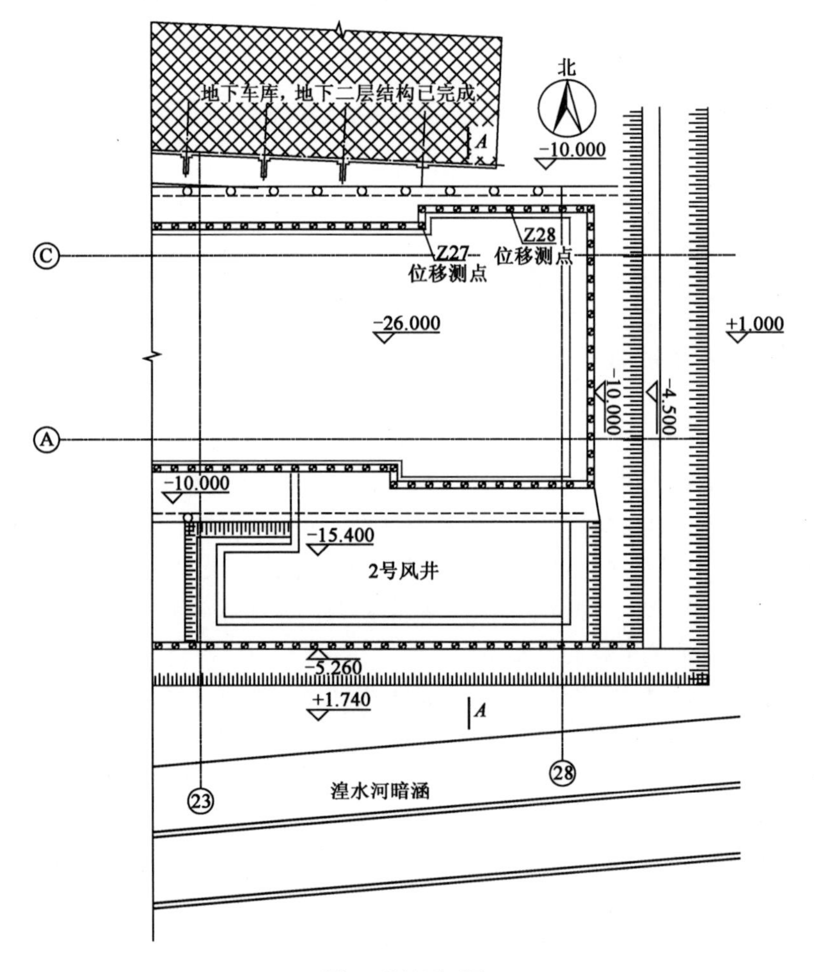

图 1　基坑平面图

(1)开挖深度 16m 一侧(基坑北侧)

围护桩+二道背拉式锚杆,围护桩采用钻孔桩,直径 800mm,间距 2m,入土深度 5m。桩间挂网喷混支护。锚杆采用精轧钢筋,直径 32mm,锚杆长度 15m,钻孔孔径 80mm,锚固体采用水泥浆。设计锚固力 240kN,锁定值 240kN。

(2)开挖深度 27.74m 一侧(基坑南侧)

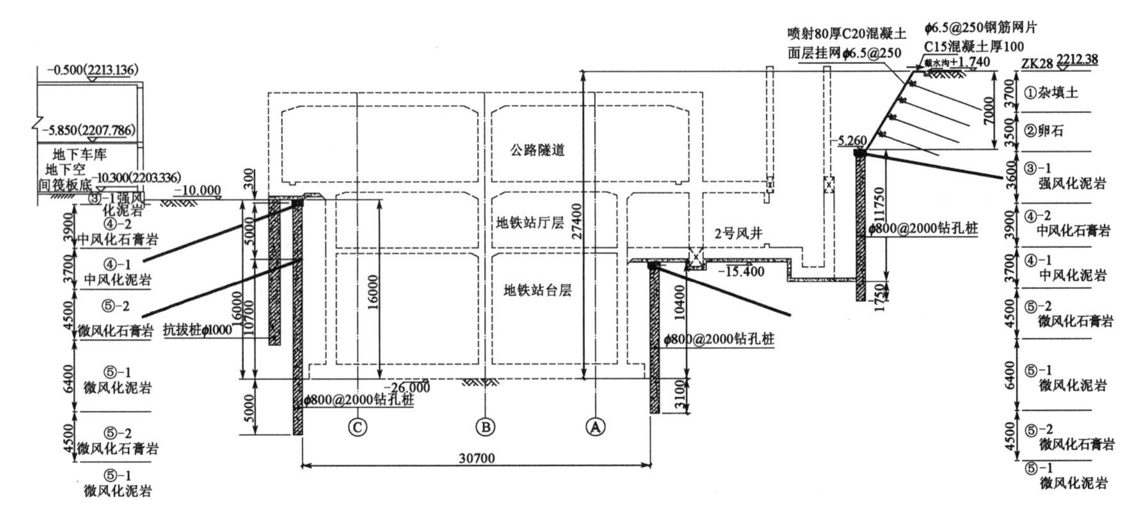

图 2　基坑 A—A 剖面(尺寸单位:mm)

浅层 7m 采用土钉支护,其下 20.74m 挖深分二级台阶开挖,首级台阶为 11.75m 深度采用围护桩+一道背拉式锚杆,围护桩采用钻孔桩,直径 800mm,间距 2m,入土深度 1.75m。二级 10.4m 深度也采用围护桩+一道背拉式锚杆。围护桩采用钻孔桩,直径 800mm,间距 2m,入土深度 3.1m。桩间挂网喷混支护。锚杆采用精轧钢筋,直径 32mm,锚杆长度 15m,钻孔孔径 80mm,锚固体采用水泥浆。设计锚固力 240kN,锁定值 240kN。

2.3 基坑开挖及变形监测

2012 年 10 月 12 日第一道锚杆安装后开始基坑开挖,2012 年 11 月 1 日开挖至-17.75m 标高处。这一时刻,北侧多处出现冠梁水平位移接近或超过警戒值(50mm),如图 3 所示。其中测点 Z027 和测点 Z028 处(图 1)2012 年 11 月 1 日冠梁水平位移分别为 49.69mm 和 49.09mm。

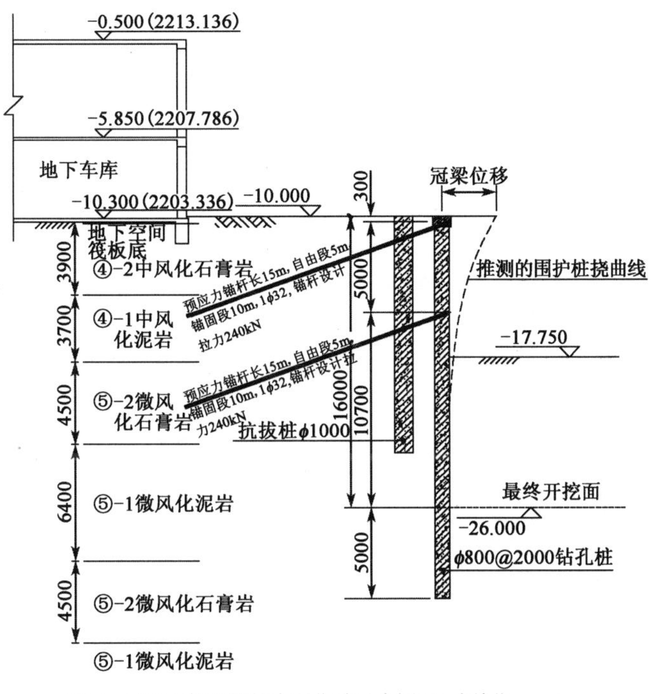

图 3　基坑北侧围护桩水平位移示意图(尺寸单位:mm)

由于部分锚杆失效，围护桩外移，出现护壁喷网脱落情况，如图 4 所示。

针对基坑目前的土方开挖深度(−17.75m)距离最终标高的−26.00m 还很远，此时既已在冠梁出现偌大位移甚至报警，表明基坑安全风险已经相当突出，需要分析原因，采取措施，否则继续开挖下去，会出现基坑倒塌的危险。

图 4　锚杆拔出失效后护壁喷网脱落

3　原因分析

3.1　锚杆承载力检测

根据设计，原设计的两道锚杆均采用精轧钢筋锚杆，钢筋直径 32mm，长度 15m，全长黏结型，锚固体采用水泥浆。设计锚固力为 240kN，锁定值也为 240kN。

为此对锚杆承载力进行了现场拉拔试验。试验得到 4 根锚杆的 P-S 曲线，如图 5 所示。

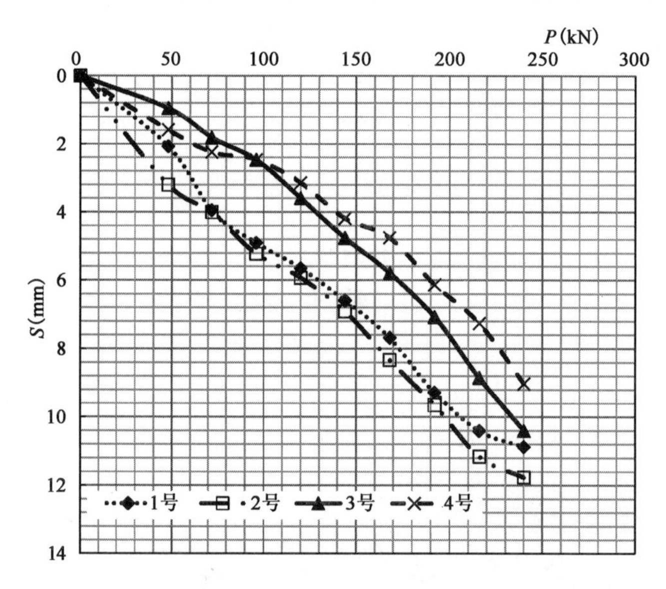

图 5　锚杆拉拔试验曲线

从试验曲线可知，锚杆的极限承载力达到了 240kN，但具有离散性。根据《岩土锚杆(索)技术规程》(CECS 22—2005)，锚杆承载力标准值为极限承载力的 0.5 倍。即锚杆的承载力标准值(即设计值)达到了 120kN。根据上述规范，锁定值为设计值不超过设计值，即锁定值最大为 120kN。

目前设计要求采用锁定值为 240kN，由于离散性，某些锚杆可能低于 240kN，这些锚杆在张拉锁定时将出现拉出破坏情况，导致锚杆失效。事实上，施工记录证实了这种可能性。

3.2　原因分析

根据施工记录和计算分析，结合锚杆试验结果，围护桩出现显著位移的原因有如下两个：

(1)锚杆锁定预应力值过大，锚杆失效。

施工单位在按设计锁定值进行张拉锁定时发现，部分第一道与第二道的锚杆张拉值达不到设计值，但却按最大张拉值进行锁定。结果导致锚杆破坏而退出工作，进而出现围护桩位移持续增加。

本基坑的二道锚杆均位于中风化石膏岩、中风化泥岩和微风化石膏岩中，这些岩石属于软岩，遇水极易软化。由于孔隙水压力渗透浸泡，锚杆承载力还会继续降低。因此即使锁定值取极限值，也可能在锁定之后由于岩石软化出现锚杆拔出的情形。

以上说明，锚杆锁定值不能取 240kN，而宜取 120kN。

(2)对于 16m 挖深来说，锚杆承载力不够，需要修改设计。

根据计算，原设计参数下，基坑挖深 7.75m 及 16m 情况下，锚杆及围护桩受力、位移如图 6 和图 7 所示。

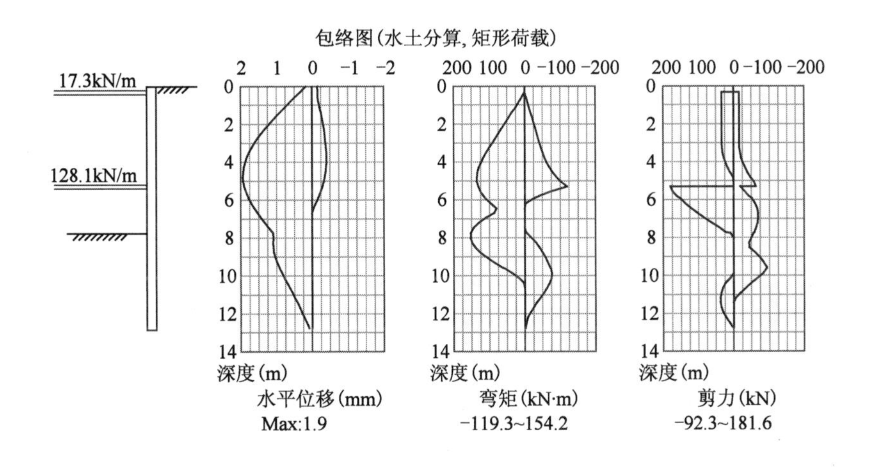

图 6 挖深 7.75m 时计算结果

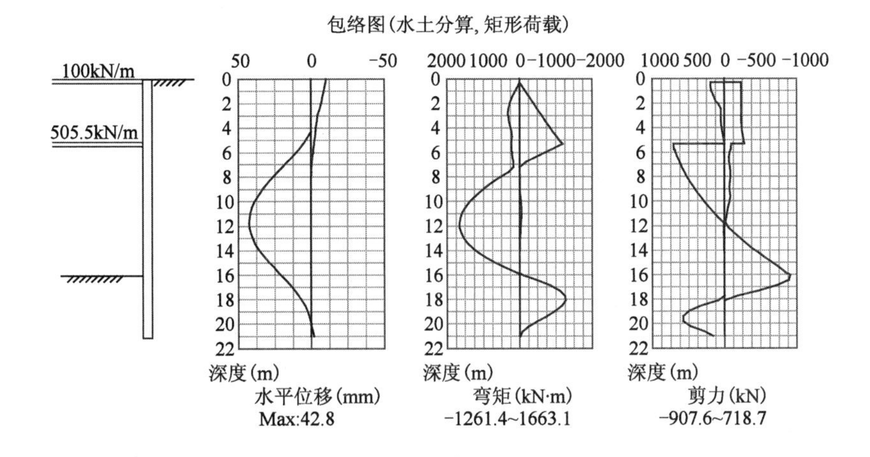

图 7 挖深 16m 时计算结果

计算表明，对于 7.75m 挖深，单根锚杆最大荷载约 256kN，目前按 240kN 的承载力设计是基本安全的，如果锚杆没有因为锁定张拉破坏的话，围护桩不会出现如此大的位移。

计算也表明，当挖深继续至 16m 深度时，单根锚索最大荷载达到 1010kN，远超出原设计的 240kN 的限值。基坑存在巨大安全风险，需要修改原设计。

4 加固措施

4.1 加固方案

根据以上分析，为了确保基坑挖至最终标高处（－26.00m）的安全，必须对原支护进行加固处理。为此提出如下两个方案：

（1）方案一：假定原锚杆部分失效，增设两道预应力锚索，如图8所示。增设锚索安装后，开挖下部土方至－26.00m。

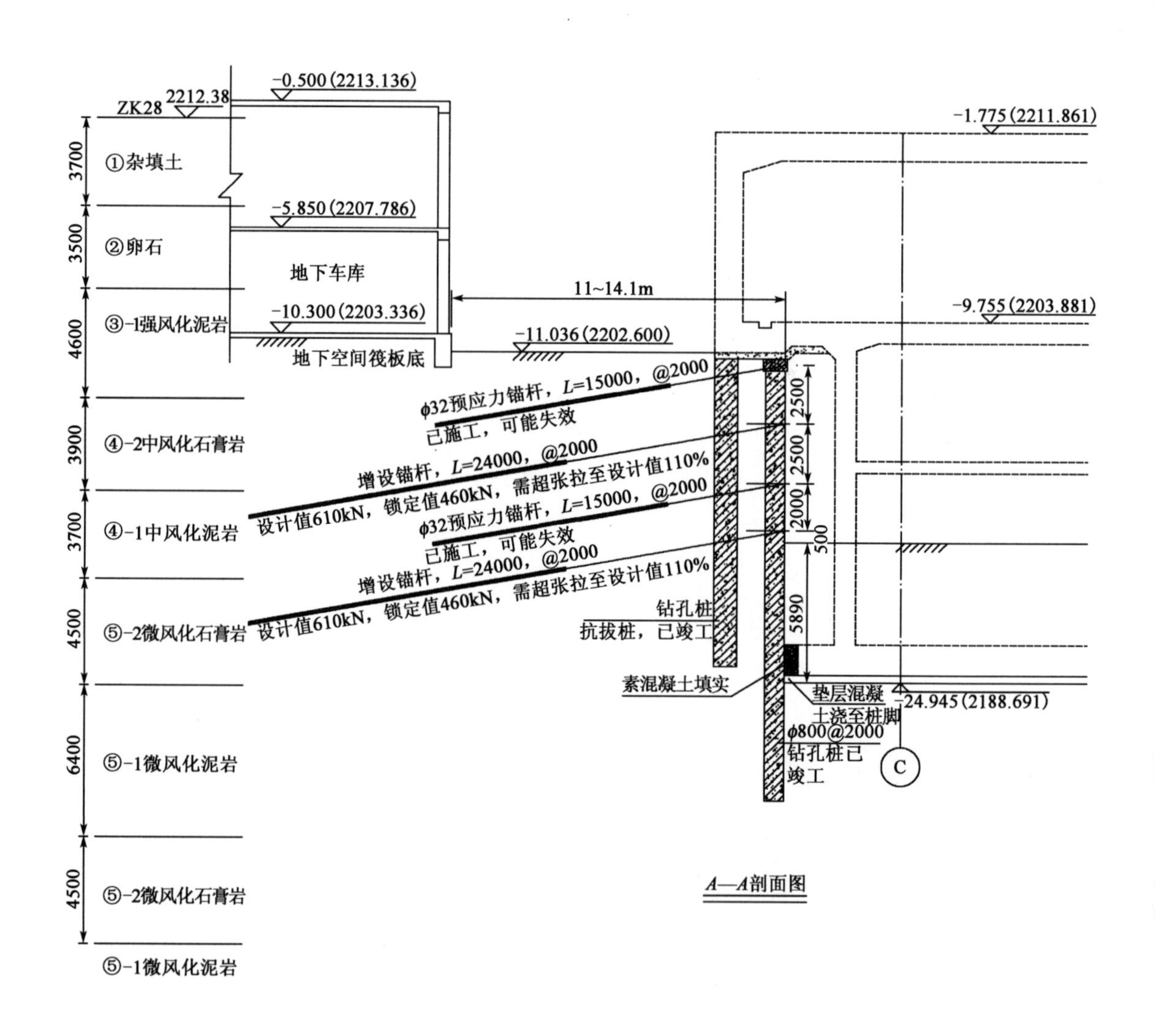

图8 加固方案一之典型剖面（尺寸单位：mm）

（2）方案二：假定原锚杆全部失效，增设一道钢支撑和两道预应力锚索；如图9和图10所示。钢支撑安装后，开始增设锚索施工。增设锚索安装后，开挖下部土方至－26.00m。

以上两个方案中，方案一利用原锚杆的残余承载力，节省了造价。但无法立即控制围护桩的位移发展，对坑外北侧正在施工的地下车库安全不利。

方案二可以立即控制围护桩的变形。但由于当地（西宁市）型钢一时购置不便，也需一周时间才能实施。

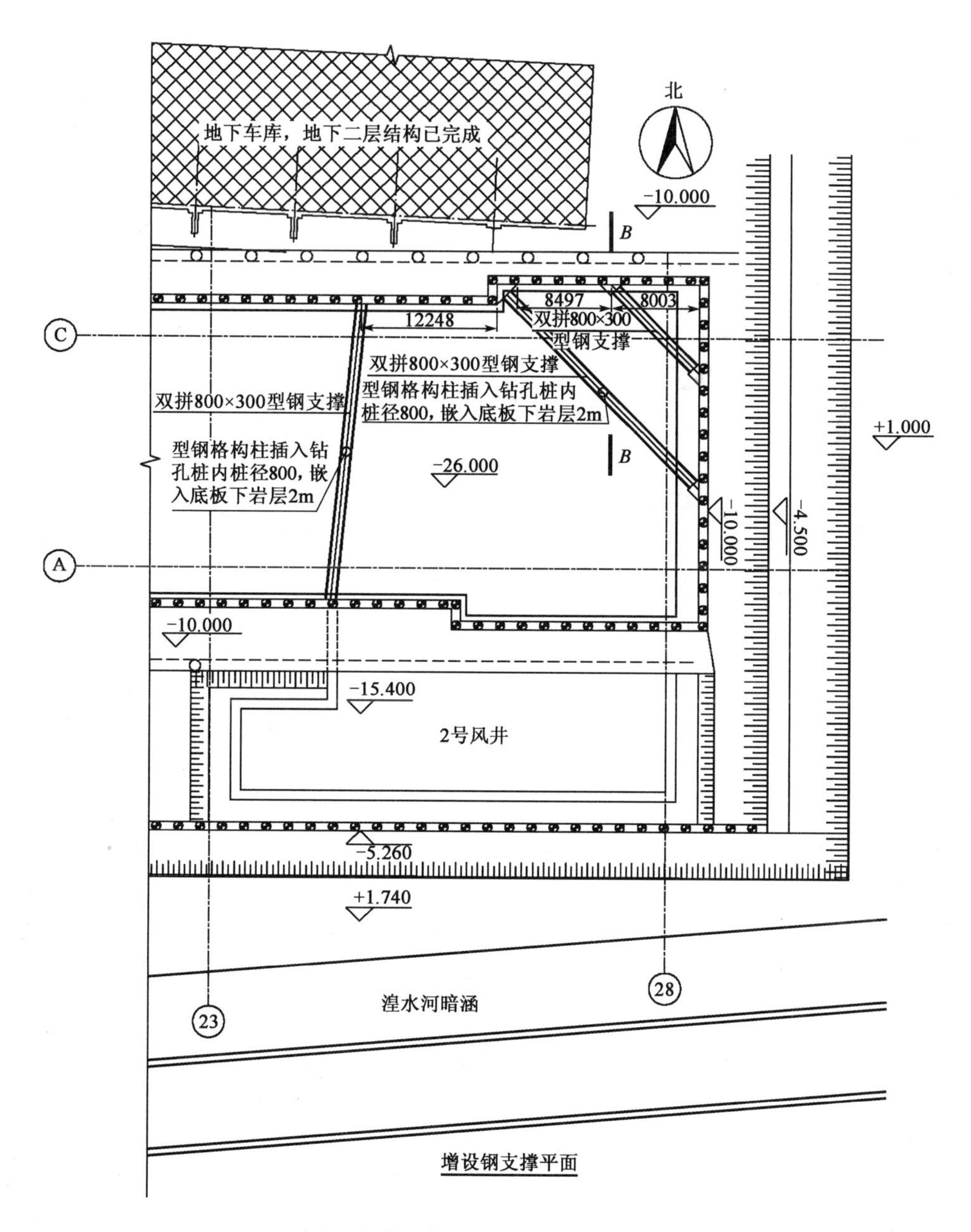

图 9　方案二支撑平面图(尺寸单位:mm)

事实上,自围护桩位移达到报警值(50mm,2012 年 11 月 1 日)以来,在基坑停止挖土的情况下,一个月内位移持续增加,测点 Z27 及测点 Z28(位置如图 1 所示),2012 年 11 月 28 日冠梁位移分别达到 70.14mm 和 66.71mm。从位移变化的时程曲线(图 11),位移发展尚未稳定,况且基坑开挖还需继续。为此,决定采用方案二。

4.2　加固方案计算分析

计算得到支撑及锚索的荷载分别为:支撑每延米 100kN;增设第一道锚索单根荷载 500kN;增设第一道锚索单根荷载 520kN;计算结果如图 12 所示。

4.3　加固实施方案

(1)实施方案具体参数

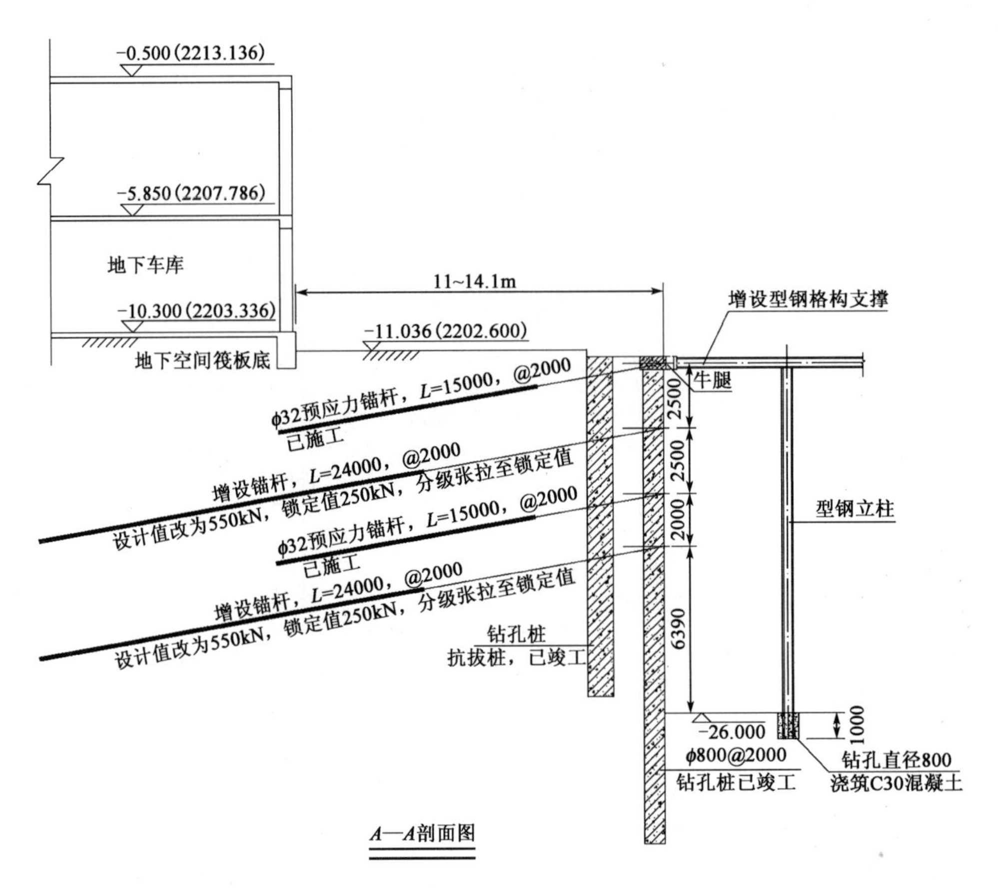

图10　方案二剖面图(尺寸单位:mm)

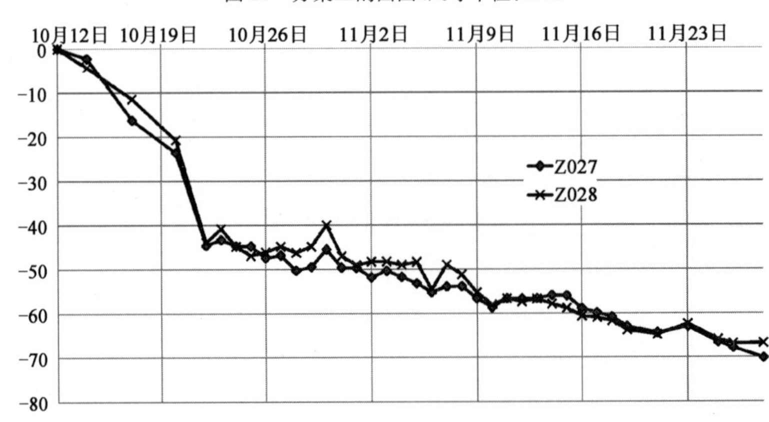

图11　测点Z27和Z28的位移时程曲线

第一道钢支撑采用双拼H800×300型钢支撑,位置设置于原冠梁处;增设第一道锚索采用4×15.24高强低松弛预应力锚索,锚索长度24m,其中锚固段15m,自由段9m,孔径150mm,二次注浆工艺。锚索间距2m。设计承载力550kN,预应力锁定值为250kN,且根据锚索拉拔试验结果确定,确保锁定值不超过极限值的0.5倍。

(2)锚索拉拔试验

试验表明,锚索极限承载力不低于597kN。因此,原设计荷载550kN是满足安全要求的,预应力锁定值采用250kN也是适合的。

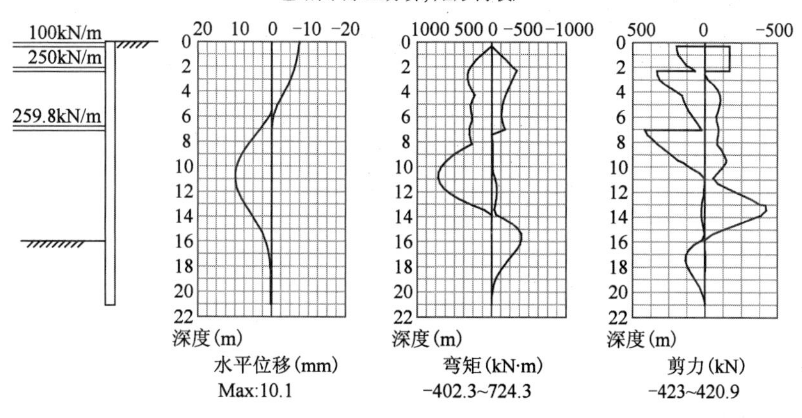

图 12　加固方案计算结果

(3)加固方案实施情况

2012 年 12 月 6 日方案进行专家评审,12 月 16 日安装第一道支撑,同时进行增设锚索的施工。2013 年 1 月进行分段土方开挖,分段浇筑地下结构。实施后围护墙顶部变形增加量控制在 5mm 内。实践表明,本加固方案是成功的。

5　结语

(1)锚杆或锚索的预应力锁定值的确定必须依据试验的 P-S 曲线来确定,不能以设计的理论值来确定。

(2)锚杆或锚索的预应力锁定值宜为设计值的 0.3～0.6 倍,绝对不能采用承载力极限值。

(3)考虑到施工便利,免于逐一进行张拉确定其锁定值,可以选取 3～6 根进行拉拔试验,记录其 P-S 曲线,然后按承载力最小值,按其值的 0.5 倍来确定锁定荷载,由此作为全部锚索锁定值。

(4)施工单位在锁定时一旦遇到拔出情况,必须报告设计单位已采取加强措施,不得隐瞒,否则将导致严重的安全后果。

参考文献

[1]　中铁五局(集团)有限公司.西宁火车站综合改造项目——下穿隧道基坑局部设计调整总体方案[R].2012.

[2]　中国工程建设标准化协会标准.CECS 22—2005　岩土锚杆(索)技术规程[S].北京:中国计划出版社,2005.

[3]　中华人民共和国国家标准.GB 50330—2013　建筑边坡工程技术规范[S].北京:中国建筑工业出版社,2013.

[4]　罗强,朱国平,王德龙,等.岩土锚固新技术的工程应用[M].北京:人民交通出版社,2014.

四、施工机具与工程材料

YGL-130Q 型全液压锚固工程钻机的研制与应用

关　彪　王占丑　王德龙　刘朝阳　郭伊乐

（无锡金帆钻凿设备股份有限公司）

摘　要　根据市场调研情况，在公司现有产品的基础上，为了进一步提高液压工程钻机的钻进效率和工作稳定性，设计研发了 YGL-130Q 型全液压工程钻机。通过钻机在实际工程中的应用，充分地展示了钻机工作的可靠性及稳定性，以及工作的高效性。

关键词　液压工程钻机　钻进效率　工作稳定性

近年来，随着国家经济的稳步发展，我国的工程建设也蓬勃兴起，大小工程施工在国内已属常见。随之而来的，就是对工程机械的需求也越来越多。同样地，随着我国加大对基础设施工程的投入建设，锚固技术得以迅速发展，对于锚固工程钻机的要求和性能也越来越高。

无锡金帆钻凿设备股份有限公司根据市场调研情况，在公司现有产品 YGL-100A 型钻机的基础上，最新设计研发出了 YGL-130Q 型钻机。该钻机工作扭矩大，输出转速范围宽，并通过在实际工程中的应用，证明了该钻机具有工作稳定可靠、钻进效率高的特点。

1　钻机概述

1.1　钻机特点

YGL-130Q 型全液压工程钻机为履带底盘装载、全液压驱动、动力头式钻机，是适用于多角度多方位钻进的钻孔设备。钻机适用多种钻进工艺方法：无循环液螺旋钻进（干钻），空气潜孔锤（气动冲击器）钻进，泥浆正循环钻进，空气潜孔锤跟管钻进，单动双管钻进。对各类地层和复杂工况有较大的适应性，可有效解决在松散覆盖地层、卵砾石层、基岩破碎地层中钻进时成孔困难的问题，拥有十分广泛的用途。

钻机主要适用于水电站工程、铁路、公路边坡等岩土工程中的大吨位预应力锚固孔或排水孔施工，城市深基坑支护及地基加固工程孔的施工，以及地源热泵孔施工；也适用于预防滑坡、岩石坍塌灾害治理工程；并兼顾满足隧道管棚支护孔、灌浆加固孔、小型基桩孔、水文水井的勘察施工等。

1.2　钻机整体结构

钻机整体结构如图 1 所示。

钻机整体采用模块化结构设计，主要分成平台总成、动力总成、变幅机构、桅杆总成、操纵架总成 5 大模块，每个大模块又可分为其他小模块，逐层分类，结构清晰，使得钻机在维修保养时，容易更换损坏的零部件。同时，得益于钻机的模块化设计，钻机动力部分既可使用电动力，也可使用柴动力，两种动力形式更换十分方便、快捷。

钻机调速范围宽，既可使用人工手动调速，也可使用动力头马达的合流和分流调速，动力头输出范围 21～158r/min，可根据实际钻进情况调整，灵活方便。

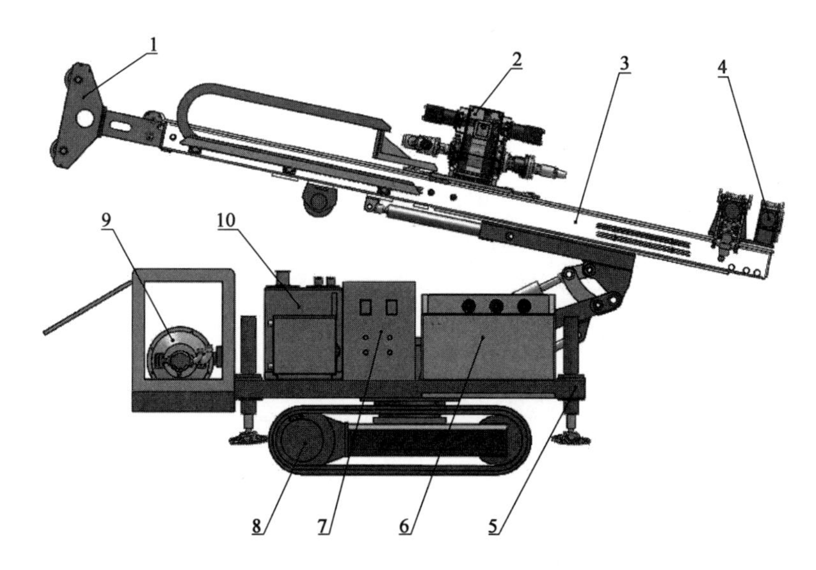

图1　YLG-130Q 型钻机整体结构

1-天车；2-动力头；3-桅杆；4-孔口装置；5-平台；6-操纵台；7-电控柜；8-履带；9-动力部分；10-液压油箱

1.3　主要技术参数

YGL-130Q 与 YGL-100A 型钻机各参数对比，如下表1所示。

YGL-130Q 与 YGL-100A 型钻机参数对比　　表1

参　　数	YGL-130Q 型	YGL-100A 型
钻孔深度(m)	130	100
钻孔直径(mm)	130～250	130～250
钻孔倾角(°)	－90～20	－90～15
动力头输出转速(r/min)	21/42,48/97,35/70,79/158	37/74,84/168
最大输出扭矩(N·m)	7500	6000
动力头给进行程(mm)	3500	2800
给进力(kN)	40	40
提拔力(kN)	55	55
钻机功率(kW)	55	37
液压绞车提升力(kN)	11	11
钻机质量(t)	5.5	7.5

通过表1中的各项参数对比，我们可以很直观地看到：

(1)YGL-130Q 型全液压工程钻机输出转速范围更大。YGL-100A 型钻机只4个挡位，YGL-130Q 型全液压工程钻机有8个挡位，这使得在钻进施工过程中，可根据实际的现场情况，调整转速，达到快速钻进。

(2)YGL-130Q 型全液压工程钻机速出扭矩更大。YGL-100A 型钻机输出扭矩最大 6000N·m，而 YGL-130Q 型全液压工程钻机的输出扭矩最大可达 7500N·m，可以使钻机的钻进能力得到很好的发挥。

(3)YGL-130Q 型全液压工程钻机动力头给进行程更大。YGL-100A 型钻机动力头行程为2.8m，而 YGL-130Q 型全液压工程钻机动力头行程为3.5m，这使得后者可以使用3m钻杆,增加钻进效率。

1.4 液压系统工作原理

YGL-130Q型全液压工程钻机液压系统中设有过载阀,最大调定压力为18MPa。在动力头给进起拨油路中,串接一个单向节流阀,控制动力头单向移动速度。系统设有多路换向阀、压力表、调压阀、框架等。多路换向阀有三个,一为主回路操纵阀,一为辅油路操纵阀,一为履带行走操纵阀。主操纵阀控制动力头马达回转、桅杆角度以及动力头给进、提升。分流油路操纵阀控制辅助动作和主辅油路双泵合流。两回路之间通过合流,增大主回路流量,减少辅助时间,提高施工效率。

2 钻机实际施工中的使用情况

2.1 湖北宜昌市基坑支护工程

本工程基坑设计开挖深度为6.50~11.95m,开挖面积约为9900m^2,周长约406m。工程地质条件一般,基坑开挖深度范围内周边土层为:(1)层杂填土、(2)层粉质黏土、(3)层粉土、(4)层卵石等。基坑底部坐落在粉质黏土和粉土层上。设计综合比选后采用的支护系统为:采用"放坡卸载+钻孔灌注桩+预应力锚索+挂网喷混凝土+止水帷幕"的支护方式。本机主要是打预应力锚索孔。本次施工,使用ϕ150×2m螺旋钻杆,终孔深度30~60m,平均每根钻杆用时6~15min。

现场施工情况如图2所示。

图2 YGL-130Q型全液压工程钻机施工图

2.2 青阳县基坑支护工程

本工程基坑设计开挖深度为6.40~7.70m,开挖面积为14168.7m^2,周长为499.0m。工程地质条件一般,基坑开挖深度范围内周边土层为:(1)层杂填土、(2)层粉质黏土、(3)层中砂、(4)层圆砾等。基坑底部坐落在(2)层粉质黏土和(3)层中砂上。本设计综合比选后采用的支护系统为:采用"放坡卸载+钻孔灌注桩+预应力锚索+挂网喷混凝土"的支护方式。本机主要是打预应力锚索孔。本次施工,使用ϕ168×2m钻杆,钻进深度20~60m,平均每根钻杆用时6~18min。

2.3 YGL-130Q 型全液压工程钻机施工总结

通过一系列的现场施工，YGL-130Q 型全液压工程钻机的工作能力得到了广大客户的肯定和认可，认为 YGL-130Q 型全液压工程钻机钻进速度快，施工效率高，工作稳定可靠，特别是输出转速有很大的可调性，这给施工带来了很大的方便。

同时，在施工中也发现了一些不足，比如钻机的整体稳定性不强，在施工中有时晃动会比较大；钻机油管布置有些不合理，看起来有些散乱；钻机某些部位漏油等。通过总结这些优缺点，使我们肯定了 YGL-130Q 型全液压工程钻机的市场价值，也为我们将来更好地完善这款钻机提供了很好的方向。

3 结语

随着钻井施工对设备的便捷性、高效性及工作能力等要求的提高，YGL-130Q 型全液压工程钻机以其输出扭矩大、调速范围宽、工作效率高及工作稳定性强的特点得到了客户的认可。并且整机设计结构紧凑、合理，提高了钻机操作的方便性。

参考文献

[1] 成大先.机械设计手册[M].北京:化学工业出版社,2007.

[2] 张海平.液压速度控制技术[M].北京:机械工业出版社,2014.

[3] 王益群,高殿荣.液压工程师技术手册[M].北京:化学工业出版社,2009.

[4] 郭少什.钻探手册[M].武汉:中国地质大学出版社,1993.

[5] 冯德强.钻机设计[M].武汉:中国地质大学出版社,1993.

YGL-C150 型冲击回转钻机在五强溪等水电站围堰灌浆工程中的应用

罗　强[1]　熊吉良[2]　王占丑[1]　王德龙[1]　张克永[1]

（1. 无锡金帆钻凿设备股份有限公司　2. 湖南省城乡建设勘测院）

摘　要　水利水电工程建设中，土石围堰的灌浆防渗施工是必不可少的。而其复杂的地层条件，使得灌浆导引孔的成孔有一定的难度，再加之工期、质量要求较高，如何选择合适的钻孔设备及其配套机具变得非常重要。本文介绍了 YGL-C150 冲击回转钻机在几个水电站围堰灌浆工程中的应用情况。

关键词　全液压冲击回转钻机　围堰灌浆导引孔　双管钻进

1　概述

1.1　围堰及围堰灌浆工艺简介

围堰是指在水利工程建设中，为建造永久性水利设施而修建的临时性围护结构。其作用是防止水和土进入建筑物的修建位置，以便在围堰内排水、开挖基坑、修建建筑物等。这就要求围堰结构上要稳定、防渗、抗冲且具有一定的强度。围堰大部分为临时性的挡水建筑物，一般在工程施工完后拆除。

围堰大部分为土石结构，多含块石，内部空隙大、结构松散、透水性很强。故此围堰在修建后需要进行防渗施工，即按照一定的排布进行造孔、灌浆（多采用高压旋喷灌浆和双液静压控制性灌浆）以达到防渗、加固的目的。

围堰灌浆施工的工艺流程为：场地平整压实→孔位测量放样→钻机就位→造孔（金刚石钻进，套管跟进）→测量孔深、孔偏斜率、孔径→下薄壁性脆的护壁 PVC 工作管→起拔套管→浆液搅拌→灌浆→封孔→质量检查。

1.2　围堰灌浆导引孔在施工中的重要作用

围堰灌浆防渗施工必须先钻一合格的灌浆导引孔。而导引孔的钻孔速度、成孔率、钻孔直径的大小直接影响到后续 PVC 灌浆护管能否顺利下入、护壁套管的起拔、灌浆后的防渗效果以及整体的施工进度。

围堰填筑土一般由山体开挖取料，多含岩层碎石块石、成分复杂、不均匀性、未经碾压结构松散等特点，另水电站多修建于河流的中上游，河床多堆积深厚层漂石、块石夹砂砾石层，在这些复杂地层造孔且工期极短，怎样保证孔壁稳定和提高单位时间内造孔进尺是保证围堰能否按期闭气的关键。

2 围堰灌浆导引孔的施工难度

2.1 地层因素

围堰堰体及堰基地层条件复杂，上部往往存在块石架空结构，下部既有松散的砂砾石层、漂砾石层，又有密实的粉细砂层。在这样的地层钻孔施工，容易出现各种问题，比如钻进比较困难，甚至还会出现一些塌孔的问题，大的孤石、块石是在钻井过程中经常容易遇到的，这样就给孔斜的控制增加了较大的难度。故此对设备、机具及钻孔工艺有着极高的要求。

2.2 成孔速度

围堰施工的季节性很强，灌浆防渗处理的施工时间十分紧张，这就要求钻机钻孔的速度、护壁套管的起拔要快、效率要高。这直接影响到工程的施工周期。

2.3 成孔成本

由于钻孔难度较大，常规金刚石回转钻进成孔速度慢，成孔效率低，必然会增加钻孔的造价。采用新的工法，选择先进的钻孔设备及机具，以提高成孔速度及成孔质量，避免钻孔事故，降低整体运行成本显得尤为重要。

2.4 现有常规施工方法的不足

在围堰灌浆防渗钻孔施工中，地质钻机金刚石回转钻进、气动潜孔锤冲击跟管钻进是过去较常规的施工方式。

地质钻机回转钻进钻孔速度慢、效率低，成孔安全性低，一般较难满足施工进度的要求。气动潜孔锤冲击跟管钻进钻孔速度较高，但需要配套专用的大型空压机联合工作，耗材很大，整体运行成本较高；另外跟管钻进地层适应性差，较厚的土层及淤泥层不适合潜孔锤跟管钻进。

3 YGL-C150 型全液压冲击回转工程钻机的主要技术参数及特点

YGL-C150 型全液压履带式工程钻机为履带底盘装载、全液压驱动、冲击、回转动力头式钻机，是适用于多角度多方位钻进的钻孔设备，适用于以下工艺方法：

(1)顶部冲击回转钻进：单管、双管。

(2)无循环液螺旋钻进(干钻)。

(3)泥浆正循环钻进。

通过更换普通动力头可以实现：

(1)气动潜孔锤钻进。

(2)气动潜孔锤跟管钻进。

YGL-C150 型全液压履带式工程钻机在钻孔施工时，外套管和内钻杆同时装有复合片硬质合金钻头，在顶驱液压冲击作用下，外套管和内钻杆同步破碎岩土层，避免了气动潜孔锤跟管钻进方法偏心钻头埋钻卡钻事故发生，且具有巨大的冲击力，可以有效破碎岩石，成孔速度快，且外层套管保护孔壁，故它对各类地层和复杂工况有较大的适应性，可有效解决在松散覆盖地层、卵砾石层、基岩破碎地层中钻进时成孔困难的问题，拥有十分广泛的用途。

3.1 主要技术参数

YGL-C150 型全液压钻机主要技术参数见表 1。

YGL-C150 型全液压钻机主要技术参数 表 1

全液压履带式工程钻机		YGL-C150	
总质量	kg	8000	
长×宽×高(运输状态)	mm	6750×2200×2650	
名义钻孔深度	m	150	
钻孔直径	mm	110～250	
钻孔倾角	°	−10～90	
水平钻孔范围	mm	600～2050～3050	
顶部冲击式回转头		输出转速(r/min)	输出扭矩
一般回转	低速挡	32	9400
	高速挡	64	4700
回转加速	低速挡	60	
	高速挡	120	
冲击功	N·m	400	
冲击频率	min^{-1}	1800	
动力头给进			
行程	mm	3500	
给进力	kN	45	
提拔力	kN	65	
桅杆			
滑移行程	mm	850	
桅杆摆动角度	°	−20～(右)90 或 −90～20	
动力机		6BTA5.9-C125	
功率	kW	125	
转速	r/min	2300	
履带底盘		PD135	
履带板宽度	mm	400	
接地比压	MPa	＜0.05	
平台回角度	°	(左)−90～30	
爬坡能力	°	＜20	

3.2 钻机主要特点

(1)钻进岩石、卵砾石和土夹石地层时,不需要空压机,无粉尘污染。

(2)特有的套管钻进工艺,可在复杂地层成孔钻进和钻孔取样。

(3)钻孔施工范围大,可实现多角度、多方位钻孔。

(4)钻机配置钻杆拧卸机构,机械化拧卸钻杆,降低了劳动强度。

(5)钻机动力头采用液压冲击动力头可以与普通动力头进行互换;拓宽了适用范围。

(6)适用多种钻进工艺方法,能有效解决在松散覆盖地层、卵砾石层、破碎地层以及淤泥和砂层中钻进时的成孔困难问题。

4　YGL-C150 工程钻机在工程中的应用

4.1　新疆阿尔塔什水利枢纽围堰灌浆导引孔的施工

（1）工程概况

阿尔塔什水利枢纽是塔里木河主要源流之一的叶尔羌河流域内最大的控制性山区水库工程，位于喀什地区莎车县霍什排甫乡和克孜勒苏柯尔克孜自治州阿克陶县的库斯拉甫乡交界处。此工程采用纵向围堰，围堰顶高程 1616.0m、顶宽为 6m，迎、背水面坡比分别为 1∶2、1∶1.5。河床段围堰填筑至 1612.5m 作为防渗施工平台，可控灌浆孔最大深度 36m，陆地段根据实际地形现场确定施工平台。

（2）地层情况

围堰陆地段地质条件如下：①层，全新统崩坡积碎石土、含土碎块石，厚度 5～10m；②层，中更新统洪坡积含土碎块石，泥质弱胶结至半胶结，厚度 15～25m，强透水层；③层，泥质砂岩夹砂质泥岩，厚层～互层状。

围堰河滩（河道）段地质条件为地表多出露全新统冲积漂卵砾石层，结构密实，厚度 10～15m，属强透水层，局部地表分布洪坡积土碎块石；下部为中更新统冲积漂卵砾石层，微弱胶结，结构密实，局部具有架空结构，渗透系数 $K=5.0\text{cm/s}$，为强透水层，厚度大于 30m。

（3）导引孔的施工

钻孔孔径为 ϕ146mm，孔距为 0.8m、1.0m。孔口高程约为 1612.5m，孔底高程 1580.5m，孔深约为 32m 或入基岩 1.0m。

使用 YGL-C150 钻机及配套的钻具进行双管冲击回转造孔，钻具配套为：内钻杆（mm）——$\phi76\times2000$，外套管（mm）——$\phi146\times2000$，内杆钻头（mm）——ϕ95mm，外管钻头（mm）——ϕ146mm。使用 $25\text{m}^3/\text{h}$ 污水泵增压排渣。

根据已完成的施工情况，2016 年 03 月 25 日～2016 年 05 月 15 日，纵围堰段防渗墙施工，其中可控灌浆钻孔进尺 4310m，高喷灌浆钻孔进尺 4870m。施工时间 50d，高喷造孔（孔深 18m）施工强度 90～200m/d，可控性灌浆钻孔（孔深 36m）造孔施工强度 75～120m/d。由于卵砾石层结构密实，硬度高，初期施工进尺不快，通过调整套管钻头结构，改用柱齿形合金，钻进效率明显提高。施工效率由每天 70～90m 提高到每天 120m 左右，浅孔最高达 200m/d，确保了工期。该工程施工现场如图 1 所示。

4.2　湖南五强溪水电站围堰灌浆孔的施工

（1）工程概况

五强溪枢纽下游引航道改造工程为沅水浦市至常德航道建设工程的一部分，工程区域位于沅水中下游，沅陵县东北部的五强溪镇。此工程土石围堰包络范围为下游原导航墙部分位置及引航道改造工程新建导流屏。上下游横向围堰及右侧围堰外戗堤堤顶高程为 54.0m，顶宽 5m，内外坡比均为 1∶1.5；内戗堤堤顶高程为 50.0m，顶宽 5m，内外坡比为 1∶1.5；堤身顶宽 22.5m，内侧坡比为 1∶2.5；堤身与戗堤之间的反滤层厚 50cm。子围堰顶面高程 55.0m，顶宽 2m，迎水面、背水面坡比均为 1∶1.5。纵向左侧围堰堤顶高程 55.0m，顶宽 5m，迎水面、背水面坡比均为 1∶1.5。右侧围堰戗堤顶宽主要考虑子堰及堰身黏土填筑，堤身及内戗堤顶宽主要考虑大堤交通的需要。

（2）地层情况

围堰填筑主要材料包括：块石料及石渣（卵石）料、黏土料。上部填筑部分材料以强风化砂质板岩和中风化砂岩、砂质板岩块石为主，下部为河床的块石，施工区域基岩岩石较破碎，节理裂隙发育，底部可能存在大量渗水。

图1　阿尔塔什水利工程施工情况

(3)导引孔的施工

围堰填筑至54.0m作为旋喷桩和帷幕灌浆施工平台，帷幕灌浆孔深穿过基岩面并伸入中风化板岩8～10m，沿帷幕灌浆轴线布置单排孔，孔间距1.0m。旋喷桩孔深下界穿过基岩面并伸入强风化板岩50cm，沿旋喷轴线布置单排孔，孔间距1.0m。

此工地导引孔采用YGL-C150钻机施工。钻具配套为：内钻杆(mm)——ϕ76×2000，外套管(mm)——ϕ146×2000，内杆钻头(mm)——ϕ95mm，外管钻头(mm)——ϕ146mm。

成孔个数约1300个，钻孔口径为146mm，钻孔深度8～22m，入岩1m，总钻孔工作量约18000m。施工效率平均每天280m，最高一天可达320m。

4.3　杭州第二水源千岛湖配水工程围堰灌浆导引孔的施工

(1)工程概况

千岛湖配水工程施工Ⅲ标渌渚江倒虹吸管位于富阳市渌渚镇窑门滩村附近，线路通过处河谷宽度约800m，河底高程约1.2m，两岸均为滩地，地面高程一般为9～12m。两岸山坡坡度平缓，左岸山体距离渌渚江约160m，右岸山体距离渌渚江约600m。

倒虹吸管地段地下水位埋深较浅，倒虹吸地段上下游进行高喷防渗墙施工，高喷防渗墙两端向山体延伸至地下水位以上，墙体渗透系数要求不大于5×10^{-5}cm/s，有效墙厚不小于0.8m。由于填筑导流围堰的渣料中大块体较多，为确保防渗效果，导流围堰的高喷灌浆采用旋喷法施工，其他施工段采用摆喷法施工，单排布置，孔距0.8m，入岩深度至基岩面以下0.5m。高喷灌浆浆液使用水泥浆，水泥采用42.5级普通硅酸盐水泥，为避免孔与孔之间串浆影响灌浆效果，该段高喷灌浆采用三序孔施工，布孔如图2所示。

(2)地层情况

地质条件上部填土是黏土夹基岩块石，块石厚度2～4m，下部为黏土层、卵砾石层，入强风化砂岩1.0m。

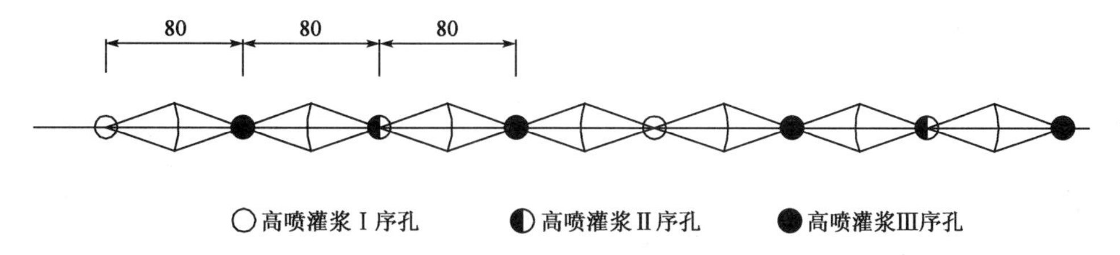

图2　高喷结构布置图(尺寸单位:cm)

(3)导引孔的施工

施工前期高喷钻孔采用地质钻机成孔,共上了10台地质钻机,成孔速度慢,设备占用场地,不便高喷设备的施工移动操作,后改用YGL-C150履带式钻机冲击跟管钻进,效率是全部10台地质钻机总和的两倍。钻具配套为:内钻杆(mm)——$\phi76\times2000$,外套管(mm)——$\phi146\times2000$,内杆钻头(mm)——ϕ95mm,外管钻头(mm)——ϕ146mm。

工艺流程为:孔位放样后,钻机就位,开孔孔位与设计孔位的偏差不大于5cm。跟管钻进至设计孔深。钻孔完成后需进行孔斜和孔深测量,检测孔深达到设计要求、孔底偏斜率≤1.5%以后方可终孔,否则进行纠偏或加深。钻孔验收完成后下入薄壁性脆的护壁PVC管,接头套接后用封口胶带密封。钻机拔出套管并保护好孔口,防止异物掉入孔内。因喷射装置的影响不能下入PVC管的钻孔,可采用分段拔管喷射的方法施工。钻孔次序与喷浆次序一致。相邻两个次序孔的钻孔、喷浆间隔时间不少于24h。

此工地,钻孔个数大约600个孔,孔深12～14m,总钻孔工程约8000m,孔径146mm,平均每天300m,最高330m。

5　结语

随着地基基础工程技术的快速发展,各种新工艺方法也在围堰灌浆工程施工中得以广泛采用,对提高灌浆工程施工质量和效率起到了积极的推动作用。YGL-C150多功能钻机为新工艺方法的应用提供了更多技术手段,对钻机功能的扩展设计,更能体现出钻机的一机多用途,对降低投资成本和工程施工中钻进工艺方法的快速转换提供了较为便利的方法手段。

参考文献

[1]　武汉地质学院,等.钻探工艺学[M].北京:地质出版社,1980.
[2]　程良奎,刘启琛.岩土锚固工程技术的应用与发展[M].北京:万国学术出版社,2009.
[3]　杨晓东,等.地基基础工程与锚固注浆技术[M].北京:中国水利水电出版社,1996.
[4]　罗强,等.岩土锚固新技术的工程应用[M].北京:人民交通出版社,2014.

玻璃纤维筋锚具的研制

张恺玲[1]　张福明[2]　盛宏光[2]　吴祥云[2]　郑全平[2]

（1. 北京航空航天大学　2. 总参工程兵科研三所）

摘　要　采用环氧树脂材料为主研制了三种玻璃纤维（GFRP)筋锚杆夹片式锚具，对玻璃纤维（GFRP）筋和锚具的荷载与变形特征进行了试验研究，分析探讨了所研制的锚具和玻璃纤维（GFRP)筋的性能。试验结果显示，研制的锚具符合规范和研制要求，说明该玻璃纤维（GFRP)筋锚杆锚具方案合理、性能稳定、制作方便，并且耐盐和酸的腐蚀，能够获得玻璃纤维（GFRP)筋锚杆预期的锚固性能。

关键词　玻璃纤维筋　锚杆　锚具　研制

1　引言

GFRP 筋具有轻质、高强、耐腐蚀、抗疲劳、耐久性好、多功能、适用面广、可设计和易加工成多种形式等优点，在重要的锚固工程中，它可以满足对新型锚固材料提出的要求。该技术研究开发成功，极大地推动锚固技术的进步，因而具有非常广阔的发展应用前景。虽然国内外对 FRP 筋锚具进行了研制，如日本开发的基于 HEM 技术(高性能膨胀材料)的 CFRP 筋锚具，其内部压力可以达到 50MPa 以上[1]；三菱公司的单孔碳筋夹片式锚具和东京制钢公司的单根碳绞线灌浆式锚具[2]。欧洲 EMPA 实验室采用了 HiAm 锚具设计概念研制的 BBR 锚具[3]。已通过美国后张委员会(PTI)对锚具试验要求的(HPC)锚具[4-5]等。我国柳州欧威姆公司研制的挤压套管[6-7]碳纤维预应力筋锚固装置。湖南大学研制的单根纤维增强塑料筋夹片式锚具[8]和多根纤维增强塑料筋拉索的夹片式锚具[9-11]。但现有 FRP 筋锚具：①锚具的可靠性差；②锚具的通用性差，FRP 筋的种类很多，现有的 FRP 筋锚具不能很好地满足 GFRP 筋；③锚具的制作工艺较复杂、造价也较高；④制作锚具的主要材料以钢和铝材为主，并且，对锚具的腐蚀性研究未见报道，将直接影响锚杆的整体寿命。

2　玻璃纤维筋锚具的研制要求

由于玻璃纤维(GFRP)筋抗剪强度较低，不能将其直接夹持在材料拉伸试验机上，应采取有效措施寻求稳定可靠的锚固方法避免应力集中，保证充分发挥预应力筋材的强度，因此，锚具必须具有可靠的锚固性能、足够的承载能力、良好的适用性和对海洋工程的适应性，并安全地实现预应力作业。锚具研制要求如下：

(1)研制与选定的 GFRP 筋材相应的锚具，使杆材能够发挥其最大的抗拉强度。

(2)锚具的锚固性能应同时满足以下两项要求：

$$\eta_{\alpha} \geqslant 95\%$$

$$\varepsilon_{apu} \geqslant 2.0\%$$

式中：ε_{apu}——预应力筋达到实测极限拉力时的总应变；

η_α——预应力锚具组装件静载试验测得的锚具效率系数，按下列公式计算：

$$\eta_\alpha = \frac{F_{apu}}{\eta_p \times F_{pm}}$$

式中：F_{apu}——锚具组装件的实测极限拉力；

η_p——预应力筋的效率系数；

F_{pm}——锚具组装件中预应力筋的计算极限拉力。

(3)当锚具组装件达到实测极限拉力(F_{apu})时，预应力筋应断裂，而锚具不应破坏。预应力筋拉应力未超过 $0.8f_{ptk}$(f_{ptk}预应力筋的抗拉强度标准值)时，锚具主要受力部件应在弹性阶段工作，脆性部件不得断裂。试验后锚具部件会有残余变形，但应能确认锚具的可靠性。

(4)GFRP 筋的破坏应发生在自由段内，而不是锚具内的 GFRP 筋发生断裂。

(5)当放松张拉力时，锚具只能发生很小且可以估算的位移，这样才能减小 GRFP 筋的预应力损失。

(6)锚具所有部件必须在酸和盐性环境中(及海洋工程环境)不发生腐蚀或强度降低。

3 锚具材料的选择

3.1 锚杆杆体材料的选择

试验研究用材料为直径 22mm 的玻璃纤维增强塑料(GFRP)筋，此种纤维筋材目前在国内生产工艺最成熟，性能稳定，有成套的生产设备，并且可按设计要求生产成各种形状，价格也最低，外形为全螺纹，强度参数见表 1。

全螺纹玻璃纤维筋物理力学性能 表 1

序号	名称	单位	参数
1	玻璃纤维筋直径	mm	22
2	抗拉强度	MPa	900
3	杆体扭矩	N·m	90
4	剪切强度	MPa	140
5	杆尾螺纹、螺母承载力	kN	90
6	杆体承载面积	mm^2	240.4
7	质量	kg/m	0.683

3.2 锚具材料的选择

GFRP 筋横向抗剪强度较低，尤其是在应力集中处易发生由部分纤维丝断裂导致的 GFRP 筋的整体断裂，所以采用一般的预应力钢绞线夹片式锚具不能满足锚固要求。如果能够避免 GFRP 筋在试验中产生应力集中，就能够使得试验顺利进行。研究试验中发现，若夹片足够长，并且强度和硬度与 GFRP 筋相当，使得锚具对 GFRP 筋间的摩擦力和咬合力产生均匀的表面剪力，则可以充分发挥 GFRP 筋的抗拉性能，使得 GFRP 筋在中间部位断裂。同时，为了使研制的锚具与锚杆的整体寿命相同，在分析研究国内外已有的锚具基础上，选择了 16 种配比材料进行了 3d、7d、14d 和 28d 抗压强度测试。养护条件为自然养护，根据试验结果和 GFRP 筋锚具的要求，选定适合制作 GFRP 筋锚具锚环和夹片的材料见表 2。

制作锚具的材料配比和用途　　表 2

名　称	材料组成	配　比	用途
环氧树脂 1 型	环氧树脂：聚酰胺树脂：丙酮：固化剂：石英砂	1：0.5：0.1：1：1.5	锚环
环氧树脂 2 型	环氧树脂：聚酰胺树脂：丙酮：固化剂：石英砂：纤维	1：0.5：0.1：1：1.5：0.35	夹片
高渗透环氧 3 型	高渗透环氧：软化固化剂：纤维	1：0.13：0.3	夹片
高渗透环氧 4 型	高渗透环氧：软化固化剂	1：0.13	锚环
改性环氧 1 型	改性环氧：固化剂：纤维	1：0.1：0.3	夹片
改性环氧 2 型	改性环氧：固化剂	1：0.1	锚环

以上材料的共同特点是，7d 早期强度高，后期 28d 强度都能达到 70MPa 以上，并且不会发生脆性破坏，比较适合 GFRP 筋材锚具的要求。并且，以上材料在①水，②水和盐为 100：15 组合，③水和盐为 100：30 组合，④水、盐和酸为 100：15：15 的组合，⑤水和酸为 100：15 组合，⑥水和酸为 100：30 的组合腐蚀液中腐蚀 126d 后，重量随腐蚀时间的增长未发生变化，抗压强度随腐蚀时间的增长而呈线性增加。因此，此种材料用作制作锚具夹片是比较合理的，可以满足海洋锚固工程环境的要求。

4　试验方法

本次试验利用穿心千斤顶和电动油泵对 GFRP 筋和锚具进行加载。试验中的实际荷载分 11 级，每级间隔 2MPa。用千分表测量 GFRP 筋的变形、锚具组件以及锚具与 GFRP 筋之间的相对滑移。

5　玻璃纤维锚杆锚具的试验研制

5.1　玻璃纤维锚杆锚具的制作

锚具的制作主要分为椎体加工、夹片制作和锚环制作三个部分。椎体的具体尺寸如图 1、图 2 所示，材料为石膏。夹片的制作见图 3。锚环的制作见图 4。制作好的锚具见图 5。

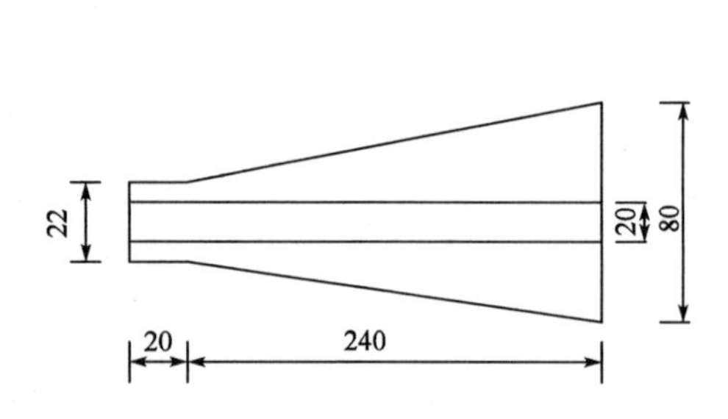

图 1　26cm 高锚具椎体设计剖面图(尺寸单位：mm)

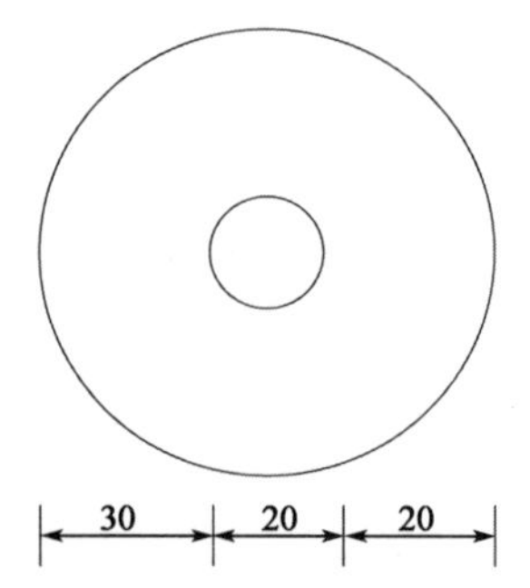

图 2　26cm 高锚具椎体设计正面图(尺寸单位：mm)

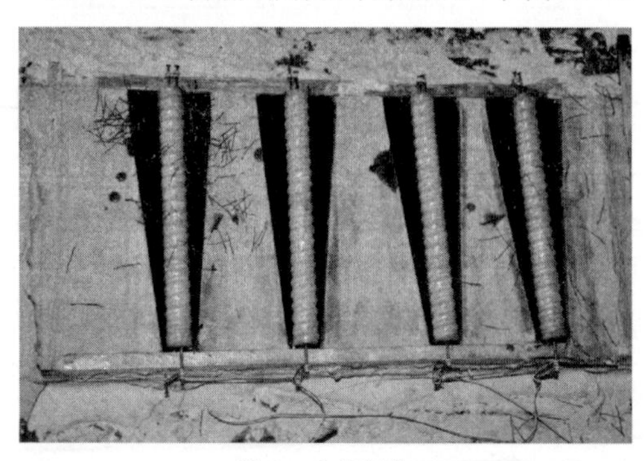

图 3　夹片制作

图 4　锚环制作

5.2 环氧树脂1型和环氧树脂2型材料制作的锚具试验结果

本次试验的最大荷载为273.82kN，GFRP筋在中部被拉断，破坏形式为脆性破坏，且无明显破坏征兆。试验结束后锚环和夹片无变化。图6为此次试验中GFRP筋的拉力—变形曲线，从图可以看出，GFRP筋应力—应变关系基本成直线，线型有波动，主要是测量误差和GFRP筋材在张拉过程中内部玻璃纤维丝变形不一致所致，在张拉过程中，可听到噼噼啪啪的响声。表明了GFRP筋为一线弹性材料，且抗拉强度较大。此次试验的极限抗拉强度为1139MPa。试验用的GFRP筋材受拉段长度 L_0 为654mm，根据量测数据可以求得试验中GFRP筋弹性模量 E 为 4.6×10^4 MPa，锚具效率系数 η_α 为95%，总应变 ε_{apu} 为2.14%。满足规范和锚具研制要求。

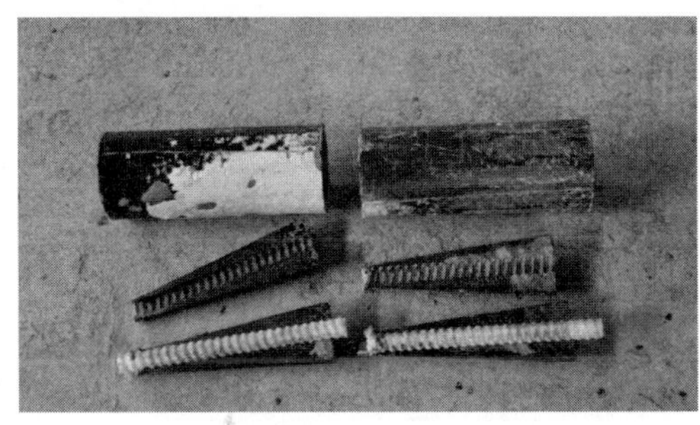

图5 制作好的锚环和夹片

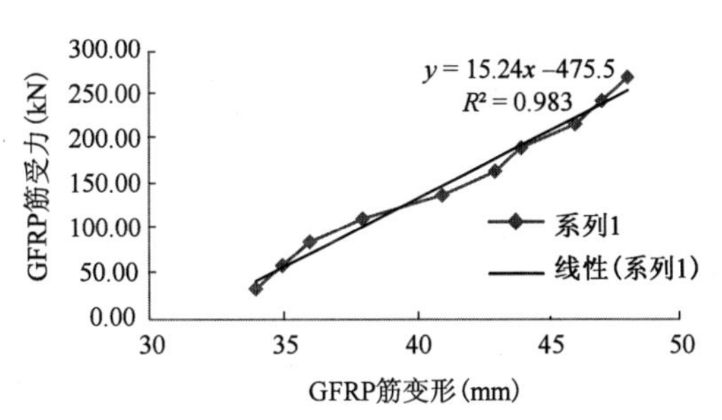

图6 锚具试验中GFRP筋受力与变形关系

5.3 高渗透环氧3型和高渗透环氧4型材料制作的锚具试验结果

本次试验的最大荷载为274.2.18kN，GFRP筋在中部被拉断，破坏形式为弹性破坏，且无明显破坏征兆。试验后锚环和夹片无变化。图7为此次试验的拉力—变形曲线，从图可以看出，GFRP筋应力—应变关系基本成直线。此次试验的极限抗拉强度为1140.6MPa，根据量测数据可以求得试验中GFRP筋弹性模量 E 为 4.4×10^4 MPa，锚具效率系数 η_α 为95.1%，总应变 ε_{apu} 为2.13%。满足规范和锚具研制要求。

5.4 改性环氧1型和改性环氧2型材料制作的锚具试验结果和破坏状态

试验过程和结果见图8。本次试验的最大荷载为284.34kN，GFRP筋在中部被拉断，破坏形式为弹性破坏，且无明显破坏征兆。图9为此次试验的拉力—变形曲线，从图可以看出，GFRP筋应力—应变关系基本成直线，表明了GFRP筋为一线弹性材料，此次试验的极限抗拉强度为1182.78MPa，根据量测数据可以求得试验中GFRP筋弹性模量 E 为 4.3×10^4 MPa，锚具效率系数 η_α 为98.6%，总应变 ε_{apu} 为2.3%。满足规范和锚具研制要求。

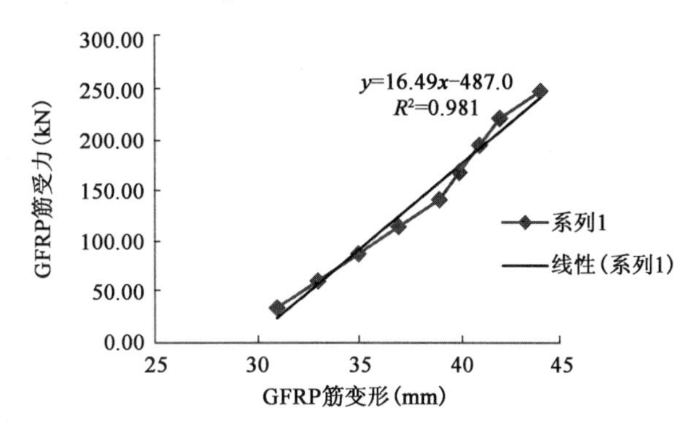

图7 锚具试验中GFRP筋受力与变形关系

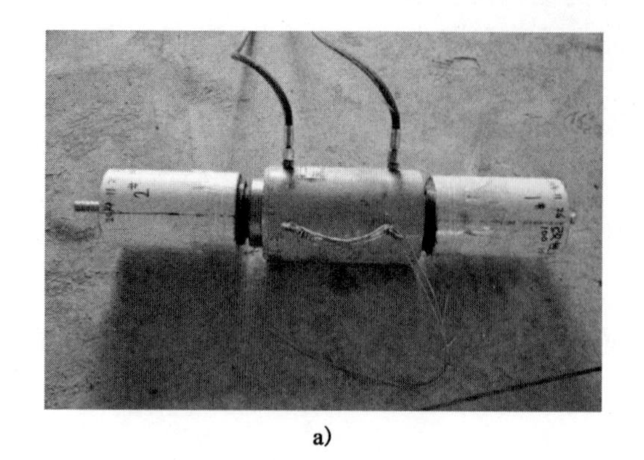

a)

b)

图 8　锚具试验过程和结果

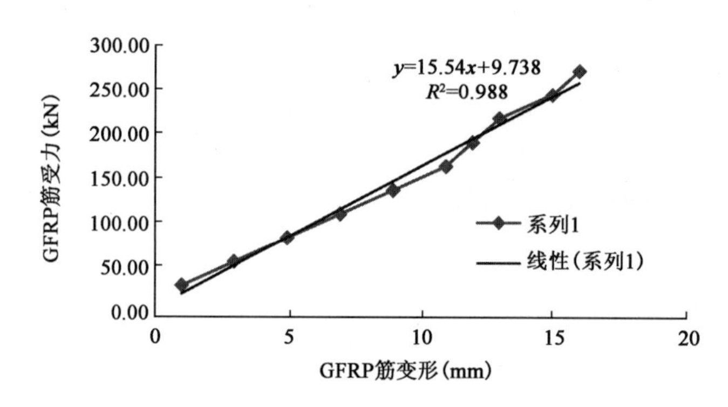

图 9　锚具试验中 GFRP 筋受力与变形关系

5　结语

(1)综上所述,环氧树脂 1 型材料、环氧树脂 2 型材料、高渗透环氧 3 型材料、高渗透环氧 4 型材料、改进型环氧 1 型、改进型环氧 2 型材料,是制作 GFRP 筋材锚具的理想材料。研制的锚具能够充分发挥 GFRP 筋的抗拉性能。可以满足海洋锚固工程环境的要求。

(2)研制的三种锚具平均效率系数为 96.2%,总应变为 2.2%,满足规范要求。并且可按照杆材的形状在现场进行制作,操作简单易行, 成本低廉。

(3)本次试验所测得的 GFRP 筋材的平均值为:极限抗拉强度 1154MPa,弹性模量 4.4×10^4MPa。由于玻璃纤维(GFRP)筋无屈服点,当其用在锚固结构时,建议取其极限抗拉强度的 75%作为设计值。

(4)玻璃纤维(GFRP)筋在强度、质量、耐久性方面与钢筋相比有明显优势,但由于其破坏形式为脆性破坏,弹性模量较低,易切割,为此,在使用中应扬长避短。在限制锚杆伸出建筑红线的区域使用此筋是较好的选择。

参考文献

[1]　L. C. HOLLAWAY, et al. Advanced polymer composites and polymers in the civil infrastructure[M]. Elsevier, 2001.

[2]　Khin. M. Harada. The anchor mechanism for FRP tendons using highly expansive materials for anchoring advanced composite materials in bridges and structures[C].

CSCE,1995:959-964.

[3] 日本东京制钢株式会社. CFCC 产品介绍[DB/OL]. http://www.tokyorope.co.jp.

[4] M. M. Reda, N. G. Shrive. Microstruvtural investigation of innovative UHPC[J]. Cement and Concrete Research,1999,29.

[5] M. M. Reda, N. G. Shrive. Microstruvtural investigation of innovative UHPC[J]. Cement and Concrete Research,1999,29.

[6] Reda,M. M. ,Shrive,N. G. , Gillott,J. E. ,Micorstructural investigations of ultra high performance concretes[J]. Accepted for Publication in Cement and Concrete Research, 1999,29.

[7] Shaheen. E. Developments toward a non-metallic (UHPC) anchorage for on site post-tensioning with CFRP tendons[C]. CD Proceedings of the International Conference on Performance of Construction Materials(CPCM). Reda, Taha, Lissel and EI-Dieb Eds. ,Cairo, Egypt.

[8] 朱万旭,黄颖,周红梅,等.一种碳纤维预应力筋锚具的试验研究[C].第二届全国土木工程用纤维增强复合材料应用技术学术交流会论文集,2002.

[9] 柳州欧威姆公司.一种碳纤维预应力筋锚固装置:ZL02252685.4[P].国家知识产权局专利公告,2003.

[10] 湖南大学.一种用于纤维增强塑料拉索夹片式锚具:LZ200620051817.2[P].国家知识产权局专利公告,2007.

[11] 湖南大学.一种用于多根纤维增强塑料筋或拉索的夹片式锚具:LZ 200710035183.0[P].国家知识产权局专利公告,2007.

GFRP 筋锚杆耐盐酸腐蚀性研究

张福明[1]　张恺玲[2]　郑全平[1]　张　勇[1]　吴祥云[1]

(1. 总参工程兵科研三所　2. 北京航空航天大学)

摘　要　采用 GFRP 筋材和环氧树脂材料研制了一种在海洋环境中使用的锚杆，把研制的锚杆锚具、杆材(GFRP 筋材)和环氧树脂锚固剂放在五种模拟海洋环境的腐蚀液中进行了最长达 126 天的腐蚀，分析探讨了 GFRP 筋材、锚具和环氧树脂锚固剂腐蚀前后的力学性能变化。试验结果显示，各组材料腐蚀前后的力学性能比较一致，说明该锚杆的各个部件和整套方案合理、性能稳定，能够满足海洋环境的使用条件。

关键词　锚杆　GFRP 筋　海洋环境　腐蚀试验

1　引言

海洋是一种复杂的天然平衡体系，海水中盐分总量大约在 3%，主要含 Cl^-、Na^{2+}、SO_4^{2-} 离子，这些离子对混凝土结构有很强的腐蚀作用。目前据不完全调查，我国沿海在 20 世纪 50 年代～70 年代修建的工程，有近 40% 出现了不同程度的渗漏、顺筋开裂、剥落、开裂、锚杆锈蚀等，使得这些结构的承载能力下降，不得不耗费大量资金进行加固改造甚至废弃[1-2]。海水对混凝土的主要腐蚀作用有冻害、Cl^- 侵蚀、碳化作用、镁盐侵蚀、硫酸盐侵蚀、碱—骨料反应、钢筋锈蚀膨胀、结晶类腐蚀、分解类腐蚀和结晶分解复合类腐蚀。对钢筋的主要腐蚀作用有 Cl^- 和 SO_4^{2-} 腐蚀、破坏金属钝化膜、阳极去极化作用和导电作用[3-5]。由于现在海洋工程中使用的锚杆主要是由钢筋、水泥砂浆和混凝土组成，因此，其同样受到腐蚀破坏。由于锚杆是由杆体材料、锚固剂和锚头组成，传统的防腐蚀工艺复杂[6]，而且造价高，通过腐蚀试验证明，由于 FRP 材料[7-9]和化学锚固剂有耐腐蚀、强度高和自重轻等特性，因此，采用 GFRP 筋来替代钢筋杆体、用耐腐蚀的化学材料制作锚头和替代水泥制品研制的锚杆，不仅能够满足海洋工程建设中锚固结构的强度要求，而且能够抗海水的腐蚀，将大幅度提高锚固工程的使用寿命，全面改观海洋工程中锚固技术的应用现状 。

2　腐蚀液的配制

海水中富含的 Cl^-、Na^{2+}、Mg^{2+}、SO_4^{2-} 离子对混凝土结构有很强的腐蚀作用。为了模拟海水，腐蚀液选择了盐、酸和水三种介质进行配制而成，其中，盐为工业盐，酸为 99% 的工业硫酸，水为饮用水。由于时间的关系，在试验中配制了比海水中主要离子浓度高 5 倍和 10 倍的腐蚀液，腐蚀液按重量配比见表 1。

腐 蚀 液 配 比　　表 1

序号	水∶盐∶硫酸	pH 值	序号	水∶盐∶硫酸	pH 值
1	100∶0∶0	7.2	3	100∶30∶0	9.86
2	100∶15∶0	9.34	4	100∶15∶15	0.57

续上表

序号	水∶盐∶硫酸	pH值	序号	水∶盐∶硫酸	pH值
5	100∶0∶15	0.55	6	100∶0∶30	0.19

3 锚杆材料选择

锚杆是由锚头(及锚具)、杆体材料和锚固剂组成的,因此,锚杆材料各个部件材料如果不发生腐蚀,即可认为此种锚杆是耐腐蚀的,此次试验的锚杆材料选择如下:

3.1 锚杆杆体材料的选择

经过对多个厂家的调研,根据玻璃纤维增强塑料(GFRP)、碳纤维增强塑料(CFRP)、芳纶纤维增强塑料(AFRP)、玄武岩纤维(BFRP)四种纤维增强材料目前应用的广泛性、价格、性能的稳定性、配套设备的成熟性,结合海洋工程的实际情况,最终选定试验研究用材料为直径22mm的玻璃纤维增强塑料(GFRP)筋,此种纤维筋材目前在国内生产工艺最成熟,性能稳定,有成套的生产设备,并且可按设计要求生产成各种形状,价格也最低。外形为全螺纹,锚具材料为玻璃纤维,强度参数见表2。与现在锚固工程领域常用的直径为22mm的螺纹钢筋相比,两者每米价格虽然相近,但GFRP筋材强度是钢筋的2~3倍,重量却是同直径钢筋的0.22倍,因此在岩土锚固工程领域的推广价值巨大。

全螺纹玻璃纤维筋物理力学性能 表2

序 号	名 称	单 位	参 数
1	玻璃纤维筋直径	mm	22
2	抗拉强度	MPa	900
3	杆体扭矩	N·m	90
4	剪切强度	MPa	140
5	杆尾螺纹、螺母承载力	kN	90
6	杆体承载面积	mm^2	240.4
7	质量	kg/m	0.683

3.2 锚杆锚固剂的选择

由于海洋工程的腐蚀性,锚杆的锚固剂不能再使用水泥制品,经调研分析,选用的锚固剂是中科院广州化灌工程有限公司生产的改性环氧材料,具有耐腐蚀、高强度、可灌性好和操作简单的特点。其主要技术指标见表3。

改性环氧材料强度指标 表3

抗压强度(MPa)	抗折强度(MPa)	劈裂抗拉强度(MPa)	黏结强度(MPa)
57.4	21.8	10.1	5.6

3.3 锚具材料的选择

GFRP筋横向抗剪强度较低,尤其是在应力集中处易发生由部分纤维丝断裂,所以采用一般的预应力钢绞线夹片式锚具不能满足锚固要求,特别是在端部,由于应力集中产生破坏,因此,如果能够避免GFRP筋在试验中产生应力集中,就能够使得试验顺利进行[10]。课题组在试验中发现,若夹片足够长,并且强度和硬度与GFRP筋相当,使得锚具对GFRP筋间的摩擦力和咬合力产生均匀的表面剪力,则可以使得GFRP筋在中间部位断裂,从而获得GFRP筋抗拉强度和弹性模量等一些力学性能指标。同时，为了使研制的锚具与锚杆的整体寿命相同，在分析研究国内外已有的锚具基础上，选择了16种配比材料进行了3d、7d、14d和28d抗压强度测试。养护条件为自然养护。根据以上试验结果和GFRP筋锚具的特点，选定适合制作GFRP筋锚具锚环和夹片的材料见表4。

以上材料的共同特点是，7d早期强度高，后期28d强度都能达到70MPa以上，并且不会发生脆性破坏，比较适合GFRP筋材锚具的要求。

制作锚具的材料配比和用途 表4

名　称	材料组成	配　比	用　途
环氧树脂1型	环氧树脂：聚酰胺树脂：丙酮：固化剂：石英砂	1：0.5：0.1：1：1.5	锚环
环氧树脂2型	环氧树脂：聚酰胺树脂：丙酮：固化剂：石英砂：钢纤维	1：0.5：0.1：1：1.5：0.35	夹片
高渗透环氧3型	高渗透环氧：软化固化剂：钢纤维	1：0.13：0.3	夹片
高渗透环氧4型	高渗透环氧：软化固化剂	1：0.13	锚环
改性环氧1型	改性环氧：固化剂：钢纤维	1：0.1：0.3	夹片
改性环氧2型	改性环氧：固化剂	1：0.1	锚环

4　锚杆材料腐蚀前后的变化规律

4.1　环氧树脂1型材料

不论在哪一种腐蚀液中，环氧树脂1型材料的重量随腐蚀时间的增长而未发生变化。抗压强度随腐蚀时间的增长而呈线性增加，见图1。因此，此种材料用作制作锚环是比较合理的。

4.2　环氧树脂2型材料

不论在哪一种腐蚀液中，环氧树脂2型材料重量随腐蚀时间的增长未发生变化。抗压强度随腐蚀时间的增长而呈线性增加，见图2。因此，此种材料用作制作锚具夹片是比较合理的。

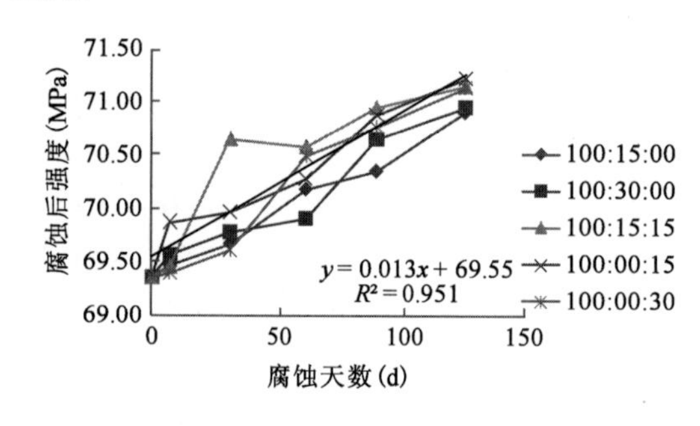

图1　环氧树脂1型材料抗压强度随腐蚀时间的变化

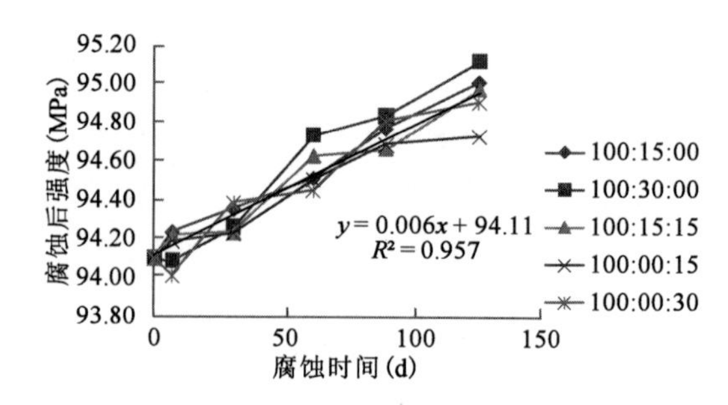

图2　环氧树脂2型材料抗压强度随腐蚀时间的变化

4.3　高渗透环氧3型材料

不论在哪一种腐蚀液中，高渗透环氧3型材料重量随腐蚀时间的增长而未发生变化。抗压强度的变化较大，全部是随腐蚀时间的增长而增大，见图3。因此，此种材料用作制作锚具夹片是比较合理的。

4.4　高渗透环氧4型材料

不论在哪一种腐蚀液中，高渗透环氧4型材料重量随腐蚀时间的增长未发生变化。抗压强度的变化较大，全部是随腐蚀时间的增长而增大，见图4。因此，用此种材料制作锚环是比较合理的。

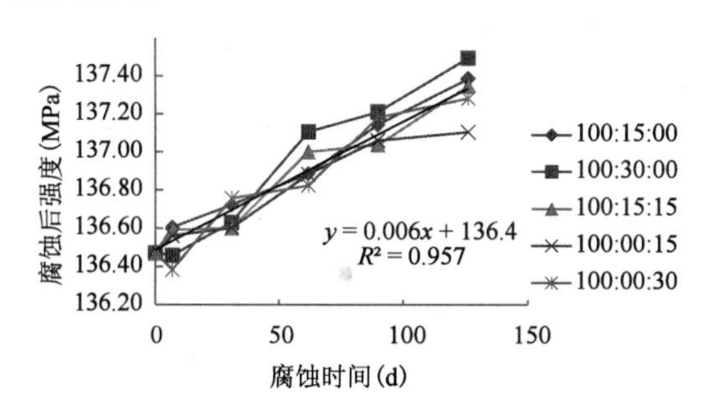

图 3　高渗透环氧 3 型材料抗压强度随腐蚀时间的变化

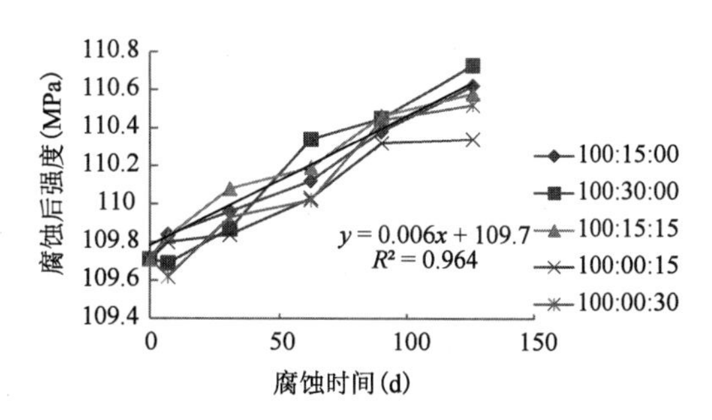

图 4　高渗透环氧 4 型材料抗压强度随腐蚀时间的变化

4.5　改进型环氧 1 型材料

不论在哪一种腐蚀液中，改进型环氧 1 型材料重量随腐蚀时间的增长而未发生变化。抗压强度的变化较大，全部是随腐蚀时间的增长而增大，见图 5。因此，此种材料用作制作锚具夹片是比较合理的。

4.6　改进型环氧 2 型材料

不论在哪一种腐蚀液中，改进型环氧 2 型材料重量随腐蚀时间的增长而未发生变化。抗压强度的变化较大，全部是随腐蚀时间的增长而有较大的增大，见图 6。因此，此种材料用作制作锚环和锚固剂材料是比较合理的。

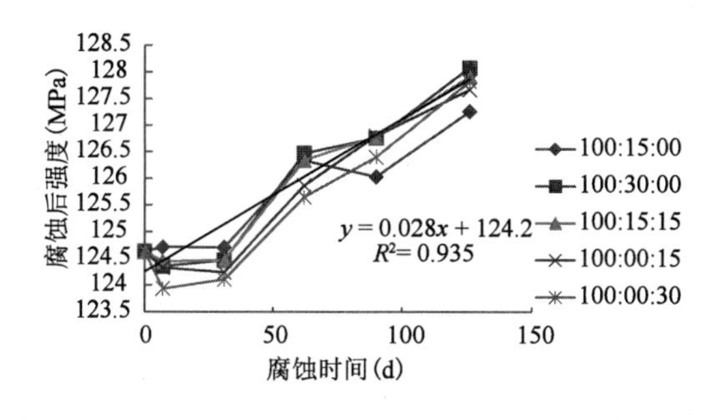

图 5　改性环氧 1 型材料抗压强度随腐蚀时间的变化

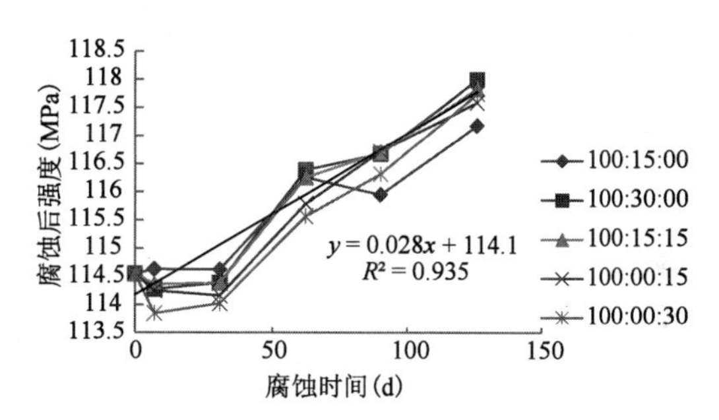

图 6　改性环氧 2 型材料抗压强度随腐蚀时间的变化

4.7　GFRP 筋材

ϕ22 GFRP 筋材腐蚀前的极限抗拉强度为 1130MPa，弹性模量 4.4×10^4 MPa ，延伸率 2.14%，在各种腐蚀液中腐蚀 150d 后，其抗拉强度、弹性模量和延伸率均基本无变化，破坏形式与腐蚀前一样为脆性破坏。试验结果见表 5。

GFRP 筋腐蚀 150d 后的试验结果　　表 5

序号	腐蚀液配比（水：盐：硫酸）	150d 后的极限抗拉强度（MPa）	150d 后的极限弹性模量（MPa）	150d 后 GFRP 筋延伸率（%）
1	水	1139.00	4.48×10^4	2.14
2	100：30：00	1102.51	4.33×10^4	2.12
3	100：15：15	1120.76	4.41×10^4	2.29
4	100：00：30	1138.09	4.37×10^4	2.11

4.8　锚具

用环氧树脂 1 型和环氧树脂 2 型制作的夹片式锚具分别在 100：0：30 的酸性腐蚀液中浸泡了 7d、14d 和 28d 后，锚具的效率系数分别为 0.95%、0.97%和 0.96%，总应变分别为

2.13%、2.14%和 2.25%，其锚固性能满足规范要求。全部试验后，锚具无变化。

5 结语

综上所述，环氧树脂 1 型材料、环氧树脂 2 型材料、高渗透环氧 4 型材料、高渗透环氧 3 型材料、改进型环氧 2 型材料、改进型环氧 1 型、ϕ22 GFRP 筋以上七种材料的抗酸和盐性能好，是制作锚具、用于锚固剂和锚杆杆体的理想材料，可以满足海洋锚固工程环境的要求。

(1)GFRP 杆材具有强度高、耐腐蚀等优良特性，将其代替钢筋用作生产和制作锚杆的材料具有广阔的应用前景。直径为 22mm 的 GFRP 筋的极限抗拉强度为 1154MPa，建议其标准抗拉强度取 865 MPa，弹性模量为 4.4×10^4MPa，延伸率为 2.14%。

(2)适合海洋环境的锚具材料六种，见表 4。

(3)适合海洋环境的与 22mm 的 GFRP 筋相配套的锚具为夹片式锚具。

(4)适合海洋环境的锚固剂为改性环氧 2 型材料。

参考文献

[1] 洪定海，潘德强. 华南海港钢筋混凝土码头锈蚀调查报告[J]. 水运工程，1982(2).

[2] 冯乃谦，蔡军旺，牛全林，等. 山东沿海钢筋混凝土公路桥的劣化破坏及其对策的研究[J]. 混凝土，2003(1)：3-6，12.

[3] 封孝信，冯乃谦，张树和，等. 沿海公路桥梁破坏的原因分析及防止对策[J]. 公路，2002(1)：31-34.

[4] 张松，李周波. 海岛砼结构腐蚀机理及防腐蚀措施[J]. 现代涂料与涂装，2005，03，40-42.

[5] 马保国，彭观良，陈友治，等. 海洋环境对钢筋混凝土结构的侵蚀[J]. 河南建材，2001(1)：27-30.

[6] 张小冬，周庆，陈烈. 钢筋阻锈剂的应用发展概况[J]. 施工技术，2004(6)：52-53.

[7] 张新越，欧进萍. FRP 筋酸碱盐介质腐蚀与冻融耐久性试验研究[J]. 武汉理工大学学报，2007，29(1)：33-36.

[8] 张新越，欧进萍，王勃，等. 不同种类 GFRP 筋的力学性能试验比较[J]. 玻璃钢/复合材料，2005(2)：9.

[9] 张志春. 结构新型热固性 FRP 复合筋及其性能[D]. 哈尔滨：哈尔滨工业大学，2008.

[10] 湖南大学. 一种用于纤维增强塑料拉索夹片式锚具：LZ200620051817.2[P]. 国家知识产权局专利公告，2007.

主筋可拆除式锚杆

陆振华[1]　厉瑞祥[2]　李坚卿[3]

(1. 浙江耀华建设集团有限公司　2. 浙江浙峰岩土工程有限公司
3. 杭州坤博岩土工程科技有限公司)

摘　要　随着我国城市化进程的不断发展，城市中基坑数量急剧上升，在基坑围护工程中，常规锚杆结构由于无法回收而造成严重的环境破坏，同时锚杆侵犯临近地下工程产权的案例也时有发生。常规锚杆的应用将逐步受到限制，而可拆除式锚杆的出现将解决这一问题，在支护工程完成后将锚杆主筋(钢绞线)从锚固地层中拆除回收。本文基于该理念，提出"主筋可拆除式锚杆"技术，在传统钢绞线锚固方法中，将高强度的钢绞线主筋回收后，残余的水泥浆体性质与土层中的碎石相类似，故主筋可拆除式锚杆对环境造成的影响较小。工程实例表明，该技术方法简单可行，操作方便，具有较高的经济价值和环境效益。

关键词　基坑支护　锚杆　主筋可拆除

锚杆作为基坑支护工程中的一种重要措施，现在已被广泛应用。锚杆在基坑围护工程结束后，由于在基坑外土体中的残留问题，对基坑周围环境的影响越发严重，为日后地下工程的施工埋下隐患；同时，锚杆中的钢材弃于地下，造成巨大的浪费[1-4]。

锚杆使用后的残留物主要由钢绞线组成的主筋与水泥浆体两部分组成，其中主筋具有较高的回收经济价值，同时主筋物理力学性质好，整体回收难度小，而水泥浆体的回收则不具备经济效益，且其土层中含有的块石与碎石性质类似，在主筋回收后往往破碎成块，对基坑周围环境影响较小，故不予考虑。因此本文基于主筋可拆除的设计理念，提出了"主筋可拆除式锚杆"。通过多年的工程验证，证实其在技术上的可靠性，具有相当的拆除效率和经济回报价值。

1　主筋可拆除式锚杆的结构组成

1.1　可拆除式锚杆主筋的构造

可拆除式锚杆主筋的构造，以其适应不同施工工艺要求进行分类，可以分为用于普通砂浆锚杆和用于高压旋喷锚杆的主筋两大类，还有用于浆囊袋注浆锚杆的单索主筋。根据锚固体受力状态，承受压力的锚固体又可以分为压力集中型和压力分散型；为适应不同锚固地层地质条件，还可以分为单索承载头和双索承载头的压力分散型锚杆主筋。

由于主筋的内锚头是一个内锚头单独对应一根钢绞线，因此可以根据荷载、施工工艺及地质条件要求，灵活地组装成一索到多索的主筋。对于压力集中型构造，最多可以组装成 6 索主筋；对于压力分散型构造，则可以组装成更多索数的主筋。

由于锚杆主筋需要拆除，钢绞线不能与水泥体粘结，所以可拆除锚杆基本是压力型的。而压力型锚杆又分为压力分散型锚索与压力集中型锚杆两种形式。

(1)压力分散型：图 1 为双索承载头压力分散型锚杆主筋构造图，这种构造的主筋主要用于无须通过扩大锚固段直径来满足锚固力要求的锚杆，施工工艺较为简单，对于复杂地层，也可用于套管护壁造孔下锚的锚杆，还可以用于需要套管护壁又要旋喷扩孔的锚杆。这种构造的锚杆主筋也可以组装成单索承载头压力分散型主筋，两种构造的区别在于前者是采用两个内锚头组装成一个承载头，后者则为一个内锚头组装成一个承载头，也可以采用两种构造组合成奇数内锚头的锚杆主筋，两种构造均可以根据抗拔力要求组装成不同索数的主筋。

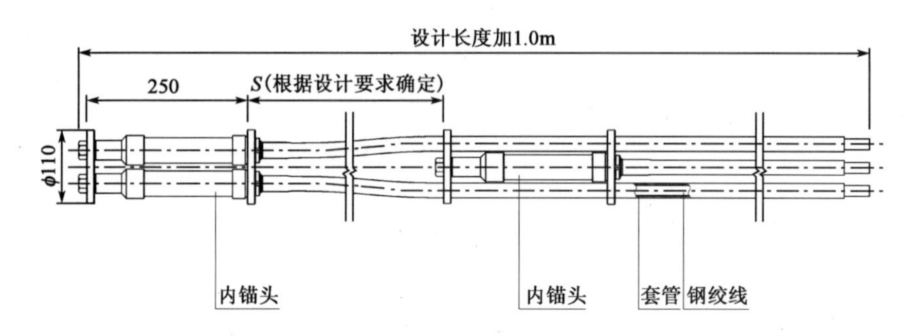

图 1　双索承载头压力分散型锚杆主筋构造图(尺寸单位：mm)

(2)压力集中型锚杆：图 2、图 3 为压力集中型锚杆主筋构造图，这种构造的主筋主要用于高压旋喷施工的锚杆，其特有优势是在锚杆主筋后下入钻孔后，旋喷钻杆可以在主筋中间进行旋喷扩孔施工。其中图 2 为三索压力集中型主筋，图 3 为六索压力集中型，六索压力集中型主筋也可以根据需要组装成二索～六索压力集中型锚杆主筋。

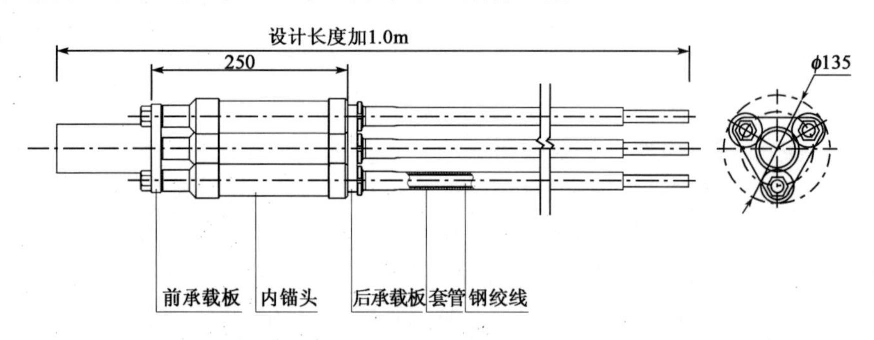

图 2　三索压力集中型锚杆主筋构造图(尺寸单位：mm)

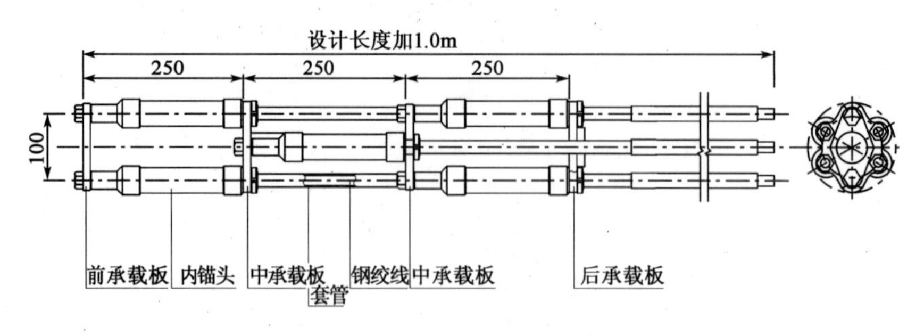

图 3　六索压力集中型锚杆主筋构造图(尺寸单位：mm)

1.2　可拆除式锚杆主筋的规格

表 1 所列 13 种主筋的规格，以其不同的构造形式，适应于不同的锚固地层、不同的施工工艺。由于基坑工程中的地域性特性，其主要适用于杭州地区的基坑工程，而对于其他地域、其

他工程或其他有更高要求的工程，则可以根据具体需要，另行设计加工，组合组装。

可拆除式锚杆主筋的规格 表1

适用范围	规格	钢绞线(索)	最大荷载(kN)	说明
浆囊袋注浆锚杆	NC15-1	1	150	用于软弱地层
	NC15-2	2	300	
一般钻孔下锚施工、套管护壁钻孔施工	FC15-1	1	180	压力分散型锚杆主筋： ①钻孔直径不小于120mm； ②可以在套管护壁造孔后再行下入锚杆主筋
	FC15-2	2	360	
	FC15-3	3	540	
	FC15-4	4	650	
	FC15-5	5	750	
	FC15-6	6	900	
高压旋喷锚杆施工	XC15-2	2	360	压力集中型锚杆主筋： 可用于旋喷扩大后下入锚杆主筋，也可用于下入主筋后再行旋喷扩大
	XC15-3	3	540	
	XC15-4	4	650	
	XC15-5	5	750	
	XC15-6	6	900	

1.3 拆除原理

工程中常见的直径15.24mm的钢绞线，是由7支直径为5mm的钢丝绞合而成的，7支钢丝中，位于钢绞线中心的那支称为“中丝”，另外6支钢丝以中丝为中心缠绕绞合，这6支钢丝称为“边丝”，钢绞线由6支边丝围绕1支中丝缠绕绞合而成。

经典的钢绞线锚固方法中，有一种为挤压套、钢绞线挤压连接，通过挤压套对钢绞线的径向挤压，将钢绞线与挤压套结合成一体，由此结合所能承受的荷载，大于钢绞线自身强度。

图4为拆除原理图。其在挤压套部位，将中丝截断，这样挤压套与钢绞线的结合强度不会变化，只是钢绞线的强度减小了1/7，处于工作状态时只要荷载不大于钢绞线原有强度的6/7就是安全的。

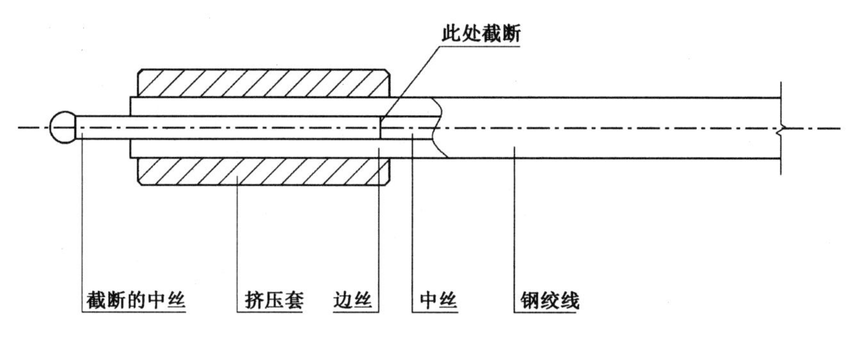

图4 拆除原理图

需要拆除时，先抽除被截断的那根中丝，中丝被抽出后，钢绞线的外径在挤压套的径向压力下被挤压缩小，从而使钢绞线与挤压套的结合失效。此时只要施加不大的拉力就可以解除钢绞线与挤压套的连接。

当预应力筋与挤压套的连接被解除后，只需用人力就可以将钢绞线抽出地面，完成后续的拆除工作。

2 锚杆主筋拆除的施工技术要点

2.1 拆除主筋的必要条件

正常拆除主筋的必要条件见表2。

正常拆除主筋的必要条件 表2

序号	条件要求
1	沿锚杆轴线方向具有1.0m以上的空间，沿锚杆径向具有一人进入操作的空间
2	锚杆抗拔力未被破坏
3	钢绞线外露端长度不小于0.5m，且钢绞线完好

在地下室施工完成、基坑周边土方回填前，可以对预应力锚杆的主筋进行拆除，拆除应经工程管理部门批准，在确保安全的情况下，方可进行。

表2中第一条是拆除施工的操作空间要求，第三条为拆除工具千斤顶使用要求，都比较容易理解。第二条关于"锚杆抗拔力未被破坏"是因为：锚杆的抗拔力被破坏有可能造成内锚头与钢绞线的轴线发生改变，钢绞线在内锚头上被卡死，从而造成无法正常拆除。

对于未能正常拆除的锚杆主筋，可以采用两种措施进行拆除：

(1)整体强制拉出，多数锚杆主筋可承受的荷载大于锚杆的锚固力，因此当整体张拉到锚杆破坏时，可以将锚杆主筋拉出拆除。这样的缺点是效率很低，以长度20m的锚杆为例，一个台班最多只能拆除一根锚杆主筋。

(2)单根强制拉断，由于主筋钢绞线在承载头部位的中丝已被截断，故此处为整个钢绞线的强度的薄弱点，当荷载大到一定程度时承载头部位的钢绞线可以被拉断，从而完成拆除。这样做的缺点是比较危险，且千斤顶的损坏比较严重。

2.2 拆除主筋的施工步骤

拆除主筋的施工步骤见表3。

拆除主筋的施工步骤 表3

序号	施工步骤
1	用单顶液压千斤顶将要拆除的钢绞线拉出30mm左右，卸去夹片
2	用冲击锤将钢绞线冲击推进一定距离，使挤压套上中丝与拆除机构啮合
3	单顶千斤顶拉动钢绞线，将位于挤压套内的中丝拉出挤压套，解除挤压套对钢绞线的径向压力；继续拉动钢绞线，使钢绞线与挤压套分离
4	人力拉出钢绞线

不计辅助时间，在正常情况下，拆除一根长度为20m、主筋为4根钢绞线的锚杆，耗时约30min。

2.3 技术重点

(1)时间节点控制

由于工程整体工期的限制，对于施工时间节点的控制是十分严格的，所以主筋拆除的效率尤为重要。以现有的技术水平，拆除一根长度20m、主筋为四索的锚杆，纯施工时间约30min，而由于拆除施工条件往往十分恶劣，正常情况下，每天只能拆除5～10根锚杆(20～40支钢绞线)。因此拆除主筋的时机就显得十分重要，施工单位有必要及时告知总包单位尽可能提前进行拆除，因为整体工期不会留有拆锚的时间。

(2)施工空间与锚头保护

锚头距地下室外墙的距离应不小于1m,为拆除工作预留施工空间,保证拆除效率。在围护结构定位时需要注意,由于地下室开挖往往造成围护结构具有一定的位移,需要在间距1m之外仍保留充足的预留空间,防止因施工造成的位移影响。

锚头结构的完整性是顺利拆除主筋的必要前提条件,而地下室开挖过程及地下室施工过程都有可能损坏锚头,因此对于施工方的施工质量管理具有较高要求。

(3)施工技术与管理

由于锚杆涉及的土层不同,所用锚杆的施工工艺不一,若工艺不当,施工措施不合理,都有可能在施工过程中对承载头或钢绞线的套管造成损坏,造成拆除困难甚至无法拆除。

由于技术问题造成主筋无法拆除的情况主要有两种:钢绞线套管施工中遭损坏,水泥浆灌入套管内或承载头内造成无法正常拆除;由于锚杆施工质量或其他原因,使得锚杆使用中抗拔力遭破坏,锚杆主筋轴线产生折弯变形,将无法正常拆除。

2.4 杭州某工程锚杆主筋拆除的经济效益

正常情况下,锚杆主筋的拆除回收具有良好的经济效益。这首先要求有一个适当的时间、一个满足拆除施工的空间和拆除施工的操作场地或脚手架等基本要求;拆除施工一般要有3个人配合进行,需要一台高压油泵,一个25t千斤顶及其他辅助工具。

杭州某基坑围护工程中,共计锚杆152根,锚杆长度21m的为68根,长度19m的84根,采用高压旋喷扩大锚固体,钢绞线为4-15.24。

一个三人班组负责拆除,耗时19d,平均每天拆除8根。

152根锚杆共计608根钢绞线,其有29根钢绞线未能正常顺利拆除,正常拆除率为95.2%。

以上述工程锚杆为例,锚杆主筋为4索钢绞线,长度以20m计,钢绞线单位质量1.1kg/m,拆除的钢绞线及锚垫板、锚具可以回收再使用。每根锚杆的钢绞线为1.1×20×4=88kg,以单价3.5元/kg计,回收钢绞线价值308元,由于回收的钢绞线不可能全部再行使用,利用率以75%计,回收钢绞线可利用价值231元,加上锚具及锚垫板30元,合计为261元。以此效益计算,只要每天回收锚杆主筋不少于3根,就能保持收支平衡。实际上,在正常情况下,每班回收5~6根锚杆还是不难达到的。所以只要具备拆除条件,拆除回收效益还是可观的。

3 工程应用

3.1 杭州奥体博览城主体育场区配套及车库项目基坑围护工程

基坑开挖深度12.9~13.6m,局部最大开挖深度为14.9m。围护采用钻孔灌注桩加预应力锚杆措施。锚杆构造为“可回收预应力锚杆”,主筋为4-15.2钢绞线,要求高压旋喷扩孔,锚杆设计长度为19~21m,设计拉力值380~480kN,锚杆施工涉及土层为粉质砂土。

施工图统计锚杆总数为2162根,共计43994延长米,一期施工15000余米。2015年5月开始施工,2015年8月施工完成,并于2016年1月在地下室外墙施工完成后拆除了全部锚杆主筋之钢绞线。

3.2 杭州国际商贸城地下车库基坑支护工程

基坑一般开挖深度为10.1m,基坑支护部分采用钻孔灌注桩加预应力锚杆支护措施。

锚杆构造为“可回收旋喷扩孔预应力锚杆”,要求在锚杆使用完成后,回收锚杆主筋之钢绞线。锚杆设计长度为20m和22m两种,主筋为4-15.2钢绞线。施工图统计预应力锚杆共计

112根、计2296延长米，锚杆施工涉及土层为粉质砂土。

施工于2015年5月进行，当月结束全部锚杆施工。

锚杆采用双索承载头压力分散型主筋，套管护壁造孔。施工程序如下：

(1)146套管造孔到深度15m。

(2)更换高压旋喷钻具，旋喷扩孔到设计深度。

(3)跟入套管到孔底。

(4)下入锚杆主筋、拔除套管。

(5)注入水灰比为0.5∶1的水泥浆。

经业主委托专业检测单位检测6根检测锚杆的抗拔力均大于700kN，全部满足设计要求。2015年12月对锚杆主筋之钢绞线进行拆除，全部拆除了主筋钢绞线。

4 结语

本文提出的“主筋可拆除式锚杆”技术虽然主要针对主筋钢材部分进行回收，但余下的水泥浆体残留物基本丧失整体强度，物理力学性质与土层含有的块石与碎石类似，对周围环境不造成污染，不影响后续地下空间工程开发，同时规避了地下工程空间开发的侵权问题。

为了方便主筋在工程后的拆除工作，采用经典的钢绞线锚固方式，将中丝于挤压套部位截断，在工作时保证正常工作条件和工作强度；需要拆除时，利用挤压套末端预留的夹片固定住中丝截断的一端，同时在锚头处利用千斤顶将中丝从挤压套中抽出，解除挤压套对钢绞线的握裹，从而依次将钢丝抽出。

大量工程实践证明，一般情况下，主筋正常顺利拆除率可达90%以上，具有良好的经济回报和环境效益。主筋的回收既做到了钢材资源的回收再利用，降低工程成本，同时大大降低了锚杆对于周围环境的破坏，在以后的城市基坑围护结构中将会有广阔的应用前景。

参考文献

[1] 程良奎，范景伦. 压力分散型锚杆的应用与研究[J]. 冶金工业部建筑研究总院院刊，2000 (2):1-8.

[2] 张乐文，汪稔. 岩土锚固理论研究之现状[J]. 岩土力学，2002，23(5):627-631.

[3] 顾亮. 压力型锚杆的抗拔试验[J]. 工程勘察，1999 (1):10-12.

[4] 盛宏光，聂德新，傅荣华. 可回收式锚杆试验研究[J]. 地质灾害与环境保护，2003(4):68-72.

五、边坡加固与滑坡治理工程

超大型滑坡防治原则与整治技术

吴志刚　廖小平　林灿阳　高和斌

（中铁西北科学研究院有限公司深圳南方分院）

摘　要　随着我国基础设施建设不断向山区等地质条件复杂区域延伸，经常会遇到超大型复杂滑坡。由于该类滑坡具有隐蔽性强、地质基础差、规模庞大、机理复杂、危害性极高、治理费用昂贵等特点，其治理效果对社会影响重大。本文结合多个超大型滑坡治理工程实践，在分析滑坡机理的基础上，总结提炼出了超大型滑坡的防治原则和整治技术，对类似工程具有较强的参考指导意义。

关键词　超大型滑坡　危害　特征　防治原则　整治技术

1　引言

随着我国经济的快速发展，大量铁路、公路、水电和矿山等基础设施不断向山区延伸，在建设过程中不可避免地人为改变了自然环境和生态平衡，诱发各种地质灾害如滑坡、泥石流、崩塌等。尤其是超大型滑坡（一般体积超过 $500\times10^4\,m^3$），因具有隐蔽性强、地质基础差、规模庞大、机理复杂、危害性极高、治理费用昂贵等特点而备受瞩目。实践中，受认知水平和技术水平影响，成功与不足的实例均有不少，社会影响重大。本文结合多个超大型滑坡治理工程实践，在分析滑坡机理的基础上，总结提炼出了超大型滑坡的防治原则和整治技术。

2　超大型滑坡的危害及其特点

2.1　超大型滑坡的危害

超大型滑坡一般隐蔽性极强，在勘察设计阶段甚至滑坡变形早期阶段，很难被人们全面认识，往往是变形体发展到一定规模才逐渐被人们认清，因而在一定程度上延误了滑坡治理的最佳时机。由于该类滑坡体巨大，破坏性极强，因此在工程界影响力极强。表 1 为超大型滑坡危害实例。

超大型滑坡危害实例　　表 1

序号	滑坡名称	体积（$\times10^4\,m^3$）	发生年份	灾 害 情 况	治理费用（万元）
1	箭丰尾滑坡	600	2010	威胁国道、高速公路及乡镇安全	超 10000
2	海石湾滑坡	600	1995	威胁工业广场主、副井安全	3000
3	八渡滑坡	500	1997	破坏公路、渡口，威胁铁路车站安全	9200
4	张家坪滑坡	900	2001	破坏县乡公路，威胁高速公路安全	3000
5	戒台寺滑坡	700	2004	破坏千年古寺	6400

箭丰尾超大型滑坡为一古滑坡体的大规模复活，滑坡变形体总体积约 600 万 m^3，古老滑坡体积达到或超过 1000 万 m^3，遇 2010 年暴雨后复活，之后变形严重，威胁国道 205 线和高速公路 G25 的安全通行，采用锚索抗滑桩和排水隧洞治理，治理费用超 10000 万元。海石湾上

工业广场选址于一超大型古老滑坡的上级平台上，施工中滑坡滑动，严重威胁深 600m 的主、副井和变电站的安全，治理费用 3000 余万元。八渡滑坡位于南昆铁路黔桂两省交界的南盘江北岸，车站设在老滑坡体上，1997 年南盘江大洪水冲刷造成滑坡复活，采用 113 根抗滑桩和泄水洞治理，花费 9200 万元。张家坪滑坡为一超大型堆积层滑坡，长 1000m，宽 350m，厚 38m，分为三级、三层。改移县乡公路时引起中级浅层滑动，而下方的高速公路还将挖深 20m，可能引起中深层滑动，经分析只对中级中层滑坡进行治理即花费 3000 万元。戒台寺是北京市的著名千年古寺，坐落于北京西山马鞍山麓，山梁长 1200m。由于山坡前缘采煤采空区塌陷，山坡失去支撑，逐级牵引失稳，造成山坡上部的寺庙产生 100 余米的大裂缝，众多建筑物变形，对文物古迹造成了严重危害，仅保寺工程即花费 6400 万元。

通过以上实例可以看出，超大型滑坡危害大，治理费用高，社会影响较大，因此在勘察设计和治理阶段需要引起足够重视。

2.2 超大型滑坡的特征

(1)超大型滑坡一般隐蔽性极强，在滑坡周界裂缝未基本贯通之前，很难被技术人员所察觉。

(2)超大型滑坡一般规模巨大，结构复杂。常常有多条、多级、多层滑面、多个滑动块体及多次滑动的特征，需查明各个条块、级、层及块体之间的相互关系和稳定性。

(3)超大型滑坡成因复杂，类型各异。原因通常为河流冲刷、地震、强降水，甚至是不适当的人类工程活动。同时其地质一般都比较复杂，存在软弱地层、夹层或煤系地层，地下水丰富，需分别勘察与调查分析。

(4)超大型滑坡一般地下水丰富，在暴雨或雨季期间有明显地下水外渗，或在旱季会以“泉眼”形式出露。

(5)超大型滑坡发生后，产生的危害严重，综合治理措施复杂，治理费用昂贵。

3 超大型滑坡的防治原则

3.1 加强现场调查、正确认识滑坡

正确认识滑坡的类型、性质、结构、发生机理、稳定状态和发展趋势是有效防治的基础。大型滑坡常常由多条、多级、多层构成，应分别查明它们的成因和相互关系，才能分而治之。以往的失败多是由于地质工作不足、判断失误造成的。

箭丰尾超大型滑坡在国道改线期间由于当时客观条件的限制并没有正确认识到滑坡的性质，认为只是坡体的局部坍塌，前期的治理过程中没有在坡体的后部设置防治工程，结果导致 2010 年雨季后古滑坡的大面积复活。

3.2 综合比较、预防为主

对超大型滑坡，一般在选线、选厂、选址时应尽量避开，避免施工后超大型古老滑坡复活和新生滑坡产生，这就需要有较详细的工程地质勘察和正确的评价。特别是对不能绕避的超大型滑坡，应预测人类工程活动和自然因素改变后超大型滑坡的稳定性，以便事先采取预防措施，防止超大型滑坡发生。

3.3 一次根治、不留后患

在对超大型滑坡整治工程进行设计时，首先要结合地质勘查资料和滑坡的动态变形数据对超大型滑坡的危害性质有较为充分的认识，要对目前超大型滑坡体所处阶段进行正确判断。治理措施要足够的强大，以防止出现没有考虑到的最不利因素的组合。以前有不少滑坡治理

失败的教训，或对其性质认识不准，或受经济条件限制，经多次治理仍不稳定，滑坡稳定性继续恶化、滑坡的范围逐渐扩大，结果多次治理的费用总和远远大于一次根治的治理费用，而且久治不愈的间接经济损失更大。

3.4　全面规划、分期治理

超大型滑坡因结构复杂，规模巨大，治理费用昂贵，短期内不易查清其全部性质，应做出总体规划，分轻重缓急，先做应急工程防止灾害，再做永久工程，逐步稳定超大型滑坡。第一期工程完工后通过监测，再决定后续工程的实施。

3.5　快速反应、治早治小

滑坡往往是由小型逐渐发展成为大型的，超大型滑坡往往有多级，当前级变形后若不及时治理，很容易牵引扩大其范围，增加治理难度和投资，因此应尽快勘察，尽早治理。

3.6　技术先进、经济合理、有利环保

超大型滑坡治理应多方案精心比选，既要符合超大型滑坡的地质条件，又要技术先进，经济合理，有利于环境保护和方便施工，能够快速稳定超大型滑坡。

3.7　动态信息化设计施工

由于超大型滑坡的复杂性，单凭有限的勘察难以彻底查清滑坡的所有情况，因此结合施工挖基进一步查明超大型滑体结构、滑动面位置和滑动方向等，验证设计参数和滑面位置是否与实际一致，以便根据现场调整设计；施工开挖对超大型滑坡的稳定有影响，必须讲究科学施工，保证施工安全和滑坡稳定，如分段跳槽开挖抗滑桩，坡前反压，同时加强超大型滑坡动态监测预警，控制爆破等。

4　超大型滑坡的整治技术

国内外在治理滑坡时都是综合应用地表和地下排水、减重、反压与支挡等工程措施。对于超大型滑坡，地表和地下排水是优先考虑的措施，它能有效降低地下水位和滑带土孔隙水压力，提高滑带土强度，减小滑坡推力和支挡工程量。表2是常采用的一些治理超大型滑坡的工程措施。

超大型滑坡防治的主要工程措施　　表2

类型	绕避措施	地表排水工程	地下排水工程	应急工程	支挡工程
工程措施	1. 改移线路； 2. 隧道避开滑坡； 3. 用桥跨越滑坡	1. 滑体外截水沟； 2. 滑体内排水沟； 3. 自然沟防渗	1. 截水或支撑盲沟； 2. 排水隧洞； 3. 水平钻孔群排水； 4. 隧洞—孔联合排水； 5. 渗井—孔联合排水	1. 减载工程； 2. 反压工程； 3. 应急排水措施	1. 抗滑桩； 2. 锚索抗滑桩； 3. 锚索框架或地梁； 4. 锚索刚架桩

减重和反压工程是造价低、见效快的工程措施，一般在应急工程中经常采用，有条件时治理工程中总是优先采用。在不具备同时采用的条件时，可分别采用。多数情况下是先通过减重降低滑动速度。减小滑坡推力，而后结合支挡工程共同稳定超大型滑坡。

对于支挡工程，工程界主要采用大截面挖孔钢筋混凝土抗滑桩或钻孔刚架桩，由于它抗滑能力大(每根桩可承担6000～10000kN推力)，设桩位置灵活，对滑体扰动小，故自20世纪60年代开发以来已被广泛应用；在工程实践中，进一步对抗滑桩结构进行改进，在抗滑桩头部施加预应力锚索2～4根形成锚索抗滑桩，变桩的被动受力为主动受力，桩的弯矩、桩截面和埋深大大减小，比普通悬臂桩节省投资30%以上，因而被广泛应用。

5 工程实例

福建某高速公路箭丰尾山体滑坡规模巨大、性质复杂、变形破坏十分严重，采取了系统的和综合的滑坡治理工程措施。根据超大型滑坡治理工程设计的原则，箭丰尾超大型滑坡治理措施分为应急抢险工程和根治工程。其中应急抢险工程包括：减重反压、井点降水及超长平孔排水孔群。根治工程措施包括：减重刷方工程、地表排水工程、地下排水工程和支挡加固工程等。

5.1 减重反压工程

箭丰尾超大型滑坡的减重刷方工程主要挖去滑坡体的上部牵引段和部分主滑段产生下滑力的部分，以减小滑坡体的重量和滑坡推力。受滑坡区前缘的地形控制在G25高速公路左车道依地形进行反压。总计减重土石方约41万m^3，同时为抗滑桩工程做好了施工场地。

通过采取减重反压措施，变形监测反映了箭丰尾超大型滑坡变形速率迅速降低，为施工争取了宝贵时间。

5.2 降水措施

箭丰尾超大型滑坡采用了多种降水措施，包括应急降水、地表排水和地下排水工程。

(1)应急降水措施：采用超长平孔排水孔群和井点降水。勘查阶段坡体地下水位较高，为了稳定坡体、保障后续桩坑和检查井施工安全，在滑坡区前缘文川河岸护坡设置了超长平孔排水孔群，有效地降低了坡体的地下水位，减小了滑坡的滑动速率。

(2)地表排水系统：滑坡区外围截排水天沟、减重刷方坡顶截排水天沟和刷方平台排水沟，将坡体地表水完全引入自然沟排放到坡外。

(3)地下排水隧洞：在滑坡体中上部深层滑动面以下布设两条截排水隧洞，同时在洞内上曲拱采用间距5m，单孔长度5～10m放射性排水孔，截排箭丰尾滑坡场区坡体地下水。为将多层地下水引入排水隧洞，沿洞身方向在检查井之间按5m或10m间距设置垂直钻孔。垂直钻孔中安置外绑土工布的渗管，渗管外围充填渗水材料。

从监测孔水位和排水隧洞出水量监测分析：箭丰尾超大型滑坡的降水措施是非常有效的，保证了施工期间滑坡稳定和施工安全。

5.3 支挡加固工程

箭丰尾超大型滑坡支挡加固工程包括分区分级设置预应力锚索抗滑桩支挡和分块设置预应力锚索框架锚固。

(1)预应力锚索抗滑桩工程：A区和B区各设置两排预应力锚索抗滑桩支挡。

A区：上排锚索抗滑桩布置在距刷方坡脚约40m平台上，布置36根锚索抗滑桩，桩中心间距6.0m，桩截面2.4m×3.6m，每根桩设置2排4孔预应力锚索，单孔设计荷载1500kN。下排锚索抗滑桩分南北两段布置，北段布置29根锚索抗滑桩，桩中心间距6.0m，桩截面3m×4m，每根桩设置3排5孔预应力锚索，单孔设计荷载1000kN；南段共布置21根锚索抗滑桩，桩中心间距6.0m，一种为5孔预应力锚索，每孔有8束锚索，单孔设计荷载1000kN，另一种为3排6孔预应力锚索，每孔有12束锚索，单孔设计荷载1500kN。

B区：上排锚索抗滑桩布置在刷方区下部平台坡脚布置23根锚索抗滑桩，桩中心间距6.0m，桩截面3m×4m，每根桩设置2排4孔预应力锚索，单孔设计荷载1500kN。下排锚索抗滑桩布置在既有国道边坡第一级平台和第二级平台，共29根，桩中心间距6.0m，桩截面均为2m×3m，每根桩设置2排4孔预应力锚索，单孔设计荷载1000kN。

(2)预应力锚索框架

在A区刷方区域左上部第三级边坡设预应力锚索框架加固，共18片，每片框架上设4孔预应力锚索，单孔设计荷载为700kN。在B区刷方区域上半部第三级边坡及第四级边坡上分别布设预应力锚索框架9片和16片，共25片，每片框架上设4孔预应力锚索，单孔设计荷载为700kN。

从支挡加固治理效果看：通过箭丰尾超大型滑坡分级、分区和分块有针对性的支挡加固工程的治理，滑坡未见变形继续发展，取得良好效果。

5.4 绿化防护工程

刷方平台及坡脚大平台设计草灌乔结合植被防护措施，刷方坡面设计草灌结合植被防护，以取得绿化环保效果，与当地环境相协调。

6 结语

超大型滑坡的机理复杂，危害性高，治理技术专业性强，经济效益和社会效益影响重大，本文在滑坡机理分析基础上，总结提炼出一些原则和技术供技术人员参考：

(1)超大型滑坡具有隐蔽性强、地质基础差、规模庞大、机理复杂、危害性极高、治理费用昂贵等特点。

(2)超大型滑坡治理的防治原则为：加强现场调查、正确认识滑坡；综合比较、预防为主；一次根治、不留后患；全面规划、分期治理；快速反应、治早治小；技术先进、经济合理、有利环保；动态信息化设计施工。

(3)超大型滑坡的整治技术：分步实施应急工程和根治工程，应急工程包括减重反压、坡面封闭、表水截排和地下水引排；根治技术主要为合理设置坡形坡率引起的土石方工程、支挡加固工程、排水工程和防护工程等。

参考文献

[1] 福建高速公路建设总指挥部.《福建山区高速公路边坡建造技术研究》研究课题.[R],1977.

[2] 徐邦栋.滑坡分析与防治[M].北京：中国铁道出版社，2001.

[3] 王恭先，徐峻龄，刘光代，等.滑坡学与滑坡防治技术[M].北京：中国铁道出版社，2004.

[4] 郑颖人，陈祖煜，王恭先，等.边坡与滑坡工程治理[M].北京：人民交通出版社，2006.

高垂直边坡预应力锚固结构选型设计与实践

王建军　刘喜林　胡宝山

（上海智平基础工程有限公司）

摘　要　本文重点介绍上海世茂天马深坑酒店高垂直崖壁边坡预应力锚固结构的支护形式。针对复杂地质既有软土层又有坚硬岩层的垂直大型边坡，综合采用了预应力锚索、预应力锚杆、旋喷预应力锚索、普通锚杆、挂网喷射混凝土等多种锚固支护结构。通过对各种锚固形式的综合运用，安全、可靠、经济地完成了复杂大型边坡的设计与施工。

关键词　大型边坡　垂直边坡　高边坡　锚固结构　支护形式

1　前言

作为世界上第一个建在废弃采石坑里的五星级酒店，上海世茂天马深坑酒店可以称得上是全球独一无二的奇特工程，不仅将创造全球人工海拔最低五星级酒店的世界记录，而且其一反向天空发展的建筑理念，遵循自然环境，向地表以下开创建筑空间。

整栋建筑附依垂直崖壁建造，酒店主体下部坐落于坑底基岩，上部与坑顶基岩及部分群房相连。采石坑近似椭圆形，上宽下窄，坡度陡峭，坡角约为80°。采石坑面积约为36800m^2，坑深约70m，长280m，宽220m，高边坡均为人工开挖形成。

2　工程地质

2.1　坡顶覆盖层

（1）填土层：场地内除明浜（塘）地段外均有分布，层底标高－3.28～3.77m，厚度0.60～6.40m。色杂，松散，上部由黏性土夹少量碎石、砖块及木屑等组成，土质不均。

（2）浜填土层：场地内明浜（塘）及暗浜地段分布，层底标高－1.37～2.10m，厚度0.20～2.40m。暗浜地段上部主要由黏性土夹少量碎石、砖块及木屑等组成，底部为灰黑色淤泥，含有机质及腐殖质，土质差。斑点反泥钙质结核，属中等压缩性土。

（3）灰色黏土层（Q_2^4）：属滨海～浅海相沉积，场地内大部分地段分布，层底标高－17.62～－0.19m，厚度0.90～18.10m。湿，软塑，含少量有机质，属高等压缩性土。

（4）暗绿～草黄色黏土层（Q_2^4）：属河口～湖沼相沉积，场地内大部分地段分布，层底标高－26.61～－1.88m，厚度0.70～15.00m。稍湿，硬塑，含铁锰质结核及氧化铁斑点，属中等压缩性土。

（5）灰色黏土层（Q_1^4）：属滨海～沼泽相沉积，场地内局部分布，层底标高－31.85～－26.47m，厚度2.70～6.40m。湿，可塑～软塑，含有机质、少量泥钙质结核及半腐植物根茎，属高等压缩性土。

2.2　岩体

本工程场地内由侏罗系上侏罗统黄尖组天马山地区中偏酸性火成岩组成，岩性较为单一，自上而下可分为全风化安山岩、强风化安山岩、中风化安山岩、微风化安山岩。各风化带特征如下：

(1)全风化安山岩：结构基本破坏，但尚可辨认，有残余结构强度，夹残积土，部分区域与上覆覆盖层相互混杂。

(2)强风化安山岩：含斜长石、角闪石、辉石、黑云母等，结构大部分破坏，风化裂隙很发育，矿物成分显著变化，岩体较破碎，遇水易松散。

(3)中风化安山岩：含斜长石、角闪石、辉石、黑云母等，结构部分破坏，沿节理面有方解石、黄铁矿等次生矿物，风化裂隙发育，岩体被切割成块，破碎部分有色变。

(4)微风化安山岩：含斜长石、角闪石、辉石、黑云母等，局部呈绿色、结构基本未变，可见原生柱状节理，节理面有渲染或略有变色。

3 边坡稳定性评价

为安全、可靠、经济地制订边坡设计、施工方案和为工程施工提供重要的参考资料，利用数值分析手段，对整个边坡及周围土体进行了静力、动力三维有限元计算及总体分析，计算工况见表1。

三维有限元计算工况 表1

序号		工况名称	工况描述
静力分析	1	工况1	天然状态下，深坑在自重、建筑物、地面超载作用下静力稳定性有限元计算
	2	工况2	锚固作用下，深坑在自重、建筑物、地面超载作用下静力稳定性有限元计算
动力分析	1	工况1	天然状态下，深坑在自重、建筑物、地面超载和地震荷载作用下动力稳定性有限元计算
	2	工况2	锚固作用下，深坑在自重、建筑物、地面超载和地震荷载作用下动力稳定性有限元计算

通过对基坑边坡的应力分布分析表明，基坑底部坡脚及结构面处应力集中明显；坡顶在地震荷载作用下水平位移较大，可能导致边坡失稳，陡崖岩体倾覆崩落。

4 边坡锚固结构选型设计

根据边坡稳定性评价的结论，对整个边坡按部位进行了区域化分，按不同的部位和功能，确定锚固支护结构形式，详见表2。

边坡锚固结构选型 表2

边坡部位		锚固支护结构
坑口坡顶覆盖层	建筑区	灌注桩排桩＋三轴搅拌桩止水＋二排旋喷锚索
	非建筑区	自然放坡 挂网喷浆＋普通锚杆
坑口岩体边缘	建筑区	基础梁＋预应力锚索＋挂网喷射混凝土
	非建筑区	自然放坡 挂网喷射混凝土
崖壁岩体边坡	建筑区	预应力系统锚杆、锚索 普通锚杆 挂网喷射混凝土 主动防护网
	非建筑区	自然边坡

续上表

<table>
<tr><th colspan="2">边 坡 部 位</th><th>锚固支护结构</th></tr>
<tr><td rowspan="2">坑底坡脚</td><td>建筑区</td><td>混凝土基础＋预应力锚杆(索)
挂网喷射混凝土</td></tr>
<tr><td>非建筑区</td><td>自然边坡</td></tr>
</table>

4.1 坑口坡顶覆盖层锚固结构形式

坑口坡顶覆盖层属于软土地基，在建筑区域采用排桩＋三轴搅拌桩止水＋预应力旋喷锚索支护形式。非建筑区域采用自然放坡或者挂网喷射混凝土支护形式，见图1。

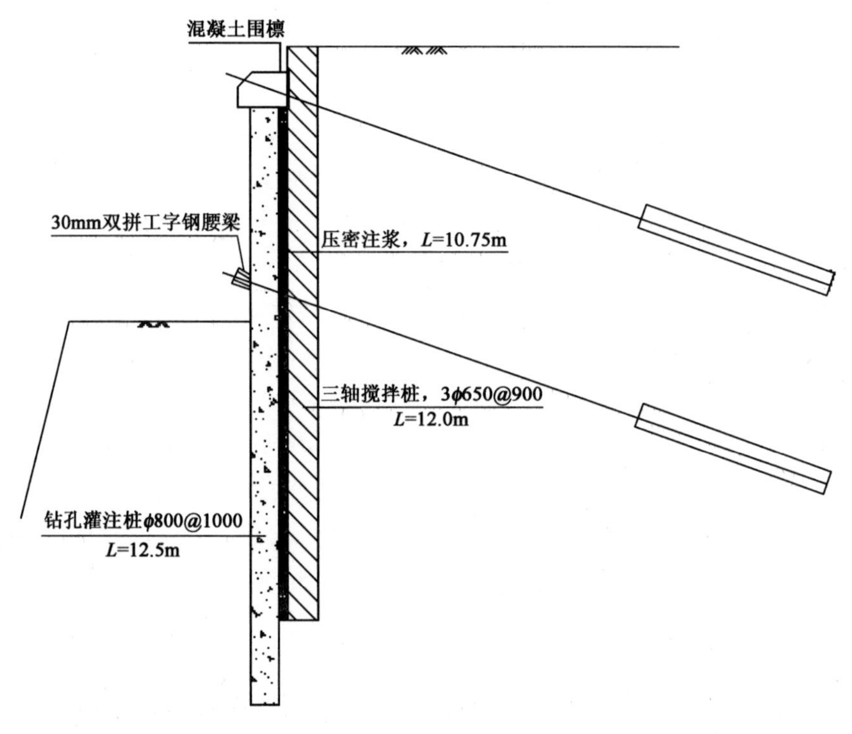

图1 覆盖层旋喷锚固结构

预应力锚索设计扩大头直径 ϕ500mm，设计预应力 280～340kN，设计总长 20～23m，其中自由段 12～15m，锚固段 8m，钢绞线采用 UPS15.20－1860 高强低松弛无粘结钢绞线，配筋为 3～4ϕs15.2。锚索注浆采用 P.O.42.5R 普通硅酸盐水泥，水泥净浆水灰比 0.42，喷浆压力 200～25MPa。旋喷锚索上下两层，第一层采用混凝土围檩，第二层采用 30mm 工字钢双拼腰梁。

4.2 坑口岩体边缘锚固结构形式

(1)坑口混凝土基础梁

基础梁 $b \times h$＝3.2m×2.25m，梁底部 800mm×250mm 抗剪键，采用 C40P8 补偿收缩混凝土。

(2)坑口基础梁锚索

坑口基础梁设有 89 根预应力锚索，间距 4m，预应力 1600～2400kN，每根总长 30～40m，钢绞线 UPS21.60—1860 高强低松弛无粘结钢绞线，浆体强度 40MPa，见图 2。

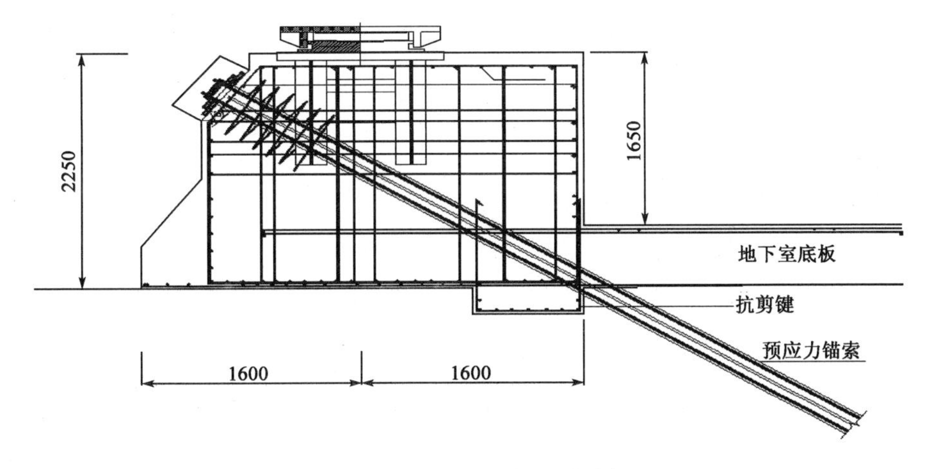

图 2　坑口岩体边缘锚固结构(尺寸单位:mm)

4.3　崖壁岩体边坡锚固结构形式

(1)预应力锚索

采用无粘结锚索,设计钻孔直径 ϕ170,设计预应力 750～1750kN,设计总长 15～35m,其中自由段 5～27m,锚固段 8～10m,钢绞线采用 UPS15.20—1860 高强低松弛无粘结钢绞线,配筋为 6～12ϕs15.2。锚索注浆采用 P.O.42.5R 普通硅酸盐水泥,水泥净浆水灰比 0.42,注浆压力 1.0～1.5MPa,浆体强度 40MPa。

(2)普通锚杆

钻孔直径 ϕ100,锚杆材料采用 ϕ25,坡顶土层和强风化层锚杆材料采用 ϕ25、32mm 螺纹钢筋,注浆采用 P.O.42.5R 普通硅酸盐水泥,水泥净浆水灰比 0.42～0.5,注浆压力 0.3～0.5MPa,浆体强度 30MPa。锚头喷射混凝土封闭。

(3)挂网喷射混凝土

挂网喷射混凝土等级为 C25,钢筋网 ϕ6.5@200×200,施工范围为边坡顶部土层和强风化层、坑内湖水位以下坡面、坑底基坑挖后的坡面。

崖壁岩伴边坡锚固结构剖面详见图 3。

4.4　坑底坡脚锚固结构形式

建筑区域的坑底坡脚处岩面开挖成阶梯式,混凝土箱形基础与岩面间的空间用堆石混凝土回填。然后,用预应力锚索或锚杆将堆石混凝土与基岩锚固,见图 4。非建筑区域的坑底采用自然原有坡面。

4.5　其他部位锚固结构形式

断层破碎带采用固结注浆加固,注浆钻孔顺断层走向施工,沿断层面在坡面上的出露线布置,间距 3.0m,钻孔下倾 15°～25°,钻孔直径 ϕ170,孔深 20.0m,注浆采用 P.O.42.5R 普通硅酸盐水泥,水灰比分 1.0、0.8、0.5 三级,注浆压力 2.0MPa。

5　监测

(1)人工巡查:施工时安排专人对坡面现状、支护结构状态及岩土状态进行巡查。

(2)位移监测:包括水平位移及沉降监测,坡顶周边每隔 30m 左右埋设一个水平位移兼沉降观测点。

(3)测斜孔:利用靠近基坑边的地质勘察孔作为深层水平位移检测孔。

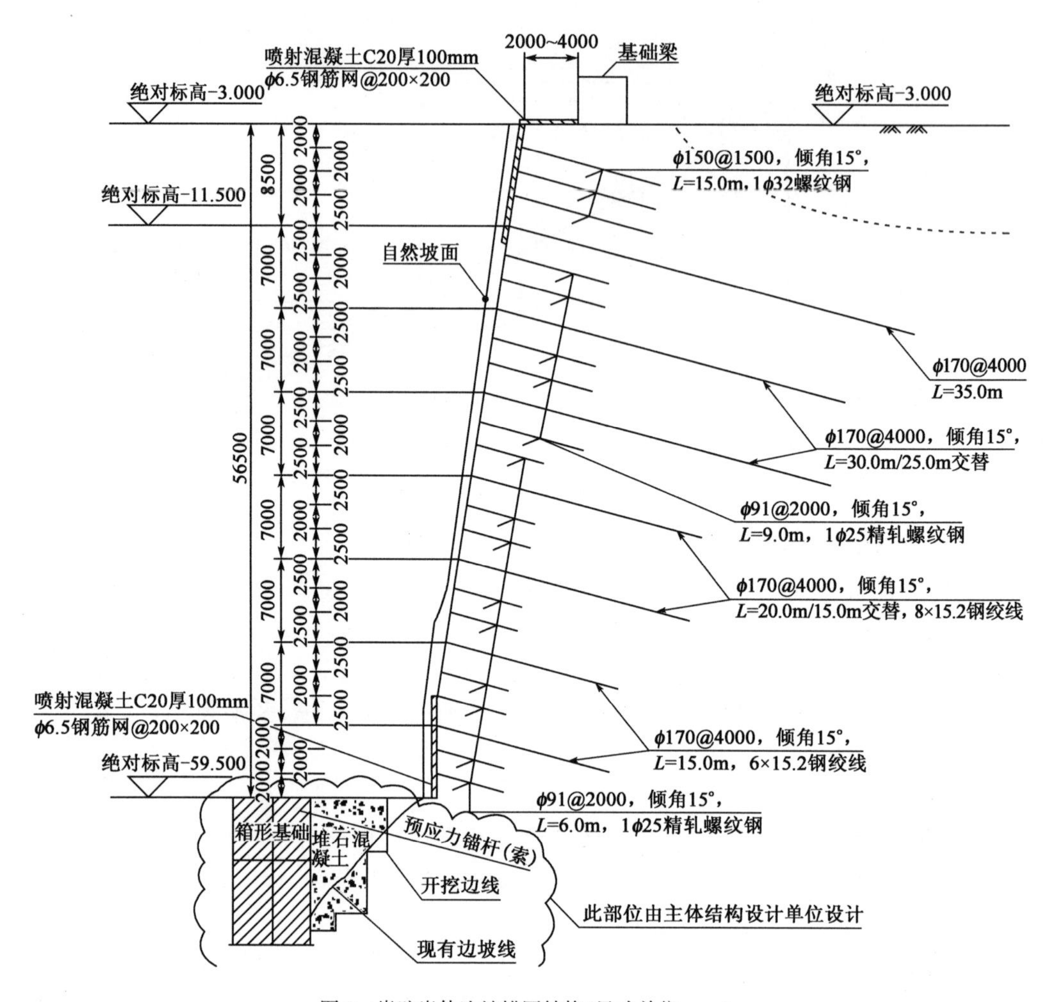

图3 崖壁岩体边坡锚固结构(尺寸单位:mm)

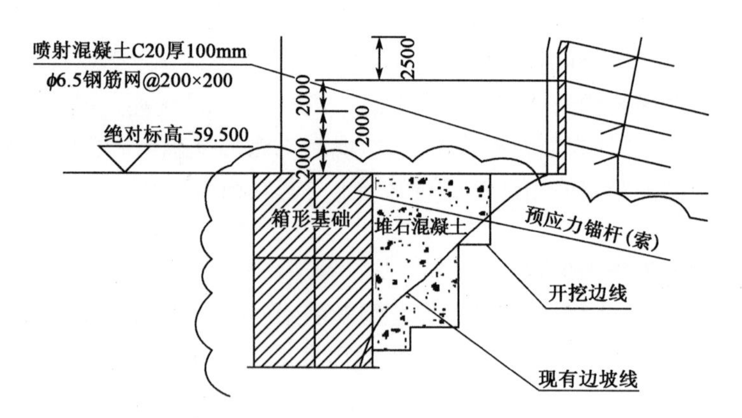

图4 坑底坡脚锚固结构(尺寸单位:mm)

(4)监测周边地下水位变化。

(5)锚索工作应力监测的点数不少于锚索总数的1%。

(6)主楼和裙楼的构造柱上设置变形监测点,每栋楼埋设4～8个监测点。

(7)监测报警值:

①土层水平位移累计量 30mm 或 2mm/d(连续 2d),土层坡顶地表沉降累计量 30mm 或 2mm/d(连续 2d)。

②岩层水平位移累计量 5mm 或 0.2mm/d(连续 2d),岩层坡顶地表沉降累计量 5mm 或 0.2mm/d(连续 2d)。

③地下水位累计量达 500mm。

④锚索力变化大于或小于设计值的 10%时。

(8)主体结构范围边坡在使用期间长期监测,其他部位监测周期为 2 年。施工期间观测频率每 3d 1 次,运行初期 15d 1 次,稳定期(1~3)个月 1 次,当出现较大的绝对沉降或不均匀沉降时应加大监测频率。

6 结语

超深基坑、超大型边坡、地质条件复杂边坡随着科学技术、施工技术的进步,在工程应用中出现的频率越来越大,设计、施工难度也越来越大。本工程通过综合应用各种锚固结构形式,合理有效、安全可靠地完成了大型边坡的设计与施工,为以后类似工程的实施提供了宝贵的经验。

基坑与上边坡相互影响情况下的锚索设置问题

李文平

（西南有色昆明勘测设计（院）股份有限公司）

摘　要　在工程建设中，我们常常会遇到基坑和其上方边坡同时存在的情况，二者间分为存在相互影响和不存在相互影响两种情况，我们把位于基坑上方且与基坑间存在相互影响的边坡称作基坑上边坡。当支护体系采用锚索时，锚索设置是否合理是事关基坑和上边坡安全的重大问题，本文就基坑与上边坡某些组合情况下的锚索设置问题进行讨论。

关键词　基坑　上边坡　锚索　组合边坡　稳定性

1　引言

在工程建设中，我们常常会遇到基坑和其上方边坡同时存在的情况，尤其是在山地建设场地中，这种情况更为常见，有的是基坑在边坡之后形成，有的是基坑与上边坡同期形成。根据基坑与上边坡间的位置关系，二者间可分为存在相互影响和不存在相互影响两种情况，我们把位于基坑上方且与基坑间存在相互影响的边坡称作基坑上边坡。

在基坑和上边坡支护工程中，我们常常会使用锚索或锚索抗滑桩。当基坑与上边坡间存在相互影响时，一方的安全稳定直接影响着另一方的安全稳定，合理地进行锚索设置，是关系着基坑和上边坡安全的重大问题。工程设计中，如何合理确定锚索的分布及锚固段位置，要根据基坑与上边坡的相对位置、支护结构形式以及基坑、上边坡、基坑与上边坡构成的组合边坡的稳定性分析等多因素综合考虑。

由于地形地貌、地质条件的差别，基坑与上边坡的组合形态、基坑深度或边坡高度是千变万化的，需结合实际情况，具体问题具体分析，本文仅就实际工程中可能遇到的某些情况下锚索的设置问题进行分析。

2　关于基坑与上边坡的稳定性问题

在有上边坡存在的情况下，除了考虑基坑和上边坡自身稳定性外，更重要的是要考虑二者的整体稳定。

2.1　关于基坑和上边坡的自身稳定问题

在有上边坡存在的情况下，基坑和上边坡的稳定问题不是孤立的问题，而是相互影响和相互制约的问题。首先，基坑变形或失稳可能导致上边坡的变形或失稳，因为，基坑是上边坡的“基座”，基座不稳定，其上方边坡也就不稳定；其次，上边坡变形或失稳，也可导致基坑的变形或失稳，因为在这种情况下，基坑的侧向岩土压力会发生不利于基坑稳定的改变，特别是在上边坡失稳的情况下，基坑承受的压力会急剧增大。就上述两方面而言，基坑变形或失稳引起的后果要比上边坡变形或失稳的后果更严重一些。

2.2 关于基坑和上边坡组合情况下的整体稳定性问题

支护结构设计时，整体稳定性验算包括三个方面：一是基坑的整体稳定性；二是上边坡的整体稳定性；三是基坑和上边坡组合而成的边坡的整体稳定性。在组合情况下，基坑的整体稳定性常常是由组合边坡的整体稳定性决定的，一般情况下，如果组合边坡的整体稳定性满足要求，那么，基坑的整体稳定性分析也就能满足要求。但在有的情况下，上边坡的整体稳定性是否满足要求，主要取决于基坑支护设计。比如，当上边坡采用了桩锚支护体系时，基坑开挖会使得为上边坡整体稳定提供抗力的被动区削弱，如果基坑支护设计没有考虑对削弱部分的补偿，上边坡的整体稳定性就会出现问题。

3 锚索分布与锚固段位置的确定

鉴于基坑与上边坡的安全稳定是相互关联、相互影响的，在锚索的安排布置上，就必须充分考虑其安全合理性，将锚索锚固段设置在有利于基坑、上边坡及其组合的边坡稳定区域。其原则一般要充分考虑如下方面：一是基坑或边坡之一变形失稳时，不会给对方造成不利影响；二是综合考虑二者组合情况下的整体稳定性；三是充分考虑基坑开挖对上坡被动区造成的抗力损失，基坑支护结构或锚索的设计抗力，应考虑对上边坡被动区抗力损失的补偿。基于上述原则，锚索的锚固段应布置在对稳定性验算没有影响的区域，如图 1 所示。图 1a)的布置方法是将基坑段锚索的锚固段设在上边坡整体稳定性验算滑弧以外；图 1b)的布置方法是将基坑段锚索的锚固段设在组合边坡最危险滑动面以外，这两种设置方法适合于已有边坡情况下的基坑工程中，但是，此情形下，基坑段锚索所需的设计抗力一般较大；图 1c)的布置方法是将上边坡段锚索的锚固段设于组合边坡最危险滑动面以外，将基坑段锚索的锚固段设于上边坡整体稳定性验算滑弧以外；图 1d)的布置方法是将锚索的锚固段统一设于组合边坡最危险滑动面以外，这两种布置方法适合于上边坡与基坑同时形成且支护结构一同考虑的情况，但在锚索的设计抗方面，图 1c)基坑段锚索所需的抗力相对要大一些。

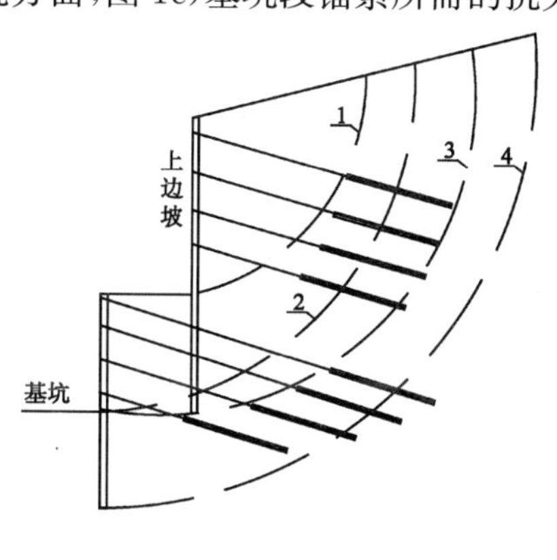

a)

1-上边坡最危险滑动面；2-基坑状态下的最危险滑动面；3-上边坡整体稳定性验算滑弧；4-基坑整体稳定性验算滑弧

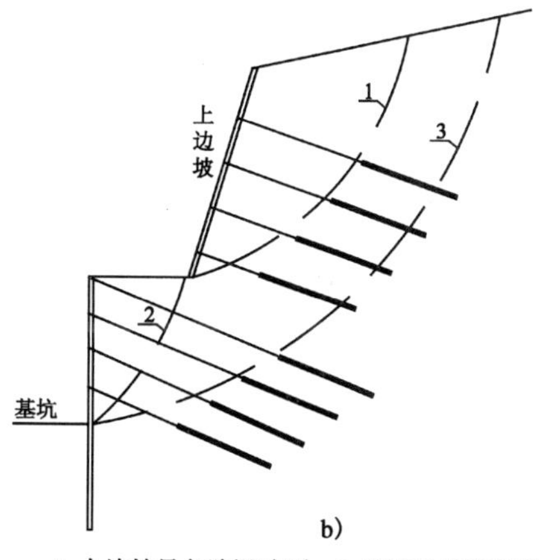

b)

1-上边坡最危险滑动面；2-基坑最危险滑动面；3-组合边坡最危险滑动面

图 1

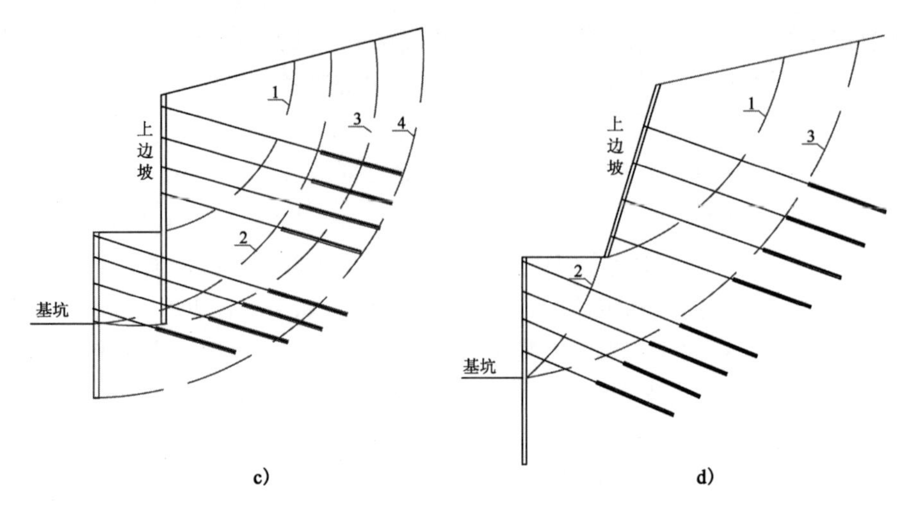

1-上边坡最危险滑动面；2-基坑状态下的最危险滑动面；3-上边坡整体稳定性验算滑弧；4-基坑整体稳定性验算滑弧

1-上边坡最危险滑动面；2-基坑最危险滑动面；3-组合边坡最危险滑动面

图1　上边坡与基坑锚索锚固段的合理布置

4　结语

(1)工程实际中,需要准确判断基坑与上边坡间是否存在相互影响,否则会造成锚索设置的不合理,如果忽略了二者间实际存在的相互影响,可能会造成技术安全事故。

(2)如何确定锚索的分布及锚固段位置,要根据基坑与上边坡的相对位置关系、支护结构形式、基坑及上边坡稳定性分析等多因素综合考虑。

(3)对支护结构的设计,要在基坑和上边坡的危险滑动面、分段的整体稳定性、基坑与上边坡的组合边坡稳定性几个方面做定量分析评价的基础上进行。

(4)当基坑开挖对上边坡支护抗力区有削弱作用时,如何考虑对这种削弱进行合理补偿是值得认真研究的问题。

锚索加固挡土墙设计应用的稳定性分析方法

杨雪林

（中国京冶工程技术有限公司厦门分公司）

摘　要　针对挡土墙的不同实际条件，介绍采用了相应的稳定性分析加固设计方法，利用预应力锚索较大的锚固作用力，结合钢筋混凝土格构梁，有效地对挡土墙进行了加固，并对设计方法归纳了几点认识。

关键词　挡土墙　预应力锚索　加固设计　稳定性分析

1　概述

重力式挡墙由于其取材方便，形式简单，施工简便，在建筑边坡高度不大时（一般高度$H<8$m）经常被采用。其受力方式主要依靠墙身自身保持稳定，因施工质量不好或墙顶荷载增加等原因，重力式挡墙极容易出现失稳破坏现象。预应力锚索与钢筋混凝土框格梁结合使用，能提供较大的支护力。其结构形式简单，施工简便，造价较低，已广泛应用于挡土墙加固工程中。加固工程设计中往往无法获得准确的岩土体地质资料和原挡土墙结构尺寸参数，如何根据不同的失稳形式或现场实际条件，有针对性地采取相应的设计计算方法，已经成为一个较紧迫的研究课题。本文通过若干工程实例对挡墙加固设计的不同方法进行阐述探讨。

2　工程实例

2.1　某小区已有挡墙加固工程实例

场地位于厦门市思明区某小区内，为坡地建筑分阶挡土墙，挡墙地面高差约8m，采用片块石浆砌重力式挡墙，距墙底5m为小区6层建筑，墙顶为别墅道路，道路外约5m为3层别墅建筑。建设时间为7～8年，墙身及墙顶地面出现不同程度的开裂，长度范围约30m，挡土墙内空隙较多，砌筑砂浆不饱满，挡土墙泄水孔未设置。判定为该挡墙施工质量不佳造成的开裂失稳问题。

由于挡墙顶部有道路和建筑物，坡底坍塌区有建筑物，边坡高度较高（约8m），受空间限制及道路交通不能中断原因，加固方案采用加支撑增强原挡墙的抗滑稳定能力，支撑采用预应力锚索与框格梁的结合使用，传递锚索作用力，提供较大的支护力。布设上下两道预应力锚索，长度分别为15m和14m，下倾角20°，水平向间距2.5m，设计拉力值200kN，预应力超张拉10%。锚索节点处浇筑纵横向钢筋混凝土C25框格梁，梁断面0.4m×0.4m，加固立面布置图见图1。

加固设计力学模型及计算结果具体如下。

设计采用理正岩土设计软件挡土墙计算模式，采用极限平衡力学方法。由于现场缺失地勘报告，工程属抢险救灾类型，不能较为准确地确定墙后土体物理力学指标。根据挡土墙开裂失稳现状，确定挡墙边坡抗滑移稳定性安全系数接近 1.0，依据墙身抗滑力接近下滑力，在调查清楚挡土墙结构尺寸后采用反演推算挡土墙实际主动土压力。计算简图见图 2。

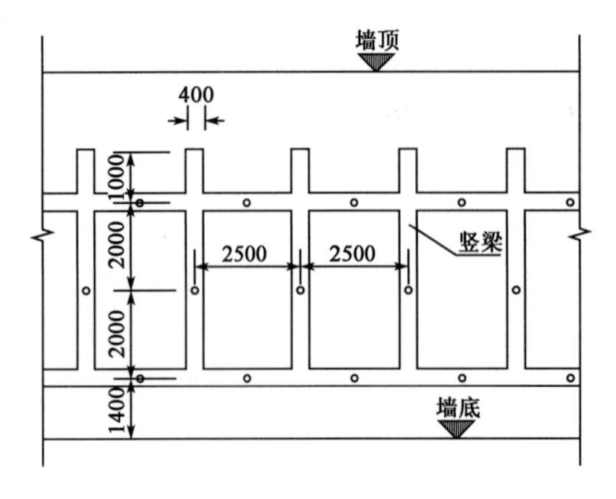

图 1　挡土墙加固立面布置图(尺寸单位：mm)

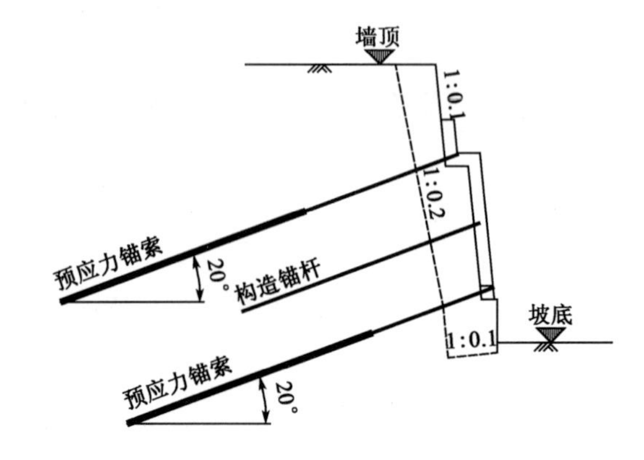

图 2　锚索加固重力式挡土墙稳定性分析简图

抗滑力：

$$T=[G\cos\alpha_0+E_a\cos(\alpha-\alpha_0-\delta)]\cdot\mu$$

下滑力：

$$T'=E_a\sin(\alpha-\alpha_0-\delta)$$

稳定性安全系数：

$$F_s=\frac{T}{T'}$$

式中：G——挡墙每延米自重；

E_a——每延米主动土压力合力；

α——挡墙墙背倾角；

α_0——挡墙基底倾角；

δ——岩土对挡墙墙背摩擦角；

μ——岩土对挡墙基底的摩擦系数。

为加固挡墙抗滑移稳定性应满足规范要求，即满足 $F_s\geqslant1.3$，加固方案为采用上下两道锚索锚拉加固，相当于挡墙上作用两个作用力 T_1 和 T_2，增加边坡抗滑力及抗倾覆力力矩。

加固后抗滑力：

$$T=[G\cos\alpha_0+E_a\cos(\alpha-\alpha_0-\delta)+T_1\sin\beta+T_2\ \sin\beta]\cdot\mu+T_1\cos\beta+T_2\ \cos\beta$$

抗倾覆稳定性计算，按锚索预应力产生的抗倾覆力矩及挡墙自身抗倾覆力矩之和与土压力产生的倾覆力矩的比值确定，即抗倾覆稳定系数：$F_f=M_f/M_e$。而

$$M_f=Gx_0+E_a\sin(\alpha-\delta)x_f+\sum T_{hi}Z_i$$

$$M_e=E_a\cos(\alpha-\delta)Z_f$$

式中：T_{hi}——第 i 根锚索水平拉力分量；

Z_i——锚索作用点位置；

x_0——挡墙重心至墙址的水平距离；

x_f——土压力至墙址的作用点水平距离；

Z_f——土压力至墙址的作用点垂直距离。

根据以上分析及公式，根据经验确定 Z_i，采用代入法反复计算，直至加固设计后抗滑移稳

定系数 $F_s \geqslant 1.3$，再验算抗倾覆稳定系数 $F_f \geqslant 1.6$。本工程经加固设计计算，$F_s = 1.5$，$F_f = 1.85$，满足稳定性的要求，可见设计有一定的安全储备，达到根治隐患的目的。

本工程加固建设完成后经两年运行变形观测，位移沉降量均很小，可以确定本工程的挡土墙加固案例是成功的。

2.2 某挡土墙下方开挖基坑条件的加固案例

某住宅小区挡土墙高7～8m，已建设多年，坡顶为二层别墅建筑，因工程建设需要在距挡土墙墙趾3～4m处开挖深基坑。该挡土墙未经设计尺寸不详，墙后缘均为填土层，在深基坑开挖影响下，挡土墙可能变形较大，开裂影响使用，故应先对挡土墙加固后再开挖深基坑。

设计采用锚索框架梁加固方法，设置两道锚索，节点采用格构梁纵横相交连成整体紧贴挡土墙面，格构梁断面0.4m×0.4m，加固立面布置图见图3。

加固设计力学模型及计算结果具体如下。

由于挡土墙尺寸不详，无法计算挡土墙自重、墙底抗滑力及抗倾覆力矩，不能采用挡土墙一般稳定性分析方法。设计采用边坡稳定性分析方法，将挡土墙视为墙后一般填土层，填土层内摩擦角按15°，内摩阻力按15MPa考虑，采用考虑支锚的整体稳定性计算，计算简图见图4。

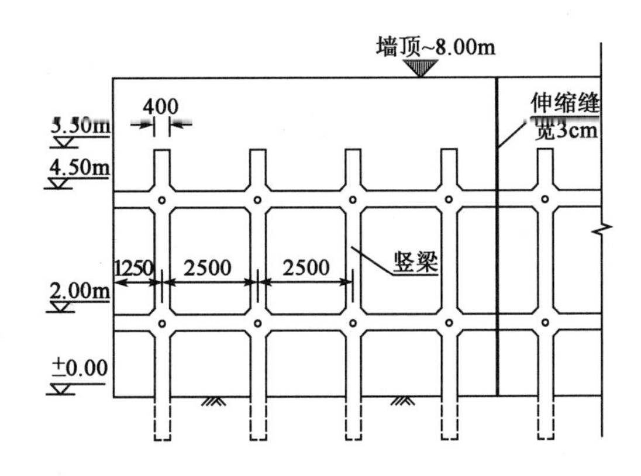

图3　挡土墙加固立面布置图(尺寸单位:mm)

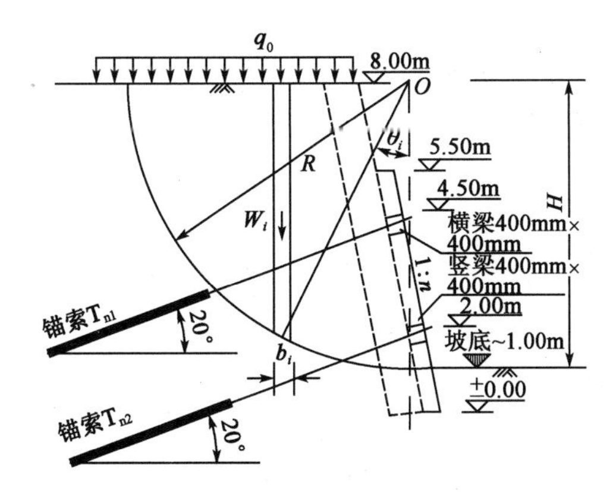

图4　边坡支锚整体稳定性验算简图

计算方法为瑞典条分法[1]，公式如下：

整体稳定安全系数：

$$K_s = \frac{M_k}{M_q}$$

$$M_k = \sum_{i=1}^{n} c_{ik} l_i + \sum_{i=1}^{n} (q_0 b_i + w_i) \cos\theta_i \tan\varphi_{ik} + \frac{\sum_{j=1}^{m} T_{nj} \left[\cos(\alpha_j + \theta_j) + \frac{1}{2} \sin(\alpha_j + \theta_j) \tan\phi_{ik} \right]}{s_x}$$

$$M_q = \gamma_0 \sum_{i=1}^{n} (q_0 b_i + w_i) \sin\theta_i$$

$$T_{nj} = \pi d_{nj} \sum_{i=1}^{n} q_{sik} l_{ni}$$

式中：n——滑动体分条数；

m——滑动体内支锚数；

c_{ik}、ϕ_{ik}——最危险滑动面上第 i 土条滑动面上土的固结不排水剪黏聚力、内摩擦角标准值(°)；

l_i——第 i 土条的滑裂面弧长(m)；

s_x——计算滑动体单元厚度(m)；

b_i——第 i 土条的宽度(m)；

w_i——作用于滑裂面上第 i 条土条的重量，按上覆土层的天然土重计算(kN/m)；

θ_i——第 i 土条弧线中点切线与水平线夹角(°)；

γ_0——建筑基坑侧壁重要性系数；

q_0——作用于基坑面上的荷载(kPa)；

T_{nj}——第 j 根支锚在圆弧滑裂面外锚固体与土体的极限抗拉力(kN)；

α_j——支锚与水平面之间的夹角；

θ_j——第 j 根支锚与滑弧交点的切线与水平线的夹角；

d_{nj}——第 j 根支锚锚固体直径；

q_{sik}——支锚穿越第 i 层土土体与锚固体极限摩阻力标准值；

l_{ni}——第 j 根支锚在圆弧滑裂面外穿越第 i 层稳定土体内的长度(m)。

根据以上分析及公式，先确定锚索为两排，间距 2.5m，锚索倾角 20°，锚孔直径 130mm，试输入锚索自由段长度及锚固段长度，采用代入法反复计算，直至加固设计后整体稳定性系数 $K_s \geq 1.3$，确定锚索总长度和锚固段长度分别为 20m 和 15m 及 24m 和 18m，确定锚索拉力 T_n 分别为 380kN 和 420kN。

根据上述分析，预应力锚索加固重力式挡土墙的设计方案取得较好的效果，现已建成运营两年，情况良好。

3 结语

根据重力式挡土墙不同的实际情况，采用相应的稳定性分析加固设计方法，归纳了以下几点认识：

(1)对于挡土墙加固工程，其稳定性分析尤为重要，进行计算时，应调查清楚挡土墙结构尺寸、墙后土体性能等参数，必要时采用反演分析确定土压力大小不失为一种有效的应用方法。

(2)边坡稳定性分析在任何破坏形式的挡土墙加固设计中，为通用可行的计算方法，但计算结果偏于安全，且需要结合较多的工程经验。

(3)计算滑动面形式可能与实际不符，造成滑动力的不确定性，必要时应通过锚索钻造过程中揭露的地层情况的调查再行调整。

参考文献

[1] 北京理正软件设计研究院有限公司. 理正深基坑支护结构设计软件编制原理[M],2009.

某市政边坡旋挖桩快速加固技术

汪建平　蔡　立　张永安　张　瑞

（中国电建集团昆明勘测设计研究院有限公司）

摘　要　抗滑桩作为边坡、滑坡常用的加固技术已经得到广泛应用，旋挖钻孔技术也因其施工快速、单价低在基桩施工中普遍采用，但旋挖抗滑桩技术应用得不是太多。本文中边坡因地下水位高、地层软弱、工期要求紧而采用了旋挖抗滑桩施工技术。实践证明，该方法具有单价低、对地下水及土层扰动少、施工快速等诸多优点，具有一定的推广价值。

关键词　旋挖桩　边坡加固

1　概况

云南省华宁县环城路K0+480～K0+760段内侧边坡为原道路人工开挖边坡，高度约8m，原有浆砌石挡墙支护。2010年12月开始进行该段边坡下方的路面加宽及路基换填施工，随后在边坡上部的乡村道路路面以及居民房屋内出现拉裂破坏，边坡上方路面出现数条纵向拉裂缝，局部错台，附近居民房屋墙面及地面均有不同程度的拉裂现象，墙体有斜向裂缝，并有整体水平位移现象，给附近居民居住和乡村道路交通安全带来严重隐患，并给下部环城路正常运行造成严重影响。

2　工程地质情况

该边坡位于玉溪市华宁县城东侧的环城路北西侧，自然地形坡度较缓，地形坡度一般在5°～10°之间，场地南侧的旱地部位地形坡度为15°～20°。公路内侧边坡近直立，已有浆砌石挡墙支护，高度在5～8m间，环城路路面宽约20m，其上部主要为居民房屋分布。

边坡岩、土层主要为第四系（Q）和第三系（N）地层。第四系可分为人工填土（Q_s）和耕土（Q_{pd}）；第三系自上而下细分为6个亚层，分别为：②粉质黏土、③含炭质黏土、④粉砂岩、⑤黏土、⑥含炭质黏土、⑦含炭质粉砂岩，其中在第③、⑥、⑦层内局部夹有数层呈透镜状分布的褐煤。挡墙上部居民区地下水位为5.5～10.1m，挡墙下方环城路部位为0.5～1.9m。

3　变形失稳机制

在环城路进行路基开挖换填以前，该段边坡挡墙已经存在，并未出现上方路面和房屋开裂破坏现象，说明原边坡处于极限平衡状态。自2010年12月大部分地段进行开挖换填以后，随即改变了边坡原始的极限平衡状态，勘探揭露的下部路基人工填土层厚度为2.8～4.7m，表明边坡坡脚被掏挖了至少3m深，形成新的临空面，临空面高度增加了3～5m，抗滑力失去原有的平衡，且挡墙基础埋深浅，加之基础部位含炭质黏土层整体均匀性差，力学指标较差，抗剪强度较低，边坡岩土体在重力作用下，沿挡墙基础下部的第③层含炭质黏土层产生整体性蠕变位移，并在挡墙上方的路面和房屋部位产生纵向拉裂缝。

4 防护加固设计

本工程采取的主要的加固措施为抗滑桩加固。抗滑桩主要有人工挖孔桩与旋挖桩两种方式，通过工程造价估算，旋挖桩较人工挖孔桩同直径每米的工程造价更低；且该边坡地下水位较高，采用人工挖孔桩容易导致地下水位下降，可能引起边坡上部土体固结沉降，加剧房屋开裂程度，采用旋挖桩不需降低地下水，不存在以上问题；再者，由于雨季即将到来，该边坡必须在雨季来临前完成施工，采用机械化施工进度较快，能确保边坡体在雨季前完成施工。综合以上几点考虑，故采用旋挖桩方案作为该边坡的支护方案。该边坡原有挡墙已经变形、拉裂，故将旋挖桩上延 2.5～4m 对原有挡墙进行加固，上延部分采用人工现浇混凝土方桩。经过计算，设置一排直径为 1.5m 的旋挖桩，间距为 3.5m，桩长 12～15m，进行加固。边坡加固剖面图如图 1 所示。

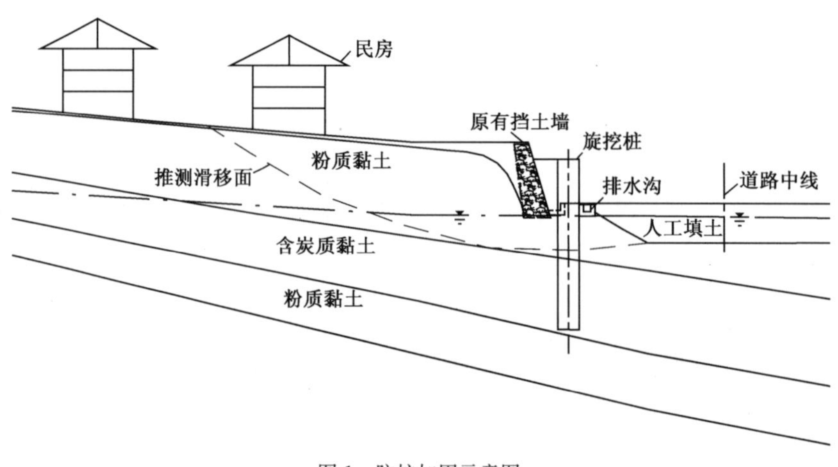

图 1 防护加固示意图

5 效果评价

实践证明，该工程共设置了 59 根旋挖抗滑桩，旋挖桩总进尺 650m，总施工时间为 15d，由于该措施施工进度较人工挖孔桩有较大幅度的提高，且施工期间对地下水、地基土层的扰动较小，施工单价较低等优点，在具备施工条件的工程中具有一定的推广价值。边坡加固后的情况如图 2 所示。

图 2 加固后的边坡照片

边坡锚固预应力变化规律分析

张永安　蔡　立　张　瑞

（中国电建集团昆明勘测设计研究院有限公司）

摘　要　边坡预应力锚索加固技术已经得到广泛应用，但对锚索锁定后的预应力变化规律还缺乏系统深入的研究。本文通过对工程边坡锚索预应力变化的系统监测和资料分析，得出了边坡锚索预应力的锁定损失平均为13%，锁定后锚索预应力下降幅度为15%左右，持续时间一般为5个月。然后进入预应力稳定时期，只在雨季有3%～4%的增加。二次张拉能明显提高锚索的预应力，同时还能减小锚索预应力下降的速率。

关键词　边坡　锚索　预应力　监测

1　引言

随着现代工程建设的发展，工程中遇到的高边坡也越来越多，而预应力锚固技术也逐渐成为边坡加固的一项重要手段在大量的边坡加固中得到采用。同时，在施工和使用过程中，用于加固边坡的预应力锚索不可避免地会出现预应力损失，锚索有效预应力大小也是关系到加固工程成败的一项基本因素，目前有许多文献对比进行了研究和探讨[1-6]。特别是在泥岩边坡加固中，由于泥岩具有强度低、易蠕变的特点，加固边坡的锚索的预应力损失很大，而施工过程中，实际施加给锚索的预应力值是否达到设计值是关系工程安全的大问题，值得设计和施工管理人员给予重视。本文在某水电站泥岩高边坡预应力锚索长期的监测基础上，对锚索预应力变化情况进行统计分析。

1　工程概况

1.1　地质概况

边坡出露的基岩为中三叠统兰木组（T_2l）：该地层分布于整个边坡中上部，厚度约为600m。中下部主要出露该层的下段（T_2l^a），岩性以深灰～灰黑色钙质泥岩为主，夹有粉砂质泥岩、钙质粉细砂岩，粉细砂岩单层厚一般为2m；上部粉细砂岩逐渐增多，局部夹少量泥灰岩、灰岩等。钙质泥岩以薄层状为主，少量中厚层状；钙质粉细砂岩则相反，多呈中厚层状，少部分为薄层状。岩层均倾向坡内，倾角极陡（N55°～70°E/NW∠70°～90°）。边坡上部覆盖层厚度为10～15m。

1.2　边坡开挖及加固方案

该边坡长约250m，最大开挖高度为65m，共分4级开挖，每级的开挖高度约为15m，第1、2、3级的开挖坡比为1∶0.65，第4级的开挖坡比为1∶1.25。边坡的加固措施为第1、2、3级边坡采用预应力锚索进行加固，锚索设计吨位为1000kN，长度为30～40m，并在每一级坡面上设置两根监测锚索，对锚索的预应力变化情况进行监测（图1）。

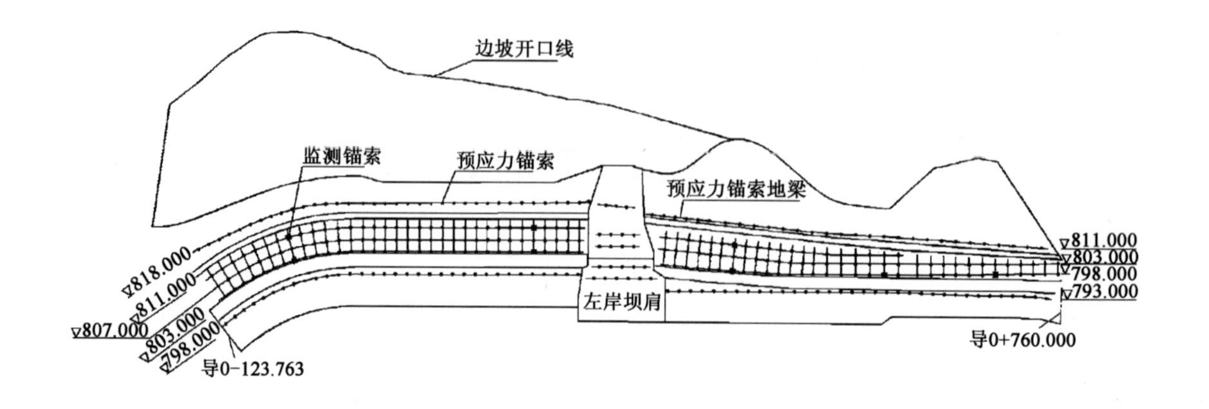

图1　边坡示意图(高程单位:m)

1.3　预应力锚索测力计的布置及安装

锚索测力计为圆环形,本工程中使用了 GMS-1000 型锚索测力计,传感器的测试原理基是利用张紧的钢弦在不同张力情况下其自振频率不同,通过数模转换器测试其钢弦的频率,通过反算得到实际的压力值。测力计安装示意见图 2。

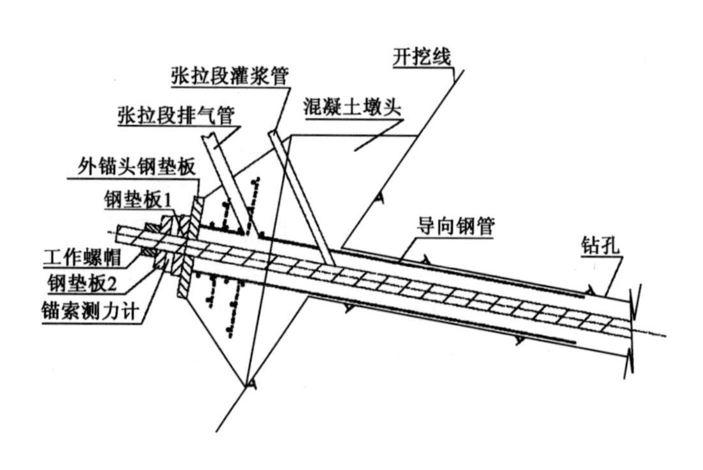

图2　锚索测力计安装示意图

2　锚索预应力变化情况

2.1　锁定时的预应力损失

由于预应力锚索的外锚固采用夹片自锚体系,在千斤顶回油的瞬间,其钢绞线不可避免地向坡内回缩,并带动夹片回缩,最终使得夹片和钢绞线之间相互卡牢而达到锁定目的,其钢绞线回缩过程也使锚索的有效预应力降低。因此,测试这一回缩过程中锚索应力的损失幅度和影响因素,将对确定锚索超张拉值的大小有重要的意义。

表 1 为边坡锚固中部分锚索的应力锁定瞬时损失的监测结果。从表中可以看出,预应力锚索的设计荷载为 1000kN,设计超张拉荷载为 15%,实际施工中的平均张拉荷载为 1159kN,锁定后的平均荷载为 1008.1kN,锚索的平均锁定损失为 150.9kN,预应力平均损失率为 13%。说明

在该边坡中锚索的超张拉荷载为15%比较符合实际要求。

锚索应力的锁定损失 表1

锚索编号	张拉荷载(kN)	锁定荷载(kN)	锁定损失(kN)	损失率(%)
JCMS-01	1150.6	1075.1	75.5	6.56
JCMS-02	1158.8	1012.3	146.5	12.64
JCMS-03	1172	958	214	18.28
JCMS-04	1152.6	987	165.6	14.37

2.2 预应力下降阶段

锚索张拉锁定后由于边坡受到预应力的作用开始产生蠕变，同时锚索施加预应力后也有一定的弹性松弛导致锚索的预应力会有不同程度的下降。两根锚索锁定后，预应力的变化情况如图3和图4所示。

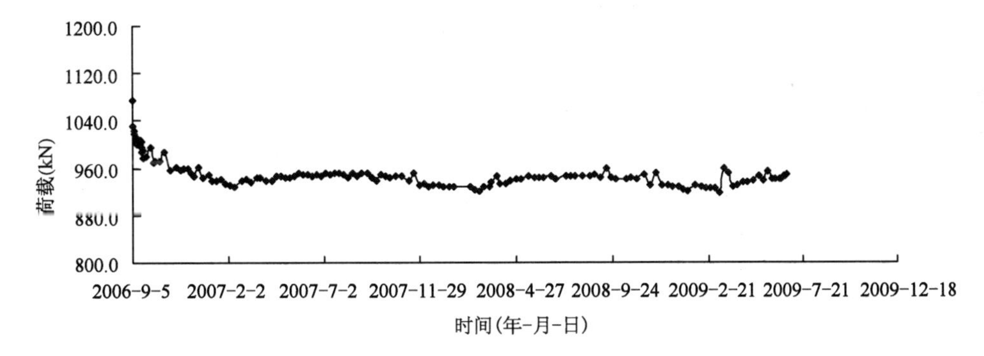

图3 JCMS-01锚索测力计变化过程曲线图

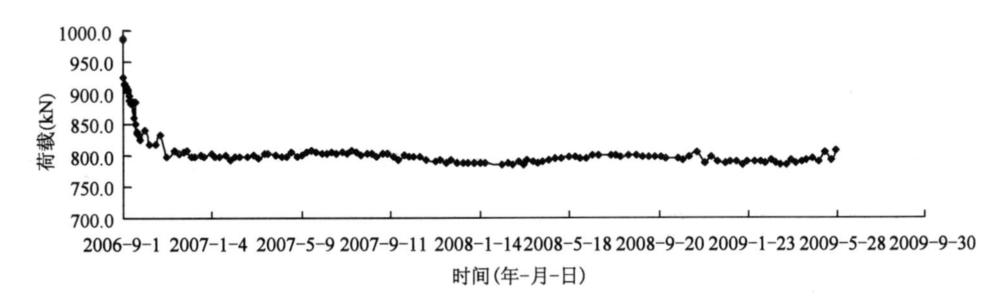

图4 JCMS-03锚索测力计变化过程曲线图

从JCMS-01锚索测力计变化过程曲线图(图3)中可以看出，锚索张拉后，锚索预应力就开始下降，一共经历了约5个月的时间，幅度从最初的锁定值1075.1kN，下降到928.8kN，共下降了146.3kN，幅度为13.6%。从JCMS-03锚索测力计变化过程曲线图(图4)上也可以看出，监测锚索在锁定后，锚索的预应力处于下降阶段，直到处于基本稳定，共历时也约为5个月，幅度从最初的锁定值958kN，下降到793.4kN，共下降了164.6kN，幅度为17.2%。

从上面的分析可以看出，预应力锚索从锁定后即进入预应力下降阶段，一般历时5个月左右，下降幅度为15%左右。

2.3 预应力稳定阶段

经过5个月左右的预应力下降时期，锚索的预应力基本上处于稳定变化状态，除在雨季锚索的预应力会有所增加，旱季有所下降外，没有其他明显的变化。

3 锚索预应力雨季的变化规律

在雨季由于降水渗入边坡，导致边坡岩体的重度增加，同时边坡岩体的抗剪强度也会有所下降，导致边坡锚索的预应力会有所增加，从图3中可以看出，锚索的预应力在2008年与2009年的旱季期间，锚索的最低预应力分别降到921.5kN与920.7kN，在2007年与2008年雨季时的最大预应力分别达到950.8kN与959.1kN，雨季锚索的预应力较旱季分别增加了29.3kN与38.4kN，增幅为3%～4%；从图4中可以看出，锚索的预应力在2008年与2009年的旱季期间，锚索的最低预应力分别降到785.7kN与784.9kN，在2007年与2008年雨季时的最大预应力分别达到807.2kN与805.3kN，雨季锚索的预应力较旱季分别增加了21.5kN与20.4kN，增幅也为3%～4%。

4 二次张拉对提高预应力的作用

由于锚索在锁定后，锚索的预应力下降较大，在工程实践中通常通过采取二次张拉的办法来增加有效锚固力，本工程中也根据预应力的监测情况对部分锚索进行了二次张拉(图5)。

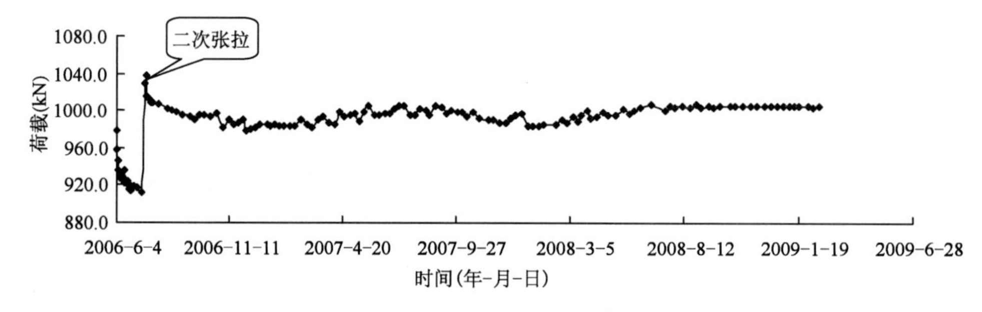

图5 JCMS-03锚索测力计变化过程曲线图

从图5中可以看出，该锚索在二次张拉前预应力已经下降到911.4kN，二次张拉后锚索的预应力基本稳定在1000kN左右，较未进行二次张拉的锚索预应力有较大的提升，故在进行锚索施工时，为了满足设计要求，保证锚索后期的预应力值，特别是在软岩边坡中采用预应力锚索加固时，可以采取二次张拉的方法来提高和保证锚索的预应力正常发挥。

5 结语

通过对边坡锚索预应力进行了长期观测，分析了锚索预应力的变化情况。锚索在张拉时由于夹片回缩等因素会导致锚索的锁定预应力会有所下降，下降幅度一般约为13%，锚索锁定后由于边坡岩体蠕变及钢绞线弹性变形随即进入预应力下降阶段，一般持续5个月左右，下降幅度约为15%，然后进入稳定时期，预应力除在雨季会有所增加，旱季有所下降外变化不大，雨季增加幅度为3%～4%，无其他明显的变形规律。通过二次张拉，能明显提高锚索的预应力值，对保证锚索预应力的正常发挥有重要意义。

参考文献

[1] 朱晗迓，孙红月，汪会帮，等. 边坡加固锚索预应力变化规律分析[J]. 岩石力学与工程学报，2004，23(16):2756-2760.

[2] 陈安敏，顾金才，沈俊，等. 软岩加固中锚索张拉吨位随时间变化规律的模型试验研究

[J]. 岩石力学与工程学报，2002，21(2):251-256.

[3] 袁小梅. 边坡锚索预应力损失估算[J]. 路基工程，1999,(6):46-47.

[4] 任丽芳,周敏娟,穆兰. 边坡加固锚索预应力损失的探讨[J]. 石家庄铁路职业技术学院学报，2006,(1):59-62.

[5] 张宏博,李英勇,宋修广. 边坡锚固工程中锚索预应力的变化研究[J]. 山东大学学报(工学版),2002,(12):574-577.

[6] 张保军,张漫,靳保章. 隔河岩电站边坡预应力锚索加固监测[J]. 长江科学院院报，2001,(6):36-38.

广梧高速公路封开连接线 K2+564～K2+629 段左侧边坡滑塌处治浅见

陈世铭　刘庆元　李　威　聂　彪

（中铁西北科学研究院有限公司南方分院）

摘　要　广梧高速公路封开连接线的开通不仅给当地及周边城镇在交通上带来方便，同时有利于封开县与外界经济交流合作，加速了当地经济的发展。由于台风"尤特"的影响，该连接线 K2+564～K2+629 段左侧边坡发生滑塌，丞须治理处治。

关键词　封开连接线　滑坡　固脚　卸载　排水

1　前言

2013 年受台风"尤特"引起的连续强降雨气候影响，广梧高速公路封开连接线 K2+564～K2+629 段左侧边坡坡体失稳滑塌。笔者就本边坡滑塌治理过程、病害原因分析及处治措施谈谈体会和认识，希望能给同行工作者一些借鉴。

2　边坡概况

2.1　既有工程概况

该路堑边坡位于广东省肇庆市封开县境内，为三级边坡。边坡坡率均为 1∶1，坡面均采用拱架植草进行绿化防护。排水系统为各级平台设置排水边沟，堑顶设截水天沟。

2.2　地质概况

根据原有钻探资料、本次补充挖探资料及野外地质调查资料，边坡坡体由第四系坡积亚黏土和燕山三期花岗岩风化层组成。

（1）亚黏土（Q^{dl}）：土褐、棕红色，稍湿，硬可塑～硬塑，主要由粉黏粒组成，含 1%～3%石英颗粒，顶部含较多植物根须，边坡范围皆有分布，层厚均匀，揭露厚度 10.5m，本层进行标准贯入度试验 1 次，击数 11～17 击，亚黏土为高液限土。

（2）全风化花岗岩（Q^{el}）：红褐、黄褐色，稍湿，硬可塑～硬塑，花岗岩结构隐约可辨，主要成分为长石、石英及少量云母，长石已基本土化，石英粒含量 20%～30%，沙粒大小以 0.2～5mm 为主，具弱黏性，硬塑，稍湿。岩芯遇水易软化，边坡范围皆有分布，层厚不均匀，揭露厚度约 25m，本层进行标准贯入度试验 4 次，击数 32～46 击，平均值 34.2 击。

2.3　地质构造与地震效应

本边坡基岩为燕山三期中粒花岗岩，地质构造不发育。由于风化作用，岩体由上而下已风化为亚黏土和全风化岩，地质构造较为简单。

依据《中国地震动峰值加速度区划图》广东省区划一览表与《中国地震动反应谱特征周期

区划图》广东省区划一览表，本区抗震设防烈度为小于6度，设计基本地震加速度值为0.05g，特征周期值为0.35s。

2.4 水文地质概况

区内气候温和，雨量充沛，坡体范围内地下水主要类型为第四系松散层孔隙水。主要赋存于坡残积层中，水位埋深随季节变化。地下水受大气降雨直接补给，以渗流的形式向沟谷排泄，在雨季，水对坡面坡脚的冲刷较大。

2.5 边坡病害状况

该边坡K2+564～K2+629段发生整体滑塌，滑坡后缘贯通裂缝在堑顶后上方15m附近，延伸长度约50m，宽度10～40cm，后缘下错明显，陡坎近直立，高度约2.5m；滑坡左、右侧界裂缝基本贯通，右侧界延伸约16m至坡脚位置，左侧界延伸约10m后不明显；坡脚路基边沟挤压变形较严重，排水沟里侧壁被整体挤出，部分区段排水沟盖板发生明显翻转变形，高出路基面最高达40cm，滑坡剪出口变形明显。

3 地质补充勘探

为了进一步探明坡体滑动情况，进行了边坡地质补充勘探，考虑到边坡规模较小，边坡变形特征明显，本次补充勘察采用挖探技术。挖探位置为边坡下缘为K2+605、K2+620及上缘K2+600。探坑情况如下：

(1)下缘K2+605探坑长2.0m，宽1.2m，深度1.8m，表层为粉质黏土，约20cm，其下为全风化花岗岩。

(2)下缘K2+625探坑长1.7m，宽0.8m，深度0.8m，表层为黏土，约60cm，下层为砂土，距离路基表面深度为50cm，可见明显土层间明显擦痕，由此判断该层面为滑动面，滑动面产状为10°∠23°；

(3)上缘K2+600探坑长2.0m，宽1.0m，深度1.9m，为亚黏土，裂缝深度约4.5m。

4 边坡稳定性分析计算

4.1 边坡变形情况及原因分析

该边坡发生滑塌，局部有分层滑塌现象，滑坡后缘滑动下错明显，局部高度达2m。滑塌体有多处呈陡坎状，根据现场情况初步分析认为，坡体存在多次下错变形的痕迹。后壁裂缝走向与线路走向夹角78°，延伸长度约50m，宽度10～40cm。滑坡左、右侧界已经形成，右侧界延伸约16m至坡脚位置，左侧界延伸约10m后裂缝不明显。而且后缘裂缝明显，滑坡后壁下错达2～3m，滑坡侧界也已经形成，边坡处于临界稳定状态，滑坡规模约1万m^3。

分析原因为受台风“尤特”引起的连续强降雨不利作用影响，由于该边坡是由较厚的坡积成因的亚黏土层及全风化的花岗岩组成的边坡，左侧路堑高坡前期局部处于蠕滑并已封填覆盖处理的区段(K2+564～K2+629段)在雨水下渗浸泡下，岩土强度指标急剧降低，大幅减弱了坡体自稳性能，从而引起坡体开裂下滑，造成坡体失稳滑塌。

4.2 边坡稳定性计算

该边坡稳定性的定量计算主要是在合理确定计算断面和计算参数的基础上，采用当前国内外广泛应用的边坡工程专业软件Geo-Slope之Slope/W软件包进行滑坡稳定性计算，定量评价该边坡的稳定现状及其发展趋势。

4.2.1　计算断面的确定

为了分析计算边坡的稳定性，选取与地质挖探相符合的主断面1—1′（桩号K2＋600）作为计算断面。将断面1—1′作为原断面，将断面1—2′作为设计后断面，基于该路堑高边坡的坡体结构条件与坡体变形特征，结合其变形现状及其发展趋势，进行数值模拟计算分析。滑动面的判断主要基于挖探及该滑坡的变形情况，滑坡后壁作为已形成滑面的后缘。滑坡剪出口主要参照坡面变形位置及坡面岩体顺倾的产状参数确定。

4.2.2　计算参数的确定

根据目前边坡的稳定性情况，反算其c、φ值，并结合地质勘察资料相互验证，确定岩土物理力学参数。

4.2.3　计算结果

本次稳定性计算考虑两种工况：

（1）正常工况，即边坡处于旱季或无其他不利因素影响下；

（2）暴雨工况，即边坡受持久强降雨因素影响下。

根据边坡目前的变形情况，对边坡滑面的c、φ值进行了反算与验证，边坡稳定性反算得到的强度参数如表1所示。

计算结果显示：正常工况下，1—1′断面边坡稳定性系数为1.042，边坡处于欠稳定状态，边坡整体稳定性差，局部趋于不稳定。暴雨工况下，1—1′断面边坡稳定性系数为1.002，边坡处于不稳定状态，极大存在滑移的可能。

岩土物理力学参数反算指标　　表1

岩土层名称	天然重度 γ(kN/m³)	正常工况		重度 γ(kN/m³)	暴雨工况	
		黏聚力c(kPa)	内摩擦角φ(°)		黏聚力c(kPa)	内摩擦角φ(°)
亚黏土	19.5	13	11	20	12.5	10.5
全风化花岗岩	20.0	20	13	21.5	19.5	12.5

根据边坡目前的状况，对边坡进行支挡设计，主要采用刷方减载并在坡脚恢复脚墙等措施。对设计后边坡稳定性系数再次计算得出结果。

计算结果显示：正常工况下，1—1′断面边坡稳定性系数为1.191，边坡处于稳定状态；暴雨工况下，1—1′断面边坡稳定性系数为1.137，边坡处于稳定状态，满足规范要求。

4.2.4　暴雨工况条件下的剩余滑坡推力

根据目前边坡的情况，在暴雨工况条件下，滑动体由n个滑块所构成，各个滑块将沿各自滑动面产生滑动，任一滑块的剩余下滑力可传递到下一滑块，使各个滑块处于同一种状态，根据上述确定的暴雨工况条件下的边坡岩土物理参数计算得出其剩余下滑力为75kN/m。故设置一级坡脚脚墙。

5　滑坡治理设计

针对本边坡目前的稳定性状况及变形特点等，由于滑坡规模小，自然山体浑圆平缓，路堑为土质边坡，故考虑刷方支挡治理。主要工程措施如下：

5.1　刷方卸载

考虑到目前边坡变形严重，随时有失稳的危险，因此刷方卸载先从滑坡最后一道可见裂缝开始由坡顶自上向下开挖。边坡共分为2级，一级边坡坡率为1∶1.5，一级边坡高度10m；

K2＋564～K2＋590 段二级边坡坡率为 1∶1.75，K2＋590～K2＋610 段二级边坡设坡率渐变段，由 1∶1.5 圆顺过渡到 1∶2.0，K2＋610～K2＋629 段二级边坡坡率为 1∶2.0，二级边坡直接刷至堑顶。

5.2　夯填裂缝

采用填土夯实的方式封闭边坡后壁、侧缘以及坡面已经产生的裂缝，避免表水由裂缝渗入滑动面。

5.3　排水系统

(1)治坡先治水，根据边坡堑顶山坡的地形地貌、汇水条件，在堑顶 5m 外布设一条截水天沟，沟长 65m。

(2)一级边坡坡脚处设置边沟，边沟与坡脚地面线距离 1m。

(3)一级平台处设置通常边沟，边沟宽 0.5m。

(4)K2＋563～K2＋564 设置急流槽，宽 1m，台阶高 0.2m，宽 0.3m。

5.4　支挡措施

(1)一级坡脚设置 C20 混凝土挡墙：K2＋564～K2＋610 段墙高 2.0m；K2＋610～K2＋620 段墙高由 2.0m 渐变至 1.0m；K2＋620～K2＋629 段墙高 1.0m。挡墙顶面宽 100cm，挡墙坡率 1∶0.75，墙背坡率 1∶0.5，基础埋深 1.36m，采用 C20 混凝土浇筑。

(2)一级边坡坡面采用拱形拱架植草进行坡面防护，二级边坡坡面采用拱形拱架植草进行坡面防护。

6　结语

该边坡滑塌部位经过处治后，至 2016 年 5 月已运营两年。从现场情况来看，除了一级平台局部有变形裂纹外，坡脚处挡墙完好，整体上稳定，说明处治措施合理可行。

本文对花岗岩类土质边坡病害治理进行了粗浅分析，并介绍了治理此类病害边坡的有效工程措施。我国南方山地较多，路堑边坡类型齐全，对于路堑土质边坡滑塌病害治理所采用的支挡加固类型较多。若地形条件允许，可以采用缓坡形坡率、多刷方、少圬工，利用自身坡体稳定来设计处理；若地形条件不允许，可以采用陡坡形坡率、强加固支挡来设计处理。措施选用时应因地制宜，经济实效，以便起到事半功倍的治理效果，达到一次根治、一劳永逸的目的。此外，路堑土质边坡滑塌病害具有经常性、突发性、潜在危险大等特点，必须在建设期引起参建方高度重视，充分采取防护支挡措施。

参考文献

[1]　徐邦栋.滑坡分析与防治[M].北京：中国铁道出版社，2001.

[2]　王恭先.王恭先滑坡学与滑坡防治技术文集[M].北京：人民交通出版社，2010.

[3]　工程地质手册编委会.工程地质手册[M].4 版.中国建筑工业出版社，2007.

[4]　谢建德.滑坡治理方法[J].地质与勘探，1995(5).

煤系地层对高边坡锚固工程安全运营影响的研究

周少斌　王建松　刘庆元　黄　波

（中铁西北科学研究院有限公司深圳南方分院）

摘　要　本文通过对京港澳高速公路粤境北段某煤系地层高边坡锚固工程现场检测，发现经过十多年的运营，该边坡的锚固工程出现锚头变形开裂、锚索锈蚀严重、锚索预应力损失严重及个别锚索失效等情况，判断该边坡存在严重的安全隐患，需要及时加固补强。通过对该边坡检测结果的研究，总结出煤系地层对高边坡锚固工程长期影响的特点，为以后煤系地层中高边坡锚固工程的设计与养护提供参考。

关键词　煤系地层　高边坡　预应力检测　锚索锈蚀

煤系地层中炭质泥岩岩质软弱，含炭成分大，吸收热能强，极易风化、崩解，受干燥-浸水活化作用影响较大，极易活化，且具有不可逆性，使得煤系地层具有干裂、吸水性强、遇水膨胀软化、抗剪强度骤降而丧失强度、部分水质具有强烈的硫酸盐侵蚀性等特点[1-2]，对锚索结构的耐久性极为不利。

本文以已运营十余年的京港澳高速公路粤境北段某煤系地层高边坡为例，利用锚固结构工后长期性能安全检测评估技术[3]对该边坡进行检测并对检测结果进行研究，希望能总结出煤系地层对高边坡锚固工程长期影响的一些特点，为以后煤系地层中高边坡锚固工程的设计与养护提供参考。

1　工程概况

京港澳高速粤境北段某煤系地层高边坡地质条件极其复杂多变，岩土体主要以（泥质）砂岩、页岩为主，多见煤系地层，地层软弱；该边坡煤系地层多出露于侧坡（G323 国道侧）坡脚至一级坡范围及主坡（高速公路侧）二至三级坡附近。工程建设过程中曾发生多次变形，并且变形范围不断扩展，其间进行了近十余次的变更。

该边坡最大高度近 70m，共 7 级。侧坡（G323 国道侧）为一老滑坡局部复活地段，坡脚采用预应力锚索桩＋挡土墙加固，一级坡及以上均采用锚索地梁或拱形骨架加固，2010—2011 年间采用预应力锚索框架对侧坡进行加固；主坡（高速公路侧）坡脚采用预应力锚索抗滑桩＋挡土墙＋锚索地梁加固，二、三、四级多采用锚索地梁＋锚墩加固，五级及以上多采用锚索地梁或拱形骨架加固。该边坡本次抽检锚索总共为 147 孔。

2　检测结果

2.1　边坡与反力结构变形情况

检查发现边坡的国道侧边坡一级挡墙中部存在一贯通竖向裂缝，最大宽度约 4mm；侧坡二级坡脚地梁与排水沟有错动裂缝；二、三级平台水沟存在裂缝；边坡靠国道侧挡墙存在鼓胀开裂病害。此外，主坡一级平台存在较大裂缝，长 26m，最大宽度 4cm。

2.2　锚头外观检查

通过对该边坡锚索锚头外观检查发现5孔锚索出现封锚混凝土开裂情况，见图1；2孔锚索出现钢绞线射出情况，见图2。安全拆除147孔封锚混凝土后检查发现7孔锚索的锚头部分钢绞线有内缩现象，见图3；夹片松动弹出的锚索有4孔，见图4。另外，有4孔锚索的钢绞线外留段长度不足30mm，长期发展可能造成夹片滑移脱落隐患。

另外，对锚头锈蚀情况检查统计，总体约有12.2%锚头锈蚀严重；约35.4%的锚头锚板、锚垫板及外露钢绞线可见较明显的红色锈迹及锈斑情况；52.4%的锚头锈蚀较轻微。

a)

b)

图1　封锚混凝土开裂典型照片

a)

b)

图2　钢绞线射出典型照片

2.3　锚固工程结构应力工作状态检测结果

由于本次检测样本数量较多，为直观清晰地研究样本数据，将本次数据按如下分类，分类结果见表1。

(1)正常工作状态：包括预应力损失（损失小于20%设计荷载）和预应力增加（增加小于20%设计荷载）。

(2)预应力超限：预应力超过设计荷载的20%。

(3)预应力不足：预应力损失在设计荷载的20%～60%之间。

(4)预应力损失严重：预应力损失在设计荷载的60%～80%之间。

(5)锚索失效：包括锚头失效锚索（钢绞线射出、内缩与工作夹片弹出等）和锚固段失效锚索（预应力损失超过设计荷载的80%）。

a)

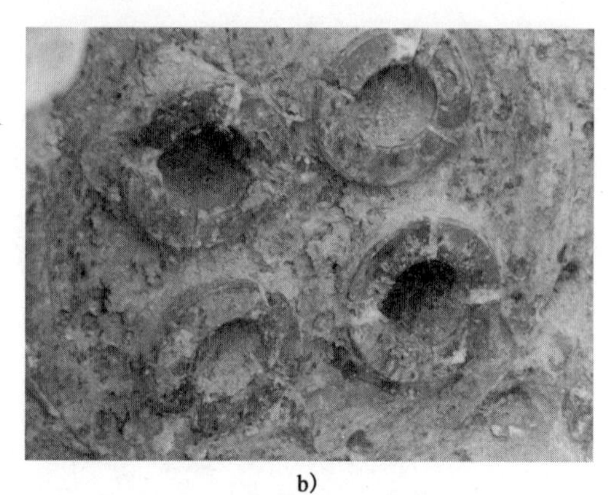
b)

图 3　钢绞线内缩典型照片

a)

b)

图 4　工作夹片弹出典型照片

预应力检测结果统计表　　表 1

序　号	检 测 结 果		数量(孔)	所占比例(%)	小　计(%)
1	预应力损失		23	16	17
2	预应力增加		2	1.4	
3	预应力超限		8	5.6	62.6
4	预应力不足		58	40.3	
5	预应力损失严重		26	18.1	
6	锚索失效	锚头失效	11	7.5	17.7
		锚固段失效	15	10.2	

注：本次安全拆除封锚混凝土的 147 孔锚索中有 4 孔锚索由于外留钢绞线长度太短无法检测预应力。

3　检测结果分析

3.1　锚索失效

本次检测的失效锚索包括锚头失效锚索 11 孔和锚固段失效锚索 15 孔，共计 26 孔，占抽检样本总量的 17.7%，锚索失效比例较大。分析导致锚索失效原因如下：

(1)锚索受力过大，使得锚索锚固段发生破坏或钢绞线绷断射出。

(2)施工时期，夹片质量低或注浆效果不明显。

(3)煤系地层的特殊地质环境加重锚固结构的锈蚀程度,降低了锚索的锚固性能。

(4)排水孔失效导致雨季时坡内积水不能及时排出,增加锚索荷载。

3.2 锚索锈蚀

对该条高速公路同期检测的 2 处非煤系地层的锚固边坡,发现其锚索外留部分均没有出现锈蚀严重的情况。因此,该边坡煤系地层的腐蚀环境是导致锚索锈蚀的主要原因。

本次检测锚索总体有 12.2%锚头锈蚀严重,包含全部 11 孔钢绞线射出、夹片弹出等锚头失效的锚索。可以判断,锚索锈蚀是导致锚头失效的重要因素。

3.3 锚索预应力损失严重与预应力超限

在长期高应力状态下,锚固段位于煤系等软弱地层的锚固工程结构的徐变蠕变不断累积,是造成结构预应力损失严重甚至失效的主要原因。边坡整体预应力损失使其预应力水平远小于设计值,导致边坡稳定性降低。

由于预应力锚索结构的链式影响的作用特性,失效锚索临近区域出现个别锚索预应力超限现象。

4 结语

(1)预应力超限与锈蚀问题是导致锚头失效的重要因素。随着时间推移,锈蚀问题和预应力超限问题会越发严重,严重影响锚固结构自身安全,个别锚索失效,链式作用会导致破坏失效现象加速发展,该问题是影响该边坡长期稳定的重要因素之一。

(2)该煤系地层边坡经过十余年的运营,其锚固工程的安全性已严重不足,需要对其锚固工程进行补强加固工作。

(3)对煤系地层的边坡应尤其注意日常的养护、监测与检测工作,密切注意其稳定性的变化情况。

(4)对煤系地层的边坡锚固工程设计过程中,应加强锚固工程的防腐蚀设计与锚固段的粘结强度设计工作。

参考文献

[1] 田卿燕,肖春发,吕建兵.粤北山区高速公路煤系地层滑坡机理分析[J].铁道科学与工程学报,2008,05.

[2] 李吉东.京珠高速小塘至甘塘煤系地层路堑高边坡稳定性分析与防治[J].水文地质工程地质,2003(5):86-88.

[3] 王建松,朱本珍,廖小平,等.中国专利:200710122633,2007-7-10.

六、深基坑支护与基础抗浮工程

青岛火车北站深基坑支护技术的应用与创新实践

蒋成军[1]　刘　笛[2]　于伟克[2]　张启军[2]

（1. 青岛市市政工程质量安全监督站　2. 青岛业高建设工程有限公司）

摘　要　在新建青岛火车北站深大基坑施工实践基础上，介绍了处于海边垃圾填埋场软弱地层条件下，针对各种环境条件的不同，应用的不同深基坑支护技术及其效果，总结了在实践过程中的创新施工工艺和方法，供类似工程参考借鉴。

关键词　临海　垃圾填埋区　支护体系　复喷　咬合桩

1　引言

随着城市用地的日趋紧张和功能集约化要求，大型综合枢纽建设已是一种必然趋势。新建青岛火车北站为大型综合交通枢纽工程，胶济铁路等6条铁路线与青岛地铁汇集于此，其地下工程部分包括地铁1、3、8号线车站与区间出入段线、地下车库、出站通道及同步实施的地下商业区，基坑开挖面积超过10万m^2，最大开挖深度31m。

工程濒临胶州湾东岸，原为海相沉积和李村河入海口交汇的滩涂地貌，后经填海造地，成为多年垃圾填埋区。基坑规模巨大，由多个建筑单体基坑组合而成，平面形状很不规则，竖向高低错落，形成多个坑中坑工程，基坑围护与支护形式多样，为软弱地层中复杂大型深基坑施工代表。

本文通过该项目的工程实践，介绍了处于海边垃圾填埋场软弱地层条件下，针对各种环境条件的不同，应用的不同深基坑支护技术及其效果，总结了在实践过程中的创新施工工艺和方法。

2　地层条件

青岛火车北站地处临海多年垃圾填埋区，表层为建筑垃圾和生活垃圾，成分杂乱、结构疏松，厚度达12m，特别是生活垃圾填埋腐化后呈纤维状、软塑状、流塑状；其下淤泥、淤泥质土及海砂层，呈软塑～流塑状，厚薄不均，平均厚度5.5m。生活垃圾与淤泥无自稳能力，开挖过程中产生流变。下伏基岩为交替分布的流纹岩与泥质砂岩，受沧口大断裂与海蚀作用影响，基岩坚硬且层面起伏变化较大。含水层主要赋积于人工弃填土和海相沉积的含砂类地层中，与胶州湾海水贯通，含水率高，补给充分，水位随季节和潮汐的变化显著。

3　支护形式的选择

火车北站基坑开挖面积广，深度大，根据该地层条件，结合周边放坡条件、坡顶使用荷载条件，采用了如下多种支护结构。

3.1　围护桩＋钢筋混凝土支撑＋钢支撑支护体系

对于跨度较大（15m以上）的长条形基坑，基坑内设置格构柱，横向支撑与纵向连梁形成网格，桩撑体系支护结构考虑基坑开挖与结构施工阶段的不同工况，最不利工况发生在每层结构施工时支撑拆除阶段，第一道支撑采用钢筋混凝土支撑，中板面以上采用双榀钢支撑或钢筋混凝土支撑。支撑布设时考虑其竖向与水平净距需满足机械作业与出土运输的最小空间，本项目层距均不小于 3m，第一种支护结构见图 1。

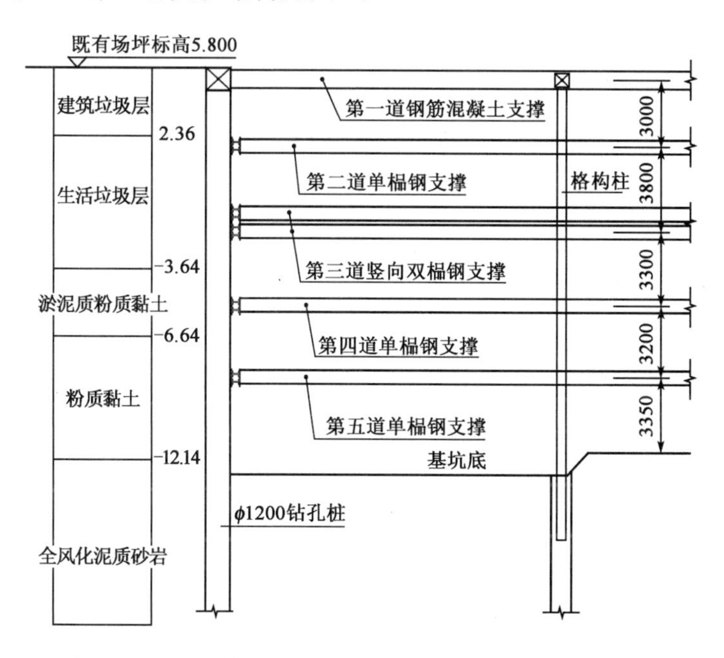

图 1 围护桩＋钢筋混凝土支撑＋钢支撑支护体系（尺寸单位：mm）

3.2 围护桩＋钢支撑支护体系

对于跨度较小，一般 10m 左右及以内跨度的区间基坑，全部采用了钢支撑，钢支撑施加预应力，第二种支护结构见图 2。

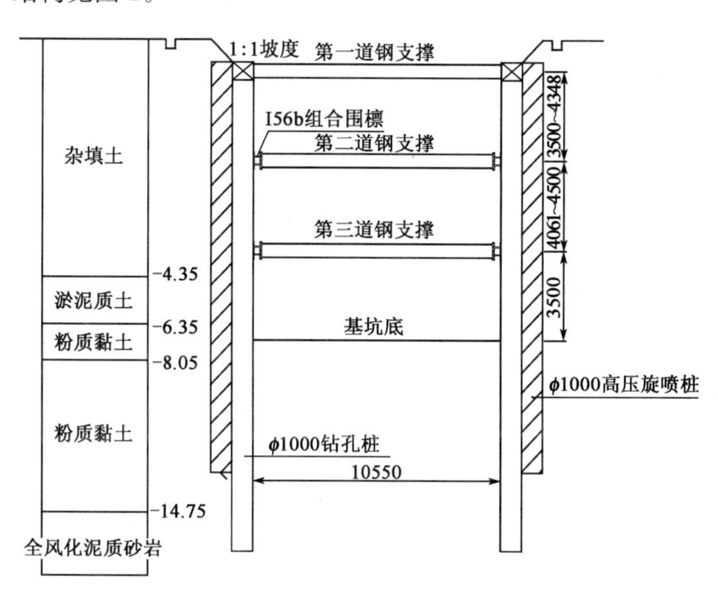

图 2 围护桩＋钢支撑支护体系（尺寸单位：mm）

3.3 围护桩+预应力锚索支护体系

对于基坑深度范围为稳定性较好地层，且基坑较浅时，采用了桩锚支护体系，可提供较大基坑作业空间，第三种支护结构见图3。

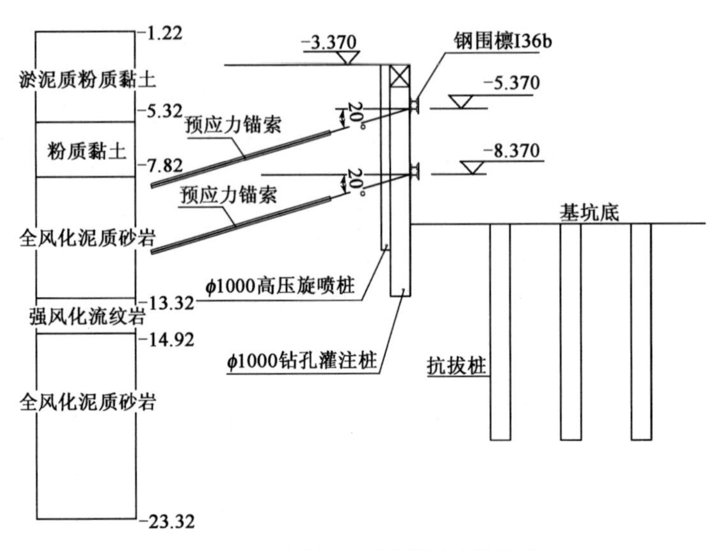

图3 围护桩+预应力锚索支护体系

3.4 双排悬臂桩支护体系

对于基坑深度范围为软弱土，设置锚杆(索)和内支撑有困难时，采用了双排悬臂桩支护，第四种支护结构见图4。

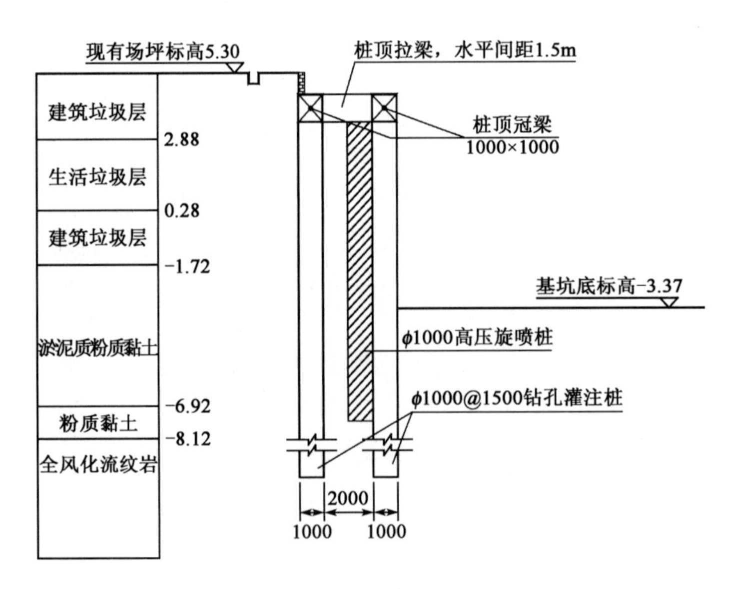

图4 双排悬臂桩支护体系(尺寸单位:mm)

双排桩可在一定程度上弥补单排悬臂桩变形大、支护深度有限的缺点。为减小变形，可对桩前被动区土体加固，同时保证桩端进入稳定地层。

3.5 围护桩+钢筋混凝土支撑+钢支撑+预应力锚索支护体系

对于基底局部加深区域(如废污水池)，具备锚固条件的部位，采用了桩撑+锚索支护体系，第五种支护结构见图5。

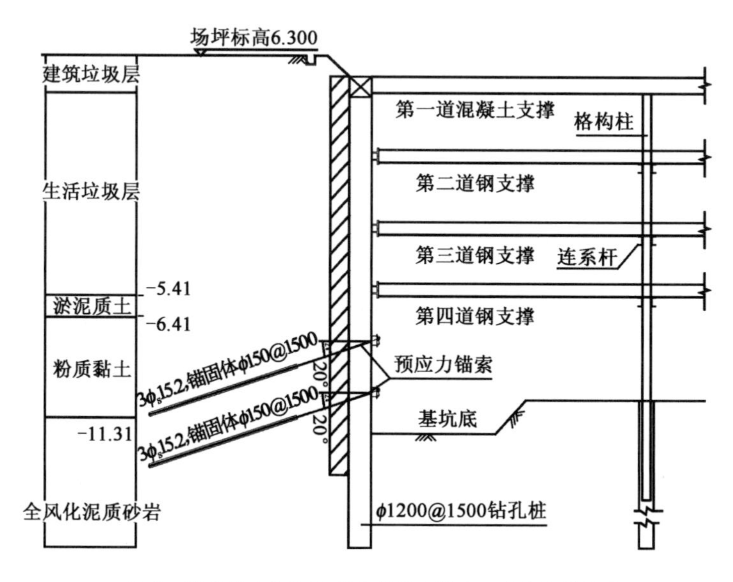

图5　围护桩＋钢筋混凝土支撑＋预应力锚索支护体系

3.6　围护桩＋钢筋混凝土支撑＋钢支撑＋钢筋混凝土支撑支护体系

出入段线线路交叉区域为坑中坑结构，考虑各上下基坑的稳定，分别在基坑顶设置锁口钢筋混凝土支撑，其余采用钢支撑。第六种支护结构见图6。

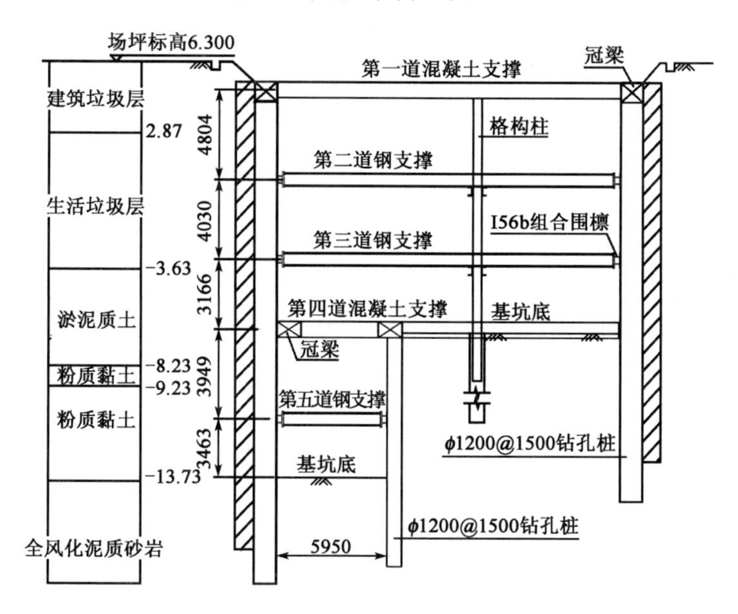

图6　围护桩＋钢混支撑＋钢筋混凝土支撑支护体系

4　止水帷幕创新工艺方法

4.1　帷幕试验段出现的问题

本深基坑设计三重管高压旋喷桩作为止水帷幕，该工艺是将分别输送的高压水、高压气同轴喷射冲切土体，形成较大的空隙，再由泥浆泵将水泥浆以较低压注入到被切割、破碎的地层中，喷嘴作旋转和提升运动，使水泥浆与土混合，在土中凝固，形成圆柱状固结体(即旋喷桩)。现场试验段施工后，经现场试验与抽芯检查、闭水观察，生活垃圾层中未形成水泥浆与土粒凝结体。经分析,原因是地层组分混杂,特别是编织袋、塑料袋及布条等属纤维状物质,降低了高压喷射流切割破坏土体作用,射流后部形成的空隙减小,混合搅拌程度与范围达不到目标值,更重要的是高速水射流切割土体的同时,通入的压缩气体不能把切下的纤维状物质排出至地上,补充的水泥浆液非常有限,高压旋喷桩的置换作用不能发挥。为此,进行了如下工艺改进与设计优化。

4.2 旋喷工艺改进

针对生活垃圾层切割困难、水泥浆置换效果差以及生活垃圾层结构疏松、渗透性强的特点,采取了生活垃圾层段进行复喷,并调整了施工参数:增加高压水、气压力,减小水泥浆水灰比,降低提升速度。

4.3 补强方案

由于生活垃圾层组分复杂,成桩的不确定因素多,在高压旋喷咬合桩完成并形成固结体后,在高压旋喷桩止水帷幕与围护桩间增加了 $\phi600$ 的咬合旋喷桩,咬合桩布置见图 7。

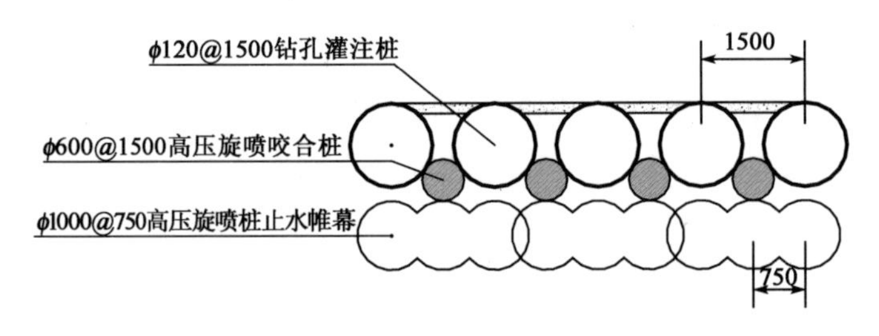

图 7 咬合桩布置图(尺寸单位:mm)

该咬合桩采用两重管高压旋喷法施工,直接用高压水泥浆切割与填充,降低提升速度,以增强渗透填充作用。基坑开挖后实践证明,止水帷幕与围护桩间增加了咬合桩地段,开挖后工作面干燥。

5 深基坑开挖方案

青岛火车北站基坑规模巨大,由多个功能区组成,按照不同的支护结构形成与基坑空间条件,主要从安全和进度方面考虑,采取以下几种开挖方法:

(1)直提升出土开挖,即竖井开挖。对于封闭基坑的端头部位开挖以及受管线、道路影响,基坑分段后长度太短的情况,采用该方法。垂直提升机械采用吊车、履带式抓斗、龙门吊及塔吊等。土方开挖时按照分段、分区、分层的原则,及时支护与架设钢支撑(含角撑)。该出土开挖方法进度慢、机械成本费用高。

(2)斜向分层后退式开挖。该开挖方法应用于区间、车站等条形基坑,适用条件为斜坡道穿越地层为硬塑性黏土等有较高承载力的地层,对于支护结构形式为桩+锚索时优先采用此开挖方法,当基坑第一道支撑为钢筋混凝土支撑时,在斜坡道出地面位置应替换为钢支撑。该开挖方法进度快、垂直运输费用低。

(3)坑内增设中央通道,水平分层后退式开挖。对于双线大跨度地铁车站基坑,基坑第一道支撑通常设置为钢筋混凝土支撑,同时,基坑内设置了格构柱,造成支撑纵横交错,故斜坡道设置困难。施工中可按照水平分层、对称平衡原则,先开挖中间土体形成水平中央通道,当基坑端部具备场地条件时,可在围护结构一端或两端增加开口,形成水平出土通道。围护结构开口时设置马头门环框梁进行受力传递与代换,水平通道出土采用从中间向两端后退式逐层开挖，当水平通道位于软弱地层时，通道路面层需进行换填加固。

(4)盆式开挖。对于支护结构采用桩锚体系或单双排悬臂桩等坑内无支撑的大型基坑宜采用盆式开挖，即先开挖中间土，随深度的增加，坑内安排挖掘机进入基坑翻挖配合，当深度较大，一次翻挖深度不够时，增加出土运输马道至坑内，基坑土体开挖完成后挖除马道土体。

6 基坑监测结果

本工程对支护结构体系本身和相邻环境进行了全面监测，包括现场巡视检查与数据监测两部分，监测的内容主要有：①围护桩顶水平位移；②围护桩顶沉降；③围护桩体挠曲位移(测斜)；④围护桩内力；⑤支撑轴力；⑥锚杆内力；⑦围护结构侧向土压力；⑧孔隙水压力；⑨坑底隆起；⑩地下水位；⑪地表沉降。

其中，围护桩体挠曲位移、支撑轴力、锚杆内力是监测的核心项目。

经监测，以上支护结构均能达到国家规范变形控制要求，基坑支护达到了稳定性要求。

7 结语

在青岛火车北站深基坑工程中，工程规模巨大，地处复杂的海边生活垃圾填埋场环境中，根据不同的开挖条件、周边使用荷载条件，采用了相应的多种支护体系，施工中也遇到了诸多问题，特别是止水问题，采取复喷工艺及咬合旋喷桩方法，达到了很好的止水效果。根据该基坑复杂多变的特点，制订了相应的安全快速开挖方案。本工程顺利完工，总结的一些经验，希望能为类似基坑工程提供借鉴意义。

预应力锚索在上海饱和软土地层基坑中的应用

李　晔[1]　赖允瑾[2]

（1. 上海域云地基工程有限公司　2. 同济大学地下建筑与工程系）

摘　要　上海地区的地层浅部为深厚饱和软黏土层，由于偏见所致，不少工程界人士都认为这种土层内锚索锚拉力小，围护结构变形大，环境控制不易，不适宜作为城市基坑的支护形式。这使得土层锚索在上海地区的应用受到极大的限制。事实上，对于挖深在8m以内的基坑，锚索支护在变形控制和安全保障上比悬臂支护结构甚至内支撑支护结构可靠得多。由于近年推出旋喷桩锚技术和锚索可回收技术，使得成孔质量和红线控制问题得以解决，为锚索的进一步推广开辟了道路，值得工程界和学术界的重视。本文介绍了上海长兴岛地区的一个旋喷桩锚支护的工程实例，论证了锚索背拉式支护的可靠性。

关键词　基坑　旋喷桩锚　钢板桩　锚索　搅拌桩止水帷幕

1　引言

上海地区的土质属于长江三角洲冲积地层。地表下百米内无岩层，60m内基本上是饱和软黏土层。其中浅层30m深度内常含有淤泥质黏土以及粉性土。淤泥质黏土和粉性土在成孔上易坍孔，淤泥质黏土还存在强度低、蠕变性强的缺点。因此，锚索背拉式支护形式自20世纪80年代应用以来，由于对土层锚杆（锚索）的一种偏见（蠕变显著，锚拉力太小），一直受到来自行政管理部门及设计部门等多方面的抵制，应用十分有限，其应用没有达到其应有的程度和范围。

事实上，对于开挖深度较浅（一般在8m以内）的情况，只要解决了成孔问题，按规范要求进行施工和质量检测，采用土层锚杆（索）是完全有安全保证的。

本文将介绍应用于上海长兴岛某地下车库基坑的锚索背拉式支护。

2　工程简介

2.1　基坑情况

本地下车库基坑位于上海市崇明县长兴岛江南大道以南、规划纬二路与规划经十路路口西北角。基坑挖深约4.50m。部分采用预应力锚索—板桩支护形式。钢板桩后为1.2m双轴水泥土搅拌桩止水帷幕。钢板桩采用大齿口槽钢（32a号热轧槽钢）。每根锚索采用2ϕ15.24钢绞线，长度9m，间距1.2m。采用高压旋喷桩工艺。锚索锚固体直径设计为500mm，每根锚索设计拉力为100kN。

基坑周围邻近已建住宅，均采用预制PHC桩，沉桩工艺为静压。住宅基础底标高为绝对标高+2.20m。因此基坑施工时，地面先卸土600mm厚，基本卸除①层填土层。

2.2　地质概况

本工程所处地层为：$①_1$层填土；$②_{31}$层灰色砂质粉土夹黏土；$②_{32}$层灰色粉砂；④层灰色淤

泥质黏土；⑤$_1$层灰色黏土；⑤$_{31}$层灰色粉质黏土；⑤$_{32}$层灰色粉质黏土、粉砂互层。④层、⑤$_1$及⑤$_{31}$层为场地内主要软弱土层。

但基坑挖深及支护桩所在土层主要为②$_{31}$层灰色砂质粉土夹黏土。

表1为各土层物理力学参数。

土层物理力学参数 表1

土层序号	土层名称	天然重度(kN/m^3)	黏聚力 c(kPa)	内摩擦角 φ(°)	渗透系数(cm/s)
①	填土	18	10	12	
②$_{31}$	灰色砂质粉土夹黏土	18.6	3	30.7	5.0×10^{-4}

2.3 基坑支护平面和剖面

基坑开挖深度4.5m，顶部卸土0.6m后，打设钢板桩和搅拌桩止水帷幕。钢板桩采用32a号槽钢，长9m。搅拌桩采用ϕ700@500双轴水泥土搅拌桩，厚度1.2m，深度9m。锚索位于1.7m挖深处，每根锚索采用2ϕ15.24钢绞线，长度9m，间距1.2m，锚索倾角30°。采用高压旋喷桩工艺。锚索锚固体直径设计为500mm，每根锚索设计拉力为100kN，预应力锁定值为100kN。具体如图1和图2所示。

考虑到②$_{31}$层土渗透系数大，且止水帷幕没有隔断此土层，因此坑内四周设置了轻型井点降水。

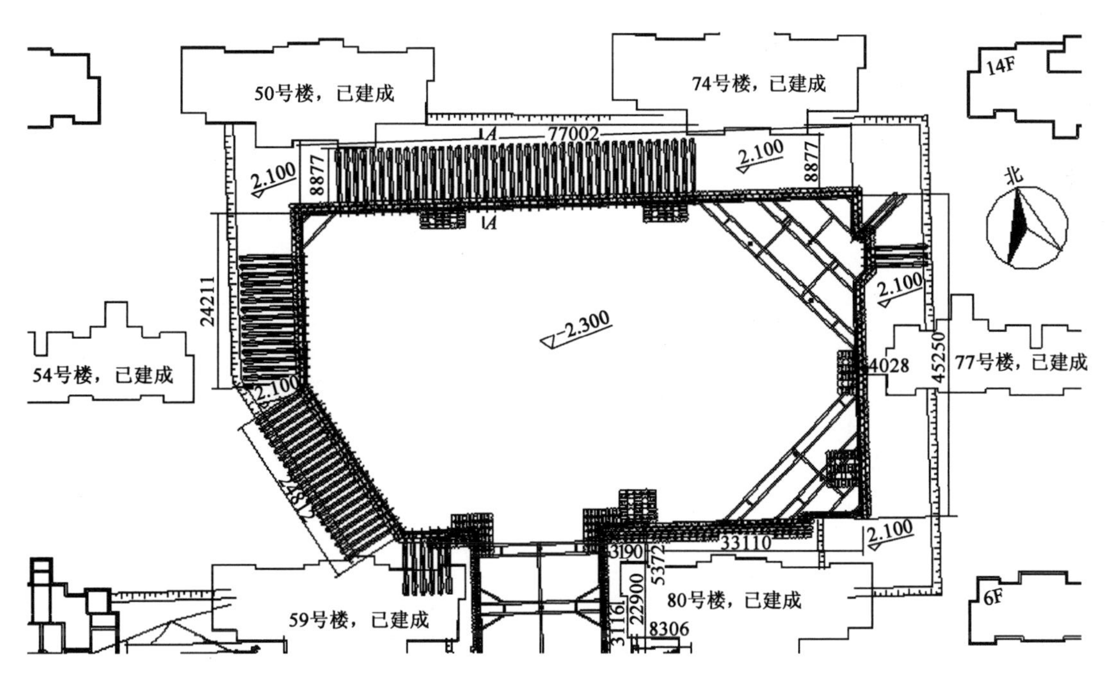

图1 基坑平面图(尺寸单位：mm)

3 锚索抗拉力设计

采用同济启明星软件进行设计计算，分别对预应力为50kN和100kN两种情况进行了分析计算。计算结果如图3和图4所示。

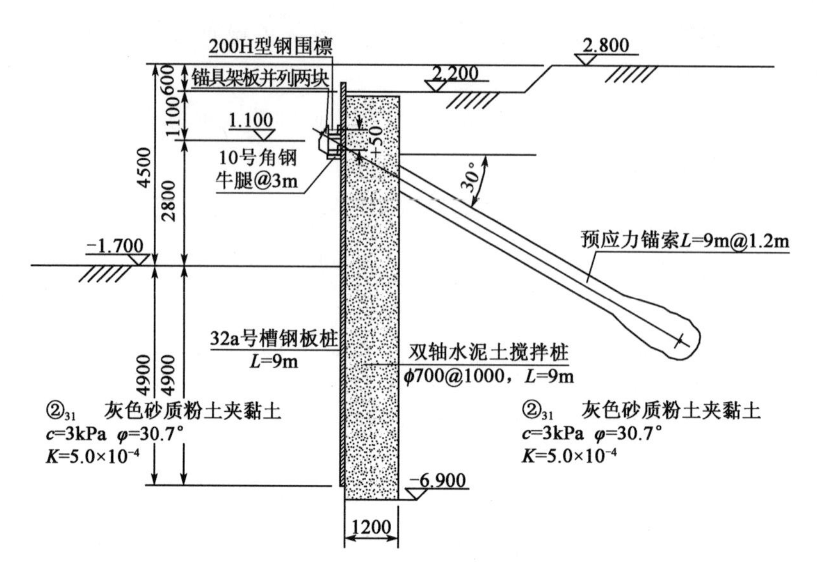

图 2 基坑剖面 A—A(尺寸单位:mm)

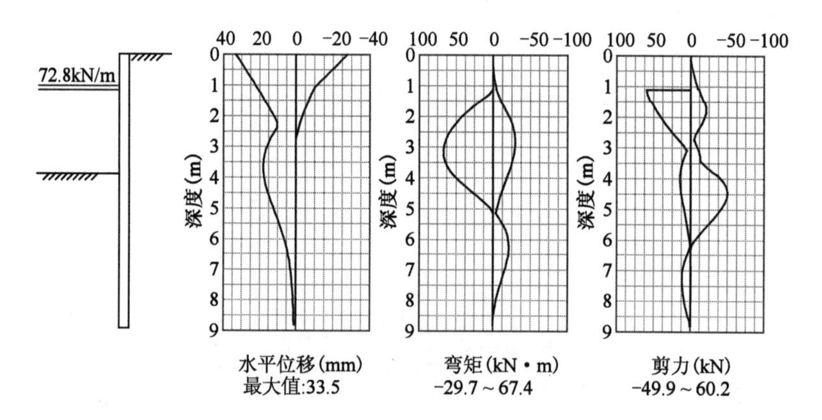

图 3 预应力为 50N/m 时的计算结果(相当于每根锚索预应力 60kN)

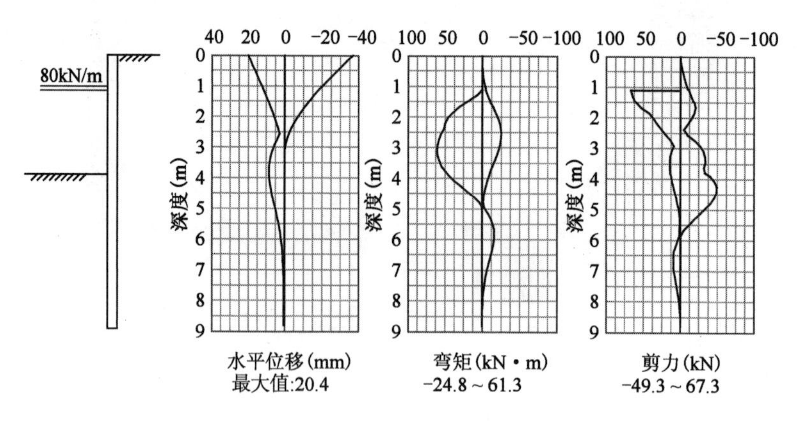

图 4 预应力为 80N/m 时的计算结果(相当于每根锚索预应力 100kN)

计算表明,基坑锚索主动土压力产生的锚索支护拉力为 72.8kN/m,如果施加的预应力小于此值,挖至基坑底时锚索的拉力为 72.8kN/m;如果施加的预应力大于此值,那么锚索实际拉力为施加的预应力,本工程为 80kN/m。事实上,由于土层的蠕变特性,锚索会发生应力松弛现象,最终拉力会降低。

4　锚索承载力现场检测

4.1　试验参照标准

锚索拉拔试验为验收试验，参照国家行业标准《岩土锚杆（索）技术规程》（CECS 22：2005）的有关要求进行。

4.2　测试方法

4.2.1　锚索端部处理

根据锚索端部所接于围檩缀板上OVM锚具大小，在千斤顶后方焊接底座，套置于该OVM锚具上，使得该锚具受力后可以自由进出底座，在千斤顶最外端安装试验锚具。加载装置采用穿心千斤顶，通过张拉试验锚具对锚索进行拉拔。位移量测采用游标卡尺。

4.2.2　加载方法

本次试验的最大试验荷载取为锚索拉力的设计值1.2倍，即120kN。

4.2.3　加载等级和位移测读

加载等级和位移测读方法。测读时间按0min、3min、5min控制。

4.2.4　卸载

锚索加载到设定条件后便进行卸载。即当锚索拉拔过程中满足如下条件之一时进行卸载：

（1）达到最大试验荷载时。

（2）后一级荷载产生的锚头位移增量达到或超过前一级荷载产生位移增量的2倍时。

（3）锚索损坏。

卸载时如满足上述条件（1）时，卸载前应对土钉位移观测15min，然后逐渐卸载至设定值，并测读锚头位移。满足条件（2）时，立即开始卸载至设定值，并测读锚头位移。满足条件（3）时，立即卸载。

实际试验中3根锚索均采用了上述第1条控制标准。

4.3　测试结果

测验结果见表2，相应的荷载—位移曲线（*P-S*曲线）如图5～图7所示。

锚索试验结果　　表2

荷载水平（kN）		1号锚索		2号锚索		3号锚索	
		位移增量（mm）	位移累计（mm）	位移增量（mm）	位移累计（mm）	位移增量（mm）	位移累计（mm）
第一级加载	33	1.70	1.70	1.66	1.66	1.38	1.38
第二级加载	66	1.70	3.40	1.66	3.32	1.38	2.76
第三级加载	99	1.20	4.60	0.90	4.22	1.84	4.60
第四级加载	132	0.40	5.00	1.94	6.16	2.06	6.66
第五级加载	165	1.00	6.00	1.76	7.92	3.14	9.80
第六级加载	198	1.70	7.70	1.98	9.90	3.88	13.68
第七级加载	231	2.20	9.90	2.32	12.22	3.30	16.98
第八级加载	264	3.80	13.70	2.60	14.82	6.10	23.08
卸载	33	−9.48	4.22	−10.20	4.62	−19.00	4.08
加载	198	5.48	9.70	7.00	11.62	13.70	17.78

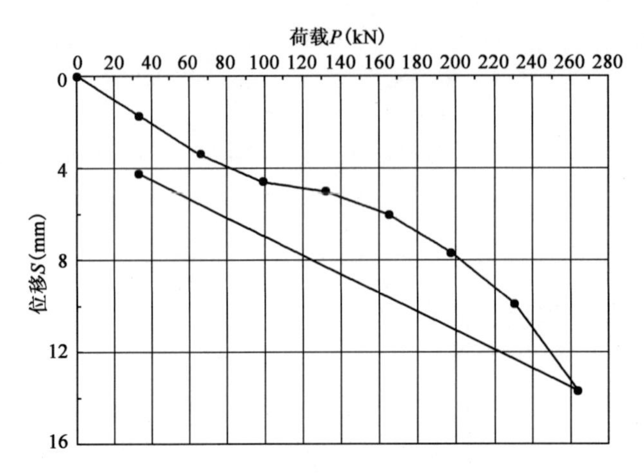

图 5　1 号锚索试验 P-S 曲线

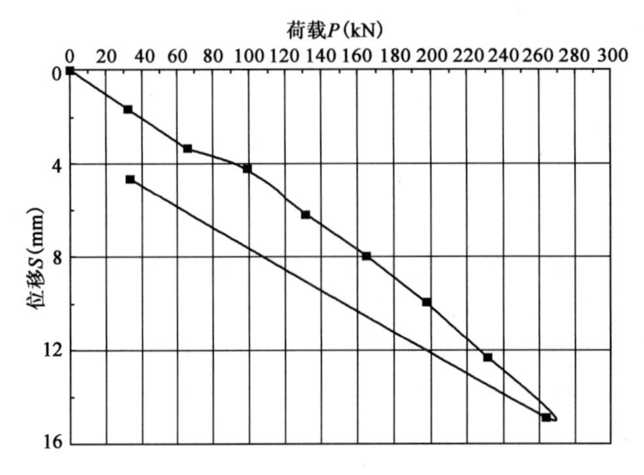

图 6　2 号锚索试验 P-S 曲线

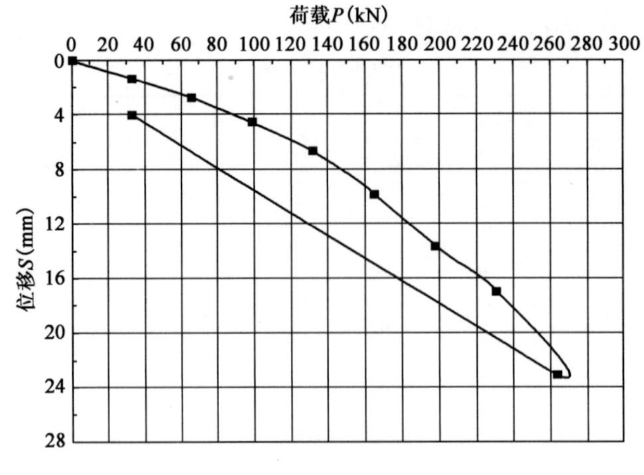

图 7　3 号锚索试验 P-S 曲线

试验表明，三根锚索的极限承载力均可以达到 264kN，此时锚索最大变形为 23mm。而且卸载后的残余变形在 5mm 内。从试验曲线中可以看出，如果锚索锁定时施以 100kN 预应力时，锚索的变形为 5mm 内。

设计的锁定值为100kN，约为设计值的0.75倍，或为极限值的0.35倍。

5 实施情况

为了提高施工效率，本基坑采用施工顺序为：施工搅拌桩→施打钢板桩→施工坑内轻型井点→开挖第一批土至锚索（及支撑）位置→施工锚索→安装支撑→待锚索达到养护强度后张拉锚索并锁定。

工程实践表明，采用板桩＋锚索背拉式支护的断面比内支撑断面的位移控制效果好得多，前者板桩位移不到20mm，而后者达到56mm。

6 结语

（1）在上海地区的软土地层，采用锚索＋围护桩的支护形式对8m以内挖深的基坑进行支护，位移控制和安全保障是可以确保无虞的。

（2）对于受红线控制的情况，引入可回收锚索可以解决出红线的问题。

（3）对于成孔困难的情况，可以采用套管成孔工艺或旋喷桩锚工艺。

（4）锚索预应力锁定值建议为设计值的0.5～0.8倍。

参考文献

［1］ 上海同济建设工程质量检测站. 绿地长兴岛配套商品房2号地块地下车库2基坑围护锚索拉拔力测试报告[R]，2011.

［2］ 中华人民共和国行业标准. CECS 22：2005 岩土锚杆（索）技术规程[S]. 北京：中国计划出版社，2005.

［3］ 上海市工程建设规范. DG/TJ08-61—2010 基坑工程技术规范[S]. 上海：上海市建筑建材业市场管理总站，2010.

［4］ 中华人民共和国行业标准. JGJ 120—2012 建筑基坑支护技术规程[S]. 北京：中国建筑工业出版社，2012.

［5］ 罗强，朱国平，王德龙，等. 岩土锚固新技术的工程应用[M]. 北京：人民交通出版社股份有限公司，2014.

浅谈钢支撑在基坑支护中的应用及监测分析

蒙湫丽　王建成　崔建鹏　肖振楠

（北京市机械施工有限公司）

摘　要　基坑钢支撑支护体系具有安全稳定、环保、施工进度快等优点，在隧道、桥梁及基坑支护施工建设中广为应用。本文结合实例通过简单介绍钢支撑在基坑支护中的应用，分析基坑钢支撑支护技术在基坑支护施工中的技术要点、施工方法，并提出了改善措施，给未来钢支撑施工提供一些参考或启发。

关键词　基坑支护　钢支撑　施工　监测

1　工程概况

国家计算机网络与信息安全管理中心综合楼动力增容机房工程位于北京市朝阳区裕民路甲3号，其东侧为裕民东路，南侧为国家计算机网络与信息安全管理中心综合楼，北侧为元大都城垣遗址公园。拟建建筑地上7层，地下2层，建筑物高度约30.00m，基础埋深约9m。本工程±0.00为48.40m，自然地面高程约为47.62m，基底标高为－9.78m，局部为－10.20m和－10.40m，基坑开挖深度为9.00m、9.42m、9.62m。基坑东西长约94.5m，南北宽约15.8m。

基坑南侧离已有建筑结构地下室约7m，综合考虑各方面因素影响及受周边环境限制，本工程基坑南北方向主要采用钢管撑支护，所用材料为ϕ609mm(t=14mm)焊接钢管。通过钢围檩支顶在护坡桩体上。钢围檩为两根45b工字钢并放。钢支撑共28根。安装在桩顶标高以下2.4m，具体平面布置如图1所示，剖面图如图2所示。

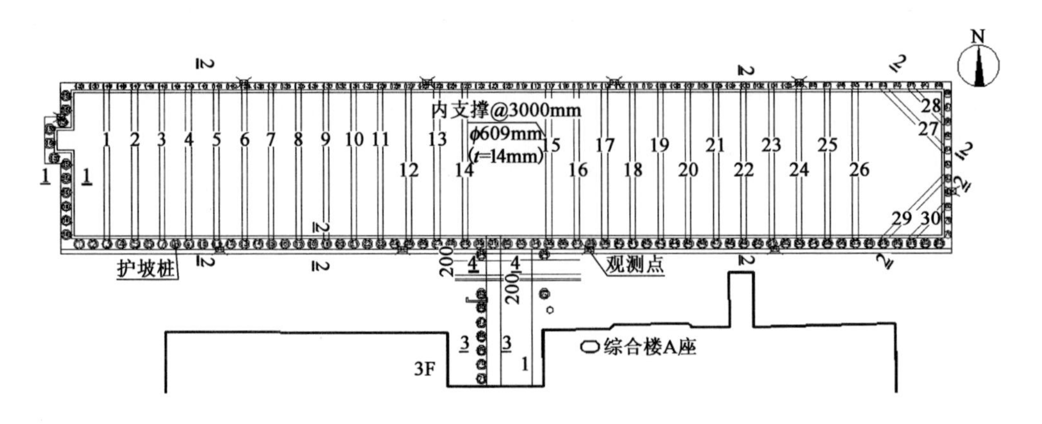

图1　钢支撑平面布置图

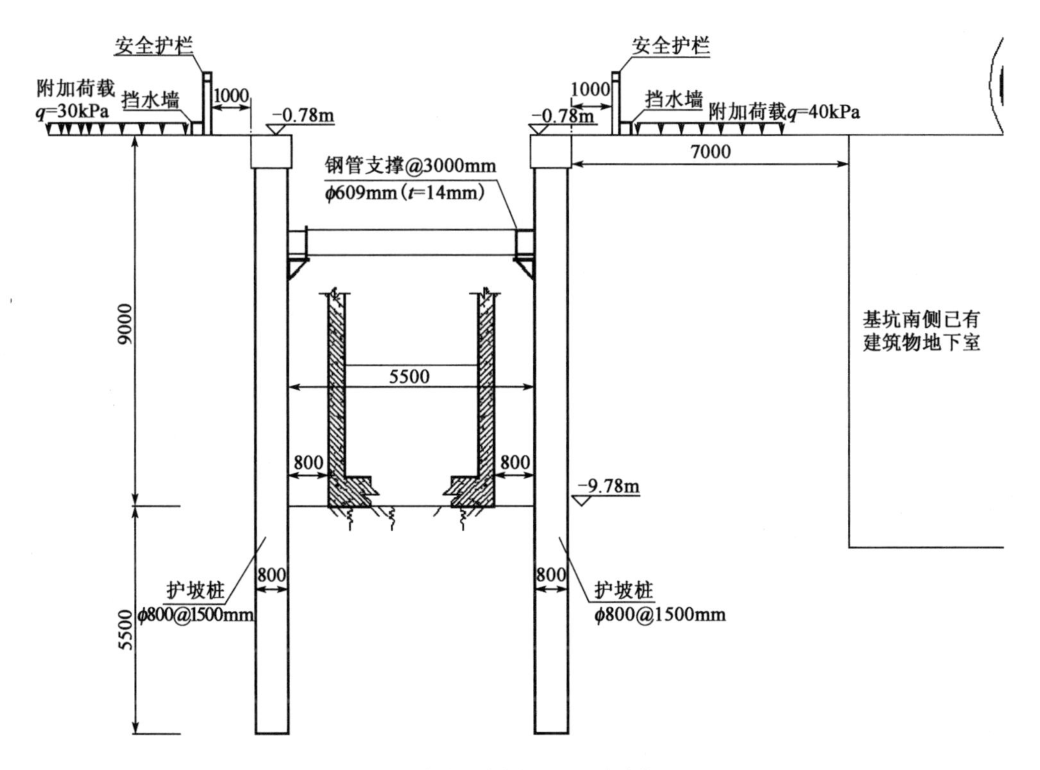

图2　钢支撑进度剖面图(尺寸单位:mm)

2　基坑钢支撑施工

2.1　钢支撑施工工艺流程

土方开挖→构件进场→支撑编号→对号运到现场→法兰盘、活络头及钢管拼接→组装三角形围檩托架→安装围檩→钢支撑吊装就位校正→施加预应力→紧固钢楔→拆除液压千斤顶→钢支撑与围檩连接→钢支撑拆除。

2.2　土方开挖

土方开挖时要与土方单位配合,考虑后期钢托安装、钢管吊装,应使挖方工作面低于围檩中心线标高1.2m,并平整好吊车操作范围内的场地,以便于吊车吊装施工。

2.3　构件进场

构件进场后应及时对构件大小及尺寸进行验收,构件应附有加工厂出场合格证,并应附有技术文件。构件中若有损坏和变形的埋件应予矫正或重新加工。钢板、钢管、焊丝等原材应提前进行原材复试。

2.4　法兰盘、活络头及钢管拼接

钢管是钢支撑的主要受力构件,其质量直接影响基坑的安全。钢管拼接时应注意:

(1)拼接场地平整。

(2)拼接时防止钢管出现起拱、弯曲,拼接支撑两头中心线的偏心度控制在2cm以内。

(3)钢管拼接焊缝为一级焊缝,探伤检测数量100%。

2.5　装三角形围檩托架安装工艺流程

(1)定位

须按设计标高,采用水准仪抄测统一标高后,在支护桩桩身上标示打螺栓位置。

(2)安装

三角形围檩托架与护坡桩的连接用 YG2 型胀管螺栓，三角形围檩托架采用 L 型钢焊接成三角架及托板组成。檩托安装时严格控制檩托顶标高，标高误差不大于 1cm。檩托与护坡桩的连接用 YG2 型胀管螺栓连接，详见图 3。

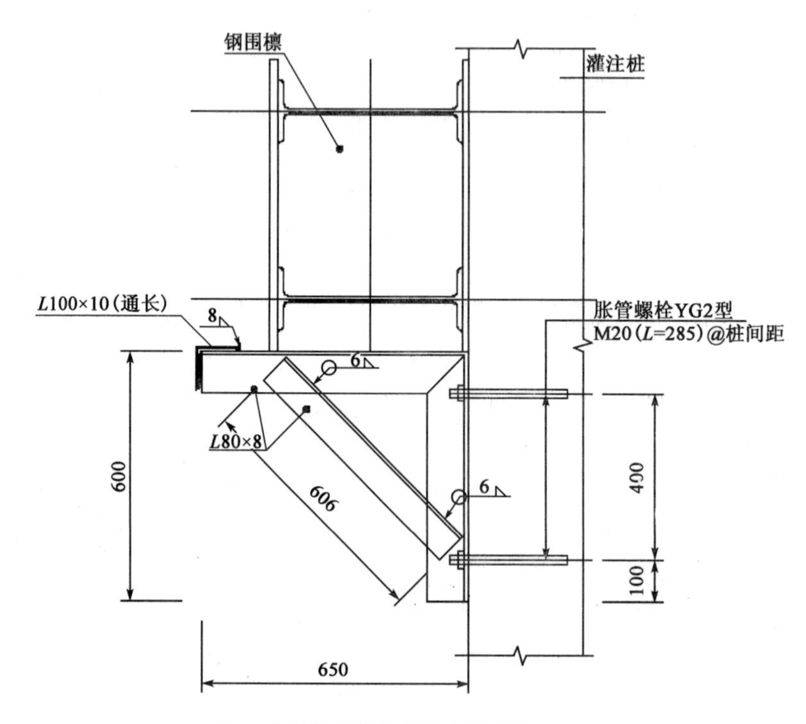

图 3　钢围檩支撑节点图(尺寸单位:mm)

2.6　安装围檩

三角形围檩托架安装完毕后，用全站仪将围檩外皮线施放标记在三角形围檩托的顶板上。施放完毕后应组织总包，监理验收。

钢围檩是钢支撑主要传力构件，且围檩的安装比较困难。双 H 型围檩根据施工进度分段现场拼接、焊接。本基坑围檩分为平对撑和斜对撑两种，详见图 4。

为保证现场围檩对接的施工质量，采用连接夹板、安装螺栓进行临时固定的技术措施。其质量控制要点如下：

(1)钢围檩安装尺寸的精确直接影响钢支撑是否能够安装上，因此必须将此工作作为一项重点工作来做。

(2)吊装围檩注意吊装顺序的选择：先两端再中间、先圆弧再直线。

(3)围檩的支撑钢托如果不在一个平面上，则必须采取增加垫片在钢托上，使钢托和围檩必须完全接触受力。

(4)围檩焊缝为 2 级焊缝，探伤检测数量为 20%。

(5)吊装围檩选择用吊车直接起吊的方式。注意围檩吊点的选择及吊点的焊接质量。

2.7　钢支撑防坠落装置

钢支撑吊装时要做好防坠落措施，并禁止在基坑支撑安装工作面范围内所有的其他作业施工。钢支撑防坠落装置，固定在冠梁与钢支撑之间，固定构件在连梁中预埋或用膨胀螺栓固定，固定构件用钢丝绳与钢支撑连接。

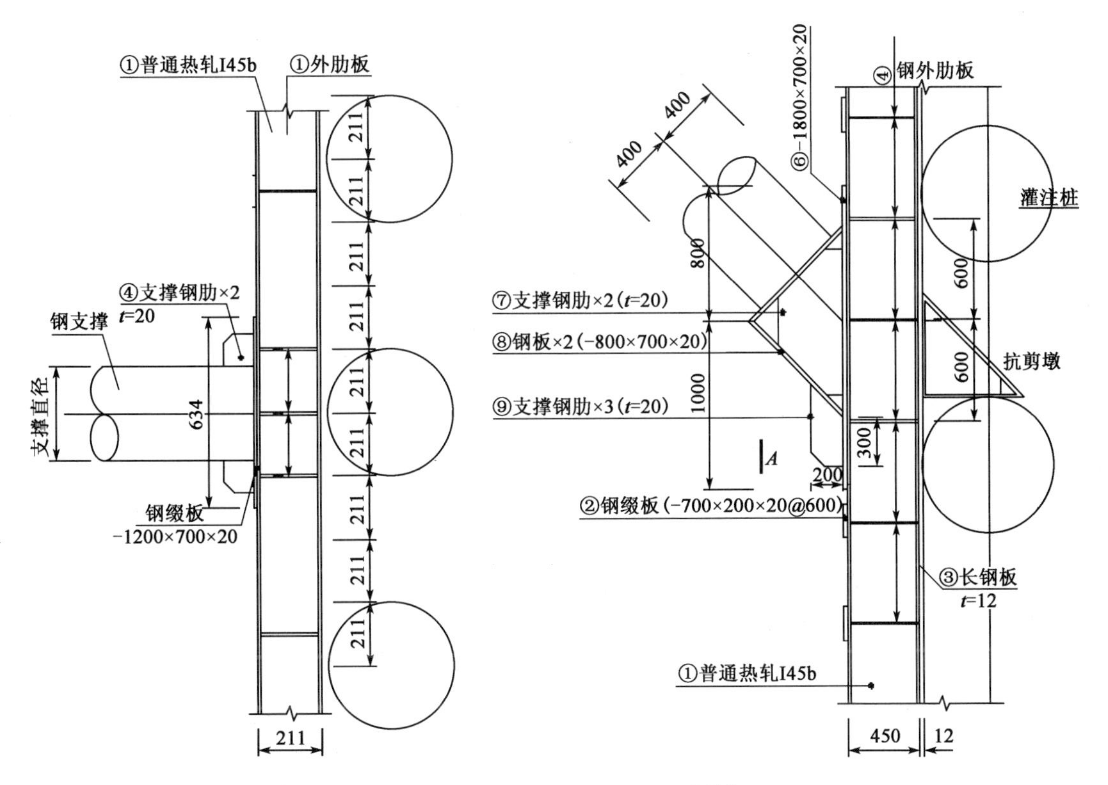

图4　钢围檩对撑、斜撑节点平面图(尺寸单位:mm)

2.8　钢支撑吊装就位校正、施加预应力及紧固钢楔

钢管安装顺序为由西向东进行施工,钢管拼接检查合格的钢支撑按部位进行编号,整体吊装就位,对接时,需将四面连接夹板用螺栓固定,在支撑下面设置三处水平托架保持水平度,然后进行焊接。钢支撑安装后,检查钢支撑两侧间隙情况,根据情况顶进活动端,使围檩受推力发挥支撑作用,当固定端顶紧钢支撑就位检查合格后,将固定端与钢托焊接牢固。活动端的千斤顶顶紧后,对活动端钢托和支撑加塞钢板进行焊接固定,最后拆除千斤顶。千斤顶应放在围檩及钢管中间位置,两侧各一顶,平均施加应力。施加应力完毕后应将自由端与钢托之间的空隙用钢板塞紧焊牢。钢管安装完毕后,检查钢管支撑挠曲度。本工程设计单位提出钢支撑的上曲≤L/1000,下挠≤20mm,并记录支撑原始的挠曲度。

2.9　钢支撑拆除

钢支撑的拆除施工工艺流程:支撑起吊收紧→施加预应力→拆去钢楔→卸下千斤顶→吊出支撑。

钢管支撑挠度和应力量测:安设钢支撑安装后,加强钢管挠度及应力量测,以确保施工安全和周边环境的稳定。在钢支撑中部上端焊标志尺,在施加预应力和开挖土方过程中,采用水准仪直接量测钢支撑的最大挠度。

在基坑中部钢支撑的一端加设FLJ-40型振弦式反力计,并在钢支撑的两端上下面分别粘贴钢弦式应变片,测量钢支撑的轴力。

支撑体系拆除的过程就是支撑的倒换过程,当永久结构达到设计强度后拆除钢管支撑,把钢管斜撑所承受的土压力转至永久支护结构。

当钢支撑下的结构施工做到钢支撑处,并且此时的混凝土达到设计强度时,便可拆卸钢支撑。在钢支撑拆卸前先在各钢管与钢管的接点处架设一托架，起固定钢管作用，然后将预加力端的钢楔卸去，此时松去各钢管连接处的螺栓，螺栓卸下之后，用塔吊将钢管吊到地上。钢管与钢围檩(预埋件)的固定端，可采用氧焊法，将焊接处割断而卸掉。钢围檩也是用氧焊法将之各个部件分割出去。

3 施工质量控制

3.1 施工中遇到的问题及解决方法

(1)护坡桩侧面不平整，如果直接安装围檩平整度不好，影响受力。

解决办法：在护坡桩与围檩之间垫上钢板使同一面各排桩之间平整度一致，受力在同一直线有助于减少钢撑应力损失。

(2)钢托柱安装考虑用护坡桩植筋施工方法，因为开始设计方案是桩锚支护，后面才改成内支撑支护形式，此时护坡桩已经施工完毕，没有埋预埋件，并且工期紧张，不适用植筋施工。

解决办法：小钢托与护坡桩的连接改用 YG2 型胀管螺栓连接，此施工方法不仅符合受力要求，而且还加快了施工进度。

(3)场地狭窄没有预制支撑运至现场，无足够的加工场地。

解决办法：分批进场，进场后组装、检验、安装、加压有序进行，为下一批材料进场创造空间。

3.2 施工质量控制要点

(1)焊距太大时，焊缝易出现气孔。距离太小，则保护罩易被飞溅堵塞，需经常清理保护罩。严重时，出现大量气孔，焊缝金属氧化，甚至导电嘴与保护罩之间产生短路而烧损，必须频繁更换。合适的距离根据使用电流大小而定。

(2)千斤顶预加轴力必须均匀加载，对侧的檩托要托住横支撑，防止横支撑下落。

(3)拆除横支撑时要各钢支撑均匀施加卸载预应力。所有支撑连接处，均应垫紧贴密，直接承压钢板应要铣平，螺栓连接时必须紧固，防止钢管支撑偏心受压。

(4)端头斜撑处钢围檩及支撑头，必须严格按设计尺寸和角度加工焊接、安装，保证支撑为轴心受力。

(5)钢围檩及钢支撑加工前要根据设计所提供的轴力、运输及吊装能力进行杆件设计，具体规划杆件加工的单元长度拼接螺孔及螺栓的设计，拼接螺栓要保证刚度及强度，又要方便安装及拆除。要设计预应力的特殊接头杆件，使预应力施工能顺利进行，满足杆件预加应力要求。

(6)杆件必须由有钢结构加工能力的加工厂加工，要保证钢支撑的轴线、尺寸、拼接部位的准确。出厂前除必须对焊缝、型钢、钢板进行合格检验外，特别要对轴线尺寸、拼接进行检验，只有合格方可出厂。

(7)钻孔桩下设的托架，其安设部位必须用仪器精确放样，对钻孔桩表面必须进行修整，使钢围檩安装后能与桩身密贴，使支撑力通过围檩均衡到各桩上。

(8)基坑开挖施工要与钢支撑安设密切配合，统筹安排分段开挖，支撑及时跟上，安装时各卡切轴线要一致，拼接部位要对整，上足所有螺栓，并用扭矩扳手拧至所需扭矩。

(9)系杆应与钢管保持垂直，系杆的开口与钢管、围檩外形应匹配，系杆与钢管及围檩焊接应饱满密实。

(10)备足各种不同厚度钢板，接头部位用千斤顶施加预应力后，应及时在接头空隙部位插入钢板，确保预加应力的有效性。为保证支护、必要时可将插入钢板临时与钢支撑焊连。支撑拆除时，要先施加预应力，抽出插垫钢板，对横撑卸荷后再进行，以保证施工安全。

4 基坑监测稳定性分析

深基坑监测是信息化施工常用的一种方法，在确保深基坑开挖安全上起着十分重要的作用。钢支撑监测的主要内容有支撑轴力、支护桩位移和沉降变形、基坑周边地表沉降、基坑周边管线的位移沉降、基坑周边构建物的位移沉降、基坑隆起、地下水位变化等。

4.1 基坑变形监测结果分析

基坑变形观测基准点布设在2倍基坑深度范围外。变形观测点平面布置见图5，水平位移监测结果见表1，沉降观测结果见表2。

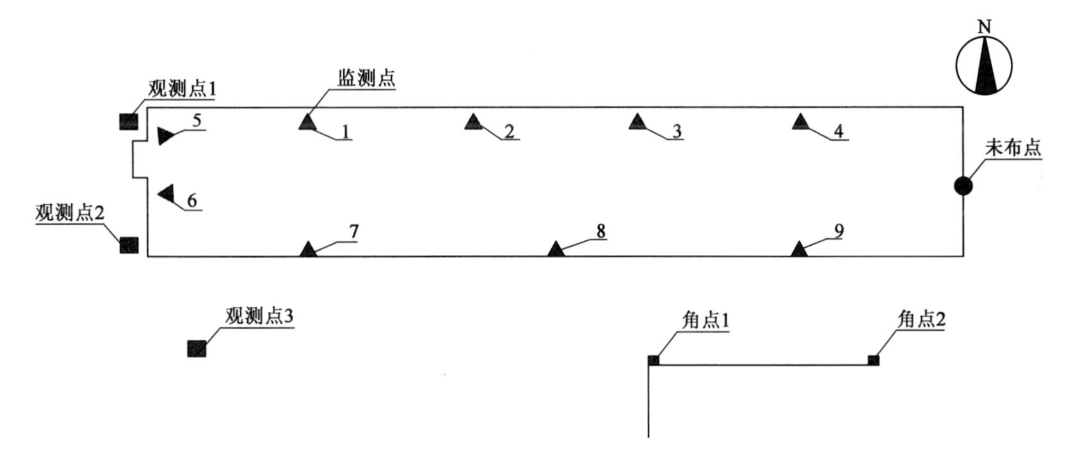

图5 基坑监测点平面布置图

水平位移测量累积位移值分析(mm) 表1

测点	2012年3月	2012年4月	2012年5月	2012年6月	2012年7月	2012年8月
测点1	0	2	2	3	4	4
测点2	0	2	3	4	3	3
测点3	0	1	2	3	3	3
测点4	0	0	2	3	2	2
测点5	0	2	1	3	2	2
测点6	0	2	3	2	3	2
测点7	0	1	2	4	3	3
测点8	0	1	2	5	3	3
测点9	0	0	1	4	4	4

基坑支护沉降观测累积位移值(mm) 表2

测点	2012年3月	2012年4月	2012年5月	2012年6月	2012年7月	2012年8月
测点1	0	1	1	3	2	2
测点2	0	2	2	3	2	2
测点3	0	2	3	2	2	2
测点4	0	0	2	3	2	2

续上表

测点	2012 年 3 月	2012 年 4 月	2012 年 5 月	2012 年 6 月	2012 年 7 月	2012 年 8 月
测点 5	0	1	2	3	2	2
测点 6	0	1	2	3	3	3
测点 7	0	1	2	3	4	4
测点 8	0	1	2	5	4	4
测点角 1	0	0	1	1	0	0
测点角 2	0	0	2	2	1	1

从位移观测结果可以看出，基坑水平位移在 0～4mm 之间，沉降位移在 0～5mm 之间，在土方开挖、钢支撑安装时位移均有明显变化，但是均在规范及设计要求范围内，因此监测结果显示本工程支护体系安全、稳定，满足后续施工要求。

4.2 基坑钢支撑轴力监测结果分析

钢支撑轴力变化监测结果见表 3 及图 6。

监测过程各轴力变化统计表 表 3

支撑测点	设计允许值(kN)	锁定值(kN)	初始值(kN)	损失值百分比(%)	测量最大值(kN)	最大值百分比(%)	监测方法
钢支撑 1	1308	300	245	18	700	54	应力计
钢支撑 7	1308	300	204	32	709	54	应力计
钢支撑 14	1308	300	173	42	743	57	应力计
钢支撑 15	1308	300	187	36	723	55	应力计
钢支撑 21	1308	300	180	40	703	54	应力计
钢支撑 25	1308	300	170	43	590	45	应力计
钢支撑 27	1308	300	173	42	597	46	应力计
钢支撑 28	1308	300	171	43	585	45	应力计
钢支撑 29	1308	300	159	47	575	44	应力计
钢支撑 30	1308	300	170	43	573	44	应力计

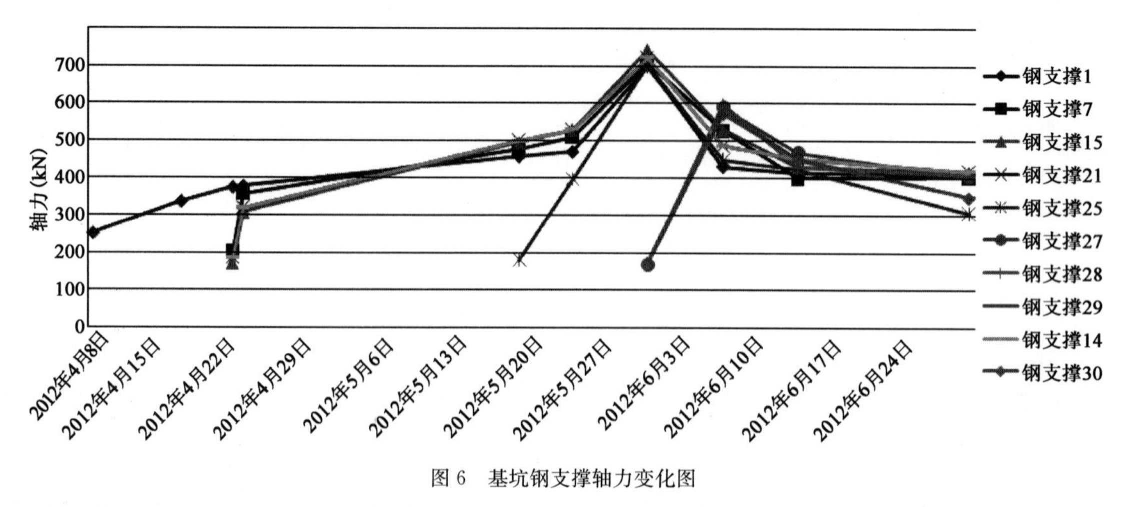

图 6 基坑钢支撑轴力变化图

通过以上图表分析可得：

(1)本工程在土方开挖、内支撑安装和拆除时，水平及沉降位移均有明显变化，但均在安全范围内。

(2)基坑不同部位的钢支撑各测点测得的应力大体相当，应力损失在18%～47%之间，测量值最大百分比在44%～57%之间，基坑变形稳定，均在设计及相关规范要求之内。

5 结语

(1)钢支撑主要采用钢管或型钢预制后现场拼装而成，节点一般采用焊接或螺旋连接，适用于对称布置方案。

(2)钢支撑支护具有环保的优点：等宽规律的支护结构支撑可以做成工具式重复使用，钢支撑拆除方便，并且拆除后不会形成大量建筑垃圾，有利于环境保护。

(3)钢支撑支护相对钢筋混凝土内支撑及桩锚支护没有养护期，本工程初始设计是桩锚支护形式。因周边环境影响改用钢支撑支护形式。选用钢支撑支护比桩锚杆支护工期缩短了两周，因此选用钢支撑支护形式有利于加快施工进度。

(4)通过基坑监测分析钢支撑支护体系具备安全稳定性。

参考文献

[1] 徐国民，李伟中，李文平，等. 岩土锚固技术与工程应用新发展[M]. 北京：人民交通出版社，2012.

某深基坑坍塌分析及处理方法

程守玉　翟金明　李砚召　吕其兵

(总参工程兵科研三所)

摘　要　原定的基坑开挖深度加大并存在缺陷以及施工环境隐伏的各种不利因素，导致某深基坑边坡发生局部坍塌。本文通过分析和论证，总结教训，积累经验，为专业工程技术人员提供有益的参考。

关键词　深基坑　坍塌　信息施工法

1　前言

近年来随着城市的发展，高层建筑的大量兴建，城市用地日趋紧张，从而导致基础埋深日趋加大。在基坑支护工程中，由于设计、施工、地质或者建设方等各种原因，有时可能会出现一些事先预想不到的情况，其结果可能使基坑出现异常，如支挡结构变形过大、基坑开裂甚至坍塌等。此时需要工程参与者尤其是工程技术人员尽快查明原因，找出对策，及时调整设计或进行设计变更，以遏制不利情况继续发展。

洛阳市某深基坑采用花管＋预应力锚杆(花管代替)复合结构进行支护，在施工过程中发生局部坍塌，在资金和工期上造成一定的损失。认真分析坍塌原因，为今后类似深基坑开挖积累施工经验，是本文的目的。

2　工程概况

该工程位于洛阳市高新区，主楼地上 33 层，地下 2 层车库，地上 2 层商场，基坑开挖深度原定 12m。场地土层自上而下分别为：

(1)杂填土：以砂卵石为主，平均厚度为 2.64m。

(2)黄土状粉质黏土夹粉土：黄褐色，浅黄褐色，可塑～硬塑状，平均厚度为 1.08m。

(3)圆砾夹砾砂：杂色，粒径一般 1～3cm，少量 4～6cm，平均厚度为 1.0m。

(4)卵石：杂色、青灰色，卵石粒径 2～7cm，个别大于 15cm，卵石含量 50%～70%，平均厚度为 4.0m。

(5)粉质黏土：浅褐红黄色、褐红色，可塑～硬塑状，全场地分布，平均厚度为 8.0m。

土层主要参数见表 1。

各土层力学参数　　表 1

土层岩性	黏聚力 c(KPa)	内摩擦角 φ(°)	天然重度 γ(kN/m^3)
黄土状粉质黏土夹粉土	25.7	21.7	18.3
圆砾、卵石	0.0	40.0	20.0
粉质黏土	49.3	17.9	19.5

地下水初见水位埋深在2.2～4.6m之间，稳定水位埋深在1.6～4.4m之间。地下水类型属孔隙潜水，水量丰富，其含水层为下部的卵砾石层。地下水补给来源主要为河水、大气降水等，排泄方式主要为河流侧向补给。

场地西侧、北侧临路，南侧为友邻单位，东侧紧邻住宅小区。根据周边环境不同，共分为4种支护剖面类型。现仅针对南侧坍塌段进行分析。坍塌段原设计方案见图1。

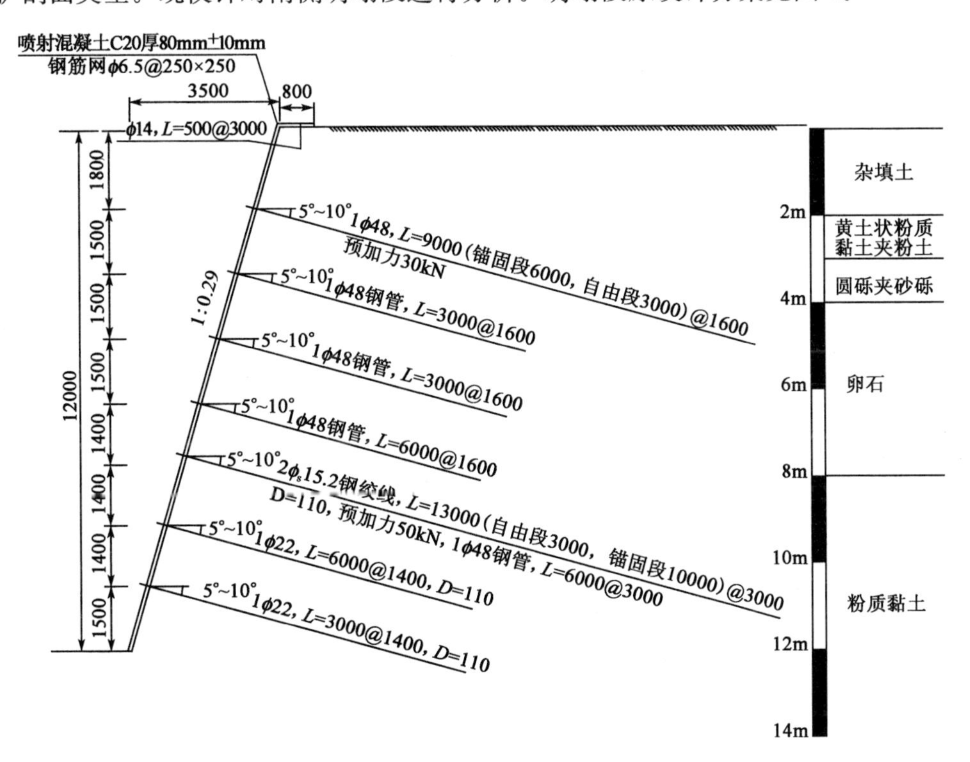

图1　南侧支护剖面图（尺寸单位：mm）

施工期间正值盛夏，雨水较多，坑内采用井点降水及明沟排水相结合。

3　施工情况及坍塌原因

（1）施工过程中，卵石层部分采用1φ48mm（厚度3mm）钢管代替土钉，击入法施工，但卵石粒径大小不一，施工难度较大，击入过程中，部分未能达到设计要求。

（2）该坡段坍塌处有原建筑物留下的水池，埋深为自然地面下4.5m，恰在基坑坡顶边缘处，且在该坡段有一根消防水管沿坡长埋设，深度在自然地面下1.5m。施工期间该水池处卵石层出水量较大。

（3）施工方多次要求建设方进行边坡监测，但建设方一直未委托有资质的监测单位进行监测。

（4）在施工至－11m时，突遇一场大雨，致使水池处坍塌。坍塌范围：长30m，宽2.5m。坍塌处紧邻友邻单位消防通道，通道上停有该单位车辆数辆。坍塌时将消防通道与基坑坡顶之间绿化树滑进基坑内，坍塌处上口至消防通道硬化路面边缘。

坍塌的边坡土体，形成短暂的相对稳定的自然坡角。但坍塌时为雨期，坍塌范围仍有不断增大趋势，情况十分危急。

4 抢险方案及支护措施

根据实际情况，分析坍塌原因，聘请专家咨询，按照信息施工法程序，进行抢险并对原方案作出修改。

(1)立即用彩条布将坍塌处坡体遮盖，避免雨水再此冲刷引起更大的坍塌，并抓紧组织人员将坍塌处－5m以上部分已经基本稳定土体进行编网喷护，以控制坍塌段土体变形。

(2)沿边坡上边缘砌20cm高挡水墙，阻止地表水浸蚀边坡土体。

(3)勘查地下水管埋设情况，对渗漏的消防水管重新铺设。

(4)督促建设方委托监测单位进行基坑监测，并在坍塌处设置水平位移与沉降观测点，对边壁及邻近建筑物进行监测。

(5)为了继续完成－11m深以下的土方施工，将基坑挖至设计高程，咨询相关专家对坍塌段进行稳定性分析。按照已经施工的实际花管长度利用理正深基坑软件对支护体系进行验算，验算结果为：安全系数为1.06，不能够满足安全系数1.3的规范要求。为增强基坑安全系数，经专家论证，需在原支护体系基础上增加两排预应力锚索。坍塌处因已经有部分土体塌落，上部基本处于自稳状态，故在此处仅增加一排预应力锚索。调整后的施工方案见图2和图3。

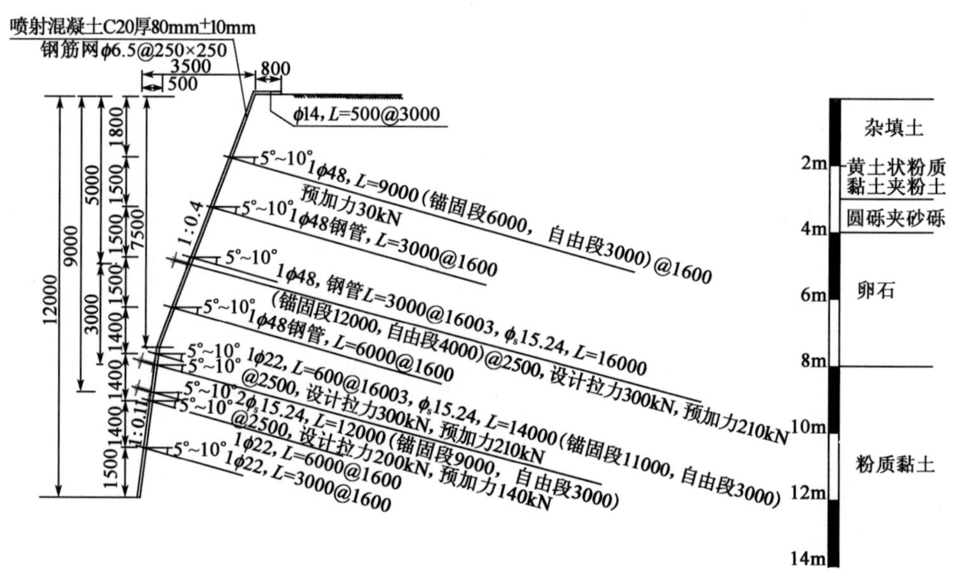

图2　南侧加固后剖面图(尺寸单位：mm)

(6)至此，按修改后的方案施工，南边坡险情得以控制，基坑开挖顺利完成。

5 结语

(1)信息施工法是一种动态的施工管理方法，它以施工过程中的信息为纽带，通过信息的采集、分析、反馈等环节，发现施工隐患，完善、优化施工方案，确保施工安全并经济合理。

深基坑开挖涉及建筑工程和岩土工程等学科，边坡稳定受到诸多因素的影响。该基坑南侧环境复杂，施工难度较大，信息施工法在该基坑开挖中没有引起足够的重视，南侧边坡土体的坍塌明确的验证了这一点。为了保证基坑开挖的安全和施工质量，对深基坑开挖采用信息管理法显得日趋重要。

（2）土钉支护技术最重要的环节之一是工程监测，即在施工全过程中，随时量测边坡水平位移、垂直位移等并进行反馈分析，发现问题及时处理。该工程未进行工程监测，故不能掌握边坡位移的发展趋势，以致工程处于失稳状态，出现了坍塌事故才引起注意。这是引起该事故的重要原因。

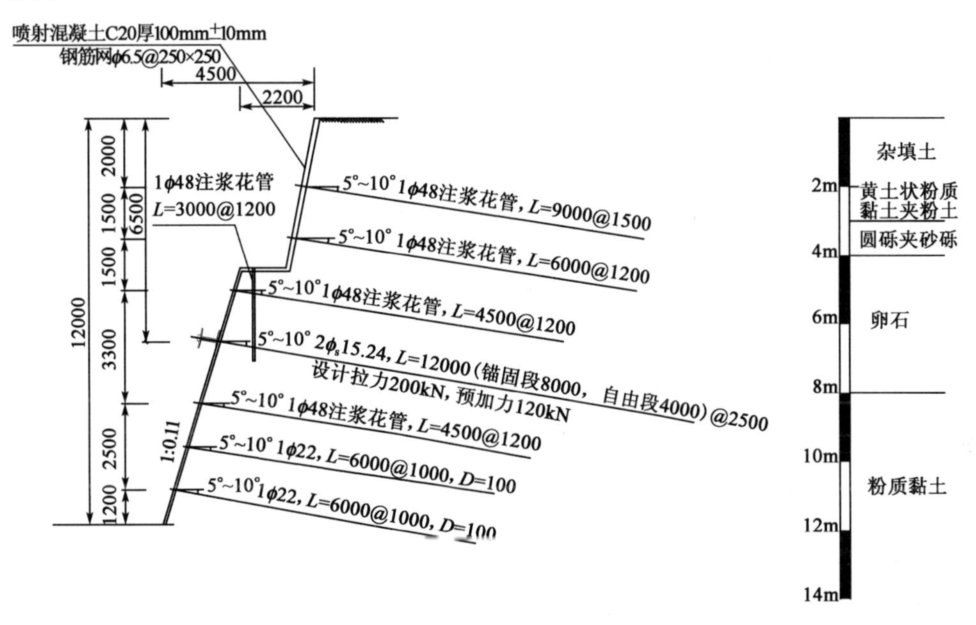

图3　南侧坍塌处剖面图（尺寸单位：mm）

（3）土钉支护技术是通过全长锚固式压力注浆土钉将非稳定土体锚固于稳定区土体中，以土钉承受拉力。基坑边坡的破裂面按朗金库仑土压力理论确定。该处长期被水池渗水所渗透，土体参数严重降低，未充分考虑参数折减进行核算并及时进行设计变更，因此事故发生后依据实际情况验算的安全系数远小于规范规定数值。这也是导致该事故的另一个重要原因。

（4）在施工过程中，对施工质量的控制也是基坑支护的重要环节。本工程在施工过程中，花管施工长度未满足设计要求，改变了破裂面位置，从而导致基坑整体安全系数减弱。这也是导致该事故的一个重要原因。

注浆固结十双排钢管桩复合支护结构在深基坑中的应用

张启军　孟宪浩　王晓鹏

（青岛业高建设工程有限公司）

摘　要　在杂填土地层临近使用中建筑物条件下，深基坑的支护难度很大，本文介绍了根据工程特点，采用了在杂填土中注浆固结与双排微型桩的复合支护结构，形成了厚度大、刚度强的挡土结构，使用了后冲击自进式锚杆加固兼起锚拉作用的创新技术，安全环保经济，为类似工程提供参考借鉴。

关键词　注浆固结　双排钢管桩　后冲击自进式锚杆　注浆袋

1　前言

随着城市建筑物密度日渐增大，各种复杂地质条件的深基坑支护难度也逐渐增大。工程中经常会遇到厚度较大、松散系数高的松散回填土层，开挖易造成边坡不稳，对临近建筑物影响大，因而临近建筑物的基坑支护一般采用排桩、连续墙等刚度很大的支护结构，以确保临近结构安全。若遇到上部填土、下部坚硬岩石的情况，排桩及连续墙也难以施工。

对于填土地层的锚杆施工往往采用套管钻进或自进式锚杆，对于含有块石、混凝土块等障碍物的杂填土，由于成分复杂，障碍多，空隙率大，水冲式套管钻进容易造成地面下沉，风动跟管式套管钻进效率极低，且均造价较高，而常规自进式锚杆难以钻进。

在青医附院东部医院基坑支护工程中，青岛业高建设工程有限公司和莱西市建筑总公司技术人员合作，经刻苦钻研，在多次合作实践过程中采用了注浆固结＋双排钢管桩复合支护技术，解决了临近建筑物上部杂填土下部基岩条件下的重大支护技术难题。

该支护技术采用了双排钢管桩支护技术，钢管桩采用实用新型专利注浆袋（专利号：ZL201420261164.5）封孔压力注浆，回填土中锚杆施工采用了实用新型专利“后冲击自进式锚杆”（专利号：ZL201420266798.X）技术，对回填土起到了固结加固作用。该支护技术在处理松散杂填土深大基坑边坡支护方面效果明显，有明显的社会效益和经济效益。

2　工程概况

该项目位于崂山区海尔路59号青岛大学医学院附属医院东区院内。该工程地上4～16层，地下3层，基底高程12.45～15.45m。基坑周边总长约590m，开挖深度10～16m。

基坑北侧为门诊和病房楼，临近基坑多层建筑采用独立基础，以花岗岩强风化带为持力层，开挖线距离建筑物最近处仅有700mm。建筑室内高程为31.95m，独立基础基底高程为23.5～25.5m，即室内坪以下杂填土厚度6.45～8.45m，独立基础以下为中等风化花岗岩和微风化花岗岩。基坑平面位置图见图1。

3　工程地质和水文地质条件

场区地貌类型为侵蚀～侵蚀堆积缓坡，表层后经人工改造。

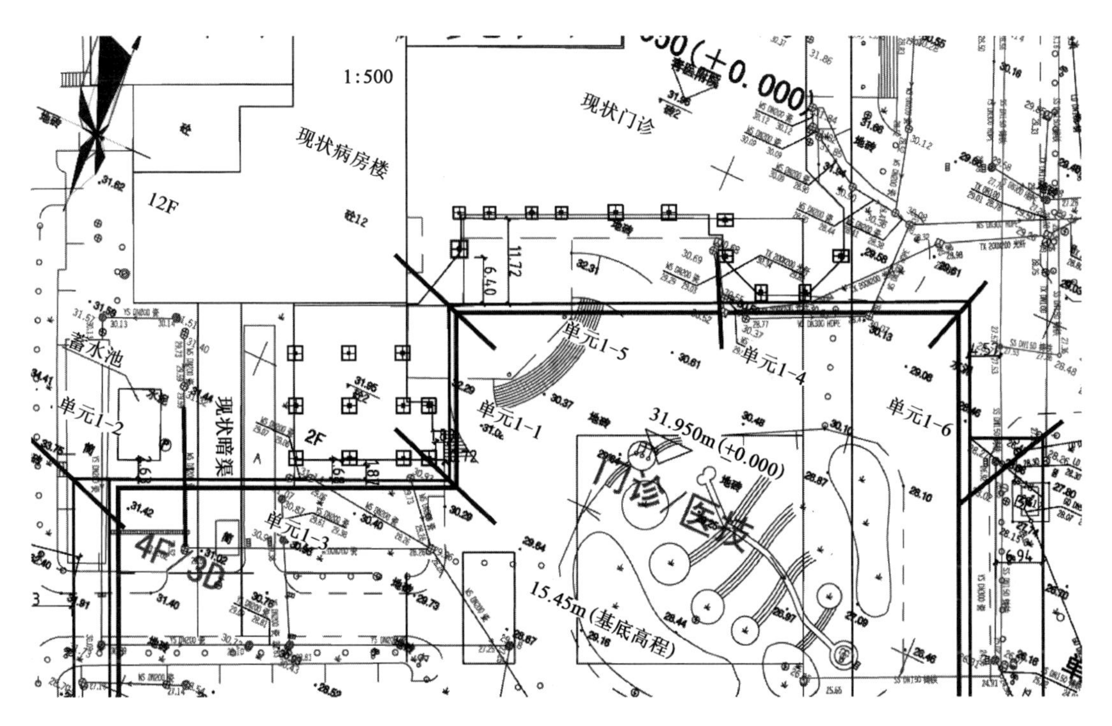

图1　基坑平面位置图

靠近建筑物侧工程地质条件：

第①层杂填土：灰褐色，干～稍湿，松散～稍密，以回填建筑垃圾为主，局部夹有砖块、碎石、块石。

第⑰层中等风化粗粒花岗岩：肉红色～灰褐色，粗粒结构，块状构造；长石、石英为主要矿物成分；岩石中等风化，裂隙发育，岩芯呈块状～碎块状，锤击易碎。

第⑱层微风化粗粒花岗岩：肉红色，结构、构造、矿物成分同上，岩芯呈块状～短柱状，裂隙稍发育，金刚石钻进，岩块坚硬，锤击声脆，不易碎。

水文地质条件：拟建场地的地下水类型以回填土上层滞水和基岩裂隙水为主，主要接受大气降水补给，以侧向径流排汇为主。

4　基坑支护方案选择

该部位上部地质条件很差，建筑物临边开挖深基坑，极易造成建筑物开裂、下沉，影响结构安全和使用。若采用支护桩，由于地层条件限制，只能使用冲击灌注桩，采用冲击钻灌注桩一则空间不够，二则冲击振动对建筑物结构和使用有很大影响。经公司技术人员和基坑设计人员讨论分析，结合以往施工经验，该部位采用了双排钢管桩结合锚杆支护的方案，其中上部回填土地质条件极为复杂，试验段采用的常规成孔方式均无法成孔，根据技术人员的研究最终确定采用注浆固结＋双排钢管桩复合支护方法，即竖向双排注浆钢管桩＋花管注浆＋斜向后冲击自进式锚杆注浆固结回填土的支护方式，典型支护剖面图见图2。

注浆固结＋双排钢管桩复合支护技术，首先施工双排竖向钢管桩，靠近基坑一侧钢管桩嵌入基底以下1.5m，远离基坑一侧钢管桩嵌入基岩以下1.5m，钢管桩采用泥浆护壁成孔后安装钢管，钢管周圈梅花状打设注浆孔，钢管下放安装好后，管外壁与土体之间空隙采用速凝砂浆封孔，在钢管内采用注浆袋封孔压力注浆，固结加固钢管桩周围松散回填土。两排钢管桩之间设一定密度的注浆花管，采用渗透压力注浆技术，固结钢管桩之间的松散回填土，使花管注浆体与钢管桩注浆体相互咬合连接。双排钢管桩顶采用现浇钢筋混凝土冠连梁联系，采取这一系列技术措施后，使双排钢管桩范围的回填土得以固结加固，与钢管桩一起形成了一道厚度较大、刚度强、抗弯抗剪能力很强的挡土结构。

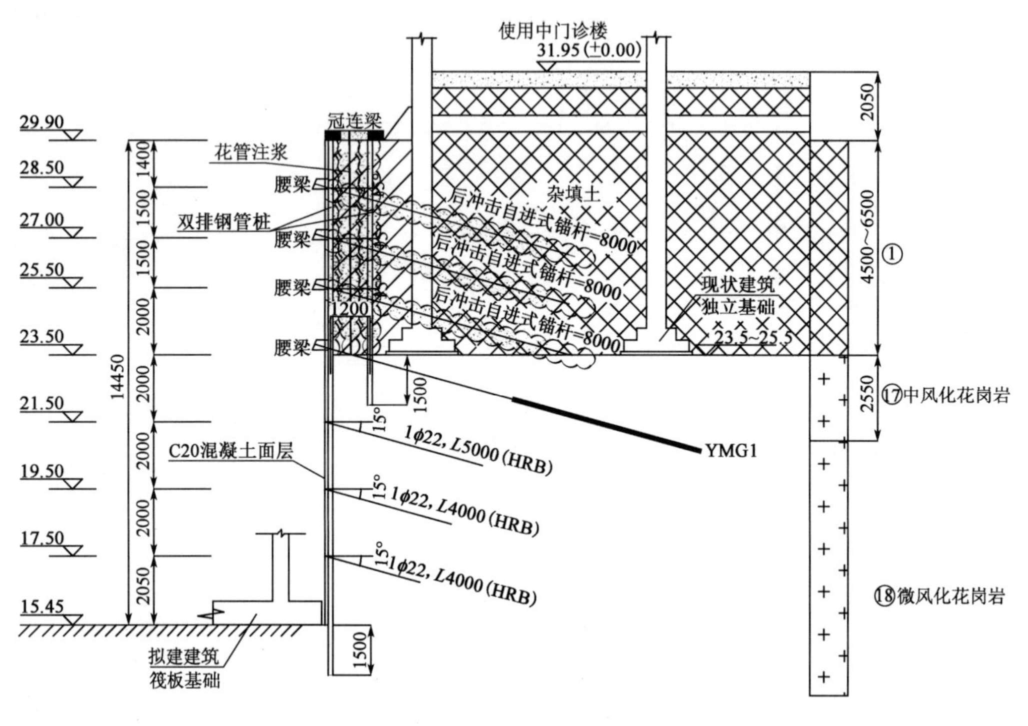

图2　典型支护剖面图(尺寸单位：mm；高程单位：m)

分层开挖支护时，由于杂填土松散，障碍物很多，水平斜向下的锚杆施工一方面塌孔，另一方面遇障碍物难以处理，若水冲式套管钻进容易造成地面下沉，若风动跟管式套管钻进效率极低，且均造价较高，而常规自进式锚杆难以钻进。经技术人员研究探索，我们现场采用了后冲击自进式锚杆技术，利用常规工程钻机(地质钻机、潜孔钻机等)配以风动冲击器，冲击器钻头改造后使之能够与自进式锚杆连接，自进式锚杆设合金钻头可以冲击破碎块石等障碍物，冲击器将自进式锚杆逐节打入杂填土层，打至设计深度后，压力注浆使锚杆四周形成不规则锚固体，同时对回填土了进行加固固结。

5　施工工艺及控制要点

5.1　上部杂填土加固

先施工双排钢管桩，对钢管桩进行压力注浆加固钢管桩周圈混凝土，然后钢管桩之间施工花管，进行花管压力渗透注浆，使花管注浆与钢管桩注浆体胶结在一起，桩顶采用冠连梁联系形成整体挡土结构。

操作流程：

(1)第一排钢管桩定位→钻机就位→钻孔→安装钢管桩→钢管桩封孔→压力注浆。

(2)第二排钢管桩定位→钻机就位→钻孔→安装钢管桩→钢管桩封孔→压力注浆。

(3)花管定位→钻机就位→钻孔→安装花管→焊接注浆管接头→压力注浆。

(4)钢管桩冠梁、连梁钢筋绑扎→支模板→浇筑混凝土→拆模→养护。

5.2 后冲击自进式锚杆

自进式锚杆施工开始采用普通钻机液压顶入旋转钻进的方式施工，钻进时遭遇块石、混凝土块等建筑垃圾，无法钻进至设计深度，达不到支护设计要求。

为此，经技术人员讨论，决定采用“后冲击自进式锚杆技术”。自进式锚杆杆体采用J55型直径50mm、壁厚6mm钢管加工制作，每节杆体方形丝扣连接，前段设合金钻头，并设出气孔。除最外端1.5m外，杆体周边均设梅花状出浆孔间距30cm。

操作流程：定位→钻机就位→安装后置风动冲击器→安装自进式杆体→逐节打入→压力注浆→端头锁定。

钻机前端安设风动冲击器，冲击器钻头加工与自进式锚杆丝扣连接，动力采用$17m^3/min$内燃空压机，将锚杆边冲击边旋转打入杂填土层。

锚杆打设到位后，采用150型注浆泵通过丝扣连接自进式锚杆外端头，进行压力注浆。水泥浆水灰比0.8，水泥采用复合硅酸盐P.O42.5级，注浆压力第一层不大于0.5MPa，第二、三层不大于1.0MPa，注浆10min，进浆量小于1L/min时停止注浆，改用水灰比0.5的水泥浆注浆2～3min。

注浆完毕后，端部安装M39螺杆，绑扎通长钢筋笼浇筑混凝土腰梁，在锚固体强度达到15MPa后，采用长臂扭力扳手拧紧螺母锁定。

6 工程监测与结果评价

注浆固结＋双排钢管桩复合支护方法使得该部位基坑开挖及建设得以实现，采用该支护技术后，保证了施工过程基坑及周边环境的安全稳定，及时监测各主要工序施工阶段引起的沉降动态数值，对基坑位移及楼房沉降进行了全过程监控量测。

现该部位基坑已经开挖至微风化花岗岩部位，深度在10m左右，临近医院建筑物沉降监测3.4～5.1mm，结构安全使用，变形控制的比较理想。基坑监测平面图见图3，建筑物沉降监测数据见表1。

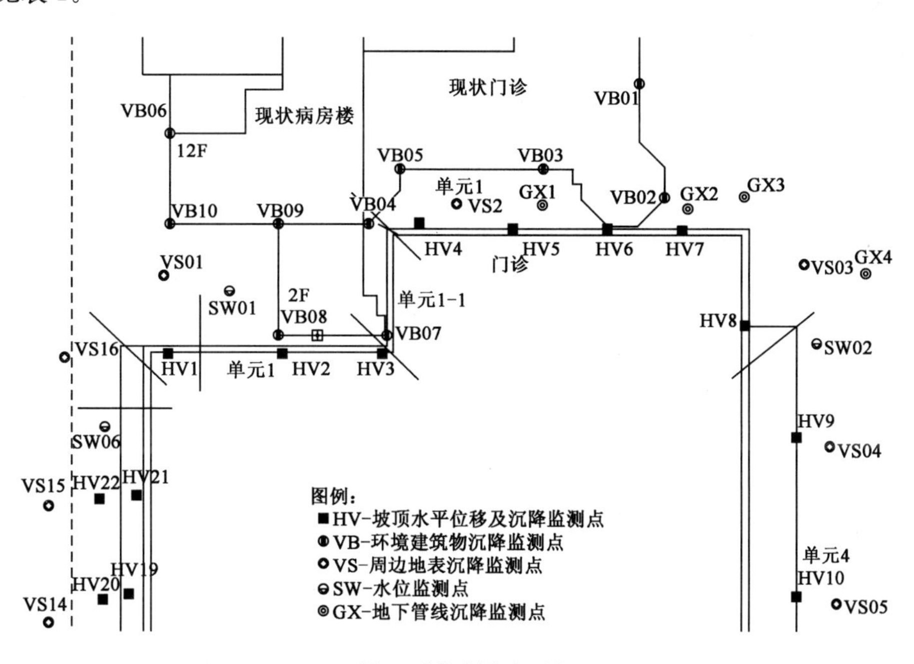

图3 基坑监测平面图

周边建筑物沉降监测第 65 次报表　　表 1

点号	初始高程(m)	上次高程(m)	本次高程(m)	上次变化量(mm)	本次变化量(mm)	累计变化量(mm)	变化速率(mm/d)	备注
VB1	12.4276	12.4231	12.4229	0.2	−0.2	−4.8	−0.10	
VB2	36.5448	36.5448	36.5447	0.1	−0.1	−3.9	−0.05	
VB3	32.9956	32.9956	32.9954	−0.5	−0.2	−4.7	−0.10	
VB4	33.0195	33.0195	33.0193	−0.1	−0.2	−3.4	−0.10	
VB5	33.0229	33.0229	33.0229	−0.2	0.0	−4.0	0.00	
VB6	10.6831	10.6788	10.6788	−0.2	0.0	−4.3	0.00	
VB7	21.6017	21.6017	21.6019	−0.2	0.2	−4.6	0.10	
VB8	16.5378	16.5378	16.5378	0.0	0.0	−5.1	0.00	
VB9	6.0592	6.0550	6.0550	0.0	0.0	−4.1	0.00	
VB10	6.0066	6.0022	6.0017	0.0	−0.5	−4.9	−0.26	
VB11	13.8479	13.8445	13.8444	0.0	−0.1	−3.5	−0.05	
VB12	12.9752	12.9726	12.9718	−0.1	−0.8	−3.4	−0.40	
VB13	14.3547	14.3489	14.3486	−0.8	−0.3	−6.0	−0.13	

监测表明，施工全过程锚固支护体系整体稳定，监测各项指标均控制良好，满足了国家及山东省规范规程要求。

7　结语

（1）注浆固结＋双排钢管桩复合支护技术解决了临近建筑物、上半部杂填土、下半部岩石的超深基坑的情况下，支护桩、墙无法施工的问题，利用组合支护技术解决了支护技术难题。

（2）该技术采用双排钢管桩结合压力注浆和花管注浆技术，形成了厚度较大、刚度较好的挡土结构，代替了传统的排桩、连续墙挡土结构，工艺相对简单。

（3）该技术采用了注浆袋封孔新技术，在钢管桩内压力注浆通过钢管出浆孔向周边回填土渗透注浆，使封孔注浆变得快速简单，成本费用低，加快了施工速度。

（4）该技术采用了后冲击自进式锚杆新技术，解决了杂填土锚杆难以成孔的问题，同时对填土进行压力注浆固结加固，起到良好的锚固和加固作用。

（5）该技术避免了常规桩锚成孔大量水的使用，对原土进行注浆加固后作为支护结构的一部分，避免了大量泥浆污染，满足了节能和环保要求。

（6）该技术机械小型化，可以在脚手架工作平台施工，因此可施工高大回填土边坡。

基坑开挖施工对邻近既有地铁车站影响实测分析

刘士海[1,2]　刘继尧[1,2]　贺美德[1,2]

（1. 北京市市政工程研究院　2. 北京市建设工程质量第三检测所有限责任公司）

摘　要　本文结合某邻近地铁车站的建筑深基坑工程的施工和现场监测，研究了基坑开挖施工对邻近既有地铁车站的变形影响。结果表明：车站主体结构及附属结构的竖向位移、横向位移、差异变形等数值均较小，附属结构变形大于车站主体结构变形；加大基坑围护结构支护刚度可减小既有邻近车站的结构变形；车站主体结构竖向位移变化趋势为先上浮再下沉最后上浮的变化趋势，最大竖向位移发生在基坑施工过程中，基坑施工中应加强邻近既有车站结构的监控量测。

关键词　既有地铁车站　基坑开挖　现场监测　变形分析

1　引言

近年来，随着地铁工程建设规模越来越大，地铁线路所覆盖的地区也越来越大。越来越多的新建建筑深基坑工程位于既有地铁车站的保护范围内，基坑施工不可避免地影响了地铁车站的受力平衡，出现应力重分布现象，引起地铁车站附加变形[1-3]。同时，地铁运营线路对结构变形控制极严格，车站区域尤其是出入口变形缝对变形较敏感，其两侧差异沉降过大将导致拉裂、渗漏等，严重影响使用安全[4-7]。因此，必须重视邻近地铁车站的建筑深基坑施工对地铁车站的影响，以保证地铁车站的安全。

基于此，本文结合某邻近地铁车站的建筑深基坑工程的施工和监测，对基坑开挖施工对邻近既有地铁车站的影响进行研究，分析了基坑开挖过程中地铁车站周围土体和车站主体结构及附属结构的位移变化，以了解基坑开挖施工引起的地铁车站主体结构及附属结构的位移变化规律，为今后类似工程施工提供借鉴。

2　工程概况

2.1　新建工程概况

北京市大兴区黄村地铁大兴线枣园站居住及多功能三期项目位于北京市大兴区枣园路南侧，兴华大街西侧。新建项目地下室有三层，地下一层为商业，其余两层为地下车库。新建基坑工程长约117.2m，宽约49.5m，坑深约15.4m，基坑采用钻孔灌注桩＋锚索支护以及钢支撑支护方式。

新建基坑邻近既有地铁枣园站、4号出入口、风道等结构，与地铁枣园站主体结构之间最小净距为27.8m，与二号风道之间最小净距为6.7m，与四号出入口之间最小净距为1.28m。新建基坑与既有地铁车站相对位置关系平面如图1所示。

地铁大兴线枣园站为地下双层岛式车站，车站沿兴华大街跨枣园路路口南北向布置，车站总长275.55m，总宽20.90m，车站埋深16.10m。车站共设4个出入口，两组风亭。4号出入口位于车站西南处，通道的提升高度为8.7m，通道净宽4.5m，通道长度为42.7m，施工方法为明挖。二号风道位于车站南端，施工方法采用明挖法，桩＋内支撑支护。

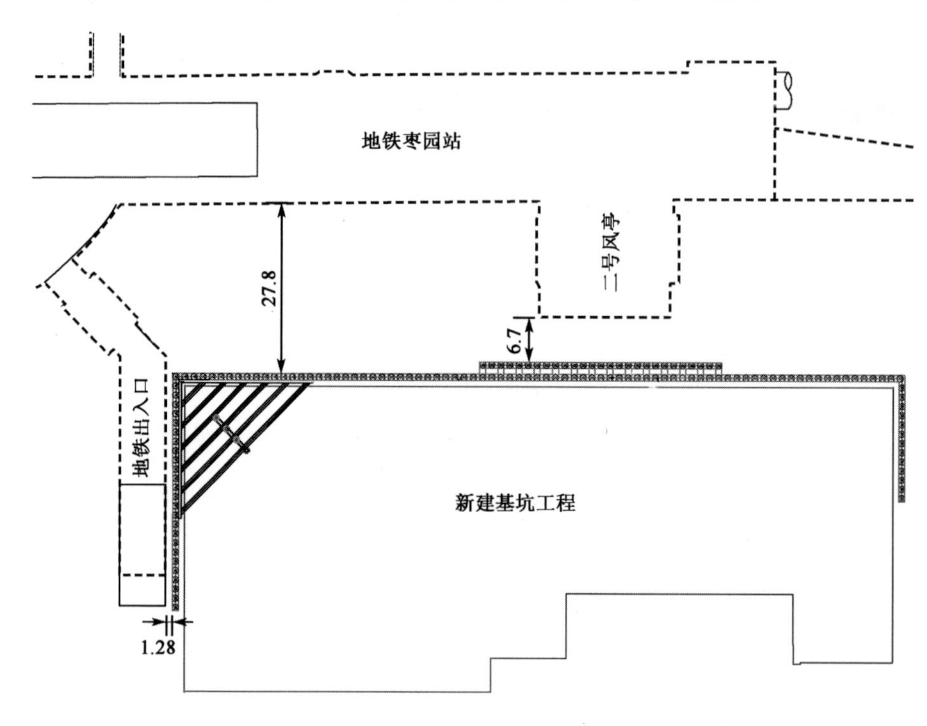

图1　新建基坑与既有地铁车站相对位置关系平面图(尺寸单位:m)

2.2　邻近地铁侧支护概况

新建基坑采用钻孔灌注桩＋锚索支护以及钢支撑支护方式。邻近地铁侧支护断面如图2所示。

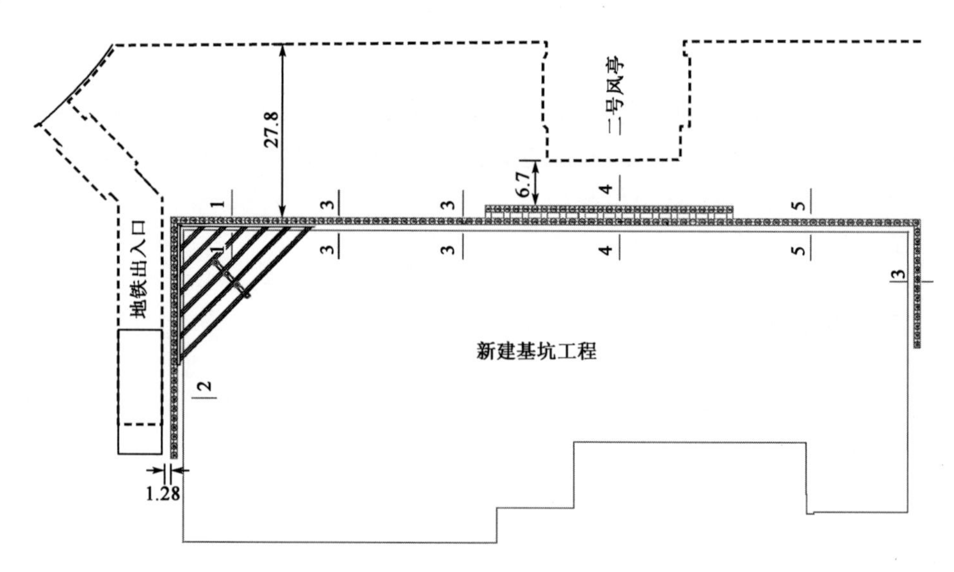

图2　邻近地铁侧支护平面图(尺寸单位:m)

(1)1—1剖面:采用钻孔灌注桩＋钢支撑支护方式。钻孔灌注桩 ϕ1000@1500，桩长20.4m，嵌固6m。设置2道钢支撑。

(2)2—2 剖面：采用钻孔灌注桩＋锚索支护方式。钻孔灌注桩 ϕ1000@1500，桩长 19.4m，嵌固 5m。设置 4 道锚索，第一道锚索标高－5.5m，第二道锚索标高－8.5m，第三道锚索标高－11.5m，第四道锚索标高－13.5m。

(3)3—3 剖面：采用钻孔灌注桩＋锚索支护方式。钻孔灌注桩 ϕ1000@1500，桩长 19.4m，嵌固 5m。设置 4 道锚索，第一道锚索标高－3.1m，第二道锚索标高－6.6m，第三道锚索标高－9.6m，第四道锚索标高－12.6m。

(4)4—4 剖面：采用钻孔灌注桩＋锚索支护方式。钻孔灌注桩 ϕ800@1500，前排桩长 20.4m，嵌固 7m。设置 2 道锚索，第一道锚索标高－9.6m，第二道锚索标高－11.6m。

(5)5—5 剖面：采用钻孔灌注桩＋锚索支护方式。钻孔灌注桩 ϕ1000@1500，桩长 19.4m，嵌固 5m。设置 4 道锚索，第一道锚索标高－3.1m，第二道锚索标高－6.6m，第三道锚索标高－9.6m，第四道锚索标高－12.6m。

2.3 施工工序概况

新建基坑的施工步骤大致可分为 11 个阶段。如表 1 所示。

施工阶段 表 1

施工阶段	说明
1	施工围护结构
2	基坑开挖 3.6m，3—3、4—4、5—5 剖面锚索施工
3	基坑开挖 2.4m，2—2 剖面锚索及 1—1 支撑施工
4	基坑开挖 1.1m，3—3、4—4、5—5 剖面锚索施工
5	基坑开挖 1.9m，2—2 剖面锚索及 1—1 支撑施工
6	基坑开挖 1.1m，3—3、4—4、5—5 剖面锚索施工
7	基坑开挖 1.9m，1—1、2—2 剖面锚索施工
8	基坑开挖 1.1m，3—3、4—4、5—5 剖面锚索施工
9	基坑开挖 0.9m，2—2 剖面锚索施工
10	基坑开挖至基坑底
11	地下结构施工

2.4 工程地质及水文概况

根据勘察报告查明，在钻探所达 25m 深度范围内，场地地层由人工填土层、第四纪冲洪积层组成。勘探深度范围内的地基土分为 7 层，分层描述如表 2 所示。

工程地质特性表 表 2

地层代号	岩性名称	地层代号	岩性名称
①	素填土	④	细砂
$①_1$	杂填土	⑤	圆砾
②	粉质黏土	$⑤_1$	细砂
$②_1$	细砂	⑥	卵石
③	砂质粉土	⑦	砂质粉土
$③_1$	粉质黏土	$⑦_1$	粉质黏土

本场地勘探深度范围内地下水为第四系孔隙潜水。地下水主要含水层为⑥层卵石、⑦层砂质粉土，均属强透水性土层。地下水主要受大气降水及侧向径流补给。根据调查资料，整个建筑场地潜水静止水位埋深为30.00～31.00m。工程施工中无须降水。

3 既有车站结构变形实测结果分析

为了解基坑开挖施工引起的地铁车站主体结构及附属结构的位移变化规律，依据专项设计方案及相关规范要求，通过现场实测分析，对邻近基坑施工期间既有枣园车站主体结构及附属结构竖向位移和水平位移进行了现场监测及综合分析。

3.1 现场监测方案

地铁车站结构竖向位移采用精密水准仪进行监测，测点布设为15m等间距布设监测断面，直至两端监测范围里程。测点布设在邻近基坑一侧地铁车站结构侧墙上。如遇沉降缝位置处，在沉降缝两侧加设测点。车站主体结构沉降共计布设11个测点，出入口结构沉降共计布设5个测点，风亭结构沉降共计布设5个测点(图3)。

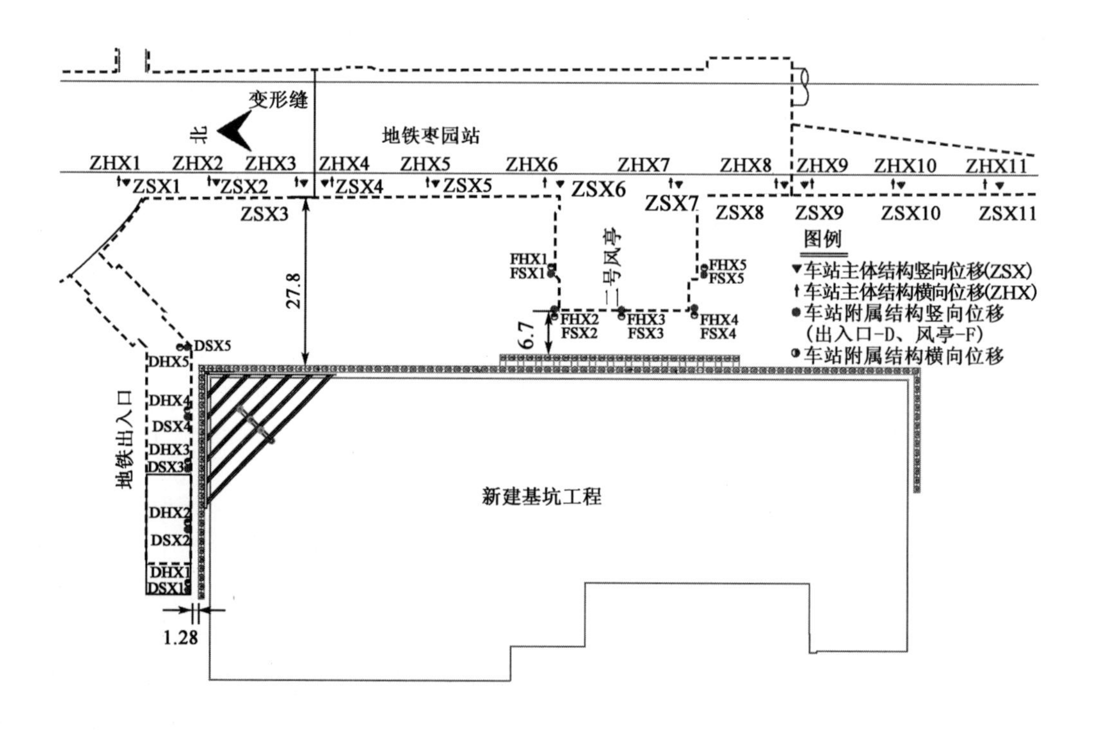

图3 现场监测布点图(尺寸单位：m)

地铁车站结构横向位移使用全站仪进行监测，在地铁结构侧墙上布设水平变形测点，测点采用反射棱镜固定在结构侧墙上。结构水平位移测点间距与结构沉降测点相同。

监测自邻近地铁车站一侧围护结构施工开始，至地下结构施工完成为止。监测频率为基坑开始施工至地下结构施工完成期间，结合运营特点，监测频率每周不少于4次。

3.2 地铁车站变形实测结果汇总

现场测试成果汇总如表3所示。从表3可以看出：车站主体结构实测位移较小，最大竖向位移为下沉0.35mm，最大水平位移0.39mm；附属结构出入口位移大于主体结构位移，最大竖向位移为出入口结构下沉1.96mm，最大水平位移为风亭结构偏向基坑一侧1.49mm，但均小于控制值。

竖向及横向位移实测最值汇总(单位:mm)　　表3

监测对象	竖向位移	水平位移
主体结构	－0.35	0.39
出入口结构	－1.96	1.19
风亭结构	－0.47	1.49

注:表中数据竖向位移"＋"为上浮,"－"为下沉;横向位移偏向基坑一侧为"＋"。

3.3 地铁车站主体结构变形分析

3.3.1 车站主体结构竖向变形实测结果分析

地铁车站主体结构竖向位移实测结果如图4、图5所示。图4为地铁车站主体结构各竖向位移测点累计最大值统计曲线图。图5为竖向累计值最大测点的变化时程曲线。

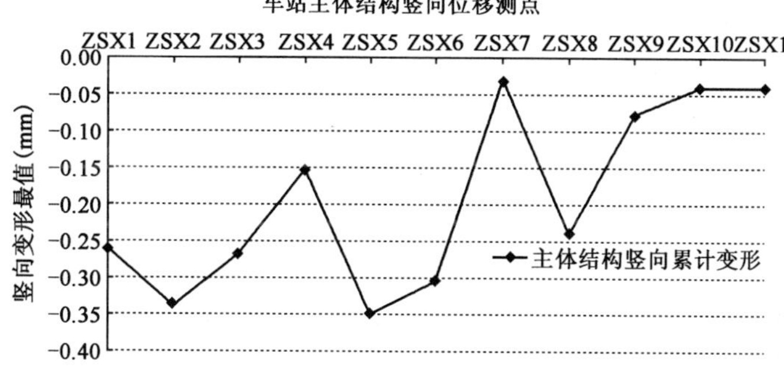

图4　车站主体结构竖向位移测点累计最大值统计曲线图

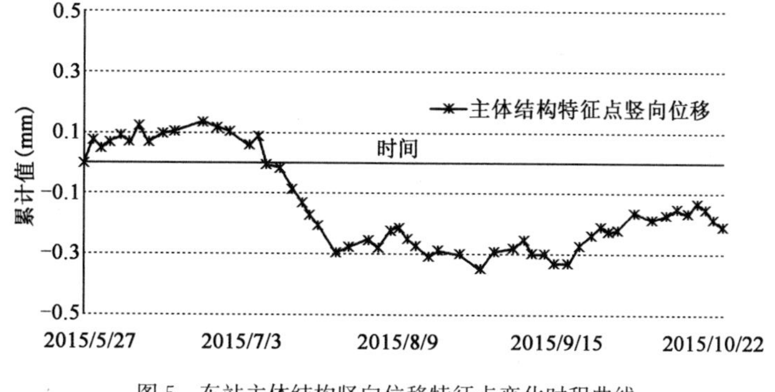

图5　车站主体结构竖向位移特征点变化时程曲线

由图4可知,地铁车站主体结构竖向位移较小,施工期间均未超出变形控制值,最大竖向位移测点为ZSX5,最大位移量为下沉－0.35mm;最大差异沉降为0.27mm。

由图5可以看出,地铁车站主体结构竖向位移变化趋势为先上浮再下沉最后上浮的变化趋势;地铁车站主体结构竖向位移最大发生在基坑施工过程中,而非基坑施工结束时,基坑施工中应加强既有车站结构的监控量测。

3.3.2 车站主体结构横向变形分析

地铁车站主体结构横向位移实测结果如图6所示。图6为车站主体结构各横向位移测点累计最大值统计曲线图。

由图6可知,地铁车站主体结构横向位移施工期间均未超出变形控制值,方向为偏向基坑开挖侧，最大横向位移为 0.39mm，测点 ZHX5、ZHX6、ZHX7 横向位移较小，说明二号风道结构的存在对基坑邻近一侧的土体应力重分布产生了一定影响。

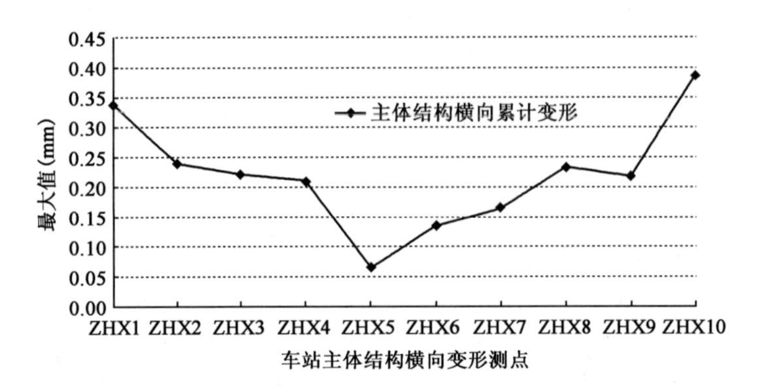

图 6　横向位移测点累计最大值统计曲线图

3.4　地铁车站附属结构变形分析

3.4.1　车站附属结构竖向变形分析

地铁车站附属结构竖向位移实测结果如图 7、图 8 所示。图 7 为地铁车站出入口结构各竖向位移测点累计最大值统计曲线图，图 8 为地铁车站风亭结构各竖向位移测点累计最大值统计曲线图。

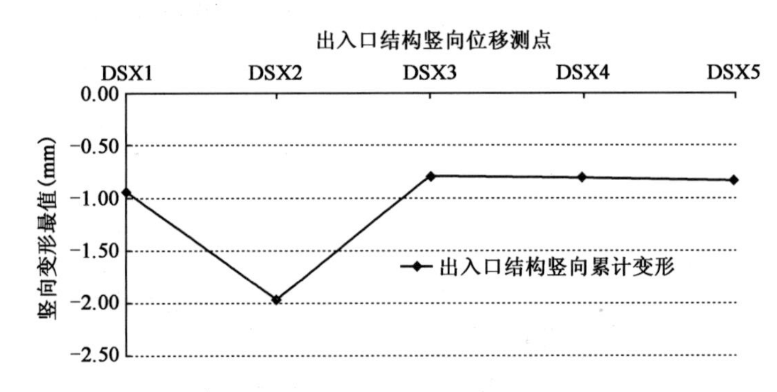

图 7　出入口结构竖向位移测点累计最大值统计曲线图

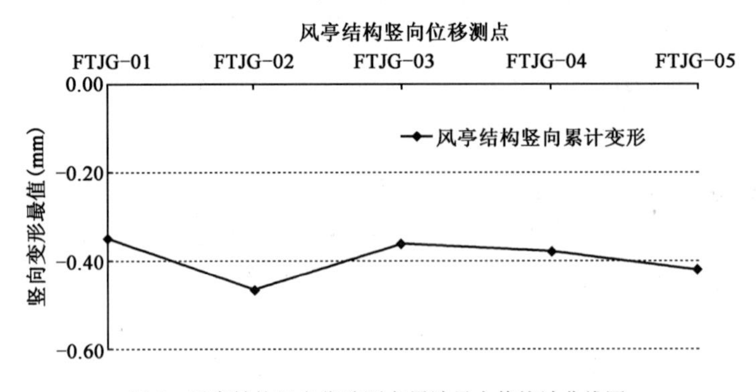

图 8　风亭结构竖向位移测点累计最大值统计曲线图

由图 7、图 8 可知，地铁车站附属结构竖向位移大于主体结构位移，施工期间均未超出变形控制值，最大竖向位移为出入口结构 DSX2 测点，最大位移量为下沉 1.96mm；风亭结构采用双排桩支护，竖向位移明显小于出入口结构竖向位移。

3.4.2　地铁车站附属结构横向变形分析

地铁车站附属结构横向位移实测结果如图9、图10所示。图9为出入口结构各横向位移测点累计最大值统计曲线图。图10为风亭结构各横向位移测点累计最大值统计曲线图。

由图9可知，地铁车站出入口结构最大横向位移测点为DHX2，偏向基坑开挖侧1.19mm，未超出变形控制值，DHX3、DHX4测点横向位移较小，说明基坑支护中内支撑可有效减小既有出入口结构位移。

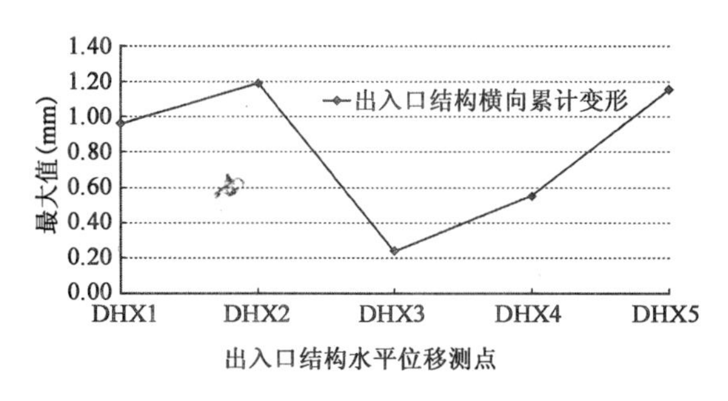

图9　出入口结构横向位移测点累计最大值统计曲线图

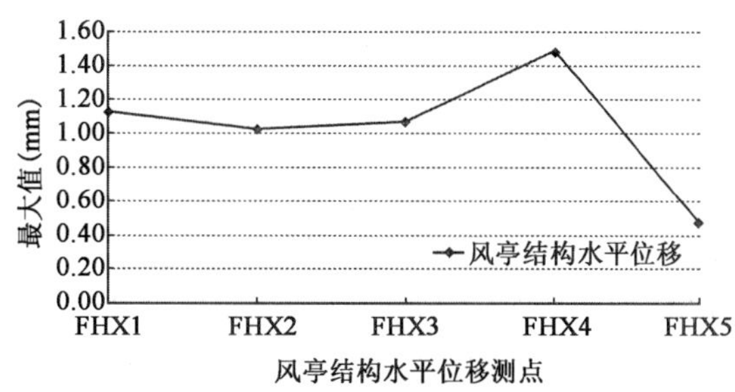

图10　风亭结构横向位移测点累计最大值统计曲线图

由图10可知，地铁车站风亭结构最大横向位移测点为FHX4，偏向基坑开挖侧1.49mm，但未超出变形控制值。

4　结语

(1)根据实测结果分析：既有车站主体结构实测最大竖向位移为下沉0.35mm，最大水平位移0.39mm；附属结构出入口位移大于主体结构位移，最大竖向位移为出入口结构下沉1.96mm，最大水平位移为风亭结构偏向基坑一侧1.49mm，但均小于控制值。

(2)对于采用排桩＋内支撑方式进行支护的邻近地铁车站侧深基坑，加大基坑围护结构支护刚度可减小既有邻近车站的结构变形。

(3)车站主体结构及附属结构的竖向位移、水平位移、差异变形等数值均较小，验证了本基坑工程设计、施工方案的合理性。

(4)地铁车站主体结构竖向位移变化趋势为先上浮再下沉最后上浮的变化趋势；地铁车站主体结构竖向位移最大发生在基坑施工过程中，而非基坑施工结束时，表现出开挖卸载作用和结构加载作用对结构和周围土体位移场的动态叠加抵消作用，基坑施工中应加强既有车站结构的监控量测。

(5)基坑开挖施工结束后，距离基坑较近的地铁车站风亭及出入口结构变形量比较大，既有车站主体结构的变形量相对较小，建议今后类似工程可增加邻近车站附属结构一侧围护结构支护刚度。

参考文献

[1]　程斌，刘国彬，侯学渊．基坑工程施工对邻近建筑物及隧道的相互影响[J]．工程力学，2000，(增)：486-491.

[2]　曾远，李志高，王毅斌．基坑开挖对邻近地铁车站影响因素研究[J]．地下空间与工程学报，2005，1(4)：642-645.

[3]　戚科骏，王旭东，蒋刚，等．临近地铁隧道的深基坑开挖分析[J]．岩石力学与工程学报，

2005,24 (增 2):5485-5489.

[4] 刘纯洁. 地铁车站深基坑位移全过程控制与基坑邻近隧道保护[D]. 上海:同济大学,2000.

[5] Hu Z F, Yue Z Q, Zhou J, et al. Design and construction of a deep excavation in soft soils adjacent to the Shanghai metro tunnels[J]. Can. Geotech. J. /Rev. Can. Geotech., 2003,40(5):933-948.

[6] 何世秀,韩高升,庄心善,等. 基坑开挖卸荷土体变形的试验研究[J]. 岩土力学,2003,24(1):17-20.

[7] 蒋洪胜,侯学渊. 基坑开挖对临近软土地铁隧道的影响[J]. 工业建筑,2002,(5):53-56.

基于Midas/GTS的深基坑开挖与支护的数值分析

侯效毅

（中铁隆工程集团有限公司）

摘　要　结合某城市地铁出入段线，采用有限元软件Midas/GTS对基坑的开挖与支护过程进行了数值模拟，用摩尔—库仑弹塑性模型模拟土体特征，获得了不同支撑间距、桩间距及嵌固深度条件下，围护结构变形和弯矩的变化规律，对工程设计和施工有一定实际意义。

关键词　深基坑　开挖与支护　变形　数值分析

1　引言

随着城市轨道交通工程的建设和开发规模越来越大，与地铁有关的深基坑支护工程也越来越多，因此探讨如何更为真实地模拟基坑开挖和支护过程，变得十分必要。支护结构的强度与变形计算是基坑工程设计的最主要内容之一，其中围护和支护体系的结构内力计算是设计计算的重要内容和方案选择的主要依据。影响基坑围护结构变形的因素众多，在基坑支护结构设计中必须筛选出主要的影响因素。对于一个确定的基坑工程而言，基坑平面形状、深度、场地工程地质水文条件、周边环境状况是已知的，影响基坑变形的关键要素包括：支护结构刚度，围护桩的嵌固深度，桩体直径、间距，支撑平面、竖向设置形式及支撑刚度等。

本文从实际工程出发，对某城市地铁一号线出入段线深基坑开挖过程的力学模拟通过Midas/GTS来实现，并就钢支撑布置间距、围护桩的间距及嵌固深度做重点分析。

2　工程概况和地质条件

2.1　工程概况

本出入段线周边环境相对简单，区间施工场地比较开阔，均采用明挖法施工。基坑深度约为15.5m，基坑宽度约为10.9m，围护结构采用ϕ800mm钻孔灌注桩加ϕ600mm、$t=16$mm的钢支撑支护结构，竖向设置三道支撑(图1)。区间地下段结构为单层两跨矩形框架结构，出地面为U形结构。

2.2　地质条件

根据勘察报告，本出入段线所处地层自上而下为粉质黏土素填土①层、黏土②层、黏土③层、黏土④层和全风化泥质砂岩⑥层。地下水类型为上层滞水，水位埋深1.50～6.71m，水位高程8.40～16.44m，含水层主要为粉质黏土填土①层。土层物理参数见表1。

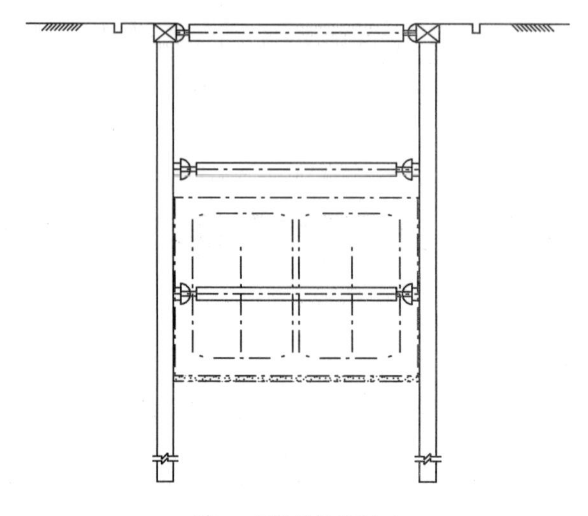

图 1　围护结构横剖面

土层物理参数　　表 1

编号	土层名称	层厚(m)	重度 γ(kN/m³)	黏聚力 c(kPa)	内摩擦角 φ(°)	静止侧压力系数 K_0
①	粉质黏土填土	1.0	19.0	0	8	0.40
②	黏土	7.0	19.7	43	13	0.47
③	黏土	15.0	19.9	47	15	0.45
④	黏土	12.0	20.1	48	14	0.45
⑥	全风化泥质砂岩	12.5	21.5	33	25	0.61

3　三维数值模拟

3.1　数值模型的建立

本基坑是狭长矩形，按照平面应变考虑，确定模型尺寸为：取长度方向 40m，基坑两侧各 30m，深度 40m 的范围，基坑模型网格图如图 2 所示。土体单元采用 8 节点的实体单元，钻孔灌注桩、圈梁、钢围檩及钢支撑均采用梁单元模拟，围护结构网格图如图 3 所示。土体的计算力学模型采用莫尔—库仑本构模型，整个计算模型共有单元数 57301 个，节点数 59348 个。

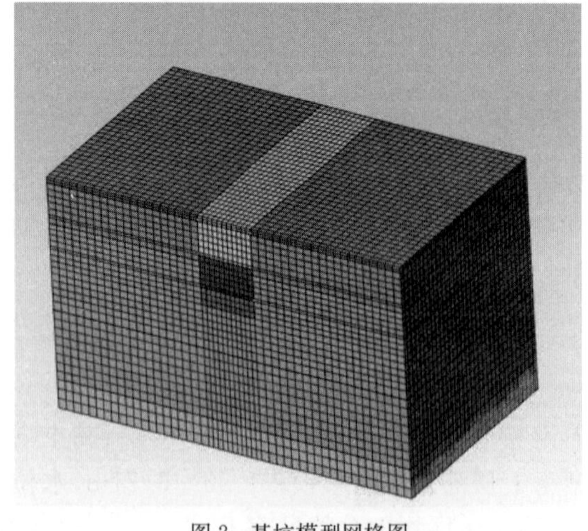

图 2　基坑模型网格图

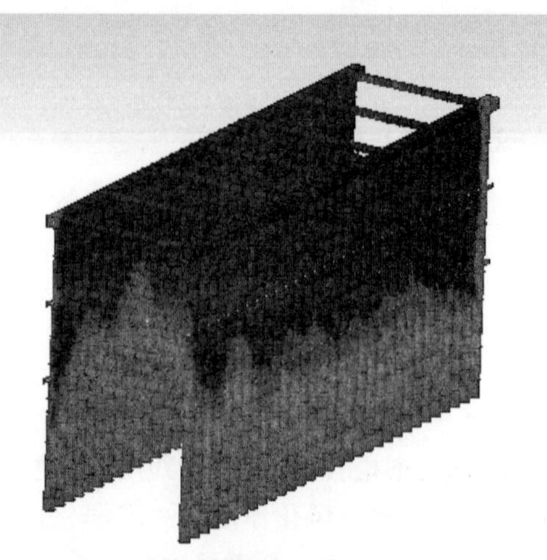

图 3　围护结构网格图

3.2 计算参数及边界条件

模拟过程中主要考虑自重，并考虑离基坑边5m外作用有20kPa的地面超载。模型底面和侧面为位移边界，侧面限制水平位移，底面限制垂直位移和水平位移，顶面为地面，取为自由面，围护桩底部限制转动位移。

3.3 施工工况模拟

(1)平整场地，初始地应力分析。

(2)施工围护桩，基坑开挖至-1m，施工圈梁架设第一道钢支撑(间隔布置)。

(3)继续开挖至-7m，架设第二道钢支撑。

(4)继续开挖至-12.5m，架设第三道钢支撑。

(5)继续开挖至基坑底。

4 计算结果分析

4.1 不同开挖工况的变形分析

采用ϕ800@1300mm钻孔灌注桩，第一道支撑间距为6m，第二、三道支撑间距为3m的支护体系下，不同开挖工况下围护桩的水平位移变形图见图4。

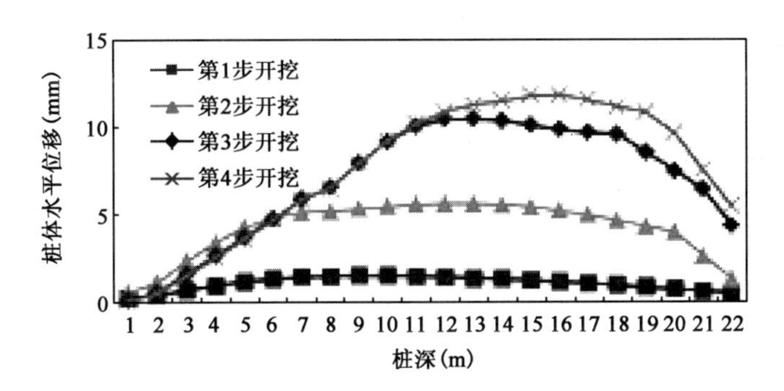

图4 不同开挖工况下桩的水平位移图

由图4可见，不同的开挖深度围护桩的位移在不断变化中，随着开挖深度的变化，围护桩的最大水平位移点从上往下不断变化。围护桩的水平位移基本上是两头小、中间大的抛物线型，变形最大、最危险的部位不在桩顶。不同开挖工况下围护桩的最大水平位移分别为：1.53mm，5.60mm，10.48mm，11.82mm。

4.2 支撑间距对围护桩变形的影响

采用ϕ800@1300mm钻孔灌注桩，第一道支撑间距为6m，第二、三道支撑间距分别为3m、4m、5m的支护体系下，围护桩的水平位移变形情况见图5和表2。

不同支撑间距下桩体最大水平位移　　表2

支撑间距	工况1(mm)	工况2(mm)	工况3(mm)	工况4(mm)
3m	1.53	5.60	10.48	11.82
4m	1.53	5.70	11.3	13.5
5m	1.53	5.70	11.3	15.5

由表2和图5可见：围护桩的水平位移基本上是两头小、中间大的抛物线型。围护桩的最大水平位移发生在13m左右，大约在基坑开挖深度的4/5处。当钢支撑的间距从3m增加到5m时，围护桩的最大水平位移呈现增大的趋势。变形增加31%，比较明显。可见，通过适当

减小钢支撑的间距可以有效地减小围护桩水平变形。

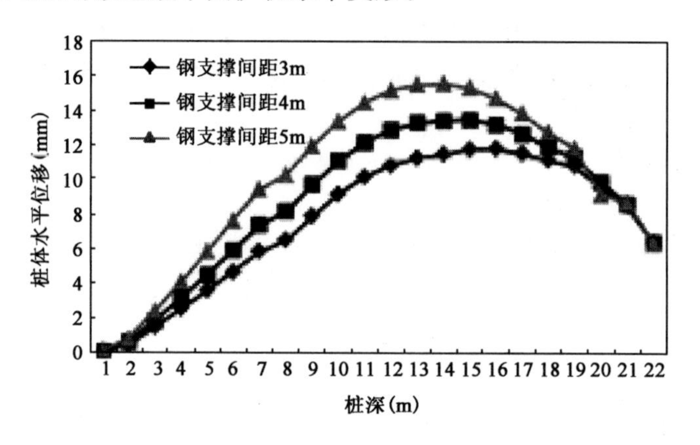

图 5 不同支撑间距下桩的水平位移图

若是支撑变为钢筋混凝土支撑，对水平位移的影响应该更大，即支撑的刚度对基坑变形的影响比较明显。

4.3 桩间距对围护桩变形的影响

分别采用桩间距为 1.3m、1.4m、1.5m 的 ϕ800 钻孔灌注桩，第一道支撑间距为 6m，第二、三道支撑间距为 3m 的支护体系下，围护桩的最大弯矩见表 3，水平位移变形见图 6。

不同桩间距下桩体的最大弯矩 表 3

桩间距(m)	工况 1(kN・m)	工况 2(kN・m)	工况 3(kN・m)	工况 4(kN・m)
1.3	37.2	182.3	359.2	291.1
1.4	38.7	187.5	370.4	302.3
1.5	40.3	194.3	381.5	316.2

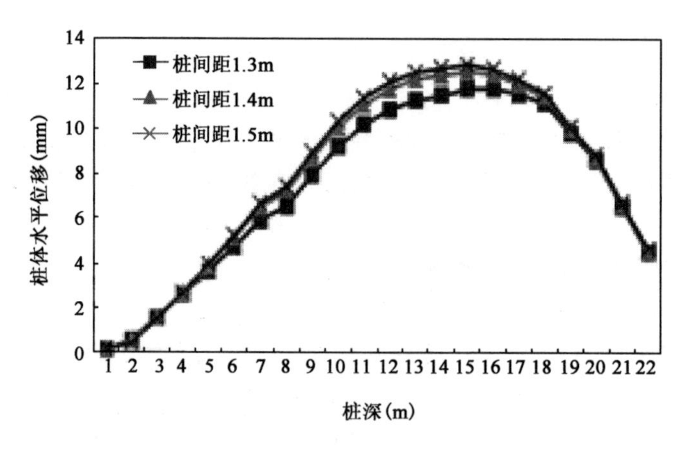

图 6 不同桩间距下桩的水平位移图

由表 3 可以看出：随着围护桩的墙体刚度增大，围护桩的最大弯矩将随之减小，在基坑开挖阶段，围护桩的最大弯矩发生在工况 3(架设第三道支撑时)。由图 6 可见：围护桩参数从 ϕ800@1300mm、ϕ800@1400mm 到 ϕ800@1500mm 的变化过程中，围护桩的水平位移有增大的趋势，但是增大的趋势较为缓慢。可见，在保证基坑稳定性的范围内，增大围护桩的墙体刚度对围护桩水平变形的控制能力是有限的。

桩间距在一定范围内变化，对基坑的变形影响不大。

4.4 嵌固深度对围护桩变形的影响

在采用 ϕ800@1300mm 的钻孔灌注桩，支撑间距为 3m 时，分别取嵌固深度为 4m、6m、8m 的情况对基坑开挖过程进行了模拟。围护桩的水平变形图见表 4 和图 7。

不同嵌固深度下桩体最大水平位移 表 4

嵌固深度(m)	最大水平位移(mm)	坑底处位移(mm)	最大弯矩(kN·m)
4	12.5	12.14	305.9
6	11.82	11.55	291.1
8	11.70	11.51	282.5

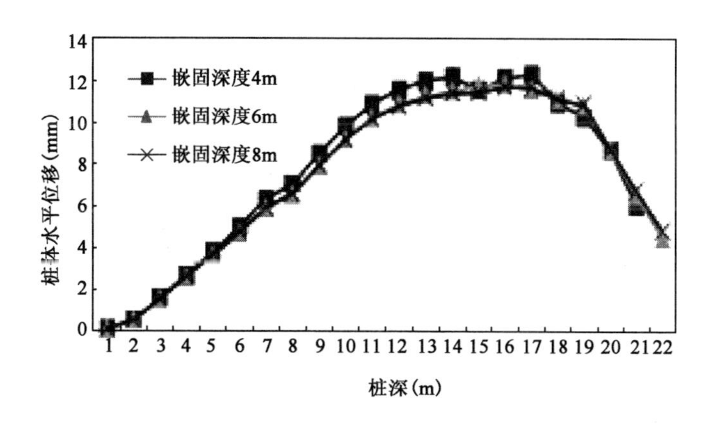

图 7 不同嵌固深度下桩的水平位移图

由表 4 及图 7 可知，随着嵌固深度的增加，桩体的水平位移和坑底处位移均有减小的趋势，但是嵌固深度由 6m 变到 8m，减小程度很小，同时结合基坑整体稳定计算结果，安全系数 K_s=1.392>1.3(规范规定值)，可见，在满足基坑稳定的前提下，嵌固深度的增加对减小围护结构的水平位移作用不明显。随着嵌固深度的增加，围护桩的最大弯矩呈现减小的趋势。

5 结语

本文通过 Midas/GTS 对深基坑的开挖与支护的全过程数值模拟，得出以下结论：

(1)随着开挖深度的变化，围护桩的最大水平位移点从上往下不断变化。围护桩的水平位移基本上是两头小、中间大的抛物线形，围护桩的最大水平位移发生在 13m 左右，大约在基坑开挖深度的 4/5 处。

(2)随着钢支撑间距、桩间距的增大，嵌固深度的减小，围护桩的水平位移均呈现增大的趋势。

(3)随着围护桩的墙体刚度的增大，桩体的最大弯矩随之减小；随着嵌固深度的增加，围护桩的最大弯矩随之减小。

(4)在基坑保持稳定的范围内，增大围护桩的墙体刚度和增加嵌固深度对控制围护桩的水平位移作用有限。

参考文献

[1] 中华人民共和国行业标准. JGJ 120—2012 建筑基坑支护技术规程[S]. 北京:中国建筑工业出版社,2012.

[2] 张光辉,彭松,等. 深基坑开挖与支护的有限元分析[J]. 武汉理工大学学报,2010,(3).

[3] 李胤铎,林旭明,范伟. 某地铁车站基坑开挖支护与主体结构浇筑三维有限元分析[J]. 2010,(2).

[4] 刘国彬,王卫东. 基坑工程手册[M]. 中国建筑工业出版社,2009.

大直径自进式锚杆在地铁明挖基坑中的应用

徐　华

（中铁隆工程集团有限公司）

摘　要　大直径自进式锚杆在本基坑应用时，为解决现有设备扭矩不足的情况，施工时采取了先用螺旋转杆引孔再正式钻进的方法，从而确保了锚杆的有效钻进深度。为满足杆体及周围扰动土体的加固要求，在自钻结束后采用了二次压浆技术。基坑下挖过程中通过对杆体应力变化及基坑沉降位移观测分析，证实了该法不仅能确保施工安全、质量，还能较好地保障工程进度及经济性。

关键词　大直径　自进式锚杆　地铁　明挖基坑　应用

1　引言

城市地铁车站因受断面形式、周围环境及地质条件等限制，多采用明挖法施工。围护结构一般采用板（桩）墙结构、板（桩）撑结构、板（桩）锚结构。其中桩锚支护形式因施工快速，受力明确，支护效果良好，造价相对经济，对后期结构施工影响小而得到了大量运用与高速发展。目前，地铁明挖车站开挖深度不断增加，周边施工环境日趋复杂，为满足施工需要，锚杆长度及直径也在不断增长、加大。青岛地铁3号线李村站在青岛地铁建设中采用了直径达73/59mm（外径/内径），钻进深度达24m的自进式锚杆。为确保大直径锚杆在土层中的钻进、压浆、锚定等对机械和施工方法的选择，对杆体材料的检验及现场检测等提出了新要求。

2　工程概况

2.1　站址位置及结构形式

青岛地铁3号线李村站～君峰路站区间明挖段位于李沧区维客广场西南侧，沿京口路走向布置。区间主体为两层三跨箱形框架结构，长约130.35m，标准段约22.8m，基坑开挖段约19.5m。围护结构采用“桩撑”及“桩锚”复合支护形式。

2.2　基坑地质情况及岩性

地表分布第四系素填土，土质不均，密实度差；地表以下分别为粉质黏土，粗砂，砾砂，强、中、弱风化花岗岩。

2.3　基坑支护形式

基坑采用ϕ800@1200mm灌注桩，桩头设钢筋混凝土冠梁，支护结构第一道采用800mm×1000mm钢筋混凝土支撑，水平间距10m，其余采用锚杆（索）支护，锚固体为土层时采用73/59mm（外径/内径）自进式锚杆，水平间距为2.4m，竖向间距2.5m，杆体外插角为15°，杆体长度为18～24m；锚固体为岩层时采用预应力锚索。

3　桩锚支护结构的水平应力及优越性

锚杆支护是通过与围岩共同作用，使围岩力学状态改变以达到基坑坑壁稳定的目的。根据最大水平应力理论，在最大水平应力作用下，围岩会出现层间错动，造成基坑变形。锚杆所起的作用是约束其沿轴向岩层剪切错动，因此本基坑采用桩锚支护形式主要考虑了四个方面：一是在受力上主要利用了桩及大直径锚杆的高强度、大刚度、抗剪力大的优点；二是锚杆支护效果好、用料省、施工简单、有利于机械化操作、施工速度快；三是锚杆采用自进形式，在围岩较弱地层有效解决了成孔困难的问题；四是为基坑内部结构施工提供较大的空间，避免倒换支撑带来的安全风险，有效确保基坑在施工过程中的稳定性。

4 自进式锚杆构造形式

中空大直径锚杆由 73/59mm（外径/内径）自进式杆体、合金钻头、连接套、止浆塞及锚固端头组成。杆体外表全长具有标准的连接螺纹并能任意切割和用套筒连接加长，极限拉力为 700kN，锚杆加长的连接套筒与锚杆杆体具有同等强度。锚固端由双拼 28b 槽钢腰梁、铁靴、锚垫承压钢板、螺母组成。本工程主要选取应用于砂层、砂砾层等难以成孔的复杂地层。

5 施工工艺

基坑开挖严格贯彻“时空效应”理论，遵循“纵向分段、竖向分层、中间拉槽、先撑后挖”的原则，采用纵向共分五段、竖向共分九层的土石方开挖方法。每层土方开挖至每道锚杆位置下 50cm 后，进行锚杆钻进、注浆、安装钢腰梁、锚固施工。

5.1 施工工艺流程

放线及材料准备→钻机就位→钻杆钻进→接杆体→检查锚杆、安装止浆塞和垫板→浆液拌制→注浆→封口→清理→端头锚定。

5.2 施工方法

(1)自进式锚杆参数：钢管采用无缝钢管，杆体上按 100～150mm 间距钻设注浆孔，为避免高压注浆对基坑围护结构造成破坏，同时确保注浆效果，故在距锚固端头 3m 长度范围内不设注浆孔。杆体主要承受集中拉力，因此钻进到位后及时压注水泥浆，并在注浆锚固体强度达到设计强度 80%后进行端头锚固。

(2)放线及材料准备：钻孔前，放线定位，做出标示，杆距水平方向最大偏差控制在±10cm 以内，垂直方向控制在±5cm 以内，钻进深度超过设计要求 50～100cm。

(3)锚杆钻进：钻机型号及钻进方式选择是重点，杆体直径较目前常用锚杆（常规最大 52mm）大出 1.4 倍。经测算在外部条件均相同的情况下锚杆钻机输出的动力将比常规锚杆大出约 2 倍，采用常规锚杆钻机在最大扭矩驱动下钻进深度仅能达到 10m 左右，且钻进速度缓慢，无法满足现场施工需要，现场采用多功能全液压履带钻机配高压柴油静音空压机（设备参数：工作风压 1.05～2.5MPa，推进力 13620N，回转扭矩 2510N/m，耗风量 17～21m^3/min，最大钻进深度 30m）。采用先引小孔后进行正式钻进的方式才能达到有效钻进要求。

具体钻进步骤为：

①采用 ϕ50mm 螺旋钻杆对地层进行初钻引孔。

②引孔到位后反钻退出螺旋钻杆。

③对准引孔部位用大直径自进式锚杆进行正式钻进。

④钻进到位后利用二次压浆技术对杆体周边地层及部分二次扰动土体进行加固，以达到固结及共同受力的效果。

(4)锚杆连接：为方便运输及搬运，每段杆体长度定制为3m，在钻进过程中需停钻进行锚杆接长操作，杆体连接采用内径73mm，长度100mm的正反丝套筒进行连接，以确保杆体接长后轴心重合，保证钻杆在锚固体内的位置满足要求。钻进完成后杆体外露50～60cm长度，以确保注浆帽安装及锚固需要。

(5)注浆：对杆体及周围锚固体进行注浆时，采取二次压力补偿性注浆，首次注浆材料采用水灰比0.38～0.45的水泥砂浆，灰砂比1∶1～1∶1.2，设计强度30MPa。因加固体地层主要为粗砂及砂砾层，故初次注浆选用渗入式注浆，为保证杆体底部浆液充填效果，同时为方便浆液的二次压注，在杆体内预留注浆小导管，首次注浆压力控制在0.5～1MPa，以确保杆体及周边小范围内土体浆液达到饱和。

二次注浆选用劈裂注浆法。浆液采用水灰比为0.45～0.55的超细纯水泥浆，现场实践操作得出二次注浆在初注10h后进行，当压力达到2.0MPa以上时就能将初注浆体劈裂。在二次注浆期间，压力将出现两次峰值，初次出现在劈裂加固体前，初注加固体被劈裂后压力急剧下降，当锚杆周边一定范围内土体浆液达到饱和后，压力逐步上升至达到设计要求压力。注浆期间对影响范围内的地面建(构)筑物进行监测，防止地(路)面因注浆产生隆起、地下相应管道受到污染等。必要时采取有效措施防止浆液溢出注浆范围或地面。

(6)锚固：锚杆体注浆后，注浆材料未达到设计强度前避免敲击、震动和悬挂重物，当注浆强度达到24MPa后安装钢腰梁，拧紧螺母施加应力。自进式锚杆力传递路径为围护结构→钢腰梁→锚固端头→锚杆及加固体。故在传力点或面上必须要保证两点，一是接触面采用细石混凝土充填密实；二是受力面与受力方向保持垂直。

(7)试验检测

原材检验：材料试验因受试验设备限制，无法直接对直径超过52mm锚杆杆体进行强度试验，为确保试验实施，检测时采取从原材上切割出等壁厚、宽3cm、长50cm的母材进行强度试验，结合折算系数从而推算出杆体材料强度。

抗拉拔力检验：除进行常规材质检验外，施工时根据要求进行浆体强度试验的抗拔力检验，浆体强度试件每30根锚杆检测一组；抗拔力检验在锚固体强度达到设计强度80%后进行，检验数量为总数的5%。试验采用分级加荷法。锚杆的起始荷载为设计最大试验荷载的30%，分级加荷值分别为拉力设计值的0.5、0.75、1.0、1.2、1.33、1.5倍，但最大试验荷载不大于杆体承载力标准值的0.8倍(560kN)。

(8)自进式锚杆杆体内力监测

根据设计及监测要求，在锚杆施工范围内选取3处典型断面进行锚杆内力监测，在所选断面内对竖向所有锚杆进行监测。据监测资料显示，锚杆内应力随着基坑的下挖呈现出波动性增加，最大内应力产生于基坑开挖见底后3d左右，随着结构底板的施工，应力逐渐趋于稳定。03断面内第1道锚杆内力波动性增加监测值如图1所示。

该锚杆于9月10日开始施工，设计要求预加锚固力150kN，实际锚定完成后由预埋应力计测得数据为151.09kN。根据所测数据发现，引起锚杆应力变化的主要因素为基坑的开挖深度，随着基坑开挖深度的增加可将锚杆内应力变化划分为预应力损失阶段、应力波动增加阶段、应力稳定阶段三个阶段，本明挖基坑三个阶段分别对应的基坑开挖深度见表1。

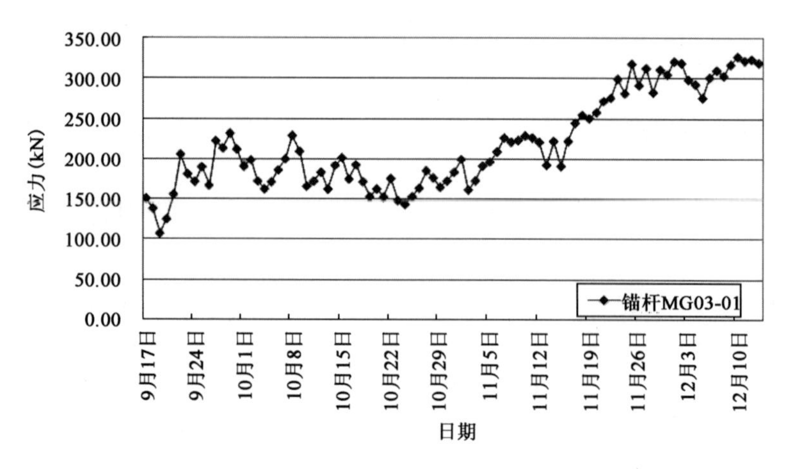

图 1　锚杆内力变化曲线

基坑开挖深度对锚杆受力的影响　　　表 1

阶段名称	锚杆距开挖面高度(m)	累计拉力值(kN)	时间点	备注
锚杆应力施加	0.5	151.09	2013-9-17	
预应力损失阶段	2	125.38	2013-9-17～2013-9-20	
应力波动增加阶段	8	200.38	2013-9-21～2013-10-7	正常开挖
	受外界因素影响,10 月 7 日至 11 月 2 日开挖暂停			
	14.5	318.05	2013-11-3～2013-11-25	开挖见底
应力稳定阶段	14.5	319.16	2013-11-26～2013-12-13	2013-12-6 底板施工完毕

6　结语

(1)本基坑应用该型号自进式锚杆 185 根,约 3500 米,在施工过程中借鉴以往成熟的经验通过适当调整改良后应用于现场控制,从而使大直径自进式锚杆在高风险明挖基坑中的使用取得了成功。施工监测资料显示,地面累计最大沉降值为 12.6mm,基坑围护桩侧向最大水平位移值为 8.9mm,均在规范允许变形值内,通过有效合理的基坑变形控制,确保明挖基坑周边商业及道路安全。

(2)通过后期锚杆内力及基坑沉降、位移观测数据说明,采用先引小孔后辅以二次压浆技术对大直径自进式锚杆进行施工,在本基坑黏土及粗砂地层中的运用可行,且取得了较好的效果。此技术有效地解决了目前市场机械最大扭矩不足的实际情况,使大直径乃至超大直径自进式锚杆的有效钻进长度得到大大提升。

(3)自进式锚杆在本基坑的应用,为基坑开挖和结构施工提供了安全可靠的空间,避免了采用内撑进行的必要倒换支撑操作。在有效节约工程造价的前提下,降低了施工风险,确保了工程工期。

(4)该型号锚杆市场存量少,在工程实践中应用较少,可借鉴和参照的成熟经验较少。杆体材料在前期预定加工时,钻头及杆体连接套采用外套形式较为失误,对杆体钻进及初次压浆均造成了一定影响。在日后施工应用过程中可采用内套连接的方式,以便更充分合理地应用其特性,为工程建设发挥更大作用。

参考文献

[1] 中华人民共和国国家标准. GB 50086—2005 岩土锚杆与喷射混凝土支护工程技术规范[S]. 北京:中国计划出版社,2005.
[2] 中华人民共和国铁道行业标准. TB/T 3209—2008 中空锚杆技术条件[S]. 北京:中国铁道出版社,2008.

水泥土+微型桩支护技术在淤泥质地层深基坑中的应用

张启军　林西伟　于伟克

（青岛业高建设工程有限公司）

摘　要　淤泥质地层深基坑需要直立开挖时，一般采用排桩+水泥土止水支护技术，本文介绍了在该地层条件下，采用了水泥土+微型桩的复合支护结构，刚度很强，既挡土又止水，使用了预应力锚索锚拉抵抗水土侧压力，经过精心设计、精心施工，基坑安全稳定、环保经济，为类似工程提供参考借鉴。

关键词　多排搅拌桩　嵌岩微型桩　预应力锚索　注浆袋

1　前言

随着城市的高速发展，建筑正在向河海漫滩推进，河海漫滩特有的淤泥地层地质条件，促使建筑施工技术随着城市的发展不断革新。

青岛市经济技术开发区临胶州湾某高层住宅小区深基坑是典型的淤泥质地层基坑工程，在该项目中采用了水泥土+微型桩的复合支护结构，支护效果良好，为淤泥质地层的深基坑支护技术的发展提供了宝贵的经验。

2　工程概况

拟建场地位于青岛市经济技术开发区太行山路附近。拟建建筑物包括2幢26～28层高层住宅楼及1层配套商业和一座1层整体地下车库等，现状地表标高整平至4.5m，基底标高−1.75m，基坑深度6.25m，基坑周长约470m，基坑安全等级一级。

3　工程地质及水文地质条件

3.1　岩土层及其工程特性

（1）第①层：杂填土（Q_4^{ml}）

杂色，稍湿，松散～稍密，成分以碎石、砖块、混凝土块、煤渣等建筑垃圾为主，表层多有30～40cm混凝土地面，局部表现为素填土，以岩石风化物为主，密实度较好，经调查访问其回填时间约10年。该层在场地范围内分布广泛，厚度1.50～3.30m，平均厚度2.58m，层底标高1.31～2.62m，层底埋深1.50～3.30m。

（2）第④层：砾砂（Q_4^{mh}）

灰黑色、青灰色，饱和，松散～稍密，有腥臭味，由长英质矿物、花岗岩砂粒组成，见有贝壳，混淤泥或淤泥质土10%～15%，局部为淤泥质土混砂。该层在场地范围内分布广泛，厚度2.50～3.60m，平均厚度3.00m，层底标高−1.70～−0.50m，层底埋深4.50～6.10m。

(3)第⑥层:淤泥质粉质黏土(Q_4^{mh})

青灰色~灰黑色,流塑~软塑,以软塑为主,见贝壳,有腥臭味,钻探进尺迅速,局部相变为淤泥质粉土、淤泥质粉砂。该层在场地范围内分布广泛,厚度2.60~4.60m,平均厚度3.59m,层底标高-6.07~-3.63m,层底埋深7.60~10.40m。

(4)第⑯层:强风化花岗岩

黄褐色、肉红色,裂隙发育,呈散体~碎裂状,岩芯手捻呈砂土~砂砾状,矿物成分以石英、长石为主,采用合金钻头泥浆护壁循环钻进容易,进尺速度50~90cm/min。该层在勘察过程中各孔均有揭露,但未揭穿,最大揭示厚度10.00m。

3.2 水文地质条件

依据区域水文地质资料和本次勘察资料,拟建场地地下水类型以第四系孔隙潜水为主,基岩裂隙水为辅。

(1)第四系孔隙潜水:主要赋存于第①层、第④层中,地层渗透性较强,接受大气降水垂直入渗和侧向径流补给,蒸发和侧向径流排泄。勘察期间属枯水期,实测稳定水位埋深0.40~1.90m,水位标高2.84~3.12m,水位年变化幅度1.0~2.0m。

(2)基岩裂隙水:主要以层状、带状赋存于基岩强风化带裂隙密集发育带中,富水性差,水位不连续、不均匀,接受大气降水和侧向径流补给。

3.3 周边环境条件

基坑东侧、北侧紧靠道路,道路埋有污水、给水、热力、电信管道。南侧靠近正在使用的厂房,拟建地下室外墙线距离最近建筑物9.4m,靠近基坑一侧建筑物均为条形基础,基坑西侧靠近待拆除的场地,其中距离基坑地下室外墙线最近的烟筒约26m;西北侧靠近换热站泵房,距离拟建地下室2m,占用用地红线范围内约2.5m。

4 基坑支护方案

根据基坑周边环境、工程地质和水文地质条件、基坑开挖深度、基坑安全等级,为了满足基坑的整体稳定性,分别对桩锚支护体系方案和水泥土+微型桩复合土钉墙支护体系方案进行了经济、安全分析和详细的论证计算,最后选用了更加经济的水泥土+微型桩复合土钉墙支护体系,把整个基坑划分为3个单元,详见图1,典型支护剖面见图2。

5 施工工艺与要点

本工程施工内容主要有水泥土搅拌桩、微型桩、预应力锚杆、冠腰梁分部分项工程。

5.1 水泥土搅拌桩施工

(1)水泥搅拌桩施工采用四搅两喷工艺。第一次下钻时为避免堵管可带浆下钻,喷浆量应小于总量的1/2,严禁带水下钻。第一次下钻和提钻时一律采用低档操作,复搅时可提高一个档位。每根桩的正常成桩时间应不少于40min,喷浆压力不小于0.4MPa。

(2)为保证水泥搅拌桩桩端、桩顶及桩身质量,第一次提钻喷浆时应在桩底部停留30s,进行磨桩端,余浆上提过程中全部喷入桩体,且在桩顶部位进行磨桩头,停留时间为30s。

(3)在搅拌桩施工过程中采用"叶缘喷浆"的搅拌头。这种搅拌头的喷浆口位于搅拌叶片的最外缘,当浆液离开叶片向桩体中心环状空间运移时,随着叶片的转动和切削,浆液能较均匀地散布在桩体中的土中。长期使用证明,"叶缘喷浆"搅拌头能较好地解决喷浆中的搅拌不均问题。

(4)施工中发现喷浆量不足，应及时整桩复搅，复喷的喷浆量不小于设计用量。如遇停电、机械故障原因，喷浆中断时应及时记录中断深度。在12小时内采取补喷处理措施，并将补喷情况填报于施工记录内。补喷重叠段应大于100cm，超过12小时应采取补桩措施。

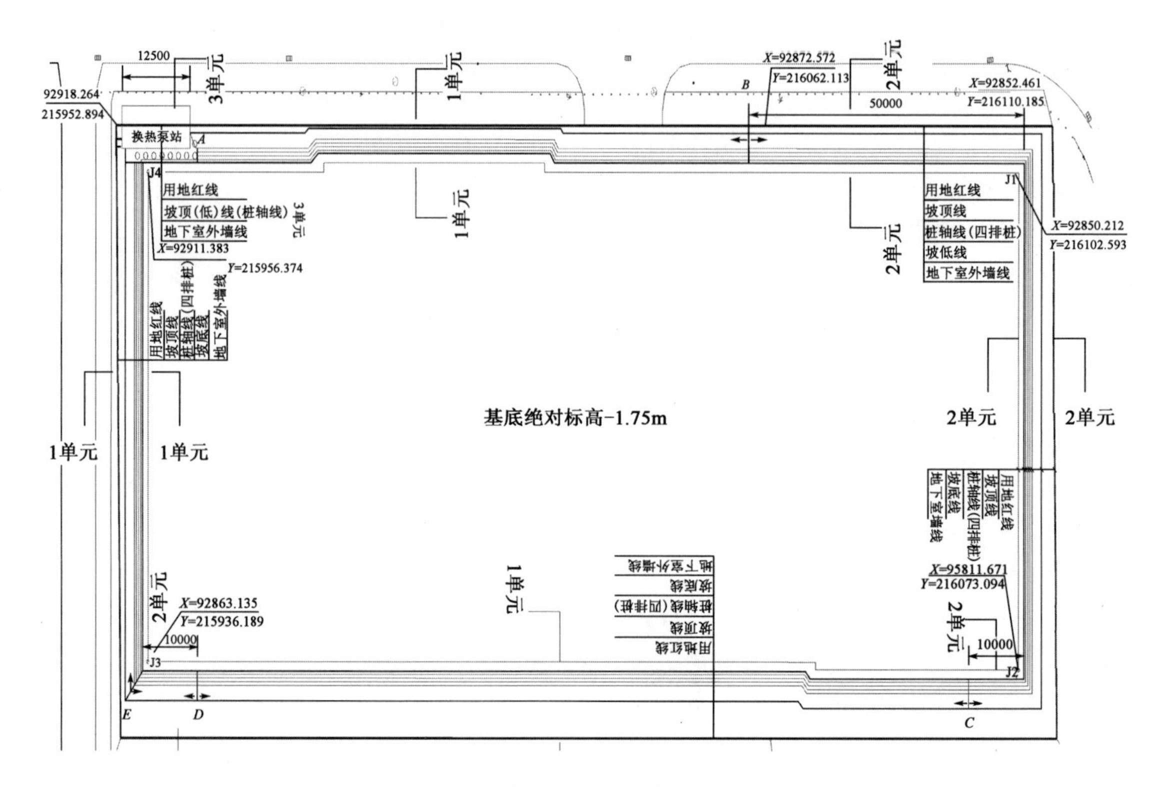

图1　基坑支护平面图(尺寸单位:mm)

5.2　微型桩施工

微型桩设计孔径180mm，间距1.1m，桩芯采用14号工字钢，采用取芯方式钻孔施工，要求入岩1m，纯水泥浆灌注。

5.3　预应力锚杆施工

(1)采用套管锚杆机钻进成孔，因锚杆需要入岩，所以锚杆钻机需要带有后冲击工艺。

(2)钻孔深度比设计多进50～80cm。

(3)钻孔至要求深度后，置入组立完整之钢绞线连同注浆管到孔底；将注浆管置入孔底后开始第一次注浆，直至水泥浓浆由孔口溢出为止。

(4)注浆材料采用纯水泥浆，注浆浆液应搅拌均匀，随搅随用，浆液应在初凝前用完，并严防石块、杂物混入浆液。注浆作业开始和中途停止较长时间，再作业时宜用水润滑注浆泵及注浆管路。

(5)套管内注浆饱满后进行套管拔出，每拔三根套管补浆一次，到套管全部拔出补浆到孔口溢浆为止；然后将钢绞线外拔50～80cm(目的：①可排出浆体中的空气；②使钢绞线尾部充满浆体并与泥土完全隔离)。

(6)在第一次注浆后4～6h(依气候等因素现场确定)，注浆袋封孔，实施二次压力注浆，以25kg/m水泥浆或保压1.5MPa约3min(具体时间现场确定)为准。

(7)水泥浆体养护(时间一般为14d)，依设计要求张拉锁定，并进行补偿张拉。

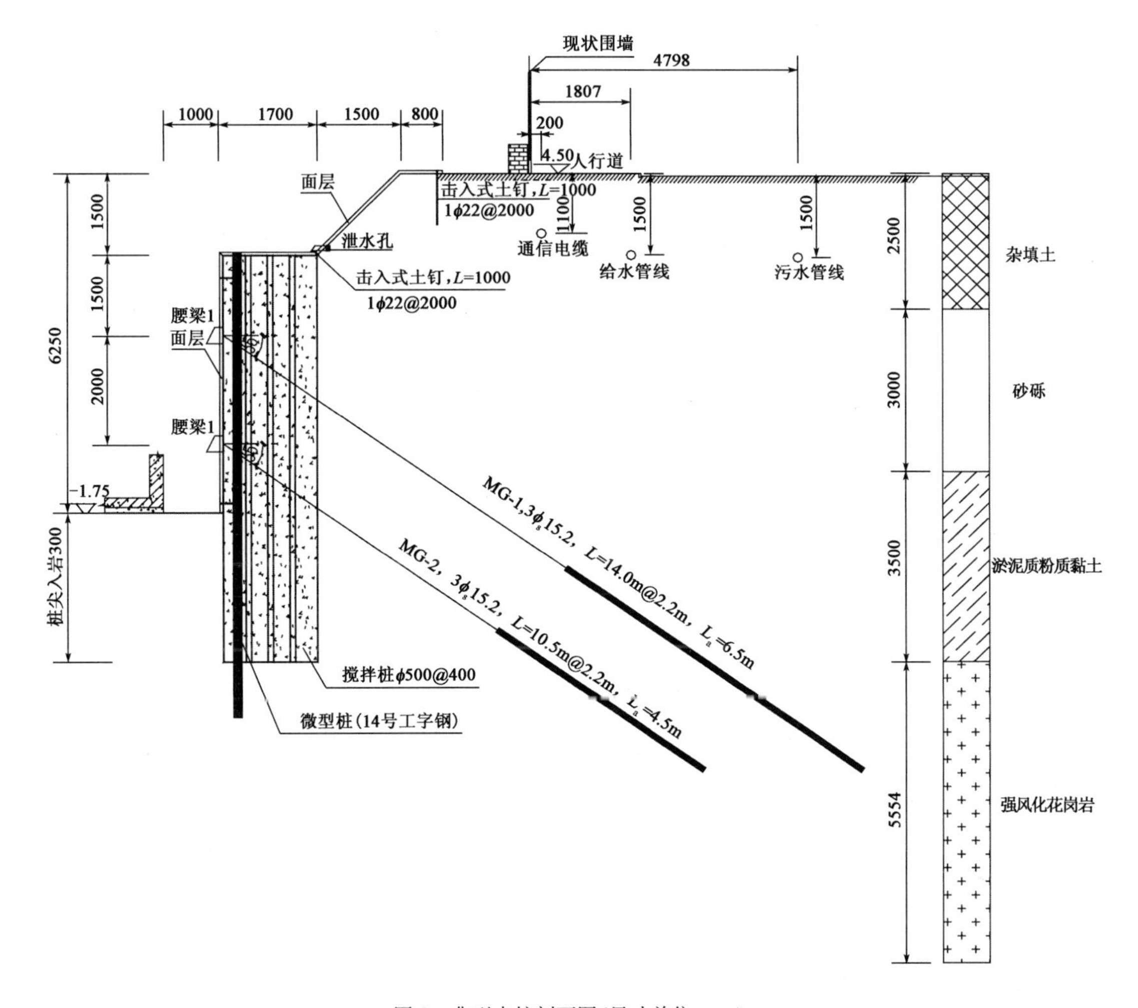

图2　典型支护剖面图(尺寸单位:mm)

6　基坑监测

为了对该基坑支护设计和施工效果进行监测，用监测数据指导现场施工，进行信息化施工，使施工组织设计得以优化，在基坑顶部每隔 20m 安置一个监测点，共设置 20 个监测点。水平位移随监测时间的变化情况如图 3 所示。

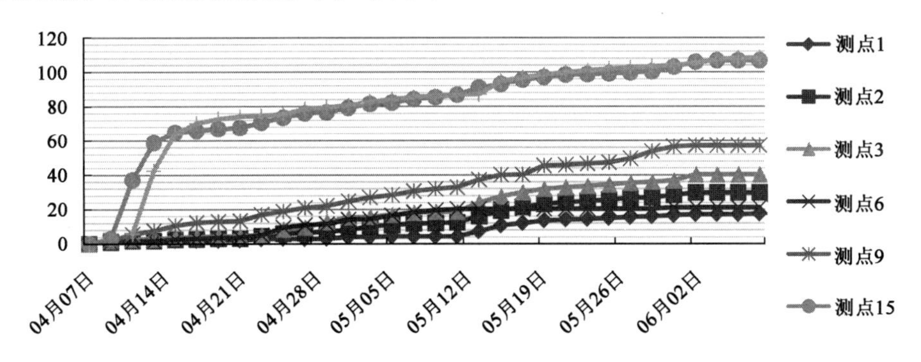

图3　水平位移监测折线图

以上观测数据为每间隔3d进行一次水平位移观测的典型数据代表，其他时间的观测数据未列入表内。测点1为桩锚支护体系上的观测点，其余为复合土钉墙支护体系上的观测点。从监测数据中可以看出，桩锚支护体系水平位移控制在基坑深度的3‰以内，而复合土钉墙支护体系水平位移已超出基坑深度的3‰。该基坑于2013年3月7日开挖，于2013年5月10日结束。本工程复合土钉墙支护体系虽然在开挖过程中变形偏大，局部因未及时支护造成变形过大，开挖后期变化速率均匀，最终趋于稳定。因此，基坑支护设计和施工达到了安全稳定的效果。

7 结语

目前，沿海城市的快速建设直接推动着大量淤泥质基坑的产生。本工程作为典型淤泥质基坑，采用水泥土＋微型桩复合土钉墙支护体系应用实例较少，在本项目总结了如下可供借鉴的经验：

（1）水泥土重力式挡墙高宽比宜为1：(0.6～0.8)，加设微型桩和锚杆后，高宽比可以降至1：0.4，微型桩采取成孔方式时，应进入搅拌桩底以下一定深度，增加嵌固深度，增强支护结构稳定性。

（2）淤泥质地层中，水泥土搅拌桩形成的重力式挡墙由于其自身刚度差，抗剪能力弱，成桩后强度低，因此建议对其采取插筋或微型桩加强，面层喷网处理，增加自身刚度和抗剪能力。

（3）预应力锚杆锚固段要求入岩，增加锚杆的锚固力，且成孔角度不宜过大。由于淤泥质土摩阻系数小，锚杆角度过大时，易导致锚杆竖向分力过大，造成锚杆在张拉过程中出现腰梁及锚头不均匀程度下滑。一旦下移就会反作用于锚杆的预应力锁定值，导致边坡水平位移过大。因此，锚杆成孔角度过大时，必须采取可靠的固定措施防止其下滑。

（4）淤泥质基坑边坡开挖后坡面虽然平整，但由于摩阻力过小，不建议采用钢梁，建议采取钢筋混凝土梁。

基坑锚杆在山西汾河阶地的应用

杨宝森

（北京中岩大地科技股份有限公司）

摘　要　本文介绍了护坡桩＋预应力锚杆支护体系在山西太原汾河阶地敏感地层中的应用。设计通过提高单根锚杆极限承载力减少锚杆道数，进而减小成孔造成的地层损失；采用双套管施工工艺，通过保护孔壁，降低孔壁受冲刷的程度，进而减小地层附加沉降；同时采取多重堵漏措施，确保高水位环境下帷幕体系的有效性；通过监测及时指导施工，动态调整施工参数，使敏感建筑物变形始终位于安全变形范围之内。结果证明，此种基坑支护技术在灵敏地层中应用的可行性和有效性。

关键词　汾河阶地　预应力锚杆　三轴水泥土搅拌桩　搅拌桩　灵敏性土

1　概述

拟建场地位于太原盆地。太原盆地长约150km，宽30～40km，包括整个汾河中游，面积达5000km^2。汾河贯穿盆地中部，沿岸广泛发育着二级阶地。其主要工程地质特点为土体以粉土、黏质粉土、粉质黏土及砂层互层为主，土体呈现出高含水率、高灵敏性的特点。

汾河阶地一级基坑支护多以护坡桩＋内支撑支护体系为主，采用隔水帷幕结合坑内疏干的措施进行地下水处理。一般20m左右的基坑布置3～4道钢管或混凝土内支撑，而锚杆应用非常少。太原南城小店区汾河阶地某工地采用桩锚支护体系，施工时使用单套管钻机成孔，首层锚杆施工后地面即沉降20mm左右；北城杏花岭区某工地基坑深度20m，设计采用四道预应力锚杆，所有锚杆施工完毕后地面沉降20～40mm，地表裂缝20～30mm。其原因为：一是土水压力大，设计时为满足基坑安全需要采用多道锚杆，土体损失较大；二是锚杆施工造成的地层损失比较明显，容易引起附加沉降；三是地下水位以下施工锚杆容易带来涌水涌砂、帷幕堵漏等问题，处理不好不仅锚杆施工质量无法得到保证，而且影响到基坑的安全和正常使用。

基于上述原因，汾河阶地锚杆应用普遍较少。本工程周边3km范围内20m深的两个基坑均采用了护坡桩＋内支撑支护体系。护坡桩＋内支撑支护体系对基坑周边环境的控制十分有利，但是采用内支撑不利于快速出土，同时支撑施工周期也较长，导致绝对工期往往较长。而采用锚杆支护形式，节省了大量内支撑和竖向支承钢立柱的设置和拆除，因此经济性相对于内支撑支护形式具有较大的优势，而且由于锚杆设置在围护墙的背后，为基坑工程的土方开挖、地下结构施工创造了开阔的空间，有利于提高施工效率和地下工程的质量。

本工程在设计之初，充分考虑了锚杆应用的问题及对策，施工过程中通过关键工序的控制、严密的信息化施工方案的落实，最终证明了基坑锚杆在汾河阶地应用的可行性及有效性。

2　工程概况

太原公元时代城项目位于太原市迎泽西大街与和平北路交汇处，本项目位于迎泽西大街以北，和平北路以东，西矿街以南。拟建建筑物建筑面积 115271m²，地上 27 层，地下 3 层；上部建筑结构为框架剪力墙结构，基础为桩基础。本工程±0.000 相当于高程 800.80m，主楼基底标高为－13.30m，裙楼基底标高为－12.40m，基坑开挖深度 13.50～14.00m。基坑平面详见图 1。

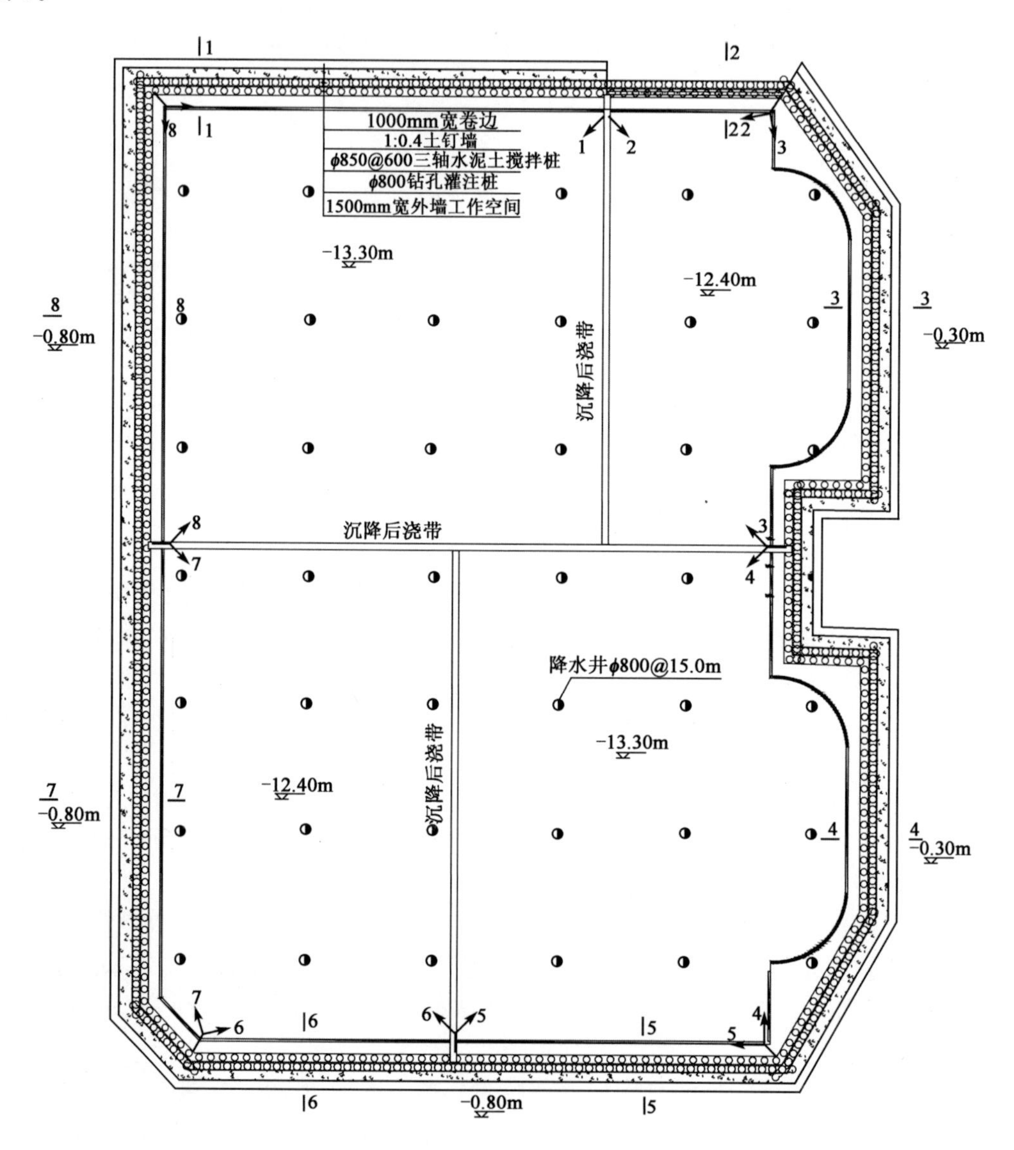

图 1　太原公元时代城基坑支护平面图

该工程周边环境较为复杂。北侧最近处支护桩距西矿街约 16.0m，西侧距和平北路约 24.0m，南侧距迎泽西大街约 17.0m，东侧距化纤小区宿舍楼 7.0～12.0m，条形基础，基础尺寸 10m×50m，埋深 3.9m，地基采用 1.0m 厚二八灰土垫层，砌体结构，建造于 20 世纪 80 年代。

3　工程地质、水文地质条件

3.1　工程地质条件

拟建场地地形平坦，场地所属地貌单元属于汾河西岸Ⅰ级阶地。在勘察深度范围内各地层如表1所示。

土层工程地质特征一览表 表1

序号	土层	厚度(m)	颜色	湿度	密实度	稠度
①	杂填土	2.3	杂色	—	—	—
②	细砂	4.0	黄褐色	—	中密	—
③	粉土	5.9	褐黄色	饱和	稍密	—
④	粉质黏土	3.7	褐黄色	—	—	可塑
⑤	砾砂	3.7	浅黄色	湿	稍密	—
⑥	粉质黏土	4.9	褐黄色	—	—	可塑
⑦	粗砂	4.9	褐黄色	饱和	密实	—

3.2 水文地质条件

本次勘察揭露场地地下水静止水位埋深4.70～6.00m，静止水位高程795.09～797.09m，地下水为孔隙潜水，勘察期间属枯水期，水位随季节变化幅度1.0m。

基础深度范围内地下水在干湿交替作用下对钢筋混凝土结构均具微腐蚀性，长期浸水条件下对钢筋混凝土结构均具微腐蚀性；对混凝土结构中的钢筋，在干湿交替情况下具有弱腐蚀性，在长期浸水条件下具有微腐蚀性。

4 基坑支护工程的设计概况和工程技术难点及解决措施

4.1 基坑支护设计概况

本工程围护结构采用ϕ800@1400钻孔灌注桩＋预应力锚杆支护体系。钻孔灌注桩桩长16.5m，混凝土强度等级C30；采用两道预应力锚杆，锚杆长度24.5～31.0m，直径150mm，水泥采用P.O 42.5水泥，采用拉力分散式锚杆并二次高压注浆。锚杆标准值300～490kN。地下水控制采用ϕ850@600三轴水泥搅拌桩止水帷幕＋坑内疏干井方案。搅拌桩有效桩长19.0m，桩端进入相对不透水层不小于3.0m，采用P.S.A32.5水泥，水泥参量不低于20%。坑内疏干井间距15.0m，井深17.0m。典型的基坑支护剖面见图2。

4.2 设计重点难点

太原地区汾河Ⅰ级阶地土层特点为高水位，以粉土、黏性土和砂层互层为主，粉土及黏性土饱和度高，局部土层存在较高灵敏性[1]。当基坑深度较深，周边环境敏感复杂时，多用内支撑支护体系。对于本工程，采用内支撑支护体系是安全可行的，如果采用锚杆支护，是否满足基坑安全性的要求是本工程设计时重点考虑的问题。

太原地区桩锚支护体系，当采用多道锚杆支护时，周边沉降较为突出，汾河阶地周边的工程项目更是如此。对于本工程，锚杆施工会不会产生显著附加沉降，对东侧建筑的影响能否控制在要求范围内，也是本工程设计时的难点和重点。

4.3 解决措施

(1)针对基坑支护对周边敏感环境的影响，首先按照2‰H(H为基坑深度)控制基坑水平位移[2]。其次，采用拉力分散式锚杆[3]，增大单根锚杆承载力，从而将锚杆从三道变为两道，减小锚杆成孔对地层的削弱，降低附加沉降。第三，在施工工艺上，采用液压双管双动力锚杆钻机，成孔时使用外管护壁，减小水对孔壁冲刷，进而减小土体损失。第四，对基坑周边重要建筑物，特别是东侧民宅加强观测。

(2)针对锚杆施工穿透帷幕引起水土流失的影响，施工时采用必要的封堵措施予以封堵。首先在自由段缠干海带进行一重封堵，其次注浆时掺入一定比例的水玻璃进行孔口二次封堵。

(3)针对该场地地下水丰富、含水层多、水头高的情况，采用三轴搅拌桩进行隔水，三轴搅拌桩采用套接一孔法施工[4]，深度进入相对不透水层不小于3.0m，同时采用旋喷作为备选方案。

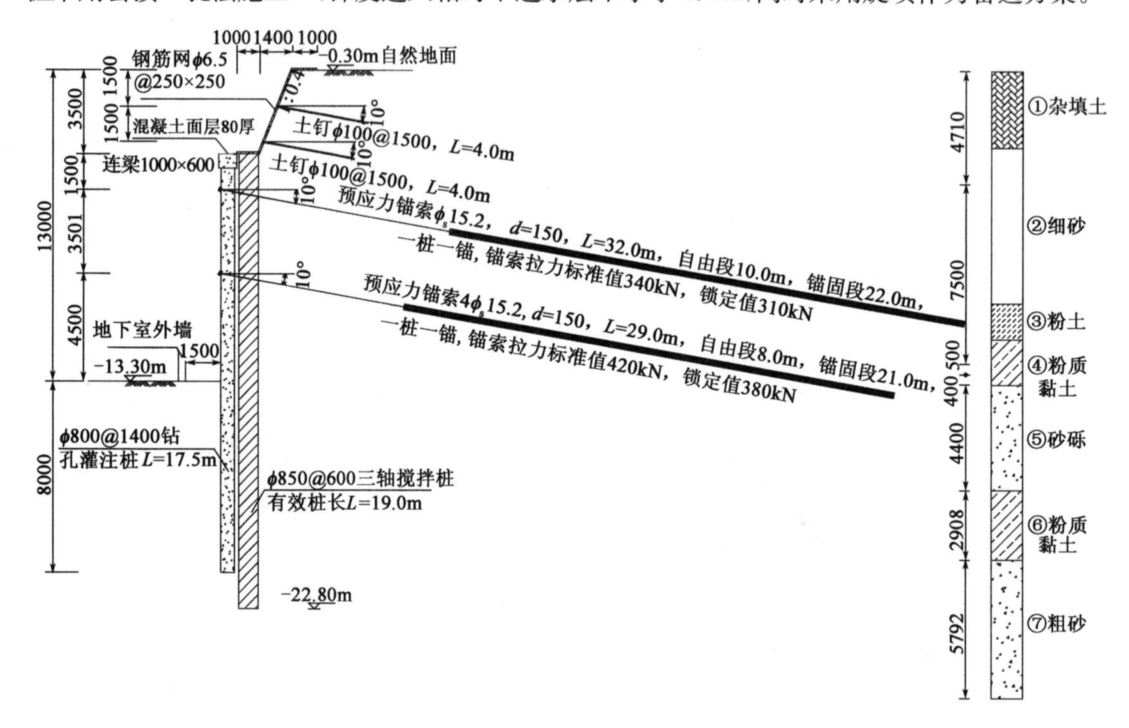

图2　典型基坑支护剖面图(尺寸单位：mm)

5　施工及监测

5.1　施工关键技术要求

1)坡面排水

为确保工程质量，采用了适当的排水措施排除地表水和基坑作业面积水。为防止地表水流入坑内，在基坑顶设置一道排水沟和若干个集水坑。工作面集水时，挖临时排水沟和集水坑，及时排除积水。

2)三轴水泥土搅拌桩施工

(1)三轴搅拌桩孔位定位：三轴搅拌桩两轴中心间距为600mm(φ850)，根据这个尺寸在沟槽外30cm用短钢筋做出每幅桩的标记，搅拌桩搭接250mm，孔位放样误差小于10mm。

(2)桩机就位：由当班班长统一指挥，桩机就位移动前看清上、下、左、右各方面情况，发现障碍物应及时清除。桩机移动结束后认真检查定位情况并及时纠正。桩机应平稳、平正，并用线锤对龙门立柱垂直定位观测，以确保桩机的垂直度。三轴搅拌桩就位后再进行定位复核，偏差值小于10mm。

(3)搅拌速度及注浆控制：三轴搅拌桩施工采用标准连续方式，二喷二搅施工工艺，下沉和提升过程中均喷浆搅拌。水泥掺量为20%，下沉速度与搅拌提升速度应控制，保持匀速下沉或匀速提升。搅拌提升机时不能使孔内产生负压，造成周边地基沉降。应做好每次成桩的原始记录。

(4)制备水泥浆液及浆液注入:注浆压力为0.25～0.5MPa,以浆液输送能力控制,停浆面应该高出桩顶设计标高300～500mm。

(5)注浆量控制和注浆均匀性控制:注浆量的控制决定基坑加固的质量,水泥用量以及注浆量通过计算来取得。注浆量计算公式:水泥用量＝加固土体体积×水泥掺量×水泥土比重($1.8\times10^3 kg/m^3$)。水灰比可根据实际施工情况、施工方案进行调整,但必须保证20%的水泥掺量。喷浆口到达桩顶设计标高时宜停止提升,搅拌数秒,以保证桩头均匀密实。水泥流量、注浆压力采用人工控制,严格控制每搅拌桶的水泥用量及液面高度,用水量采取总量控制,并用比重仪随时检查水泥浆的比重。

(6)报表记录:施工过程中由专人负责记录,详细记录每根桩的下沉时间、提升时间。及时填写当天施工的报表记录,隔天送交监理。

3)预应力锚杆施工

锚杆施工是本项目周边敏感环境沉降控制的重点。基坑东侧靠近民宅,砖混结构,条形基础,基础及结构抵抗变形能力差,加之土质为灵敏性粉土,受扰动后强度降低明显,同时伴随着很大的变形。因此必须控制锚杆施工对地层的扰动。

在设备工艺的选择上,太原地区常规锚杆施工多采用单管单动力设备,动水泵入中心管配合钻进,对于较硬地层或地下水位以上锚杆,使用该方法较好,但对于地下水位较高、土体强度低,特别是灵敏性土,该工艺会造成非常严重的土颗粒流失,进而引起地表沉降。考虑到此点,本工程采用液压双动力双套管施工工艺,外管及时跟进护壁,动水由内管泵入经内外管间空腔流出,从而减小动水对孔壁的冲刷。但这种方法要求成孔时必须双管双进,内管不能大于外管10cm,防止端部土体被水过度冲刷。

施工时必须跳打施工,采用"隔二跳一"的方法,减小局部对土层的集中削弱,使损失的土体通过及时注浆得到有效补充。

采取二次高压注浆作为控制沉降的预备措施。施工中对周边环境,特别是东侧建筑进行密切监测,观察锚杆施工对沉降的影响,必要时根据沉降速率、沉降数值调整二次注浆压力及水泥量,使锚杆施工对周边环境的影响始终处于严密监视及可控之下。

预应力锚杆采用2～7根$\phi15.2$钢绞线,抗拉强度标准值1860MPa。锚杆孔径150mm,每1.5～2.0m设一个定位环,前部设导向帽。锚杆全长度注浆,材料采用水灰比0.5～0.6水泥浆,水泥采用P.O.42.5普通硅酸盐水泥,水泥用量以灌满孔口并及时补浆为准。所有锚杆均须进行二次压力注浆,二次注浆压力不低于2.0～2.5MPa,二次注浆水泥量不少于50kg/孔。

采用拉力分散型的锚杆,按照钢绞线长度分批张拉,先张拉深的钢绞线,后张拉浅的钢绞线。钢绞线制作时做出标记。

由于基坑四周地下市政管线较多且有地铁隧洞,在锚杆施工遇到障碍物时,须立即停止施工并分析原因,以免产生不良后果。

5.2 基坑开挖

施工时应注意边开挖边支护,分层开挖,分层支护,挖完亦支护完,本工程锚杆墙工作面土方分4层开挖,土方开挖必须和支护施工密切配合,超挖深度500mm,需提供锚杆成孔施工工作面宽度6m左右。前层锚杆完成注浆1d以上可进行下一层边坡面的开挖,开挖时铲头不得撞击锚头。开挖进程和锚杆墙施工形成循环作业:

(1)合理安排施工顺序,开挖遵循分层分段开挖的原则,严禁超挖。

(2)基坑10m范围内堆载不超过10kPa。

(3)基坑底最后 30cm 土方宜由人工挖除，挖土至坑底后随即用施工素混凝土垫层，坑底土体暴露时间不超过 24h。

5.3 基坑监测

本工程为汾河阶地高水位地区基坑开挖，开挖深度较大，周边建筑物对沉降敏感，现场施工监测显得尤为重要。监测数据可以成为现场施工管理人员和技术人员判断工程是否安全的依据，从而使整个基坑开挖过程处于监控之中[5]。一旦出现数据异常，及时分析原因并采取相应措施，控制险情的发展，保证基坑的安全。施工监测包括如下内容：①基坑周边地表沉降；②桩顶水平位移；③桩身位移；④锚杆应力；⑤周边建筑沉降；⑥地下水位监测。

在基坑开挖和锚杆施工期间，针对不同工况及时监测，保证监测资料的及时反馈和分析处理。基坑正式施工前，按照一级基坑监测要求布置观测点。详细的观测点布置见图 3。

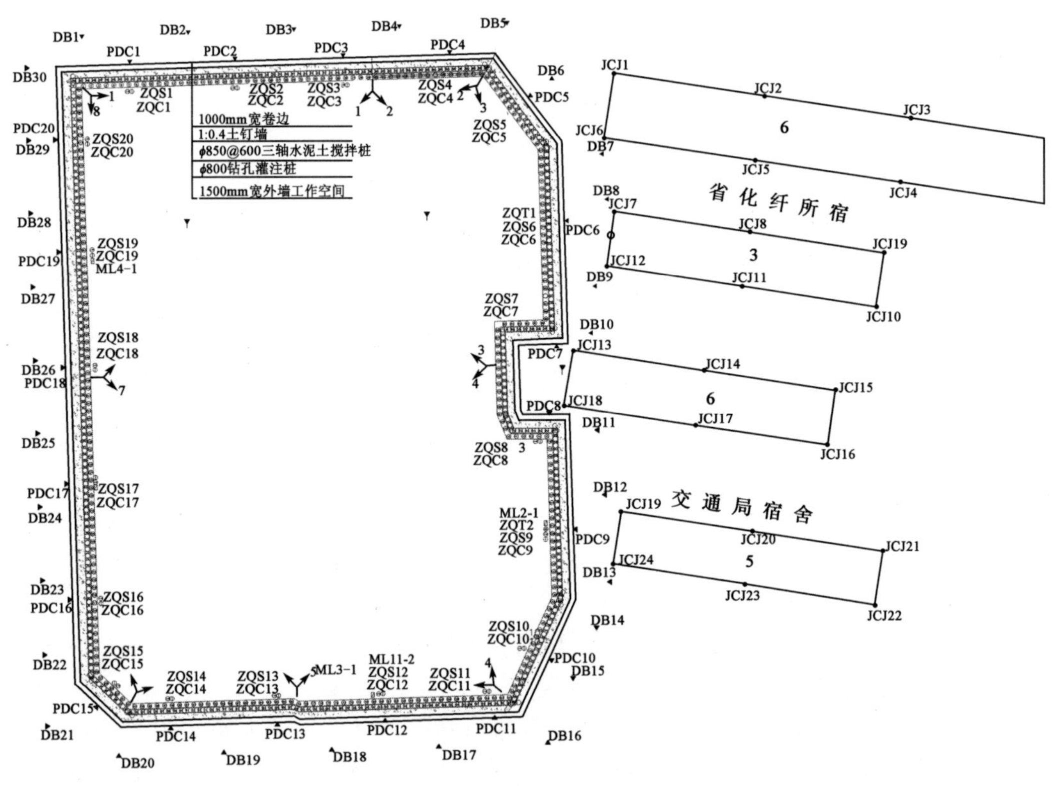

图 3　基坑监测点平面布置图

(1)最需注意的东侧建筑物沉降曲线见图 4。沉降最大值发生在 6 号楼靠近基坑 JCJ18 号点，累计沉降量 13mm。

(2)基坑水平位移最大值发生在基坑东侧 ZQS6 点，最大值 21mm，小于 0.2%H(H 为基坑深度)。

(3)周边地表沉降最大值 11.2mm，位于基坑西侧 PDC18 点，这是由于基坑西侧为施工主要道路，因此沉降最大值发生在该侧。

(4)基坑首层锚杆施工时，东侧建筑物沉降速率达到 2mm/d，变形速率较大。为防止变形进一步发展，决定采用二次注浆，并动态调整注浆压力及注浆量，最后采取不低于 4MPa 的压力，24h 后二次注浆 40～65kg/m 注浆量，次日各监测点均不同程度上拱。之后累计观测表明，采用二次注浆，将二次注浆压力及注浆量控制在一定水平后，配合监测动态调整，锚杆施工引起的附加沉降得到有效控制。

(5)由于施工期间各种因素的交叉干扰及浆液扩散范围的不可控性，无法通过注浆这一单一变量来分析对沉降的影响，但总体变形不超出控制范围(20mm)。

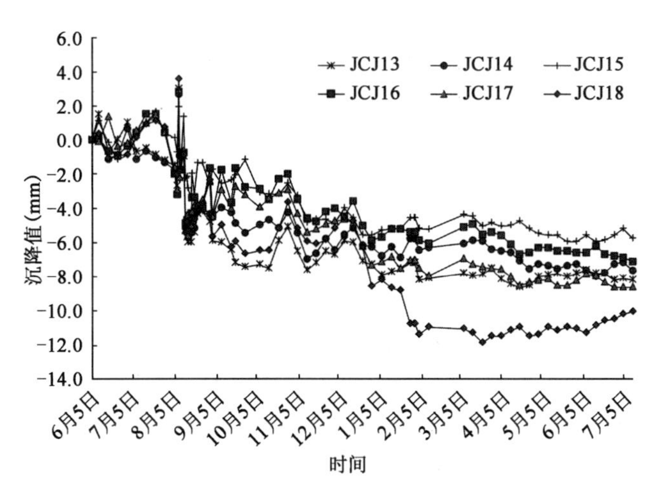

图4　东侧建筑物各监测点沉降曲线图

6　结语

(1)该基坑施工以来各项监测数据均在规范和设计要求之内，表明基坑围护结构处于稳定状态。本工程为汾河阶地地区以及黄河冲积平原等类似灵敏性地层区域基坑支护提供了成功经验。

(2)通过采用拉力分散式单孔复合锚杆增大单根锚杆承载力以减小锚杆道数，可以较好地降低土体损失和地表附加沉降，对基坑周边沉降的控制十分重要。

(3)采用液压双动力双套管施工工艺能有效保护孔壁，降低孔壁受冲刷的程度，进而减小地层附加沉降，对周边建筑沉降的控制亦非常有利。

(4)基坑施工过程中，特别是锚杆施工对周边建筑产生了较为不利影响时，采用二次高压注浆，动态控制压力值和注浆量，并结合密切观测，是基坑周边沉降控制关键措施。

(5)随着城市建设规模的扩大，基坑工程面临挖深加大、地质条件复杂、土方开挖周期长、基坑周边环境复杂等诸多问题。良好的基坑支护设计、科学合理的有序开挖、高质量监测反馈信息、即时调整施工和采取相应措施以避免险情出现，显得越来越重要。

参考文献

[1]　中华人民共和国国家标准. GB 50021—2001　岩土工程勘察规范[S]. 北京：中国建筑工业出版社，2001.

[2]　中华人民共和国行业标准. JGJ 120—2012　建筑基坑支护技术规程[S]. 北京：中国建筑工业出版社，2012.

[3]　中国工程建设标准化协会标准. CECS 22:2005　岩土锚杆(索)技术规程[S]. 北京：中国计划出版社，2005.

[4]　中华人民共和国行业标准. JGJ/T 199—2010　型钢水泥土搅拌墙技术规程[S]. 中国建筑工业出版社，2010.

[5]　刘国彬，王卫东. 基坑工程手册[M]. 北京：中国建筑工业出版社，2009.

可回收锚杆在苏州某基坑围护工程中的应用

全　程

（江苏建院营造有限公司）

摘　要　本文基于苏州某基坑工程，介绍了可回收锚杆的回收原理。通过对基坑安全性、施工工期、工程造价以及对周边环境影响等因素分析，列举了可回收锚杆的应用优势，通过理论计算和实际施工监测数据，进一步验证了可回收锚杆的可行性及安全性。

关键词　基坑支护　可回收锚杆　施工方法

1　工程概况

苏州吴中区某地块位于友翔路以南、永旺路以东、拟建原博街以北、芙蕖街以西。本项目由多幢高层住宅、商业及物业用房等组成，总建筑面积为 129042m^2。本工程地下室均为地下一层建筑，基坑普遍区域开挖深度 5.60m，西侧售楼处局部深度为 6.5m，集水井深 1.2m；基坑开挖面积约为 34117m^2，基坑周长 762m。本工程基坑特点为面积大、周长较长，基坑南侧空地为拟建规划道路，要求红线外地下不得遗留施工障碍物。

2　场地地质条件

2.1　工程地质情况

根据本工程岩土工程详细勘察报告及现场勘查情况，基坑开挖影响范围内的土层如下：

层(1)素填土：杂～灰黄色，松散，主要成分为黏性土，局部混淤泥质粉质黏土，水塘区域表层分布约 20cm 淤泥质土，局部含碎石块等，填埋时间约为 5 年，欠固结，场区普遍分布。

层(2)黏土：褐黄～灰黄色，可塑，含铁锰结核，无摇振反应，有光泽，干强度高，韧性高，场区普遍分布。

层(3)粉质黏土：灰黄色～灰色，软塑～可塑，局部夹粉土薄层，无摇振反应，稍有光泽，干强度中等，韧性中等，场区普遍分布。

层(4)粉质黏土与粉土互层：粉质黏土段，层厚 0.3～0.5m，灰色，软塑～可塑，稍有光泽，无摇振反应，干强度中等，韧性中等；粉土段，层厚 0.1～0.5m，灰色，很湿，稍密～中密，含云母，无光泽反应，摇振反应迅速，干强度低，韧性低，水平层理，场区普遍分布。基坑地层参数见表 1。

基坑地层参数　　表 1

土层号	γ(kN/m^3)	三轴试验(UU)		固结快剪(Cq)		渗透系数 K(cm/s)			K_0
		c (kPa)	φ(°)	c (kPa)	φ(°)	水平 K_H(cm/s)	垂直 K_V(cm/s)	建议值(cm/s)	
(1)	(18.0)	(15)	(1.9)	(10)	(8)	5.58×10^{-6}	4.00×10^{-6}	2.00×10^{-4}	0.70
(2)	19.4	73	2.2	60	13.0	4.68×10^{-7}	2.98×10^{-7}	3.00×10^{-7}	0.53
(3)	18.8	43	1.8	32	14.8	7.22×10^{-6}	5.57×10^{-6}	6.00×10^{-6}	0.60

注：()内为经验值。

2.2 地下水条件

根据勘察揭露，场地内地下水主要有 3 层：上层滞水—潜水、微承压水和承压水。

上层滞水—潜水主要赋存于浅部层(1)素填土中，初见水位标高 1.51～1.81m，稳定水位标高 1.61～1.91m。

微承压水主要赋存于层(4)粉质黏土与粉土互层、层(4)粉土夹粉砂、$(8)_{-1}$粉土中，微承压水初见水位标高－8.46～－7.64m，稳定水位标高为 0.33～0.47m。

3 基坑围护方案选型

根据本工程周边环境，土层地质条件等因素考虑，围护选型主要有三种方案：灌注桩结合支撑、灌注桩结合一般锚杆、灌注桩结合可回收锚杆。考虑到本工程基坑场地面积大，灌注桩结合支撑造价昂贵，而不可回收锚杆后期会成为障碍物，影响周围建筑、道路施工。所以经过对比，选用灌注桩结合可回收锚杆的围护方案。该方案与传统围护结构方案相比，具有安全快速、工人劳动力强度降低、易回收率高、被回收的钢绞线能重复使用、能充分利用资源、高效环保等优点。其锚固原理为机械挤胀摩擦锚固。安装简便、迅速，其锚头的自动锚固结构能随围岩变形作用，自动产生挤胀而达到锚固效果。该锚杆锚固的关键是初锚力和锚固力的产生环节。锚头与孔壁间的摩擦力为锚杆的锚固力。初锚力是锚杆的一小部分，是锚固力产生的基础。它产生于：锚头结构中的弹簧作用使楔块与孔壁间产生压力。锚固力产生过程是：围岩变形体有外移趋势，带动楔体挤胀楔块，楔块与孔壁间压力增加、静摩擦力增加，锚固力产生并随之增大。

其原理为：利用钢绞线来作为锚索体，当要回收时，只要对钢绞线施加张拉力，就可以将钢绞线从锚索体里逐根抽出。回收关键锚索后，在固定座的中心处产生空隙，使其他钢绞线可拔出回收。

4 基坑围护设计

4.1 基坑围护力学模型建立

本工程采用 ϕ15.2 钢绞线，钢绞线抗拉强度标准值 f_{ptk}＝1860MPa。

基于朗肯土压力理论，采用理正岩土计算软件，基坑围护形式采用钻孔灌注＋可回收锚杆，基坑深 5.6m，将土层黏聚力及内摩擦角等物理力学性质输入计算软件，坑内地下水位控制在坑底以下 1m 左右，考虑坡顶附加荷载取 20kN/m^2，力学计算模型如图 1 所示。

4.2 基坑围护计算结果及分析

本着安全、经济、符合现场施工条件的设计思路，通过反复试计算得出，围护结构灌注桩选用直径 600mm 的灌注桩，桩长 8.5m，嵌固深度 5.5m，间距 1m，冠梁截面尺寸 800mm×700mm，冠梁刚度取值 67kN/m，混凝土强度等级均采用 C30，基坑围护剖面图如图 2 所示。

根据理论计算结果，基坑整体稳定安全系数 K＝2.269，抗倾覆稳定性安全系数 K＝3.571，抗隆起稳定性安全系数 K＝2.250，坡顶最大位移 15.54mm，均满足规范要求，通过计算结果可得，采用灌注桩结合可回收锚杆的围护形式安全指标普遍较高，坡顶位移为主要技术控制指标，只要保证后期灌注桩、锚杆施工质量，该围护结构及地下室安全稳定均可有效保证。其弯矩、剪力、位移计算结果如图 3 所示。

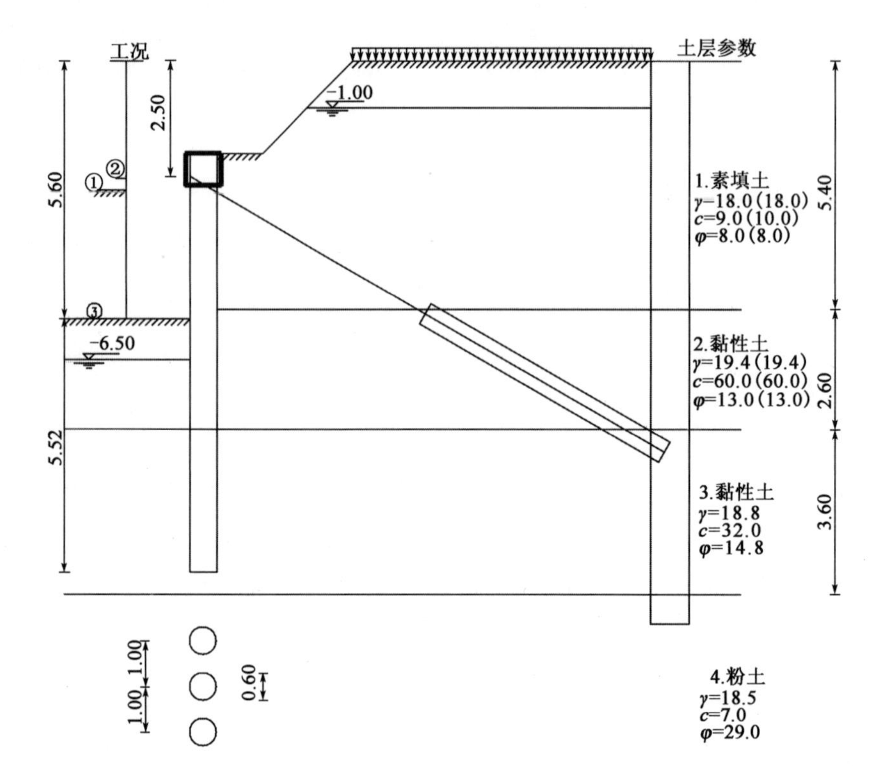

图 1　基坑围护力学计算模型(尺寸单位:m)

γ-重度(kN/m³);c-黏聚力(kPa);φ-内摩擦角(°)

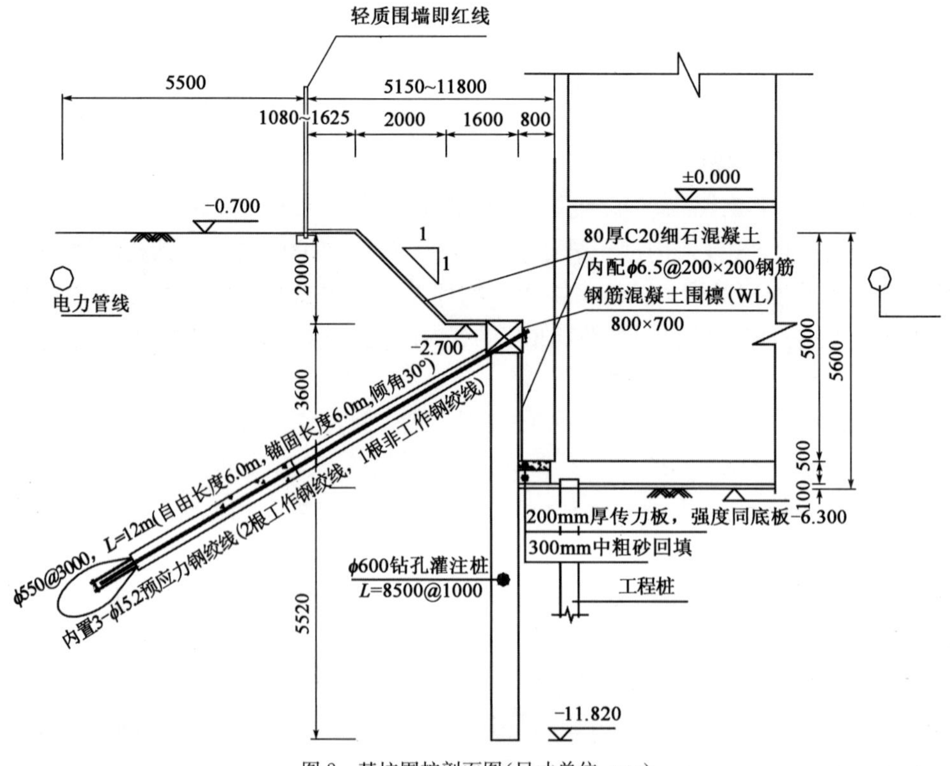

图 2　基坑围护剖面图(尺寸单位:mm)

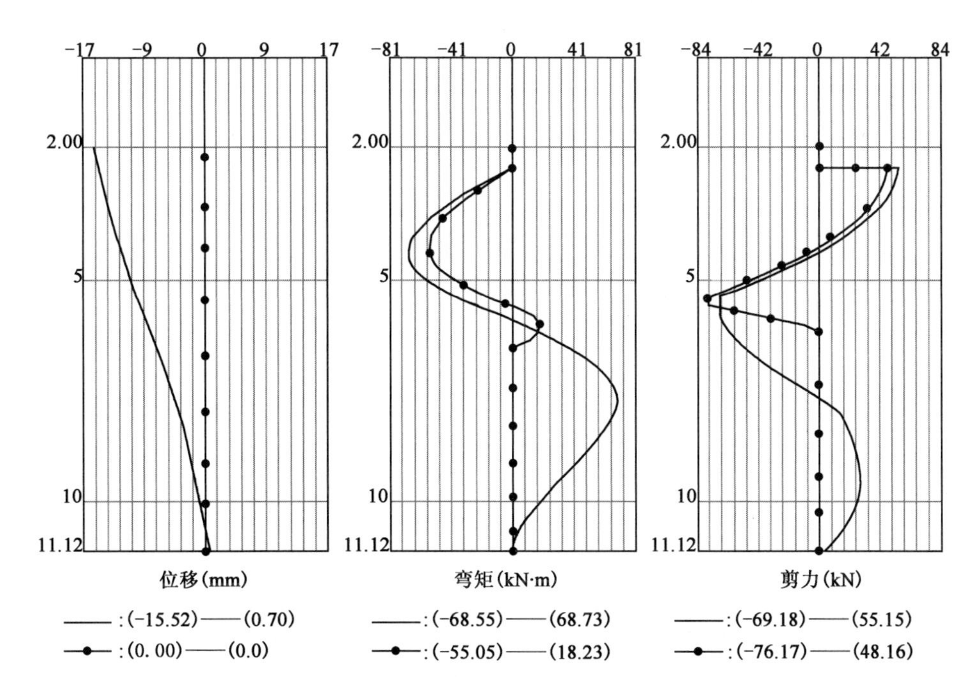

图3 围护位移、弯矩、剪力计算结果

5 基坑监测

5.1 基坑监测方案

基坑开挖及地下室施工期间，为保证基坑围护的安全顺利进行，做到信息化施工，按照国家规范要求对基坑支护结构本身及周边环境进行监测。具体监测项目及控制值如表2所示。

基坑监测项目及控制值　　表2

监测项目	速率	累计值
坡顶水平位移、沉降	5mm/d	40mm
深层土体位移	5mm/d	40mm
围护桩水平位移、沉降	5mm/d	40mm
坑外地面沉降	5mm/d	30mm
锚头内力	—	240kN
地下管线位移	3刚性/5(柔性)mm/d	10(刚性)/25(柔性)mm

5.2 基坑监测结果

根据第三方监测，基坑监测结果如表3所示。

基坑监测结果　　表3

监测项目	速率	累计值
坡顶水平位移、沉降	1.9mm/d	22mm
深层土体位移	2.1mm/d	24mm
围护桩水平位移、沉降	2.3mm/d	23mm
坑外地面沉降	1.1mm/d	20mm
锚头内力	—	228kN
地下管线位移	0.4刚性/0.4(柔性)mm/d	10(刚性)/14(柔性)mm

基坑监测结果表明，各项检测项目均未达到警戒值，本基坑支护工程稳定，变形小。

土建完成后，我方对锚杆进行回收，取得良好效果。

6 结语

(1)可回收锚杆施工安全可靠，能有效控制坡顶水平位移。

(2)具有可回收特点，锚索回收重复使用，降低成本，较内支撑等其他围护形式有明显的经济效益，具有良好的市场应用前景。

(3)可回收锚杆施工技术已相当成熟，在苏州其他工程均可考虑采用可回收锚杆进行基坑围护。

(4)可回收锚杆对周边环境影响小。

参考文献

[1] 孙玉宁，周鸿超，宋维宾. 端锚可回收锚杆锚固段力学特征研究[J]. 岩石力学与工程学报，2006，25(S1)：3014-3021.

[2] 宋维宾. 端锚可回收锚杆锚固段力学特征研究[D]. 河南理工大学，2004.

[3] 王国庆，郭猛. 可回收锚杆的创新及应用[J]. 建筑技术，2013，44(7)：652-654.

[4] 庞有师，刘汉龙，柯结伟. 新型可回收锚杆锚固段应力分布规律[J]. 解放军理工大学学报：自然科学版，2009，10(5)：461-466.

浅析高压旋喷扩体锚索在某软土地区基坑施工中对周边环境影响

孙亚男　胡昌德　高彦昆

（西南有色昆明勘测设计（院）股份有限公司）

摘　要　本文以某基坑工程实践为基础，分析高压旋喷扩体锚索施工过程中对周边环境的影响，并就此类影响在锚索施工及设计方面的改进措施进行了探讨。

关键词　高压旋喷扩体锚索　软土　水平位移　沉降

1　概述

深基坑工程支护体系种类繁多，主要形式有：锚喷支护、桩锚支护、地下连续墙、双排桩、内支撑等。其中，锚固技术能充分调用和提高岩土体自身强度和自稳能力，简化结构体系，提高结构物的稳定性，并能确保施工安全。目前，该项技术已经成为提高岩土工程稳定性和解决复杂岩土工程问题最经济、最有效的途径之一，并且已在我国的深基坑支护、边坡整治及结构抗浮工程中得到广泛的应用。

软土，特别是泥炭土，抗剪强度较低，提供的抗拔力较小，计算得出的锚索锚固段非常长。但单纯依靠增加锚固段长度来提高抗拔力往往是有限度的。大量试验表明，锚固段长度超过某个数值后，抗拔力并不能得到明显提高。因此，通过增大锚索的锚固段直径来增加侧摩阻力，是提高锚索抗拔力水平、减小锚索变形的最好方法。

近年来国内一些单位开始研究软土中的锚索、锚杆扩大头方法和施工工艺。概括地可归为：二次高压注浆法、高压旋喷扩孔法和爆炸扩孔法。

本文以昆明地区某软土基坑高压旋喷扩大头锚索的设计、施工及抗拔承载力试验为基础，分析高压旋喷扩大头锚索在施工过程中对周边环境的影响，并对施工工艺的改进进行探讨。

2　工程概况及工程地质条件

本工程拟建场地位于昆明市高新区，南靠海源北路，西临商院路，整体设置 2 层地下室，基坑开挖深度 7.9～9.2m。

根据场地岩土工程勘察报告，场区表层分布第四系人工堆积（Q^{ml}）层，其下为第四系冲、洪积（Q^{al+pl}）层，岩性为粉质黏土；第四系冲、湖积（Q^{al+l}）层，岩性为粉质黏土、黏土、淤泥质黏土、泥炭质土、含黏性土砾砂、粉土等。

在基坑开挖深度范围内，以软弱土为主，地面下 3～25m 左右为泥炭土。层厚度达 9m 左右，呈黑色，含大量腐草，质轻、疏松似海绵状，具有高含水量，高孔隙比，高压缩性等特点。有机质含量在 15.8%～71.8%之间，属强泥炭土。地下水 pH＝6.0，呈弱酸性。土层力学性质指标如表 1 所示。

基坑土壤力学性质指标　　表1

土层编号	土层名称	重力密度（kN）	固结快剪		土体与锚固体摩阻力建议值(kPa)
			c_{cq}(kPa)	φ_{cq}(°)	
①	杂填土	18.2	15.0	6.5	20
②	粉质黏土	19.4	56.5	11.3	72
③	黏土	18.3	48.5	9.6	58
③$_1$	弱泥炭质土	15.7	*18.0	*5.0	25
③$_2$	中泥炭质土	12.0	*16.0	*4.0	20
③$_3$	黏土	18.2	*20.0	*7.2	35
④	粉质黏土	18.3	19.0	7.4	40
④$_1$	含黏性土砾	21.0	*15.0	*18.0	90
④$_2$	黏土	17.7	*16.0	*8.2	40
⑤	粉质黏土	19.2	28.7	7.3	45
⑤$_1$	粉土	20.1	*28.0	*16.5	70
⑤$_2$	泥炭质土	12.7	*22.0	*9.2	22
⑤$_3$	黏土	17.8	*38.0	*9.2	50
⑥	粉土	20.2	*32.0	*18.8	76
⑥$_1$	粉质黏土	19.8	*42.0	*10.2	60
⑥$_2$	黏土	19.2	*52	*8.8	65

3　环境条件

基坑北侧为一条规划路，路宽20m，距离基坑开挖边线最近处约4.0m，往北为云南师范大学商学院。基坑东侧为科技路，路宽约40m。基坑东南侧为瑞安建材投资公司一栋5层办公楼，桩基础，桩径ϕ400预应力管桩，桩长26m。房子距离基坑开挖边线最近处约9.8m。基坑南侧，距离基坑边线27.7m处，有一条排水沟。距离基坑边线约50m，为海源北路。基坑西侧为商院路，路宽20m，距离基坑开挖边线约8.1m。

4　基坑支护设计主要形式

−3.5～0m放坡开挖部分以土钉墙为主，−3.5m以下垂直开挖部分以桩加预应力锚索为主，基坑止水以深层搅拌水泥土桩及高压旋喷桩为主。预应力锚索共设置3排，锚索孔径300mm，采用3ϕ15.2(或4ϕ15.2)钢绞线进行制作，注浆采用高压旋喷注浆设计锚固力410～720kN。

5　高压旋喷锚索主要施工工艺

(1)在土层面上，用钻机先引孔或造孔。

(2)在该孔中插入注浆喷射管，由孔底开始旋喷注浆直到孔口，形成旋喷桩。

(3)待旋喷桩初凝后，在旋喷桩中心钻孔，插入钢绞线，再注入水泥浆液，形成旋喷锚索。

6 锚索承载力试验结果

本项目通过现场试验，验证在设计锚固土层（主要为泥炭质土、粉质黏土及黏土）中锚索体的粘结锚固强度，确定了高压旋喷锚索的设计承载力满足设计的要求。试验结果见表2。锚索试验荷载—位移曲线如图1所示。

试验结果汇总表　　表2

试验序号	锚索编号及位置	轴向受拉承载力设计值(kN)	最大试验荷载(kN)
1	SY-1(高喷)	720	895.0
2	SY-2(高喷)	410	616.0

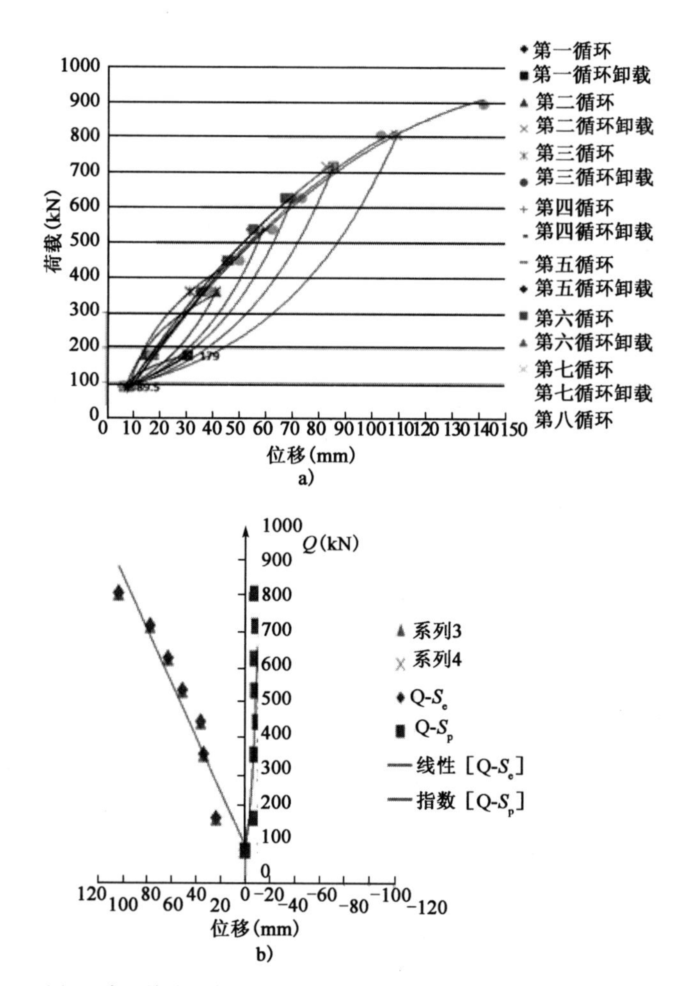

图1　高压旋喷锚索试验荷载—位移曲线及荷载—弹塑性位移曲线

7 有限元软件模拟基坑变形情况

为准确掌握基坑支护对周边环境影响的程度，在基坑支护设计阶段，采用国内目前应用较广泛的MADAS有限元软件对基坑的开挖变形情况进行了模拟，如图2、图3所示。

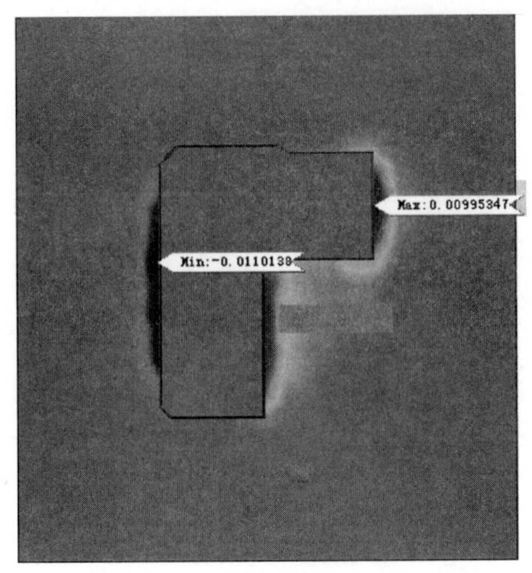

图 2　开挖至坑底 X 向位移

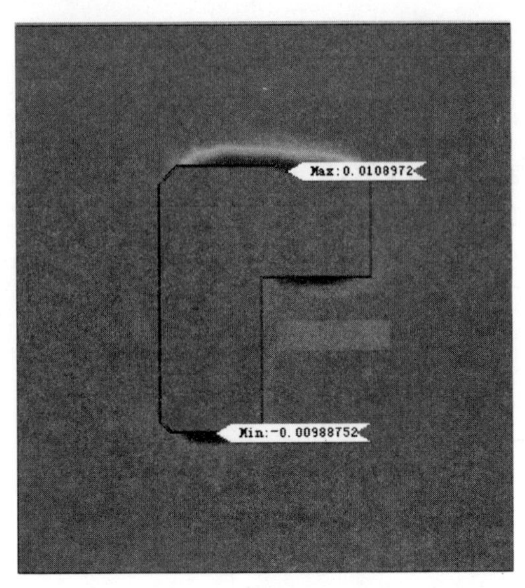

图 3　开挖至坑底 Y 向位移

从图 2、图 3 可看出，基坑支护变形最大值发生的时间出现在开挖至坑底时，而其出现的位置在基坑西侧中部及北侧偏东位置水平位移较大；而垂直位移的最大值则发生在南北两侧基坑支护的中部，且水平位移的变形值大于垂直位移的变形值。

8　施工过程中实际变形情况

施工过程中，依据相关监测规范的要求在围护墙顶部沿基坑周边布置了水平和竖向位移监测点，通过监测水平和竖向位移量，却与理论分析的情况出现了较大的不同。

首先的不同在于基坑支护变形最大值发生的时间：该项目的主要支护形式是在软土地层中进行高压旋喷扩大头锚索施工，施工过程中的变形最大值并没有出现在土方开挖过程中，而是出现在了锚索施工过程中。锚索施工中在基坑西侧及东南侧出现了较大的沉降变形。

另一个与理论计算的不同在于同一个监测点沉降位移与水平位移的关系：在该项目中以沉降变形为主，沉降变形远大于水平位移变形。

9　变形情况成因浅析

(1)地质条件差。在基坑开挖深度范围内，以软弱土为主，色黑，含水量高，孔隙比高，压缩性高，地质条件差。

(2)工艺顺序先后影响较大。高压旋喷钻头(喷头)的高压水泥浆在高压泵的压力作用下，从底部钻头和侧翼喷嘴向外喷射，喷射过程中同步对周侧土体进行切割。旋喷后周侧土体结构遭到扰动，丧失原有强度，且旋喷后的水泥浆尚未初凝，也不具备强度，加之地层条件较差，引起周边较大范围的土体变形。

10　改进措施探讨

(1)在土质不佳的区段进行注浆时，应注意控制注浆泵压，并采用跳打工艺，防止出现相邻土体之间的钻孔中串孔。

(2)锚固段先引孔旋喷后成孔注浆的施工工艺，承载力能满足设计要求，对旋喷后一定时间内变形较大的问题，可适当添加早强剂，缩短变形持续时间。

(3)对锚固段先进行高压旋喷固结土体，在进行锚索成孔施工工艺时，也存在一定的技术攻关问题，如何保证锚索成孔施工孔道轴线与锚固段高压旋喷固结土体施工轴线保持同心，有待于进一步探索。

参考文献

[1] 汪立刚.高压旋喷后注浆扩大头锚索在深基坑支护工程中的应用[J].土木建筑学术文库,2012,16.

[2] 王永伟,李晓文,杨贵永.高压旋喷锚索在某深基坑支护中的应用研究[J].建筑科学,2015,31(7).

[3] 李自清,浅析高压旋喷扩大头预应力锚索的施工工艺[J].城市建筑理论研究:电子版,2011(17).

浅谈桩锚支护体系在北京地区深基坑中的应用

刘云龙

（北京市机械施工有限公司）

摘　要　本文以北京金融街某深基坑工程为例，通过该深基坑的设计、施工以及后期维护过程，依据信息化监测数据，采用同济启明星计算软件，分析桩锚支护体系受力、变形特征及施工过程中的控制要求及对周边建筑物产生的影响，以为其他类似项目提供借鉴，达到节约成本的目的。

关键词　桩锚支护体系　深基础　基坑监测　信息化施工

1　工程概况

拟建基坑东西长约240m，南北宽约130m，基坑面积约为3.2万m^2，基本上呈规则矩形。根据业主单位要求，本工程初定场地±0.00为49.0m，基坑坑底标高为－25.00m，基坑开挖深度为25.0m，基坑安全等级为一级。

2　地质条件

根据勘察报告提供资料，拟建工程场地土质情况自上而下为6个工程地质层，各层土的岩性特征见表1。

土层情况统计表　　表1

土　层	层底标高(m)	层厚(m)	重度(kN/m^3)	φ(°)	c(kPa)
房渣土①层	－4.5	4.5	18	12	5
砂质粉土②层	－6.8	2.3	20	22.6	5.4
黏质粉土②$_1$层	－13	6.2	19.5	16.4	11
细砂③层	－17	4	20	30	0
卵石④层	－21.5	4.5	21	45	0
砂质粉土⑤$_1$层	－22.5	1	20	23.5	5.8
卵石⑥层	－31.7	9.2	21	45	0
黏质粉土⑥$_2$层	－33.5	1.8	19.9	25	5
卵石⑥层	－38.5	5	21	45	0

3　水文地质条件

本工程勘察期间场区内基坑影响深度内两层地下水。第一层水位埋深17.6～20.0m，水位高程29.43～32.49m，含水层为卵石④层。第二层水位埋深24.00～25.00m，水位高程24.54～26.59m，含水层为卵石⑥层。场地地下水主要受大气降水、管道漏水或地下水侧向径流补给。根据最新水位勘察说明，地下水位埋深约26m，低于基底1m。

4 周边建筑物及管线

拟建场地东南角用地红线紧邻西城区财政局，基坑开挖线距西城区财政局约 9m，其中主楼西半部地上 3 层，东半部地上 4 层，地下 2 层，埋深约 10.0m，见图 1。

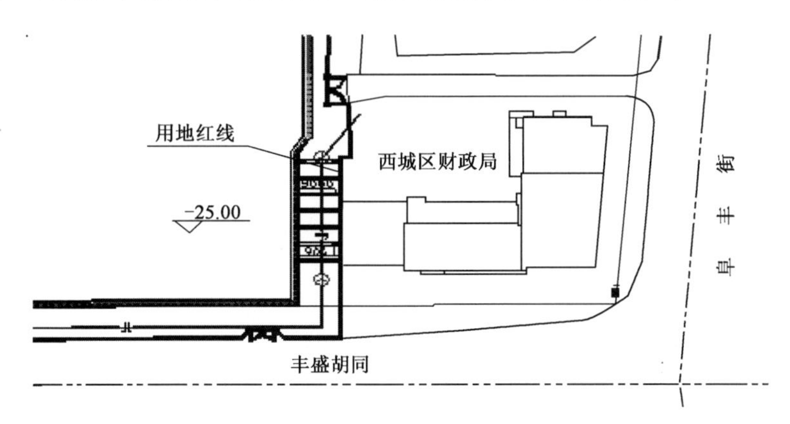

图 1 拟建工程位置平面图

5 支护结构设计

5.1 设计思路

根据现场土质情况和周边环境的差异，采用"桩锚"支护形式，受财政局主楼影响，距地表 7.5m 深度范围内无法进行第一道锚杆施工，致使护坡桩上部变形及弯矩较大，无法保证东侧财政局的影响。本支护设计主要借鉴基坑支护技术规范双排桩做法，结合自身的经验进行调整，采用"锚拉桩"支护结构控制上部位移变形，从而保证周边建筑物的安全。

5.2 桩锚支护参数概述

(1)护坡桩直径 0.8m，桩间距 1.6m，桩长 30.5m，混凝土强度为 C25，护坡桩配筋为 14ϕ25，箍筋为 ϕ8@200mm，架立筋为 ϕ16@2000mm，主筋混凝土保护层厚度为 50mm；桩顶连梁尺寸为 900mm×500mm，主筋为 6ϕ25＋2ϕ20，箍筋为 ϕ8@200mm，主筋的保护层厚度为 50mm。

(2)护坡桩共设五道预应力锚杆，锚杆成孔直径均为 150mm，锁定拉力为设计拉力的 70%，第一道锚杆设计拉力 490kN，一桩一锚，长度 25m，非锚固段 9m；第二道锚杆设计拉力 490kN，一桩一锚，长度 21m，非锚固段 7.5m；第三道锚杆设计拉力 580kN，一桩一锚，长度 21m，非锚固段 6m；第四道锚杆设计拉力 600kN，一桩一锚，长度 20m，非锚固段 5m；第五道锚杆设计拉力 500kN，一桩一锚，长度 18m，非锚固段 5m。

(3)采用同济启明星软件分析设计结果，见图 2。

由图 2 可判断，其位移量较大，理论变形量达到 77.5mm，不能满足周边建筑物的安全要求。

5.3 上部变形量过大解决措施

本工程主要通过在基坑外侧约 8m 位置处设置一排"锚拉桩"，之间设置拉梁，控制上部位移变形。

(1)锚拉桩设计参数：桩径 0.8m，桩间距 4.8m，桩长 6.0m，桩身混凝土强度为 C25，主筋配筋为 10ϕ25，箍筋为 ϕ8@200mm，架立筋为 ϕ16@2000mm，主筋混凝土保护层厚度为 50mm，锚拉桩连梁设计参数同护坡桩连梁设计参数。

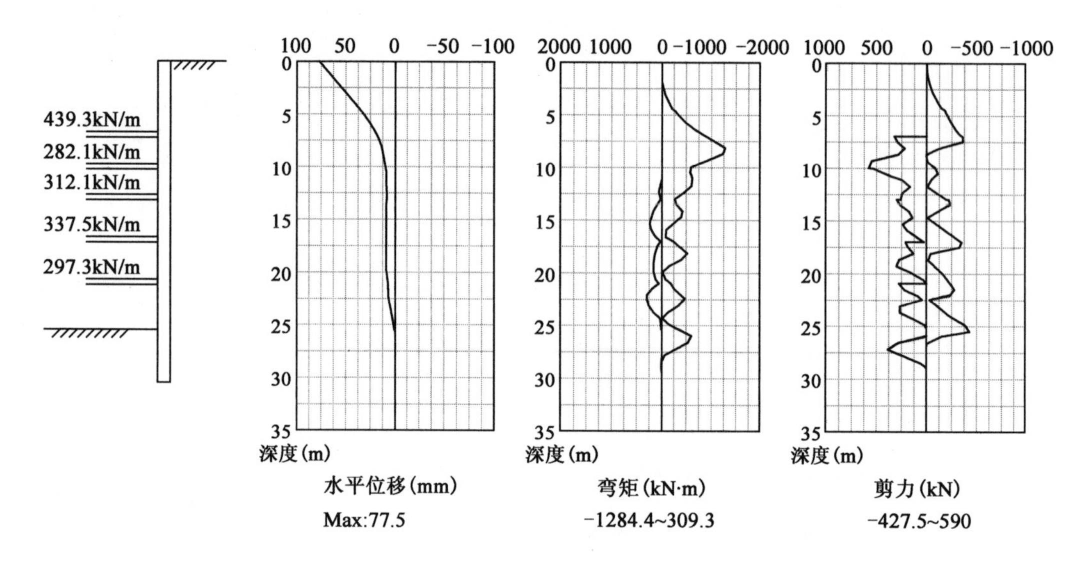

图 2 包络图(水土分算,矩形荷载)

(2)拉梁设计参数:拉梁尺寸 900mm×500mm,主筋配筋为 6ϕ25+2ϕ20,箍筋为 ϕ8@200mm,主筋的保护层厚度为 50mm。

(3)采用同济启明星软件分析设计结果,见图 3。

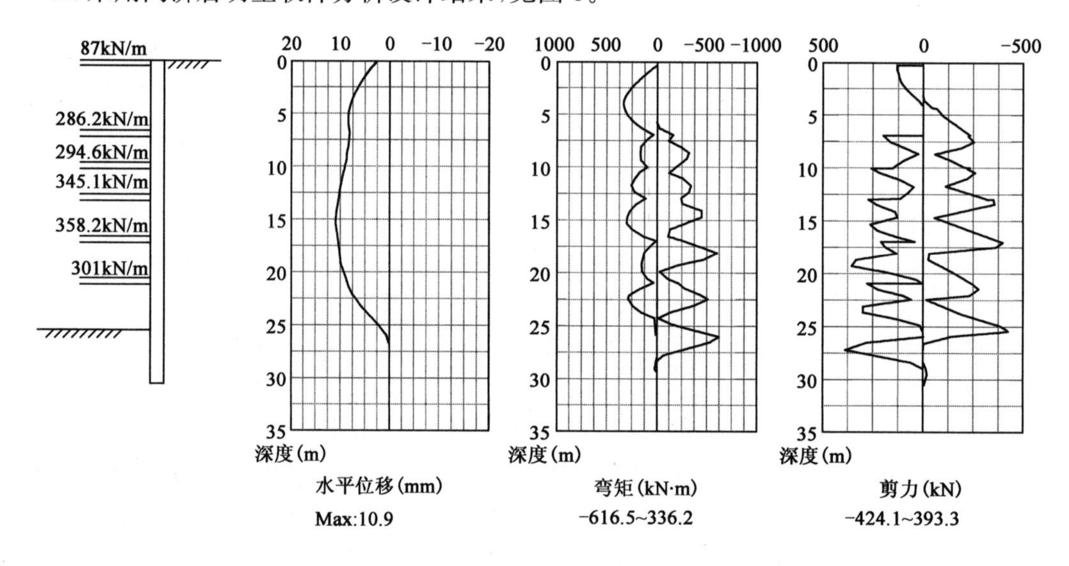

图 3 包络图(水土分算,矩形荷载)

由图 3 可判断,其位移量仅 10.9mm,对周边建筑物的影响较小。

6 基坑变形观测数据

6.1 基坑变形监测

本工程为一级基坑,按照《建筑基坑工程监测技术规范》(GB 50497—2009)及京建发 435 号文件要求,对此部位主要进行支护结构水平、竖向位移,周边道路沉降,深层水平位移,锚杆轴力及周边建筑物观测。具体监测点布置见图 4。

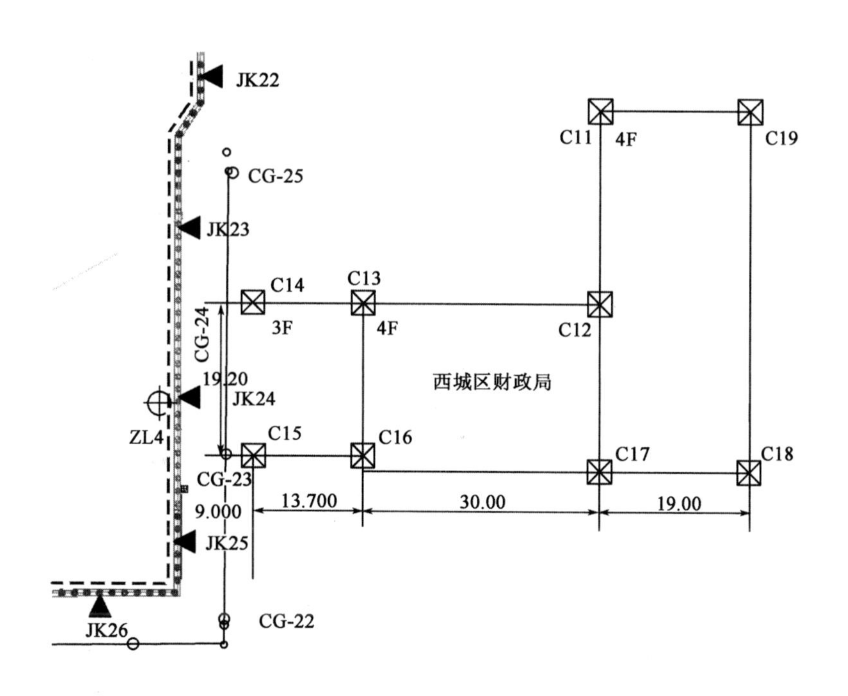

图 4　监测点平面布置图

6.2　基坑变形监测结果

本工程自 2013 年 11 月 17 日开始施工，于 2015 年 1 月 7 日停工，开挖深度为 24.5m。截至 2016 年 5 月，基坑尚未回填或采取加固措施，期间一直按要求进行观测，以支护结构水平位移、深层水平位移及既有建筑物（西城区财政局）位移变形为例，其第三方监测单位中兵勘察设计研究院检测数据结果如下：

(1)护坡桩坡顶水平位移观测记录，见表 2。

基坑支护水平位移观测记录表　　表 2

工程名称	北京市西城区兵马司胡同项目				监测项目	边坡水平位移			编号	216
工程地点	西城区丰盛胡同				监测仪器	GTS—102N　2N2799				
监测单位	中兵勘察设计研究院				施工进度	基坑开挖至－24.5m				
日期	2016 年 5 月 18 日				报警值	30mm		单位：mm		
测点	初测值	上次位移值	本次位移值	累计位移值	变化速率 (mm/d)	测点	初测值	上次位移值	本次位移值	累计位移值	变化速率 (mm/d)
JK23	0	0.6	0.9	－8.8	0.23	JK25	0	－1.2	－1.4	－20.4	－0.35
JK24	0	0.9	0.9	－6.9	0.23	JK26	0	－0.2	－0.5	－5.5	－0.13
说明	位移值为“－”时，表示基坑内位移；位移值为“＋”时，表示向基坑外位移										

(2)护坡桩深层水平位移观测记录，见图 5。

(3)周边建筑物位移观测记录，见表 3。

基坑周边建筑物沉降观测成果表 表 3

工程名称	北京市西城区兵马司胡同项目			监测项目	周边建筑物沉降观测	编号		185	
工程地点	西城区丰盛胡同			监测仪器及编号	Trimble Dini03				
监测单位	中兵勘察设计研究院			施工进度	基坑开挖至－24.5m				
日期	2016 年 5 月 18 日			报警值	50mm	单位	高程 m/沉降值 mm		
测点	高程	本次沉降值	累计沉降值	变化速率 (mm/d)	测点	高程	本次沉降值	累计沉降值	变化速率 (mm/d)
C11	52.5805	0.0	2.0	0.00	C16	破坏		2.5	0.00
C12	52.1746	0.0	2.0	0.00	C17	破坏		－0.8	0.00
C13	52.1508	－0.2	7.7	－0.05	C18	52.0597	－0.2	－3.5	－0.05
C14	52.1233	－0.2	8.0	－0.05	C19	52.1039	0.3	－2.1	0.08
C15	52.1295	－0.4	8.2	－0.10					
说明	沉降值为“－”时，表示下沉，沉降值为“＋”时，表示反弹								

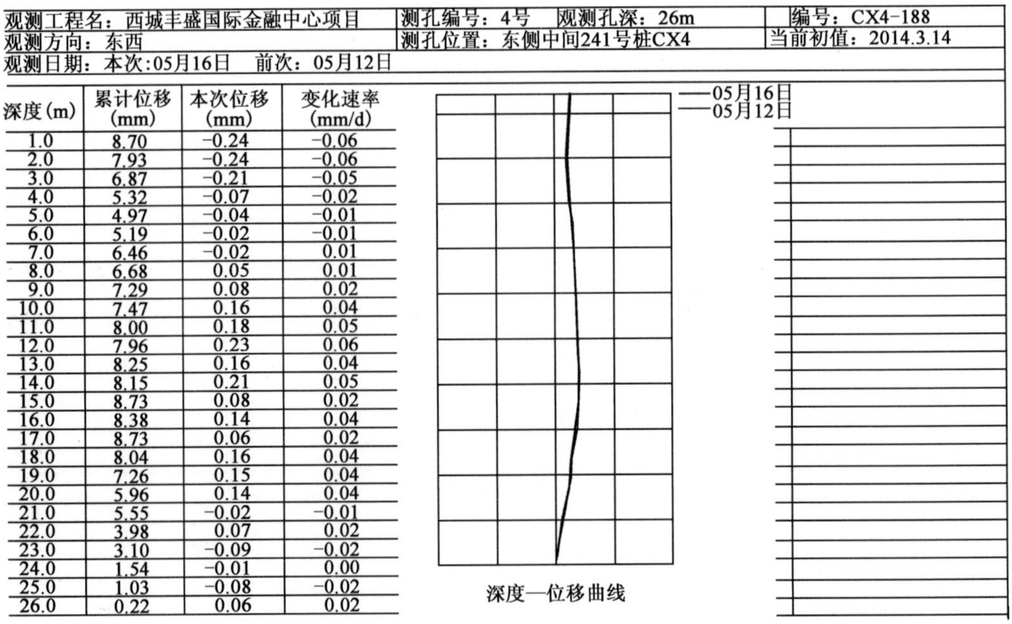

观测工程名：西城丰盛国际金融中心项目　测孔编号：4号　观测孔深：26m　编号：CX4-188

观测方向：东西　测孔位置：东侧中间241号桩CX4　当前初值：2014.3.14

观测日期：本次:05月16日　前次：05月12日

深度(m)	累计位移 (mm)	本次位移 (mm)	变化速率 (mm/d)
1.0	8.70	-0.24	-0.06
2.0	7.93	-0.24	-0.06
3.0	6.87	-0.21	-0.05
4.0	5.32	-0.07	-0.02
5.0	4.97	-0.04	-0.01
6.0	5.19	-0.02	-0.01
7.0	6.46	-0.02	0.01
8.0	6.68	0.05	0.01
9.0	7.29	0.08	0.02
10.0	7.47	0.16	0.04
11.0	8.00	0.18	0.05
12.0	7.96	0.23	0.06
13.0	8.25	0.16	0.04
14.0	8.15	0.21	0.05
15.0	8.73	0.08	0.02
16.0	8.38	0.14	0.04
17.0	8.73	0.06	0.02
18.0	8.04	0.16	0.04
19.0	7.26	0.15	0.04
20.0	5.96	0.14	0.04
21.0	5.55	-0.02	-0.01
22.0	3.98	0.07	0.02
23.0	3.10	-0.09	-0.02
24.0	1.54	-0.01	0.00
25.0	1.03	-0.08	-0.02
26.0	0.22	0.06	0.02

图 5　护坡桩深层水平位移观测记录

7　结语

(1)通过上述各项实际监测数据与理论数据对比，如 JK23 监测点的水平位移约为 8.8mm，稍小于理论位移量 10.9mm，两者基本吻合，由此可见，通过“锚拉桩”的设置可有效地控制上部位移变形，对于“锚拉桩”的埋深可与第一道锚杆位置相当。

(2)周边既有建筑物最大沉降量约 8.2mm，最小沉降量为 2.0mm，位移量随距离的增加而减小，初步可判断一倍基坑深度范围外区域对位移量要求不高的建筑物基本无影响。

(3)基坑底部位移量 m 值为 0.22，远小于基坑支护技术规范要求值 1～10，基坑支护设计时可根据经验适当减少。

参考文献

[1] 中华人民共和国行业标准. JGJ 120—2012 建筑基坑支护技术规程[S]. 北京:中国建筑工业出版社,2012.

[2] 施文华. 深基坑桩锚支护设计中的几个问题[J]. 建筑技术,1993(3):133-138.

[3] 王小霞. 某基坑工程桩锚支护设计[J]. 城市建筑,2012(17):85-86.

[4] 孙豫. 某基坑桩锚支护设计[J]. 土工基础,2015(6):9-12.

[5] 高大钊. 岩土工程勘察与设计[M]. 北京:人民交通出版社,2010.

[6] 李贤军. 某工程桩锚支护设计优化及监测数据分析[D]. 中国地质大学,2015.

[7] 吴素芳. 浅谈桩锚支护设计中遇到的几个问题[J]. 城市建设理论研究:电子版,2015(21).

[8] 李红运. 深基坑桩锚支护设计应用探讨[J]. 城市建筑,2014(20):150-150.

七、隧道与地下工程

超浅埋软弱围岩条件下长大管棚施工技术

殷国权　肖海涛　应海波　杨　康

（中国水利水电第七工程局有限公司成水公司）

摘　要　本文通过对蒙华铁路红土岭隧道出口超浅埋膨胀土隧道特性、变形规律进行分析，针对红土岭隧道出口超浅埋、膨胀土地层对管棚施工的影响，详细阐述长大管棚钻孔施工精度控制等措施及实施效果，为同类隧道长大管棚施工提供借鉴。

关键词　膨胀土　超浅埋　管棚　钻孔孔斜控制

1　引言

膨胀土为一种高塑性黏土，具有超固结特性、吸水膨胀、失水收缩和反复胀缩变形、浸水承载力衰减、干缩裂隙发育等特性。膨胀土在吸水膨胀时，若变形受到约束，土体将对施加约束的结构体产生作用力，即膨胀力。红土岭隧道设计计算时Ⅴ级围岩覆盖厚度小于30～35m时，为浅埋隧道；红土岭隧道出口围岩等级为Vc，最小埋深仅为3.93m时，为超浅埋隧道。

出口软弱围岩自稳性很差，难以形成自然承载拱，容易出现地表沉陷、落拱塌方。为确保安全进洞，采取Ⅰ型33m长大管棚进行超前支护。长大管棚钻孔施工极易塌孔，孔向控制困难；钻孔返渣困难，钻孔施工难度大。因此，针对膨胀土、超浅埋围岩地质条件下长大管棚施工工艺、技术措施进行分析、研究，对保证红土岭隧道出口安全进洞施工具有重要意义。

2　工程概况

红土岭隧道位于河南省南阳市内乡县湍东镇、师岗境内。隧道进口里程DK911＋785，出口里程DK914＋780，全长2995m，其中Ⅲ级围岩2310m、Ⅳ级围岩470m、Ⅴ级围岩215m（含70m明洞段和145m洞身段）。隧道采用单洞双线形式，内设人字坡，其中DK911＋785～DK914＋750坡度为5.1‰，DK914＋750～DK914＋780坡度为－3‰，隧道全段均处于直线上。隧道位于剥蚀丘陵区，隧道最大埋深204m，最小埋深3.93m，大部分基岩裸露，局部地段有残破积土层分布。

红土岭隧道出口表层为粉质黏土，棕黄色～棕红色，含少量碎石，硬塑，厚1～10m，具有膨胀性；膨胀土中蒙脱石含量18.07%～21.8%，自由膨胀率为52%～58%；最小埋深3.93m。DK914＋780～ DK914＋710为明洞，进洞里程为DK914＋710。

3　管棚设计及参数

红土岭隧道出口设计采用长大管棚进行超前支护进洞方案。超前长大管棚与导向墙结合使用。导向墙采用C30混凝土，截面尺寸1m×1m；隧道顶部设41根长33m大管棚，环向间距40cm。管棚采用直径ϕ108mm、壁厚6mm热轧无缝钢管，钢管上钻注浆孔，孔径10～

16mm，孔间距 15cm，呈梅花形布置，尾部留 110cm 不钻孔的止浆段。钢管轴线与衬砌外缘夹角 1°～3°；注浆采用水灰比为 1∶1(重量比）水泥浆液，注浆压力 0.5～2MPa，注浆前进行现场注浆试验，通过工艺试验确定注浆参数。

4　施工工艺及控制措施

4.1　长大管棚施工工艺

长大管棚施工工序：导向墙施工→钻孔→清孔→顶进钢管→清孔→注浆。

4.2　长大管棚施工控制措施

4.2.1　导向墙施工控制措施

导向管的施工精度直接影响管棚的施工质量，导向管的方向和外插角直接影响管棚的钻孔精度，是导向墙施工控制的关键因素。

在隧道口坡面测量放样拱部管棚施作范围，采用人工配合挖掘机掏槽布孔。由于该部位为中膨胀土地层，极易变形，为确保后期隧道二次衬砌结构不侵限，导向墙结构尺寸考虑预留变形量 120mm、施工误差 50mm。

为确保长管棚的结构稳定，在导向墙内设 2 榀 Ⅰ18 工字钢导向钢架，外缘设 ϕ140、壁厚 5mm 导向钢管。工字钢钢架加工时严格按照导向墙设计图纸尺寸进行加工，型钢采用连接板加螺栓连接，螺栓连接要求紧密牢靠。导向钢架安装前，先施工洞口边坡锚喷防护，按间距 1.5m设置锚固钢筋，根据测量放样控制点安装导向钢架，将钢架焊接固定牢固。导向钢管安装施工前采用全站仪用坐标法在工字钢导向钢架上定出其平面位置，用水准尺配合坡度板设定导向管的方向角，用前后差距法测定导向管的外插角。导向管准确定位后，采用 ϕ12 加劲箍筋焊接在工字钢导向钢架上，防止浇筑混凝土时产生位移。导向墙导向钢架布置正面图见图 1。

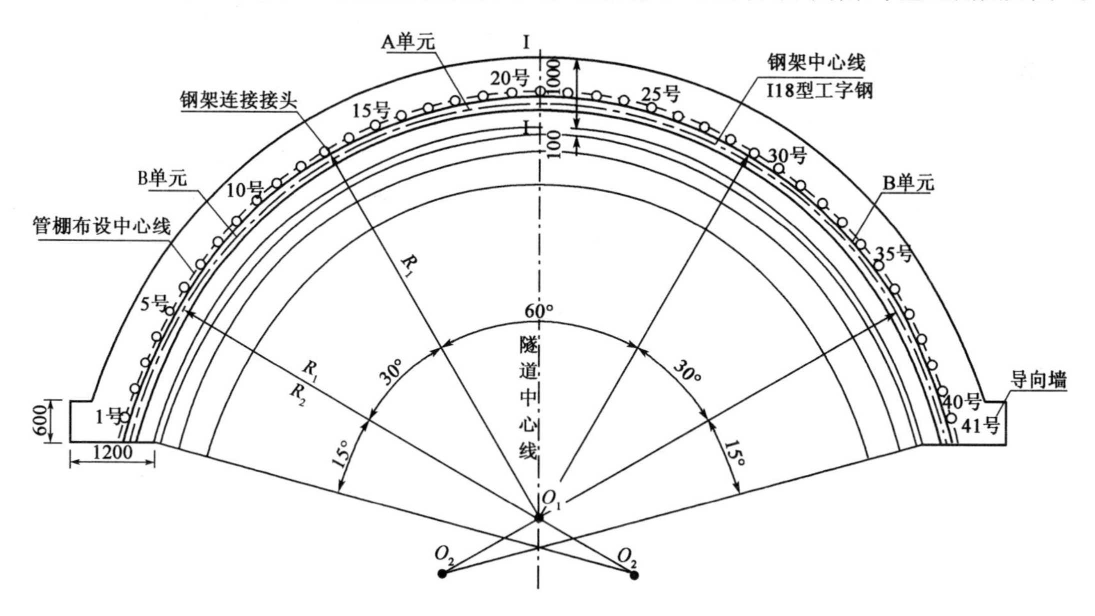

图 1　导向墙导向钢架正面布置图(尺寸单位：mm)

导向墙底模、顶模、侧模采用木模板拼装，按设计弧度加工。利用型钢架作为底模支撑，底部搭脚手架承重。导向墙顶模间隔 2m 左右预留振捣孔。侧模背后用方木加固，再采用 ϕ48 钢管整体加固。侧模拼装时在模板间粘贴双面胶以保证不漏浆。

导向墙混凝土浇筑前检查导向管的位置、方向、倾角，使导向管的位置、角度安装精确定位，灌注混凝土前用土工膜将导向管管口封堵，防止混凝土堵塞导向管。

混凝土在拌和站内搅拌，罐车运输至现场浇筑。在混凝土浇筑过程中，混凝土运输浇筑满足以下要求：在混凝土浇筑时，应设专人检查支架、模板、钢筋和导向管稳固情况，发现有松动、变形、移位时应及时处理。混凝土振捣应均匀密实，采用插入式振捣器。振捣过程中应避免重复振捣，防止过振；防止碰撞导向管，以防止导向管在振捣过程中产生偏移。

4.2.2 管棚施工控制措施

(1)施工准备、钻机定位

采用履带式 ZGYX420 潜孔钻钻孔。钻机操作平台必须回填碾压密实，防止在施钻时钻机产生不均匀下沉、摆动、位移而影响钻孔质量。由于该段为中膨胀土，掌子面喷一层 10cm 厚 C20 素混凝土作为止浆墙，以确保掌子面在进行管棚压力注浆时不出现漏浆、坍塌。

钻机定位：钻机钻杆的方向与已安装好的导向管方向平行，钻孔前必须精确核定钻机位置。采用全站仪、挂线测量、检测钻杆位置与方向，反复调整，确保钻机钻杆轴线与导向管轴线平行。

(2)钻孔控制措施

钻孔采用直径为 127mm 钻头，由于在膨胀土地层钻孔极易因钻头、钻杆自重导致钻头下垂，从而导致管棚侵限。采取预防控制措施：按设计最大外插角 3°施工，以消除部分因钻头、钻杆自重导致钻头下垂影响；加强钻孔施工过程控制，钻进一根钻杆后检测一次钻杆位置与方向，如有偏差及时进行调整。若至终孔时，偏斜度仍超过设计要求值，应注浆封孔后再原位重钻。

管棚钻孔地层为粉质黏土，棕黄色～棕红色，具有膨胀性，最小埋深 3.93m，位于膨胀土的大气剧烈影响带，裂隙发育，极易坍孔。采取预防控制措施：管棚施工前做好洞顶的截排水措施，减少地表水对膨胀土地层的影响；钻孔施工时尽可能减少对土层扰动，采取先施工奇数孔，下管并注浆加固后再施工偶数孔，减少偶数孔的坍孔机率；每钻完一孔立即顶进钢管，防止坍孔；如果在施工奇数孔时发生轻微塌孔，应及时进行扫孔、下管、注浆加固。

在膨胀土地层采用普通钻杆钻孔施工时，返渣困难、卡钻，钻孔施工效率非常低，钻一根 3m 钻杆需要 3～4h，无法满足施工强度要求。根据现场实际地质情况分析、调研，发现用于煤矿开采的螺旋钻杆适合用于黏土层钻孔。通过钻孔试验，采用螺旋钻杆钻孔功效大大提高；但是钻孔钻至 9m 时，钻头上的通气、通水孔非常容易被堵塞，无法正常钻进，返渣较困难；黏土容易把钻杆抱死，钻孔无法继续施工。根据现场实际情况，组织现场技术管理人员、班组长进行技术攻关，对螺旋钻杆、钻头进行改进。将钻头、钻杆改进后，彻底解决了堵孔和不返渣难题，钻一根 3m 钻杆仅需 10min。

在施工钻进过程中认真作好钻进过程的原始记录，及时对孔口岩屑进行地质判断、描述，以作为后续管棚钻孔施工和洞身开挖时的地质预测预报参考资料。

(3)清孔、验孔

用履带式 ZGYX420 潜孔钻钻杆配合钻头进行反复扫孔，清除浮渣，确保孔径、孔深符合要求，防止堵孔。用高压风从孔底向孔口清理钻渣。

用全站仪、测斜仪等检测孔深、倾角、外插角，不得侵入隧道开挖线内，相邻的钻孔不得相撞或立交。检查钻孔的间距、深度、直径等，允许偏差为：方向角误差为 1°，孔口间距±50mm，孔深±50mm。

(4)管棚安装

验孔合格后应及时安装钢管，下管前应对每个钻孔的钢管进行配管编号，下管时按照编号分段施工。棚管顶进采用挖掘机在人工配合下顶进钢管，直至孔底，顶进过程中做好顶管记录，确保顶入长度满足设计要求。接长钢管时，相邻钢管的接头应前后错开，同一横断面内的接头数不大于 50%，相邻钢管接头至少错开 1m。当地质条件较差时，为防止塌孔事故发生，下管要及时、快速，必要时可采取套管下管。

(5)注浆及封孔

①施工程序及方法。

管棚安装完成后进行注浆，浆液采用水灰比为 1∶1 的水泥浆液，注浆顺序按先两侧后中间进行。采用单液注浆，设计注浆压力 0.5～2MPa，通过工艺性试验，确定注浆压力为 0.5～2MPa，注浆结束后采用 M10 水泥砂浆充填钢管封孔。

由于管棚间距较小，为避免注浆时发生串孔，造成相邻钢花管孔堵塞，钻完一孔、立即顶进钢管，然后对奇数孔进行注浆，注浆时可以让浆液在松散的岩层中进行扩散填充，使破碎的岩层固结，有利于相邻孔在钻孔时减少掉块，避免相邻孔发生卡钻或掉钻、坍孔现象。

②工艺要求。

注浆前应采用 10cm 喷混凝土对开挖工作面进行封闭防护，形成止浆墙，防止浆液回流影响注浆效果。注浆时先注奇数孔(钢花管)，待奇数孔注浆完成后再钻偶数孔并安设钢管，以检查钢花管的注浆质量。注浆的顺序为先两侧后中间进行，有水时从无水孔向有水孔进行，一般采用逐孔注浆。

注浆压力根据岩层性质、地下水情况和注浆材料的不同而定，通过工艺性试验确定注浆终压取 0.5～2.0MPa。

注浆方式：封闭管棚口并焊接注浆管，从孔底设排气管，从注浆管注浆。

注浆时，应对注浆管进行编号(注浆编号应和埋设导向管的编号一致)，对每个注浆孔的注浆量、注浆时间、注浆压力做好记录，以保证注浆质量。注浆记录包括：注浆孔号、注浆机型号、注浆日期、注浆起止时间、压力、水泥品种和标号、浆液重度和注浆量。

注浆过程中随时检查孔口、邻孔、覆盖较薄部位有无串浆现象，如发现串浆现象，立即停止注浆或采用间歇式注浆封堵串浆口，也可采用麻纱、木楔、快硬水泥砂浆或锚固剂封堵，直至不再串浆时再继续注浆。

注浆压力突然升高，可能发生堵管，应停机检查；浆液进浆量很大，压力长时间不升高，则应调整浆液浓度及配合比，缩短凝胶时间，进行小量低压力注浆或间歇式注浆，使浆液在裂隙中有相对停留时间，以便凝结，但停留时间不能超过混合浆的凝胶时间，避免产生注浆不饱满。

注浆的质量直接影响管棚的支护刚度，因此必须保证注浆的饱满、密实。以单孔设计注浆量和注浆压力作为注浆结束标准，其中应以单孔注浆量控制为主，注浆压力控制为辅；注浆时要注意对地表以及四周进行观察，如压力一直不上升，应采取间隙注浆方法，以控制注浆范围。注浆结束的条件如下：

单孔结束条件：单孔灌浆量达到单孔设计注浆量的 1.0～1.2 倍或单孔注浆压力达到设计注浆压力并稳定 10min 时结束注浆。

全段结束条件，所有注浆孔均符合单孔结束条件，无遗漏情况。

注浆完毕用铁锤敲击钢管，如响声清脆，则说明浆液未填充满钢管，需采取补注或重注；如响声低哑，则说明浆液已填充满钢管，如未达到要求，进行补孔注浆。

③封孔。

奇数孔管棚注浆结束后，灌注 M10 水泥砂浆封孔。然后偶数孔钻孔，检查注浆情况，如果注浆效果满足要求，顶进钢管，灌注 M10 水泥砂浆封孔；如果满足要求则顶进钢花管注浆后灌注 M10 水泥砂浆封孔。

5 实施效果

红土岭隧道出口大管棚已施工完成，DK914＋710～DK914＋680 设有大管棚段暗洞开挖已完成。施工过程未发生管棚侵限、冒顶，开挖过程中围岩稳定，未发生溜塌，施工期间监控量测数据稳定。隧道口大管棚超前支护达到预期设计效果，在红土岭隧道出口超浅埋膨胀土地层安全、有序进洞施工中起了非常重要的作用。洞顶地表沉降曲线见图 2，洞内收敛曲线见图 3。

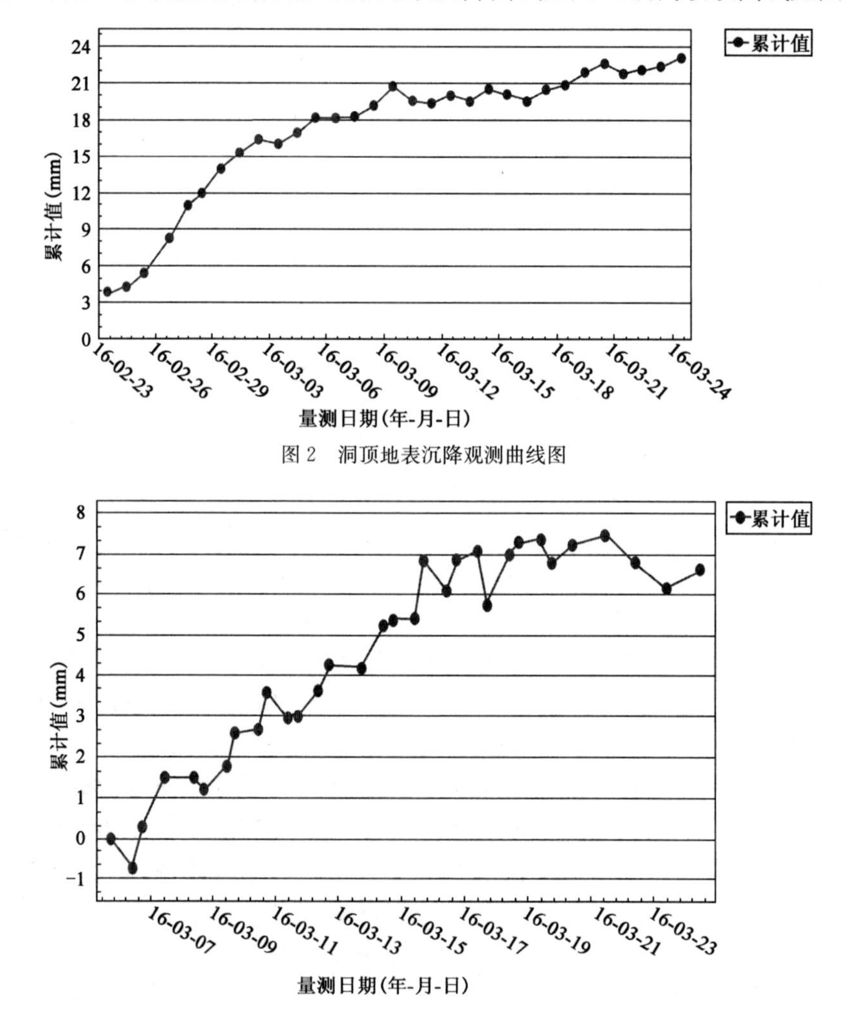

图 2　洞顶地表沉降观测曲线图

图 3　洞内收敛观测曲线图

6 结语

红土岭隧道出口超浅埋、膨胀土软弱地层 33m 长大管棚施工，通过改造设备、加强过程控制，超前支护达到预期效果。在红土岭隧道出口安全、有序进洞施工中起到关键作用，具有非常重要的意义；同时也为类似地质情况隧道管棚施工积累了宝贵经验。

某地铁隧道坍塌成因分析及处治方法研究

曹　平　刘建伟　程　韬　李冀伟

（中铁隆工程集团有限公司）

摘　要　针对青岛地铁某区间隧道穿越富水砂层施工中发生的坍塌事故，总结了区间隧道坍塌的原因。同时结合工程地质及周边场地条件，提出了应对坍塌处理的技术措施，并针对区间穿越地层的工程地质条件，提出了隧道穿越富水砂层的技术措施，以避免隧道开挖过程中坍塌事故的发生。通过总结隧道穿越富水砂层的坍塌事故的原因及处理技术措施，对于隧道穿越类似地层具有重要的工程借鉴意义。

关键词　青岛地铁　富水砂层　隧道坍塌　处治措施

1　工程概况

青岛市地铁一期工程（3号线）某区间沿京口路布置。京口路为双向四车道，交通流量大。

区间设计里程为K(Z)20+982.795～Y(Z)K21+767.196，全长约784.4m。左右线线间距13～13.4m，隧道埋深10～16m，洞身穿越粗砾砂及强风化～中等风化花岗岩地层。区间在里程YK21+542.000处设置一座临时施工竖井，在里程YK21+327.500处设置联络通道（兼泵房），在里程YK21+719.000处设置1号迂回风道，在里程YK21+729.000处设置2号迂回风道。

区间自上而下地质情况如下：

第1层、素填土：该层分布广泛，厚度2.5m，褐色～黄褐色，稍湿～湿，松散～稍密，由黏性土、砂、风化碎屑夹少量碎石等组成，局部夹有碎砖等建筑垃圾，部分地面为10～30cm厚的水泥或沥青路面。该场区人工填土厚度薄，强度低且不均匀，自稳能力差。

第7层、粉质黏土：该层分布广泛，层厚4m，黄褐色，可塑，具中等压缩性，见有铁锰氧化物条纹及少量结核，韧性、结构性一般～较好，含少量砂粒，切面较光滑，干强度高。

第9层、粗砂：该层分布广泛，层厚4.6m，褐～褐黄色，饱和，中密，主要矿物成分为长石、石英，分选、磨圆一般，含5%～20%黏性土，局部呈黏性土胶结状，混有圆角砾和ϕ1～6cm卵碎石，棱角～次棱角状，局部夹有粉质黏土薄层或透镜体。

第17层、中等风化带：揭露垂直厚度3.4m，属较破碎的较软岩，岩体基本质量等级Ⅳ级。

2　坍塌成因分析

2.1　坍塌概况

2011年7月16日，区间隧道左线掌子面施工至ZK21+597。施工监控量测无异常变化。16日22:30立完格栅钢架进行锚杆施工过程中，拱部往下掉土块并伴随大量渗水，施工单位查看现场后立即采取喷射混凝土封闭格栅钢架及掌子面，并在掌子面堆沙袋等措施。

抢险至17日凌晨2:00，掌子面和拱部无法封堵，且水量越来越大，伴随流砂。撤出8名现场施工人员并及时关闭周边的燃气管线，封闭周边道路，设置安全围挡。

17 日凌晨 5:30，掌子面至横通道已经被突泥填深近 1m，塌方已冒顶，污水管道塌断。地铁指挥部迅速调度各相关单位抢险，组织交通调流和人员疏散，修复破坏的管线等。

凌晨 6:00，地铁公司指挥部领导现场确定方案，施工车辆人员顺利展开抢险。向坑内灌注混凝土、钢筋网、沙石等物料，封堵坍塌口，避免坍塌进一步扩大。

7:50，回填至地面下 2.5m 处停止回填，抢修管线。

11:30，管线恢复后回填至路面。供水、燃气等重要管线未受到损害，事故现场没有人员伤亡。

2.2 坍塌原因分析

综合分析坍塌时间、坍塌处周边环境及工程地质条件等，总结隧道坍塌诱因主要有以下几方面：

(1)工程地质条件差，富水性粗砂层较厚且粗砂层沿区间纵向延伸与大村河、西流庄河水力联系紧密。坍塌处糜棱岩及碎裂状花岗岩发育，围岩松散，自稳能力差。坍塌时正值青岛雨季期间。

(2)隧道上部有 1 条污水管、3 条自来水管、1 条电力管和 1 条燃气管。污水管长期渗漏水，渗漏水在空洞位置形成地下水囊，水囊下部、结构上部的土体长期被浸泡，处于饱和流塑状态，自稳能力很差，超前小导管扰动此土方，水囊中的水和泥砂冲破土层。

(3)初期支护不及时。施工现场拱部超前小导管未及时注浆。

以上因素综合作用，造成了此次坍塌事故。施工现场虽全力抢险，但由于富水性砂层紧密的水力联系以及隧道拱部岩体碎裂发育，致使掌子面和拱部无法封堵，进而导致坍塌事故。

3 坍塌的主要处理技术措施

3.1 C20 混凝土回填坍腔

坍塌冒顶之后，立即组织抢险人员向坑内灌注混凝土、钢筋网、沙石等物料，封堵坍塌口，回填至地面下 2.5m 处停止回填。避免了坍塌的进一步扩大，见图 1。

3.2 砂袋封堵

在上台阶靠近塌方段进行砂袋堆码封堵，防止坍体不稳定，继续坍塌(图 2)。

在砂袋表面挂网喷射混凝土，形成止水帷幕墙封闭，避免洞内水流继续冲刷浸泡坍体，防止注浆加固时浆液从坍体流出，影响注浆加固效果。钢筋网片直径为 6.5mm，格网间距 200mm×200mm，喷射 0.15m 厚 C20 混凝土。

3.3 抗滑锚管施工

在封堵墙下部施作 ϕ42 抗滑锚管，并注浆，锚管布置为：水平间距 1m，排距 0.5m，梅花形布置，入岩深度 2m，锚管外露长度 0.2m，外露部分用钢管相互连接并喷射混凝土覆盖，形成"锚固梁"。防止坍体滑动(图 3)。

3.4 坍体注浆加固

对坍体进行注浆加固，固结涌出的淤泥土体。采用 5.0m 长的 ϕ42 钢花管，间距 0.5m(竖向)×0.5m(水平)梅花形布置，注水泥浆＋水玻璃双液浆(图 4)。

3.5 近塌方段拱顶加固

在 ZK21＋591.8～ZK21＋594.8 范围内，拱部打入 ϕ42 超前小导管注双液浆，按照斜向上 30°角打入，每榀钢架打一环，共打设 4 环。ϕ42 超前小导管布置形式为：拱部布置，环向间距0.4m,纵向间距 0.75m,导管长度依次为 5.5m、6.5m、7.5m、8.5m,穿过坍体进入岩层为止。坍方段拱顶注浆加固见图 5。

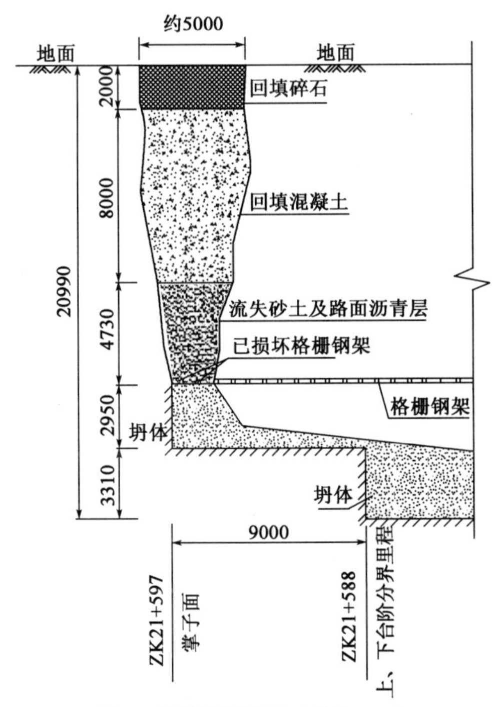

图 1　坍塌回填图(尺寸单位:mm)

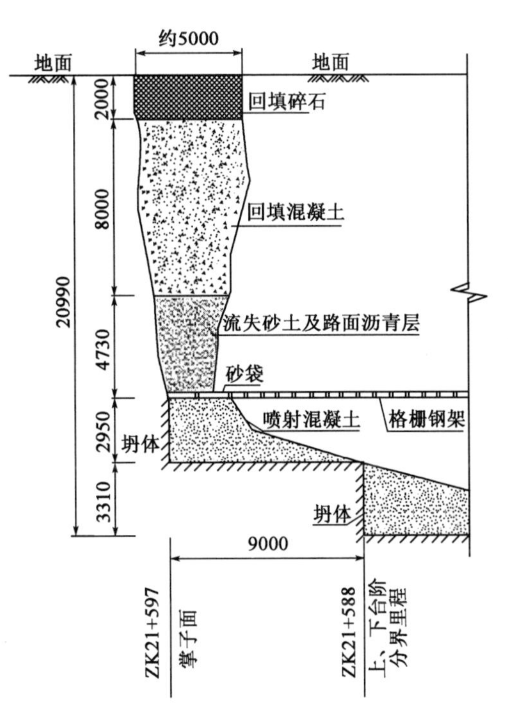

图 2　砂袋封堵示意图(尺寸单位:mm)

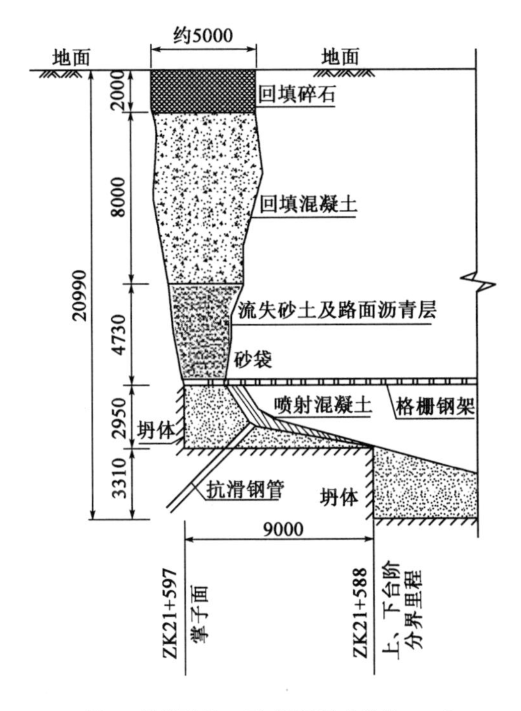

图 3　抗滑桩施工示意图(尺寸单位:mm)

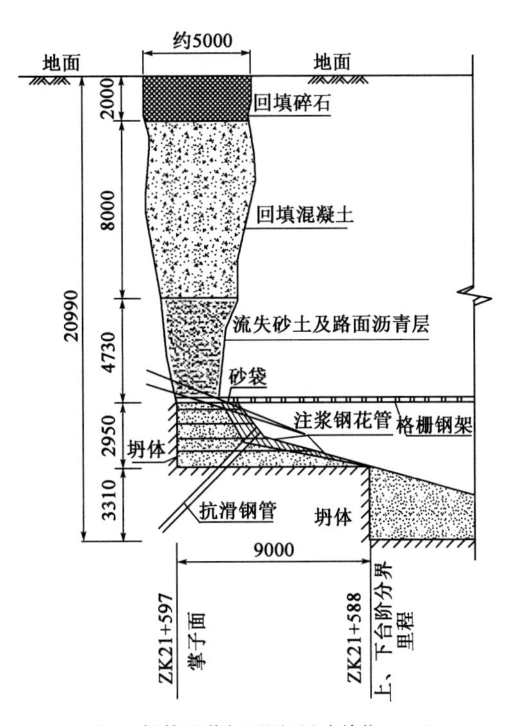

图 4　坍体注浆加固图(尺寸单位:mm)

3.6 拱部导管注浆加固处理

为加固拱顶松散岩层，对 ZK21+589～ZK21+591.8 段上台阶拱部打入大外插角小导管注浆加固岩体，外插角为 45°，导管长 3.5m，注水泥+水玻璃双液浆（图 6）。

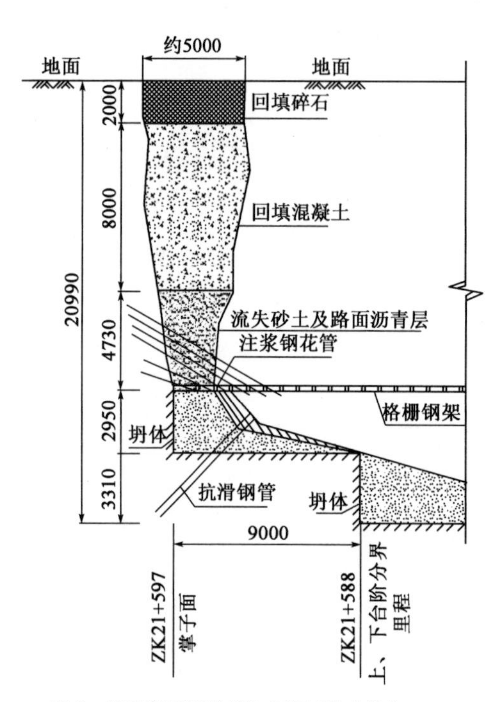

图 5　坍塌邻近段注浆加固图（尺寸单位：mm）

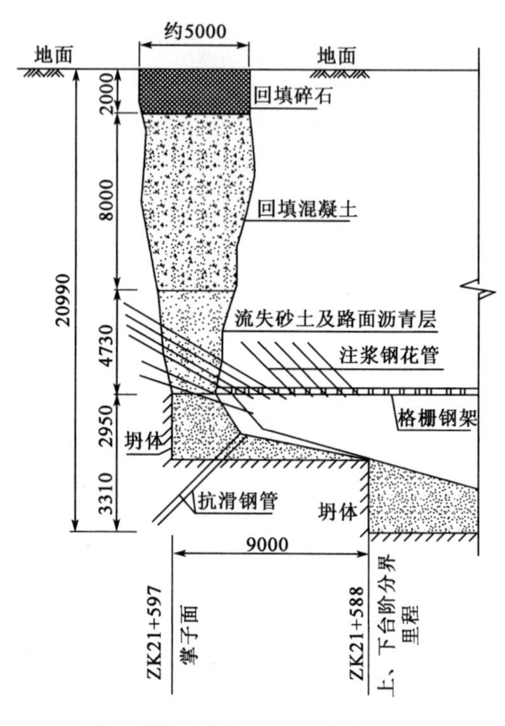

图 6　拱部注浆加固图（尺寸单位：mm）

3.7 地面钻孔检查及注浆

为探明回填混凝土的密实情况、混凝土至拱顶之间填充土的状况，在地面钻 ϕ100mm 钻孔，抽取芯样。利用 3 个地质钻孔对坍体进行加固注浆，压注水泥浆液，压力控制在 1.0～1.5MPa。

4 坍塌的预防措施

4.1 帷幕注浆预加固

区间隧道拱顶局部穿越富水砂层，大部分段落处于拱顶与砂层接触带，采用半断面帷幕注浆方案，重点加强拱部注浆。对上半断面开挖轮廓线范围进行深层注浆加固和止水，防止隧道开挖过程中发生涌砂涌泥涌水，以避免坍塌事故的发生（图 7）。

（1）注浆范围：轮廓外 3m。

（2）每一标准循环注浆长度为 14m，开挖 10m，预留 4m 止浆岩盘。

（3）注浆孔按浆液扩散半径为 1.5m，孔底间距不大于 2.5m 布设。

（4）注浆孔开孔直径不小于 89mm，孔口管直径 80mm。

（5）浆液：采用双液浆，水泥浆∶水玻璃＝1∶1（体积比）。

4.2 开挖工法调整

采用环形台阶法开挖，上台阶断面每循环进尺控制在 0.5m，采用弧形开挖、保留核心土的方法。锁脚锚管、系统锚杆在挖除核心土后立即打设。

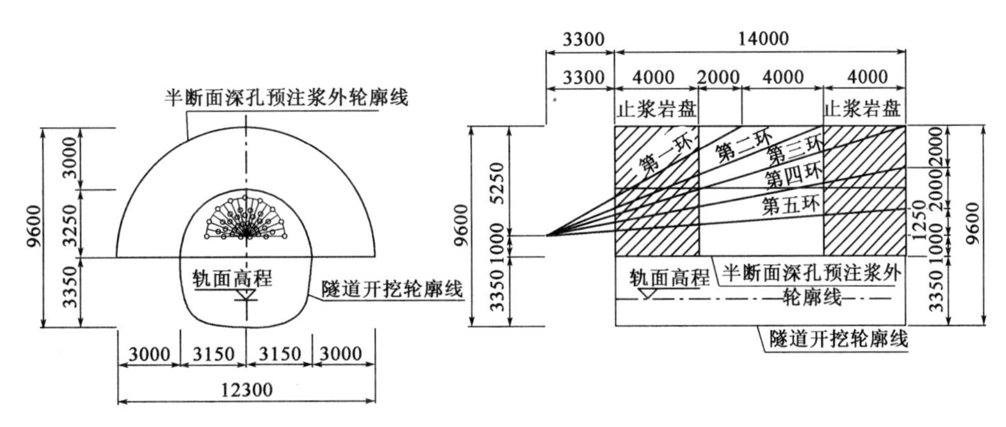

图 7　止水帷幕注浆图(尺寸单位:mm)

4.3　增强初支支护强度和刚度

(1)初期喷混凝土:C25 混凝土全断面支护。

(2)拱部 ϕ42 超前注浆小导管,L=4.0m,水平倾角 15°,环距 0.25m,纵距 1.5m。

(3)格栅钢架:全环设置,钢架间距 0.5m,采用四肢格栅钢架,其布置间距可根据地质情况或监测信息予以调整。

(4)钢筋网片:全环双层钢筋网设置 ϕ6.5@150mm×150mm。

(5)初期支护背后注浆:注浆导管纵向间距 1.0m,环向间距 1.0m。

5　坍塌的综合处治效果

对坍塌发生点周围的地表、地下管线、隧道内初期支护的变形情况进行监测,共布设监测点 51 个。监测频率 2h/次,进行 24 小时不间断监测。截至 7 月 21 日。累计最大地表沉降 8.4mm,管线最大沉降量 1.83mm,隧道内拱顶最大沉降量 4.7mm,净空收敛最大 0.3mm。监测数据显示,7 月 19 日后,日累计沉降最大点不超过 1mm,地表、管线机隧道内的变形趋于稳定。

目前,君~西区间已全线贯通,实践表明前期综合处理措施是有效的。

6　结语

(1)隧道开挖过程中应详细调查周边管线、建筑的基础资料,并掌握各周边环境因素的现状,有针对性地采取有效预防措施。

(2)隧道穿越富水砂层时,帷幕注浆是非常有效的预加固技术措施。同时,设计和施工应注意根据地质条件合理选择相关注浆孔及注浆参数的设置。

(3)隧道穿越富水砂层时,采取合理的开挖工法和初期支护参数是避免坍塌事故的重要有效手段。

(4)区间坍塌事故发生前,相关监测并未及时反映隧道的围岩变形及地表沉降。如何有效合理选择监控布点及监测方法还需进一步研究。

参考文献

[1]　关宝树.隧道工程施工要点集[M].北京:人民交通出版社,2003.

[2]　李志厚,杨晓华,来弘鹏,等.公路隧道特大塌方原因分析及综合处治方法研究[J].工程

地质学报,2008，16(6):806-812.
[3] 苏秀婷.青岛地铁富水砂层施工风险与变形规律研究[D].青岛:中国海洋大学,2012.
[4] 张剑.隧道施工过程中掌子面后方塌方的预防与处理[J].铁道建筑,2005,(12):36-37.
[5] 陈秋南,张永兴,刘新荣,等.隧道塌方区加固后的施工监测与仿真分析[J].岩石力学与工程学报,2006，5(1):158-161.

金川矿山分段工程支护裂缝的成因及防止措施

陈丽娟　王五松

（金川集团股份有限公司）

摘　要　金川集团公司二矿区1158分段工程支护裂缝，影响到工程质量和采区的转层。为了保证工程质量，建议设计单位变更支护形式，要求施工单位加强管理，材料供应单位把好质量关，监理单位加大监理力度，按监理程序进行监督管理。

关键词　分段工程　裂缝成因　防止措施

1　工程现状

金川集团公司二矿区1158分段是1150中段的最后一个回采分段，类似一个水平矿柱。

1158分段工程8号点～10号点分段联络道拱部混凝土开裂，钢筋外露且弯曲，墙部局部混凝土拉裂，钢筋被剪切破坏，底鼓50～60cm，两墙间距压缩50cm，这一段由于施工时间较长，变形较严重；10号点～13号点分段联络道拱部混凝土局部开裂，底鼓30cm，两墙间距压缩30cm；13号点～17号点分段道两墙间距压缩15cm，底鼓15cm。2号岔口拱部混凝土被拉裂，钢筋外露且弯曲，两墙间距压缩20cm，底鼓20～30cm。

施工中，一次支护超过20m或20d，局部喷射混凝土开裂，主要发生在拱部；岔口抹角处二次支护没有跟上，喷射混凝土开裂，钢筋被拉断。

2　巷道原设计支护形式和参数

2.1　双层喷锚网＋锚注联合支护

主要用于分层联络道、盘区硐室、1150出矿道、废石转载硐室等巷道的支护。巷道开挖后，首先撬净岩面的浮石，喷射50mm厚的混凝土，然后打锚杆挂网，最后喷射50mm厚的混凝土。巷道成型20m后进行二次喷锚网和锚注支护。二次喷锚网要求直接在一次喷锚网的基础上打锚杆挂网，然后进行喷射混凝土；锚注要求在两次喷锚网支护完毕后进行。

支护参数：喷锚网锚杆采用ϕ22滚压直螺纹锚杆，锚杆长度2.25m，排间距1m，紧固端采用滚压直螺纹；网片采用ϕ6.5mm的圆钢点焊而成，网度150mm×150mm；垫板为200mm×200mm×10mm的蝶形垫片；喷射混凝土厚度为100mm，强度C20。锚注锚杆采用ϕ32×6mm无缝钢管制作，长度3m，排间距2m；注浆采用水泥浆液，水灰比为0.65～0.8，注浆时要求边注浆边搅拌水泥浆液。单孔注浆量达150kg或注浆压力在4.5MPa维持5min时停止注浆。注浆要求自下而上的顺序进行。

2.2　喷锚网＋钢筋混凝土＋锚注支护

主要用于风井联络道、采区变电所等联络道支护形式，巷道开挖后首先按喷锚网支护要求进行一次喷锚网支护，然后进行单筋混凝土支护，单筋混凝土可在喷锚网支护20m后进行。

单筋混凝土支护完毕后立即进行锚注支护。

支护参数:喷锚网锚杆采用 $\phi22$ 滚压直螺纹锚杆,锚杆长度 2.25m,排间距 1m,紧固端采用滚压直螺纹;网片采用$\phi6.5$mm的圆钢点焊而成,网度 150mm×150mm;垫板为 200mm×200mm×10mm 的蝶形垫片;喷射混凝土厚度为 100mm,强度 C20。锚注锚杆采用 $\phi32$×6mm 无缝钢管制作,长度 3m,排间距 2m;注浆采用水泥浆液,水灰比为 0.65~0.8,注浆时要求边注浆边搅拌水泥浆液。单孔注浆量达 150 kg或注浆压力在 4.5MPa 维持 5min 时停止注浆。注浆要求自下而上的顺序进行。钢筋混凝土主筋采用 $\phi18$ 的螺纹钢,间距 250mm。副筋采用 $\phi12$ 的螺纹钢,间距 300mm 钢筋搭接长度不小于钢筋直径的 30 倍,钢筋保护层为 50mm。浇筑混凝土厚度 300mm,混凝土坍落度 3~5 cm,卵石粒度 10~30mm,强度不小于 C30。

2.3 喷锚网+U 型钢拱架+单筋混凝土+锚注

主要用于分段道、分段联络道、溜井联络道、盘区联络道等巷道的支护。

支护参数:喷锚网锚杆采用 $\phi22$ 滚压直螺纹锚杆,锚杆长度 2.25m,排间距 1m,紧固端采用滚压直螺纹;网片采用 $\phi6.5$mm 的圆钢点焊而成,网度 150mm×150mm;垫板为 200mm×200mm×10mm 的蝶形垫片;喷射混凝土厚度为 100mm,强度 C20。锚注锚杆采用 $\phi32$×6mm 无缝钢管制作,长度 3m,排间距 2m;注浆采用水泥浆液,水灰比为 0.65~0.8,注浆时要求边注浆边搅拌水泥浆液。单孔注浆量达 150 kg或注浆压力在 4.5MPa 维持 5min 时停止注浆。注浆要求自下而上的顺序进行。钢筋混凝土主筋采用 $\phi18$ 的螺纹钢,间距 250mm。副筋采用 $\phi12$ 的螺纹钢,间距 300mm 钢筋搭接长度不小于钢筋直径的 30 倍,钢筋保护层为 50mm。浇筑混凝土厚度 300mm,混凝土坍落度 3~5 cm,卵石粒度 10~30mm,强度不小于 C30。

U 型钢拱架支护,拱架采用 U 25型钢制作,拱架间距 0.5~0.8m,拱架间用拉杆连接,拉杆与拱架套管之间采用焊接。同时采用锚杆固定拱架,每架拱架锚杆为 3~5 组。

2.4 喷锚网+U 型钢拱架+单筋混凝土+锚注+长锚索

为了加强岔口的稳定性和便于岔口顶板维护处理,设计考虑将岔口岔心位置进行挑高,并对岔心前后 10m 范围内的分段道和分层联络道、溜井联络道进行加强支护。喷锚网锚杆采用 $\phi22$ 滚压直螺纹锚杆,锚杆长度 2.25m,排间距 1m,紧固端采用滚压直螺纹;网片采用$\phi6.5$mm 的圆钢点焊而成,网度 150mm×150mm;垫板为 200mm×200mm×10mm 的蝶形垫片;喷射混凝土厚度为 100mm,强度 C20。锚注锚杆采用 $\phi32$×6mm 无缝钢管制作,长度 3m,排间距 2m;注浆采用水泥浆液,水灰比为 0.65~0.8,注浆时要求边注浆边搅拌水泥浆液。单孔注浆量达 150kg 或注浆压力在 4.5MPa 维持 5min 时停止注浆.注浆要求自下而上的顺序进行。钢筋混凝土主筋采用 $\phi18$ 的螺纹钢,间距 250mm。副筋采用 $\phi12$ 的螺纹钢,间距 300mm 钢筋搭接长度不小于钢筋直径的 30 倍,钢筋保护层为 50mm。浇筑混凝土厚度 300mm,混凝土坍落度 3~5cm,卵石粒度 10~30mm,强度不小于 C30。

长锚索支护,锚索采用 $\phi15.24$mm 1860 钢绞线,长度 7.3m。锚具采用 QLMK15 型锚具。锚索排间距 2m。用 YG80 钻机配 $\phi36$mm 钻头钻孔,钻孔深度 7m。锚索支护必须采用预应力锚固技术进行锚固。

2.5 其他支护形式

由于金川矿区地质条件的复杂性,在巷道施工中可根据围岩的具体情况选择其他联合支护形式。岩石极为破碎区段可采用超前钎棚、管棚或预注浆进行超前支护,以防止在巷道掘进施工过程中发生冒顶等事故。

3 支护裂缝的原因分析

3.1 客观原因

(1)矿脉内围岩条件较差且地压大。

(2)1158 分段是 1150 中段的最后一个分段,其下部已经回采,形成水平矿柱。

(3)由于 1150 水平工程的开挖和大量返修,对 1158 分段产生扰动影响。

(4)1178 分段正在采矿和返修对 1158 分段产生扰动影响。

3.2 主观原因

(1)设计及规范要求一次支护与二次支护不能超过 20m 或 20d,实际施工单位为了抢进度,一次支护与二次支护已超过 20m 或 20d。

(2)进场的石子和砂含泥量超标。

(3)配料不均匀,不能满足设计配合比要求。

(4)由于光面爆破效果较差,金属网离岩面超出规范要求。

(5)现场配料计量不准确。

(6)混凝土强度不满足设计要求。

(7)混凝土振捣不密实。

(8)一次支护与二次支护之间注浆不及时,且注浆不密实。

4 问题处理

4.1 支护形式的变更

把原设计喷锚网+U 型钢拱架+单筋混凝土+锚注联合支护变更为素喷+ U 型钢锚网喷+单筋混凝土+锚注联合支护。

支护参数为:

素喷:喷层厚度 50mm,强度 C20。

喷锚网:锚杆间距 0.8m,锚固剂为树脂锚固剂;拱架间距为 0.8m,固定锚杆为 6 组,喷射混凝土厚度为 150mm。

单筋混凝土:混凝土强度由 C30 变更为 C35。

4.2 具体处理方案

(1)一次支护出现的支护变形地段处理方案

进行开帮拉底处理。开帮后按变更后的设计方案进行支护。

(2) 二次支护出现的现象的处理方案

①对底鼓地段进行拉底。

②8 号～10 号点分段联络道以及 2 号岔口一次、二次支护全部开掉,重新按变更后设计施工。

③10 号～13 号点分段联络道及 13 号～17 号点分段道暂时不予处理,待变形严重后或在交工验收前按变更后设计进行处理。

5 防止措施及建议

5.1 防止措施

(1)优化设计,不要过多地考虑施工难度和工期。

(2)二次支护要紧跟一次支护,不能超过 20m 或 20d。

(3)岔口施工最多只能开两个作业面。

(4)重新选择设计要求的石子和砂子,含泥量一定要控制在 3%以内,石子和卵石必须冲洗后进场。

(5)搅拌站必须增加计量及配套设施。

(6)施工单位主要从以下几个方面加强管理:

①加强光面爆破施工。

②加强计量控制的检查。

③现场要有质量检查员值班,特别是在喷浆和混凝土浇筑时。

(7)在混凝土浇筑时监理人员一定要旁站监控。

(8)混凝土浇筑后,注浆要及时跟上。

5.2 建议

(1)一次支护:喷锚网+U 型钢拱架,支护参数同原设计参数。

(2)二次支护:双筋混凝土+锚注联合支护,拱、墙、底为三心圆双层双向钢筋混凝土。

参考文献

[1] 中华人民共和国国家标准. GB 50086—2015 岩土锚杆与喷射混凝土支护工程技术规范[S]. 北京:中国计划出版社,2016.

[2] 采矿设计手册[M]. 北京:冶金工业出版社,1990.

[3] 中华人民共和国国家标准. GB 50204—2015 混凝土结工程施工质量验收规范[S]. 北京:中国建筑工业出版社,2015.

[4] 中华人民共和国国家标准. GBJ 213—2010 矿山井巷工程质量验收规范[S]. 北京:中国计划出版社,2010.

[5] 王五松,陈丽娟. 某矿主回风井垮塌原因分析与修复技术研究 [J]. 有色金属(矿山部分),2010,62(6):9-11.

盾构穿越既有桥梁施工的精细化控制方法

赵江涛　牛晓凯　崔晓青　姚旭飞　张　晗

（北京市市政工程研究院）

摘　要　为了控制盾构隧道施工对周边桥梁的扰动程度，确保施工沿线既有桥梁处于良好的服务状态，本文建立了盾构隧道穿越既有桥梁的精细化控制体系，该体系主要由施工前的方案确定、施工中的反馈控制和施工后的长期监测三部分组成。并将该技术在北京市南水北调东干渠隧道穿越既有桥梁工程中进行了应用，成功实现了穿越过程中对既有桥梁的精细化控制，确保了既有桥梁的安全，对已有类似工程施工具有借鉴和指导意义。

关键词　盾构隧道　既有桥梁　穿越施工　精细化控制

1　引言

随着城市现代化进程的不断发展，以地下管线和地铁建设为主的城市地下空间的建设正在如火如荼地展开[1-2]。然而，一方面随着城市地面交通线网密度的不断增加，新建隧道穿越既有桥梁的情形越来越不可避免；另一方面由于长期营运及已有穿越工程的影响，使得既有结构的控制标准制定得越来越严格，于是在城市中采用盾构隧道穿越既有桥梁施工遇到了越来越多的工程挑战。由于穿越施工必然会导致周边土体的松动和卸荷，从而引起洞周围岩环境的改变，这就势必会造成既有桥梁桩基变位的产生，进而威胁桥梁上部结构的正常使用和安全。因此，必须采取严格的控制措施来确保盾构隧道施工对周边环境的影响范围和扰动程度。

郭玉海等采用数值分析和室内实验的方法对盾构穿越施工的掘进参数进行了优化，并提出了一系列的大直径盾构穿越施工的安全控制措施[3]；张海彦等结合北京地铁 10 号线工程实例，阐述了盾构隧道施工对既有桥梁剩余承载能力的影响程度，并提出了既有混凝土桥梁的变形控制标准[4]；付静结合天津地铁穿越祁连桥工程，对包括土仓压力、注浆参数和姿态调整等在内的盾构施工方案进行了优化，确保了穿越施工的顺利进行[5]。

这些研究对于确保盾构隧道穿越既有桥梁施工的安全提供了必要的理论指导和技术支持，但基本都是针对具体工程而进行的一方面或几方面的分析，并没有形成成套的盾构隧道穿越既有桥梁施工的控制方法。本文在总结前人研究成果的基础上，提出了精细化施工的概念，并构建了盾构隧道穿越既有桥梁施工的精细化控制方法，工程应用表明了该方法正确性和有效性。

2　盾构穿越施工的精细化控制方法

所谓的精细化施工，就是在隧道穿越既有桥梁的过程中，对盾构隧道施工实施过程化控制，并将实时监测结果与控制标准进行对比分析，然后积极主动的采取应对措施来控制桥梁的过大变位、避免风险累积。

2.1　施工前的方案确定

穿越施工前,一方面必须依据既有桥梁控制标准和工程地质勘察资料进行盾构机选型,进而参考数值计算和经验类比方法确定分步控制标准;另一方面,必须依据既有工程特点进行盾构参数优化,确定最佳的正面压力、注浆压力等盾构掘进参数。最后依据确定好的分步控制标准和优化后的盾构参数,确定监控量测方案及其辅助工法,为盾构正常掘进做好准备。

2.2　施工中的反馈控制

穿越施工中,依据之前优化后的盾构参数进行正常的盾构掘进施工。此过程中,必须严格控制监控量测的频率和精度,为反馈控制提供最佳的数据支持;然后依据监测结果对盾构穿越施工进行信息反馈,一旦监测结果达到或超过控制标准,立即停止施工,在分析原因后可以通过盾构参数调整来加强盾构掘进控制,必要时,可采取主动顶升或桥梁加固等应急辅助措施,具体施工流程如图1所示。

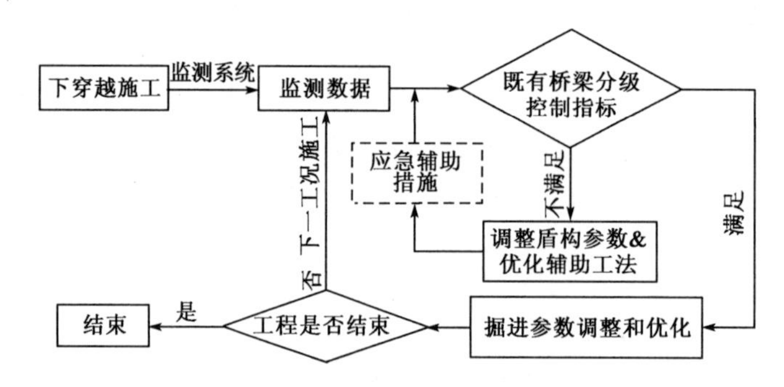

图1　施工过程中的反馈控制流程

2.3　施工后的长期监测

穿越施工后,仍需对既有桥梁进行长期的工后监测,必要时可采取辅助措施来控制桥梁的持续变位,确保既有桥梁结构处于安全服役状态。

3　工程实例

以北京市南水北调东干渠工程穿越某既有桥梁工程为例。该桥梁为多跨混凝土简支T梁结构,分左右两幅,每幅桥面宽18m,下部为矩形墩柱、桩基础;新建盾构隧道管底埋约23.39m,隧洞外轮廓距桩基最短距离为3.8m,新建盾构隧道与既有桥梁位置关系详见图2。

根据工程地质勘察报告,穿越地区的地层参数详见表1。

地层参数　　表1

地层	密度(g/cm^3)	泊松比	弹性模量(MPa)	黏聚力(kPa)	内摩擦角(°)
素填土	1.60	0.30	14.0	8.0	8.0
粉土	2.00	0.35	24.6	25.6	33.3
粉质黏土	1.98	0.40	17.0	33.8	10.2
细中砂	2.05	0.30	50.0	0	26
粉砂	2.03	0.32	40.0	0	28

3.1　施工前的工法确定

3.1.1　盾构机选型

根据待穿越位置既有地层的特点,选用海瑞克土压平衡式盾构,盾构机直径6250mm,最小转弯半径250m,液压油缸数量32个,可提供的最大推力为34200kN,最大行程为2000mm。

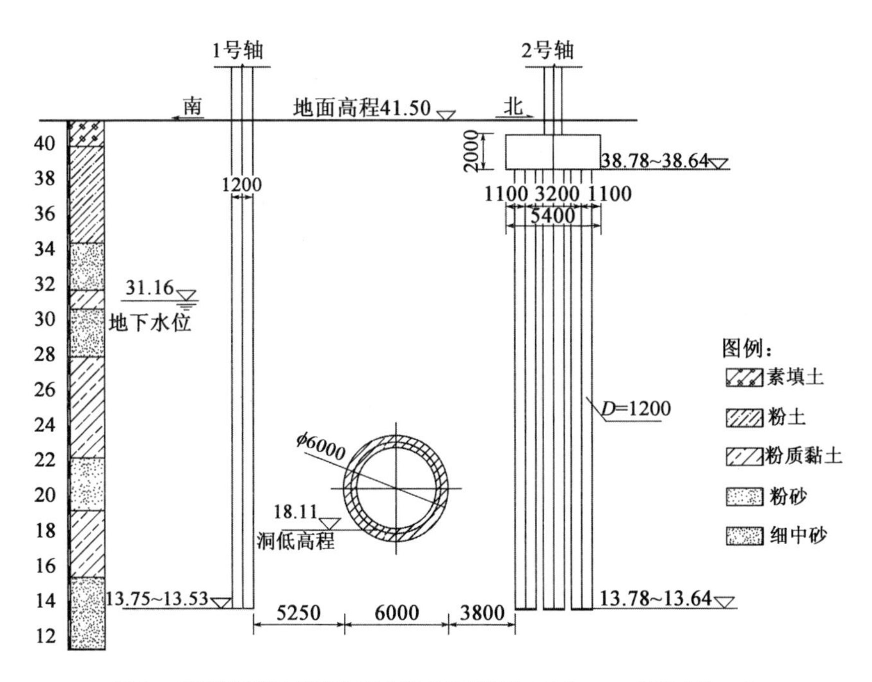

图2 东干渠隧道与既有桥梁位置关系图(尺寸单位:mm,高程单位:m)

3.1.2 盾构参数优化

(1)计算模型

采用有限差分软件 FLAC 3D进行数值计算,根据圣维南原理及实际计算需要,整个模型计算范围为 90m×96m×60m(宽×长×高),整体计算模型如图 3 所示。

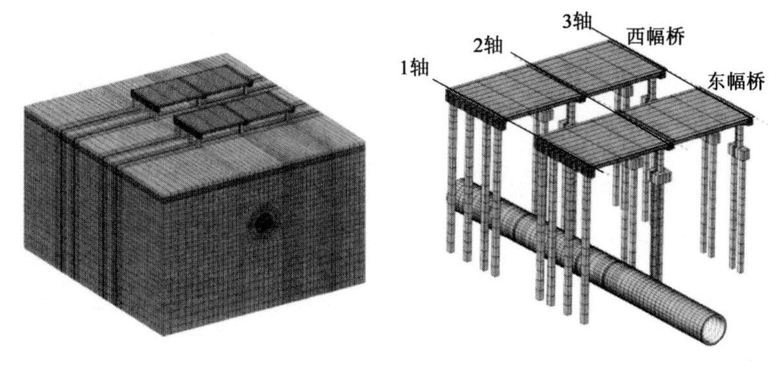

图3 数值计算模型

盾构施工采用盾构精细化模拟方法进行模拟(图 4)。其中,注浆层厚度由盾构机壳内壁与管片之间的间隙、盾构机壳与外部土体之间的间隙和盾构机壳的厚度三部分构成;对于注浆材料的时间效应,通过施加注浆压力和注浆层弹性模量的阶梯性增长来模拟;对于盾壳与土体之间的摩擦力模拟,需要建立接触面,该接触面的特性是只承受法向应力,而无法承受剪切应力,盾构机对土体的摩阻力则直接施加在外部土体的节点上。

盾构掘进基本参数为正面压力 0.2MPa,掘进速度每日 4.8m(4 环),注浆压力 0.2MPa,注浆半径为 1m,盾壳摩阻力为 8000kN。

(2)正面压力

为了分析不同正面压力下既有桥梁变位情况,本部分对正面压力 0.1MPa、0.2MPa、

0.3MPa、0.4MPa、0.5MPa、0.6MPa六种工况下既有桥梁的纵向(2轴与3轴)差异沉降情况进行了探究,具体计算结果如图5所示。

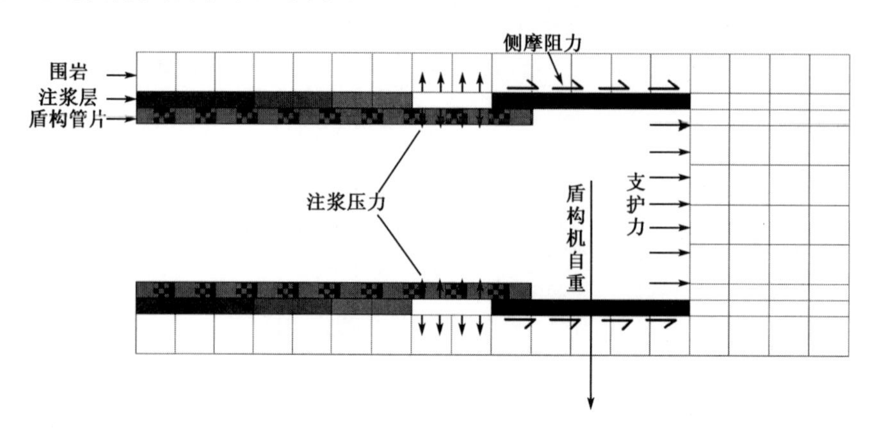

图4 盾构精细化模拟方法

由图5可知,既有桥梁纵向差异沉降随着正面压力的增大呈现出先减小后增大的变化规律,当正面压力介于0.2~0.3MPa之间时既有桥梁纵向差异沉降量最小,为盾构掘进最佳施工参数。

(3)掘进速度优化

为了分析盾构在不同掘进速度下既有桥梁变位情况,本部分对盾构日掘进速度为1.2m/d、2.4m/d、3.6m/d、4.8m/d、6.0m/d、7.2m/d六种工况下既有桥梁的纵向(2轴与3轴)差异沉降情况进行了探究,具体计算结果如图6所示。

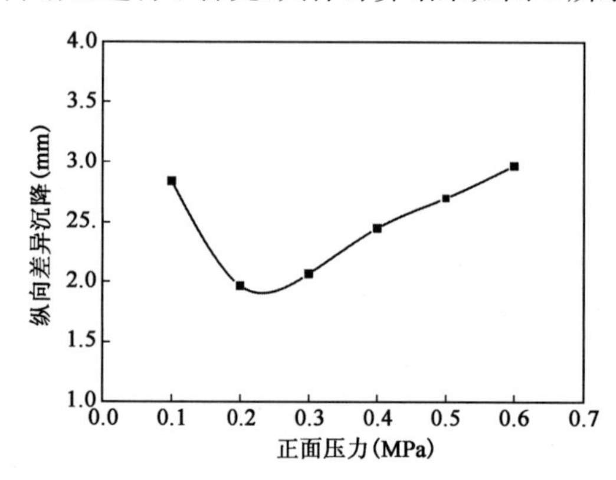

图5 桥梁纵向差异沉降与正面压力关系曲线图

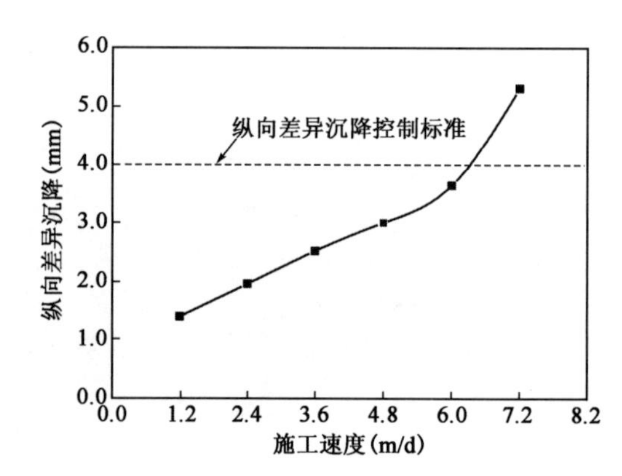

图6 桥梁纵向差异沉降与掘进速度关系曲线图

由图6可知,既有桥梁纵向差异沉降随着盾构掘进速度的增大而逐渐增大。基于上述数值分析结果,同时考虑到既有桥梁的安全冗余,新建盾构隧道的最佳日掘进速度为4.8m/d。此时既保证了盾构拥有较快的施工速度,又可确保既有桥梁的安全,为盾构掘进最佳施工参数。

(4)注浆压力优化

为了反映盾构注浆压力对既有梁变位的影响情况,本部分别对注浆压力为0.1MPa、0.2MPa、0.3MPa、0.4MPa、0.5MPa、0.6MPa六种工况下既有桥梁的纵向(2轴与3轴)差异沉降情况进行了探究,具体计算结果如图7所示。

由图7可知,当注浆压力小于0.3MPa时,既有桥梁纵向差异沉降随着注浆压力的增大而逐渐减小；当注浆压力超过 0.3MPa 时，注浆压力对桥梁纵向差异沉降的影响程度微小。同时考虑到桥梁整体沉降状况，即当注浆压力超过 0.4MPa 时，桥梁整体出现了微小抬升；而当注浆压力达到 0.6MPa 时，既有桥梁 1 号轴整体抬升将达到 4.71mm。因此，为了保证既有桥梁的安全，应当控制注浆压力在 0.3～0.4MPa，此时既有桥梁的纵向差异沉降和整体沉降均较小，为盾构掘进最佳施工参数。

(5)注浆半径优化

针对本盾构隧道下穿桥梁的实际情况，本部分选取注浆半径为 1.0m、1.5m、2.0m、2.5m、3.0m、3.5m 六种工况，来分析不同注浆半径下既有桥梁纵向(2 轴与 3 轴)变位的变化规律，具体计算结果如图 8。

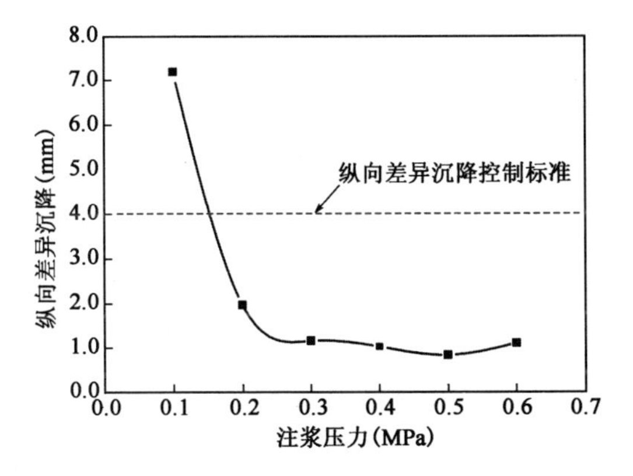

图 7 桥梁纵向差异沉降与注浆压力关系曲线图

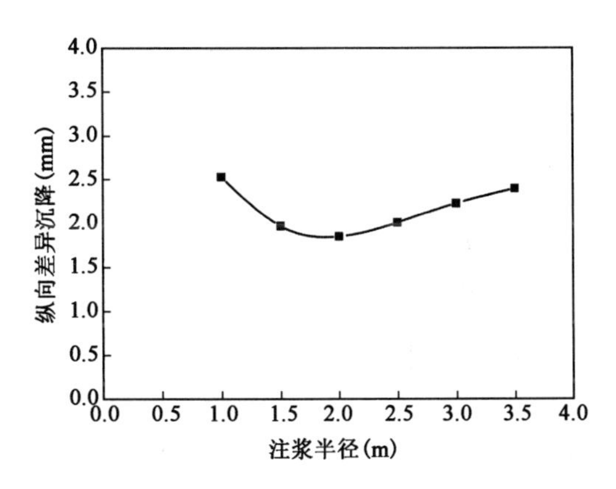

图 8 桥梁纵向差异沉降与注浆半径关系曲线图

由图 8 可知，既有桥梁纵向差异沉降随着注浆半径的增大呈现出先减小后增大的变化规律。当注浆半径为 2m 时既有桥梁纵向差异沉降量最小，为盾构掘进最佳施工参数。

(6)盾壳侧摩阻力优化

盾壳摩阻力是造成盾构掘进方向土体变位的主要原因[7]，该种变位不但会造成既有桩基横向变形和附加应力的产生，还会由于土体的隆沉对既有桩基承载力产生影响，甚至造成桥梁的局部隆起。因此，对于盾构掘进时所采取的注浆减阻措施，应该给以足够的重视，尤其是当既有桥梁桩基为摩擦桩时，必须确保注浆减阻效果，从而防止桩基承载力发生突变，威胁桥梁正常使用。

本部分选取盾壳摩阻力为 4000kN、6000kN、8000kN、10000kN、12000kN(理论值)、14000kN 六种工况，来分析不同盾壳摩阻力下既有桥梁纵向(2 轴与 3 轴)变位的变化情况，具体计算结果如图 9 所示。

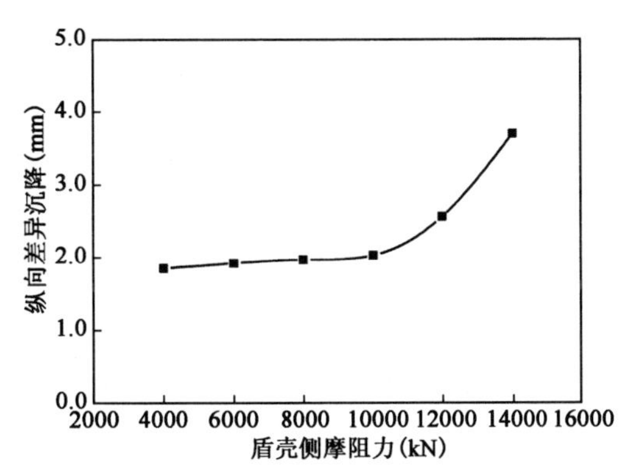

图 9 桥梁纵向差异沉降与盾壳侧摩阻力关系曲线图

由图 9 可知，既有桥梁纵向差异沉降随着盾壳摩阻力的增大而注浆增大。当盾壳摩阻力大于 12000kN 时，桥梁纵向差异沉降有了较大的增长(这主要由于较大的摩阻力促使桥梁 2 轴位置桩基出现了一定的隆起)。因此，为了确保盾壳摩阻力对既有桩基的影响最小，应该采取稳定的盾壳减阻措施，一般采取触变泥浆减阻，来确保盾壳摩阻力位于 10000kN 以下。

3.1.3 桥梁控制标准的制定

根据该穿越工程的工前评估报告，该桥梁相邻桥墩的纵向差异沉降控制标准为4mm，横向差异沉降控制标准为2mm，桥梁竖向最大沉降12mm。

3.2 施工中的反馈控制

(1)微扰动条件下的施工参数匹配

盾构施工过程中各关键参数并不是相互独立的，其中有许多参数是相互关联，连锁变化的。因此，需要在盾构穿越既有桥梁前设立试验段，通过实际施工控制和监控量测，在动态变化中调整和建立各参数正确的匹配关系。

①注浆速率与掘进速度

在正常施工条件下，盾构掘进速度和其同步注浆速率是相互匹配的，即此时同步注浆速率可以保证其在限定的时间内填满盾尾间隙。但由于实际施工过程中地质条件的突变、盾构操作不当或机械设备故障等因素，往往会造成两者关系的不匹配，即如果盾构掘进速度超过或小于与之相匹配的最佳掘进速度，造成的直接结果就是注浆量跟不上或注浆超量(甚至堵塞管道)，最终威胁周边围岩与既有结构的安全。因此，在试验段对注浆速率与盾构掘进速度进行了关联性匹配，确保了注入的浆液适时、均匀、足量。

②注浆压力与注浆量

在盾构掘进过程中，一般采用的都是注浆压力和注浆量双向控制措施，即必须严格按照"确保注浆压力，兼顾注浆量"的双重保障原则对注浆效果进行控制。在实际施工过程中，如果注浆管路堵塞，造成的直接结果就是注浆压力不断增加，而注浆量却不能同步增长；而如果遇到不良地质，则很可能造成的是跑浆，使得注浆量剧增而注浆压力不变。因此，在试验段对注浆压力和注浆量进行了关联性匹配，不但使浆液及时填满盾尾空隙，确保了地层不发生大的沉陷或隆起，还对盾构掘进的正常施工状态进行了检验和校核。

③正面压力与掘进速度

土压平衡式盾构掘进时正面压力的平衡状态是通过调整盾构机的掘进速度和螺旋机的转速来调整土压仓压力实现的。在盾构穿越既有桥梁施工过程中，一方面如果盾构掘进遇到不良地质，则很可能造成掘进速度的改变，进而影响正面压力，威胁开挖面的稳定，另一方面土压平衡式盾构的土仓压力并不是恒定的，而其波动值的大小很大程度上取决于盾构机电控制性能。因此，在试验段根据既有盾构的机械性能，对盾构掘进参数进行了优化，从而确保了开挖面正面压力的稳定。

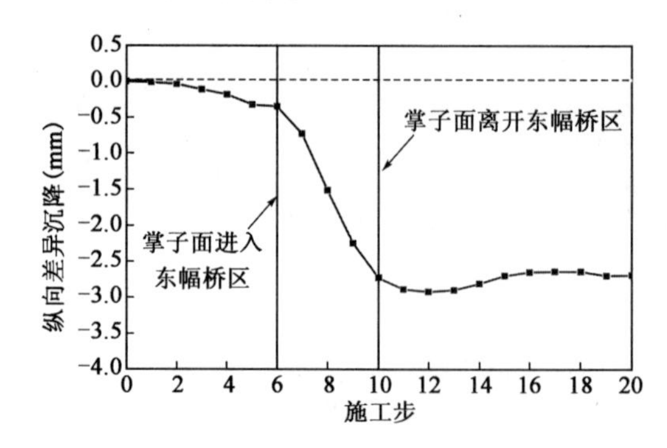

图10 东幅桥2、3轴纵向差异沉降历时曲线(预测值)

(2)桥梁分级控制标准的制定

要实现盾构穿越既有桥梁施工的精细化控制，必须依据变位分配原理，确定盾构穿越施工过程中既有桥梁的分级控制标准。于是采用之前优化的盾构掘进关键参数(即正面压力0.25MPa，掘进速度4.8m/d，注浆压力0.35MPa，摩阻力8000kN)，对盾构穿越既有桥梁过程进行精细化模拟，并绘制出东幅桥梁2、3轴差异沉降的历时曲线，从而以此来确定既有桥梁的分级控制标准，见图10。

根据历时曲线特征，可以将该曲线分为3个阶段进行分别控制，分别为：①盾构机进入桥区之前的微小变形阶段；②盾构机进入桥区之后的变形急剧增大阶段（施工步中的第7～10步）；③盾构机离开桥区之后的变形趋于稳定阶段（施工步中的第11～20步）。

由于第①阶段与第③阶段既有桥梁纵向差异沉降变形微小，因此按照每2个施工步（每2天）进行一次沉降控制；而由于第②阶段既有桥梁变形急剧增大，因此按照每1个施工步（每1天）进行一次沉降控制。既有桥梁的分级控制标准详见表2。

既有桥梁分级控制标准　　表2

隶属阶段	施工步序	分步沉降预测值（mm）	累计沉降预测值（mm）	分步沉降相对值（%）	累计沉降相对值（%）	纵向差异沉降分级控制标准（mm）
①	0	0.00	0.00	0.00	0.00	0.00
①	2	−0.04	−0.04	1.33	1.33	0.05
①	4	−0.14	−0.18	4.91	6.24	0.20
①	6	−0.17	−0.35	5.65	11.89	0.23
②	7	−0.38	−0.73	12.94	24.83	0.52
②	8	−0.79	−1.51	26.93	51.76	1.08
②	9	−0.74	−2.25	25.30	77.05	1.01
②	10	0.48	2.73	16.58	93.64	0.66
③	12	−0.19	−2.92	6.36	100.00	0.25
③	14	0.00	−2.92	0.00	0.00	0.00
③	16	0.00	−2.92	0.00	0.00	0.00
③	18	0.00	−2.92	0.00	0.00	0.00
③	20	0.00	−2.92	0.00	0.00	0.00

注：第16～20步既有桥梁纵向差异沉降值减小，故将其分步沉降预测值归零。

由表2可知，盾构进入第②阶段后既有桥梁纵向差异沉降迅速增大，其中第8施工步和第9施工步所引起的既有桥梁纵向差异沉降值最大，分别占总沉降值的26.93%和25.30%。因此，在施工中应该严格控制该施工步所引起的既有桥梁沉降值。

（3）施工中的监测和反馈控制

采用之前优化后的盾构关键参数，并经过试验段的参数匹配与调整后，方可进行盾构隧道穿越既有桥梁的掘进施工。

在穿越施工过程中，应该采取主动化监测和人工监测相结合的技术对既有桥梁的变位进行适时监测，并将监测结果与分级控制标准进行对比分析。

在实际盾构掘进施工过程中，既有桥梁沉降并未超过其分级控制标准，穿越施工顺利进行。

3.3　施工后的长期监测

穿越施工后，由于地层变形传递的时空效应及施工中不确定因素的影响，既有桥梁的沉降仍有可能继续发展，因此需要在穿越后对既有桥梁沉降进行长期监测，监测结果如图11所示。

为了对盾构隧道穿越施工的精细化控制结果进行分析评价，根据穿越施工过程中盾构与既有桥梁的位置关系，将东幅桥2、3轴纵向差异沉降历时曲线的预测结果和实测结果进行归一化处理，处理结果如图12所示。

由上图可知,既有东幅桥2、3轴纵向差异沉的预测结果和实测结果基本吻合。同时,穿越施工完成后,既有东幅桥2轴位置梁体最大沉降为10.6mm,横向差异沉降为0.4mm,也都未超过相应的控制标准。因此,可以判定采用本文所采用的精细化控制方法能够很好确保盾构隧道穿越既有桥梁的施工安全,方法安全可靠、有效。

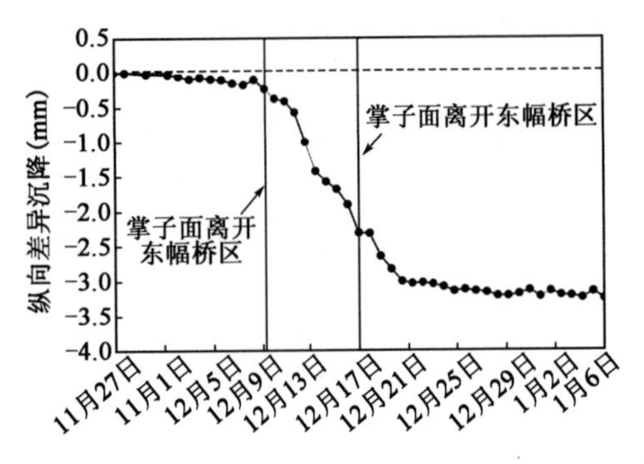

图11 东幅桥2、3轴纵向差异沉降历时曲线(实测值)

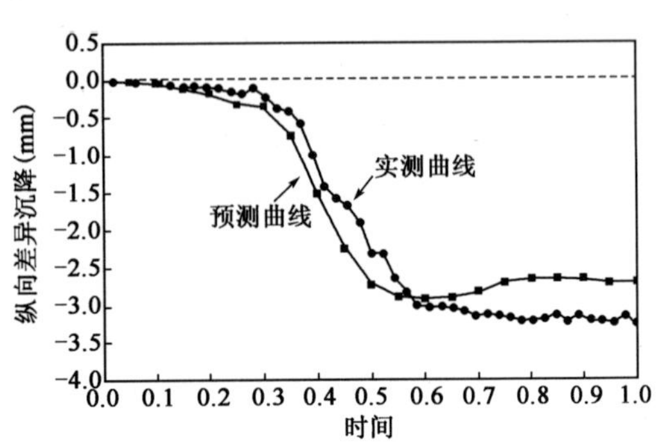

图12 既有东幅桥2、3轴纵向差异沉降归一化历时曲线

4 结语

基于既有研究成果,本文提出了盾构隧道穿越既有桥梁的精细化控制方法,该方法包含施工前的方案确定、施工中的反馈控制和施工后的长期监测三部分内容。并将其应用到北京市南水北调东干渠隧道穿越既有桥梁的施工过程中,确保了穿越施工的顺利进行,可为后续施工提供借鉴和参考。

参考文献

[1] 苏洁,张顶立,牛晓凯. 地铁浅埋暗挖法穿越既有桥梁施工变形控制[J]. 北京工业大学学报, 2009, 35(5): 611-619.

[2] 赵江涛. 城市暗挖隧道穿越既有桥梁的安全控制[D]. 北京:北京交通大学,2015.

[3] 郭玉海,李兴高. 大直径盾构下穿北京机场快轨高架桥梁的安全控制技术[J]. 北京交通大学学报, 2014, 38(1): 13-18.

[4] 张海彦,何平,胡友刚,等. 盾构隧道穿越既有混凝土桥梁结构的风险控制指标[J]. 中国铁道科学, 2014, 35(3): 47-51.

[5] 付静. 地铁盾构侧穿桥桩基施工技术[J]. 石家庄铁道学院学报(自然科学版), 2009,22(4): 95-99.

[6] 孙洋,陈建平,余莉,等. 浅埋偏压隧道软岩大变形机理及施工控制分析[J]. 现代隧道技术, 2013,50(5): 169-174.

[7] 李冀伟. 地铁隧道盾构下穿对既有隧道的影响研究[D]. 西安:西安科技大学, 2012.

雨水隧道近距下穿装配式挡墙变形数值模拟与监测分析

解晓忱[1]　崔晓青[2]　张　晗[2]

（1.北京城建集团有限责任公司土木工程总承包部　2.北京市市政工程研究院）

摘　要　雨水系统作为城市防洪的命脉，在城市无限扩张的驱使下，原有系统已不能满足抗洪需求，由于北京市区建筑林立已接近饱和、地下管线情况甚为复杂，大多情况下采用传统的明挖方式修建大型雨水系统难度很大，故地下大型空间的开发技术显得格外重要，但在实施过程中会涉及很多的下穿和邻近道路、桥梁、建筑、地铁、铁路等的情况，构建严谨的建设体系与评测机制才能够有效地控制周边的各项风险源。本文通过 2012 年至 2016 年北京市第一、二、三期桥区积水治理工程中的典型工程案例，阐述了实践中的风控运行体系。

关键词　近距　双独洞平顶隧道　装配式挡墙　挡墙加固　数值模拟　监测分析

1　前言

在北京城区雨水泵站系统升级改造及雨洪控制利用三年工作计划中，我集团先后参与桥区积水治理工程建设 40 余项，大断面雨水调蓄池共计 33 项，累计蓄水量约 13.3 万 m^3，其中明挖调蓄池 10 座，蓄水量约 6.4 万 m^3；大管径顶进调蓄池 1 座，蓄水量约 0.2 万 m^3；暗挖调蓄池 22 座，蓄水量约 6.7 万 m^3。雨水管线升级改造 39km，其中明开挖管线 15km，浅埋暗挖及顶管 6km，其余 18km 为管道紫外固化及翻转内衬修复工艺。通过改造实现了“海绵桥区”的初期概念。

由于桥区周边环境较为复杂，在建设过程中，涉及大量的近邻及穿越桥区、道路及挡墙、铁路、地铁、市政管线、民房的问题，其中涉及穿越三环、四环、五环等高等级道路 21 处，穿越高挡墙 8 处，邻近高挡墙 16 处，穿越民房 2 处，穿越地铁与铁路路基 3 处。

目前，地下穿越对既有建筑（构）物的影响主要利用穿越工程初步方案为背景，通过有限元系统建立数值计算模拟穿越过程[1]，从而研究其对被穿越建筑（构）物的影响。本文以雨水隧道近距下穿装配式高挡墙工程为基础，通过变形数值模拟与监测分析，研究近距下穿对既有高挡墙的影响[2]。

2　工程简介

2.1　新建工程概况

某桥区积水治理工程是一项雨水综合升级改造工程，通过对桥区范围内的收水、抽水、退水、蓄水系统的全面升级，实现设计标准，平面图如图 1 所示。

新建一体式雨水收集方沟内径 1.5m×1.5m，通过新建一条雨水收水隧道将方沟内雨水引入泵站。雨水隧道标准断面为马蹄形，采用浅埋暗挖工法，内径为 2.2m×2m，如图 2 所示。由于采用标准断面下会进入现况挡墙基础，故在穿越挡墙段将断面变换为 1.5m×1.5m 双洞平顶直墙形式，如图 3 所示。

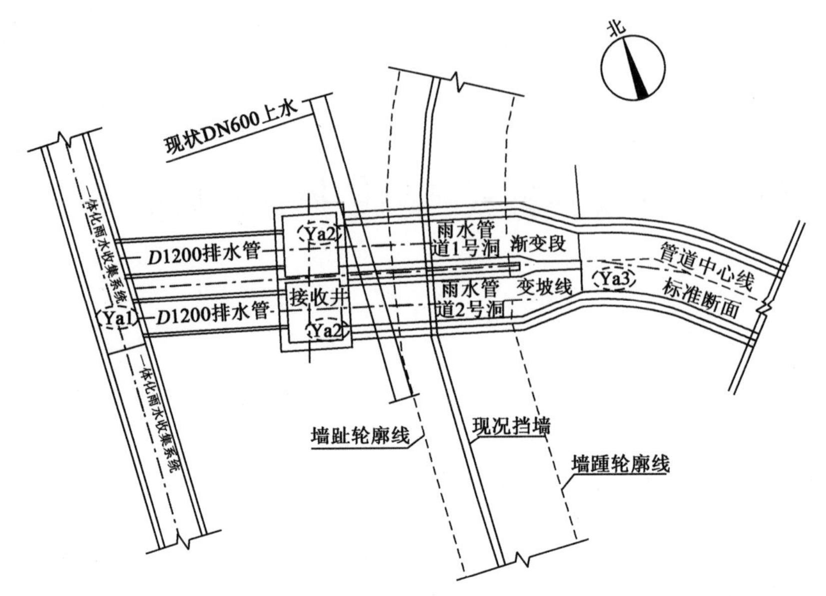

图1　雨水隧道平面图

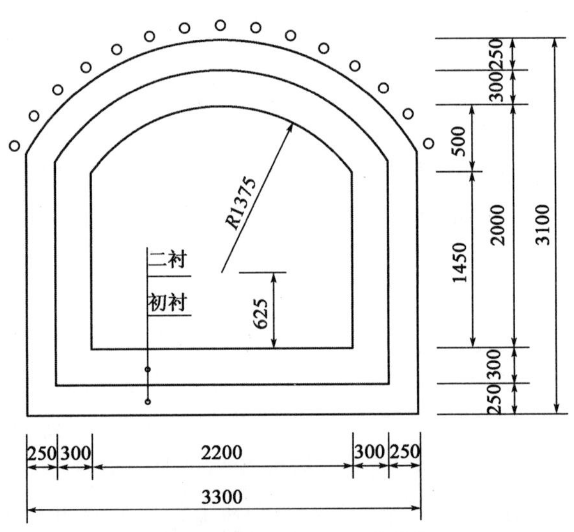

图2　雨水隧道标准断面图(尺寸单位:mm)

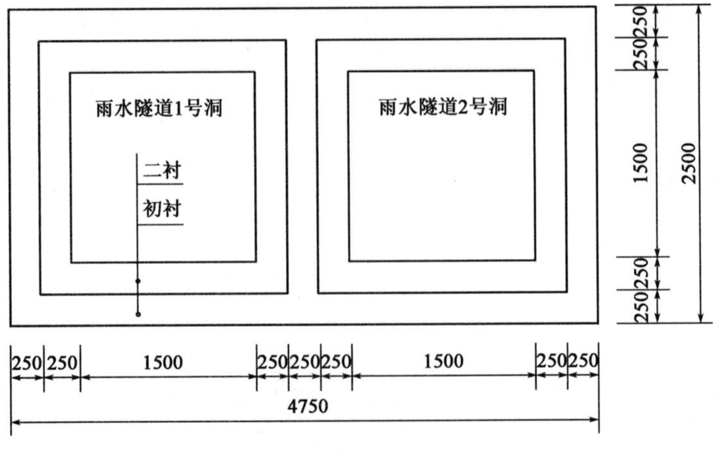

图3　雨水隧道变换双洞平顶直墙断面图(尺寸单位:mm)

2.2　既有装配式挡墙概况

该挡墙面板为预制扶臂式，基础为现浇，如图 4 所示。

穿越范围墙高 6.7m，板厚 25cm，板宽 1.98m，采用 C30 混凝土；墙顶预留混凝土现浇段，其上现浇地袱与栏杆连接；挡墙基础采用 C25 混凝土现浇，基底设置凸榫，在基础上缘及挡土墙趾板底部设置受拉钢筋；预制扶壁式挡墙板栽入基础杯口内，同时将基础内预埋钢板与墙面板钢板进行焊接。

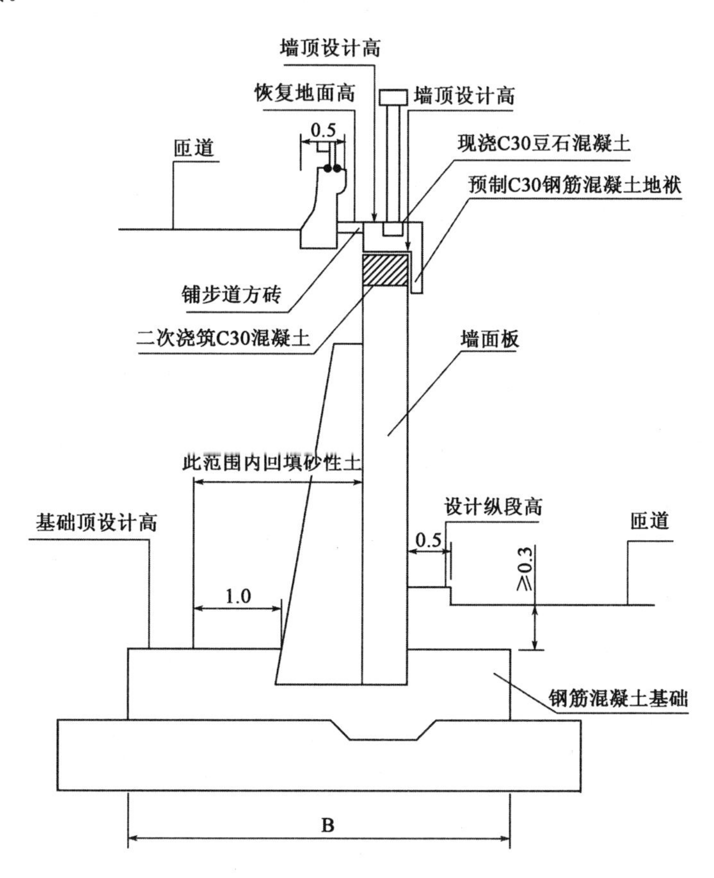

图 4　装配式挡墙结构图(尺寸单位:m)

2.3　雨水隧道与挡墙位置关系

雨水隧道墙前覆土深度为 1.95m，墙后覆土深度为 7.16m。按照标准断面计算将进入挡墙混凝土基础约 0.72m，优化后的平顶双洞断面顶面进入挡墙水稳垫层约 0.28m，未影响到挡墙混凝土基础，但隧道顶面与凸榫密贴，距混凝土基础底面仅为 0.16m，对挡土墙的结构稳定会造成较大影响，如图 5 所示。

2.4　采取的穿越防护措施

(1)装配式挡墙加固

对双独洞平顶隧道 45°影响范围内的挡墙板采用 5 道复合钢腰梁进行预先加固，其中高强度连接钢板 3 道、预应力锚索 2 道，挡墙基础底部 1.2m×1m 范围内进行地面预注浆加固，旨在控制开挖过程造成挡墙的不均匀沉降及倾覆，如图 6 所示。

(2)穿越步序控制

双洞断面采用超前深孔注浆加固；穿越挡墙部位隧道进行密排格栅加强；先穿越 1 个断

面，待二次衬砌完成后再进行另一个断面的穿越，导洞开挖采用全断面开挖预留核心土，如图7所示。

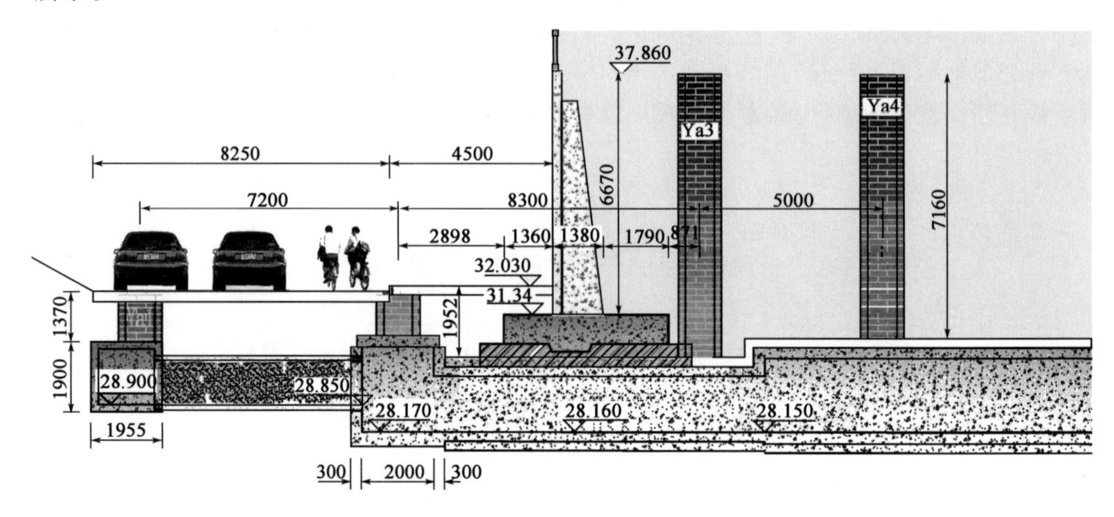

图5 雨水隧道与装配式挡墙位置关系剖面图(尺寸单位:mm;高程单位:m)

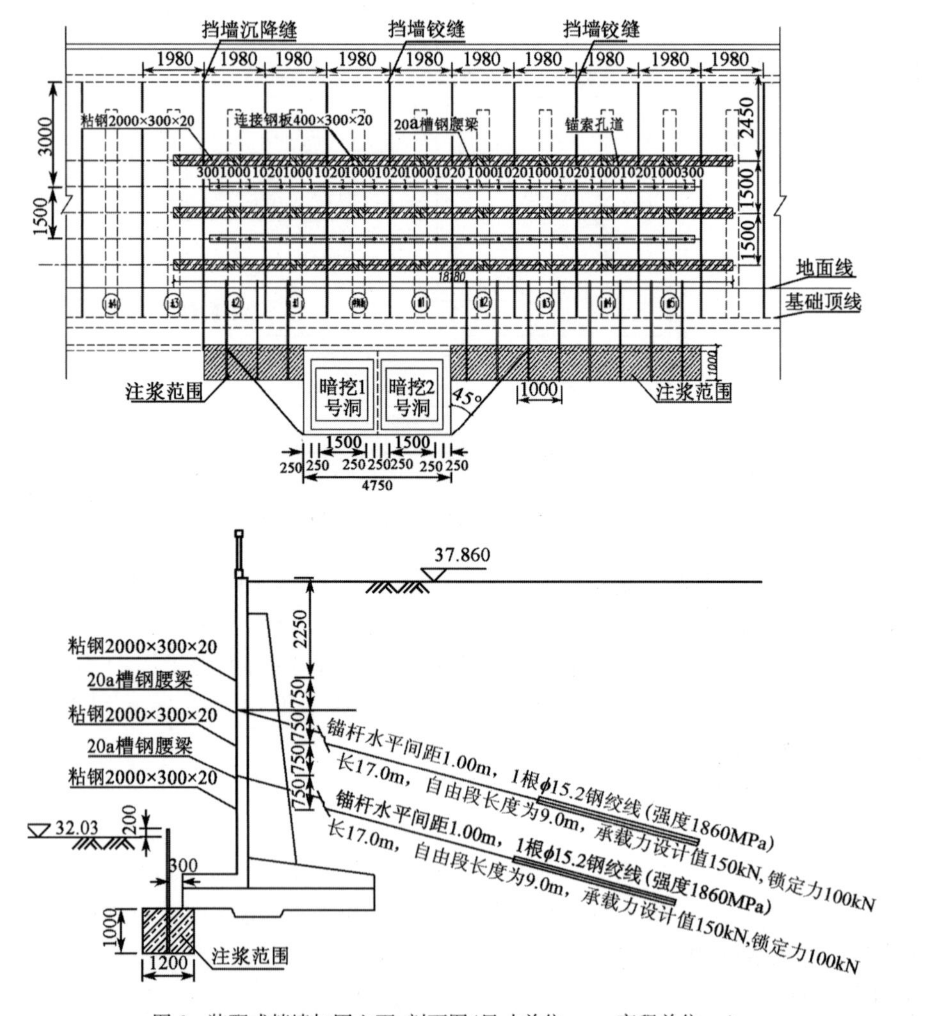

图6 装配式挡墙加固立面、剖面图(尺寸单位:mm;高程单位:m)

3 数值模拟计算分析

3.1 计算模型

本次通过采用 FLAC 3D 建立全过程三维模型，根据暗挖雨水隧道对装配式高挡墙的影响，考虑施工过程中产生的空间效应，计算模型长×宽取 30m×20m，自挡墙基础底面至挡墙板顶面作为考察范围。重点考察装配式高挡墙由于近距下穿施工产生的变形及受力情况。

3.2 施工工况

根据穿越步序，在数值模拟计算时分为 12 个阶段，每个雨水隧道均分为 6 个阶段（图 7）。第 1 阶段：暗挖进入影响区域；第 2 阶段：进入挡墙区域，开挖长度 2.28m；第 3 阶段：进入凸榫区域，开挖长度 3.13m；第 4 阶段：离开挡墙区域，开挖长度 2.23m；第 5 阶段：进入接收井，开挖长度 1.2m；第 6 阶段：完成二次衬砌施工。

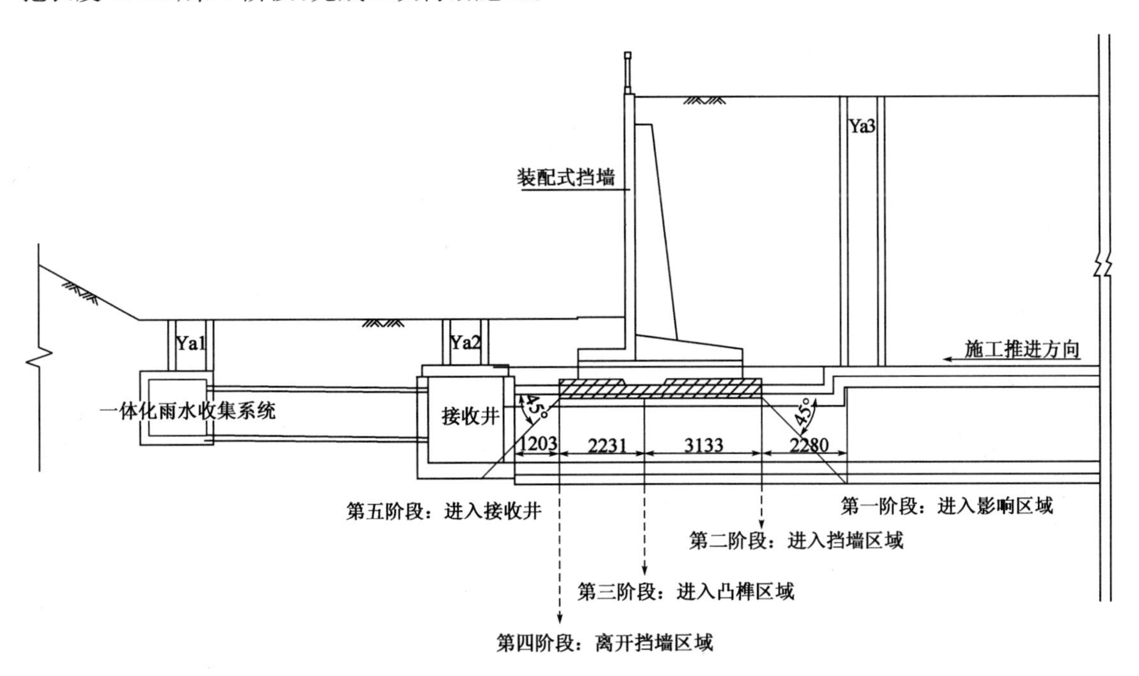

图 7　施工工况的阶段分解（尺寸单位：mm）

3.3 计算结果

（1）通过对连续的 12 个施工阶段的数值模拟分析，可以得到如下结论：

模拟分析的前提条件为对装配式挡墙进行预先加固、隧道开挖后及时支护，经运算挡墙最大沉降值为 4mm，挡墙新增最大倾斜率为 0.04%，小于原设计单位提供的 10mm 沉降值和 0.1%新增倾斜率的控制指标。

（2）挡墙的沉降速率在第 2 至 3 阶段最大，即开始进入挡墙至凸榫位置，这一部分产生的沉降值可以占到累计值的 70%左右。

（3）雨水隧道 1 号洞所产生的挡墙沉降值和新增倾斜率均高于 2 号洞。原因为 1 号洞二次衬砌成型后，对 1 号洞的开挖形成了有效的超前支护效应。

4 监测数据分析

由于地层参数的复杂性、多变性、离散性及施工过程存在一定的变异性[3]，导致数值模拟分析不能够精确地计算出施工产生的影响数据，需要通过布设监测点加强对周边环境的监测环节，但数据模拟分析产生的各阶段趋势性结论可以对施工的风控措施选择提供重要的依据。

通过对各工况阶段的及时和准确的监测工作，可以有效控制风险的发生概率，同时可以对数值模拟趋势性分析的准确性进行有效的验证。

该工程为雨水隧道近距下穿装配式高挡墙，通过施工过程中的监测及后期数据整理分析，沉降值及倾斜率均未超过数值模拟分析值，按阶段划分的趋势性曲线与模拟分析曲线变化一致，验证了模拟数值分析的可操作性。

5 结语

(1)近距穿越高挡墙采取挡墙加固及断面变换顺次穿越技术，有效地控制了风险源。

(2)穿越过程中挡墙的沉降值在第 2 至 3 阶段最大，此阶段是风险防控是至关重要。

(3)雨水隧道 1 号洞所产生的挡墙沉降值和新增倾斜率均高于 2 号洞；原因为 1 号洞二次衬砌成型后，对 1 号洞的开挖形成了有效的超前支护效应。

(4)通过施工过程中的监测分析验证了数值模拟分析趋势的准确性。

通过制定加固措施、分阶段的全过程数值模拟分析、实施过程中的监测分析、完工的后评估分析，构建了完备的雨水隧道近距下穿装配式高挡墙风控体系，为类似工程提供了一定的借鉴作用。

参考文献

[1] 刘波，韩彦辉. FLAC 原理、实例与应用指南[M]. 北京：人民交通出版社，2005.

[2] 张学富，罗智，丁燕平，等. 隧道穿越空箱挡墙桩基础的施工方案研究[J]. 重庆建筑，2010，09(9)：33-36.

[3] 张顶立，李倩倩，房倩，等. 隧道施工影响下城市复杂地层的变形机制及预测方法[J]. 岩土力学与工程学报，2014，33(12)：2504-2516.

市政隧道下穿既有桥梁施工数值模拟分析

张　晗　牛晓凯　崔晓青　李东海　赵江涛　姚旭飞

（北京市市政工程研究院）

摘　要　由于目前的施工监测、加固技术、施工条件所限，暗挖隧道开挖对土体中的桩基的研究与处理并没有太多行之有效的措施，并且对施工对土体中桩基的影响研究不足，同时施工之前应对既有施工措施对上部道路的影响进行预测分析。本文从数值模拟的角度，主要分析了在保证既有施工措施条件下，暗挖施工对道路沉降的影响及施工对既有桥桩基的水平位移（倾斜）的影响分析[1]。探讨既有施工措施对本工程施工安全的影响，从而为基坑的施工提供参考。

关键词　暗挖施工　桥梁桩基　数值模拟

1　工程概况

本工程穿越南三环路段污水管与再生水管采用双洞浅埋暗挖工法施工，穿越南三环路暗挖隧道初衬顶高程为 37.663～37.711m，现南三环路辅路高程 43.70m，隧道顶覆土厚度为 5.99～6.04m。

在三环路南北两侧各设置一座工作竖井，北侧竖井距离道路北红线 65m，南侧竖井距离道路南红线 72m，竖井的施工均位于对道路与万柳桥的影响范围以外。

暗挖隧道依次穿越现南三环路南侧步道、南侧辅路，三环主路万柳桥东侧桥台与万柳桥桥墩之间掉头车道、北侧辅路、北侧人行步道、北侧绿化带等，穿越长度 80m，隧道从万柳桥最东侧桥跨中穿过，结构距现桥桩分别为西侧 6.1m 和东侧 3.1m。

2　施工方案

暗挖隧道采用断面尺寸为 3200mm×2600mm 双孔隧道并行布置。复合初砌双孔隧道断面为直墙、圆拱，平底板，单孔净宽 2.60m，起拱线高 1.40m，矢高 1.20m。

复合初砌隧道结构为：喷射混凝土＋网构钢架＋钢筋网支护＋防水膜＋现浇钢筋混凝土，初期支护厚度为 0.3m，二次衬砌厚度为 0.35m。隧道初衬钢架间距 0.5m。钢榀架之间由 ϕ22 纵向连接筋焊接，要求连接筋沿钢榀架内、外主筋内侧环向 1m 交错布置，连接筋搭接不小于 200mm，连接筋使用 E50 焊条焊接。榀架内外焊接 ϕ6.5@100×100 钢筋网片，网片搭接 100mm，采用 E50 焊条焊接。上部拱架底端每侧设置 2 根 ϕ42×3.25m 锁脚锚杆，$L=2.5$m。

注浆范围及尺寸断面图如图 1 所示，暗挖施工与上部道路和桥梁的相对位置关系如图 2 所示。

3　模型的建立

采用数值计算软件 FLAC 3D 对暗挖隧道穿越既有南三环道路进行三维全过程施工模拟。综合分析隧道施工对路面变形的影响规律，对施工引起的路面沉降进行预测。

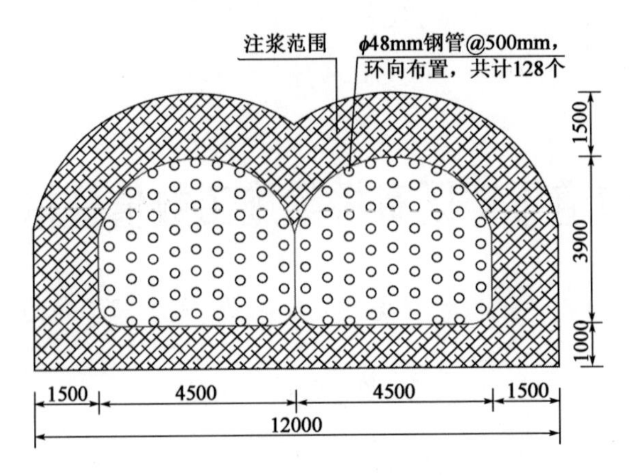

图1　暗挖施工横断面及注浆尺寸图(尺寸单位:mm)

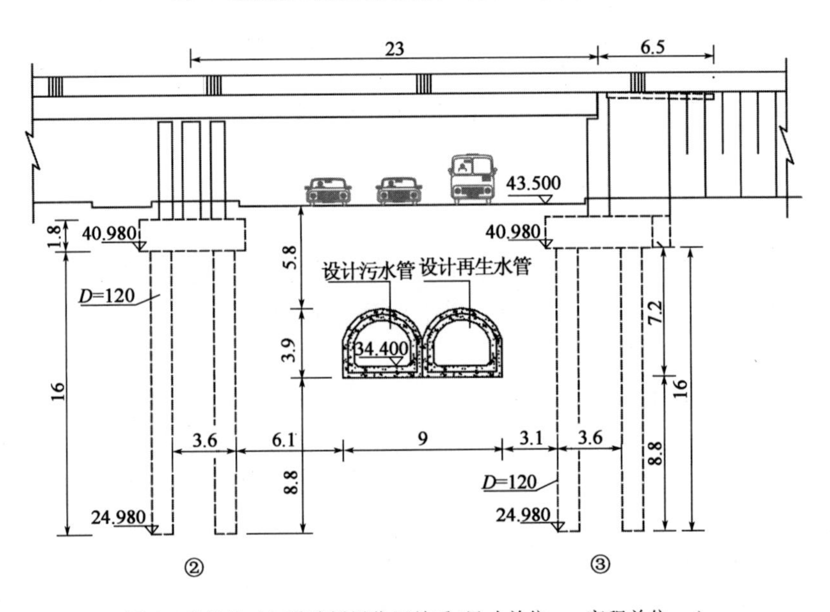

图2　暗挖施工与道路桥梁位置关系(尺寸单位:m;高程单位:m)

计算中采用不同的本构模型模拟不同的材料，对于混凝土材料以及沥青路面应用线弹性模型，而各层土体采用莫尔—库仑(M-C)模型。各地层参数按照地勘报告给出的数据选取，根据模型计算需要，将上述土层简化为以下几层，如表1所示[2]。

材料参数表　　表1

编号	材料名称	重度(kN/m³)	弹性模量(MPa)	泊松比	黏聚力(kPa)	内摩擦角(°)
1	杂填土	17.0	9.92	0.30	0	10
2	粉土	19.1	17.56	0.29	18.1	29
3	粉质黏土	19.6	13.84	0.30	36.9	15.8
4	黏土	18.7	12.12	0.30	20	15
5	砂卵石	21.1	40	0.25	0	28
6	初期支护	24.0	17500	0.22	—	—
7	二次衬砌	25.0	32500	0.20	—	—

根据圣维南原理和实际需要，暗挖隧道下穿南三环主辅路路的计算模型尺寸 150m×80m×30m(长×宽×高)，模型共划分实体单元(zone)56310 个，节点(grid-points)4172 个。建立的三维模型如图 3 所示，工程施工与道路、桥梁的位置关系模型如图 4、图 5 所示。

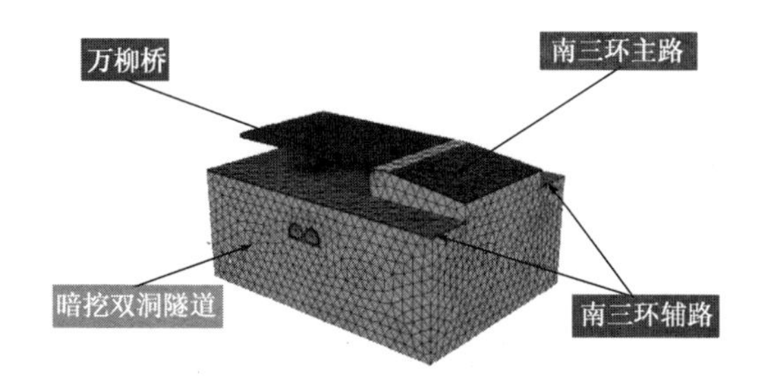

图 3　暗挖施工三维数值模型

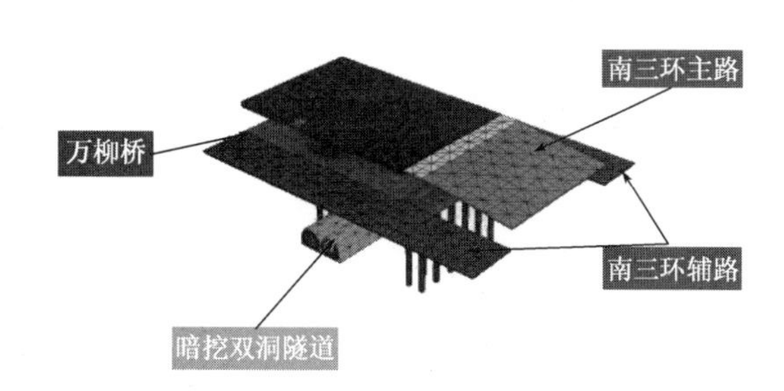

图 4　暗挖隧道与桥梁的位置关系

4　计算结果分析

根据前述施工影响范围知，本次施工的主要影响南三环主辅路、万柳桥，根据施工方案可知：首先进行西侧污水隧道开挖，待穿越三环路隧道贯通后，再进行再生水隧道的开挖。

对不同施工段进行模拟分析，并考虑了注浆加固措施，可以得到计算云图及结论如下。当污水隧道贯通南三环主辅路时，南三环主辅路与万柳桥竖向沉降云图如图 6 所示，万柳桥南北向位移影响云图如图 7 所示。

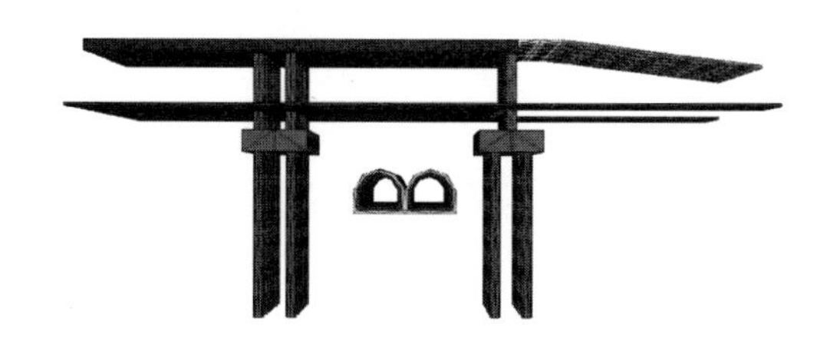

图 5　暗挖隧道与桥梁的位置关系

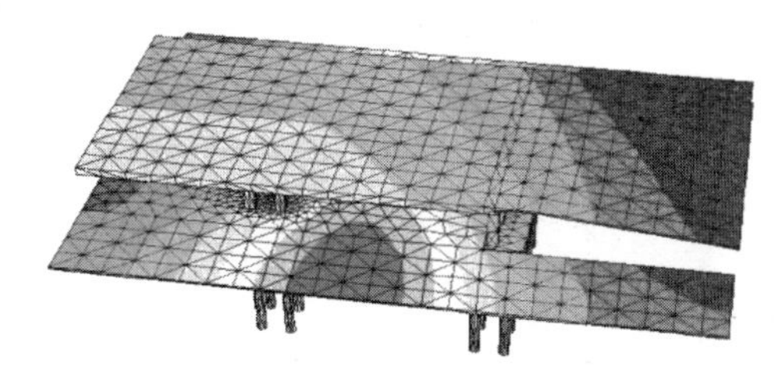

图 6　污水隧道开挖完成后南三环路与万柳桥竖向沉降云图

当再生水隧道贯通南三环主辅路时，南三环主辅路与万柳桥竖向沉降云图如图 8 所示，万柳桥南北向位移影响云图如图 9 所示。

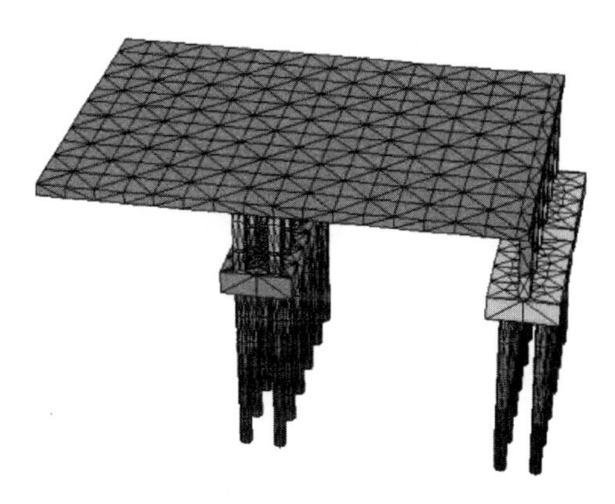

图 7　污水隧道开挖完成后万柳桥桩基南北向位移云图

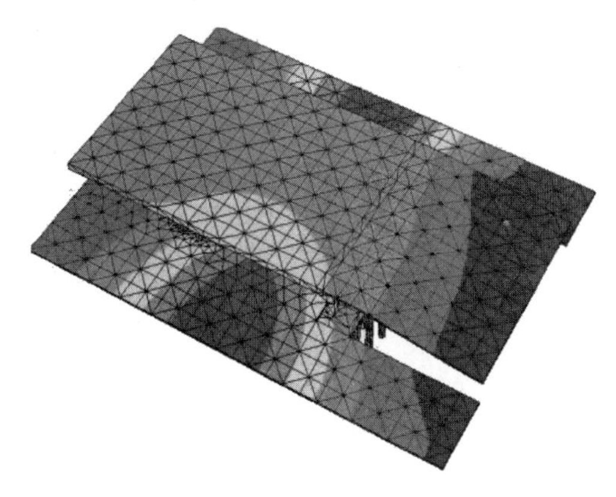

图 8　再生水隧道开挖完成后南三环路与万柳桥竖向沉降云图

由以上分析可以看出，当污水隧道贯通完成后，污水隧道完成后南三环路路面最大沉降为7.8mm；万柳桥桩基南北向最大倾斜斜率为0.02%，如图6、图7所示。

当再生水隧道贯通完成后，南三环路与桥下道路路面最大沉降为22.8mm，万柳桥单墩最大沉降为3.2mm，桥台沉降2.1mm；万柳桥东西向最大倾斜斜率为0.05%，如图8、图9所示。

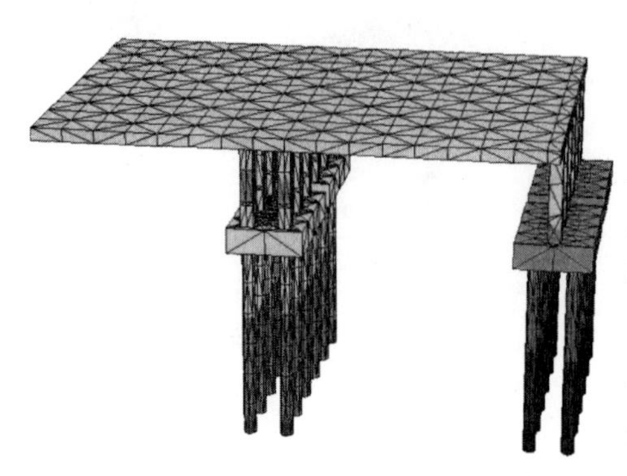

图9 再生水隧道开挖完成后万柳桥桩基东西向位移云图

5 结语

本文以北京市丰台区再生水及污水管道暗挖施工下穿南三环道路及桥梁为例，采用有限元数值仿真模拟暗挖施工对南三环道路与桥梁的影响进行了研究，利用FLAC软件对于不同暗挖施工阶段进行了数值模拟[3]。主要分析了在保证既有施工措施条件下对南三环道路理想状态下施工影响，主要研究结论如下：

(1)当污水隧道贯通完成后，污水隧道完成后南三环路路面最大沉降为7.8mm；万柳桥桩基南北向最大倾斜斜率为0.02%，由于考虑了注浆的施工措施，因此施工完成后地表沉降较小，桥桩基倾斜较小，虽然污水隧道距离西侧桩基较近，但由于东侧桥台桩基受到东侧土压力的作用，在卸荷条件下东侧桩基的水平位移相对较大。

(2)当再生水隧道贯通完成后，南三环路与桥下道路路面最大沉降为22.8mm，万柳桥东西向最大倾斜斜率为0.05%，由于两次施工对道路的沉降有一定的叠加影响，因此道路沉降较大，同时隧道施工完成后，东侧桥台桩基西侧土体卸荷作用更加明显，因此东侧桥台桩基的水平位移变化较大。

参考文献

[1] 王君，丁春林，张亚龙，等.大断面浅埋隧道开挖施工技术及其数值模拟[J].施工技术，2014，12(43)：120-123.

[2] 潘昌实.隧道力学数值方法[M].北京：中国铁道出版社，1995.

[3] 韩现民，孙明磊，李文江，等.复杂条件下隧道断面形状和支护参数优化[J].岩土力学，2011(S1)：725-731.

富水中风化泥岩盾构隧道管环上浮原因分析及控制措施

邓森林

（中铁隆工程集团有限公司）

摘　要　目前我国在地铁施工中，区间工程多数采用盾构法施工。在盾构施工中，根据不同的地质情况，或多或少会出现管环上浮现象，特别是围岩自稳性较好地层。本文主要结合成都地铁4号线二期工程沙河站～万年场站区间展开讨论，提出相应的管环上浮原因及管环上浮的控制措施。

关键词　盾构施工　管环上浮　原因分析　控制措施

1　工程概况

成都地铁4号线二期东延线4标沙河站盾构始发井～万年场站工程位于成华区境内，隧道内径5400mm，隧道外径6000mm，管片厚度300mm，管片宽度有1500mm和1200mm两种。楔形量为38mm，在小于400mm转弯半径时采用1200mm幅宽管片。该工程采用海瑞克复合式盾构机掘进施工，该盾构机直径6250mm，开挖直径为6280mm。

隧道洞身主要穿越全断面中风化泥岩，紫红色，泥质结构，泥、钙质胶结，中～厚层状构造，风化裂隙较发育，岩质软，锤击声哑，局部夹砂质泥岩。岩芯多呈短柱状，少量长柱状。该层顶板埋深12.0～24.3m。根据室内试验：天然密度ρ=2.16～2.53g/cm^3，天然含水率w=5.9%～13.4%，天然抗压强度3.3～14.4MPa，饱和吸水率8.5%～13.8%，膨胀力9～40kPa，自由膨胀率14%～30%。岩石坚硬程度分类为极软岩～软岩，岩体基本质量等级分类为Ⅳ。

地下水主要有三种类型：一是赋存于黏土层之上的上层滞水，二是赋存于第四系黏土夹卵石、卵石土层中的孔隙潜水，三是基岩裂隙水（基岩溶孔溶隙裂隙潜水）。

由于泥岩的构造裂隙和风化作用，长期以来形成网络状的构造和风化裂隙，泥岩内的石膏溶蚀后形成孔洞和溶隙，为地下水的补给、储集、径流创造了良好的通道和空间，形成风化带含水层。

由于工程项目距离沙河较近，施工线路距离沙河为35～40m，沙河河宽为20.0～30.0m，沙河水深0.6～1m。经本次勘测，测得河床高程为493.97～494.49m。沙河流经市区段落，已受到人为改造，河床深度、流量以及水位等均已受到人为控制。根据区域水文地质资料，泥岩渗透系数一般为0.027～2.01m/d，平均为0.44m/d，具弱透水性（经现场与地勘设计对接，该处应为强透水性地层，详勘资料数据存在偏差）。但该含水层地下水富集，规律性较差，在一定条件下局部地段可形成富水块段，储藏有一定量的裂隙水，对隧道开挖有一定影响。

2 盾构施工情况

2.1 成型隧道管片姿态测量情况

2015 年 3 月 3 日，沙河站(中间风井)—万年场站区间施工至 11 环时进行管片姿态测量，水平偏差最大为−46mm(第 1 环)，垂直偏差最大 48mm(第 8 环)。3 月 5 日掘进至 22 环，又对管片姿态进行了测量，发现管片出现较大上浮，垂直偏差最大 75mm(第 9 环)。立即停止掘进进行二次注浆，经二次注浆后，于 2015 年 3 月 7 日凌晨 1 点再对管片姿态进行了测量，垂直偏差平均下降约 8mm，偏差最大值为 68mm(第 9 环)。2015 年 3 月 8 日掘进至 30 环后再次进行了管片姿态测量，3～18 环管片姿态变化较大，垂直姿态最大偏差 14.8cm(第 12 环)。

2.2 盾构掘进过程中盾构机姿态与盾尾间隙情况

该工程所采用的盾构机理论盾尾间隙为 75mm(上下左右)，开挖尺寸为 6280mm，管片外径 6000mm，内径 5400mm，长度 1500mm。

盾构机在掘进该段时盾构姿态及盾尾间隙情况如表 1 所示。

管片姿态及盾尾间隙(单位：mm)　　表 1

环号	盾构机掘进姿态		盾尾间隙					
	水平	竖向	上	下	上下差	左	右	左右差
1	−1	34	100	50	50	55	95	−40
2	−3	30	100	50	50	60	95	−35
3	3	26	100	50	50	60	95	−35
4	9	21	105	70	35	70	85	−15
5	4	19	95	75	20	73	73	0
6	−2	16	88	78	10	78	70	8
7	9	17	85	80	5	87	65	22
8	14	17	90	60	30	90	65	25
9	−6	19	60	95	−35	90	60	30
10	−6	21	45	105	−60	85	55	30
11	21	19	60	110	−50	85	60	25
12	11	17	50	115	−65	85	65	20
13	11	17	60	98	−38	80	70	10
14	−5	16	70	85	−15	75	75	0
15	−10	18	63	95	−32	75	75	0
16	13	18	65	105	−40	60	85	−25
17	23	20	60	105	−45	70	75	−5
18	20	19	70	95	−25	70	78	−8
19	30	17	75	90	−15	70	85	−15
20	33	21	75	90	−15	70	85	−15

2.3 同步注浆情况

盾构始发后在掘进第 3 环时开始同步注浆，每环理论注浆量为 5m³。因初始掘进阶段洞门尚未完成封堵，洞门渗漏，同步注浆有效注浆量小于实际注浆量，有效注浆量约为 4m³/环，待掘进至第 9 环时，洞门才完成整体封堵，同时同步注浆量增加至 6m³/环。

3 管片上浮原因分析

(1)管片拼装完成后，管片姿态应与盾构机姿态保持一致，从盾构掘进姿态看，管环轴线垂直偏差量应在＋20mm左右。从9～20环，由于盾尾间隙均为上部小、下部大，因此拼装完的管片实际竖向偏差量要比掘进姿态大40mm左右，即成型隧道竖向轴线偏差在60mm以上，部分偏差达到80mm。

(2)同步注浆量未能满足注浆要求，实际注入量低于理论注浆量，砂浆胶凝时间较长，未及时起到稳定管片的作用。始发洞门采用延伸钢环(长度50cm)，因此在掘进第3环时开始同步注浆，每环理论注浆量为5m³。因洞门渗漏，同步注浆有效注浆量小于实际注浆量。掘进第3环注浆量为10m³，有效注浆量约为5m³；第1环通过管片吊装孔注入5m³单液浆(补偿漏掉浆液)，有效注浆量约为3m³；掘进4～9环时同步注浆量均为5m³/环，有效注浆量约为3.5m³/环。为防止盾尾注浆管路堵塞及盾尾抱死，盾尾距第1环达到安全距离后开始二次注浆，在掘进第9环后(同步注浆部位至第6环与第7环尾部，盾尾包裹2.3环)，二次注浆至第3、第4环方完成洞门封堵。根据注浆情况统计，0环至第6环管片壁后注浆总量为48m³，有效注浆量约为34.8m³，平均每环约为5.3m³(34.8/7.5环＝4.6)。

(3)该区间隧道所穿越的地层均为富水中风化泥岩，裂隙发育，为强透水地层，在施工过程中通过管片开孔检查发现该地层水量较大，具有承压性，同步注浆浆液在地下水作用下，水泥、粉煤灰等细小颗粒随水沿裂隙渗走，砂沉积于隧道底形成上部空洞。该段为4.009‰上坡掘进，随着盾构推进，前面同步注浆浆液随水径向后窜，进一步造成空隙，随着地下水填满空隙，水压逐步增大，此时管片仅受水的压力作用。当管片拖出盾尾后就立即受水浮力的作用，按阿基米德原理计算每一环的浮力，浮力$F_{浮}=\rho_{液}gV_{排}=464kN$，每环管片自重约20t，故管片受向上的力为264kN，该区域上浮的管片为18环，受向上的力为4752kN，足以造成管环整体上浮。在施工过程中通过管片开孔放水时，地下水从管片吊装孔喷出最高2m水柱。

(4)在初次发现管片姿态出现上浮现象后，在施工过程中急于进行纠偏，竖直趋势过大，最大达到－8mm/m，这时盾构机姿态处于快速往下的趋势，在盾构机总推力、千斤顶油缸的压力下该段隧道形成了拱形，造成局部管片姿态竖向偏差增大，偏差量达到理论值最大量(140mm)。

4 管片上浮控制措施

4.1 盾构机盾尾间隙控制

在施工过程中合理使用盾构机推进油缸千斤顶，避免上下左右油压差及行程差过大，加强现场管片选型以及拼装质量，保证成型隧道的真圆度，将盾尾间隙上下左右4个点均控制在60～85mm之间。

4.2 注浆量、浆液质量及掘进速度控制

因该隧道处于富水中风化泥岩地层，围岩结构自稳性较好，但裂隙发育，在施工过程中的同步注浆浆液质量必须缩短胶凝时间及填充必须密实，避免造成成型管环上浮。每环的压浆量一般为建筑空隙的180％～200％，为5～5.5m³/环，实际操作中按6m³执行。采用可硬性浆液，浆液胶凝时间控制在5小时内，注浆压力不大于400kPa，在该地层中注浆点位及点位注浆量的注浆原则为上部注浆量及注浆压力大于下部注浆量及注浆压力，且在管片脱出盾尾倒数第3～4环采用水玻璃和水泥双液浆进行二次补浆，控制管片上浮。水泥浆水灰比1∶1，水

玻璃为40°Bé原液,水泥浆液∶水玻璃=10∶1;胶凝时间20s左右,注浆压力控制在500kPa以内,每隔5环一注并且形成环箍(止水环),有效地隔断后方水源。如在过程中发现注浆量不够,可通过两个止水环之间的管片进行及时二次补浆。

掘进速度的控制:因浆液胶凝时间为5h,盾构机盾尾可存储拼装完整管片2环,故在施工过程中掘进速度控制在2.5h左右完成一环的施工即可。

4.3 盾构机轴线控制

为了确保隧道轴线最终偏差控制在规范允许的范围内,盾构掘进时给隧道预留一定的偏移量。根据理论计算和盾构相关施工实践经验的综合分析,同时需考虑掘进区域所处的地层情况,在隧道掘进过程中,预设置盾构机姿态向下20~30mm,纠偏量不得大于4mm/m,施工线路的不同根据设计线路实际情况而定,严控管片选型的正确性及盾尾间隙。

4.4 管片姿态复测频率

根据施工情况不断调整成型隧道管片姿态测量频率,为了更好地掌握管片在富水风化泥岩中的管片上浮规律,加强管片姿态复测频率,最好每班一次且每次复测需将本次复测前10环也进行累计复测,为采取相应的控制措施及参数调整提供依据。

5 结语

通过上述一系列的控制措施,该区间从24环后未再出现管片上浮现象。

综上所述:在富水中风化泥岩地层中盾构施工时,因围岩自稳性较好,裂隙发育且有承压水情况,对盾构机的轴线控制及壁后注浆效果起着关键性作用,在施工过程中要定期对盾构机轴线、管片姿态进行测量复核以及壁后注浆浆液质量的开孔检查并及时进行二次注浆及多次注浆,保证管片与围岩之间的空隙填满。

参考文献

[1] 周文波.盾构法隧道施工技术及应用[M].北京:中国建筑工业出版社,2004.
[2] 竺维彬,鞠世健.复合地层中的盾构施工技术[M].北京:中国科学技术出版社,2006.
[3] 邓剑锋.地铁隧道施工期管片上浮原因及抗浮措施研究[J].城市轨道交通,2011.
[4] 陈仁朋,刘源,刘声向,等.盾构隧道管片施工期上浮特性[J].浙江大学学报,2014,6.

不同岩溶分布形态对隧道围岩稳定性的影响

李坤哲

（中铁隆工程集团有限公司）

摘　要　以铜锣山隧道为背景，结合工程地质特点，运用有限元软件，分别对拱顶、边墙的不同大小、不同距离的溶洞的隧道模型进行二维弹塑性分析，溶洞离隧道的距离对隧道围岩稳定性的影响分布于隧道周边。任何位置的溶洞，随着溶洞与隧道的距离的增加，对围岩稳定性的影响减小。针对本项目实际情况，当溶洞离隧道的距离大于6m时，溶洞对隧道围岩稳定性的影响很小。

关键词　岩溶　铁路隧道　围岩稳定性

21世纪，人类将大力开发地下空间。铁路和公路交通工程、水电工程、南水北调工程、各种矿山工程等都离不开大量隧道、隧洞的修建。由于隧洞、隧道处于地下各种复杂的水文地质岩体中，各类岩溶问题也成为隧道施工建设中最难处理的问题之一。

1　研究条件

本研究主要以铜锣山隧道为背景，结合工程地质特点，运用有限元软件，分别对拱顶、边墙、拱底的不同大小、不同距离的溶洞的隧道模型进行二维弹塑性分析，以此研究溶洞的存在对隧道周边典型关键点（图1，为表达方便特做以下规定：A点表示拱顶位置，B点表示拱腰位置，C点表示边墙位置，D点表示隧道底面中心点）稳定性的影响。

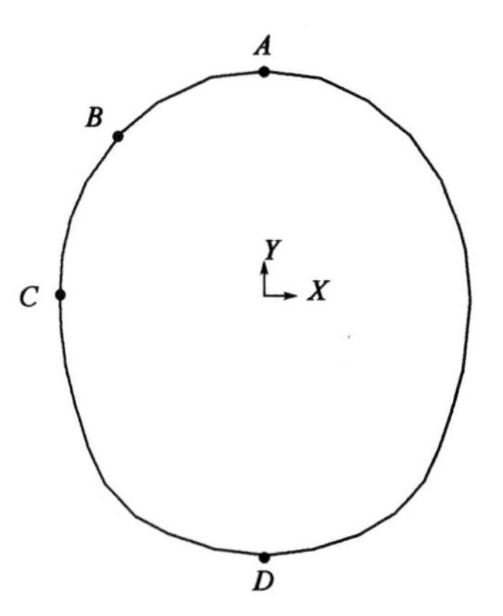

图1　隧道周边关键点

计算模型采用Ⅳ级围岩的力学参数，按平面应变问题考虑，以弹塑性Drucker-Prager准则为力学模型，采用ANSYS有限元分析软件中提供的单元“生”与“死”的处理功能模拟隧道的开挖过程。建模范围为垂直方向隧道到底部边界取为洞跨的5倍，隧道顶部至模型上部边界为80m，水平方向长度为洞跨的8倍。模型左、右和下部边界均施加法向约束，上部为自由边界。计算的物理力学参数如表1所示。

计算的物理力学参数　　表1

介质	弹性模量 E(GPa)	泊松比 μ	重度 γ(kN/m^3)	黏聚力 c(MPa)	内摩擦角 φ(°)
C25喷混凝土	29.5	0.15	25	2.42	54
Ⅳ级围岩	3.6	0.32	22	0.6	37

2 计算工况

为了弄清隧道顶部与侧部溶洞的大小和距离对围岩稳定性的影响，分别计算了位于隧道顶部上方与正侧部直径为 4～10m、距离 1～8m 的多个模型。计算工况见表 2，计算模型如图 2 所示。

计 算 工 况　　表 2

溶洞直径（m）	溶洞边缘至隧道拱顶（或边墙）的距离（m）	溶洞直径（m）	溶洞边缘至隧道拱顶（或边墙）的距离（m）
4	1、2、3、4、5、6、7、8	8	1、2、3、4、5、6、7、8
6	1、2、3、4、5、6、7、8	10	1、2、3、4、5、6、7、8

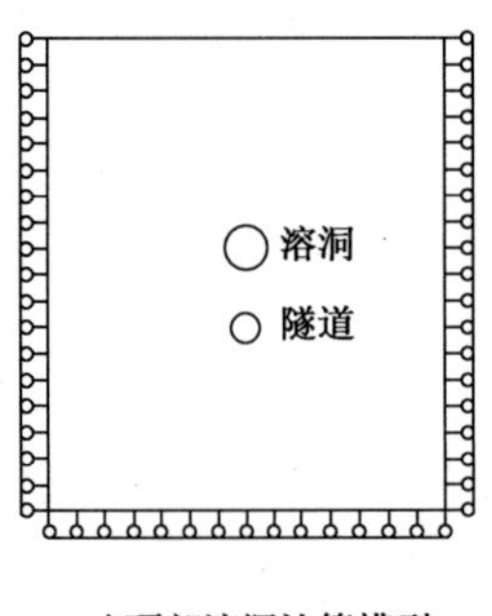

a）顶部溶洞计算模型

溶洞 隧道

b）正侧部溶洞计算模型

图 2　计算模型示意图

3 计算结果与分析

（1）当隧道无溶洞时，隧道开挖后各关键点位移见表 3。

各关键点位移表（mm）　　表 3

位移	关 键 点			
	A	B	C	D
竖向位移	−4.1	−2.5	−1.1	3.5
水平位移	0	0.23	0.4	0

（2）当隧道顶部有直径为 4m、6m、8m、10m 的溶洞存在时，开挖后隧道周边关键点位移随溶洞直径变化及溶洞到隧道顶部的距离的增大而发生变化。位移变化曲线如图 3 所示。

从图 3 可以看出，拱顶存在的溶洞对隧道周边围岩位移的影响如下：

①隧道顶部溶洞的存在对隧道关键点的竖向位移有较大影响，而对水平位移无影响。

②溶洞的存在，关键点 A、B、C 产生的竖向位移都比无溶洞时要大，而 D 点则正好相反。

③在溶洞到隧道顶部的距离不变的情况下，随着溶洞直径的增大，关键点 A、B、C、D 的位移都有减小的趋势。

④在溶洞直径保持不变的情况下，随着溶洞距离隧道顶部的增大，关键点 A、B、C 的竖向位移都有减小的趋势，而 D 点则相反。

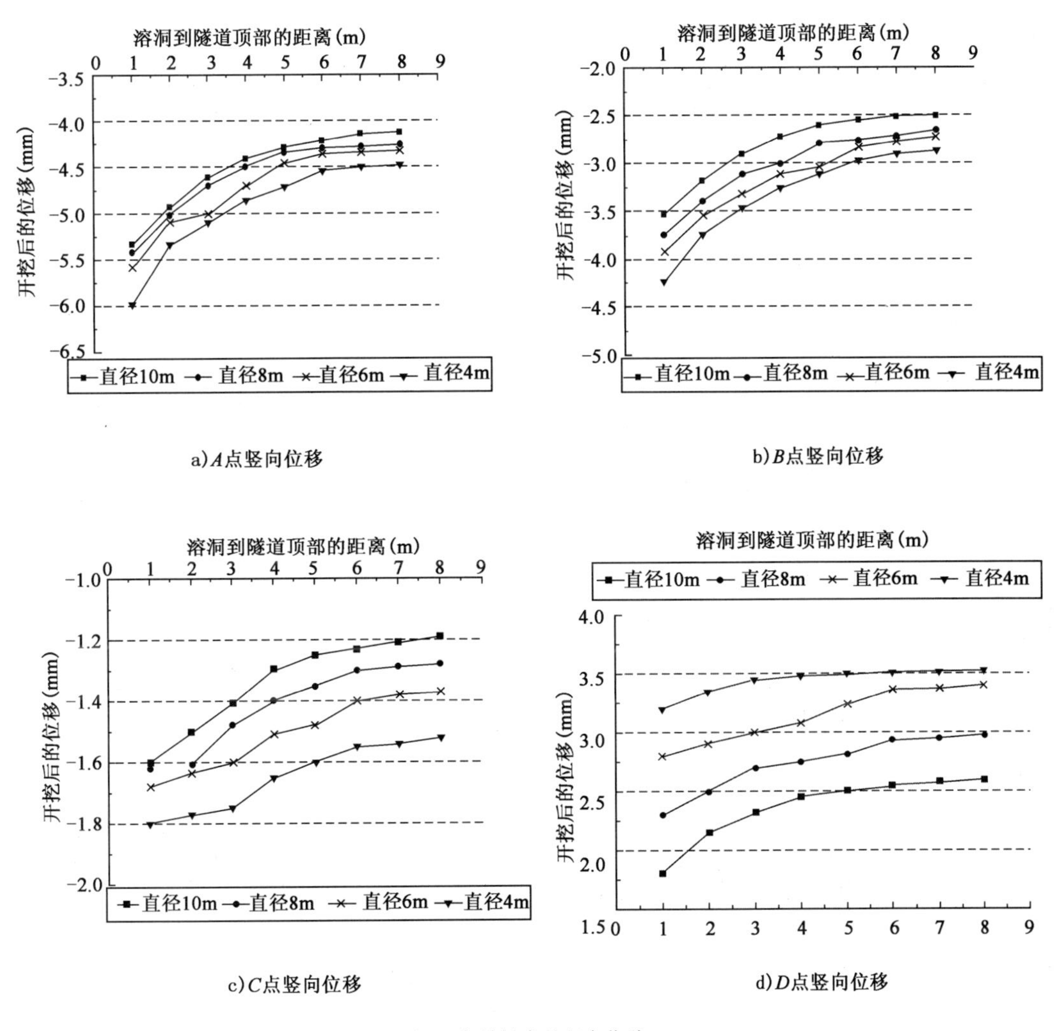

a)A点竖向位移　　b)B点竖向位移

c)C点竖向位移　　d)D点竖向位移

图3　各关键点的竖向位移

⑤当溶洞离隧道拱顶的距离超过6m时，溶洞的存在对隧道围岩稳定性的影响很小。

(3)当隧道边墙侧有直径为4m、6m、8m、10m的溶洞存在时，开挖后隧道周边关键点位移随溶洞直径变化及溶洞到隧道边墙侧的距离的增大而发生变化。位移变化曲线如图4所示。

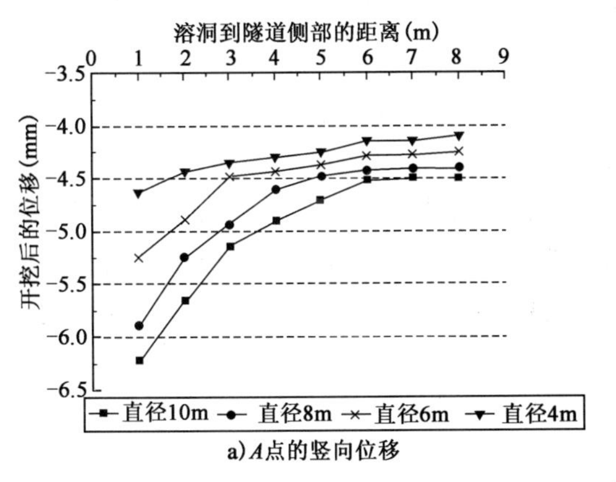

a)A点的竖向位移

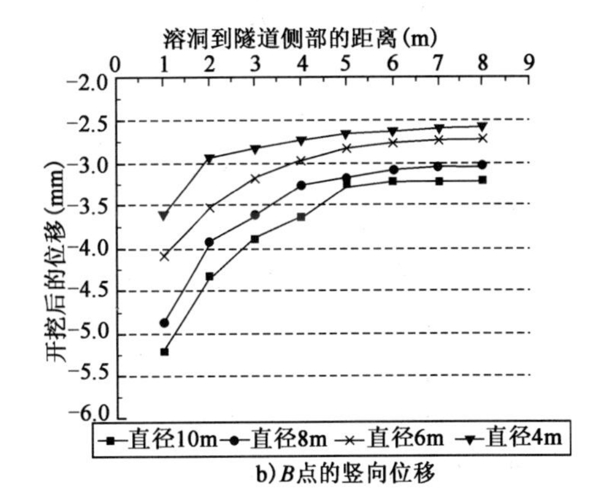

b)B点的竖向位移

图　4

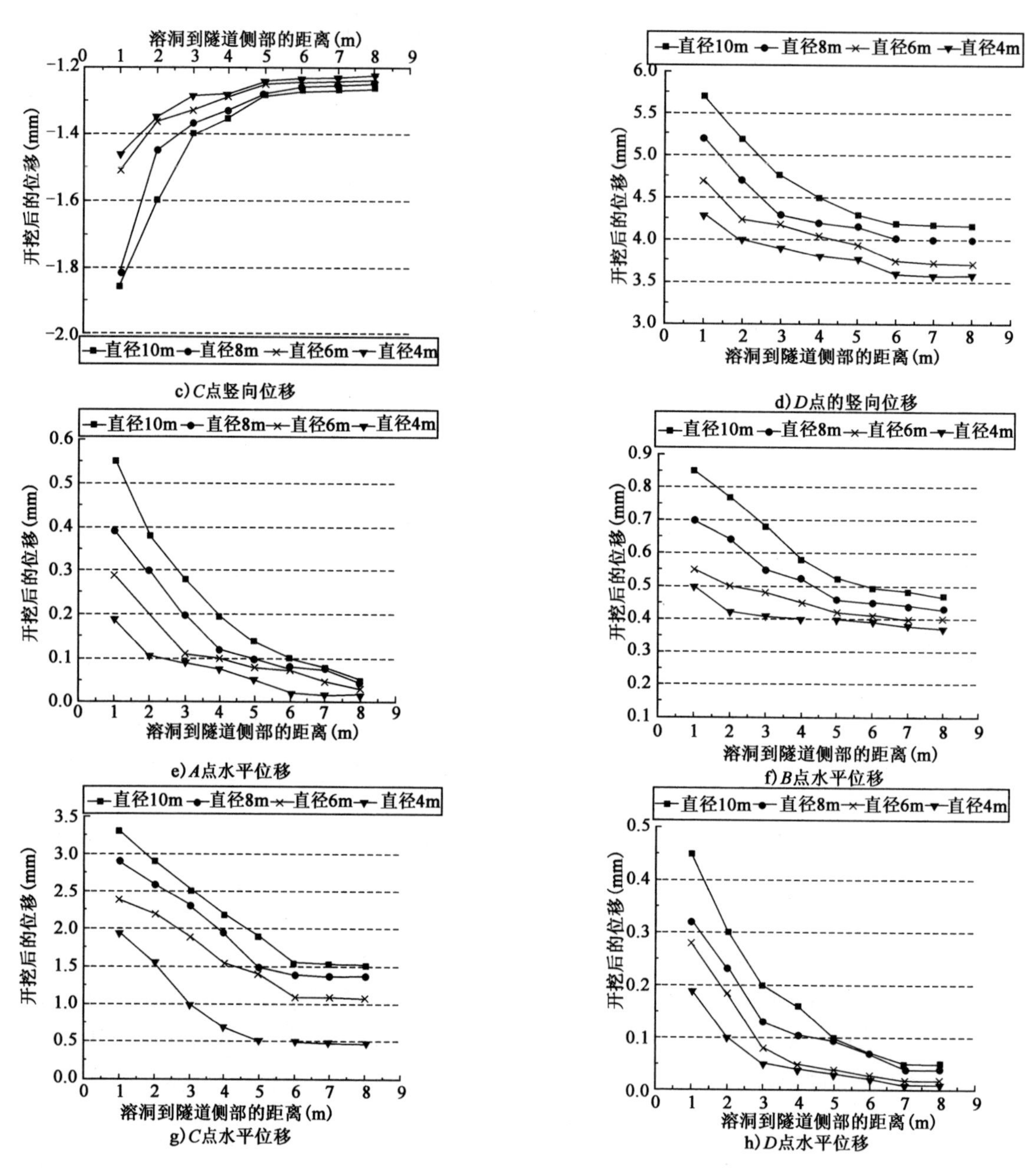

图 4　各关键点的竖向和水平位移

从图 4 可以看出，边墙侧部存在的溶洞对隧道周边围岩位移的影响如下：

①隧道边墙侧溶洞的存在对隧道关键点的竖向位移有较大影响，而对水平位移影响较小。

②边墙侧溶洞的存在，关键点 A、B、C、D 产生的竖向和水平位移都比无溶洞时要大。

③在溶洞距离隧道顶部不变的情况下，随着溶洞直径的增大，关键点 A、B、C、D 的竖向和水平位移都有增大的趋势。

④在溶洞直径保持不变的情况下，随着溶洞距离隧道顶部的增大，关键点 A、B、C、D 的竖向和水平位移都有减小的趋势。

⑤当溶洞离隧道边墙侧的距离超过 6m 时，溶洞的存在对隧道围岩稳定性的影响很小。

4 结语

(1)溶洞离隧道的距离对隧道围岩稳定性的影响分布于隧道周边任何位置的溶洞,随着溶洞与隧道的距离的增加,对围岩稳定性的影响减小。针对本项目实际情况,当溶洞离隧道的距离大于 6m 时,溶洞对隧道围岩稳定性的影响很小。

(2)隧道顶部及附近的溶洞对隧道拱顶及其附近的围岩的影响程度与溶洞尺寸呈负相关性关系,溶洞尺寸越大,位移越小,而隧道边墙的溶洞则相反。

(3)计算结果表明,隧道顶部的溶洞对隧道拱顶、拱侧的影响最大,对边墙及其以下的影响较小。随溶洞从拱顶至隧道侧面移动,溶洞对拱顶下沉位移的影响逐渐减小,所以拱顶溶洞进行处理时,应重点控制隧道拱部的围岩变形。

参考文献

[1] 赵明阶,刘绪华,等. 隧道顶部岩溶对围岩稳定性影响的数值分析[J]. 岩土力学,2003,3.

[2] 赵明阶,刘绪华,等. 隧道侧岩溶分布对围岩稳定性影响的数值模拟研究[J]. 重庆建筑大学学报,2003,1.

地铁暗挖车站大断面突变小断面施工技术

黄朝根

（中铁隆工程集团有限公司）

摘　要　利用重庆地铁六号线一工程实例对暗挖车站主体侧向进入出入口施工工法进行探讨，介绍了车站主体侧向进入出入口接口上方三角区的加固措施和实现接口处受力体系安全转换的关键施工技术。

关键词　暗挖　大变小　受力体系转换　施工技术

由于暗挖地铁车站出入口通道的坡度都比较大，施工时，需要从暗挖车站开口施工出入口通道，而常规的出入口通道开洞施工一般是在车站二次衬砌完成后进行组织，这样整个工程的工期比较长。在确保结构安全的情况下，采取有效的方法和措施克服群洞效应的不利影响，缩短工程施工时间，研究在车站初期支护上开洞，车站施工和出入口通道施工平行作业，从而缩短工期，施工成本也将得到有效的控制。本文结合重庆地铁六号线金山寺车站站主体进入出入口施工，介绍了大断面突变小断面施工的关键技术，为类似工程提供一种合理的施工方法。

1　工程概况

金山寺站位于白云路和礼嘉大道交汇处，全长 190.5m，拱顶埋深约为 40m，为 10m 岛式双层车站，车站净宽度为 18.396m，净高度为 15.342m。开挖标准断面宽 20.596m，高 17.412m，加宽段宽 20.795m，高 17.562m，断面面积 306.81m^2，采用暗挖法施工。含出入口 3 座、风道及风井 2 座、紧急疏散通道 1 座 、施工通道 1 座。车站两端接区间单线隧道（共 4 个接口，单线隧道断面约 36m^2）。

2　地质情况

车站所处地形属丘陵斜坡地貌，地形平缓，原为农垦区。地层自上而下分别为第四系全新统人工填土和粉质黏土，下伏基岩为侏罗系中统沙溪庙组砂岩和砂质泥岩，本站第四系覆盖层厚度小，基岩为砂岩、泥岩互层。拟建区属磁器口向斜东翼，岩层受构造影响较大，岩体中构造裂隙较发育，岩层倾向 285°，岩层倾角 9°。施工区内无断层，基岩内裂隙发育程度中等发育，岩体成层状结构。围岩主要为砂质泥岩和砂岩，围岩基本级别为Ⅳ级，无不良地质现象。场地内地下水主要为第四系弱承压水及基岩裂隙水。

地下水富水性受地形地貌、岩性及裂隙发育程度控制，为大气降水和地表水渗漏补给。第四系厚度小，覆盖少，含水微弱；侏罗系的泥岩等为相对隔水层；侏罗系的砂岩为基岩裂隙水含水层。

3 结构设计

暗挖车站采用锚喷构筑法施工。初期支护由 C25 早强喷射混凝土(厚度为 300mm)、钢筋网、锚杆和格栅钢架组成,二次衬砌为模筑 C40、P12 防水钢筋混凝土,初期支护和二次衬砌间全断面布置防水隔离层。出入口初期支护与二次衬砌同车站相同。出入口中心线与暗挖车站中心线呈直角正交,车站主体与出入口断面位置关系见图 1。

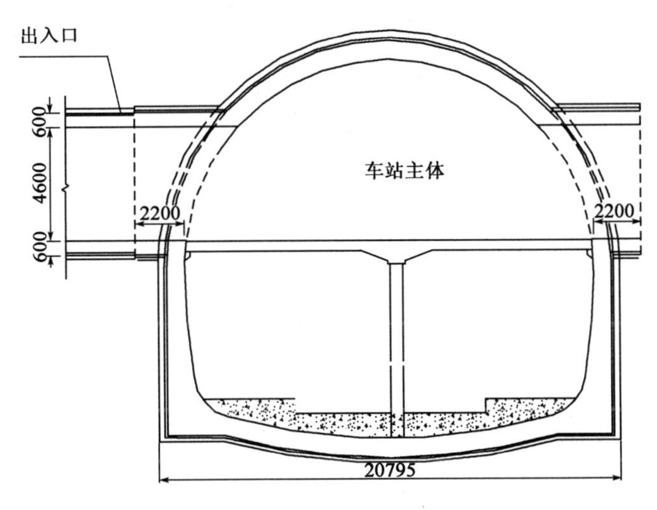

图 1 车站主体与出入口断面位置关系(尺寸单位:mm)

4 施工工法

4.1 施工部署

由车站主体进入出入口施工方法属于"大断面进侧向小断面"施工。大断面突变小断面施工技术的核心是洞门加固方案及开洞时机的选择,通过监控数理统计分析技术指导施工,及时修正加固及爆破参数。车站主体进入出入口的接口部位岩体受力条件和结构受力条件都比较复杂,施工时必须严格按设计要求和施工规范进行施工,爆破施工必须严格按照爆破施工安全规程进行。结合金山寺车站现场实际情况及地质特点,按照"短进尺、强支护、早封闭、控沉陷"的原则进行施工。

4.2 理论计算

基于地质环境、开挖工艺、出入口布置开挖以及支护设计参数三个方面,针对金山寺车站选取有代表性的 3 个工况中围岩开挖、支护过程进行了弹塑性有限元分析,如表 1 所示。车站与出入口相对位置关系如图 2 所示。

分析典型工况　　表 1

工况	项目	内容	方法
工况一(三维)	出入口开挖情况	主洞二次衬砌施作完成后开挖出入口	三台阶法
工况二(三维)		主洞初期支护施作完成后开挖出入口	
工况三(三维)		主洞上台阶开挖后直接开挖出入口	

出入口开挖工况分析:三种情况所计算的位移值相差较小,从所取开挖步骤可看出,位移随着开挖过程逐渐增大。初期支护应力在出入口隧道开挖时增大明显,三种方法变化趋势相同。根据工期要求,选择在车站上台阶开挖初期支护完成后即进入出入口开挖(工况二)。通

过以上受力分析，出入口隧道在车站主体上台阶开挖初期支护完成后进行开挖是安全的，同时不会对车站主体后续施工造成较不利的影响。

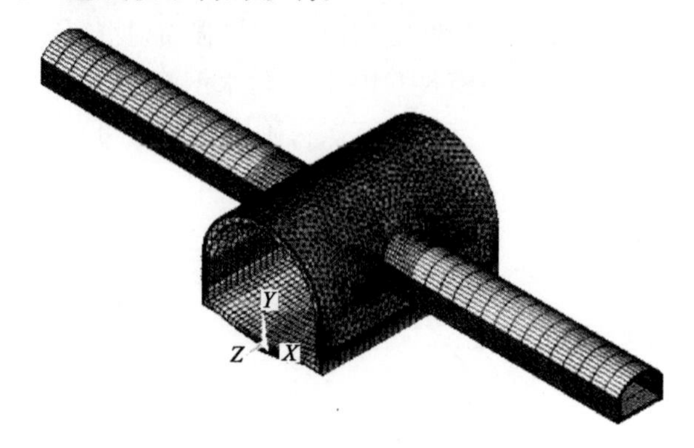

图 2　车站与出入口相对位置关系模型

4.3　施工步骤

在车站上台阶开挖初期支护完成，中隔墙施工完成后，即开始附属部分的开挖。其步骤和具体施工顺序详见图 3～图 6。

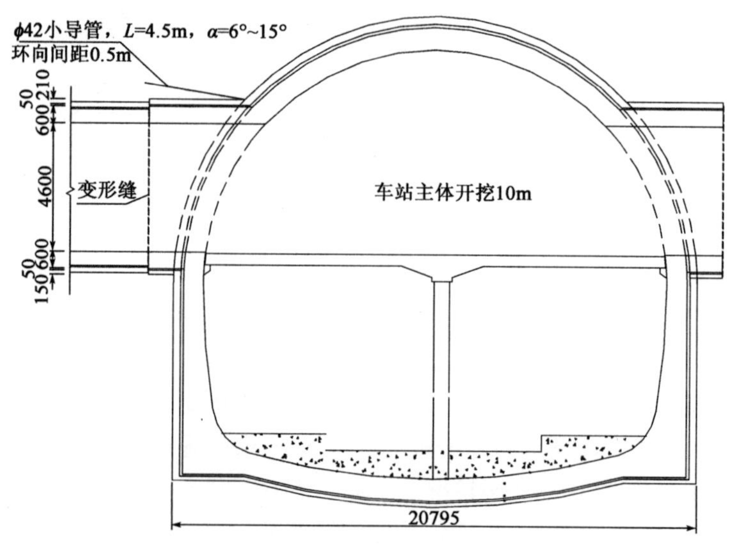

图 3　步骤一：车站开挖过出入口 10m 位置（尺寸单位：mm）

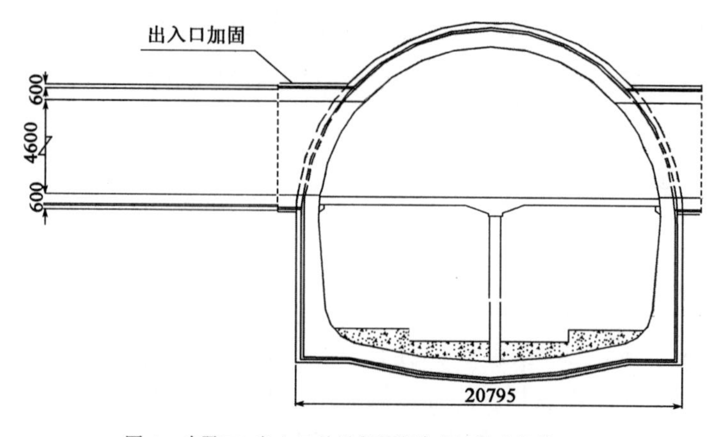

图 4　步骤二：出入口处进行洞门加固（尺寸单位：mm）

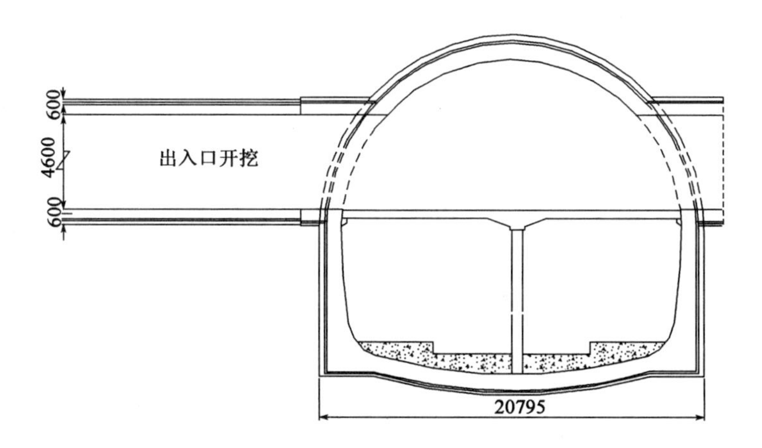

图5　步骤三:出入口开挖(尺寸单位:mm)

结合施工现场实际情况,车站主体进入出入口接口上方三角区加固措施见图7。

施工方法及技术措施:在车站开挖初期支护时预先在洞门两侧双拼钢架及锚杆加固,准备开洞门时沿洞门时开挖线外放10cm,沿此线打设ϕ42超前小导管(L=4.5m@50cm,打设角度6°~15°)。同时在车站主体钢架间用I20b工字钢拼接起来,再在钢架两侧各用6根ϕ22钢筋拼接一40cm×40cm加强环梁(箍筋ϕ12,间距15cm),喷射混凝土形成一加强环梁结构。在附属洞门开挖前凿除开洞范围内初期支护,开挖采用光面爆破,减少爆破振动。出入口隧道进口段、爬坡段采用台阶法开挖,从车站内向外开挖,渣土用挖掘机翻下通过车站施工通道运输。

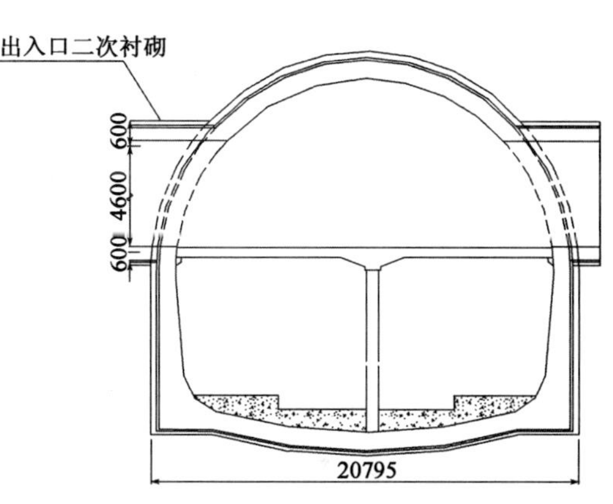

图6　步骤四:出入口二次衬砌施工(尺寸单位:mm)

施工监测事项:在开洞两侧范围内布设沉降及收敛监测点,在开洞两侧中隔墙与车站初期支护接触部位安设压力盒,定期、定人监测。在开洞时,增加监测频率,通过监测数据统计分析,指导开洞施工,确保附属施工过程安全。在车站主体中、下台阶过程中需加强监控量测和巡查,发现异常情况,及时采取相应加固措施。

4.4　施工要点

(1)开挖时机的选择

在车站主体上台阶开挖初期支护完成及临时中隔墙施工完成后,同时初期支护喷射混凝土达到设计强度后开始开附属洞门,进入附属开挖施工。

(2)洞门加固

采取先加固后拆除的原则。沿洞门开洞范围打设超前小导管,注意小导管施工质量的控制(角度及注浆质量);沿开洞轮廓线拼接的工字钢加钢筋环梁需与初期支护钢架焊接牢固,箍筋按方案设置,喷射混凝土需保证密实度。在此基础做好后再割除洞口原钢架,在洞门段开挖后,及时安设密排钢架,加强洞口支护安全。

(3)开挖方式的选择

采用光面爆破,减少爆破振动对围岩及初期支护的扰动。出入口进口段及区间隧道采用台阶法施工，出入口爬坡段及风道采用台阶法施工。加强炮眼的布设及装药量控制(爆破进尺控制在 2m 左右，炸药单耗 0.8kg/m^3)；通过适合的炮眼布置及合理的装药，减少超欠挖，降低喷射混凝土的超耗。

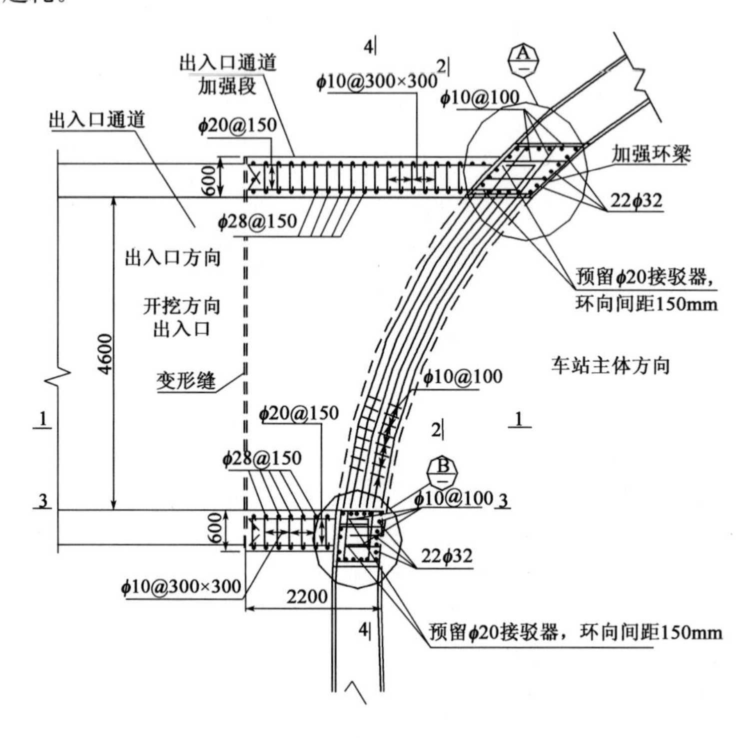

图 7　车站主体进入出入口接口上方三角区加固措施(尺寸单位：mm)

出入口在车站主体上台阶开挖完成后，陆续适时开展施工，以从主体向地面开挖的方式进行，明槽部分先行开挖并挂好洞门，在暗挖段内贯通，出入口爬坡段由于坡度较大，分上中下三个台阶进行，反铲翻渣通过汽车运出洞外。出入口及风道的开挖随车站主体中、下台阶开挖同时进行，这样可以提高整体施工速度，节省工期与成本。

4.5　监控量测数据分析

车站开挖过出入口 10m 位置后，出入口加固处施工前累计最大拱顶沉降－10.108mm、最大收敛－9.208mm、锚杆轴力 11kN；出入口加固后开挖前后时段内累计最大拱顶沉降－8.101mm、最大收敛－9.186mm、锚杆轴力 12kN，设计要求"水平收敛不应大于 30mm，警戒值为 20mm；拱顶下沉不应大于 20～40mm，警戒值为 20mm(洞室小取低值，洞室大取高值)"。最终累计量分别为－18.209mm、18.394mm，均未超过预警值，说明该区域的收敛变形处于可控范围内，因此本工法在控制隧道变形位移方面满足设计及规范要求。

5　结语

2011 年 7 月 15 日进行车站主体出入口处施工，12 月 14 日完成车站主体向出入口的转换，至 2011 年 1 月 15 日二次衬砌完成前，施工监测显示累计拱顶下沉 18.209mm，收敛 18.394mm，隧道一直处于安全稳定状态。实践证明，大断面侧向进小断面施工，做好隧道接口上方三角区的加固，实现受力体系的安全转换是工程取得成功的关键。本工程所采取的施工技术措施是成功的，为类似工程提供了借鉴。

参考文献

[1] 陈德玖,等. 城市隧道工程施工质量验收规范[M]. 重庆市城乡委员会,2010.

[2] 中华人民共和国国家标准. GB 50299—1999 地下铁道工程施工及验收规范[S]. 北京:中国计划出版社,2003.

[3] 中华人民共和国国家标准. GB 50308—2008 城市轨道交通工程测量规范[S]. 北京:中国建筑工业出版社,2008.

[4] 中华人民共和国行业标准. JGJ 8—2007 建筑变形测量规范[S]. 北京:中国建筑工业出版社,2007.

地铁PBA工法与一次扣拱法对地层变形比较分析

付 波 许 洋 蔡贤洋

（中铁隆工程集团有限公司）

摘 要 通过对北京地区常用的PBA工法与一次扣拱法做数值模拟分析，结合北京地铁8号线3期木樨园桥北站实际情况，进行两种工法的比较，分析不同工法对地表的沉降影响，得出采用PBA开挖在施工的各个阶段引起的地表沉降均低于采用一次扣拱法开挖。

关键词 PBA工法 一次扣拱 数值模拟 地表沉降

1 引言

目前，国内外土质浅埋暗挖车站主要可分为CRD法和PBA工法两大类，一次扣拱法是北京地铁黄庄站在修建中基于PBA工法提出的一种新的用于修建大型建筑工程的暗挖工法。

PBA工法将浅埋暗挖和盖挖法进行了有机结合，解决了CRD法中开挖分部多、围岩多次扰动、废弃量大的问题。PBA工法依然存在一些问题，PBA工法施作的边桩、中柱、桩基和顶纵梁均需在小导洞内施作，作业面小，施工环境差。PBA工法扣拱施工时，需先凿除小导洞，初期支护风险大。PBA工法二次衬砌施工缝多是另一不足之处。一次扣拱法虽然克服了PBA工法存在的不足之处，但一次扣拱法在施工时也存在一定的局限性。一次扣拱法只适用于奇数跨车站，一次扣拱法车站的边墙和中柱之间间距不宜太大，否则将增加导洞的风险。

地铁采用暗挖法施工是由于受到地面建(构)筑物、交通疏解以及地下重要管线等周边环境条件的制约。车站是在地下导洞内先施工结构的桩、梁、拱、柱，首先形成了主受力的空间框架体系，后面的开挖都是在顶盖的保护下进行，支护转换单一，不但安全，而且大大减少了对地面沉降的影响。下面根据北京地区常见的双柱三跨车站，分别采用PBA工法八导洞和一次扣拱法进行比较分析。采用数值计算方法模拟多步开挖过程中土体及结构的变形及内力变化，计算中可以考虑土体的非线性性质，简便易行，在参数选择合理时，可以满足一般的精度要求。

2 工法数值模拟

2.1 工程概况

本次数值模拟是结合北京地铁8号线3期木樨园桥北站实际工程，利用该车站所处的地质情况采用不同的工法进行计算分析。木樨园桥北站为地下两层岛式车站，采用暗挖法施工，两端接矿山法区间。车站总长214m，标准段宽度为20.9m，呈南北走向。车站有效站台中心里程处顶板覆土厚度为6.3m，底板埋深约21.8m。计算采用Midas/GTS(Geotechnical and Tunnel Analysis System)软件，以下结合该工程利用Midas/GTS软件，模拟地铁车站PBA工法和一次扣拱法施工对地层引起的变形进行比较分析。施工步序见图1、图2。土层参数及车站尺寸选取木樨园桥北站作为模拟对象。

a) 第一步：开挖施工导洞

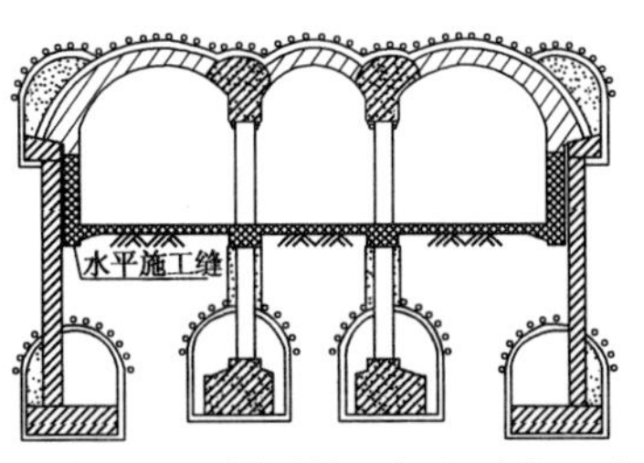

b) 第二步：施作边桩、底梁、中柱、顶纵梁、扣拱、侧墙及中板

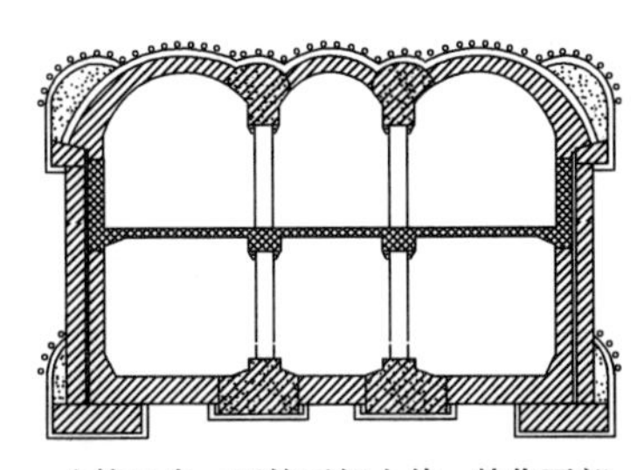

c) 第三步：开挖下部土体、施作下部侧墙及底板

图 1　PBA 工法施工步序图

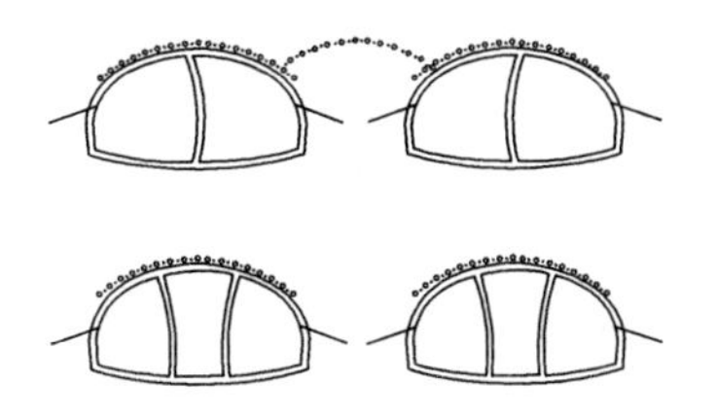

a) 第一步：开挖施工导洞

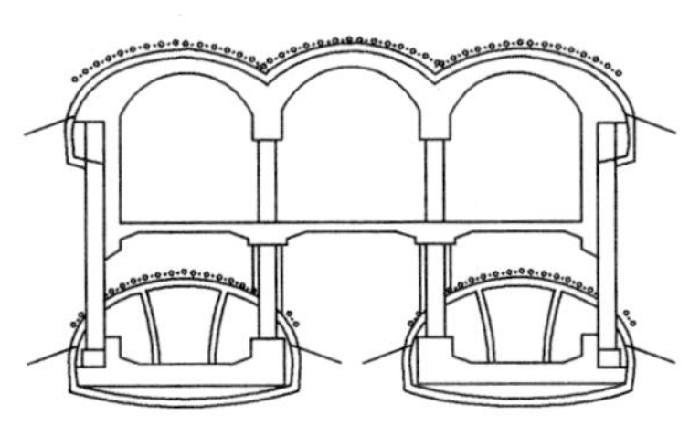

b) 第二步：施作边桩、底梁、中柱、顶纵梁、扣拱、侧墙及中板

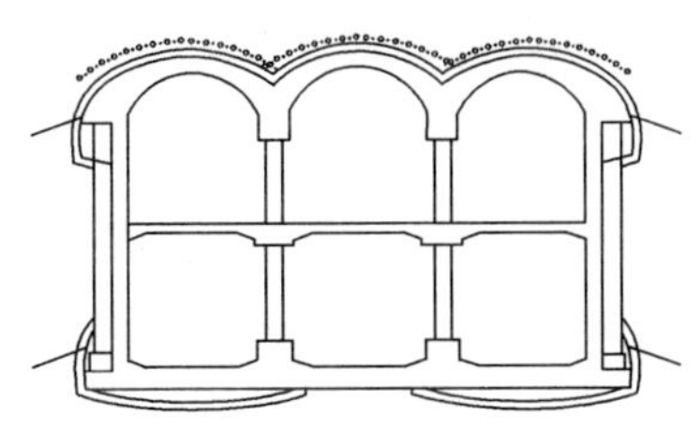

c) 第三步：开挖下部土体、施作下部侧墙及底板

图 2　一次扣拱法施工步序图

该车站的地质情况如表 1 所示。

车站土层情况（自地面向下）　　表 1

土质	深度(m)（地面为 0）	压缩模量 E_s（×100MPa）	重度(天然)（kN/m³）	侧压力系数	黏聚力 c（kPa）	内摩擦角 φ（°）
杂填土①	0～－0.8	4.5	16.5	0.5	0	8
粉土填土①$_3$	－0.8～－2.4	5	17.5	0.5	8	10
粉质黏土③	－2.4～－7.5	5.67	19.6	0.49	25.4	8.52
粉细砂③$_3$	－7.5～－13.5	28	19.8	0.41	0	28
粉质黏土④	－13.5～－15.0	9.81	19.1	0.46	25	15
粉细砂⑤$_3$	－15.0～－15.5	30	20	0.37	0	30
卵石⑤	－15.5～－28.8	45	20.2	0.27	0	40
粉质黏土⑥	－28.8～－30.9	13.61	19.8	0.39	30	15
粉细砂⑦$_3$	－30.9～－31.4	30	20.2	0.39	0	30
卵石⑦	<－31.4	50	20.5	0.25	0	45

2.2　数值模拟

根据拟定的该车站结构尺寸，采用 Midas/GTS 软件建立地层—结构模型，动态模拟两种方案施工的全过程。

在模型中土层两侧施加水平方向的位移约束，下侧施加竖直方向的位移约束。

2.3　计算参数

混凝土初期支护，按线弹性材料考虑，计算参数为：弹性模量 $E=2.3\times10^4$MPa，密度 $\rho=2500$kg/m³。混凝土二次衬砌，按弹性材料考虑，计算参数：$E=3.25\times10^4$MPa，密度 $\rho=2500$kg/m³。边桩按等效刚度换算为每延米的薄墙厚度为 0.732m，$E=3.0\times10^4$MPa，密度 $\rho=2500$kg/m³。中柱按等效刚度换算为每延米的薄墙厚度为 0.3m，$E=5.6\times10^4$MPa，密

度 $\rho=3022\text{kg/m}^3$；岩土介质，采用莫尔—库仑本构关系，计算参数按照表 1 选取。

3 计算结果及分析

两种工法地层竖向位移云图见图 3、图 4；地表沉降曲线见图 5、图 6，PBA 工法和一次扣拱法对地表沉降的影响见表 2，两种工法对内力的影响见表 3。

图 3 PBA 工法地层竖向位移云图

图 4 一次扣拱法地层竖向位移云图

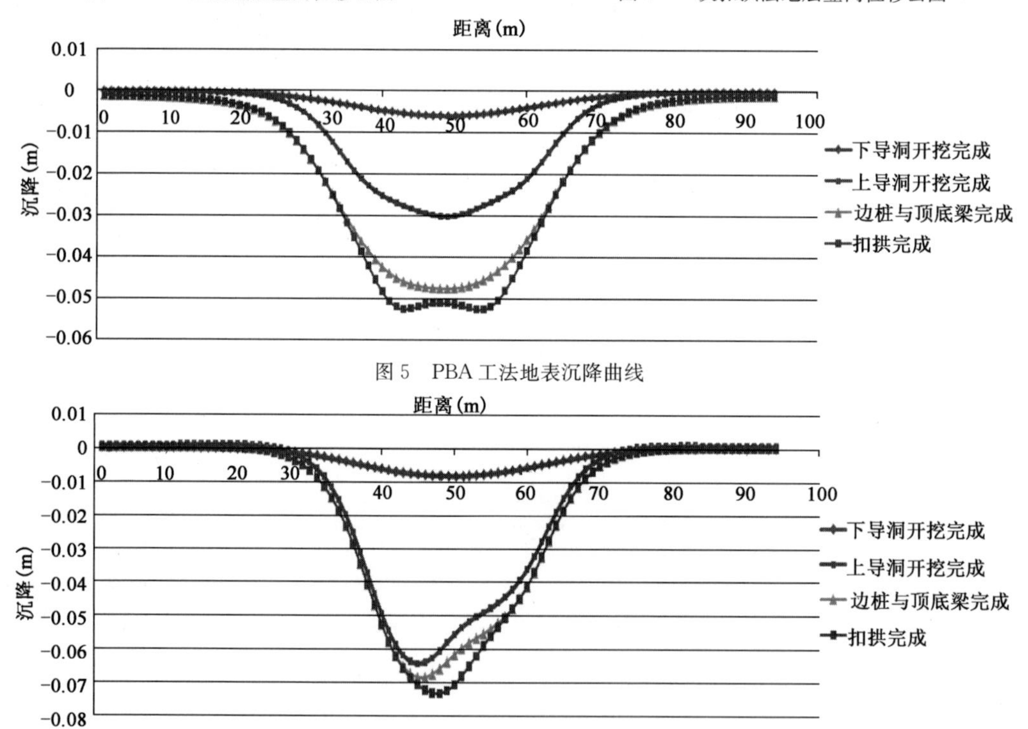

图 5 PBA 工法地表沉降曲线

图 6 一次扣拱法地表沉降曲线

PBA 工法和一次扣拱法在开挖模拟时对地表沉降的影响 表 2

序号	施工阶段	地表沉降(mm)	
		PBA 工法	一次扣拱法
1	下导洞开挖完成	6.0	8.4
2	上导洞开挖完成	30.2	63.3
3	边桩与顶底梁完成	47.6	66.8
4	扣拱完成	52.6	72.8

(1)地表沉降分析:PBA 工法与一次扣拱法在开挖模拟时的主要工序区别是导洞的跨度大小,导洞跨度越大对地表沉降影响越大。

PBA 工法 6 导洞和 8 导洞在开挖模拟时内力大小 表 3

序号	PBA 工法	轴力(kN)	剪力(kN)	弯矩(kN·m)
1	PBA 工法	509	284	197
2	一次扣拱工法	997	270	238

(2)内力分析:PBA 工法的轴力和弯矩均小于一次扣拱法的轴力和弯矩,但是 PBA 工法的剪力略大于一次扣拱法的剪力。

4 结语

(1)无论是采用 PBA 工法还是一次扣拱法,地表沉降的最大值均出现在施工阶段扣拱完成时。

(2)PBA 工法与一次扣拱法相比,采用 PBA 开挖在施工各个阶段引起的地表沉降均低于采用一次扣拱法开挖,且采用 PBA 工法开挖时,导洞开挖完成时的地表沉降要远小于一次扣拱法导洞开挖完成时的地表沉降。

(3) 由一次扣拱法沉降曲线分析可知,沉降速率较大区域往往比较集中于某一时间段内,恰好是多个导洞通过同一断面的时间段,说明开挖施工时群洞叠加效应仍是产生地表沉降的主要原因。

(4)PBA 工法开挖完成施作边桩、底梁及扣拱时,地表还会出现比较大的沉降,而一次扣拱法导洞开挖引起的地表沉降为主要的沉降,施工余下工序时对地表沉降的影响比较小。

一次扣拱法与 PBA 工法各有优缺点,根据不同的车站情况选择使用。目前一次扣拱法作为一种新技术开始在全国应用,但是经验技术还不够成熟,还需大量的设计计算、研究分析,使其逐渐成熟,在地铁行业中拥有更大的发挥空间。本篇文章为今后类似工程和工法的施工提供了借鉴和参考。

参考文献

[1] 黄美群. 一次扣拱暗挖逆作法修建地铁车站新技术[J]. 都市快轨交通,2009,06.

[2] 李晓霖. 地铁车站 PBA 工法的数值模拟研究[J]. 地下空间与工程学报,2007.

[3] 侯永兵,谢晋水,尤强,等. 北京地铁 10 号线海淀黄庄站超浅埋暗挖法施工对地下管线主要保护技术措施[J]. 铁道标准设计,2008.

[4] 朱泽民. 地铁暗挖车站洞桩法(PBA)施工技术[J]. 隧道建设,2006,5.

新型让压锚杆(索)在岩土锚固工程中的应用研究

王　勇

(杭州图强工程材料有限公司)

摘　要　岩土工程存在因开挖卸荷导致较大的应力释放，在工程施工过程中将会产生较大变形的特点，如沿用传统的锚杆(索)进行支护，岩体的大变形所产生锚杆(索)过大拉力将会造成杆的拉断破坏。针对岩土工程存在的该类问题，文章介绍了一种新型的能够适应岩土工程产生过大变形的压力分散型预应力让压锚杆(索)，并通过室内试验等手段对该类锚杆(索)的作用机理进行描述，得出其受力与普通压力分散型锚杆(索)存在较大差异，并认为该让压锚杆(索)适宜在岩土工程中推广应用。

关键词　岩土工程　压力分散型让压锚杆　大变形　应用

1　让压锚杆的研究与应用简述

锚杆(索)是对岩土地层进行加固的一种主要手段，普通锚杆的受力特点是锚杆的变形必须与岩土体的变形相互协调，岩体的变形量超过了锚杆允许的最大变形量，锚杆体就要被拉断而失效。为此，在采用锚杆支护工程中产生大变形问题时，应用与岩土体变形协调性更强的、可伸长的让压锚杆显然是更为适合的。

国内外对可伸长式锚杆的研究已有30多年的历史，其中著名的有20世纪80年代前苏联研制的杆体弯曲型可伸长锚杆——该类锚杆是用普通碳素钢做成波浪形(图1)，当杆体所受拉应力达到一定值后其波浪形杆体开始拉直，从而为锚杆提供一定的工作抗力和一定的伸长量；C Chunlin Li(2003)、Charlie C. Li(2012)[1-3]结合实际工程分别通过现场试验以及静力、动力分析方法对该类型锚杆的作用机理进行分析。20世纪90年代，孙钧院士[4]为了解决马鞍山铁矿尾矿开采的支护难题[3]，研究了适用于不同地质条件下的屈服锚索和屈服锚杆，应用中取得了满意的支护效果。美国捷马公司在2005年结合我国煤矿巷道的特点而研发的一种新型具有让压管的锚杆(图2)，其具有的高预应力、高强度以及特有的让压特性，比较适合煤矿

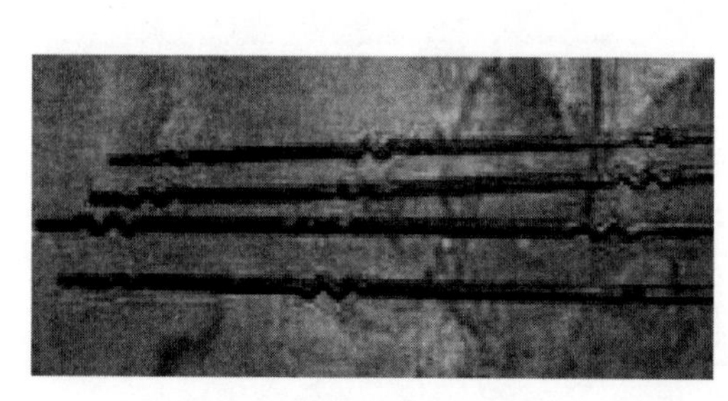

图1　波浪形杆体的让压锚杆

图2　具有让压管的让压锚杆

井巷大变形软岩条件下遇到的安全支护问题；近年来，随着试验测试条件和数值计算方法的日趋成熟，采用大型试验设备和通用商业软件对让压锚杆的支护加固机理进行分析的研究越来越多，比较知名的有连传杰[5]等人研发的一种考虑高预应力让压锚杆锚芯与岩石间剪切破坏作用的三维有限元程序，能够较好模拟让压锚杆的受力变形特点，陈新年[6]等人利用岩石伺服渗透试验系统对让压装置的作用原理进行了试验研究。尽管预应力让压锚杆有了一定的研究成果，但由于其研发的时间不长，其锚杆支护机理还没有经过系统的探究，仍缺少完善的理论支撑和第一手的试验测试数据。

通过分析国内外研究成果可以得出，让压锚杆的应用主要集中在煤炭工程与硐室工程中，而在岩土工程中应用则较为少见。但是岩土工程，特别是软岩、高地应力工程同样存在大变形的问题，一旦支护不当，将造成严重后果。例如，黄河上游某岩土高边坡加固中就曾出现过锚索被连续拉断的事故。

2 岩土工程高边坡存在的问题

现今，我国水力资源丰富的地区大多山高谷深，岩土工程以高坝大库工程为多。由于特定的地形地质条件，高陡边坡稳定问题突出，成为制约岩土资源开发和工程建设的关键技术问题之一[7-8]。

岩土工程高边坡施工是采用由上而下逐层开挖、逐层支护的方法，待上层锚杆(索)及其他支护手段完成之后才又开挖下一个台阶。分部开挖的力学概念就是对边坡变形和应力的逐步释放，这时边坡因变形和应力松弛而向外不断位移，从而引起上层已安装完成的锚索拉力增大。锚索拉力增大的量完全取决于岩体的变形量，是不可控的，变形过大就有可能将锚索拉断。

同时，由于岩土工程的高边坡受表层风化土体的影响，需要的锚固深度往往较深，考虑到锚固体受力则需要进行压力分散处理，普通让压锚杆难以达到这些要求，这就需要一种新型的既能够在长度上满足要求，又能够实现锚固体的压力分散的让压锚杆。文章介绍的是杭州图强工程材料有限公司研发的一种适用岩土工程高边坡的、在锚杆端部设置让压装置的新型让压锚杆(索)，并对该类让压锚杆(索)的优势以及在岩土工程中的应用前景进行探讨。

3 新型让压锚杆(索)的构造及其作用机理

新型让压锚杆(索)的构造如图 3 所示，试验得出的变形特征曲线如图 4 所示，让压特性曲线与普通让压锚杆的曲线基本相同，均是在杆体受力达到让压力时产生让压位移。不同之处在于：新型让压锚杆(索)当受力达到让压力时，让压装置压缩套管侧壁而产生变形。

图 3 新型具有让压装置的让压锚杆

新型的让压锚杆(索)能够应对两个层面的问题。首先,锚杆能够实现让压变形,满足岩土高边坡的变形需要;其次,实现了让压与压力分散相结合,减小了锚杆对锚固体产生的压力,降低了锚固体受压过大失效的可能性。

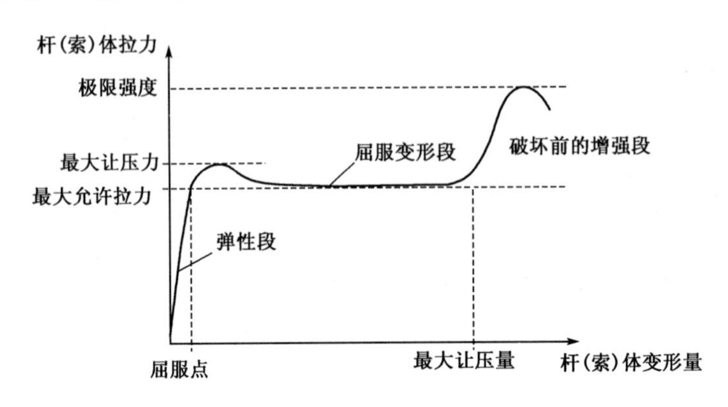

图4　让压锚杆的变形特征曲线

以下通过对比新型让压锚杆(索)与传统让压锚杆、压力分散型锚索的区别,分析其在岩土边坡中应用所具有的优势。

(1)与传统让压锚杆相比较的优势在于:可实现大的让压量,最大可以达到1000mm;可进行压力分散型的布置,避免普通让压锚杆施加预应力后,对锚头端部位置处的锚固体产生过大压力的问题;让压装置位于锚头端部位置,对张拉设备无特殊要求,张拉设备与普通锚索张拉的设备相同。

(2)与压力分散型锚索相比较的优势在于:具有让压装置,在锚索构造上存在一定的不同;受力特性使其可适用于产生大变形的岩土工程;让压装置采用合金钢制作,替代了普通承压板,材料性能更加可靠有效。

4　新型让压锚杆(索)应用前景展望

随着我国经济快速发展和对清洁能源强大需求,水利能源开发呈现加速的势头,一批大型(巨型)岩土工程相继开工建设,一批岩土工程进入前期筹建阶段,还有一批工程正在进行勘察设计[7]。然而,水能资源丰富的地区也是我国地质条件极其复杂、生态环境十分脆弱的地区。这些水资源丰富的地区河谷往往深切狭窄,谷坡陡峻,地应力水平高,岩体卸荷强烈,地质灾害发育,且地质结构复杂,地震烈度高,天然岸坡稳定性较差;岩土工程规模巨大,各类工程建筑物(大坝工程、导流工程、引水发电工程、泄水工程以及大量的交通道路工程)布置需要,不可避免地实施开挖,形成大量边坡工程,这些边坡工程的规模越来越大,对于一个200～300m级的高坝工程,一般人工开挖边坡将达到300～500m,工程高边坡稳定问题十分突出。

支护这类大型岩土工程高边坡,若继续沿用传统的锚固形式将难以从根本上克服变形与高地应力的问题,产生的危害也将难以承受和弥补。有鉴于此,文章建议在复杂地质条件下的岩土工程高边坡中应用新型的压力分散型让压锚杆(索)进行支护,从根本上解决岩性、高地应力、爆破等多重不利因素所产生的大变形问题。

作为试验,该类让压锚杆(索)已经在江西洪屏抽水蓄能电站项目软岩高陡边坡中得到了应用,通过该工程依托后续的监测可以得出这种新型让压锚杆的实际传力机理。

5 结语

(1)文章介绍了一种让压装置位于锚杆端部的新型让压锚杆,该类锚杆能够在实现让压的同时将锚固体压力分散。

(2)对于岩土工程高边坡支护问题,采用新型的压力分散型让压锚杆(索)能够从根本上解决岩性、高地应力、爆破等多重不利因素所产生的大变形问题。该类让压锚杆(索)的受力特性使其具有在岩土工程中广泛应用的前景。

参考文献

[1] C Chunlin Li . A new energy-absorbing bolt for rock support in high stress rock masses [J]. International Journal of Rock Mechanics & Mining Sciences, 2003, 47 (3): 396-404.

[2] Charlie C. Li. Performance of D-bolts under static loading[J]. Rock Mech Rock Eng, 2012, 45(2): 183-192.

[3] Charlie C. Li , Chantale Doucet. Performance of D-bolts under dynamic loading[J]. Rock Mech Rock Eng, 2012, 45(2): 193-204.

[4] 孙钧. 地下工程设计理论与实践[M]. 上海:上海科学技术出版社,1995.

[5] 连传杰,韦立德,王阁. 高预应力让压锚杆数值模拟方法研究[J]. 岩土工程学报,2008,30(10):1437-1443.

[6] 陈新年,奚家米,张琨. 锚杆(索)作用力学特性分析及让压试验[J]. 煤田地质与勘探, 2011, 39(6):45-50.

[7] 宋胜武,冯学敏,向柏宇,等. 西南水电高陡岩石边坡工程关键技术研究[J]. 岩石力学与工程学报,2011,30(1): 1-22.

[8] 杨峰. 高应力软岩巷道变形破坏特征及让压支护机理研究[D]. 徐州: 中国矿业大学, 2009.

神华集团某煤矿立井井筒水患治理工程技术

孔广亚　刘　瑞　周保精　方　杰

（神华集团公司）

摘　要　本文结合神华集团某煤矿立井井筒水患治理实际工程，介绍了环绕立井井筒壁后合适区域实施锚固支护的环形措施巷技术方法，从而有效解决了穿越多层地下水的复杂地质条件下的井筒出水水患工程技术难题。

关键词　立井井筒　巷道锚固支护　水患治理

1　工程概况

神华集团某煤矿（本文称 T 煤矿）为立井开拓方式，主井井筒设计净径 8.2m，井筒全深 699m。主井井筒附近无断层，属岩层平缓、简单构造类型的井田区。

在施工过程中，随着井筒逐渐向下延伸，所揭露的地层的水文地质条件发生了较大变化，实际涌水量大大超过了原地质报告提供的 15～20m^3/h 预计涌水量，当井筒掘至 488m 时，实际单井涌水量达到 118m^3/h，给建井施工造成了极大的困难，经专家论证，－488m 以下井筒由普通法改为冻结法施工。

1.1　水文地质条件

井筒施工穿越的含水层从上往下依次是第四系松散层潜水含水层、白垩系下统志丹群孔隙潜水～承压水含水层、侏罗系中统—侏罗系中下统延安组裂隙孔隙承压含水层和三叠系上统延长组(碎屑岩类承压水含水层)；三个隔水层分别是侏罗系中下统顶部隔水层、侏罗系中下统延安组顶部隔水层、侏罗系中下统延安组底部隔水层。

1.2　井筒出水原因分析

对于 T 煤矿立井井筒，为解决因矿井水文地质条件复杂造成的困难，由普通凿井施工而改用全深冻结法施工。需在井筒外围布设 30 多个用于装置冻结管的钻孔。施工时先进行冻结孔钻孔施工，孔径约 190mm，而后下入底部封闭的 140mm 直径、壁厚 7mm 的冻结管（无缝钢管），最后在冻结管中下入直径 60mm 的塑料管材。冻结期冷冻液自塑料管内压入地层，再从冻结管内环状空间携带地层热量后返回地表，达到对目标地层冻结的目的。但解冻后这些冻结孔中的冻结管（外直径 140mm）与冻结孔（直径 190mm）之间的环状空间就形成了垂直导水通道。冻结工程完成后自然解冻，贯穿全井深的每个冻结孔与冻结管之间都可能形成“环状空间”。这些“环状空间”便成了水力联系导水通道，将立井从地面到井底所有的含水层连成一体。使原来的隔水层失去隔水作用。

T 煤矿井筒冻结孔水害经历多次治理，仍无法完全消除。多次出水导致下部井壁无法浇筑，严重制约着主井的正常施工，影响到整个矿井的按时投产。为加快主立井建设工期，尤其是为了确保主井今后能更加安全有效地投入正常的生产，有必要从根本上解决主立井冻结孔环形空间涌水问题。井筒冻结孔水害剖面示意图如图1所示。

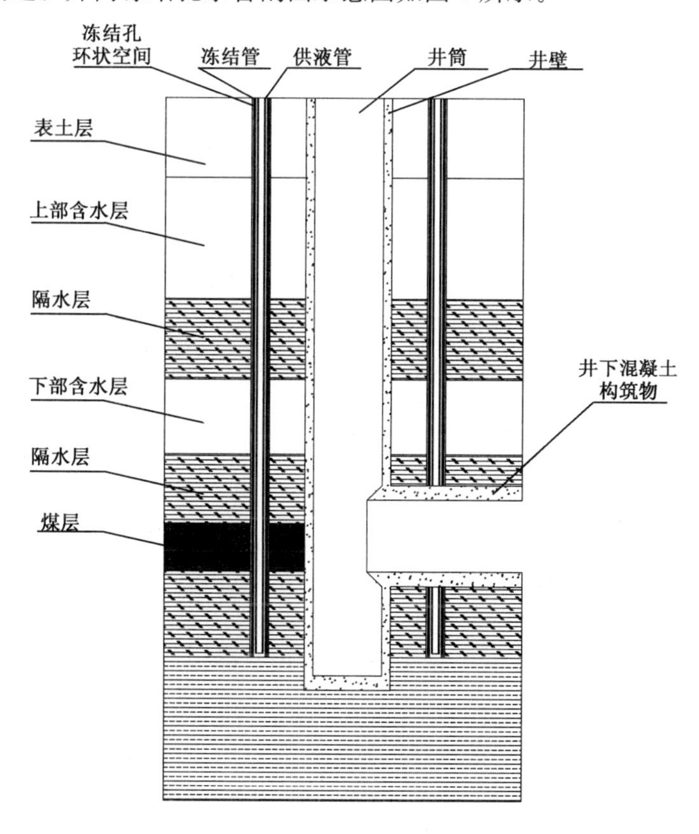

图1 井筒冻结孔水害剖面示意图

2 冻结管水害治理工程设计

2.1 方案选择

T煤矿主立井井筒冻结管水害治理工程原理上可采用以下四种治理方案：

(1)利用原冻结管进行射孔注浆，已不具备条件。

(2)地面钻孔进行帷幕注浆隔离洛河组砂岩水。冻结法出现以前，前苏联及国内曾采用此方法进行类似地层处理。此方法投资巨大，工期很长，效果不太理想。

(3)井筒内施工帷幕注浆隔离上部含水层。此方案最大的困难是在井筒内钻孔探查冷冻孔的难度太大。且如遇不导水冻结孔无法进行注浆处理，环状空间处理后也无法处理冻结管。无法达到工程目的。

(4)在有利地层施工环装隔离体阻断不良冻结孔导水通道。在井筒欲保护的构筑物邻近上方选择一隔水且岩性较坚固的地层，通过开掘小断面巷道，在有其他孔泄水的条件下揭露冻结孔约2m高度，固管后截断冻结管，然后施工混凝土或注浆体阻断冻结孔导水通道。

经比较分析，确定采用第四种方案，即进行环形措施巷及耳硐开挖施工，并进行冻结孔注浆封堵及环形措施巷、耳硐的回填与注浆充实以达到井筒堵水工程目的。环形措施巷建模如图2所示。

2.2 技术思路

在水平方向上，从井底车场位置向冻结孔位置施工一个联络巷，通过联络巷在冻结孔外围选择距离井筒合适的位置开挖环形措施巷，由措施巷向井筒方向开挖耳硐逐根揭露并截断冻结管，通过插管升压注浆、回填混凝土的方式彻底阻断主立井井筒32根冻结管环形空间导水通道，阻挡上部含水层水源通过该通道流向井下工作空间，达到根治主立井冻结管水害的目的。

图2 （T煤矿）主井环形措施巷建模

2.3 环形措施巷布置与施工设计

经分析，确定环形措施巷施工位置在3-1煤层底板，由井底车场位置施工1°上山联巷至环形措施巷。此位置可在延安组3-1煤层底板位置形成冻结孔的隔水圈，阻止上、下含水层水力联系，对下部装载硐室起到保护作用。

在水平方向上，环形措施巷内侧帮距主井井筒中心线之间的合理距离 L 的确定，是本设计方案的关键。如果 L 较小，会导致新开拓环形措施巷道的塑性区与主井开挖形成的塑性区相互重叠，产生更大的松动圈，从而导致主井井壁破坏；如果 L 较大，会造成环形措施巷长度增加，工程量增大，提高工程造价，经济上不合理。在考虑主井井壁安全的基础上，选择技术上可行、经济上合理的 L 值。

2.4 环形措施巷设计参数的数值模拟验算

通过建立的井筒模型，模拟环形措施巷施工到不同位置情况下，分析井筒和围岩变形及破坏情况，为措施巷的支护及井筒监测提供技术支撑。

模拟考虑巷道开挖的空间性对井壁的影响，进行分步循环开挖，具体工况如表1所示。

计算工况表 表1

模拟顺序	工　况
1	原岩应力场平衡
2	模拟井筒开挖形成过程
3	措施巷环型循环开挖

根据工程情况，本次方案设计环形措施巷 L 值定为12m，措施巷掘进毛断面尺寸：高1.8m，宽2.0m；耳硐开口断面尺寸：高1.8m，宽2.0m，控制最大开挖宽度不大于3.5m掘进。首先针对 L 值定为12m的情况进行模拟，分析措施巷井筒及围岩变形情况。

2.5 数值模拟计算分析结论

（1）数值模拟计算分析表明，在 $L=12$m时，1.8m（高）×2.0m（宽）的环形截水巷道在开挖支护后，其自身的稳定性满足要求且对井筒井壁的稳定性无明显影响。

（2）数值模拟计算分析表明，在按照预先制定的方法施工时，环形措施巷和耳硐在周边会出现围岩松动圈，呈现一定范围的塑性破坏区，因此针对措施巷应进行锚网加强支护。

（3）环形截水巷道及耳硐的断面为1.8m（高）×2.0m（宽）的矩形断面，可以满足治水施工的基本要求。

3　措施巷及耳硐支护方案

3.1　环形措施巷支护设计

环形措施巷道设计断面形式为矩形。采用加主动锚杆加金属网片支护方式，巷道掘进毛断面尺寸：高 1.8m，宽 2.0m，控制宽度不大于 2.3m。

锚杆支护设计方案如下：

本次设计选取锚杆设计荷载为 51kN。每排锚杆的根数为 3 根，锚固长度取为 1.6m 。选取 ϕ18 圆钢锚杆，锚杆长度 1600mm，间排距为 700mm×1000mm。

底部锁角锚杆选取 ϕ18 圆钢锚杆，锚杆长度 1600mm，排距均为 1000mm。

锚杆布置见图 3。

3.2　耳硐支护方案

3.2.1　锚杆支护设计

设计耳硐开口断面尺寸高 1.8m，宽 2.1m，控制最大开挖宽度不大于 2.5m；经过计算分析设计选用锚杆长度 1.6m，锚固长度 700mm，外露长度 100mm，排距取 0.8m。

锚杆间距由组合梁的抗剪强度确定。设锚杆间距(a_1)与排距(a_2)相等且不大于 530mm。

考虑到计算误差影响，结合实际经验和现场施工实际选用锚杆间距 600mm。

3.2.2　钢棚支护设计

为加强耳硐支护安全，又增加了钢棚支护，钢棚支护的荷载选用同锚杆支护选用一致，钢架排距取 800mm，钢架选用通用 π 型梁，梁长选用 2000mm；考虑一梁两柱与锚杆支护间排布置及施工等影响因素，棚排距取为 800mm。耳硐支护方案设计图见图 4。

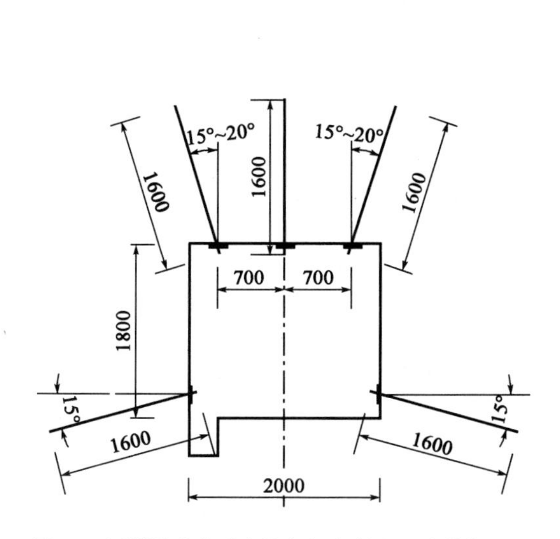

图 3　环形措施巷巷道支护方案设计图(尺寸单位：mm)

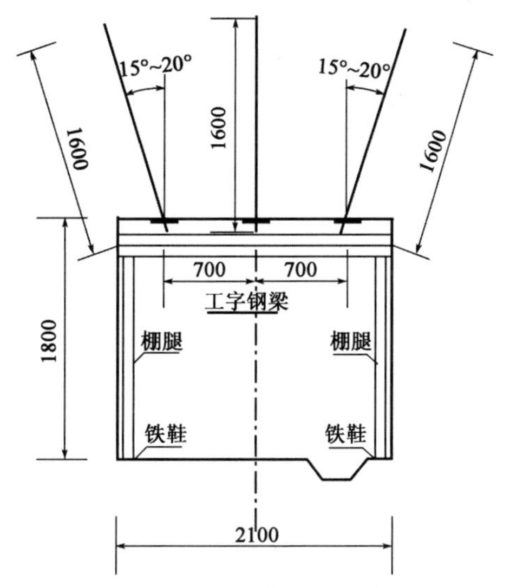

图 4　耳硐支护方案设计图(尺寸单位：mm)

4　工程效果及结论

通过采用上述环形措施巷加耳硐的施工方法，揭露了原井筒采用冻结施工法所形成的冻结钻孔，并在确保井筒安全的情况下，对所有冻结钻孔进行了有效的封堵，彻底阻断了立井井筒全长范围内多层地下含水层的连通通道。该施工技术方法确保了水害根治彻底，费用经济，质量可靠，工期较短并可控，保证了矿井建设和生产的安全顺利进行。实践证明上述施工方法和技术是切实有效的。

参考文献

[1] 中国矿业学院. 特殊凿井[M]. 北京:煤炭工业出版社,1981.
[2] 董方庭. 井巷设计与施工[M]. 徐州:中国矿业大学出版社,1986.
[3] 神华某煤矿井筒水害治理工程设计(企业内部资料),2014.

地质雷达在多种不良地质特长大隧道工程中的应用研究

郭　茂　刘　罡

（中国水利水电第十四工程局有限公司）

摘　要　特长大隧道工程建设因开挖而诱发各种地质灾害，为确保施工安全，运用地质雷达法进行超前地质预报探明掌子面前方不良地质情况。分析说明了地质雷达应用于我国西南地区多种不良地质特长大隧道工程的实践经验，揭示各类典型地质条件下地质雷达图的特征信息，以期为同类隧道工程施工过程提供借鉴。

关键词　地质雷达　特长大隧道　超前地质预报

1　引言

隧道开挖工程中，利用物理探测方法对掌子面前方可能遇到的各种不良地质体及可能发生的各类施工地质灾害进行预测预报，进行隧道信息化施工，对减少施工盲目性、确保工程安全有着重要意义[1]。其中地质雷达法是用高频无线电波来确定介质内部物质分布规律的一种地球物理方法，其利用宽带电磁波以脉冲的形式来探测地表之下不可视的物体或结构，具有对隧道掌子面实施快速、连续扫描、结果显示直观的优点[2]。本文结合重庆市梁忠高速公路礼让隧道工程实践经验，探讨地质雷达在多种不良地质特长大隧道工程中的应用特点，以期为同类隧道施工工程提供参考及借鉴。

2　礼让隧道工程概况

礼让隧道是重庆梁平至忠县高速公路需要修建的一条隧道，该隧道是重庆梁平至忠县高速公路项目的控制性工程。礼让隧道左洞全长5517m，右洞全长5520m，为特长隧道。根据初勘物探、详勘物探和钻孔，隧址区主要不良地质为岩溶、煤层、瓦斯、采空区以及石膏岩，其中：

(1)隧道穿越岩溶槽谷部位，受岩溶角砾岩和背斜核部构造的影响，岩溶发育，可能产生冒顶和突水、突泥。

(2)隧道穿越煤层区分布不均，厚度变化较大，各煤层受构造的影响，具极不稳定的特点，且周边分布多家煤矿及凌乱的煤窑，隧道施工过程中，可能遇到穿越煤层采空区段时岩体完整性差，采空区内积水及有毒有害气体等不良影响。

(3)隧道穿越石膏岩地层，石膏对混凝土具有强腐蚀，对钢筋混凝土中的钢筋有微腐蚀，对钢结构有微腐蚀，此外，熟石膏水化结晶过程产生体积增大，具强膨胀性，对隧道的衬砌具有较大危害。

隧道施工过程中，尤其是经过物探或钻孔揭露的不良地段，采用地质雷达法进行超前地质预测、预报工作不可或缺。

3 地质雷达法基本原理

在隧道工程中,地质雷达主要用于隧道质量检测、隧道病害诊断、隧道掘进超前地质预报[3-5]。它依据电磁波脉冲在地下传播的原理进行工作。发射天线 T 发出电磁波脉冲,被掌子面前方岩体界面或异常体反射,由接收天线 R 接收,并通过技术手段将信号记录转化成图显示出来,如图 1 所示。在介质体中传播时,电磁波传播路径、电磁场强度及波形随着介质的电性质与几何形态而变化,所以,根据接收波的双程走时、幅度与波形特点,可以对掌子面前方的岩体状况进行地质情况预测,确定地层分界面或地质体的空间位置及结构。

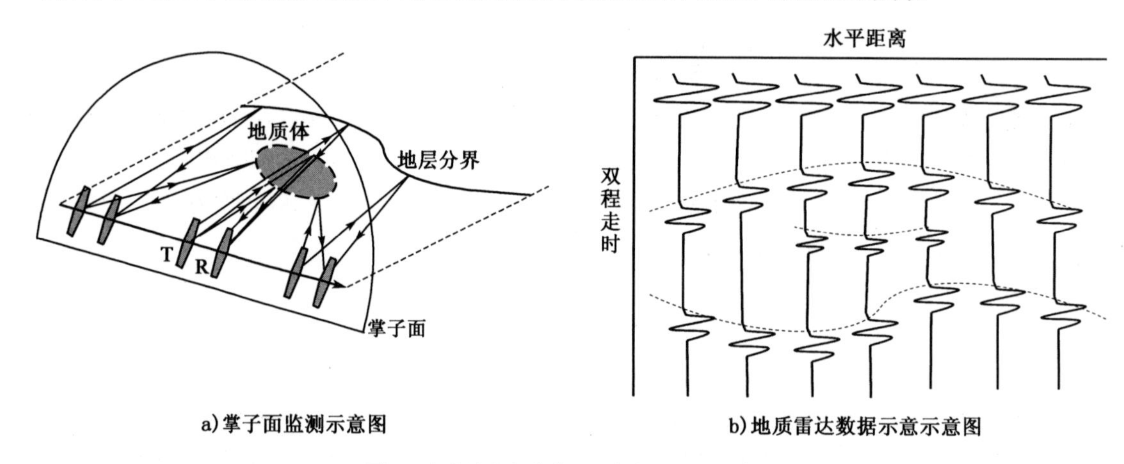

图 1 地质雷达在隧道工程中应用原理示意图

3.1 电磁波在介质中的传播速度

在隧道工程超前地质预报应用中,地质雷达测量的是掌子面前方介质、界面反射波走时,为确定其位置,需已知电磁波传播速度 v:

$$v=\frac{\omega}{\alpha} \tag{1}$$

$$\alpha=\omega\sqrt{\mu\varepsilon}\sqrt{\frac{1}{2}\left(\sqrt{1+\left(\frac{\sigma}{\omega\varepsilon}\right)^{2}}+1\right)} \tag{2}$$

式中:ω——电磁波的角频率;

α——相位系数;

μ——磁导率;

ε——介电常数;

σ——电导率。

绝大多数岩石介质属非磁性、非导电介质,满足:

$$\frac{\sigma}{\omega\varepsilon}=1 \tag{3}$$

所以有:

$$v=\frac{c}{\varepsilon_r} \tag{4}$$

式中:c——真空中电磁波传播速度,$c=0.3\text{m/ns}$;

ε_r——相对介电常数。

对于隧道工程中非导电、非磁性介质,电磁波传播速度 v 主要取决于介质的相对介电常数。

3.2 电磁波在介质中的吸收特性

吸收系数 β 决定了场强在传播过程中的衰减速率，地质雷达工作频率高，在地下介质中以位移电流为主，可有：

$$\beta = \frac{\sigma}{2}\sqrt{\frac{\mu}{\varepsilon}} \tag{5}$$

即 β 与导电率成正比，与介电常数的平方根成反比。

3.3 电磁波的反射与折射

地质雷达电磁波向掌子面前方各类地质条件传播过程中，遇到不同的波阻抗界面时将发生反射波和折射波，反射与透射规律遵循波的反射与透射定理。反射波能量大小取决于反射系数，对于隧道工程不良地质体监测，反射系数 R 和 T 可表示为

$$R = \frac{\sqrt{\varepsilon_1} - \sqrt{\varepsilon_2}}{\sqrt{\varepsilon_1} + \sqrt{\varepsilon_2}} \tag{6}$$

$$T = \frac{2\sqrt{\varepsilon_1}}{\sqrt{\varepsilon_1} + \sqrt{\varepsilon_2}} \tag{7}$$

式中：ε_1、ε_2——界面上、下介质的相对介电常数。

反射系数的大小主要取决于界面两侧介质相对介电常数的差异程度，差异越大反射系数越大，则利于探测。

3.4 隧道工程常见介质参数

隧道工程中，根据工程经验[6]及现场实测数据可得到常见介质参数见表1。

隧道工程常见介质参数表　　表1

介质	相对介电常数 ε	电导率 σ(S/km)	雷达波速 v(m/ns)	衰减系数 α(dB/m)
空气	1.0	0.00	0.300	0.00
淡水	80.0	0.50	0.033	0.10
干砂	3.0～5.0	0.01	0.150	0.01
饱和砂	23.0～30.0	0.10～1.00	0.060	0.03～0.30
灰岩	4.0～8.0	0.50～2.00	0.120	0.40～1.00
泥岩	5.0～15.0	1.00～100.00	0.090	1.00～100.00
页岩	5.0～15.0	1.00～100.00	0.090	1.00～100.00
石英	5.0～30.0	1.00～100.00	0.070	1.00～100.00
黏土	5.0～40.0	2.00～100.00	0.060	1.00～300.00
混凝土	6.4	1.00～100.00	0.120	0.01～1.00

4 地质雷达法在礼让隧道的应用实践

4.1 地质雷达实测数据处理

根据地质雷达探测原理和礼让隧道的实测数据，经过静校正、去直流漂移、能量衰减法增益、抽取平均道、巴特沃斯带通滤波以及滑动平均等方法进行数据处理，并参考地质雷达在其他工程领域的应用成果，得出多种不良地质条件下地质雷达典型波形特征。

4.2 节理裂隙发育岩体

由于岩石被节理裂隙切割，反射界面增多，当节理裂隙横向发育优势明显时，反射波同相

轴连续，与完整岩石的差别在于振幅、波长不同；当节理裂隙纵向或不规则发育占优时，反射波能量发生变化，频率降低，反射波同相轴连续性较差。随着岩体节理裂隙发育程度的增加，地质雷达波形越加杂乱。当裂隙发育并夹水夹泥时，反射波振幅、波长因含水量差异而不同，反射波振幅衰减较快、波长变长与两侧反射波差异明显，且洞相轴错断。

结合现场条件以及探测要求，礼让隧道掌子面雷达探测布线如图 2 所示。在开挖地面上方 2m 处，从左边墙向右边墙方向布置一条水平测线。探测结果可预测掌子面前 0～20m 进深范围内的不良地质、水文地质、断层及其破碎带、围岩类别及其稳定性状况。如图 3 所示为典型岩石节理裂隙发育并夹水夹泥的地质雷达超前预报分析结果。反射波振幅、波长因含水量差异而不同，反射波振幅衰减较快，波长变长与两侧反射波差异明显，且洞相轴错断。

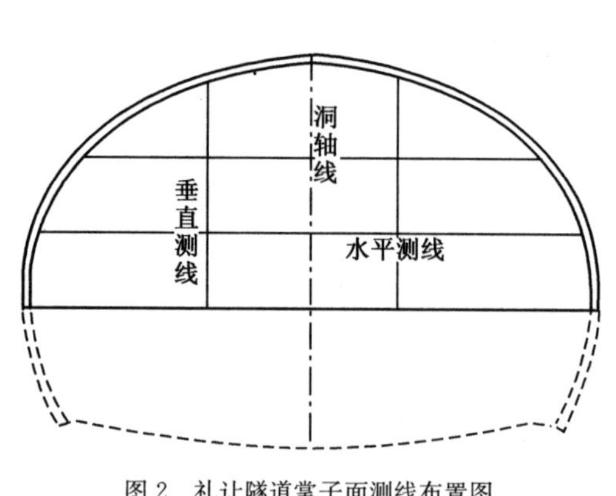

图 2　礼让隧道掌子面测线布置图

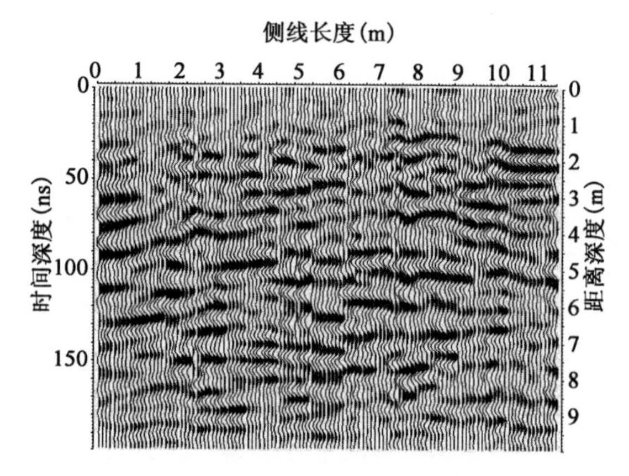

图 3　裂隙水发育及夹水夹泥情况

根据现场日常观测，掌子面中央位置节理发育，多数间距为 0.2～0.4m，围岩较破碎，弱风化，裂隙以微张型和张开型为主，部分有充填物，存在小的岩石碎块，裂隙长短各异，以小裂隙居多，部分岩石表面手感较湿润，裂隙充填物厚度 1～2cm。

4.3　掌子面前方存在溶洞

当溶洞充水时，电磁波在溶洞周围发生反射，一般形成振幅较强的弧形反射波；当部分充填岩石碎块时，与破碎岩体相似，表现为振幅增强、波形杂乱；当部分充填黏土时，由于黏土对电磁波的强吸收，表现为局部反射波振幅减弱或消失。礼让隧道超前地质预报工作中监测得到的溶洞地质雷达图如图 4 所示。

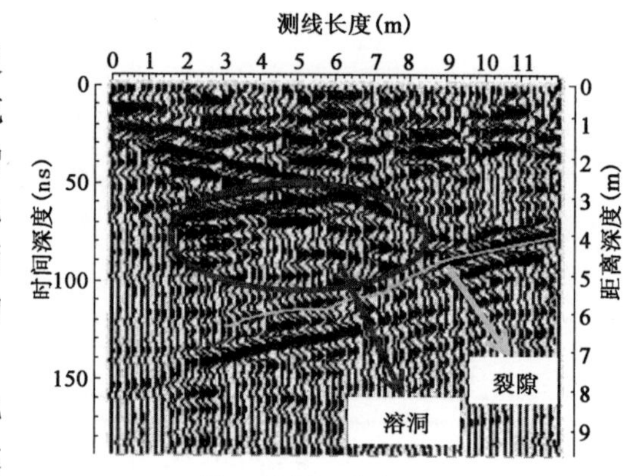

图 4　溶洞地质雷达图

通过分析上述地质雷达在礼让隧道超前地质预报应用过程中的经验，总结认为：地质雷达探测距离为 0～20m，对掌子面前方岩体破碎带、破碎岩石及溶洞等复杂不良地质探测效果明显。

5　结语

地质雷达在多种不良地质特长大隧道工程中的应用反映出其独特的优越性：

(1)采用高频脉冲电磁波进行探测，电磁脉冲子波宽度窄，在纵向和横向，发射和接收频率很高，可以进行连续探测，其最大优越性体现在监测数据的高分辨率。

（2）采用高频发射器，采样和接收时间短，在掌子面进行不同测线的循环检测工作探测速度快，极大地节省了人力物力，及时得出监测分析结果，不会影响正常工序的顺利推进。

（3）地质雷达探测结果直观，采用剖面法进行检测，可以直观地反映出掌子面前方介质变化规律，特别是在多种不良地质特长大隧道工程中，随着工期的推进，经验的积累，超前地质预报工作日益成熟，结果更加可靠。

地质雷达探测响应中，水具有较大的影响，在利用这一特点探测含水量并分析地下水分布的同时，也为地质雷达的探测带来了困难，不可避免地存在多解性和探测结果的复杂性，难以进行其他地质情况的认定和识别，所以，仍需针对此特点进一步完善和改进地质雷达监测技术。

参考文献

[1] 王振宇，程围峰，刘越，等. 基于掌子面编录和地质雷达的综合超前预报技术[J]. 岩石力学与工程学报，2010，29(A02)：3549—3557.

[2] 凌同华，张胜，李升冉. 地质雷达隧道超前地质预报检测信号的 HH 分析法[J]. 岩石力学与工程学报，2012，31(7)：1.

[3] 郭亮，李俊才，张志铖，等. 地质雷达探测偏压隧道围岩松动圈的研究与应用[J]. 岩石力学与工程学报，2011 (S1)：3009-3015.

[4] 高阳，张庆松，原小帅，等. 地质雷达在岩溶隧道超前预报中的应用[J]. 山东大学学报（工学版），2009，39(4)：82-86.

[5] 吴俊，毛海和，应松，等. 地质雷达在公路隧道短期地质超前预报中的应用[J]. 岩土力学，2003 (S1)：154-157.

[6] 李大心. 探地雷达方法与应用[M]. 北京：地质出版社，1994.